正点原子教你学嵌入式系统丛书

原子教你学STM32(HAL库版)

(下)

刘 军 徐伟健 凌柱宁 冯 源 编著

北京航空航天大学出版社

内容简介

《原子教你学 STM32(HAL 库版)》分为上、下两册。本书是下册,详细介绍了 STM32F103 复杂外设的使用及一些高级例程,包括触摸屏、无线通信、SD 卡、USB 读卡器等。

上册分为基础篇和实践篇,详细介绍了 STM32F103 的基础入门知识,包括 STM32 简介、开发环境搭建、新建 HAL 库版本 MDK 工程、STM32 时钟配置以及 STM32F103 常用外设的使用,包括外部中断、定时器、DMA、内部温度传感器等。

建议初学者从上册开始,跟随书中的结构安排,循序渐进地学习。对于有一定基础的读者,可以直接选择下册,进入复杂外设的学习过程。

本书配套资料包含详细原理图以及所有实例的完整代码,这些代码都有详细的注释。另外,源码有生成好的 hex 文件,读者只需要通过仿真器下载到开发板即可看到实验现象,亲自体验实验过程。

本书不仅非常适用于广大学生和电子爱好者学习 STM32,其大量的实验以及详细的解说也可供公司产品开发人员参考。

图书在版编目(CIP)数据

原子教你学 STM32 : HAL 库版. 下 / 刘军等编著. -- 北京 : 北京航空航天大学出版社, 2023.12

ISBN 978-7-5124-4212-2

Ⅰ. ①原… Ⅱ. ①刘… Ⅲ. ①微控制器 Ⅳ. ①TP368.1

中国国家版本馆 CIP 数据核字(2023)第 210542 号

原子教你学 STM32(HAL 库版)(下)

刘　军　徐伟健　凌柱宁　冯　源　编著

责任编辑　董立娟

*

北京航空航天大学出版社出版发行

北京市海淀区学院路 37 号(邮编 100191)　http://www.buaapress.com.cn

发行部电话:(010)82317024　传真:(010)82328026

读者信箱:emsbook@buaacm.com.cn　邮购电话:(010)82316936

涿州市新华印刷有限公司印装　各地书店经销

*

开本:710×1 000　1/16　印张:25.75　字数:579 千字

2024 年 1 月第 1 版　2024 年 1 月第 1 次印刷　印数:2 000 册

ISBN 978-7-5124-4212-2　定价:89.00 元

前 言

本书的由来

2011年，ALIENTEK工作室同北京航空航天大学出版社合作，出版发行了《例说STM32》。该书由刘军（网名：正点原子）编写，自发行以来，广受读者好评，更是被ST官方作为学习STM32的推荐书本。之后出版了“正点原子教你学嵌入式系列丛书”，累计包括：

《原子教你玩STM32（寄存器版）/（库函数版）》

《例说STM32》

《精通STM32F4（寄存器版）/（库函数版）》

《FreeRTOS源码详解与应用开发——基于STM32》

《STM32F7原理与应用（寄存器版）/（库函数版）》

随着技术的更新，每种图书都在不断地更新和再版。

为什么选择STM32

与ARM7相比，STM32采用Cortex-M3内核。Cortex-M3采用ARMV7（哈佛）构架，不仅支持Thumb-2指令集，而且拥有很多新特性。较之ARM7 TDMI，Cortex-M3拥有更强劲的性能、更高的代码密度、位带操作、可嵌套中断、低成本、低功耗等众多优势。

与51单片机相比，STM32在性能方面则是完胜。STM32内部SRAM比很多51单片机的FLASH还多；其他外设就不一一比较了，STM32具有绝对优势。另外，STM32最低个位数的价格，与51相比也是相差无几，因此STM32可以称得上是性价比之王。

现在ST公司又推出了STM32F0系列Cortex-M0芯片以及STM32F4/F3系列Coretx-M4等芯片满足各种应用需求。这些芯片都已经量产，而且购买方便。

如何学STM32

STM32与一般的单片机/ARM7最大的不同就是它的寄存器特别多，在开发过程中很难全部都记下来。所以，ST官方提供了HAL库驱动，使得用户不必直接操作寄存器，而是通过库函数的方法进行开发，大大加快了开发进度，节省了开发成本。但是学习和了解STM32一些底层知识必不可少，否则就像空中楼阁没有根基。

学习STM32有2份不错的中文参考资料：《STM32参考手册》中文版V10.0和《ARM Cortex-M3权威指南》中文版（宋岩 译）。前者是ST官方针对STM32的一份通用参考资料，包含了所有寄存器的描述和使用，内容翔实，但是没有实例，也没有对

Cortex－M3 内核进行过多介绍，读者只能根据自己对书本内容的理解来编写相关代码。后者是专门介绍 Cortex－M3 架构的书，有简短的实例，但没有专门针对 STM32 的介绍。

结合这 2 份资料，再通过本书的实例，循序渐进，读者就可以很快上手 STM32。当然，学习的关键还是在于实践，光看不练是没什么效果的。所以建议读者在学习的时候，一定要自己多练习、多编写属于自己的代码，这样才能真正掌握 STM32。

本书内容特色

《原子教你学 STM32(HAL 库版)》分为上、下两册。本书是下册，详细介绍了 STM32F103 复杂外设的使用及一些高级例程，包括触摸屏、无线通信、SD 卡、USB 读卡器等。

上册分为基础篇和实战篇，详细介绍了 STM32F103 的基础入门知识，包括 STM32 简介、开发环境搭建、新建 HAL 库版本 MDK 工程、STM32 时钟配置以及 STM32F103 常用外设的使用，包括外部中断、定时器、DMA、内部温度传感器等。

建议初学者从上册开始，跟随书中的结构安排，循序渐进地学习。对于有一定基础的读者，可以直接选择下册，进入复杂外设的学习过程。

本书适合的读者群

不管您是一个 STM32 初学者，还是一个老手，本书都非常适合。尤其对于初学者，本书将手把手地教您如何使用 MDK，包括新建工程、编译、仿真、下载调试等一系列步骤，让您轻松上手。

本书使用的开发板

本书的实验平台是正点原子战舰开发板，有这款开发板的朋友可以直接拿本书配套资料里面的例程在开发板上运行和验证。对于没有这款开发板而又想要的朋友，可以在淘宝上购买。当然如果已经有了一款自己的开发板，而又不想再买，也是可以的，只要您的板子上有正点原子战舰开发板上相同的资源(实验需要用到的)，代码一般都是可以通用的，只需要把底层的驱动函数(一般是 I/O 操作)稍做修改，使之适合您的开发板即可。

本书配套资料和互动方式

本书配套资料里面包含详细原理图以及所有实例的完整代码，这些代码都有详细的注释。另外，源码有生成好的 hex 文件，读者只需要通过仿真器下载到开发板即可看到实验现象，亲自体验实验过程。读者可以通过以下方式免费获取配套资料，也可以和编者互动：

原子哥在线教学平台　www.yuanzige.com
开源电子网/论坛　www.openedv.com/forum.php
正点原子官方网站　www.alientek.com
正点原子淘宝店铺　https://openedv.taobao.com
正点原子 B 站视频　https://space.bilibili.com/394620890

编者
2023 年 12 月

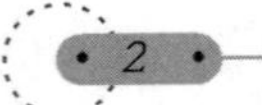

目 录

第1章 I²C实验

本章将介绍如何使用STM32F103的普通I/O口模拟I²C时序，且实现和24C02之间的双向通信，并把结果显示在TFTLCD模块上。

1.1 I²C及24C02简介

1.1.1 I²C简介

IIC(Inter－Integrated Circuit，简称I²C)总线是一种由PHILIPS公司开发的两线式串行总线，用于连接微控制器以及其外围设备。它是由数据线SDA和时钟线SCL构成的串行总线，可发送和接收数据，在CPU与被控IC之间、IC与IC之间进行双向传送。

I²C总线有如下特点：

① 总线是由数据线SDA和时钟线SCL构成的串行总线，数据线用来传输数据，时钟线用来同步数据收发。

② 总线上每一个器件都有一个唯一的地址识别，所以我们只需要知道器件的地址，根据时序就可以实现微控制器与器件之间的通信。

③ 数据线SDA和时钟线SCL都是双向线路，都通过一个电流源或上拉电阻连接到正的电压，所以当总线空闲的时候，这2条线路都是高电平。

④ 总线上数据的传输速率在标准模式下可达100 kbit/s，在快速模式下可达400 kbit/s，在高速模式下可达3.4 Mbit/s。

⑤总线支持设备连接。在使用I²C通信总线时，可以有多个具备I²C通信能力的设备挂载在上面，同时支持多个主机和多个从机，连接到总线的接口数量只由总线电容400 pF的限制决定。I²C总线挂载多个器件的示意图如图1.1所示。

I²C总线时序图如图1.2所示。

为了便于大家更好地了解I²C协议，我们从起始信号、停止信号、应答信号、数据有效性、数据传输以及空闲状态6个方面讲解，读者需要对应图1.2的标号来理解。

① 起始信号

当SCL为高电平期间，SDA由高到低跳变。起始信号是一种电平跳变时序信号，而不是一个电平信号。该信号由主机发出，在起始信号产生后，总线就处于被占用状

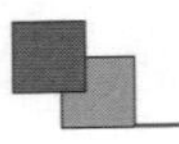

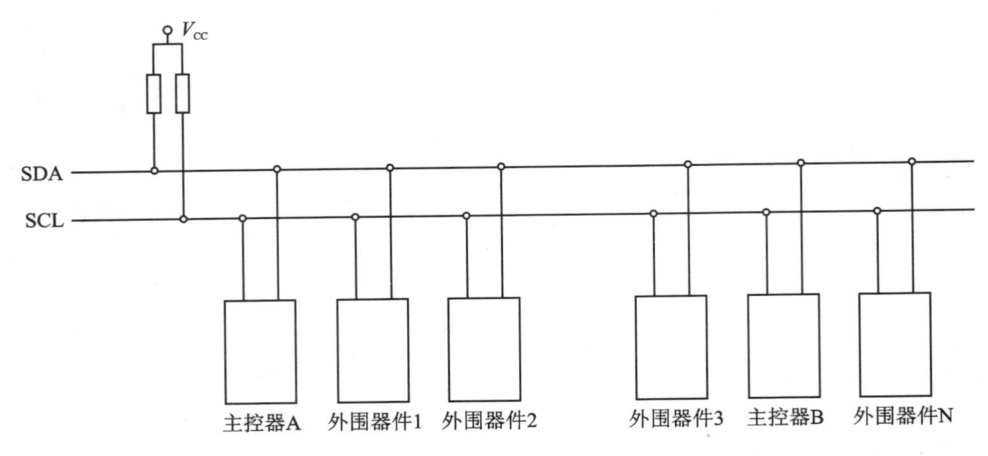

图 1.1　I²C 总线挂载多个器件

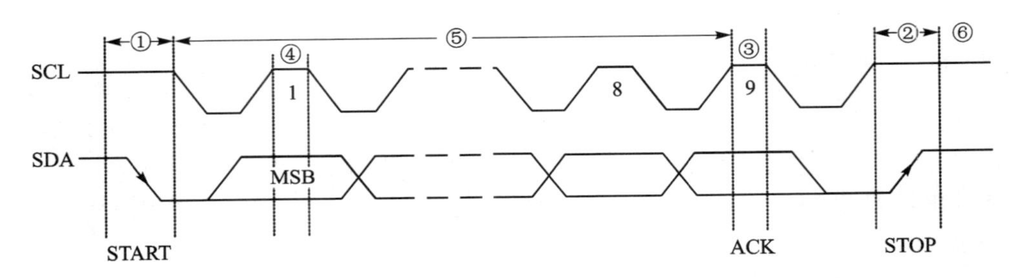

图 1.2　I²C 总线时序图

态,准备数据传输。

② 停止信号

当 SCL 为高电平期间,SDA 由低到高跳变。停止信号也是一种电平跳变时序信号,而不是一个电平信号。该信号由主机发出,在停止信号发出后,总线就处于空闲状态。

③ 应答信号

发送器每发送一个字节,就在时钟脉冲 9 期间释放数据线,由接收器反馈一个应答信号。应答信号为低电平时,规定为有效应答位(ACK 简称应答位),表示接收器已经成功地接收了该字节;应答信号为高电平时,规定为非应答位(NACK),一般表示接收器接收该字节没有成功。

观察图 1.2 中标号③就可以发现,有效应答的要求是从机在第 9 个时钟脉冲之前的低电平期间将 SDA 线拉低,并且确保在该时钟的高电平期间为稳定的低电平。如果接收器是主机,则在它收到最后一个字节后,发送一个 NACK 信号,以通知被控发送器结束数据发送,并释放 SDA 线,以便主机接收器发送一个停止信号。

④ 数据有效性

I²C 总线进行数据传送时,时钟信号为高电平期间,数据线上的数据必须保持稳

定，只有在时钟线上的信号为低电平期间，数据线上的高电平或低电平状态才允许变化。数据在SCL的上升沿到来之前就需要准备好，并在下降沿到来之前必须稳定。

⑤ 数据传输

在I²C总线上传送的每一位数据都有一个时钟脉冲相对应（或同步控制），即在SCL串行时钟的配合下，在SDA上逐位地串行传送每一位数据。数据位的传输是边沿触发。

⑥ 空闲状态

I²C总线的SDA和SCL这2条信号线同时处于高电平时，规定为总线的空闲状态。此时各个器件的输出级场效应管均处在截止状态，即释放总线，由2条信号线各自的上拉电阻把电平拉高。

下面介绍一下I²C的基本读/写通信过程，包括主机写数据到从机即写操作，主机到从机读取数据即读操作。下面先看一下写操作通信过程图，如图1.3所示。

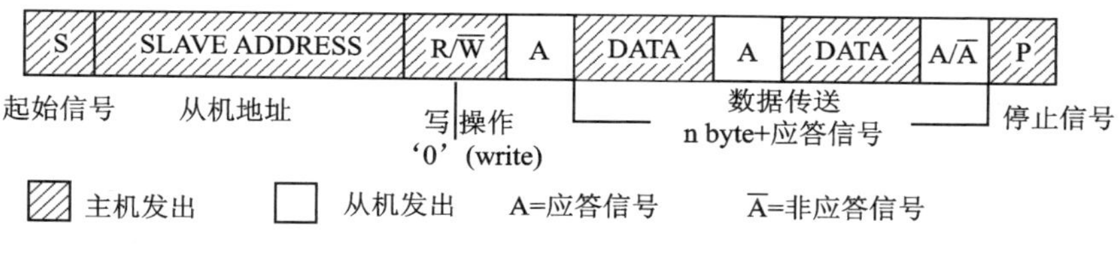

图1.3 写操作通信过程图

主机首先在I²C总线上发送起始信号，那么这时总线上的从机都会等待接收由主机发出的数据。主机接着发送从机地址+0（写操作）组成的8 bit数据，所有从机接收到该8 bit数据后，自行检验是否是自己的设备的地址；假如是自己的设备地址，那么从机就会发出应答信号。主机在总线上接收到有应答信号后，才能继续向从机发送数据。注意，I²C总线上传送的数据信号是广义的，既包括地址信号，又包括真正的数据信号。

接着讲解一下I²C总线的读操作过程，先看一下读操作通信过程图，如图1.4所示。

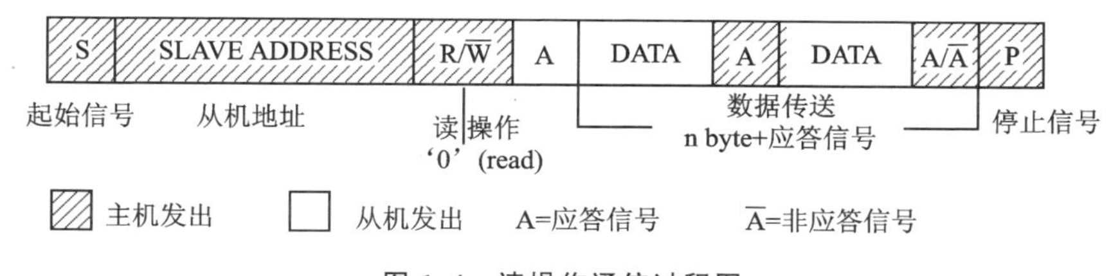

图1.4 读操作通信过程图

主机向从机读取数据的操作，一开始的操作与写操作有点相似，观察2个图也可以发现，都是由主机发出起始信号，接着发送从机地址+1（读操作）组成的8 bit数据，从机接收到数据验证是否是自身的地址。那么在验证是自己的设备地址后，从机就会发出应答信号，并向主机返回8 bit数据，发送完之后从机就会等待主机的应答信号。假如主机一直返回应答信号，那么从机可以一直发送数据，也就是图中的（n byte+应答信号)情况,直到主机发出非应答信号,从机才会停止发送数据。

24C02的数据传输时序是基于I²C总线传输时序,下面讲解一下24C02的数据传输时序。

1.1.2 24C02简介

24C02是一个2 kbit的串行EEPROM存储器,内部含有256字节。24C02里面还有一个8字节的页写缓冲器。该设备的通信方式为I²C,通过其SCL和SDA与其他设备通信。芯片的引脚图如图1.5所示。

图1.5中的WP引脚是写保护引脚,接高电平只读,接地允许读和写,这里的板子设计是把该引脚接地。每一个设备都有自己的设备地址,24C02也不例外,但是24C02的设备地址是包括不可编程部分和可编程部分,可编程部分由图1.2的硬件引脚A0、A1和A2决定。设备地址最后一位用于设置数据的传输方向,即读操作/写操作,0是写操作,1是读操作,具体格式如图1.6所示。

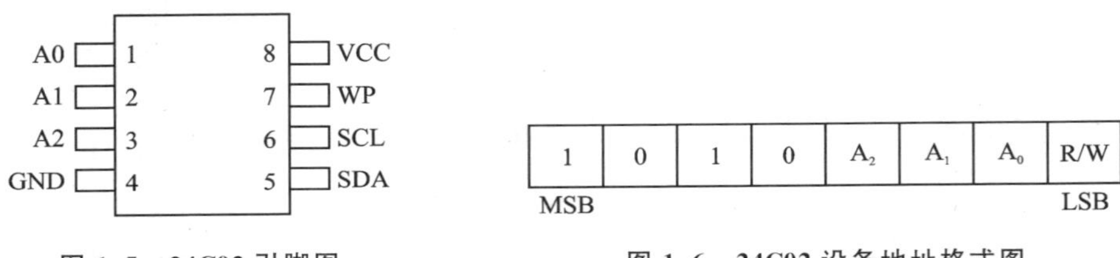

图1.5 24C02引脚图

图1.6 24C02设备地址格式图

根据我们的板子设计,A0、A1和A2均接地,所以24C02设备的读操作地址为0xA1,写操作地址为0xA0。

前面已经说过I²C总线的基本读/写操作,那么我们就可以基于I²C总线的时序来理解24C02的数据传输时序。

下面把实验中用到的数据传输时序讲解一下,分别是对24C02的写时序和读时序。24C02写时序图如图1.7所示。

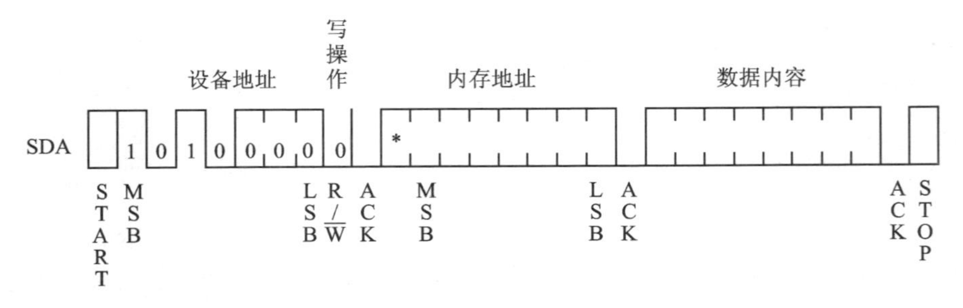

图1.7 24C02写时序图

主机在I²C总线发送第一个字节的数据为24C02的设备地址0xA0,用于寻找总线上找到24C02;在获得24C02的应答信号之后,继续发送第2个字节数据,该字节数据是24C02的内存地址,等到24C02的应答信号主机继续发送第3字节数据,这里的数

据即写入在第2字节内存地址的数据。主机完成写操作后，可以发出停止信号，终止数据传输。

上面的写操作只能单字节写入到24C02，效率比较低，所以24C02有页写入时序，大大提高了写入效率。24C02页写时序图如图1.8所示。

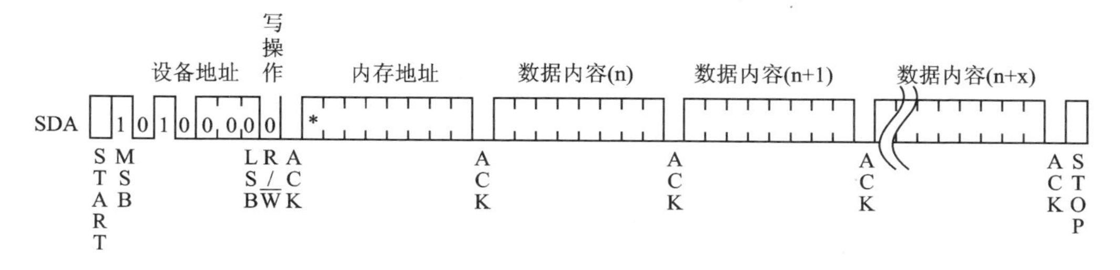

图1.8　24C02页写时序

在单字节写时序时，每次写入数据时都需要先写入设备的内存地址才能实现。在页写时序中，只需要告诉24C02第一个内存地址1，后面数据会按照顺序写入到内存地址2、内存地址3等，大大节省了通信时间，提高了时效性。因为24C02每次只能8 bit数据，所以它的页大小也就是1字节。页写时序的操作方式跟上面的单字节写时序差不多，所以不过多解释了。24C02的读时序如图1.9所示。

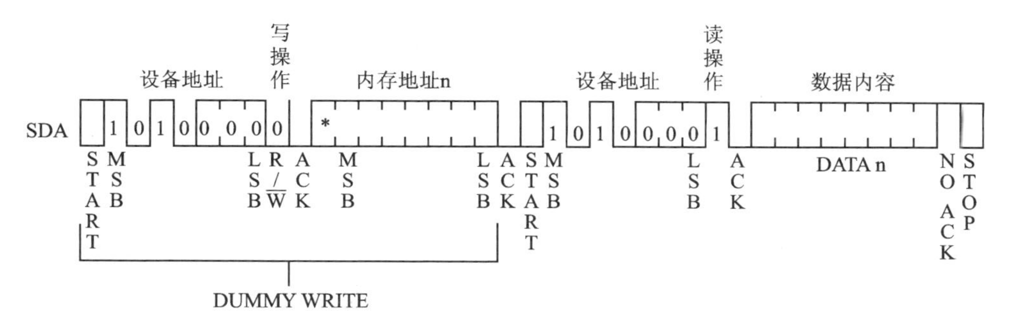

图1.9　24C02读时序图

24C02读取数据的过程是一个复合的时序，其中包含写时序和读时序。先看第一个通信过程，这里是写时序，起始信号产生后，主机发送24C02设备地址0xA0，获取从机应答信号后，接着发送需要读取的内存地址；在读时序中，起始信号产生后，主机发送24C02设备地址0xA1，获取从机应答信号后，接着从机返回刚刚在写时序中内存地址的数据，以字节为单位传输在总线上。假如主机获取数据后返回的是应答信号，那么从机会一直传输数据，当主机发出的是非应答信号并以停止信号发出为结束时，从机就会结束传输。

目前大部分MCU都带有I²C总线接口，STM32F1也不例外。但是这里不使用STM32F1的硬件I²C来读/写24C02，而是通过软件模拟。ST为了规避飞利浦I²C专利问题，将STM32的硬件I²C设计得比较复杂，而且稳定性不怎么好，所以这里不推荐使用。

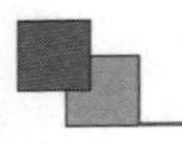

用软件模拟 I²C 最大的好处就是方便移植，同一个代码兼容所有 MCU，任何一个单片机只要有 I/O 口，就可以很快移植过去，而且不需要特定的 I/O 口。而对于硬件 I²C，则换一款 MCU 基本上就得重新移植，这也是我们推荐使用软件模拟 I²C 的另外一个原因。

1.2 硬件设计

(1) 例程功能

每按下 KEY1，MCU 通过 I²C 总线向 24C02 写入数据，通过按下 KEY0 来控制 24C02 读取数据。同时在 LCD 上面显示相关信息。LED0 闪烁用于提示程序正在运行。

(2) 硬件资源

- LED 灯：LED0 – PB5；
- 独立按键：KEY0 – PE4、KEY1 – PE3；
- EEPROM AT24C02；
- 正点原子 TFTLCD 模块(仅限 MCU 屏，16 位 8080 并口驱动)；
- 串口 1(PA9、PA10 连接在板载 USB 转串口芯片 CH340 上面)(USMART 使用)。

(3) 原理图

我们主要来看看 24C02 和开发板的连接，如图 1.10 所示。

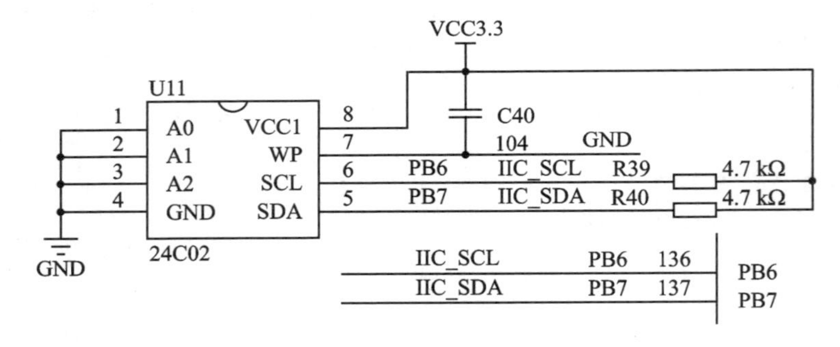

图 1.10 24C02 和开发板连接原理

24C02 的 SCL 和 SDA 分别连接在 STM32 的 PB6 和 PB7 上。本实验通过软件模拟 I²C 信号建立起与 24C02 的通信，从而进行数据发送与接收，使用按键 KEY0 和 KEY1 去触发，LCD 屏幕进行显示。

1.3 程序设计

I²C 实验中使用的是软件模拟 I²C，所以用到的是 HAL 中 GPIO 相关函数。下面介绍一下使用 I²C 传输数据的配置步骤。

① 使能 I^{2}C 的 SCL 和 SDA 对应的 GPIO 时钟。

本实验中 I^{2}C 使用的 SCL 和 SDA 分别是 PB6 和 PB7，因此需要先使能 GPIOB 的时钟，代码如下：

```
__HAL_RCC_GPIOB_CLK_ENABLE();      /*使能GPIOB时钟*/
```

② 设置对应 GPIO 工作模式（SCL 推挽输出 SDA 开漏输出）。

SDA 线的 GPIO 模式使用开漏输出模式（硬件已接外部上拉电阻，对于 F4 以上板子也可以用内部的上拉电阻），而 SCL 线的 GPIO 模式使用推挽输出模式，通过函数 HAL_GPIO_Init 设置实现。

③ 参考 I^{2}C 总线协议，编写信号函数（起始信号、停止信号、应答信号）。

起始信号：SCL 为高电平时，SDA 由高电平向低电平跳变。

停止信号：SCL 为高电平时，SDA 由低电平向高电平跳变。

应答信号：接收到 IC 数据后，向 IC 发出特定的低电平脉冲表示已接收到数据。

④ 编写 I^{2}C 的读/写函数。

通过参考时序图，在一个时钟周期内发送 1 bit 数据或者读取 1 bit 数据。读/写函数均以一字节数据进行操作。

有了读和写函数，我们就可以对外设进行驱动了。

1.3.1 程序流程图

程序流程如图 1.11 所示。

1.3.2 程序解析

本实验通过 GPIO 来模拟 I^{2}C，所以不需要在 FWLIB 分组下添加 HAL 库文件支持。实验工程中新增了 myiic.c 存放 I^{2}C 底层驱动代码，24cxx.c 文件存放 24C02 驱动代码。

1. I^{2}C 底层驱动代码

这里只讲解核心代码，详细的源码可参考配套资料中本实验对应源码。I^{2}C 驱动源码包括 2 个文件：myiic.c 和 myiic.h。

下面直接介绍 I^{2}C 相关的程序，首先介绍 myiic.h 文件，其定义如下：

```
/*引脚定义*/
#define IIC_SCL_GPIO_PORT               GPIOB
#define IIC_SCL_GPIO_PIN                GPIO_PIN_6
#define IIC_SCL_GPIO_CLK_ENABLE()       do{ __HAL_RCC_GPIOB_CLK_ENABLE();}while(0)
#define IIC_SDA_GPIO_PORT               GPIOB
#define IIC_SDA_GPIO_PIN                GPIO_PIN_7
#define IIC_SDA_GPIO_CLK_ENABLE()       do{ __HAL_RCC_GPIOB_CLK_ENABLE();}while(0)
/*I/O操作*/
#define IIC_SCL(x)          do{ x ? \
        HAL_GPIO_WritePin(IIC_SCL_GPIO_PORT,IIC_SCL_GPIO_PIN, GPIO_PIN_SET):\
        HAL_GPIO_WritePin(IIC_SCL_GPIO_PORT,IIC_SCL_GPIO_PIN, GPIO_PIN_RESET);\
```

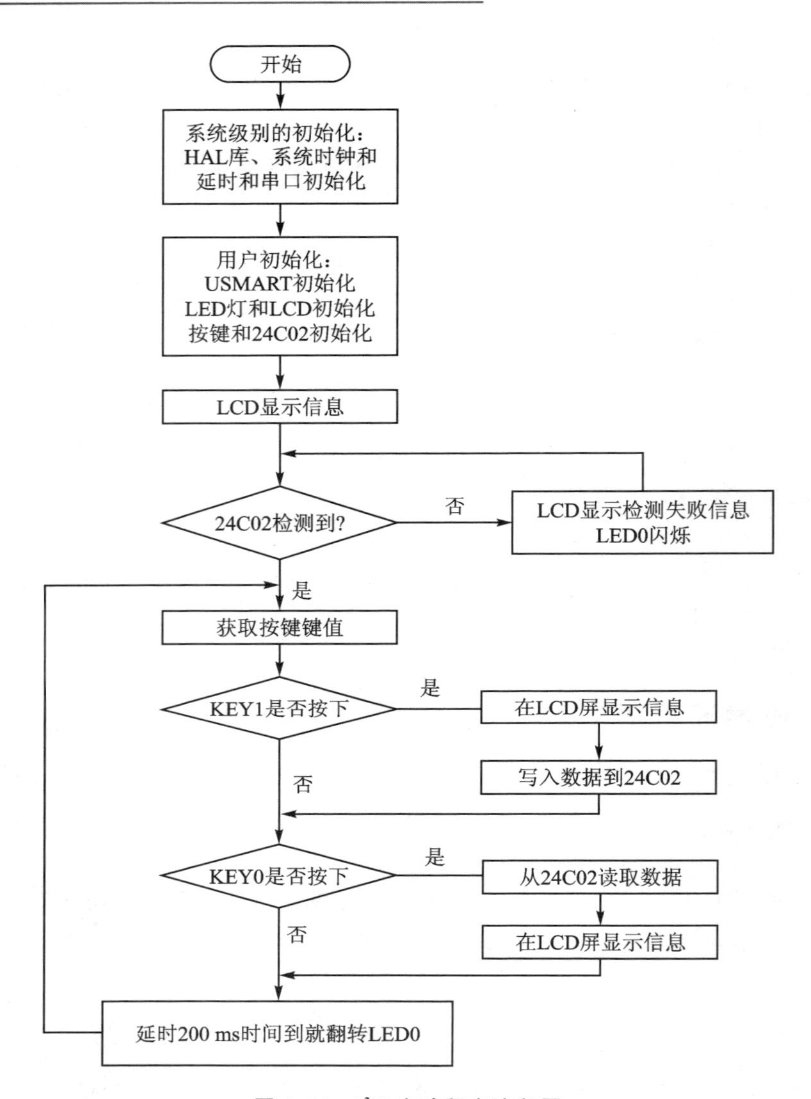

图 1.11　I^2C 实验程序流程图

```
                        }while(0)        /* SCL */
#define IIC_SDA(x)          do{ x ? \
        HAL_GPIO_WritePin(IIC_SDA_GPIO_PORT, IIC_SDA_GPIO_PIN, GPIO_PIN_SET):\
        HAL_GPIO_WritePin(IIC_SDA_GPIO_PORT, IIC_SDA_GPIO_PIN, GPIO_PIN_RESET);\
                        }while(0)        /* SDA */
/* 读取 SDA */
#define IIC_READ_SDAHAL_GPIO_ReadPin(IIC_SDA_GPIO_PORT, IIC_SDA_GPIO_PIN)
```

我们通过宏定义标识符的方式去定义 SCL 和 SDA 这 2 个引脚，同时通过宏定义的方式定义了 IIC_SCL() 和 IIC_SDA()，设置这 2 个引脚可以输出 0 或者 1，这主要还是通过 HAL 库的 GPIO 操作函数实现的。另外，为了方便在 I^2C 操作函数中调用读取 SDA 引脚的数据，这里直接宏定义 IIC_READ_SDA 实现，在后面 I^2C 模拟信号实现中会频繁调用。

接下来看一下 myiic.c 代码中的初始化函数，代码如下：

```
/**
 * @brief      初始化 IIC
 * @param      无
 * @retval     无
 */
void iic_init(void)
{
    GPIO_InitTypeDef gpio_init_struct;
    IIC_SCL_GPIO_CLK_ENABLE();          /* SCL 引脚时钟使能 */
    IIC_SDA_GPIO_CLK_ENABLE();          /* SDA 引脚时钟使能 */
    gpio_init_struct.Pin = IIC_SCL_GPIO_PIN;
    gpio_init_struct.Mode = GPIO_MODE_OUTPUT_PP;          /* 推挽输出 */
    gpio_init_struct.Pull = GPIO_PULLUP;                  /* 上拉 */
    gpio_init_struct.Speed = GPIO_SPEED_FREQ_HIGH;        /* 高速 */
    HAL_GPIO_Init(IIC_SCL_GPIO_PORT, &gpio_init_struct);/* SCL */
    /* SDA 引脚模式设置，开漏输出，上拉，这样就不用再设置 I/O 方向了，开漏输出的时候
       (=1)，也可以读取外部信号的高低电平 */
    gpio_init_struct.Pin = IIC_SDA_GPIO_PIN;
    gpio_init_struct.Mode = GPIO_MODE_OUTPUT_OD;          /* 开漏输出 */
    HAL_GPIO_Init(IIC_SDA_GPIO_PORT, &gpio_init_struct);/* SDA */
    iic_stop();      /* 停止总线上所有设备 */
}
```

iic_init 函数的主要工作就是对于 GPIO 的初始化，用于 I²C 通信。注意，SDA 线的 GPIO 模式使用开漏模式，并且 STM32F103 必须要外接上拉电阻。

接下来介绍前面已经在文字上说明过的 I²C 模拟信号：起始信号、停止信号、应答信号，下面以代码方法实现，读者可以对着图去看代码，有利于理解。

```
static void iic_delay(void)
{
    delay_us(2);     /* 2 μs 的延时，读/写频率在 250 kHz 以内 */
}
void iic_start(void)
{
    IIC_SDA(1);
    IIC_SCL(1);
    iic_delay();
    IIC_SDA(0);      /* START 信号：当 SCL 为高时，SDA 从高变成低，表示起始信号 */
    iic_delay();
    IIC_SCL(0);      /* 钳住 I2C 总线，准备发送或接收数据 */
    iic_delay();
}
void iic_stop(void)
{
    IIC_SDA(0);      /* STOP 信号：当 SCL 为高时，SDA 从低变成高，表示停止信号 */
    iic_delay();
    IIC_SCL(1);
    iic_delay();
```

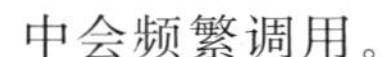

```
    IIC_SDA(1);          /* 发送 I²C 总线结束信号 */
    iic_delay();
}
```

这里首先定义一个 iic_delay 函数，目的就是控制 I²C 的读/写速度。通过示波器检测读/写频率在 250 kHz 内，所以一秒钟传送 500 kbit 数据，换算一下即一个 bit 位需要 2 μs，在这个延时时间内可以让器件获得一个稳定性的数据采集。

为了更加清晰地了解代码实现的过程，下面单独把起始信号和停止信号从 I²C 总线时序图中抽取出来，如图 1.12 所示。

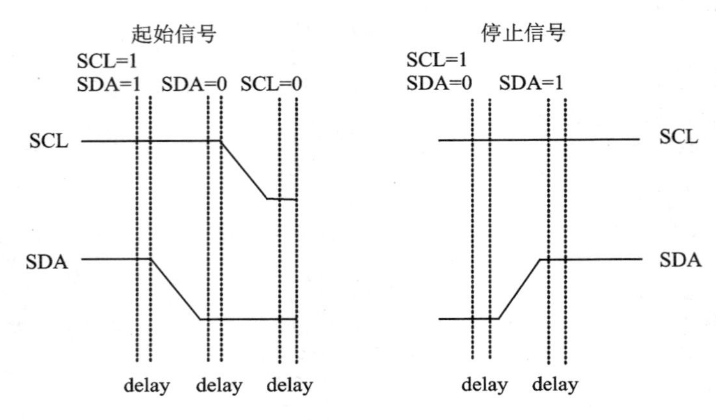

图 1.12　起始信号与停止信号图

iic_start 函数中，通过调用 myiic.h 中由宏定义好的可以输出高低电平的 SCL 和 SDA 来模拟 I²C 总线中起始信号的发送。在 SCL 时钟线为高电平的时候，SDA 数据线从高电平状态转化到低电平状态，最后拉低时钟线，准备发送或者接收数据。

iic_stop 函数中，也是按模拟 I²C 总线中停止信号的逻辑，在 SCL 时钟线为高电平的时候，SDA 数据线从低电平状态转化到高电平状态。

接下来讲解一下 I²C 的发送函数，其定义如下：

```
/**
 * @brief     IIC 发送一个字节
 * @param     data：要发送的数据
 * @retval    无
 */
void iic_send_byte(uint8_t data)
{
    uint8_t t;
    for (t = 0; t < 8; t++)
    {
        IIC_SDA((data & 0x80) >> 7);     /* 高位先发送 */
        iic_delay();
        IIC_SCL(1);
        iic_delay();
        IIC_SCL(0);
        data <<= 1;        /* 左移一位，用于下一次发送 */
```

```
    }
    IIC_SDA(1);            /* 发送完成，主机释放 SDA 线 */
}
```

在 I²C 的发送函数 iic_send_byte 中，把需要发送的数据作为形参，形参大小为一个字节。在 I²C 总线传输中，一个时钟信号就发送一个 bit，所以该函数需要循环 8 次，模拟 8 个时钟信号，才能把形参的 8 个位数据都发送出去。这里使用的是形参 data 和 0x80 与运算的方式，判断其最高位的逻辑值；假如为 1 即需要控制 SDA 输出高电平，为 0 则控制 SDA 输出低电平。为了更好地说明数据发送的过程，单独拿出数据传输时序图，如图 1.13 所示。

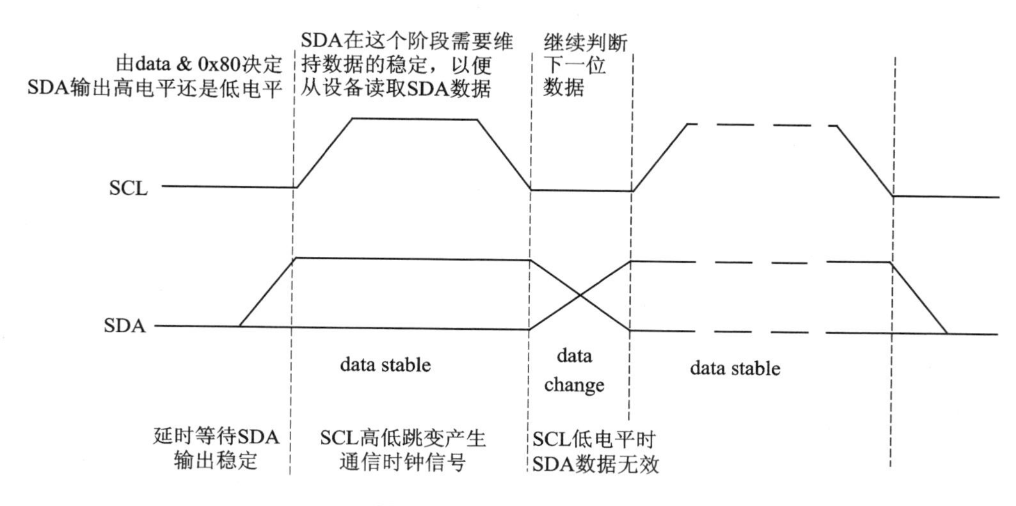

图 1.13 数据传输时序图

通过图 1.13 就可以了解数据传输时的细节，经过第一步的 SDA 高低电平的确定后，接着需要延时，确保 SDA 输出的电平稳定；在 SCL 保持高电平期间，SDA 线上的数据是有效的，此过程也需要延时，使得从设备能够采集到有效的电平。然后准备下一位的数据，所以这里需要的是把 data 左移一位，等待下一个时钟的到来，从设备再进行读取。把上述的操作重复 8 次就可以把 data 的 8 个位数据发送完毕，循环结束后，把 SDA 线拉高，等待接收从设备发送过来的应答信号。

接着讲解一下 I²C 的读取函数 iic_read_byte，它的定义如下：

```
/**
  * @brief     IIC 读取一个字节
  * @param     ack: ack = 1 时，发送 ack; ack = 0 时，发送 nack
  * @retval    接收到的数据
  */
uint8_t iic_read_byte(uint8_t ack)
{
    uint8_t i, receive = 0;
    for (i = 0; i < 8; i++ )       /* 接收一个字节数据 */
    {
        receive <<= 1;             /* 高位先输出，所以先收到的数据位要左移 */
```

```
            IIC_SCL(1);
            iic_delay();
            if (IIC_READ_SDA)
            {
                receive++;
            }
            IIC_SCL(0);
            iic_delay();
        }
        if (!ack)
        {
            iic_nack();                /* 发送 nACK */
        }
        else
        {
            iic_ack();                 /* 发送 ACK */
        }
        return receive;
    }
```

iic_read_byte 函数具体实现的方式跟 iic_send_byte 函数有所不同。首先可以明确的是，时钟信号是通过主机发出的，而且接收到的数据大小为 1 字节，但是 I^2C 传输的单位是 bit，所以就需要执行 8 次循环才能把 1 字节数据接收完整。

具体实现过程：首先需要一个变量 receive 存放接收到的数据，在每一次循环开始前都需要对 receive 进行左移一位操作，那么 receive 的 bit0 位每一次赋值前都是空的，用来存放最新接收到的数据位；然后在 SCL 线进行高低电平切换时输出 I^2C 时钟，在 SCL 高电平期间加入延时，确保有足够的时间能让数据发送并进行处理；使用宏定义 IIC_READ_SDA 就可以判断读取到的高低电平，假如 SDA 为高电平，则 receive++ 即在 bit0 置 1，否则不处理即保持原来的 0 状态。当 SCL 线拉低后，需要加入延时，便于从机切换 SDA 线输出数据。在 8 次循环结束后，我们就获得了 8 bit 数据，把它作为返回值，然后按照时序图发送应答或者非应答信号去回复从机。

上面提到应答信号和非应答信号是在读时序中发生的，此外在写时序中也存在一个信号响应，当发送完 8 bit 数据后，这里是一个等待从机应答信号的操作。

```
/**
 * @brief       等待应答信号到来
 * @param       无
 * @retval      1,接收应答失败
 *              0,接收应答成功
 */
uint8_t iic_wait_ack(void)
{
    uint8_t waittime = 0;
    uint8_t rack = 0;
    IIC_SDA(1);         /* 主机释放 SDA 线(此时外部器件可以拉低 SDA 线) */
    iic_delay();
    IIC_SCL(1);         /* SCL = 1, 此时从机可以返回 ACK */
```

```
    iic_delay();
    while (IIC_READ_SDA)        /* 等待应答 */
    {
        waittime++;
        if (waittime > 250)
        {
            iic_stop();
            rack = 1;
            break;
        }
    }
    IIC_SCL(0);         /* SCL = 0, 结束 ACK 检查 */
    iic_delay();
    return rack;
}
/**
 * @brief       产生 ACK 应答
 * @param       无
 * @retval      无
 */
void iic_ack(void)
{
    IIC_SDA(0);                 /* SCL 0 ->1 时 SDA = 0,表示应答 */
    iic_delay();
    IIC_SCL(1);                 /* 产生一个时钟 */
    iic_delay();
    IIC_SCL(0);
    iic_delay();
    IIC_SDA(1);                 /* 主机释放 SDA 线 */
    iic_delay();
}
/**
 * @brief       不产生 ACK 应答
 * @param       无
 * @retval      无
 */
void iic_nack(void)
{
    IIC_SDA(1);             /* SCL 0 ->1 时 SDA = 1,表示不应答 */
    iic_delay();
    IIC_SCL(1);             /* 产生一个时钟 */
    iic_delay();
    IIC_SCL(0);
    iic_delay();
}
```

首先讲解一下 iic_wait_ack 函数，该函数主要用在写时序中，当启动起始信号、发送完 8 bit 数据到从机时，我们就需要等待以及处理接收从机发送过来的响应信号或者非响应信号，一般就是在 iic_send_byte 函数后面调用。

具体实现：首先释放 SDA，把电平拉高，延时等待从机操作 SDA 线，然后主机拉高时钟线并延时,确保有充足的时间让主机接收到从机发出的 SDA 信号,这里使用的是 IIC_READ_SDA 宏定义去读取,根据 I^2C 协议,主机读取 SDA 的值为低电平,就表示"应答信号";读到 SDA 的值为高电平,就表示"非应答信号"。在这个等待读取的过程中加入了超时判断,假如超过这个时间没有接收到数据,那么主机直接发出停止信号,跳出循环,返回等于 1 的变量。在正常等待到应答信号后,主机会把 SCL 时钟线拉低并延时,返回是否接收到应答信号。

当主机作为接收端时,调用 iic_read_byte 函数之后,按照 I^2C 通信协议,需要给从机返回应答或者是非应答信号,这里就用到了 iic_ack 和 iic_nack 函数。

具体实现:从上面的说明已经知道了 SDA 为低电平即应答信号、高电平即非应答信号,那么还是老规矩,首先根据返回"应答"或者"非应答"2 种情况拉低或者拉高 SDA,并延时等待 SDA 电平稳定,然后主机拉高 SCL 线并延时,确保从机能有足够时间去接收 SDA 线上的电平信号。主机拉低时钟线并延时,完成这一位数据的传送。最后把 SDA 拉高,呈高阻态,方便后续通信。

2. 24C02 驱动代码

这里只讲解核心代码,详细的源码可参考配套资料中本实验对应源码。24Cxx 驱动源码包括 2 个文件:24cxx.c 和 24cxx.h。

前面已经对 I^2C 协议中需要用到的信号都用函数封装好了,那么现在就要定义符合 24C02 时序的函数。为了使代码功能更加健全,所以在 24cxx.h 中的宏定义了不同容量大小的 24C 系列型号,具体定义如下:

```
#define AT24C01          127
#define AT24C02          255
#define AT24C04          511
#define AT24C08          1023
#define AT24C16          2047
#define AT24C32          4095
#define AT24C64          8191
#define AT24C128         16383
#define AT24C256         32767
/* 开发板使用的是 24c02,所以定义 EE_TYPE 为 AT24C02 */
#define EE_TYPE          AT24C02
```

在 24cxx.c 文件中,读/写操作函数对于不同容量的 24Cxx 芯片都有相对应的代码块解决处理。下面先看一下 at24cxx_write_one_byte 函数,用于实现在 AT24Cxx 芯片指定地址写入一个数据,代码如下:

```
/**
 * @brief      在 AT24CXX 指定地址写入一个数据
 * @param      addr: 写入数据的目的地址
 * @param      data: 要写入的数据
 * @retval     无
 */
void at24cxx_write_one_byte(uint16_t addr, uint8_t data)
{
```

```
    /* 原理说明见:at24cxx_read_one_byte 函数，本函数完全类似 */
    iic_start();                      /* 发送起始信号 */
    if (EE_TYPE > AT24C16)            /* 24C16 以上的型号，分 2 个字节发送地址 */
    {
        iic_send_byte(0XA0);          /* 发送写命令，IIC 规定最低位是 0，表示写入 */
        iic_wait_ack();               /* 每次发送完一个字节,都要等待 ACK */
        iic_send_byte(addr >> 8);     /* 发送高字节地址 */
    }
    else
    {   /* 发送器件 0XA0 + 高位 a8/a9/a10 地址,写数据 */
        iic_send_byte(0XA0 + ((addr >> 8) << 1));
    }
    iic_wait_ack();         /* 每次发送完一个字节,都要等待 ACK */
    iic_send_byte(addr % 256);   /* 发送低位地址 */
    iic_wait_ack();         /* 等待 ACK，此时地址发送完成了 */
    /* 因为写数据的时候,不需要进入接收模式了,所以这里不用重新发送起始信号了 */
    iic_send_byte(data);  /* 发送 1 字节 */
    iic_wait_ack();         /* 等待 ACK */
    iic_stop();             /* 产生一个停止条件 */
    delay_ms(10);           /* 注意：EEPROM 写入比较慢,必须等到 10 ms 后再写下一个字节 */
}
```

该函数的操作流程跟前面已经分析过的 24C02 单字节写时序一样，首先调用 iic_start 函数产生起始信号，然后调用 iic_send_byte 函数发送第一个字节数据设备地址，等待 24Cxx 设备返回应答信号；收到应答信号后，继续发送第 2 个 1 字节数据内存地址 addr；等待接收应答后，最后发送第 3 个字节数据写入内存地址的数据 data，24Cxx 设备接收完数据返回应答信号，主机调用 iic_stop 函数产生停止信号终止数据传输，最终需要延时 10 ms，等待 EEPROM 写入完毕。

我们的函数兼容 24Cxx 系列多种容量，所以在发送设备地址处做了处理，这里说一下这样子设计的原因。24Cxx 芯片内存组织表如表 1.1 所列。

表 1.1　24Cxx 芯片内存组织表

芯　片	页　数	每页字节数	总的字节数	字节寻址地址线数量
AT24C01A	16	8	128	7
AT24C02	32	8	256	8
AT24C04	32	16	512	9
AT24C08A	64	16	1 024	10
AT24C16A	128	16	2 048	11
AT24C32	128	32	4 096	12
AT24C64A	256	32	8 192	13

主机发送的设备地址和内存地址共同确定了要写入的地方，24C16 使用 iic_send_byte(0xA0＋((addr >> 8) << 1)) 和 iic_send_byte(addr ％ 256) 确定写入位置；由于内存大小一共 2 048 字节，所以只需要定义 11 个寻址地址线，$2\ 048=2^{11}$。主机下发读/写命令的时候带了 3 位，后面再跟 1 个字节(8 位)的地址，正好 11 位，不需要再发后续

的地址字节了。

对于容量大于 24C16 的芯片,则需要单独发送 2 字节(甚至更多)的地址,如 24C32 的大小为 4 096,需要 12 个寻址地址线支持,4 096=2^{12}。24C16 正好是 2 字节,而它需要 3 字节才能确定写入的位置。24C32 芯片规定设备写地址 0xA0/读地址 0xA1,后面接着发送 8 位高地址,最后才发送 8 位低地址。与函数里面的操作是一致。

接下来看一下 at24cxx_read_one_byte 函数,其定义如下:

```
/**
 * @brief       在 AT24CXX 指定地址读出一个数据
 * @param       readaddr: 开始读数的地址
 * @retval      读到的数据
 */
uint8_t at24cxx_read_one_byte(uint16_t addr)
{
    uint8_t temp = 0;
    iic_start();                    /* 发送起始信号 */
    /* 根据不同的 24CXX 型号，发送高位地址
     * 1，24C16 以上的型号，分 2 个字节发送地址
     * 2，24C16 及以下的型号，分 1 个低字节地址 + 占用器件地址的 bit1～bit3 位用于表
          示高位地址，最多 11 位地址
     *      对于 24C01/02，其器件地址格式(8 bit)为：1  0  1  0  A2  A1  A0  R/W
     *      对于 24C04，   其器件地址格式(8 bit)为：1  0  1  0  A2  A1  a8  R/W
     *      对于 24C08，   其器件地址格式(8 bit)为：1  0  1  0  A2  a9  a8  R/W
     *      对于 24C16，   其器件地址格式(8 bit)为：1  0  1  0  a10 a9  a8  R/W
     *      R/W：读/写控制位 0,表示写；1,表示读；
     *      A0/A1/A2：对应器件的 1,2,3 引脚(只有 24C01/02/04/8 有这些脚)
     *      a8/a9/a10：对应存储整列的高位地址，11 bit 地址最多可以表示 2 048 个位置，可
            以寻址 24C16 及以内的型号
     */
    if (EE_TYPE > AT24C16)          /* 24C16 以上的型号，分 2 个字节发送地址 */
    {
        iic_send_byte(0XA0);        /* 发送写命令，IIC 规定最低位是 0，表示写入 */
        iic_wait_ack();             /* 每次发送完一个字节,都要等待 ACK */
        iic_send_byte(addr >> 8);   /* 发送高字节地址 */
    }
    else
    {   /* 发送器件 0XA0 + 高位 a8/a9/a10 地址,写数据 */
        iic_send_byte(0XA0 + ((addr >> 8) << 1));
    }
    iic_wait_ack();                 /* 每次发送完一个字节,都要等待 ACK */
    iic_send_byte(addr % 256);      /* 发送低位地址 */
    iic_wait_ack();                 /* 等待 ACK，此时地址发送完成了 */
    iic_start();                    /* 重新发送起始信号 */
    iic_send_byte(0XA1);            /* 进入接收模式，IIC 规定最低位是 0，表示读取 */
    iic_wait_ack();                 /* 每次发送完一个字节,都要等待 ACK */
    temp = iic_read_byte(0);        /* 接收一个字节数据 */
    iic_stop();                     /* 产生一个停止条件 */
    return temp;
}
```

这里函数的实现与前面介绍的 24C02 数据传输中的读时序一致,主机首先调用

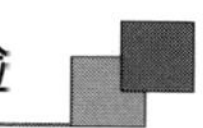

iic_start 函数产生起始信号，然后调用 iic_send_byte 函数发送第一个字节数据设备写地址，使用 iic_wait_ack 函数等待 24Cxx 设备返回应答信号；收到应答信号后，继续发送第 2 个 1 字节数据内存地址 addr；等待接收应答后，重新调用 iic_start 函数产生起始信号，这一次的设备方向改变了，调用 iic_send_byte 函数发送设备读地址，然后使用 iic_wait_ack 函数去等待设备返回应答信号，同时使用 iic_read_byte 去读取从机发出来的数据。由于 iic_read_byte 函数的形参是 0，所以在获取完一个字节的数据后，主机发送非应答信号，停止数据传输，最终调用 iic_stop 函数产生停止信号，返回从机 addr 中读取到的数据。

为了方便检测 24Cxx 芯片是否正常工作，这里也定义了一个检测函数，代码如下：

```
/**
 * @brief       检查 AT24CXX 是否正常
 * @note        检测原理：在器件的末地址写入 0X55，然后再读取，如果读取值为 0X55
 *              则表示检测正常. 否则,则表示检测失败
 * @param       无
 * @retval      检测结果
 *              0：检测成功
 *              1：检测失败
 */
uint8_t at24cxx_check(void)
{
    uint8_t temp;
    uint16_t addr = EE_TYPE;
    temp = at24cxx_read_one_byte(addr);           /* 避免每次开机都写 AT24CXX */
    if (temp == 0X55)                             /* 读取数据正常 */
    {
        return 0;
    }
    else                                          /* 排除第一次初始化的情况 */
    {
        at24cxx_write_one_byte(addr, 0X55);   /* 先写入数据 */
        temp = at24cxx_read_one_byte(255);    /* 再读取数据 */
        if (temp == 0X55)return 0;
    }
    return 1;
}
```

学到这个地方相信读者对于这个操作并不陌生了，前面的 RTC 实验也有相似的操作，可以翻回去看看。这里利用的是 EEPROM 芯片掉电不丢失的特性，在第一次写入某个值之后，再去读一下是否写入成功，利用这种方式去检测芯片是否正常工作。

此外，为方便多字节写入和读取，还定义了在指定地址读取指定个数的函数以及在指令地址写入指定个数的函数，代码如下：

```
/**
 * @brief       在 AT24CXX 里面的指定地址开始读出指定个数的数据
 * @param       addr：开始读出的地址对 24C02 为 0～255
 * @param       pbuf：数据数组首地址
 * @param       datalen：要读出数据的个数
```

```
 */
void at24cxx_read(uint16_t addr, uint8_t *pbuf, uint16_t datalen)
{
    while (datalen--)
    {
        *pbuf++ = at24cxx_read_one_byte(addr++);
    }
}
/**
 * @brief     在 AT24CXX 里面的指定地址开始写入指定个数的数据
 * @param     addr：开始写入的地址对 24C02 为 0~255
 * @param     pbuf：数据数组首地址
 * @param     datalen：要写入数据的个数
 */
void at24cxx_write(uint16_t addr, uint8_t *pbuf, uint16_t datalen)
{
    while (datalen--)
    {
        at24cxx_write_one_byte(addr, *pbuf);
        addr++;
        pbuf++;
    }
}
```

这2个函数都是调用前面的单字节操作函数去实现的，利用 for 循环连续调用单字节操作函数去实现，这里就不多讲了。

3. main.c 代码

在 main.c 里面编写如下代码：

```
const uint8_t g_text_buf[] = {"STM32 IIC TEST"};    /* 要写入到 24C02 的字符串数组 */
#define TEXT_SIZE        sizeof(g_text_buf)        /* TEXT 字符串长度 */
int main(void)
{
    uint8_t key;
    uint16_t i = 0;
    uint8_t datatemp[TEXT_SIZE];
    HAL_Init();                                  /* 初始化 HAL 库 */
    sys_stm32_clock_init(RCC_PLL_MUL9);          /* 设置时钟，72 MHz */
    delay_init(72);                              /* 延时初始化 */
    usart_init(115200);                          /* 串口初始化为 115 200 */
    usmart_dev.init(72);                         /* 初始化 USMART */
    led_init();                                  /* 初始化 LED */
    lcd_init();                                  /* 初始化 LCD */
    key_init();                                  /* 初始化按键 */
    at24cxx_init();                              /* 初始化 24CXX */
    lcd_show_string(30, 50, 200, 16, 16, "STM32", RED);
    lcd_show_string(30, 70, 200, 16, 16, "IIC TEST", RED);
    lcd_show_string(30, 90, 200, 16, 16, "ATOM@ALIENTEK", RED);
    lcd_show_string(30, 110, 200, 16, 16, "KEY1:Write  KEY0:Read", RED);
    while (at24cxx_check())     /* 检测不到 24C02 */
```

```
    {
        lcd_show_string(30, 130, 200, 16, 16, "24C02 Check Failed!", RED);
        delay_ms(500);
        lcd_show_string(30, 130, 200, 16, 16, "Please Check!        ", RED);
        delay_ms(500);
        LED0_TOGGLE();              /* 红灯闪烁 */
    }
    lcd_show_string(30, 130, 200, 16, 16, "24C02 Ready!", RED);
    while (1)
    {
        key = key_scan(0);
        if (key == KEY1_PRES)    /* KEY1 按下,写入 24C02 */
        {
            lcd_fill(0, 150, 239, 319, WHITE);  /* 清除半屏 */
            lcd_show_string(30, 150, 200, 16, 16, "Start Write 24C02....", BLUE);
            at24cxx_write(0, (uint8_t *)g_text_buf, TEXT_SIZE);
            /* 提示传送完成 */
            lcd_show_string(30, 150, 200, 16, 16, "24C02 Write Finished!", BLUE);
        }
        if (key == KEY0_PRES)    /* KEY0 按下,读取字符串并显示 */
        {
            lcd_show_string(30, 150, 200, 16, 16, "Start Read 24C02.... ", BLUE);
            at24cxx_read(0, datatemp, TEXT_SIZE);
            /* 提示传送完成 */
            lcd_show_string(30, 150, 200, 16, 16, "The Data Readed Is:  ", BLUE);
            /* 显示读到的字符串 */
            lcd_show_string(30, 170, 200, 16, 16, (char *)datatemp, BLUE);
        }
        i++;
        if (i == 20)
        {
            LED0_TOGGLE();  /* 红灯闪烁 */
            i = 0;
        }
        delay_ms(10);
    }
}
```

main 函数的流程大致是:在 main 函数外部定义要写入 24C02 的字符串数组 g_text_buf。在完成系统级和用户级初始化工作后,检测 24C02 是否存在,然后通过 KEY0 去读取 0 地址存放的数据并显示在 LCD 上;另外还可以通过 KEY1 去 0 地址处写入 g_text_buf 数据并在 LCD 界面中显示传输,完成后显示"24C02 Write Finished!"。

1.4 下载验证

将程序下载到开发板后,可以看到 LED0 不停闪烁,提示程序已经在运行了。先按下 KEY1 写入数据,然后再按 KEY0 读取数据,最终 LCD 显示的内容如图 1.14 所示。

假如需要验证 24C02 的自检函数,则可以用根杜邦线把 PB6 和 PB7 短接,重新上

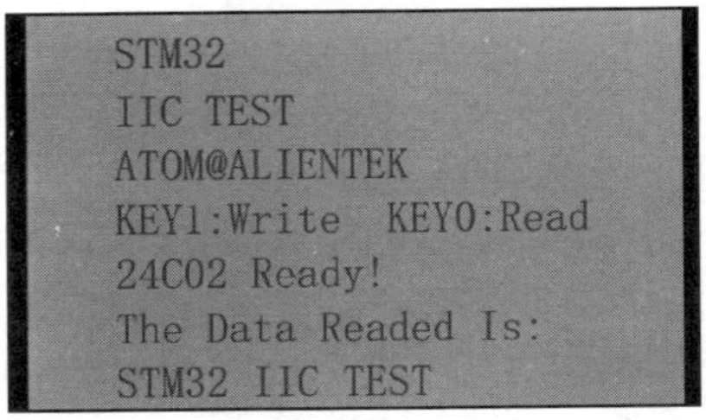

图 1.14　I²C 实验程序运行效果图

电看是否能看到报错。

该实验还支持 USMART，在这里可以方便测试 24C02 的读/写功能，可以操作 24C02 的任意地址，不过在 0～255 这个范围。读/写测试图如图 1.15 所示。

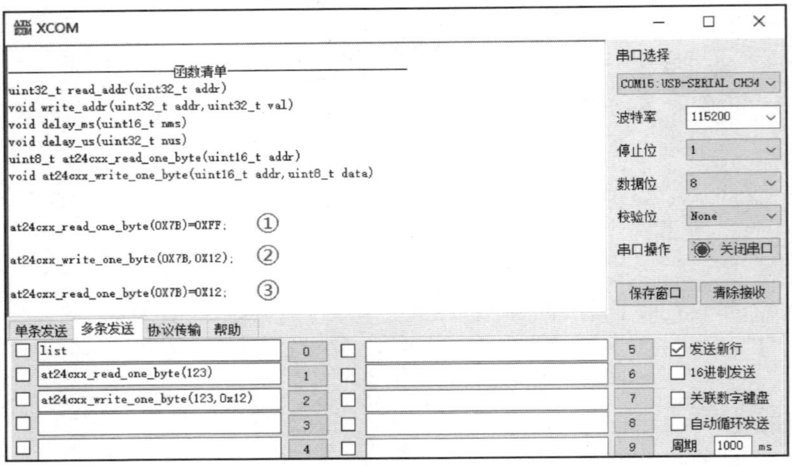

图 1.15　24C02 读/写测试图

图中首先调用 at24cxx_read_one_byte 函数在 123 地址处读取，获取的数据为 0xFF。通过调用 at24cxx_write_one_byte 函数在 123 地址处写入 0x12，然后继续调用 at24cxx_read_one_byte 函数在 123 地址处读取获得 0x12 的值，表明实验成功。

至此，整个 I²C 实验就结束了。本章内容比较多，需要读者多花点时间去理解，一定要自己去用一下 I²C 通信协议。市面上很多器件都是具有 I²C 通信接口的，可以尝试去驱动它们，这样才能学以致用。

第 2 章

SPI 实验

本章将介绍如何使用 STM2F103 的 SPI 功能，并实现对外部 NOR FLASH 的读/写，同时把结果显示在 TFTLCD 模块上。

2.1 SPI 及 NOR FLASH 简介

2.1.1 SPI 简介

这里将从结构、时序和寄存器三个部分来介绍 SPI。

1. SPI 框图

SPI 是 Serial Peripheral interface 的缩写，顾名思义就是串行外围设备接口。SPI 通信协议是 Motorola 公司首先在其 MC68HCXX 系列处理器上定义的。SPI 接口是一种高速的全双工同步的通信总线，已经广泛应用在众多 MCU、存储芯片、ADC 和 LCD 之间。大部分 STM32 有 3 个 SPI 接口，本实验使用的是 SPI2。

我们先看 SPI 的结构框图，了解它的大致功能，如图 2.1 所示。这里展开介绍一下 SPI 的引脚信息、工作原理以及传输方式，把 SPI 的 4 种工作方式放在后面讲解。

(1) SPI 的引脚信息

➢ MISO(Master In/Slave Out)：主设备数据输入，从设备数据输出。

➢ MOSI(Master Out/Slave In)：主设备数据输出，从设备数据输入。

➢ SCLK(Serial Clock)：时钟信号，由主设备产生。

➢ CS(Chip Select)：从设备片选信号，由主设备产生。

(2) SPI 的工作原理

主机和从机都有一个串行移位寄存器，主机通过向它的 SPI 串行寄存器写入一个字节来发起一次传输。串行移位寄存器通过 MOSI 信号线将字节传送给从机，从机也将自己串行移位寄存器中的内容通过 MISO 信号线返回给主机。这样，2 个移位寄存器中的内容就被交换。外设的写操作和读操作是同步完成的。如果只是进行写操作，主机只须忽略接收到的字节。反之，若主机要读取从机的一个字节，就必须发送一个空字节引发从机传输。

(3) SPI 的传输方式

SPI 总线具有 3 种传输方式：全双工、单工以及半双工传输方式。

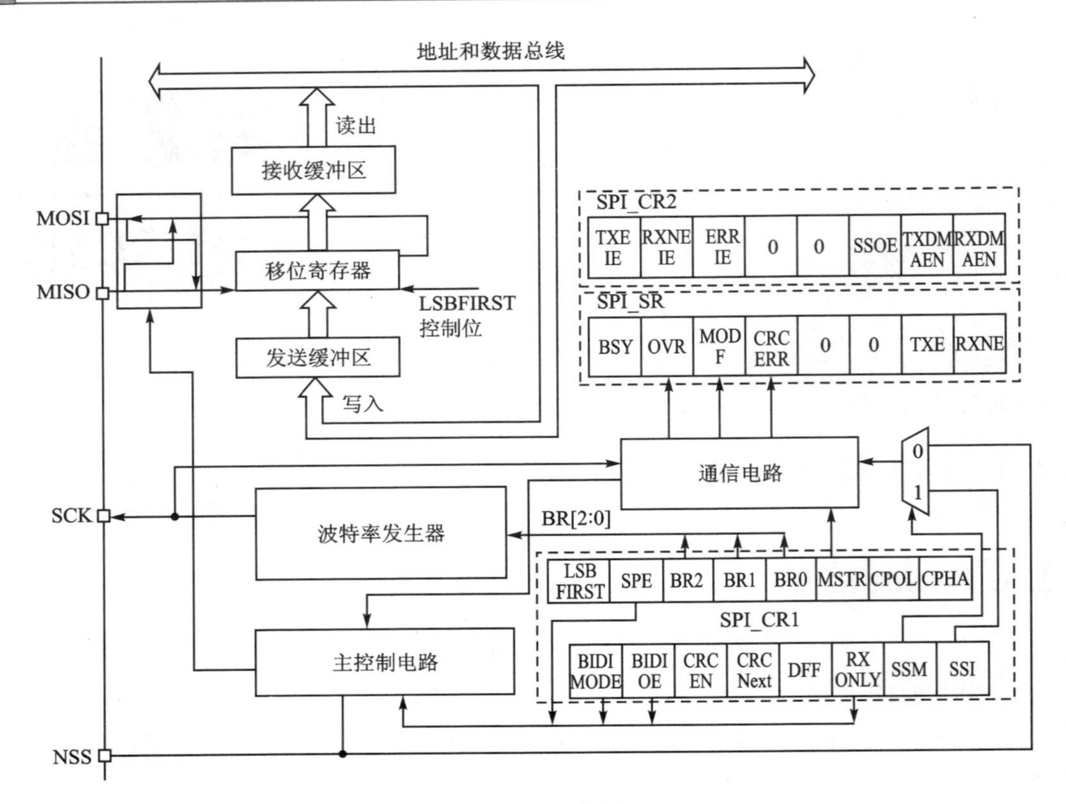

图 2.1 SPI 框图

全双工通信:就是在任何时刻,主机与从机之间都可以同时进行数据的发送和接收。

单工通信:就是在同一时刻,只有一个传输的方向,发送或者接收。

半双工通信:就是在同一时刻,只能为一个方向传输数据。

2. SPI 工作模式

STM32 要与具有 SPI 接口的器件进行通信,就必须遵循 SPI 的通信协议。每一种通信协议都有各自的读/写数据时序,当然 SPI 也不例外。SPI 通信协议就具备 4 种工作模式,在讲这 4 种工作模式前,首先知道 CPOL 和 CPHA。

CPOL,全称 Clock Polarity,就是时钟极性,即主从机没有数据传输时(即空闲状态)SCL 线的电平状态。若空闲状态是高电平,那么 CPOL=1;若空闲状态是低电平,那么 CPOL=0。

CPHA,全称 Clock Phase,就是时钟相位。这里先介绍一下数据传输的常识:同步通信时,数据的变化和采样都是在时钟边沿上进行的,每一个时钟周期都有上升沿和下降沿 2 个边沿,那么数据的变化和采样就分别安排在 2 个不同的边沿。由于数据在产生和到它稳定需要一定的时间,那么假如我们在第一个边沿信号把数据输出了,从机只能从第 2 个边沿信号去采样这个数据。

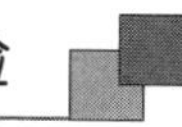

CPHA实质指的是数据的采样时刻，CPHA=0的情况就表示数据是从第一个边沿信号上(即奇数边沿)采样，具体是上升沿还是下降沿则由CPOL决定。这里就存在一个问题：当开始传输第一个bit的时候，第一个时钟边沿就采集该数据了，那数据是什么时候输出来的呢？那么就有2种情况：一是CS使能的边沿，二是上一帧数据的最后一个时钟沿。

CPHA=1的情况就表示数据是从第2个边沿(即偶数边沿)采样，它的边沿极性要注意一点，和上面CPHA=0不一样的边沿情况。前面是奇数边沿采样数据，从SCL空闲状态的直接跳变，空闲状态是高电平，那么它就是下降沿，反之就是上升沿。由于CPHA=1是偶数边沿采样，所以需要根据偶数边沿判断，假如第一个边沿(即奇数边沿)是下降沿，那么偶数边沿的边沿极性就是上升沿。不理解的可以看下面4种SPI工作模式的图。

由于CPOL和CPHA都有2种不同状态，所以SPI分成了4种模式。开发的时候使用比较多的是模式0和模式3。SPI工作模式如表2.1所列。

表2.1 SPI工作模式表

SPI工作模式	CPOL	CPHA	SCL空闲状态	采样边沿	采样时刻
0	0	0	低电平	上升沿	奇数边沿
1	0	1	低电平	下降沿	偶数边沿
2	1	0	高电平	下降沿	奇数边沿
3	1	1	高电平	上升沿	偶数边沿

下面分别对SPI的4种工作模式进行分析。

先分析一下CPOL=0&&CPHA=0的时序。图2.2就是串行时钟的奇数边沿上升沿采样的情况。首先由于配置了CPOL=0，可以看到当数据未发送或者发送完毕，SCL的状态是低电平，再者CPHA=0即奇数边沿采集。所以传输的数据会在奇数边沿上升沿被采集，MOSI和MISO数据的有效信号需要在SCK奇数边沿保持稳定且被采样，在非采样时刻，MOSI和MISO的有效信号才发生变化。

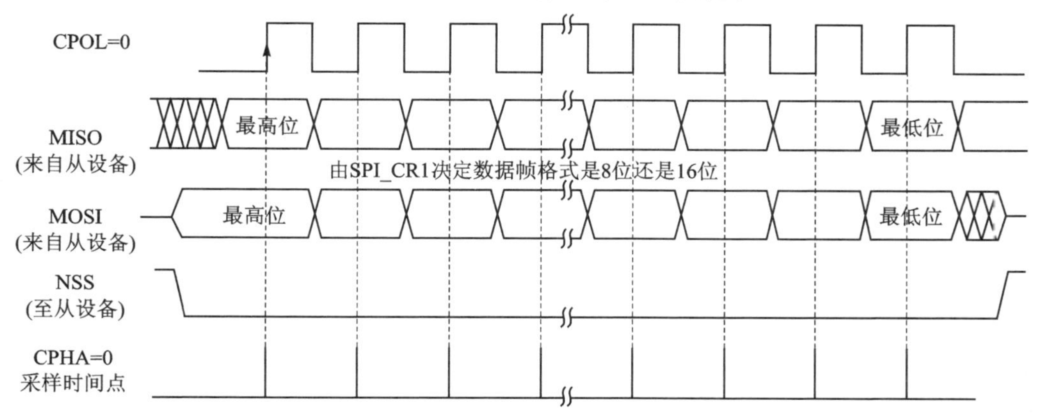

图2.2 串行时钟的奇数边沿上升沿采样时序图

在 CPOL=0&CPHA=1 的时序下,图 2.3 是串行时钟的偶数边沿下降沿采样的情况。由于 CPOL=0,所以 SCL 的空闲状态依然是低电平;CPHA=1 所以数据就从偶数边沿采样,至于是上升沿还是下降沿,从图 2.3 就可以知道,是下降沿。这里有一个误区,空闲状态是低电平的情况下,不是应该上升沿吗,为什么这里是下降沿?首先我们先明确这里是偶数边沿采样,那么看图就很清晰,SCL 低电平空闲状态下,上升沿在奇数边沿上,下降沿在偶数边沿上。

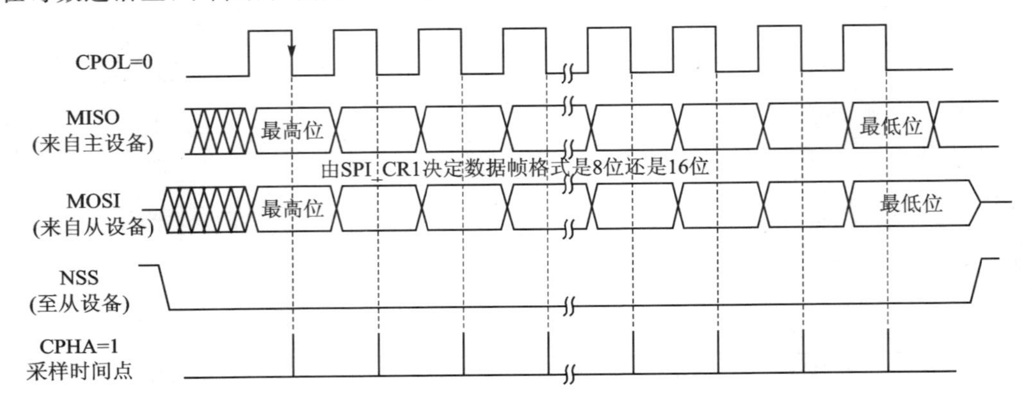

图 2.3　串行时钟的偶数边沿下降沿采样图

图 2.4 这种情况和第一种情况相似,只是这里是 CPOL=1,即 SCL 空闲状态为高电平,在 CPHA=0,奇数边沿采样的情况下,数据在奇数边沿下降沿要保持稳定并等待采样。

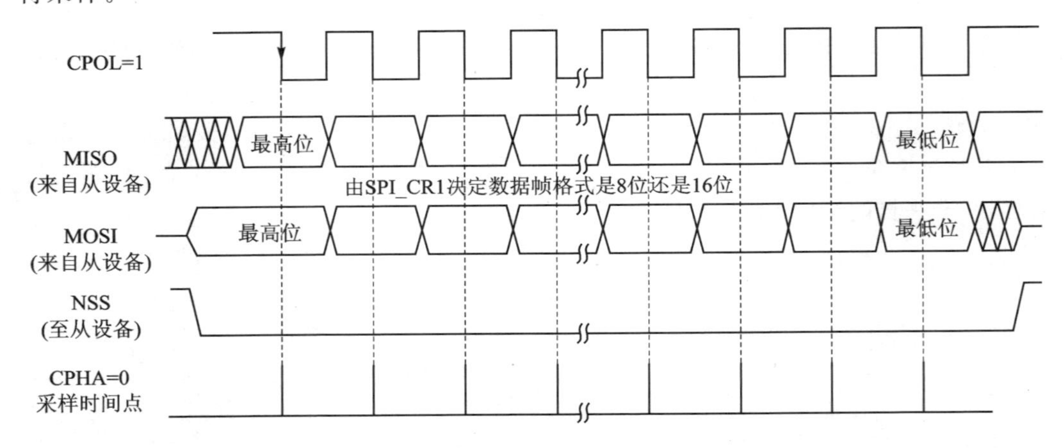

图 2.4　串行时钟的奇数边沿下降沿采样图

图 2.5 是 CPOL=1&&CPHA=1 的情形,可以看到未发送数据和发送数据完毕时 SCL 的状态是高电平,奇数边沿的边沿极性是上升沿,偶数边沿的边沿极性是下降沿。因为 CPHA=1,所以数据在偶数边沿上升沿被采样。在奇数边沿的时候 MOSI 和 MISO 会发生变化,在偶数边沿时候是稳定的。

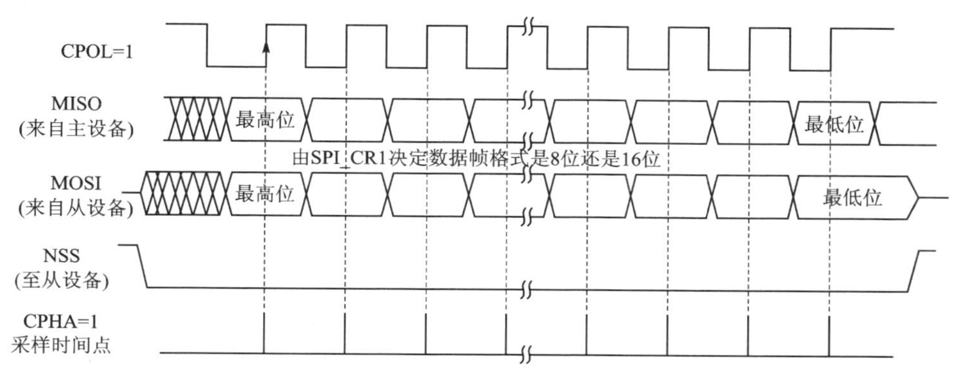

图 2.5 串行时钟的偶数边沿上升沿采样图

3. SPI 寄存器

这里简单介绍一下本实验用到的寄存器。

(1) SPI 控制寄存器 1(SPI_CR1)

SPI 控制寄存器 1 描述如图 2.6 所示。

15	14	13	12	11	10	9	8	7	6	5	4	3	2	1	0
BIDI MODE	BIDI OE	CRCEN	CRC NEXT	DFF	RX ONLY	SSM	SSI	LSB FIRST	SPE	BR[2:0]			MSTR	CPOL	CPHA
rw	rw	rw	rw	rw	rw	rw	rw	rw	rw	rw	rw	rw	rw	rw	rw

位	描述
位11	DFF：数据帧格式 0：使用8位数据帧格式进行发送/接收；　1：使用16位数据帧格式进行发送/接收。 注：只有当SPI禁止(SPE=0)时，才能写该位，否则出错。　注：I²S模式下不使用
位10	RXONLY：只接收 该位和BIDIMODE位一起决定在“双线双向”模式下的传输方向。在多个从设备的配置中，在未被访问的从设备上该位被置1，使得只有被访问的从设备有输出，从而不会造成数据线上数据冲突。注：I²S模式下不使用。 0：全双工(发送和接收)；　1：禁止输出(只接收模式)
位9	SSM：软件从设备管理 当SSM被置位时，NSS引脚上的电平由SSI位的值决定。注：I²S模式下不使用。 0：禁止软件从设备管理；　1：启用软件从设备管理
位7	LSBFIRST：帧格式 0：先发送MSB；　1：先发送LSB。 注：当通信在进行时不能改变该位的值。　注：I²S模式下不使用
位6	SPE：SPI使能 0：禁止SPI设备；　1：开启SPI设备。 注：I²S模式下不使用。
位5:3	BR[2:0]：波特率控制 000：$f_{PCLK}/2$　001：$f_{PCLK}/4$　010：$f_{PCLK}/8$　011：$f_{PCLK}/16$ 100：$f_{PCLK}/32$　101：$f_{PCLK}/64$　110：$f_{PCLK}/128$　111：$f_{PCLK}/256$ 当通信正在进行的时候，不能修改这些位。　注意：I²S模式下不使用
位2	MSTR：主设备选择 0：配置为从设备；　1：配置为主设备。 注：当通信正在进行的时候，不能修改该位。　注：I²S模式下不使用
位1	CPOL：时钟极性 0：空闲状态时，SCK保持低电平；　1：空闲状态时，SCK保持高电平。 注：当通信正在进行的时候，不能修改该位。　注：I²S模式下不使用
位0	CPHA：时钟相位 0：数据采样从第一个时钟边沿开始；　1：数据采样从第二个时钟边沿开始。 注：当通信正在进行的时候，不能修改该位。　注：I²S模式下不使用

图 2.6 SPI_CR1 寄存器(部分)

该寄存器控制着SPI很多相关信息,包括主设备模式选择、传输方向、数据格式、时钟极性、时钟相位和使能等。下面讲解一下本实验配置的位,位CPHA置1,数据采样从第二个时钟边沿开始;位CPOL置1,在空闲状态时,SCK保持高电平;位MSTR置1,配置为主设备;在位BR[2:0]置7,使用256分频,速度最低;位SPE置1,开启SPI设备;位LSBFIRST置0,MSB先传输;位SSI置1,禁止软件从设备,即做主机;位SSM置1,软件片选NSS控制;位RXONLY置0,传输方式采用的是全双工模式;位DFF置0,使用8位数据帧格式。

(2) SPI状态寄存器(SPI_SR)

SPI状态寄存器描述如图2.7所示。

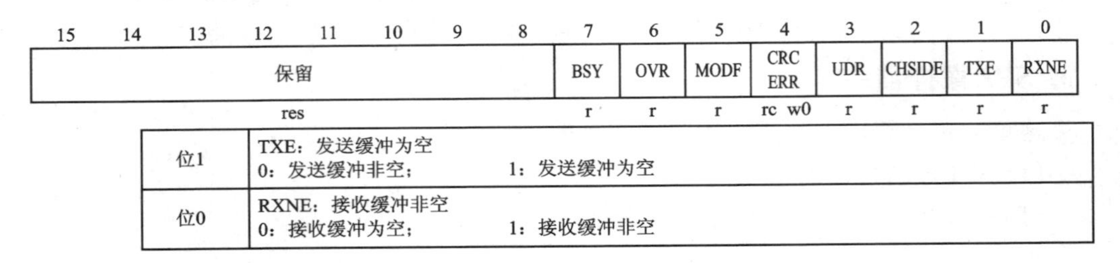

图2.7　SPI_SR寄存器(部分)

该寄存器用于查询当前SPI的状态,本实验中用到的是TXE位和RXNE位,即是否发送完成和接收完成的标记。

(3) SPI数据寄存器(SPI_DR)

SPI数据寄存器描述如图2.8所示。

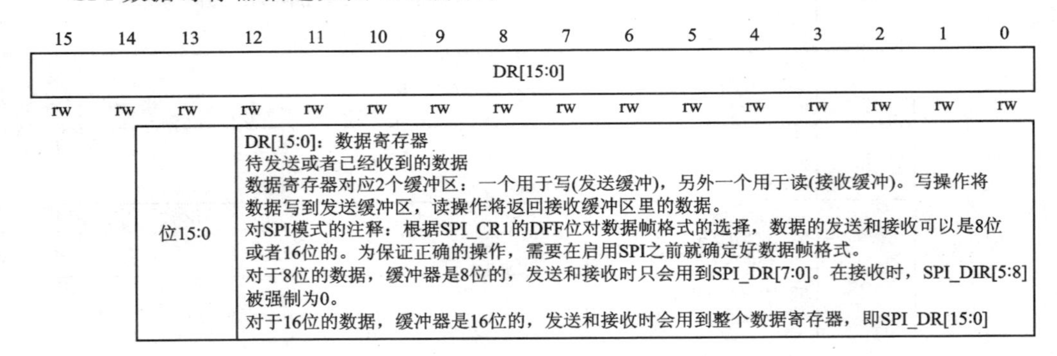

图2.8　SPI_DR寄存器

该寄存器是SPI数据寄存器,是一个双寄存器,包括了发送缓存和接收缓存。当向该寄存器写数据的时候,SPI就会自动发送;当收到数据的时候,也存在该寄存器内。

2.1.2　NOR FLASH简介

1. FLASH简介

FLASH是常见的用于存储数据的半导体器件,具有容量大、可重复擦写、按“扇区/块”擦除、掉电后数据可继续保存的特性。常见的FLASH主要有NOR FLASH和NAND FLASH共2种类型，它们的特性如表2.2所列。NOR和NAND是2种数字门电路，可以简单地认为Flash内部存储单元使用哪种门作存储单元就是哪类型的FLASH。U盘、SSD、eMMC等为NAND型，而NOR FLASH则根据设计需要灵活应用于各类PCB上，如BIOS、手机等。

表2.2 NOR FLASH和NAND FLASH特性对比

特　性	NOR FLASH	NAND FLASH
容量	较小	很大
同容量存储器成本	较贵	较便宜
擦除单元	以“扇区/块”擦除	以“扇区/块”擦除
读/写单元	可以基于字节读写	必须以“块”为单位读写
读取速度	较高	较低
写入速度	较低	较高
集成度	较低	较高
介质类型	随机存储	连续存储
地址线和数据线	独立分开	共用
坏块	较少	较多
是否支持XIP	支持	不支持

NOR与NAND在数据写入前都需要有擦除操作，但实际上NOR FLASH的一个bit可以从1变成0，而要从0变1就要擦除后再写入，NAND FLASH这2种情况都需要擦除。擦除操作的最小单位为“扇区/块”，这意味着有时候即使只写一字节的数据，则这个“扇区/块”之前的数据都可能被擦除。

NOR的地址线和数据线分开，它可以按“字节”读/写数据，符合CPU的指令译码执行要求。所以假如NOR上存储了代码指令，CPU给NOR一个地址，NOR就能向CPU返回一个数据让CPU执行，中间不需要额外的处理操作，这体现于表2.2中的支持XIP特性(eXecute In Place)。因此，可以用NOR FLASH直接作为嵌入式MCU的程序存储空间。

NAND的数据和地址线共用，只能按“块”来读/写数据。假如NAND上存储了代码指令，CPU给NAND地址后，它无法直接返回该地址的数据，所以不符合指令译码要求。

若代码存储在NAND上，则可以把它先加载到RAM存储器上，再由CPU执行。所以在功能上可以认为NOR是一种断电后数据不丢失的RAM，但它的擦除单位与RAM有区别，且读/写速度比RAM要慢得多。

FLASH也有对应的缺点，使用过程中需要尽量规避这些问题：一个是FLASH的使用寿命，另一个是可能的位反转。

使用寿命体现在读/写上，FLASH的擦除次数都是有限的(NOR FLASH普遍是10万次左右)，当它的使用接近寿命的时候，可能会出现写操作失败。由于NAND通常是整块擦写,块内有一位失效整个块就会失效,这称为坏块。使用 NAND FLASH 最好通过算法扫描介质找出坏块并标记为不可用,因为坏块上的数据是不准确的。

位反转是数据位写入时为 1,但经过一定时间的环境变化后可能实际变为 0 的情况,反之亦然。位反转的原因很多,可能是器件特性,也可能与环境干扰有关,由于位反转的问题可能存在,所以 FLASH 存储器需要探测/错误更正(EDC/ECC)算法来确保数据的正确性。

FLASH 芯片有很多种芯片型号,在我们的 norflash.h 头文件中有芯片 ID 的宏定义,对应的就是不同型号的 NOR FLASH 芯片,比如有 W25Q128、BY25Q128、NM25Q128,它们是来自不同厂商的同种规格的 NOR FLASH 芯片,内存空间都是 128M 字,即 16 MB。它们的很多参数、操作都是一样的,所以我们的实验都是兼容它们的。

这么多的芯片就不一一介绍了,这里以 NM25Q128 为例,认识一下具体的 NOR FLASH 的特性。其他的型号都类似。

NM25Q128 是一款大容量 SPI FLASH 产品,其容量为 16 MB。它将 16 MB 的容量分为 256 个块(Block),每个块大小为 64 KB,每个块又分为 16 个扇区(Sector),每一个扇区 16 页,每页 256 个字节,即每个扇区 4 KB。NM25Q128 的最小擦除单位为一个扇区,也就是每次必须擦除 4 KB。这样我们需要给 NM25Q128 开辟一个至少 4 KB 的缓存区,这样对 SRAM 要求比较高,要求芯片必须有 4 KB 以上 SRAM 才能很好地操作。

NM25Q128 的擦写周期多达 10 万次,具有 20 年的数据保存期限,支持电压为 2.7~3.6 V。NM25Q128 支持标准的 SPI,还支持双输出/四输出的 SPI,最大 SPI 时钟可以到 104 MHz(双输出时相当于 208 MHz,四输出时相当于 416 MHz)。

NM25Q128 芯片的引脚图如图 2.9 所示。

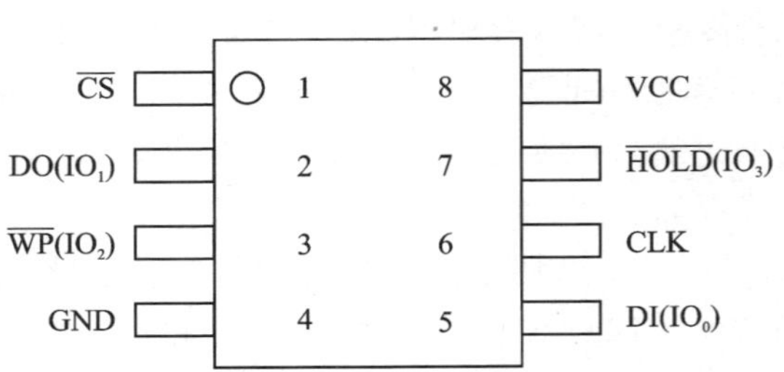

图 2.9 NM25Q128 芯片引脚图

芯片引脚连接如下:$\overline{\text{CS}}$ 即片选信号输入,低电平有效;DO 是 MISO 引脚,在 CLK 引脚的下降沿输出数据;$\overline{\text{WP}}$ 是写保护引脚,高电平可读可写,低电平仅仅可读;DI 是 MOSI 引脚,主机发送的数据、地址和命令从 SI 引脚输入到芯片内部,在 CLK 引脚的上升沿捕获数据;CLK 是串行时钟引脚,为输入输出提供时钟脉冲;$\overline{\text{HOLD}}$ 是保持引脚,低电平有效。

STM32F103 通过 SPI 总线连接到 NM25Q128 对应的引脚即可启动数据传输。

2. NOR FLASH 工作时序

前面对于 NM25Q128 的介绍中也提及其存储的体系,NM25Q128 有写入、读取还有擦除的功能,下面就对这 3 种操作的时序进行分析,后面通过代码的形式驱动它。

下面看一下读操作时序，如图2.10所示。可见，读数据指令是03H，可以读出一个字节或者多个字节。发起读操作时，先把$\overline{CS}$片选引脚拉低，然后通过MOSI引脚把03H发送芯片，之后再发送要读取的24位地址，这些数据在CLK上升沿时采样。芯片接收完24位地址之后，就会把相对应地址的数据在CLK引脚下降沿从MISO引脚发送出去。从图中可以看出，只要CLK一直在工作，那么通过一条读指令就可以把整个芯片存储区的数据读出来。当主机把$\overline{CS}$引脚拉高时，数据传输停止。

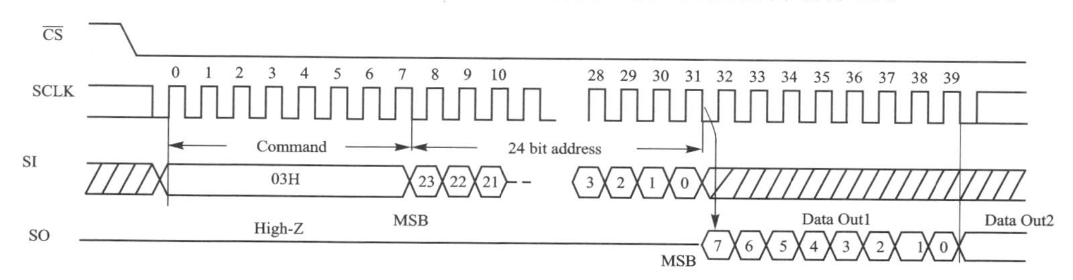

图2.10　NM25Q128读操作时序图

接着看一下写时序，这里我们先看页写时序，如图2.11所示。

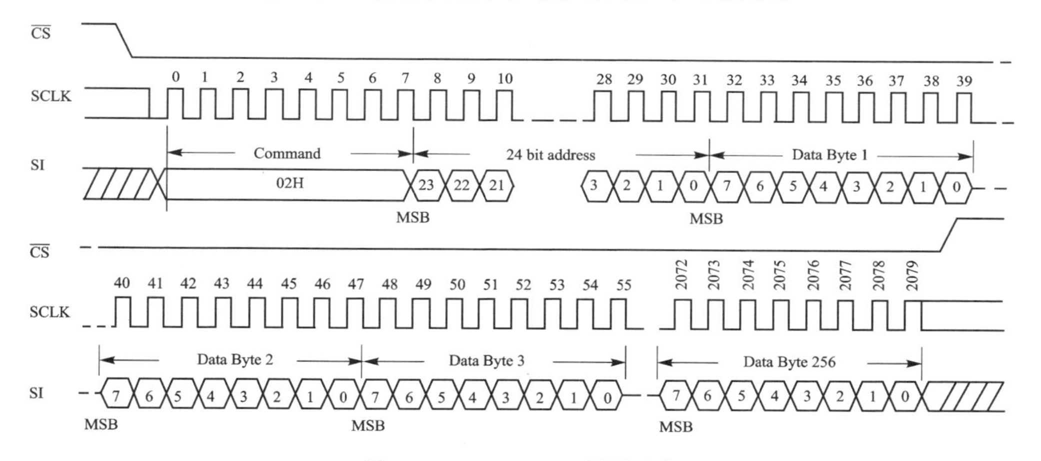

图2.11　NM25Q128页写时序

在发送页写指令之前，需要先发送“写使能”指令。然后主机拉低$\overline{CS}$引脚，通过MOSI引脚把02H发送到芯片，接着发送24位地址，最后就可以发送需要写的字节数据到芯片。完成数据写入之后，需要拉高$\overline{CS}$引脚，停止数据传输。

下面介绍一下扇区擦除时序，如图2.12所示。

扇区擦除指的是将一个扇区擦除，通过前面的介绍也知道，NM25Q128的扇区大小是4 KB。擦除扇区后，扇区的位全置1，即扇区字节为FFh。同样的，在执行扇区擦除之前，需要先执行写使能指令。这里需要注意的是当前SPI总线的状态，假如总线状态是BUSY，那么这个扇区擦除是无效的，所以在拉低$\overline{CS}$引脚准备发送数据前，需要先确定SPI总线的状态，这就需要执行读状态寄存器指令，读取状态寄存器的BUSY位，需要等待BUSY位为0，才可以执行擦除工作。

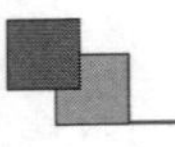

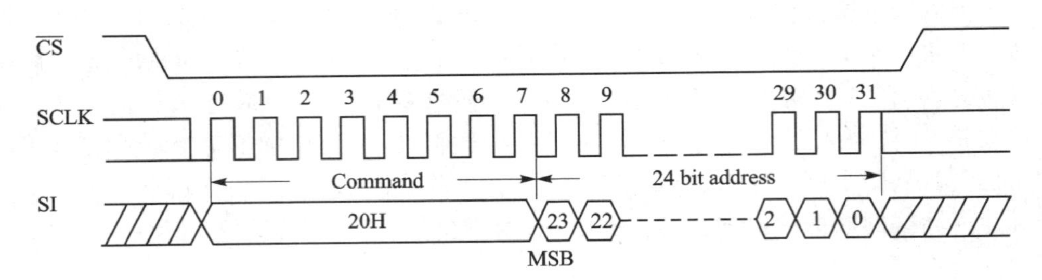

图 2.12 扇区擦除时序图

接着按时序图分析，主机先拉低 $\overline{CS}$ 引脚，然后通过 MOSI 引脚发送指令代码 20h 到芯片，接着把 24 位扇区地址发送到芯片，然后需要拉高 $\overline{CS}$ 引脚，通过读取寄存器状态等待扇区擦除操作完成。

此外还有对整个芯片进行擦除的操作，时序比扇区擦除更加简单，不用发送 24 bit 地址，只需要发送指令代码 C7h 到芯片即可实现芯片的擦除。

NM25Q128 手册中还有许多种方式的读/写/擦除操作，这里只分析本实验用到的，其他可以参考 NM25Q128 手册。

2.2 硬件设计

(1) 例程功能

通过 KEY1 按键来控制 NOR FLASH 的写入，通过按键 KEY0 来控制 NOR FLASH 的读取，并在 LCD 模块上显示相关信息。还可以通过 USMART 控制读取 NOR FLASH 的 ID、擦除某个扇区或整片擦除。LED0 闪烁用于提示程序正在运行。

(2) 硬件资源

- LED 灯：LED0 - PB5；
- 独立按键：KEY0 - PE4、KEY1 - PE3；
- NOR FLASH NM25Q128；
- 正点原子 TFTLCD 模块(仅限 MCU 屏，16 位 8080 并口驱动)；
- 串口 1(PA9、PA10 连接在板载 USB 转串口芯片 CH340 上面)(USMART 使用)。

(3) 原理图

我们主要来看看 NOR FLASH 和开发板的连接，如图 2.13 所示。可见，NM25Q128 的 $\overline{CS}$、SCK、MISO 和 MOSI 分别连接在 PB12、PB13、PB14 和 PB15 上。本实验还支持多种型号的 SPI FLASH 芯片，比如 BY25Q128、NM25Q128、W25Q128 等，具体查看 norflash.h 文件的宏定义，在程序上只需要稍微修改一下即可，后面讲解程序的时候会提到。

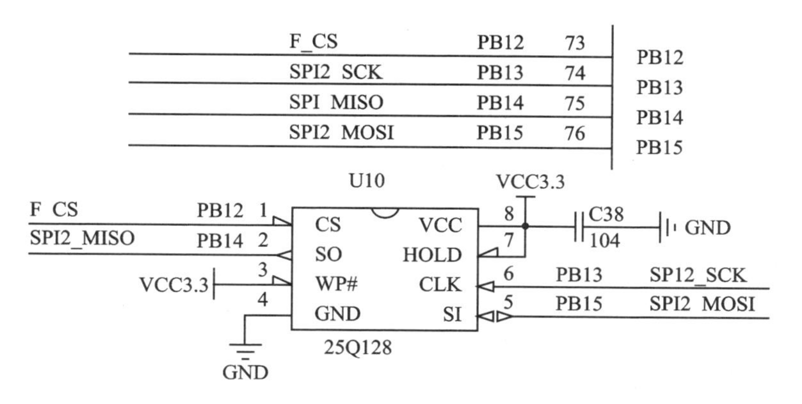

图 2.13 NOR FLASH 与开发板的连接原理

2.3 程序设计

2.3.1 SPI 的 HAL 库驱动

SPI 在 HAL 库中的驱动代码在 stm32f1xx_hal_spi.c 文件(及其头文件)中。

HAL_SPI_Init 函数是 SPI 的初始化函数,其声明如下:

```
HAL_StatusTypeDef HAL_SPI_Init(SPI_HandleTypeDef *hspi);
```

函数描述:用于初始化 SPI。

函数形参:形参 SPI_HandleTypeDef 是结构体类型指针变量,其定义如下:

```
typedef struct  __SPI_HandleTypeDef
{
  SPI_TypeDef                 *Instance;              /* SPI 寄存器基地址 */
  SPI_InitTypeDef             Init;                   /* SPI 通信参数 */
  uint8_t                     *pTxBuffPtr;            /* SPI 的发送缓存 */
  uint16_t                    TxXferSize;             /* SPI 的发送数据大小 */
  __IO uint16_t               TxXferCount;            /* SPI 发送端计数器 */
  uint8_t                     *pRxBuffPtr;            /* SPI 的接收缓存 */
  uint16_t                    RxXferSize;             /* SPI 的接收数据大小 */
  __IO uint16_t               RxXferCount;            /* SPI 接收端计数器 */
  void (*RxISR)(struct  __SPI_HandleTypeDef *hspi);   /* SPI 的接收端中断服务函数 */
  void (*TxISR)(struct  __SPI_HandleTypeDef *hspi);   /* SPI 的发送端中断服务函数 */
  DMA_HandleTypeDef           *hdmatx;                /* SPI 发送参数设置(DMA) */
  DMA_HandleTypeDef           *hdmarx;                /* SPI 接收参数设置(DMA) */
  HAL_LockTypeDef             Lock;                   /* SPI 锁对象 */
  __IO HAL_SPI_StateTypeDef   State;                  /* SPI 传输状态 */
  __IO uint32_t               ErrorCode;              /* SPI 操作错误代码 */
} SPI_HandleTypeDef;
```

这里主要讲解第二个成员变量 Init,它是 SPI_InitTypeDef 结构体类型,该结构体定义如下:

```
typedef struct
{
  uint32_t Mode;                    /* 模式:主:SPI_MODE_MASTER 从:SPI_MODE_SLAVE */
  uint32_t Direction;               /* 方向:只接收模式单线双向通信数据模式全双工 */
  uint32_t DataSize;                /* 数据帧格式: 8 位/16 位 */
  uint32_t CLKPolarity;             /* 时钟极性 CPOL 高/低电平 */
  uint32_t CLKPhase;                /* 时钟相位奇/偶数边沿采集 */
  uint32_t NSS;                     /* SS 信号由硬件(NSS)管脚控制还是软件控制 */
  uint32_t BaudRatePrescaler;       /* 设置 SPI 波特率预分频值 */
  uint32_t FirstBit;                /* 起始位是 MSB 还是 LSB */
  uint32_t TIMode;                  /* 帧格式 SPI motorola 模式还是 TI 模式 */
  uint32_t CRCCalculation;          /* 硬件 CRC 是否使能 */
  uint32_t CRCPolynomial;           /* 设置 CRC 多项式 */
} SPI_InitTypeDef;
```

函数返回值:HAL_StatusTypeDef 枚举类型的值。

使用 SPI 传输数据的配置步骤如下:

① SPI 参数初始化(工作模式、数据时钟极性、时钟相位等)。

HAL 库通过调用 SPI 初始化函数 HAL_SPI_Init 完成对 SPI 参数初始化,详见例程源码。注意,该函数会调用 HAL_SPI_MspInit 函数来完成对 SPI 底层的初始化,包括 SPI 及 GPIO 时钟使能、GPIO 模式设置等。

② 使能 SPI 时钟和配置相关引脚的复用功能。

本实验用到 SPI2,使用 PB13、PB14 和 PB15 作为 SPI_SCK、SPI_MISO 和 SPI_MOSI,因此需要先使能 SPI2 和 GPIOB 时钟。参考代码如下:

```
__HAL_RCC_SPI2_CLK_ENABLE();
__HAL_RCC_GPIOB_CLK_ENABLE();
```

I/O 口复用功能是通过函数 HAL_GPIO_Init 来配置的。

③ 使能 SPI。

通过__HAL_SPI_ENABLE 函数使能 SPI 便可进行数据传输。

④ SPI 传输数据。

通过 HAL_SPI_Transmit 函数进行发送数据。通过 HAL_SPI_Receive 函数进行接收数据。也可以通过 HAL_SPI_TransmitReceive 函数进行发送与接收操作。

⑤ 设置 SPI 传输速度。

SPI 初始化结构体 SPI_InitTypeDef 有一个成员变量是 BaudRatePrescaler,该成员变量用来设置 SPI 的预分频系数,从而决定了 SPI 的传输速度。但是 HAL 库并没有提供单独的 SPI 分频系数修改函数,如果需要在程序中偶尔修改速度,那么就要通过设置 SPI_CR1 寄存器来修改,具体实现方法参考后面软件设计小节的相关函数。

2.3.2 程序流程图

程序流程如图 2.14 所示。

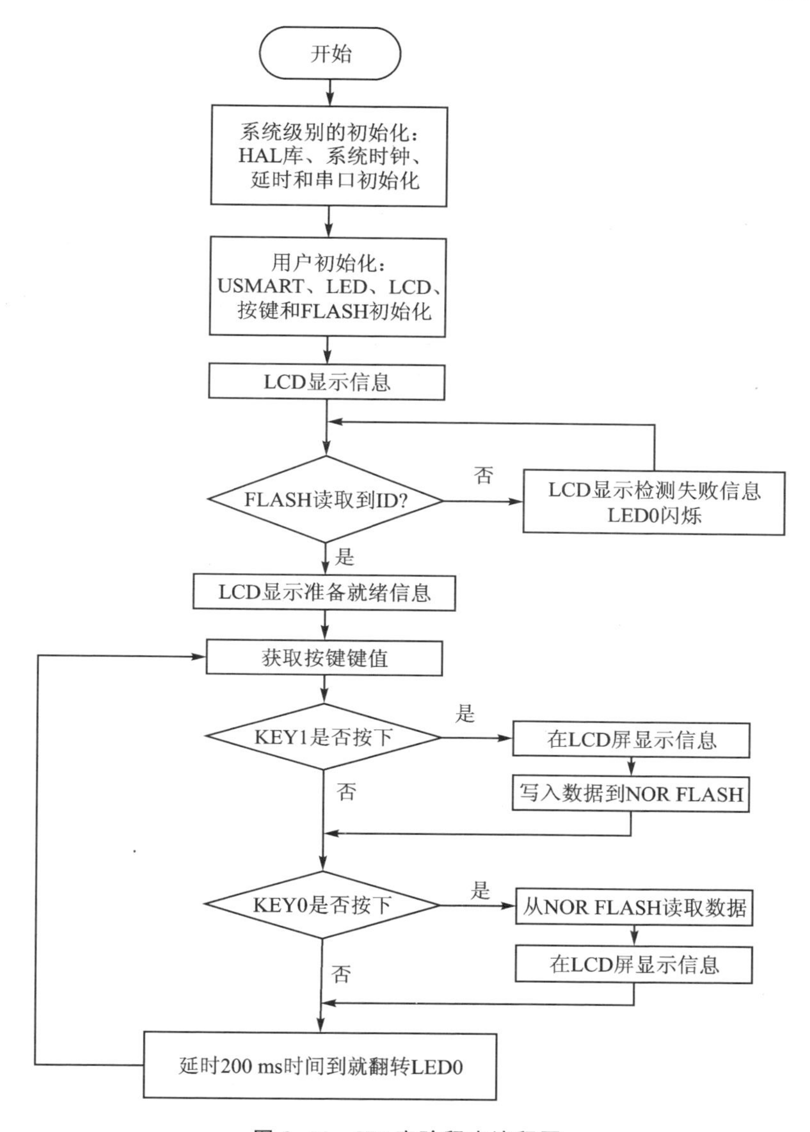

图 2.14　SPI 实验程序流程图

2.3.3　程序解析

本实验通过调用 HAL 库的函数去驱动 SPI 进行通信，所以需要在工程的 FWLIB 分组下添加 stm32f1xx_hal_spi.c 文件去支持。实验工程中新增了 spi.c 来存放 SPI 底层驱动代码，norflash.c 文件存放 W25Q128、NM25Q128 驱动。

1. SPI 驱动代码

这里只讲解核心代码，详细的源码可参考配套资料中本实验对应源码。SPI 驱动源码包括 2 个文件：spi.c 和 spi.h。

下面直接介绍 SPI 相关的程序，首先介绍 spi.h 文件，其定义如下：

```
/* SPI2 引脚定义 */
#define SPI2_SCK_GPIO_PORT              GPIOB
#define SPI2_SCK_GPIO_PIN               GPIO_PIN_13
#define SPI2_SCK_GPIO_CLK_ENABLE()      do{ __HAL_RCC_GPIOB_CLK_ENABLE();}while(0)
#define SPI2_MISO_GPIO_PORT             GPIOB
#define SPI2_MISO_GPIO_PIN              GPIO_PIN_14
#define SPI2_MISO_GPIO_CLK_ENABLE()     do{ __HAL_RCC_GPIOB_CLK_ENABLE(); }while(0)
#define SPI2_MOSI_GPIO_PORT             GPIOB
#define SPI2_MOSI_GPIO_PIN              GPIO_PIN_15
#define SPI2_MOSI_GPIO_CLK_ENABLE()     do{ __HAL_RCC_GPIOB_CLK_ENABLE(); }while(0)
/* SPI2 相关定义 */
#define SPI2_SPI                        SPI2
#define SPI2_SPI_CLK_ENABLE()           do{ __HAL_RCC_SPI2_CLK_ENABLE();}while(0)
```

通过宏定义标识符的方式去定义 SPI 通信用到的 3 个引脚 SCK、MISO 和 MOSI，同时还宏定义 SPI2 的相关信息。

接下来看一下 spi.c 代码中的初始化函数，代码如下：

```
/**
  * @brief     SPI 初始化代码
  * @note      主机模式,8 位数据,禁止硬件片选
  * @param     无
  * @retval    无
  */
SPI_HandleTypeDef g_spi2_handler;                       /* SPI2 句柄 */
void spi2_init(void)
{
    SPI2_SPI_CLK_ENABLE();                              /* SPI2 时钟使能 */
    g_spi2_handler.Instance = SPI2_SPI;                 /* SPI2 */
    g_spi2_handler.Init.Mode = SPI_MODE_MASTER;   /* 设置 SPI 工作模式,设置为主模式 */
    /* 设置 SPI 单向或者双向的数据模式:SPI 设置为双线模式 */
    g_spi2_handler.Init.Direction = SPI_DIRECTION_2LINES;
    /* 设置 SPI 的数据大小:SPI 发送接收 8 位帧结构 */
    g_spi2_handler.Init.DataSize = SPI_DATASIZE_8BIT;
    /* 串行同步时钟的空闲状态为高电平 */
    g_spi2_handler.Init.CLKPolarity = SPI_POLARITY_HIGH;
    /* 串行同步时钟的第二个跳变沿(上升或下降)数据被采样 */
    g_spi2_handler.Init.CLKPhase = SPI_PHASE_2EDGE;
    /* NSS 信号由硬件(NSS 管脚)还是软件(使用 SSI 位)管理:内部 NSS 信号有 SSI 位控制 */
    g_spi2_handler.Init.NSS = SPI_NSS_SOFT;
    /* 定义波特率预分频的值:波特率预分频值为 256 */
    g_spi2_handler.Init.BaudRatePrescaler = SPI_BAUDRATEPRESCALER_256;
    /* 指定数据传输从 MSB 位还是 LSB 位开始:数据传输从 MSB 位开始 */
    g_spi2_handler.Init.FirstBit = SPI_FIRSTBIT_MSB;
    g_spi2_handler.Init.TIMode = SPI_TIMODE_DISABLE;      /* 关闭 TI 模式 */
    /* 关闭硬件 CRC 校验 */
    g_spi2_handler.Init.CRCCalculation = SPI_CRCCALCULATION_DISABLE;
    g_spi2_handler.Init.CRCPolynomial = 7;              /* CRC 值计算的多项式 */
    HAL_SPI_Init(&g_spi2_handler);                      /* 初始化 */
    __HAL_SPI_ENABLE(&g_spi2_handler);                  /* 使能 SPI2 */
```

```
    /* 启动传输，实际上就是产生 8 个时钟脉冲，达到清空 DR 的作用，非必需 */
    spi2_read_write_byte(0Xff);
}
```

spi_init 函数中主要工作就是对于 SPI 参数的配置，这里包括工作模式、数据模式、数据大小、时钟极性、时钟相位、波特率预分频值等。关于 SPI 的引脚配置就放在了 HAL_SPI_MspInit 函数里，其代码如下：

```
/**
 * @brief       SPI 底层驱动，时钟使能，引脚配置
 * @note        此函数会被 HAL_SPI_Init()调用
 * @param       hspi:SPI 句柄
 */
void HAL_SPI_MspInit(SPI_HandleTypeDef *hspi)
{
GPIO_InitTypeDef gpio_init_struct;
    if (hspi->Instance == SPI2_SPI)
    {
        SPI2_SCK_GPIO_CLK_ENABLE();             /* SPI2_SCK 脚时钟使能 */
        SPI2_MISO_GPIO_CLK_ENABLE();            /* SPI2_MISO 脚时钟使能 */
        SPI2_MOSI_GPIO_CLK_ENABLE();            /* SPI2_MOSI 脚时钟使能 */
        gpio_init_struct.Pin = SPI2_SCK_GPIO_PIN;
        gpio_init_struct.Mode = GPIO_MODE_AF_PP;  /* SCK 引脚模式设置(复用输出) */
        gpio_init_struct.Pull = GPIO_PULLUP;
        gpio_init_struct.Speed = GPIO_SPEED_FREQ_HIGH;
        HAL_GPIO_Init(SPI2_SCK_GPIO_PORT, &gpio_init_struct);
        gpio_init_struct.Pin = SPI2_MISO_GPIO_PIN; /* MISO 引脚模式设置(复用输出) */
        HAL_GPIO_Init(SPI2_MISO_GPIO_PORT, &gpio_init_struct);
        gpio_init_struct.Pin = SPI2_MOSI_GPIO_PIN; /* MOSI 引脚模式设置(复用输出) */
        HAL_GPIO_Init(SPI2_MOSI_GPIO_PORT, &gpio_init_struct);
    }
}
```

通过以上 2 个函数的作用就可以完成 SPI 初始化。接下来介绍 SPI 的发送和接收函数，其定义如下：

```
/**
 * @brief       SPI2 读写一个字节数据
 * @param       txdata：要发送的数据(1 字节)
 * @retval       接收到的数据(1 字节)
 */
uint8_t spi2_read_write_byte(uint8_t txdata)
{
    uint8_t rxdata;
    HAL_SPI_TransmitReceive(&g_spi2_handler, &txdata, &rxdata, 1, 1000);
    return rxdata;  /* 返回收到的数据 */
}
```

这里的 spi_read_write_byte 函数直接调用了 HAL 库内置的函数进行接收和发送操作。

由于不同的外设需要的通信速度不一样，所以这里定义了一个速度设置函数，通过

操作寄存器的方式去实现，其代码如下：

```
/**
 * @brief      SPI2 速度设置函数
 * @note       SPI2 时钟选择来自 APB1，即 PCLK1，为 36 MHz
 *             SPI 速度 = PCLK1 / 2^(speed + 1)
 * @param      speed：SPI2 时钟分频系数
               取值为 SPI_BAUDRATEPRESCALER_2～SPI_BAUDRATEPRESCALER_2 256
 */
void spi2_set_speed(uint8_t speed)
{
    assert_param(IS_SPI_BAUDRATE_PRESCALER(speed)); /* 判断有效性 */
    __HAL_SPI_DISABLE(&g_spi2_handler);              /* 关闭 SPI */
    g_spi2_handler.Instance->CR1 &= 0XFFC7;          /* 位 3～5 清零，用来设置波特率 */
    g_spi2_handler.Instance->CR1 |= speed << 3;      /* 设置 SPI 速度 */
    __HAL_SPI_ENABLE(&g_spi2_handler);               /* 使能 SPI */
}
```

2. NOR FLASH 驱动代码

这里只讲解核心代码，详细的源码可参考配套资料中本实验对应源码。NOR FLASH 驱动源码包括 2 个文件：norflash.c 和 norflash.h。

前面已经将 SPI 协议需要用到的东西都封装好了，那么现在就要在 SPI 通信的基础上，通过前面分析的 NM25Q128 工作时序拟定通信代码。

由于这部分的代码量比较大，这里就不一一贴出来介绍。介绍几个重点，其余的可查看源码。首先是 norflash.h 头文件，我们做了一个 FLASH 芯片列表(宏定义)，这些宏定义是一些支持的 FLASH 芯片的 ID。接下来是 FLASH 芯片指令表的宏定义，这个可参考 FLASH 芯片手册比对得到，这里就不将代码列出来了。

下面介绍 norflash.c 文件几个重要的函数，首先是 NOR FLASH 初始化函数，其定义如下：

```
/**
 * @brief      初始化 SPI NOR FLASH
 * @param      无
 * @retval     无
 */
void norflash_init(void)
{
    uint8_t temp;
    NORFLASH_CS_GPIO_CLK_ENABLE();          /* NOR FLASH CS 脚时钟使能 */
    /* CS 引脚模式设置(复用输出) */
    GPIO_InitTypeDef gpio_init_struct;
    gpio_init_struct.Pin = NORFLASH_CS_GPIO_PIN;
    gpio_init_struct.Mode = GPIO_MODE_OUTPUT_PP;
    gpio_init_struct.Pull = GPIO_PULLUP;
    gpio_init_struct.Speed = GPIO_SPEED_FREQ_HIGH;
    HAL_GPIO_Init(NORFLASH_CS_GPIO_PORT, &gpio_init_struct);
    NORFLASH_CS(1);                         /* 取消片选 */
```

```
    spi2_init();                                  /* 初始化 SPI2 */
    spi2_set_speed(SPI_SPEED_2);                  /* SPI2 切换到高速状态 18 MHz */
    g_norflash_type = norflash_read_id();         /* 读取 FLASH ID */
    if (g_norflash_type == W25Q256) /* SPI FLASH 为 W25Q256，必须使能 4 字节地址模式 */
    {
        temp = norflash_read_sr(3);               /* 读取状态寄存器 3,判断地址模式 */
        if ((temp & 0X01) == 0)    /* 如果不是 4 字节地址模式,则进入 4 字节地址模式 */
        {
            norflash_write_enable();              /* 写使能 */
            temp|= 1 << 1;                        /* ADP = 1，上电 4 位地址模式 */
            norflash_write_sr(3, temp);           /* 写 SR3 */
            NORFLASH_CS(0);
            spi1_read_write_byte(FLASH_Enable4ByteAddr);   /* 使能 4 字节地址指令 */
            NORFLASH_CS(1);
        }
    }
    //printf("ID: %x\r\n", g_norflash_type);
}
```

在初始化函数中，将 SPI 通信协议用到的 $\overline{CS}$ 引脚配置好，同时根据 FLASH 的通信要求，通过调用 spi2_set_speed 函数把 SPI2 切换到高速状态。然后尝试读取 FLASH 的 ID，由于 W25Q256 的容量比较大，通信的时候需要 4 个字节，为了函数的兼容性，这里做了判断处理。当然，我们使用的 NM25Q128 是 3 字节地址模式的。如果能读到 ID，则说明 SPI 时序能正常操作 FLASH，便可以通过 SPI 接口读/写 NOR FLASH 的数据了。

进行其他数据操作时，由于每一次读/写操作的时候都需要发送地址，所以这里把这个板块封装成函数，函数名是 norflash_send_address，实质上就是通过 SPI 的发送接收函数 spi2_read_write_byte 实现的，这里就不列出来了。

下面介绍一下 FLASH 读取函数，这里可以根据前面的时序图对照理解，其定义如下：

```
/**
 * @brief      读取 SPI FLASH
 * @note       在指定地址开始读取指定长度的数据
 * @param      pbuf: 数据存储区
 * @param      addr: 开始读取的地址(最大 32 bit)
 * @param      datalen: 要读取的字节数(最大 65 535)
 * @retval     无
 */
void norflash_read(uint8_t *pbuf, uint32_t addr, uint16_t datalen)
{
    uint16_t i;
    NORFLASH_CS(0);
    spi2_read_write_byte(FLASH_ReadData);          /* 发送读取命令 */
    norflash_send_address(addr);                   /* 发送地址 */
    for(i = 0;i < datalen;i++)
    {
        pbuf[i] = spi2_read_write_byte(0XFF);      /* 循环读取 */
```

```
    }
    NORFLASH_CS(1);
}
```

该函数用于从 NOR FLASH 的指定位置读出指定长度的数据，由于 NOR FLASH 支持以任意地址(但是不能超过 NOR FLASH 的地址范围)开始读取数据，所以，这个代码相对来说比较简单。首先拉低片选信号，发送读取命令，接着发送 24 位地址之后，程序就可以开始循环读数据，其地址就会自动增加，读取完数据后需要拉高片选信号，结束通信。

有读函数，那肯定就有写函数，接下来介绍一下 NOR FLASH 写函数，其定义如下：

```
/**
 * @brief       写 SPI FLASH
 * @note        在指定地址开始写入指定长度的数据 ，该函数带擦除操作!
 *              SPI FLASH 一般是：256 字节为一个 Page,4 KB 为一个 Sector, 16 个扇区
 *              为 1 个 Block,擦除的最小单位为 Sector
 * @param       pbuf：数据存储区
 * @param       addr：开始写入的地址(最大 32 bit)
 * @param       datalen：要写入的字节数(最大 65 535)
 */
uint8_t g_norflash_buf[4096];     /* 扇区缓存 */
void norflash_write(uint8_t * pbuf, uint32_t addr, uint16_t datalen)
{
    uint32_t secpos;
    uint16_t secoff;
    uint16_t secremain;
    uint16_t i;
    uint8_t * norflash_buf;
    norflash_buf = g_norflash_buf;
    secpos = addr / 4096;              /* 扇区地址 */
    secoff = addr % 4096;              /* 在扇区内的偏移 */
    secremain = 4096 - secoff;         /* 扇区剩余空间大小 */
    if (datalen <= secremain)
    {
        secremain = datalen;           /* 不大于 4096 个字节 */
    }
    while (1)
    {
        norflash_read(norflash_buf, secpos * 4096, 4096); /* 读出整个扇区的内容 */
        for (i = 0; i < secremain; i++)     /* 校验数据 */
        {
            if (norflash_buf[secoff + i] != 0XFF)
            {
                break;                 /* 需要擦除，直接退出 for 循环 */
            }
        }
        if (i < secremain)             /* 需要擦除 */
        {
```

```
            norflash_erase_sector(secpos);                          /* 擦除这个扇区 *
            for (i = 0; i < secremain; i++)                         /* 复制 */
            {
                norflash_buf[i +  secoff] = pbuf[i];
            }
            /* 写入整个扇区 */
            norflash_write_nocheck(norflash_buf, secpos * 4096, 4096);
        }
        else        /* 写已经擦除了的,直接写入扇区剩余区间 */
        {
            norflash_write_nocheck(pbuf, addr, secremain);  /* 直接写扇区 */
        }
        if (datalen == secremain)
        {
            break;                                          /* 写入结束了 */
        }
        else                                                /* 写入未结束 */
        {
            secpos++;                                       /* 扇区地址增 1 */
            secoff = 0;                                     /* 偏移位置为 0 */
            pbuf += secremain;                              /* 指针偏移 */
            addr += secremain;                              /* 写地址偏移 */
            datalen -= secremain;                           /* 字节数递减 */
            if (datalen > 4096)
            {
                secremain = 4096;                           /* 下一个扇区还是写不完 */
            }
            else
            {
                secremain = datalen;                        /* 下一个扇区可以写完了 */
            }
        }
    }
}
```

该函数可以在 NOR FLASH 的任意地址开始写入任意长度(必须不超过 NOR FLASH 的容量)的数据。

这里简单介绍一下思路:先获得首地址(addr)所在的扇区,并计算在扇区内的偏移,然后判断要写入的数据长度是否超过本扇区所剩下的长度。如果不超过,再看看是否要擦除。如果不要,则直接写入数据即可;如果要,则读出整个扇区,在偏移处开始写入指定长度的数据,然后擦除这个扇区,再一次性写入。当所需要写入的数据长度超过一个扇区的长度的时候,我们先按照前面的步骤把扇区剩余部分写完,再在新扇区内执行同样的操作,如此循环,直到写入结束。这里还定义了一个 g_norflash_buf 的全局变量,用于擦除时缓存扇区内的数据。

简单介绍一下写函数的实质调用,它用到的是通过无检验写 SPI_FLASH 函数实现的,而最终用到页写函数 norflash_write_page,前面也对页写时序进行了分析,现在看一下代码:

```
/**
 * @brief       SPI在一页(0~65 535)内写入少于256字节的数据
 * @note        在指定地址开始写入最大256字节的数据
 * @param       pbuf: 数据存储区
 * @param       addr: 开始写入的地址(最大32 bit)
 * @param       datalen: 要写入的字节数(最大256),该数不应该超过该页的剩余字节数
 */
static void norflash_write_page(uint8_t *pbuf, uint32_t addr, uint16_t datalen)
{
    uint16_t i;
    norflash_write_enable();                        /* 写使能 */
    NORFLASH_CS(0);
    spi2_read_write_byte(FLASH_PageProgram);        /* 发送写页命令 */
    norflash_send_address(addr);                    /* 发送地址 */
    for(i = 0;i < datalen;i++)
    {
        spi2_read_write_byte(pbuf[i]);              /* 循环写入 */
    }
    NORFLASH_CS(1);
    norflash_wait_busy();                           /* 等待写入结束 */
}
```

在页写功能的代码中,先发送写使能命令,才发送页写命令,然后发送写入的地址,再把写入的内容通过一个for循环写入,发送完后拉高片选 $\overline{CS}$ 引脚结束通信,等待FLASH内部写入结束。检测FLASH内部的状态可以通过查看NM25Qxx状态寄存器1的位0实现。这里介绍一下NM25Qxx的状态寄存器,如表2.3所列。

表2.3　NM25Qxx状态寄存器表

状态寄存器	Bit7	Bit6	Bit5	Bit4	Bit3	Bit2	Bit1	Bit0
状态寄存器1	SPR	RV	TB	BP2	BP1	BP0	WEL	BUSY
状态寄存器2	SUS	CMP	LB3	LB2	LB1	(R)	QE	SRP1
状态寄存器3	HOLD/RST	DRV1	DRV0	(R)	(R)	WPS	ADP	ADS

我们也定义了一个函数norflash_read_sr去读取NM25Qxx状态寄存器的值,这里就不列出来了,实现的方式也是老套路:根据传参判断需要获取的是哪个状态寄存器,然后拉低片选线,调用spi2_read_write_byte函数发送该寄存器的命令,并通过发送一字节空数据获取读取到的数据,最后拉高片选线,函数返回读取到的值。

在norflash_write_page函数的基础上,增加了norflash_write_nocheck函数进行封装解决写入字节可能大于该页剩下的字节数问题,方便解决写入错误问题,其代码如下:

```
/**
 * @brief       无检验写SPI FLASH
 * @note        必须确保所写的地址范围内的数据全部为0XFF,否则在非0XFF处写入的数
 *              据将失败　具有自动换页功能
 *              在指定地址开始写入指定长度的数据,但是要确保地址不越界
 * @param       pbuf: 数据存储区
```

```
  * @param        addr：开始写入的地址(最大32 bit)
  * @param        datalen：要写入的字节数(最大65 535)
  */
static void norflash_write_nocheck(uint8_t *pbuf, uint32_t addr,
                                               uint16_t datalen)
{
    uint16_t pageremain;
    pageremain = 256 - addr % 256;     /* 单页剩余的字节数 */
    if (datalen <= pageremain)         /* 不大于256字节 */
    {
        pageremain = datalen;
    }
    while (1)
    {
    /* 当写入字节比页内剩余地址还少的时候，一次性写完
     * 当写入字节比页内剩余地址还多的时候，先写完整个页内剩余地址，然后根据剩余长
       度进行不同处理
     */
        norflash_write_page(pbuf, addr, pageremain);
        if (datalen == pageremain)     /* 写入结束了 */
        {
            break;
        }
        else      /* datalen > pageremain */
        {
            pbuf += pageremain;/* pbuf指针地址偏移,前面已经写了pageremain字节 */
            addr += pageremain;        /* 写地址偏移,前面已经写了pageremain字节 */
            datalen -= pageremain;     /* 写入总长度减去已经写入了的字节数 */
            if (datalen > 256)         /* 剩余数据还大于一页,可以一次写一页 */
            {
                pageremain = 256;      /* 一次可以写入256字节 */
            }
            else                       /* 剩余数据小于一页,可以一次写完 */
            {
                pageremain = datalen;/* 不够256字节了 */
            }
        }
    }
}
```

上面函数的实现主要是逻辑处理，通过判断传参中的写入字节的长度与单页剩余的字节数来决定是否需要在新页写入剩下的字节。这里需要读者自行理解一下。通过调用该函数实现了norflash_write的功能。

下面简单介绍一下擦除函数norflash_erase_sector：

```
/**
 * @brief       擦除一个扇区
 * @note        注意,这里是扇区地址,不是字节地址
 *              擦除一个扇区的最少时间:150 ms
 * @param       saddr：扇区地址  根据实际容量设置
 * @retval      无
```

```
*/
void norflash_erase_sector(uint32_t saddr)
{
    saddr *= 4096;
    norflash_write_enable();                        /*写使能*/
    norflash_wait_busy();                           /*等待空闲*/
    NORFLASH_CS(0);
    spi2_read_write_byte(FLASH_SectorErase);        /*发送写页命令*/
    norflash_send_address(saddr);                   /*发送地址*/
    NORFLASH_CS(1);
    norflash_wait_busy();                           /*等待扇区擦除完成*/
}
```

该代码也是老套路,通过发送擦除指令实现擦除功能。注意,使用扇区擦除指令前,需要先发送写使能指令,拉低片选线,发送扇区擦除指令之后,发送擦除的扇区地址实现擦除,最后拉高片选线结束通信。函数最后通过读取寄存器状态的函数,等待扇区擦除完成。

3. main.c 代码

在 main.c 里面编写如下代码:

```
const uint8_t g_text_buf[] = {"STM32 SPI TEST"};    /*要写到 FLASH 的字符串数组*/
#define TEXT_SIZE sizeof(g_text_buf)            /*TEXT 字符串长度*/
int main(void)
{
    uint8_t key;
    uint16_t i = 0;
    uint8_t datatemp[TEXT_SIZE];
    uint32_t flashsize;
    uint16_t id = 0;
    HAL_Init();                                 /*初始化 HAL 库*/
    sys_stm32_clock_init(RCC_PLL_MUL9);         /*设置时钟,72 MHz*/
    delay_init(72);                             /*延时初始化*/
    usart_init(115200);                         /*串口初始化为 115 200*/
    usmart_dev.init(72);                        /*初始化 USMART*/
    led_init();                                 /*初始化 LED*/
    lcd_init();                                 /*初始化 LCD*/
    key_init();                                 /*初始化按键*/
    norflash_init();                            /*初始化 NOR FLASH*/
    lcd_show_string(30,  50, 200, 16, 16, "STM32", RED);
    lcd_show_string(30,  70, 200, 16, 16, "SPI TEST", RED);
    lcd_show_string(30,  90, 200, 16, 16, "ATOM@ALIENTEK", RED);
    lcd_show_string(30, 110, 200, 16, 16, "KEY1:Write  KEY0:Read", RED);
    id = norflash_read_id();                    /*读取 FLASH ID*/
    while ((id == 0) || (id == 0XFFFF))         /*检测不到 FLASH 芯片*/
    {
        lcd_show_string(30, 130, 200, 16, 16, "FLASH Check Failed!", RED);
        delay_ms(500);
        lcd_show_string(30, 130, 200, 16, 16, "Please Check!      ", RED);
        delay_ms(500);
```

```
            LED0_TOGGLE();                          /* LED0 闪烁 */
        }
        lcd_show_string(30, 130, 200, 16, 16, "SPI FLASH Ready!", BLUE);
        flashsize = 16 * 1024 * 1024;               /* FLASH 大小为 16 MB */
        while (1)
        {
            key = key_scan(0);
            if (key == KEY1_PRES)                   /* KEY1 按下,写入 */
            {   /* 从倒数第 100 个地址处开始,写入 SIZE 长度的数据 */
                lcd_fill(0, 150, 239, 319, WHITE);      /* 清除半屏 */
                lcd_show_string(30, 150, 200, 16, 16, "Start Write FLASH....", BLUE);
                sprintf((char *)datatemp, "%s%d", (char *)g_text_buf, i);
                norflash_write((uint8_t *)datatemp, flashsize - 100, TEXT_SIZE);
                lcd_show_string(30, 150, 200, 16, 16, "FLASH Write Finished!", BLUE);
            }
            if (key == KEY0_PRES) /* KEY0 按下,读取字符串并显示 */
            {   /* 从倒数第 100 个地址处开始,读出 SIZE 个字节 */
                lcd_show_string(30, 150, 200, 16, 16, "Start Read FLASH...", BLUE);
                norflash_read(datatemp, flashsize - 100, TEXT_SIZE);
                lcd_show_string(30, 150, 200, 16, 16, "The Data Readed Is:   ", BLUE);
                lcd_show_string(30, 170, 200, 16, 16, (char *)datatemp, BLUE);
            }
            i++;
            if (i == 20)
            {
                LED0_TOGGLE(); /* LED0 闪烁 */
                i = 0;
            }
            delay_ms(10);
        }
    }
```

main 函数前面定义了 g_text_buf 数组,用于存放要写入到 FLASH 的字符串。main 函数代码和 I²C 实验那部分代码大同小异,具体流程大致是:在完成系统级和用户级初始化工作后读取 FLASH 的 ID,然后通过 KEY0 去读取倒数第 100 个地址处开始的数据并显示在 LCD 上;另外,还可以通过 KEY1 去倒数第 100 个地址处写入 g_text_buf 数据,并在 LCD 界面显示传输中,完成后显示"FLASH Write Finished!"。

2.4　下载验证

将程序下载到开发板后,可以看到 LED0 不停地闪烁,提示程序已经在运行了。LCD 显示的界面如图 2.15 所示。

先按下 KEY1 写入数据,然后再按 KEY0 读取数据,得到界面如图 2.16 所示。

程序在开机的时候会检测 NOR FLASH 是否存在,如果不存在,则在 LCD 模块上显示错误信息,同时 LED0 慢闪。读者通过跳线帽把 PB14 和 PB15 短接就可以看到报错了。

```
STM32
SPI TEST
ATOM@ALIENTEK
KEY0:Write  KEY1:Read
SPI FLASH Ready!
```

图 2.15　SPI 实验程序运行效果图

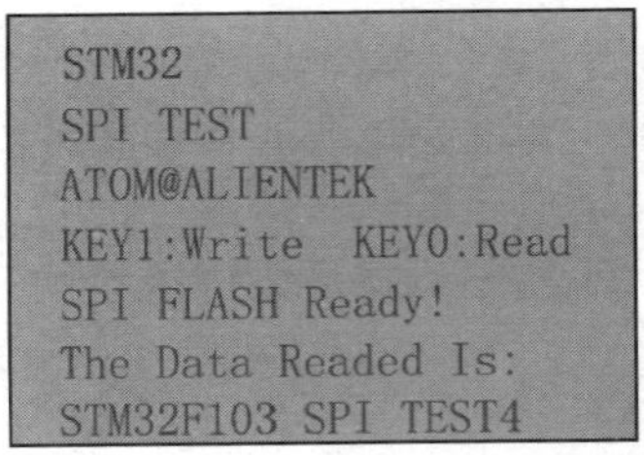

```
STM32
SPI TEST
ATOM@ALIENTEK
KEY1:Write  KEY0:Read
SPI FLASH Ready!
The Data Readed Is:
STM32F103 SPI TEST4
```

图 2.16　操作后的显示效果图

该实验还支持 USMART,这里加入了 norflash_read_id、norflash_erase_chip 以及 norflash_erase_sector 函数。可以通过 USMART 调用 norflash_read_id 函数去读取 SPI_FLASH 的 ID,也可以调用另外 2 个擦除函数。需要注意的是,假如调用了 norflash_erase_chip 函数,则将会对整个 SPI_FLASH 进行擦除,一般不建议对整个 SPI_FLASH 进行擦除,因为会导致字库和综合例程所需要的系统文件全部丢失。

第3章

RS485 实验

本章将使用 STM32F1 的串口 2 来实现 2 块开发板之间的 RS485 通信，并将结果显示在 TFTLCD 模块上。

3.1 RS485 简介

RS485(一般称作 485/EIA－485)隶属于 OSI 模型物理层，是串行通信的一种，电气特性规定为 2 线、半双工、多点通信的标准。它的电气特性和 RS232 大不一样，用缆线两端的电压差值来表示传递信号。RS485 仅仅规定了接收端和发送端的电气特性，没有规定或推荐任何数据协议。

RS485 的特点包括：

- 接口电平低，不易损坏芯片。RS485 的电气特性：逻辑“1”以 2 线间的电压差为＋(2～6)V 表示，逻辑“0”以两线间的电压差为－(2～6)V 表示。接口信号电平比 RS232 降低了，不易损坏接口电路的芯片；且该电平与 TTL 电平兼容，可方便与 TTL 电路连接。
- 传输速率高。10 m 时，RS485 的数据最高传输速率可达 35 Mbps；在 1 200 m 时，传输速度可达 100 kbps。
- 抗干扰能力强。RS485 接口是采用平衡驱动器和差分接收器的组合，抗共模干扰能力增强，即抗噪声干扰性好。
- 传输距离远，支持节点多。RS485 总线最长可以传输 1 200 m 左右，更远的距离则需要中继传输设备支持(速率≤100 kbps)才能稳定传输，一般最大支持 32 个节点。如果使用特制的 RS485 芯片，可以达到 128 个或者 256 个节点，最大的可以支持到 400 个节点。

RS485 推荐使用在点对点网络中，比如线型、总线型网络等，而不能是星型、环型网络。理想情况下 RS485 需要 2 个终端匹配电阻，其阻值要求等于传输电缆的特性阻抗(一般为 120 Ω)。没有特性阻抗的话，当所有的设备都静止或者没有能量的时候就会产生噪声，而且线移需要双端的电压差。没有终接电阻则使较快速的发送端产生多个数据信号的边缘，从而导致数据传输出错。RS485 推荐的一主多从连接方式如图 3.1 所示。

如果需要添加匹配电阻，则一般在总线的起止端加入，也就是主机和设备 4 上面各加一个 120 Ω 的匹配电阻。

由于 RS485 具有传输距离远、传输速度快、支持节点多和抗干扰能力更强等特点，所以 RS485 有很广泛的应用。多设备时，收发器有范围为 −7～+12 V 的共模电压；为了稳定传输，也可以使用 3 线的布线方式，即在原有的 A、B 线上多增加一条地线。（4 线制只能实现点对点的全双工通信方式，这也叫 RS422，由于布线的难度和通信局限，使用得相对较少。）

TP8485E/SP3485 可作为 RS485 的收发器，该芯片支持 3.3～5.5 V 供电，最大传输速度可达 250 kbps，支持 256 个节点（单位负载为 1/8 的条件下），并且支持输出短路保护。该芯片的框图如图 3.2 所示。图中 A、B 总线接口，用于连接 RS485 总线。RO 是接收输出端，DI 是发送数据收入端，RE 是接收使能信号（低电平有效），DE 是发送使能信号（高电平有效）。

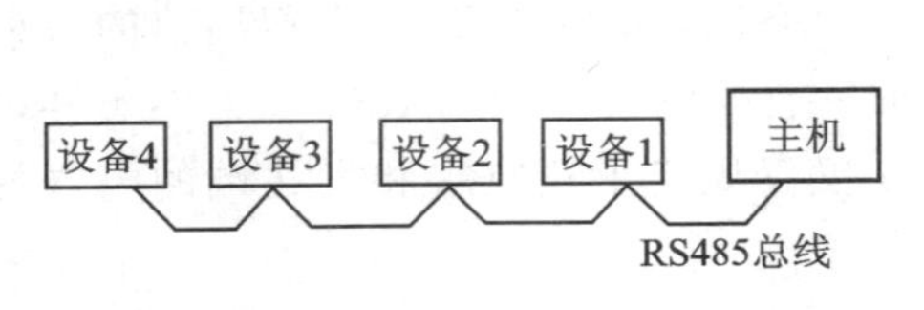

图 3.1　RS485 连接方式

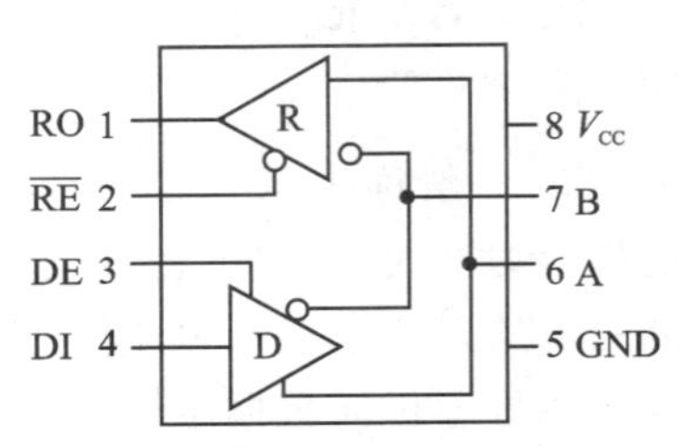

图 3.2　TP8485E/SP3485 框图

3.2　硬件设计

(1) 例程功能

RS485 仍是串行通信的一种电平传输方式，那么实际通信时可以使用串口进行实际数据的收发处理，使用 RS485 转换芯片将串口信号转换为 RS485 的电平信号进行传输。本章只需要配置好串口 2，就可以实现正常的 RS485 通信了。串口 2 的配置和串口 1 基本类似，只是串口 2 的时钟来自于 APB1，最大频率为 36 MHz。

本章将实现这样的功能：连接 2 个战舰 STM32F103 的 RS485 接口，然后由 KEY0 控制发送。当按下一个开发板的 KEY0 的时候，就发送 5 个数据给另外一个开发板，并在 2 个开发板上分别显示发送和接收到的值。

(2) 硬件资源

- LED 灯：LED0 - PB5；
- USART2，用于实际的 RS485 信号串行通信；
- 正点原子 TFTLCD 模块（仅限 MCU 屏，16 位 8080 并口驱动）；
- RS485 收发芯片 TP8485 或 SP3485；
- 开发板 2 块（RS485 半双式模式无法自收发，这里需要用 2 个开发板或者 USB 转 RS485 调试器＋串口助手来完成测试，可根据实际条件选择）。

(3) 原理图

电路原理如图 3.3 所示。可以看出,开发板的串口 2 和 TP8485 上的引脚连接到 P7 端上的端子,但不直接相连,所以测试 RS485 功能时需要用跳线帽短接 P7 上的 2 组排针使之连通。STM32F1 的 PD7 控制 RS485 的收发模式。当 PD7=0 的时候,为接收模式;当 PD7=1 的时候,为发送模式。

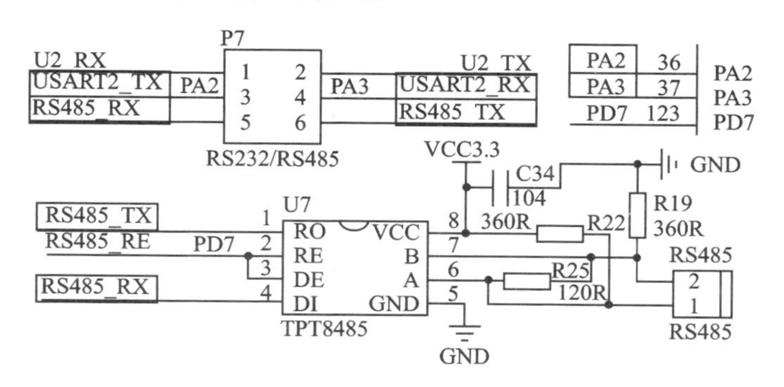

图 3.3 RS485 连接原理图

注意,RS485_RE 信号和 CH395Q_RST 共用 PD7,所以对于本书使用的战舰开发板来说它们也不可以同时使用,只能分时复用。

另外,图中的 R19 和 R22 是 2 个偏置电阻,用来保证总线空闲时 A、B 之间的电压差大于 200 mV(逻辑 1),从而避免总线空闲时因 A、B 压差不稳定而可能出现的乱码。

最后,用 2 根导线将 2 个开发板 RS485 端子的 A 和 A、B 和 B 连接起来。注意,不要接反了(A 接 B),否则会导致通信异常。

3.3 程序设计

3.3.1 RS485 的 HAL 库驱动

由于 RS485 实际上是串口通信,这里参照《原子教你学 STM32(HAL 库版)(上)》的第 15 章串口通信实验一章使用类似的 HAL 库驱动即可。RS485 配置步骤如下:

① 使能串口和 GPIO 口时钟。

本实验用到 USART2 串口,使用 PA2 和 PA3 作为串口的 TX 和 RX 脚,因此需要先使能 USART2 和 GPIOA 时钟。参考代码如下:

```
__HAL_RCC_USART2_CLK_ENABLE();                /* 使能 USART2 时钟 */
__HAL_RCC_GPIOA_CLK_ENABLE();                 /* 使能 GPIOA 时钟 */
```

② 串口参数初始化(波特率、字长、奇偶校验等)。

HAL 库通过调用串口初始化函数 HAL_UART_Init 完成对串口参数初始化。该函数通常会调用 HAL_UART_MspInit 函数来完成对串口底层的初始化,包括串口及 GPIO 时钟使能、GPIO 模式设置、中断设置等。但是为了避免与 USART1 冲突,所以本实验没有把串口底层初始化放在 HAL_UART_MspInit 函数里。

③ GPIO 模式设置(速度、上下拉、复用功能等)。

GPIO 模式设置通过调用 HAL_GPIO_Init 函数实现。

④ 开启串口相关中断,配置串口中断优先级。

本实验使用串口中断来接收数据。使用 HAL _UART_Receive_IT 函数开启串口中断接收,并设置接收 buffer 及其长度。通过 HAL_NVIC_EnableIRQ 函数使能串口中断,通过 HAL_NVIC_SetPriority 函数设置中断优先级。

⑤ 编写中断服务函数。

串口 2 中断服务函数为 USART2_IRQHandler,当发生中断的时候,程序就会执行中断服务函数,在这里就可以对接收到的数据进行处理。

⑥ 串口数据接收和发送。

最后可以通过读/写 USART_DR 寄存器完成串口数据的接收和发送,HAL 库也提供 HAL_UART_Receive 和 HAL_UART_Transmit 共 2 个函数用于串口数据的接收和发送。读者可以根据实际情况选择使用哪种方式来收发串口数据。

3.3.2 程序流程图

程序流程如图 3.4 所示。

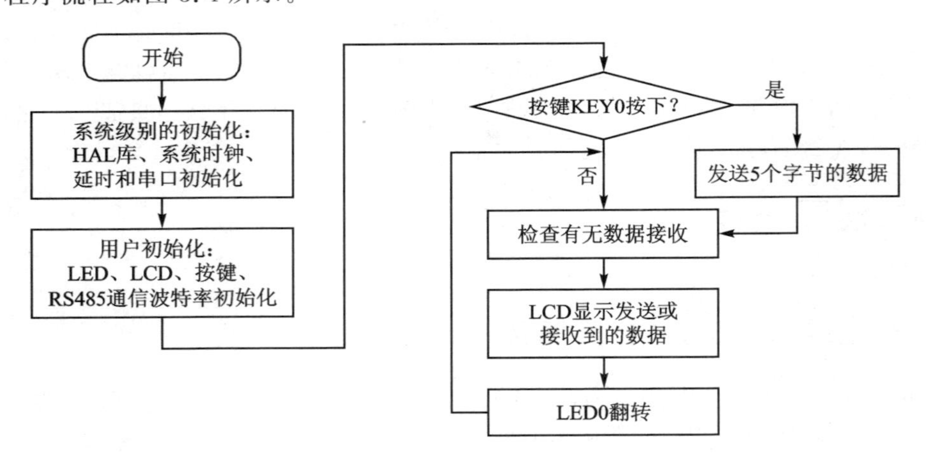

图 3.4 RS485 实验程序流程图

3.3.3 程序解析

1. RS485 驱动

这里只讲解核心代码,详细的源码可参考配套资料中本实验对应源码。RS485 驱动相关源码包括 2 个文件:rs485.c 和 rs485.h。

为方便修改,这里在 rs485.h 中使用宏定义 RS485 相关的控制引脚和串口编号。如果需要使用其他的引脚或者串口,修改宏和串口的定义即可,它们在 rs485.h 中定

义,如下:

```
/* RS485 引脚和串口定义 */
#define RS485_RE_GPIO_PORT              GPIOD
#define RS485_RE_GPIO_PIN               GPIO_PIN_7
#define RS485_RE_GPIO_CLK_ENABLE()      do{ __HAL_RCC_GPIOD_CLK_ENABLE();}while(0)
#define RS485_TX_GPIO_PORT              GPIOA
#define RS485_TX_GPIO_PIN               GPIO_PIN_2
#define RS485_TX_GPIO_CLK_ENABLE()      do{ __HAL_RCC_GPIOA_CLK_ENABLE();}while(0)
#define RS485_RX_GPIO_PORT              GPIOA
#define RS485_RX_GPIO_PIN               GPIO_PIN_3
#define RS485_RX_GPIO_CLK_ENABLE()      do{ __HAL_RCC_GPIOA_CLK_ENABLE();}while(0)
#define RS485_UX                        USART2
#define RS485_UX_IRQn                   USART2_IRQn
#define RS485_UX_IRQHandler             USART2_IRQHandler
#define RS485_UX_CLK_ENABLE()           do{ __HAL_RCC_USART2_CLK_ENABLE();}while(0)
/* 控制 RS485_RE 脚, 控制 RS485 发送/接收状态
 * RS485_RE = 0, 进入接收模式
 * RS485_RE = 1, 进入发送模式
 */
#define RS485_RE(x)    do{ x ? \
HAL_GPIO_WritePin(RS485_RE_GPIO_PORT, RS485_RE_GPIO_PIN,\ GPIO_PIN_SET) : \
HAL_GPIO_WritePin(RS485_RE_GPIO_PORT, RS485_RE_GPIO_PIN,\ GPIO_PIN_RESET); \
                       }while(0)
```

(1) rs485_init 函数

rs485_inti 的配置与串口类似,也需要设置波特率等参数,另外还需要配置收发模式的驱动引脚,程序设计如下:

```
/**
 * @brief       RS485 初始化函数
 * @note        该函数主要是初始化串口
 * @param       baudrate: 波特率, 根据自己需要设置波特率值
 */
void rs485_init(uint32_t baudrate)
{
    /* I/O 及时钟配置 */
    RS485_RE_GPIO_CLK_ENABLE();             /* 使能 RS485_RE 脚时钟 */
    RS485_TX_GPIO_CLK_ENABLE();             /* 使能串口 TX 脚时钟 */
    RS485_RX_GPIO_CLK_ENABLE();             /* 使能串口 RX 脚时钟 */
    RS485_UX_CLK_ENABLE();                  /* 使能串口时钟 */
    GPIO_InitTypeDef gpio_initure;
    gpio_initure.Pin = RS485_TX_GPIO_PIN;
    gpio_initure.Mode = GPIO_MODE_AF_PP;
    gpio_initure.Pull = GPIO_PULLUP;
    gpio_initure.Speed = GPIO_SPEED_FREQ_HIGH;
    HAL_GPIO_Init(RS485_TX_GPIO_PORT, &gpio_initure);   /* 串口 TX 脚模式设置 */
    gpio_initure.Pin = RS485_RX_GPIO_PIN;
    gpio_initure.Mode = GPIO_MODE_AF_INPUT;
    HAL_GPIO_Init(RS485_RX_GPIO_PORT, &gpio_initure);   /* 串口 RX 脚设置成输入模式 */
    gpio_initure.Pin = RS485_RE_GPIO_PIN;
    gpio_initure.Mode = GPIO_MODE_OUTPUT_PP;
```

```
    gpio_initure.Pull = GPIO_PULLUP;
    gpio_initure.Speed = GPIO_SPEED_FREQ_HIGH;
    HAL_GPIO_Init(RS485_RE_GPIO_PORT, &gpio_initure);   /* RS485_RE 脚模式设置 */
    /* USART 初始化设置 */
    g_rs458_handler.Instance = RS485_UX;                       /* 选择 RS485 对应的串口 */
    g_rs458_handler.Init.BaudRate = baudrate;                  /* 波特率 */
    g_rs458_handler.Init.WordLength = UART_WORDLENGTH_8B;   /* 字长为 8 位数据格式 */
    g_rs458_handler.Init.StopBits = UART_STOPBITS_1;          /* 一个停止位 */
    g_rs458_handler.Init.Parity = UART_PARITY_NONE;           /* 无奇偶校验位 */
    g_rs458_handler.Init.HwFlowCtl = UART_HWCONTROL_NONE;   /* 无硬件流控 */
    g_rs458_handler.Init.Mode = UART_MODE_TX_RX;              /* 收发模式 */
    HAL_UART_Init(&g_rs458_handler);                          /* 使能对应的串口 */
    /* 使能接收中断 */
    __HAL_UART_ENABLE_IT(&g_rs458_handler, UART_IT_RXNE); /* 开启接收中断 */
    HAL_NVIC_EnableIRQ(RS485_UX_IRQn);                        /* 使能 USART2 中断 */
    HAL_NVIC_SetPriority(RS485_UX_IRQn, 3, 3);               /* 抢占优先级 3,子优先级 3 */
    RS485_RE(0);                                               /* 默认为接收模式 */
}
```

可以看到,代码基本跟串口的配置一样,只是多了收发控制引脚的配置。

(2) 发送函数

发送函数用于输出 RS485 信号到 RS485 总线上,默认的 RS485 方式下,一般空闲时为接收状态,只有发送数据才控制 RS485 芯片进入发送状态,发送完成后马上回到空闲接收状态,这样可以保证操作过程中 RS485 的数据丢失最小。发送函数如下:

```
/**
 * @brief      RS485 发送 len 个字节
 * @param      buf: 发送区首地址
 * @param      len: 发送字节数(为了和本代码接收匹配,这里不要超过 RS485_REC_LEN 个字节)
 */
void rs485_send_data(uint8_t *buf, uint8_t len)
{
    RS485_RE(1);      /* 进入发送模式 */
    HAL_UART_Transmit(&g_rs458_handler, buf, len, 1000);      /* 串口 2 发送数据 */
    g_RS485_rx_cnt = 0;
    RS485_RE(0);      /* 进入接收模式 */
}
```

(3) RS485 接收中断函数

RS485 的接收与串口中断一样,不过空闲时要切换回接收状态,否则收不到数据。这里定义了一个全局的缓冲区 g_RS485_rx_buf 进行接收测试,通过串口中断接收数据。接收代码如下:

```
uint8_t g_RS485_rx_buf[RS485_REC_LEN];   /* 接收缓冲,最大 RS485_REC_LEN 个字节 */
uint8_t g_RS485_rx_cnt = 0;               /* 接收到的数据长度 */
void RS485_UX_IRQHandler(void)
{
    uint8_t res;
    if ((__HAL_UART_GET_FLAG(&g_rs458_handler, UART_FLAG_RXNE) != RESET))
    {   /* 接收到数据 */
```

```
        HAL_UART_Receive(&g_rs458_handler, &res, 1, 1000);
        if (g_RS485_rx_cnt < RS485_REC_LEN)         /* 缓冲区未满 */
        {
            g_RS485_rx_buf[g_RS485_rx_cnt] = res;  /* 记录接收到的值 */
            g_RS485_rx_cnt ++ ;                      /* 接收数据增加 1 */
        }
    }
}
```

(4) RS485查询接收数据函数

该函数用于查询RS485总线上接收到的数据，主要实现的逻辑是：一开始进入函数时，先记录下当前接收计数器的值，再来一个延时就判断接收是否结束（即该期间有无接收到数据）；假如接收计数器的值没有改变，则证明接收结束，就可以把当前接收缓冲区传递出去。函数实现如下：

```
void rs485_receive_data(uint8_t * buf, uint8_t * len)
{
    uint8_t rxlen = g_RS485_rx_cnt;
    uint8_t i = 0;
    * len = 0;         /* 默认为 0 */
    delay_ms(10);   /* 等待 10 ms,连续超过 10 ms 没有接收到一个数据,则认为接收结束 */
    if (rxlen == g_RS485_rx_cnt && rxlen) /* 接收到了数据,且接收完成了 */
    {
        for (i = 0; i < rxlen; i ++ )
        {
            buf[i] = g_RS485_rx_buf[i];
        }
        * len = g_RS485_rx_cnt;      /* 记录本次数据长度 */
        g_RS485_rx_cnt = 0;          /* 清零 */
    }
}
```

2. main.c代码

在main.c中编写如下代码：

```
int main(void)
{
    uint8_t key;
    uint8_t i = 0, t = 0;
    uint8_t cnt = 0;
    uint8_t rs485buf[5];
    HAL_Init();                                 /* 初始化 HAL 库 */
    sys_stm32_clock_init(RCC_PLL_MUL9);         /* 设置时钟, 72 MHz */
    delay_init(72);                             /* 延时初始化 */
    usart_init(115200);                         /* 串口初始化为 115 200 */
    usmart_dev.init(72);                        /* 初始化 USMART */
    led_init();                                 /* 初始化 LED */
    lcd_init();                                 /* 初始化 LCD */
    key_init();                                 /* 初始化按键 */
    rs485_init(9600);                           /* 初始化 RS485 */
```

```
    lcd_show_string(30,  50, 200, 16, 16, "STM32", RED);
    lcd_show_string(30,  70, 200, 16, 16, "RS485 TEST", RED);
    lcd_show_string(30,  90, 200, 16, 16, "ATOM@ALIENTEK", RED);
    lcd_show_string(30, 110, 200, 16, 16, "KEY0:Send", RED);      /* 显示提示信息 */
    lcd_show_string(30, 130, 200, 16, 16, "Count:", RED);         /* 显示当前计数值 */
    lcd_show_string(30, 150, 200, 16, 16, "Send Data:", RED);     /* 提示发送的数据 */
    lcd_show_string(30, 190, 200, 16, 16, "Receive Data:", RED);/* 提示收到的数据 */
    while (1)
    {
        key = key_scan(0);
        if (key == KEY0_PRES)                          /* KEY0 按下,发送一次数据 */
        {
            for (i = 0; i < 5; i++)
            {
                rs485buf[i] = cnt + i;                 /* 填充发送缓冲区 */
                lcd_show_xnum(30 + i * 32, 170, rs485buf[i], 3, 16, 0X80, BLUE);
            }
            rs485_send_data(rs485buf, 5);              /* 发送 5 个字节 */
        }
        rs485_receive_data(rs485buf, &key);
        if (key)                                       /* 接收到有数据 */
        {
            if (key > 5)key = 5;                       /* 最大是 5 个数据 */
            for (i = 0; i < key; i++)
            {   /* 显示数据 */
                lcd_show_xnum(30 + i * 32, 210, rs485buf[i], 3, 16, 0X80, BLUE);
            }
        }
        t++;
        delay_ms(10);
        if (t == 20)
        {
            LED0_TOGGLE();  /* LED0 闪烁,提示系统正在运行 */
            t = 0;
            cnt++;
            lcd_show_xnum(30 + 48, 130, cnt, 3, 16, 0X80, BLUE);     /* 显示数据 */
        }
    }
}
```

这里通过按键控制数据的发送。在此部分代码中,cnt 是一个累加数,一旦 KEY0 按下,则以这个数位基准连续发送 5 个数据。当 RS485 总线收到数据的时候,则将收到的数据直接显示在 LCD 屏幕上。

3.4 下载验证

代码编译成功之后,下载代码到正点原子战舰 STM32F103 上(注意,要 2 个开发板都下载这个代码),得到界面如图 3.5 所示。

伴随 DS0 的不停闪烁，提示程序在运行。此时按下 KEY0 就可以在另外一个开发板上收到这个开发板发送的数据了，如图 3.6 和图 3.7 所示。图 3.6 来自开发板 A，发送了 5 个数据；图 3.7 来自开发板 B，接收到了来自开发板 A 的 5 个数据。

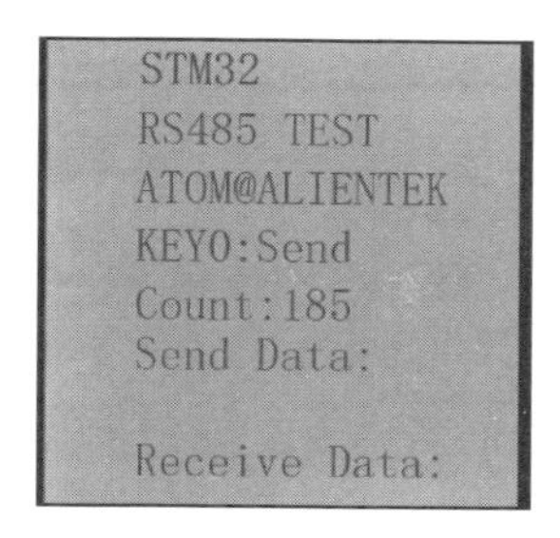

图 3.5 程序运行效果图

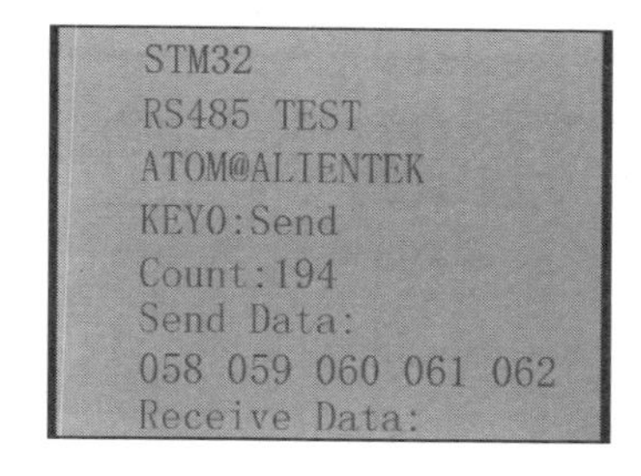

图 3.6 发送 RS485 数据的开发板界面

本章介绍的 RS485 总线是通过串口控制收发的，这里只需要将 P7 的跳线帽稍作改变（将 PA2、PA3 连接 COM2_RX、COM2_TX），该实验就变成了一个 RS232 串口通信实验，通过对接 2 个开发板的 RS232 接口即可得到同样的实验现象，不过 RS232 不需要使能脚，有兴趣的读者可以实验一下。

另外，利用 USMART 测试的部分这里就不做介绍了，读者可自行验证。

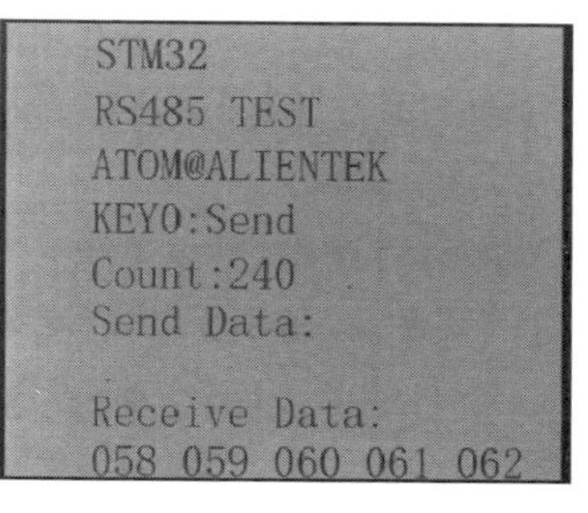

图 3.7 接收 RS485 数据的开发板

第4章

CAN 通信实验

本章将介绍如何使用 STM32 自带的 CAN 控制器来实现 CAN 的收发功能，并将结果显示在 TFTLCD 模块上。

4.1 CAN 总线简介

4.1.1 CAN 简介

CAN 是 Controller Area Network 的缩写（以下称为 CAN），是 ISO 国际标准化的串行通信协议。在当前的汽车产业中，出于对安全性、舒适性、方便性、低公害、低成本的要求，各种各样的电子控制系统被开发了出来。由于这些系统之间通信所用的数据类型及对可靠性的要求不尽相同，由多条总线构成的情况很多，线束的数量也随之增加。为适应"减少线束的数量""通过多个 LAN 进行大量数据的高速通信"的需要，1986 年德国电气商博世公司开发出面向汽车的 CAN 通信协议。此后，CAN 通过 ISO11898 及 ISO11519 进行了标准化，已是欧洲汽车网络的标准协议。

现在，CAN 的高性能和可靠性已被认同，并广泛地应用于工业自动化、船舶、医疗设备、工业设备等方面。现场总线是当今自动化领域技术发展的热点之一，被誉为自动化领域的计算机局域网。它的出现为分布式控制系统实现各节点之间实时、可靠的数据通信提供了强有力的技术支持。

CAN 协议具有以下特点：

① 多主控制。在总线空闲时，所有单元都可以发送消息（多主控制），而 2 个以上的单元同时开始发送消息时，根据标识符（Identifier 以下称为 ID）决定优先级。ID 并不表示发送的目的地址，而是表示访问总线的消息的优先级。2 个以上的单元同时开始发送消息时，对各消息 ID 的每个位逐个进行仲裁比较。仲裁获胜（被判定为优先级最高）的单元可继续发送消息，仲裁失利的单元则立刻停止发送转而进行接收工作。

② 系统的柔软性。与总线相连的单元没有类似于"地址"的信息，因此在总线上增加单元时，连接在总线上的其他单元的软硬件及应用层都不需要改变。

③ 通信速度较快，通信距离远：最高 1 Mbps（距离小于 40 m），最远可达 10 km（速率低于 5 kbps）。

④ 具有错误检测、错误通知和错误恢复功能。所有单元都可以检测错误（错误检

测功能)，检测出错误的单元会立即同时通知其他所有单元(错误通知功能)；正在发送消息的单元一旦检测出错误，则强制结束当前的发送。强制结束发送的单元会不断重新发送此消息，直到成功发送为止(错误恢复功能)。

⑤ 故障封闭功能。CAN 可以判断出错误的类型是总线上暂时的数据错误(如外部噪声等)还是持续的数据错误(如单元内部故障、驱动器故障、断线等)。因此，当总线上发生持续数据错误时，可将引起此故障的单元从总线上隔离出去。

⑥ 连接节点多。CAN 总线可同时连接多个单元的总线。可连接的单元总数理论上是没有限制的，但实际上可连接的单元数受总线上的时间延迟及电气负载的限制。降低通信速度，可连接的单元数增加；提高通信速度，则可连接的单元数减少。

CAN 协议的这些特点使其特别适合工业过程监控设备的互连，因此，越来越受到工业界的重视，并已被公认为是最有前途的现场总线之一。

CAN 协议经过 ISO 标准化后有 2 个标准：ISO11898 标准(高速 CAN)和 ISO11519—2 标准(低速 CAN)。其中，ISO11898 针对通信速率为 125 kbps～1 Mbps 的高速通信标准，而 ISO11519—2 针对通信速率为 125 kbps 以下的低速通信标准。

本章使用的是 ISO11898 标准，也就是高速 CAN，其拓扑图如图 4.1 所示。可见，高速 CAN 总线呈现的是一个闭环结构，总线由 2 根线 CAN_High 和 CAN_Low 组成，且在总线两端各串联了 120 Ω 的电阻(用于阻抗匹配，减少回波反射)，同时总线上可以挂载多个节点。每个节点都有 CAN 收发器以及 CAN 控制器，CAN 控制器通常是 MCU 的外设，集成在芯片内部；CAN 收发器则需要外加芯片转换电路。

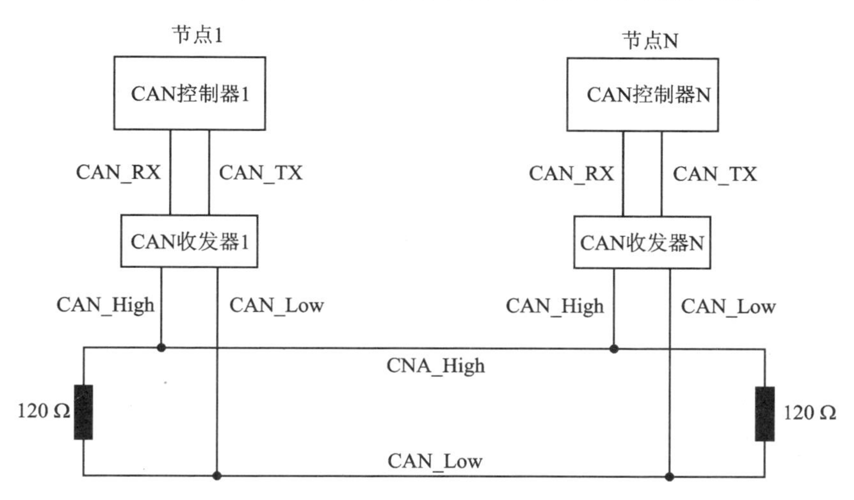

图 4.1　高速 CAN 拓扑结构图

CAN 类似 RS485，也通过差分信号传输数据。根据 CAN 总线上 2 根线的电位差来判断总线电平。总线电平分为显性电平和隐性电平，这属于物理层特征。ISO11898 物理层特性如图 4.2 所示。

可以看出，显性电平对应逻辑 0，CAN_H 和 CAN_L 之差为 2 V 左右。隐性电平

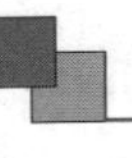

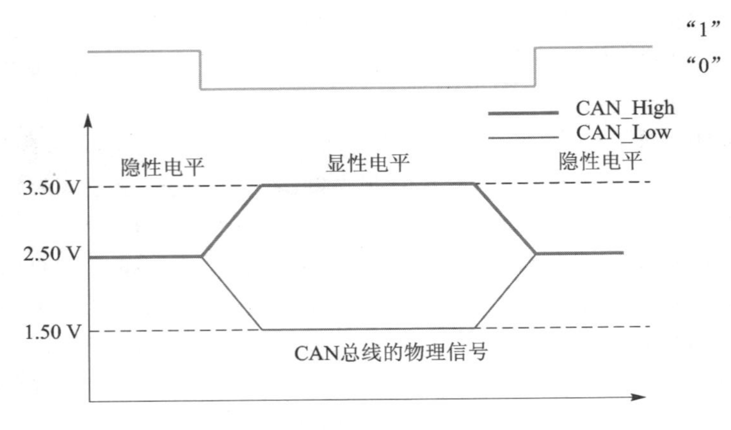

图 4.2 ISO11898 物理层特性

对应逻辑 1,CAN_H 和 CAN_L 之差为 0 V。在总线上显性电平具有优先权,只要有一个单元输出显性电平,总线上即为显性电平。隐形电平具有包容的意味,只有所有的单元都输出隐性电平,总线上才为隐性电平(显性电平比隐性电平更强)。

4.1.2 CAN 协议

CAN 协议是通过 5 种类型的帧进行传输的,分别是数据帧、遥控帧、错误帧、过载帧及间隔帧。

另外,数据帧和遥控帧有标准格式和扩展格式 2 种格式。标准格式有 11 个位的标识符(ID),扩展格式有 29 个位的 ID。各种帧的用途如表 4.1 所列。

表 4.1 CAN 协议各种帧及其用途

帧类型	帧用途
数据帧	用于发送单元向接收单元传送数据的帧
遥控帧	用于接收单元向具有相同 ID 的发送单元请求数据的帧
错误帧	用于当检测出错误时向其他单元通知错误的帧
过载帧	用于接收单元通知其尚未做好接收准备的帧
间隔帧	用于将数据帧及遥控帧与前面的帧分离开来的帧

由于篇幅所限,这里仅详细介绍数据帧。数据帧一般由 7 个段构成,即帧起始,表示数据帧开始的段;仲裁段,表示该帧优先级的段;控制段,表示数据的字节数及保留位的段;数据段,数据的内容,一帧可发送 0~8 个字节的数据;CRC 段,检查帧的传输错误的段;ACK 段,表示确认正常接收的段;帧结束,表示数据帧结束的段。

数据帧的构成如图 4.3 所示。图中 D 表示显性电平,R 表示隐形电平(下同)。

帧起始:这个比较简单,标准帧和扩展帧都由一个位的显性电平表示帧起始。

仲裁段:表示数据优先级的段。标准帧和扩展帧格式在本段有所区别,如图 4.4 所示。

标准格式的 ID 有 11 个位。禁止高 7 位都为隐性(禁止设定为 ID =

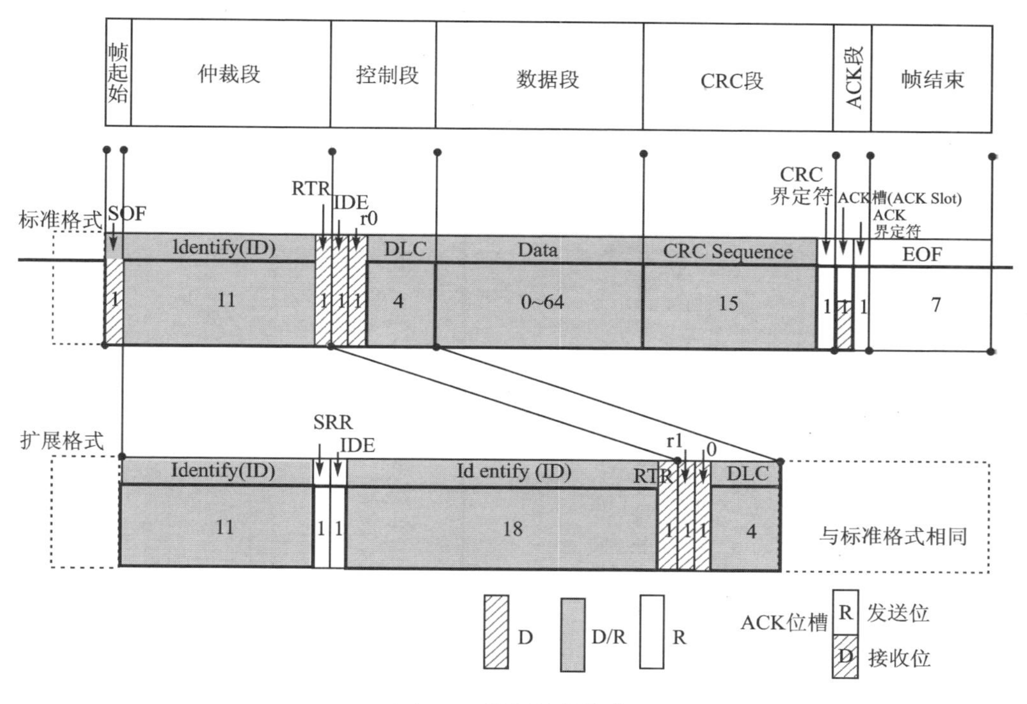

图 4.3 数据帧的构成

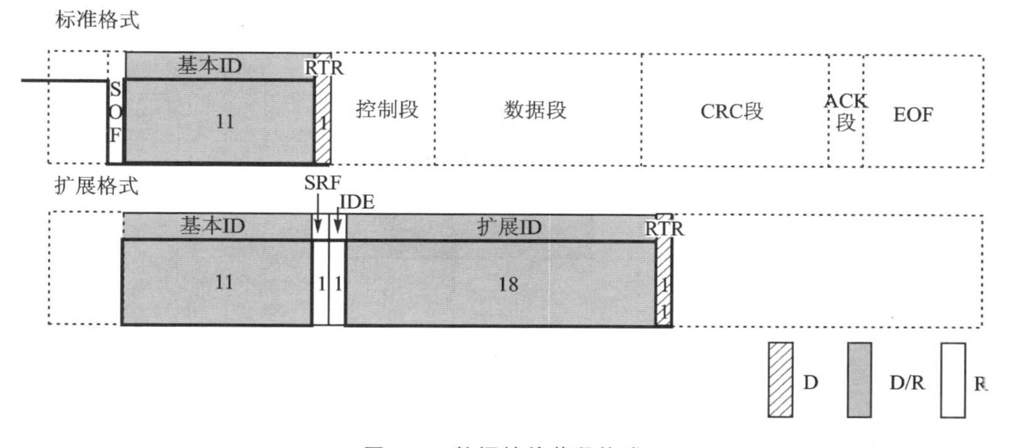

图 4.4 数据帧仲裁段构成

1111111XXXX)。扩展格式的 ID 有 29 个位。基本 ID 从 ID28～ID18,扩展 ID 由 ID17～ID0 表示。基本 ID 和标准格式的 ID 相同。禁止高 7 位都为隐性(禁止设定为基本 ID＝1111111XXXX)。

其中,RTR 位用于标识是否是远程帧(0,数据帧;1,远程帧);IDE 位为标识符选择位(0,使用标准标识符;1,使用扩展标识符);SRR 位为代替远程请求位,为隐性位,它代替了标准帧中的 RTR 位。

控制段由6个位构成,表示数据段的字节数。标准帧和扩展帧的控制段稍有不同,如图4.5所示。

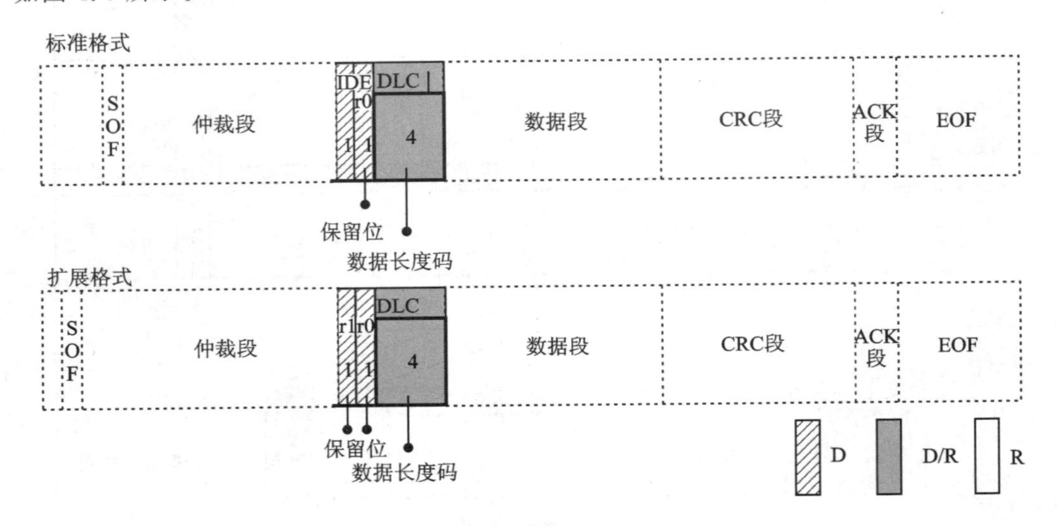

图4.5　数据帧控制段构成

图中r0和r1为保留位,必须全部以显性电平发送,但是接收端可以接收显性、隐性及任意组合的电平。DLC段为数据长度表示段,高位在前,DLC段有效值为0～8,但是接收方接收到9～15的时候并不认为是错误的。

数据段可包含0～8个字节的数据。从最高位(MSB)开始输出,标准帧和扩展帧在这个段的定义都是一样的,如图4.6所示。

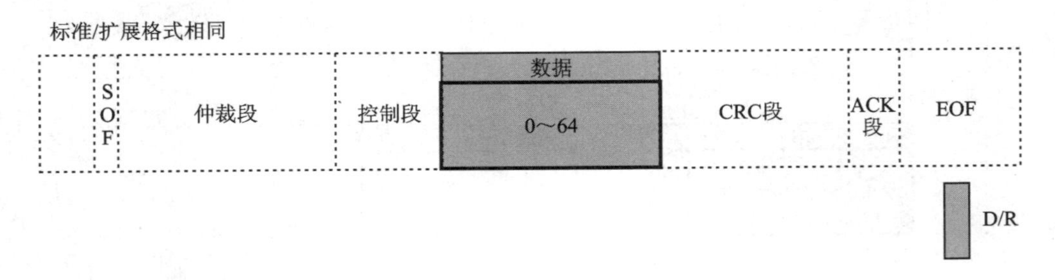

图4.6　数据帧数据段构成

CRC段用于检查帧传输错误。由15个位的CRC顺序和一个位的CRC界定符(用于分隔的位)组成,标准帧和扩展帧在这个段的格式也是相同的,如图4.7所示。此段CRC的值计算范围包括帧起始、仲裁段、控制段、数据段。接收方以同样的算法计算CRC的值并进行比较,不一致时会通报错误。

ACK段用来确认是否正常接收,由ACK槽(ACKSlot)和ACK界定符2个位组成。标准帧和扩展帧在这个段的格式也是相同的,如图4.8所示。

发送单元的ACK发送2个位的隐性位,而接收到正确消息的单元在ACK槽(ACKSlot)发送显性位,通知发送单元正常接收结束,这个过程叫发送ACK/返回

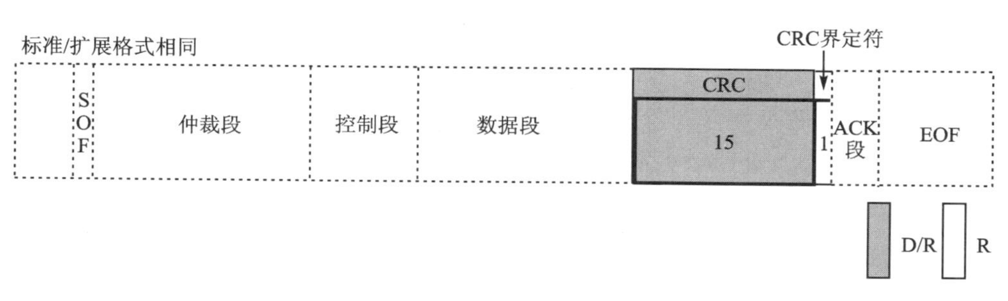

图 4.7　数据帧 CRC 段构成

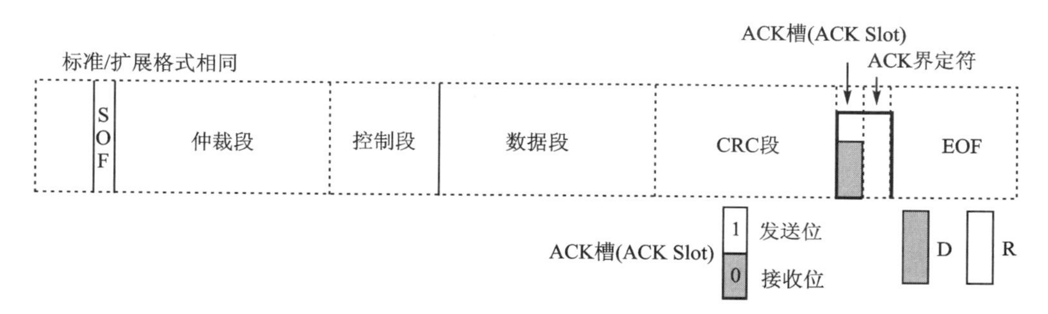

图 4.8　数据帧 ACK 段构成

ACK。发送 ACK 的是在既不处于总线关闭态也不处于休眠态的所有接收单元中，接收到正常消息的单元(发送单元不发送 ACK)。正常消息是指不含填充错误、格式错误、CRC 错误的消息。

帧结束这个段也比较简单，标准帧和扩展帧在这个段格式一样，由 7 个位的隐性位组成。至此，数据帧的 7 个段就介绍完了，其他帧的介绍可参考配套资料中"CAN 入门书.pdf"相关章节。接下来再来看看 CAN 的位时序。

由发送单元在非同步的情况下发送的每秒钟的位数称为位速率。一个位可分为 4 段，分别为同步段(SS)、传播时间段(PTS)、相位缓冲段 1(PBS1)及相位缓冲段 2(PBS2)。

这些段又由可称为 Time Quantum(以下称为 T_q)的最小时间单位构成。一位分为 4 段，每段又由若干个 T_q 构成，这称为位时序。一位由多少个 T_q 构成、每个段又由多少个 T_q 构成等，可以任意设定位时序。通过设定位时序，多个单元可同时采样，也可任意设定采样点。各段的作用和 T_q 数如表 4.2 所列。

一个位的构成如图 4.9 所示。图中的采样点是指读取总线电平，并将读到的电平作为位值的点，位置在 PBS1 结束处。根据这个位时序就可以计算 CAN 通信的波特率了。前面提到的 CAN 协议具有仲裁功能，下面来看看是如何实现的。

在总线空闲态，最先开始发送消息的单元获得发送权。当多个单元同时开始发送时，各发送单元从仲裁段的第一位开始进行仲裁。连续输出显性电平最多的单元可继续发送。实现过程如图 4.10 所示。

表 4.2　一个位各段及其作用

段名称	段的作用	T_q 数	
同步段 (SS:Synchronization Segment)	多个连接在总线上的单元通过此段实现时序调整,同步进行接收和发送的工作。由隐性电平到显性电平的边沿或由显性电平到隐性电平的边沿最好出现在此段中	$1T_q$	$8\sim25T_q$
传播时间段 (PTS:Propagation Time Segment)	用于吸收网络上的物理延迟的段。 所谓的网络的物理延迟指发送单元的输出延迟、总线上信号的传播延迟、接收单元的输入延迟。 这个段的时间为以上各延迟时间的和的2倍	$1\sim8T_q$	
相位缓冲段 1 (PBS1:Phase Buffer Segment 1)	当信号边沿不能被包含于 SS 段中时,可在此段进行补偿。 由于各单元以各自独立的时钟工作,细微的时钟误差会累积起来,PBS 段可用于吸收此误差。 通过对相位缓冲段加减 SJW 吸收误差。 SJW 加大后允许误差加大,但通信速度下降	$1\sim8T_q$	
相位缓冲段 2 (PBS2:Phase Buffer Segment 2)		$2\sim8T_q$	
再同步补偿宽度 (SJW:reSynchronization Jump Width)	因时钟频率偏差、传送延迟等,各单元有同步误差。SJW 为补偿此误差的最大值	$1\sim4T_q$	

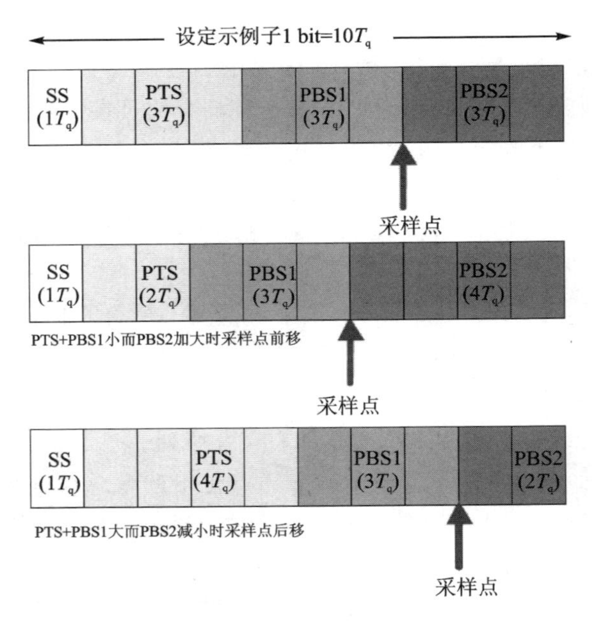

图 4.9　一个位的构成

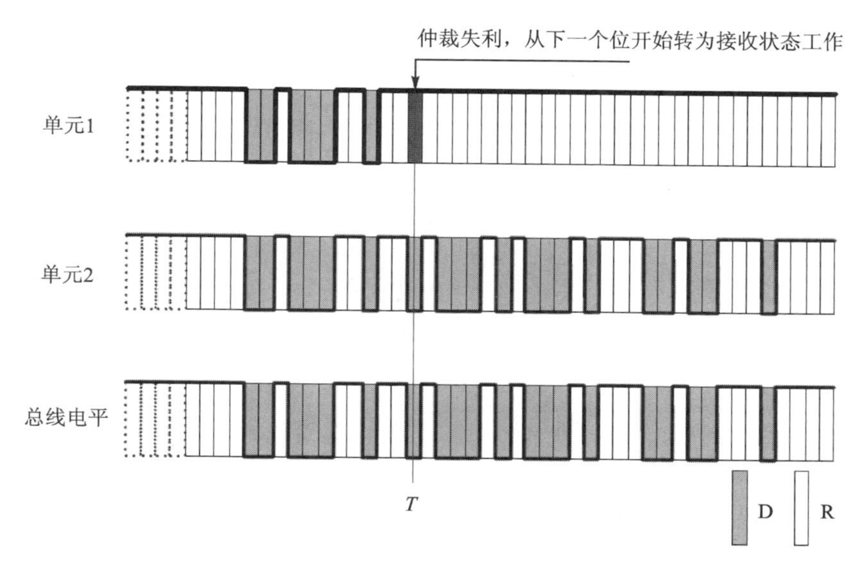

图 4.10　CAN 总线仲裁过程

图中单元 1 和单元 2 同时开始向总线发送数据，开始部分它们的数据格式是一样的，故无法区分优先级，直到 T 时刻，单元 1 输出隐性电平，而单元 2 输出显性电平，此时单元 1 仲裁失利，立刻转入接收状态工作，不再与单元 2 竞争，而单元 2 则顺利获得总线使用权，继续发送自己的数据。这就实现了仲裁，让连续发送显性电平多的单元获得总线使用权。

接下来介绍 STM32F1 的 CAN 控制器。STM32F1 自带的是 bxCAN，即基本扩展 CAN，它支持 CAN 协议 2.0A 和 2.0B。CAN2.0A 只能处理标准数据帧，扩展帧的内容会识别错误；CAN 2.0B Active 可以处理标准数据帧和扩展数据帧；而 CAN 2.0B passive 只能处理标准数据帧，扩展帧的内容会忽略。它的设计目标是以最小的 CPU 负荷来高效处理大量收到的报文，支持报文发送的优先级要求（优先级特性可软件配置）。对于安全紧要的应用，bxCAN 提供所有支持时间触发通信模式所需的硬件功能。

STM32F1 的 bxCAN 的主要特点有：

- 支持 CAN 协议 2.0A 和 2.0B 主动模式；
- 波特率最高达 1 Mbps；
- 支持时间触发通信；
- 具有 3 个发送邮箱；
- 具有 3 级深度的 2 个接收 FIFO；
- 可变的过滤器组（最多 28 个）。

STM32 互联型产品中带有 2 个 CAN 控制器，而本书使用的 STM32F103ZET6 属于增强型，不是互联型，只有一个 CAN 控制器。双 CAN 的框图如图 4.11 所示。可以看出，2 个 CAN 都分别拥有自己的发送邮箱和接收 FIFO，但是共用 28 个过滤器。通过 CAN_FMR 寄存器可以设置过滤器的分配方式。

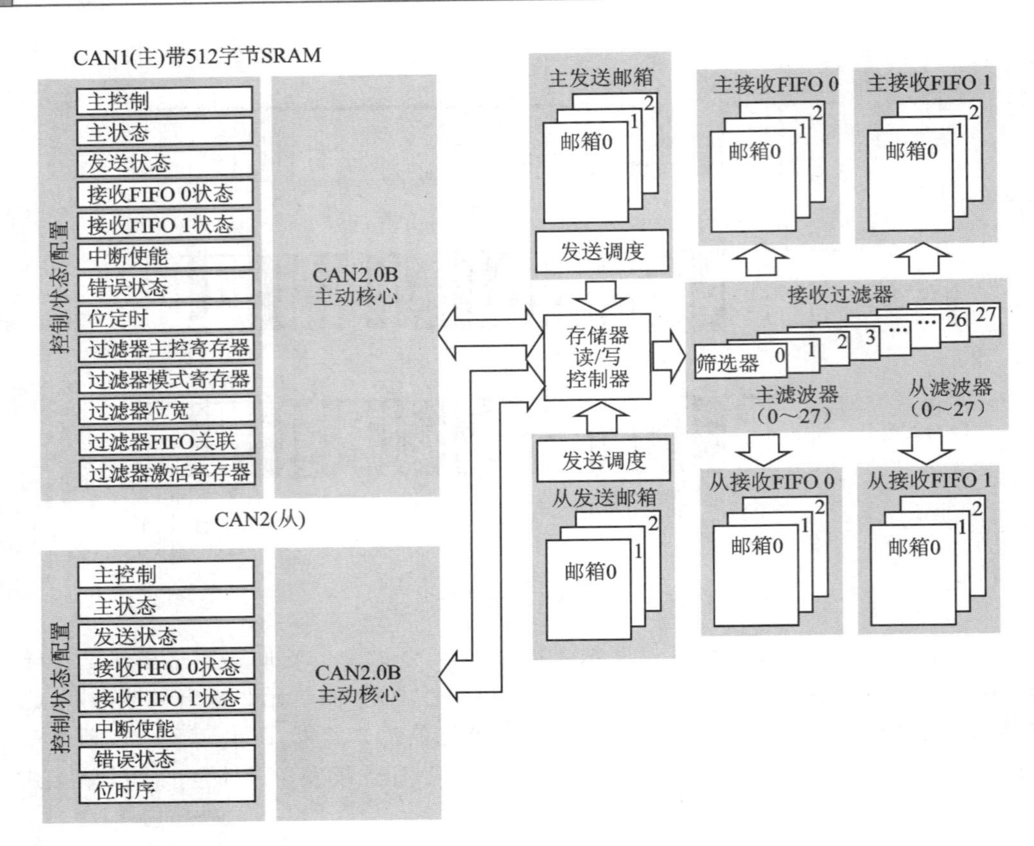

图 4.11　双 CAN 框图

STM32 的标识符过滤比较复杂，它的存在减少了 CPU 处理 CAN 通信的开销。STM32 的过滤器组最多有 28 个(互联型)，但是 STM32F103ZET6 只有 14 个(增强型)，每个滤波器组 x 由 2 个 32 位寄存器 CAN_FxR1 和 CAN_FxR2 组成。

STM32F1 每个过滤器组的位宽都可以独立配置，以满足应用程序的不同需求。根据位宽的不同，每个过滤器组可提供：

- 1 个 32 位过滤器，包括 STDID[10:0]、EXTID[17:0]、IDE 和 RTR 位；
- 2 个 16 位过滤器，包括 STDID[10:0]、IDE、RTR 和 EXTID[17:15]位。

此外过滤器可配置为屏蔽位模式和标识符列表模式。

在屏蔽位模式下，标识符寄存器和屏蔽寄存器一起指定报文标识符的任何一位，应该按照"必须匹配"或"不用关心"处理。而在标识符列表模式下，屏蔽寄存器也用作标识符寄存器。因此，不是采用一个标识符加一个屏蔽位的方式，而是使用 2 个标识符寄存器。接收报文标识符的每一位都必须与过滤器标识符相同。

通过 CAN_FMR 寄存器可以配置过滤器组的位宽和工作模式，如图 4.12 所示。

为了过滤出一组标识符，应该设置过滤器组工作在屏蔽位模式。为了过滤出一个标识符，应该设置过滤器组工作在标识符列表模式。应用程序不用的过滤器组应该保

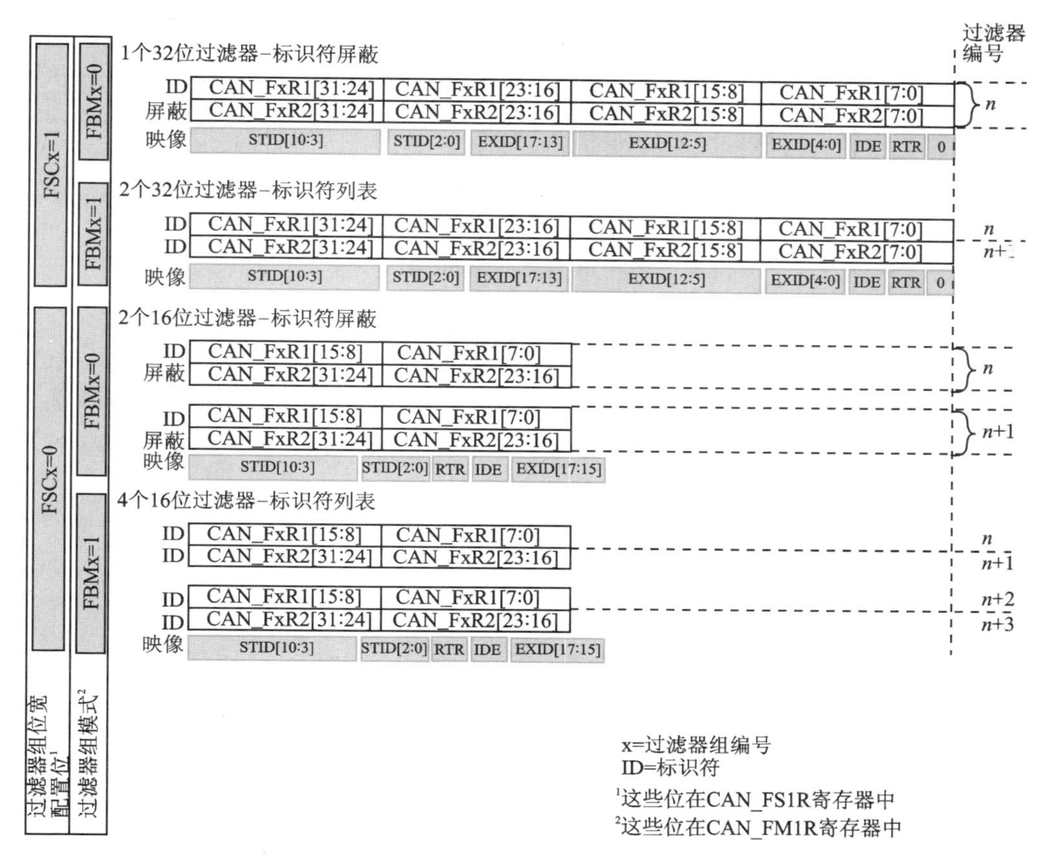

图 4.12 过滤器组位宽模式设置

持在禁用状态。

过滤器组中的每个过滤器都被编号(叫作过滤器号,即图 4.12 中的 n),过滤器号从 0 开始,到某个最大数值(取决于过滤器组的模式和位宽的设置)。

举个简单的例子,我们设置过滤器组 0 工作在一个 32 位过滤器-标识符屏蔽模式,然后设置 CAN_F0R1＝0xFFFF0000,CAN_F0R2＝0xFF00FF00。其中,存放到 CAN_F0R1 的值就是期望收到的 ID,即希望收到的映像(STID＋EXTID＋IDE＋RTR)最好是 0xFFFF0000。而 0xFF00FF00 就是需要必须关心的 ID,表示收到的映像,其位[31:24]和位[15:8]共 16 个位必须和 CAN_F0R1 中对应的位一模一样;而另外的 16 个位则不关心,可以一样,也可以不一样,都认为是正确的 ID,即收到的映像必须是 0xFFxx00xx 才算是正确的(x 表示不关心)。注意,标识符选择位 IDE 和帧类型 RTR 需要一致。具体情况如图 4.13 所示。

关于标识符过滤的详细介绍,可参考"STM32F10xxx 参考手册_V10(中文版).pdf"的 22.7.4 小节(431 页)。

接下来看看 STM32 的 CAN 发送和接收的流程。

32位过滤器-标识符屏蔽模式（过滤出一组标识符）																																
bit	31	30	29	28	27	26	25	24	23	22	21	20	19	18	17	16	15	14	13	12	11	10	9	8	7	6	5	4	3	2	1	0
ID CAN_F0R1 (0xFFFF0000)	1	1	1	1	1	1	1	1	1	1	1	1	1	1	1	1	0	0	0	0	0	0	0	0	0	0	0	0	0	0	0	0
屏蔽 CAN_F0R2 (0xFF00FF00)	1	1	1	1	1	1	1	1	0	0	0	0	0	0	0	0	1	1	1	1	1	1	1	1	0	0	0	0	0	0	0	0
映像	STID[10:3]								STID[2:0]			EXID[17:13]					EXID[12:5]								EXID[4:0]					IDE	RTR	0
过滤出ID	1	1	1	1	1	1	1	1	x	x	x	x	x	x	x	x	0	0	0	0	0	0	0	0	x	x	x	x	x	0	0	0

图 4.13　过滤器举例图

(1) CAN 发送流程

CAN 发送流程为：程序选择一个空置的邮箱(TME＝1)→设置标识符(ID)、数据长度和发送数据→设置 CAN_TIxR 的 TXRQ 位为 1，请求发送→邮箱挂号(等待成为最高优先级)→预定发送(等待总线空闲)→发送→邮箱空置。整个流程如图 4.14 所示。

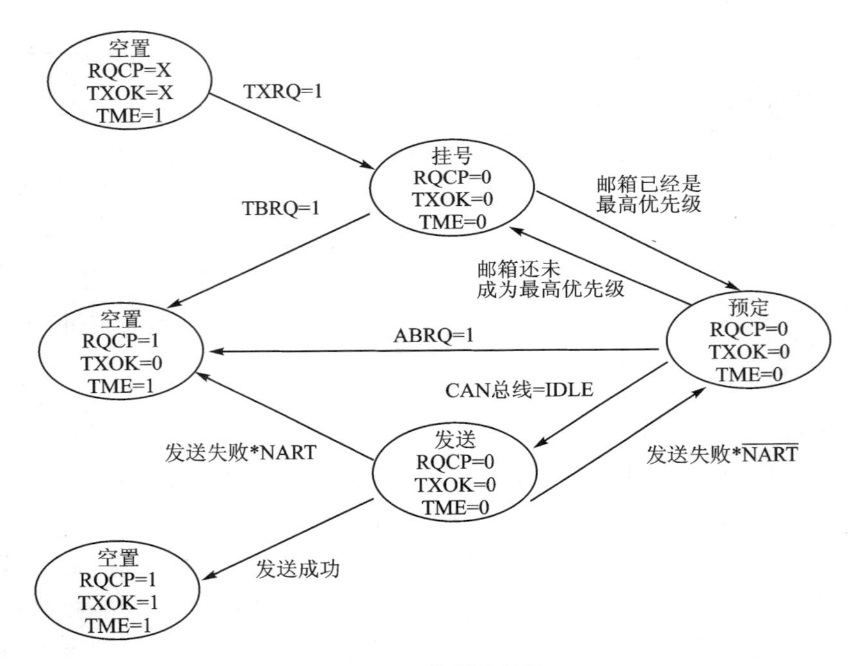

图 4.14　发送流程图

图中还包含了很多其他处理，如不强制退出发送(ABRQ＝1)和发送失败处理等。

(2) CAN 接收流程

CAN 接收到的有效报文被存储在 3 级邮箱深度的 FIFO 中。FIFO 完全由硬件管理，从而节省了 CPU 的处理负荷，简化了软件并保证了数据的一致性。应用程序只能通过读取 FIFO 输出邮箱来读取 FIFO 中最先收到的报文。这里的有效报文是指那些被正确接收(直到 EOF 都没有错误)且通过了标识符过滤的报文。CAN 的接收有 2 个 FIFO，每个过滤器组都可以设置其关联的 FIFO，通过 CAN_FFA1R 的设置可以将滤

波器组关联到 FIFO0 或 FIFO1。

CAN 接收流程为：FIFO 空→收到有效报文→挂号_1(存入 FIFO 的一个邮箱，这个由硬件控制，我们不需要理会)→收到有效报文→挂号_2→收到有效报文→挂号_3→收到有效报文溢出。

这个流程里面没有考虑从 FIFO 读出报文的情况，实际情况是：必须在 FIFO 溢出之前读出至少一个报文，否则下个报文到来时将导致 FIFO 溢出，从而出现报文丢失。每读出一个报文，相应的挂号就减 1，直到 FIFO 空。CAN 接收流程如图 4.15 所示。

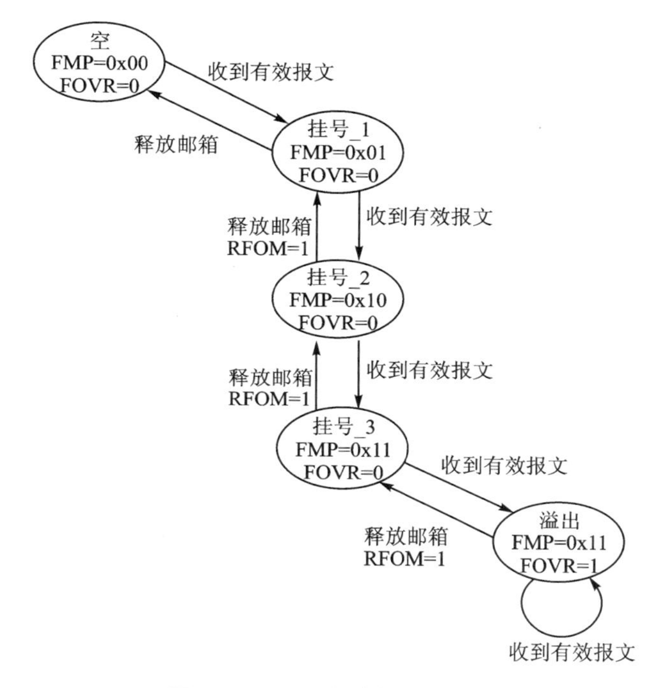

图 4.15 FIFO 接收报文流程图

FIFO 接收到的报文数可以通过查询 CAN_RFxR 的 FMP 寄存器得到，只要 FMP 不为 0，我们就可以从 FIFO 读出收到的报文。

接下来看看 STM32 的 CAN 位时间特性，STM32 的 CAN 位时间特性和之前介绍的 CAN 协议中稍有区别。STM32 把传播时间段和相位缓冲段 1(STM32 称之为时间段 1)合并了，所以 STM32 的 CAN 一个位只有 3 段：同步段(SYNC_SEG)、时间段 1(BS1)和时间段 2(BS2)。STM32 的 BS1 段可以设置为 1～16 个时间单元，刚好等于上面介绍的传播时间段和相位缓冲段 1 之和。STM32 的 CAN 位时序如图 4.16 所示。

图中还给出了 CAN 波特率的计算公式，只需要知道 BS1、BS2 的设置以及 APB1 的时钟频率(一般为 36 MHz)，就可以方便地计算出波特率。比如设置 TS1＝8、TS2＝7 和 BRP＝3，在 APB1 频率为 36 MHz 的条件下，即可得到 CAN 通信的波特率＝36 000 kHz/[(9＋8＋1)×4]＝500 kbps。

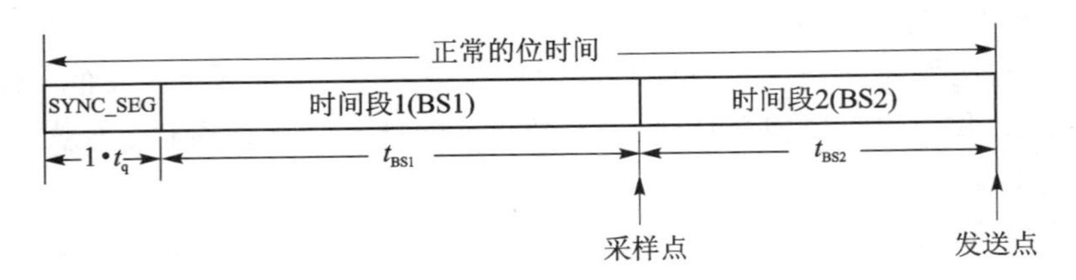

波特率$=\frac{1}{\text{正常的位时间}}$

正常的位时间$=1\cdot t_q+t_{BS1}+t_{BS2}$

其中：

$t_{BS1}=t_q(TS1[3:0]+1)$，$t_{BS2}=t_q(TS2[2:0]+1)$，$t_q=(BRP[9:0]+1)t_{PCLK}$

这里 t_q 表示 1 个时间单元，t_{PCLK}=APB 时钟的时间周期。BRP[9:0]、TS1[3:0]和 TS2[2:0]在 CAN_BTR 寄存器中定义

图 4.16　STM32 CAN 位时序

4.1.3　CAN 寄存器

接下来介绍本章需要用到的一些重要的寄存器。

1. CAN 的主控制寄存器(CAN_MCR)

CAN 的主控制寄存器(CAN_MCR)各位描述如图 4.17 所示。

31	30	29	28	27	26	25	24	23	22	21	20	19	18	17	16
保留															DBF
															rw

15	14	13	12	11	10	9	8	7	6	5	4	3	2	1	0
RESET	保留							TTCM	ABOM	AWUM	NART	RFLM	TXFP	SLEEP	INRQ
rs	res							rw	rw	rw	rw	rw	rw	rw	rw

位 0	INRQ:初始化请求 软件对该位清 0 可使 CAN 从初始化模式进入正常工作模式。当 CAN 在接收引脚检测到连续的 11 个隐性位后，CAN 就达到同步，并为接收和发送数据作好准备了。为此，硬件相应地对 CAN_ MSR 寄存器的 INAK 位清 0。 软件对该位置 1 可使 CAN 从正常工作模式进入初始化模式。一旦当前的 CAN 活动(发送或接收)结束，CAN 就进入初始化模式。相应地，硬件对 CAN_ MSR 寄存器的 INAK 位置 1

图 4.17　寄存器 CAN_MCR 各位描述

该寄存器负责管理 CAN 的工作模式。这里仅介绍 INRQ 位，该位用来控制初始化请求。在 CAN 初始化的时候，先设置该位为 1，然后进行初始化(尤其是 CAN_BTR 的设置，该寄存器必须在 CAN 正常工作之前设置)，之后设置该位为 0，让 CAN 进入正常工作模式。

该寄存器的详细描述可参考配套资料中"STM32F10xxx 参考手册_V10(中文版).pdf"439 页。

2. CAN位时序寄存器(CAN_BTR)

CAN位时序寄存器各位描述如图4.18所示，用于设置分频、T_{BS1}、T_{BS2}以及T_{sjw}等重要参数，直接决定了CAN的波特率。

31	30	29	28	27	26	25	24	23	22	21	20	19	18	17	16
SILM	LBKM	保留				SJW[1:0]		保留	TS2[2:0]			TS1[3:0]			
rw	rw	res				rw	rw	res	rw	rw	rw	rw	rw	rw	rw

15	14	13	12	11	10	9	8	7	6	5	4	3	2	1	0
保留						BRP[9:0]									
res						rw	rw	rw	rw	rw	rw	rw	rw	rw	rw

位	描述
位31	SILM：静默模式(用于调试) 0：正常状态；　1：静默模式
位30	LBKM：环回模式(用于调试) 0：禁止环回模式；　1：允许环回模式
位25:24	SJW[1:0]：重新同步跳跃宽度 为了重新同步，该位域定义了CAN硬件在每位中可以延长或缩短多少个时间单元的上限 $t_{RJW}=t_{CAN}\times(SJW[1:0]+1)$
位22:20	TS2[2:0]：时间段2 该位域定义了时间段2占用了多少个时间单元 $t_{BS2}=t_{CAN}\times(TS2[2:0]+1)$
位19:16	TSl[3:0]：时间段1 该位域定义了时间段1占用了多少个时间单元 $t_{BS1}=t_{CAN}\times(TS1[3:0]+1)$
位9:0	BRP[9:0]：波特率分频器 该位域定义了时间单元(t_q)的时间长度 $t_q=(BRP[9:0]+1)\times t_{PCLK}$

图4.18　寄存器CAN_BTR各位描述

另外，该寄存器还可以设置CAN的测试模式。STM32提供了3种测试模式，即环回模式、静默模式和环回静默模式。这里简单介绍环回模式。在环回模式下，bxCAN把发送的报文当作接收的报文并保存(如果可以通过接收过滤器组)在接收FIFO的输出邮箱里，也就是环回模式是一个自发自收的模式，如图4.19所示。

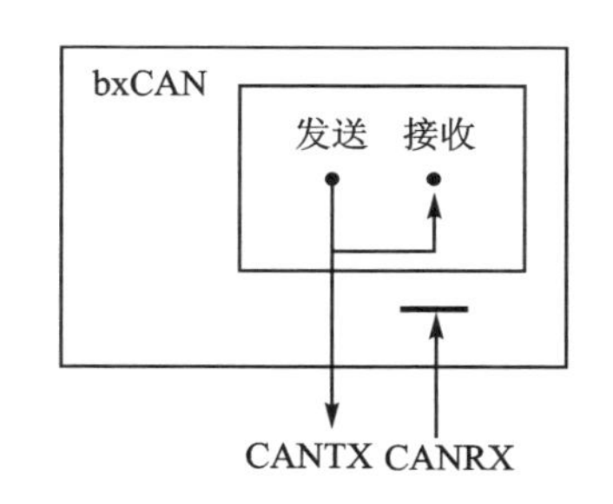

图4.19　CAN回环模式

环回模式可用于自测试。为了避免外部的影响，在环回模式下CAN内核忽略确认错误(在数据/远程帧的确认位时刻不检测是否有显性位)。在环回模式下，bxCAN在内部把Tx输出回馈到 Rx 输入上,而完全忽略 CANRX 引脚的实际状态。发送的报文可以在 CANTX 引脚上检测到。

3. CAN 发送邮箱标识符寄存器(CAN_TIxR)

CAN 发送邮箱标识符寄存器(CAN_TIxR)(x=0~3)各位描述如图 4.20 所示。该寄存器主要用来设置标识符(包括扩展标识符),另外还可以设置帧类型,通过 TXRQ(位 0)置 1 来请求邮箱发送。因为有 3 个发送邮箱,所以寄存器 CAN_TIxR 有 3 个。

31	30	29	28	27	26	25	24	23	22	21	20	19	18	17	16
STID[10:0]/EXID[28:18]											EXID[17:13]				
rw	rw	rw	rw	rw	rw	rw	rw	rw	rw	rw	rw	rw	rw	rw	rw

15	14	13	12	11	10	9	8	7	6	5	4	3	2	1	0
EXID[12:0]													IDE	RTR	TXRQ
rw	rw	rw	rw	rw	rw	rw	rw	rw	rw	rw	rw	rw	rw	rw	rw

位	描述
位 31:21	STID[10:0]/EXID[28:18]:标准标识符或扩展标识符 依据 IDE 位的内容,这些位或是标准标识符,或是扩展身份标识的高字节
位 20:3	EXID[17:0]:扩展标识符 扩展身份标识的低字节
位 2	IDE:标识符选择 该位决定发送邮箱中报文使用的标识符类型 0:使用标准标识符; 1:使用扩展标识符
位 1	RTR:远程发送请求 0:数据帧; 1:远程帧
位 0	TXRQ:发送数据请求 由软件对其置 1,来请求发送邮箱的数据。当数据发送完成,邮箱为空时,硬件对其清 0

图 4.20 寄存器 CAN_TIxR 各位描述

4. CAN 发送邮箱数据长度和时间戳寄存器(CAN_TDTxR)

CAN 发送邮箱数据长度和时间戳寄存器(CAN_TDTxR)(x=0~2)在本章仅用来设置数据长度,即最低 4 个位。低 4 位的描述如图 4.21 所示。

31	30	29	28	27	26	25	24	23	22	21	20	19	18	17	16
TIME[15:0]															
rw	rw	rw	rw	rw	rw	rw	rw	rw	rw	rw	rw	rw	rw	rw	rw

15	14	13	12	11	10	9	8	7	6	5	4	3	2	1	0
保留							TGT	保留				DLC[3:0]			
res							rw	res				rw	rw	rw	rw

位	描述
位 3:0	DLC[15:0]:发送数据长度 该域指定了数据报文的数据长度或者远程帧请求的数据长度。一个报文包含 0~8 个字节数据,这由 DLC 决定

图 4.21 寄存器 CAN_TDTxR 各位描述

5. CAN 发送邮箱低字节数据寄存器(CAN_TDLxR)

CAN 发送邮箱低字节数据寄存器(CAN_TDLxR)(x=0~2)各位描述如图 4.22 所示。该寄存器用来存储将要发送的数据,这里只能存储低 4 个字节;另外还有一个寄存器 CAN_TDHxR,用来存储高 4 个字节,这样总共就可以存储 8 个字节。CAN_TDHxR 的各位描述同 CAN_TDLxR 类似,不单独介绍了。

31	30	29	28	27	26	25	24	23	22	21	20	19	18	17	16
DATA3[7:0]								DATA2[7:0]							
rw	rw	rw	rw	rw	rw	rw	rw	rw	rw	rw	rw	rw	rw	rw	rw

15	14	13	12	11	10	9	8	7	6	5	4	3	2	1	0
DATA1[7:0]								DATA0[7:0]							
rw	rw	rw	rw	rw	rw	rw	rw	rw	rw	rw	rw	rw	rw	rw	rw

位	描述
位 31:24	DATA3[7:0]:数据字节 3 报文的数据字节 3
位 23:16	DATA2[7:0]:数据字节 2 报文的数据字节 2
位 15:8	DATA1[7:0]:数据字节 1 报文的数据字节 1
位 7:0	DATA0[7:0]:数据字节 0 报文的数据字节 0 报文包含 0~8 个字节数据,且从字节 0 开始

图 4.22 寄存器 CAN_TDLxR 各位描述

6. CAN 接收 FIFO 邮箱标识符寄存器(CAN_RIxR)

CAN 接收 FIFO 邮箱标识符寄存器(CAN_RIxR)(x=0/1)各位描述同 CAN_TIxR 寄存器几乎一模一样,只是最低位为保留位。该寄存器用于保存接收到的报文标识符等信息,可以通过读该寄存器来获取相关信息。

同样,CAN 接收 FIFO 邮箱数据长度和时间戳寄存器(CAN_RDTxR)、CAN 接收 FIFO 邮箱低字节数据寄存器(CAN_RDLxR)和 CAN 接收 FIFO 邮箱高字节数据寄存器(CAN_RDHxR)分别和发送邮箱的 CAN_TDTxR、CAN_TDLxR 以及 CAN_TDHxR 类似,这里就不单独介绍了,详细的描述可参考"STM32F10xxx 参考手册_V10(中文版).pdf"22.9.3 小节(447 页)。

7. CAN 过滤器模式寄存器(CAN_FM1R)

CAN 过滤器模式寄存器(CAN_FM1R)各位描述如图 4.23 所示。该寄存器用于设置各过滤器组的工作模式,对 28 个过滤器组的工作模式都可以通过该寄存器设置;不过该寄存器必须在过滤器处于初始化模式下(CAN_FMR 的 FINIT 位=1),才可以进行设置。对 STM32F103ZET6 来说,只有[13:0]这 14 个位有效。

31	30	29	28	27	26	25	24	23	22	21	20	19	18	17	16
保留				FBM27	FBM26	FBM25	FBM24	FBM23	FBM22	FBM21	FBM20	FBM19	FBM18	FBM17	FBM16
				rw	rw	rw	rw	rw	rw	rw	rw	rw	rw	rw	rw
15	**14**	**13**	**12**	**11**	**10**	**9**	**8**	**7**	**6**	**5**	**4**	**3**	**2**	**1**	**0**
FBM15	FBM14	FBM13	FBM12	FBM11	FBM10	FBM9	FBM8	FBM7	FBM6	FBM5	FBM4	FBM3	FBM2	FBM1	FBM0
rw	rw	rw	rw	rw	rw	rw	rw	rw	rw	rw	rw	rw	rw	rw	rw

位 13:0	FBMx:过滤器模式 过滤器组 x 的工作模式。 0:过滤器组 x 的 2 个 32 位寄存器工作在标识符屏蔽位模式; 1:过滤器组 x 的 2 个 32 位寄存器工作在标识符列表模式。 注:位 27:14 只出现在互联型产品中,其他产品为保留位

图 4.23 寄存器 CAN_FM1R 各位描述

8. CAN 过滤器位宽寄存器(CAN_FS1R)

CAN 过滤器位宽寄存器(CAN_FS1R)各位描述如图 4.24 所示。该寄存器用于设置各过滤器组的位宽,对 28 个过滤器组的位宽设置都可以通过该寄存器实现。该寄存器也只能在过滤器处于初始化模式下进行设置。对 STM32F103ZET6 来说,同样只有[13:0]这 14 个位有效。

31	30	29	28	27	26	25	24	23	22	21	20	19	18	17	16
保留				FSC27	FSC26	FSC25	FSC24	FSC23	FSC22	FSC21	FSC20	FSC19	FSC18	FSC17	FSC16
				rw	rw	rw	rw	rw	rw	rw	rw	rw	rw	rw	rw
15	**14**	**13**	**12**	**11**	**10**	**9**	**8**	**7**	**6**	**5**	**4**	**3**	**2**	**1**	**0**
FSC15	FSC14	FSC13	FSC12	FSC11	FSC10	FSC9	FSC8	FSC7	FSC6	FSC5	FSC4	FSC3	FSC2	FSC1	FSC0
rw	rw	rw	rw	rw	rw	rw	rw	rw	rw	rw	rw	rw	rw	rw	rw

位 13:0	FSCx:过滤器位宽设置 过滤器组 x(13~0)的位宽。 0:过滤器位宽为 2 个 16 位; 1:过滤器位宽为单个 32 位。 注:位 27:14 只出现在互联型产品中,其他产品为保留位

图 4.24 寄存器 CAN_FS1R 各位描述

9. CAN 过滤器 FIFO 关联寄存器(CAN_FFA1R)

CAN 过滤器 FIFO 关联寄存器(CAN_FFA1R)各位描述如图 4.25 所示。该寄存器设置报文通过过滤器组之后被存入 FIFO,如果对应位为 0,则存放到 FIFO0;如果为 1,则存放到 FIFO1。该寄存器也只能在过滤器处于初始化模式下配置。

10. CAN 过滤器激活寄存器(CAN_FA1R)

CAN 过滤器激活寄存器(CAN_FA1R)各位对应过滤器组和前面的几个寄存器类似,这里就不列出了,把对应位置 1,即开启对应的过滤器组;置 0,则关闭该过滤器组。

31	30	29	28	27	26	25	24	23	22	21	20	19	18	17	16
保留				FFA27	FFA26	FFA25	FFA24	FFA23	FFA22	FFA21	FFA20	FFA19	FFA18	FFA17	FFA16
				rw	rw	rw	rw	rw	rw	rw	rw	rw	rw	rw	rw

15	14	13	12	11	10	9	8	7	6	5	4	3	2	1	0
FFA15	FFA14	FFA13	FFA12	FFA11	FFA10	FFA9	FFA8	FFA7	FFA6	FFA5	FFA4	FFA3	FFA2	FFA1	FFA0
rw	rw	rw	rw	rw	rw	rw	rw	rw	rw	rw	rw	rw	rw	rw	rw

位13:0	FFAx:过滤器位宽设置 报文在通过了某过滤器的过滤后,将被存放到其关联的FIFO中。 0:过滤器被关联到FIFO0

图4.25 寄存器CAN_FFA1R各位描述

11. CAN的过滤器组i的寄存器x(CAN_FiRx)

CAN的过滤器组i的寄存器x(CAN_FiRx)(互联产品中i=0～27,其他产品中i=0～13;x=1/2)各位描述如图4.26所示。

31	30	29	28	27	26	25	24	23	22	21	20	19	18	17	16
FB31	FB30	FB29	FB28	FB27	FB26	FB25	FB24	FB23	FB22	FB21	FB20	FB19	FB18	FB17	FB16
rw	rw	rw	rw	rw	rw	rw	rw	rw	rw	rw	rw	rw	rw	rw	rw

15	14	13	12	11	10	9	8	7	6	5	4	3	2	1	0
FB15	FB14	FB13	FB12	FB11	FB10	FB9	FB8	FB7	FB6	FB5	FB4	FB3	FB2	FB1	FB0
rw	rw	rw	rw	rw	rw	rw	rw	rw	rw	rw	rw	rw	rw	rw	rw

在所有的配置情况下:

位31:0	FB[31:0]:过滤器位 标识符模式 寄存器的每位对应于所期望的标识符的相应位的电平。 0:期望相应位为显性位; 1:期望相应位为隐性位。 屏蔽位模式 寄存器的每位指示对应的标识符寄存器位是否要与期望标识符的相应位一致。 0:不关心,该位不用于比较; 1:必须匹配,到来的标识符位必须与滤波器对应的标识符寄存器位一致

图4.26 寄存器CAN_FiRx各位描述

每个过滤器组的CAN_FiRx都由2个32位寄存器构成,即CAN_FiR1和CAN_FiR2。根据过滤器位宽和模式的不同设置,这2个寄存器的功能也不尽相同。

4.2 硬件设计

(1) 例程功能

通过KEY_UP按键(即WK_UP按键)选择CAN的工作模式(正常模式/环回模

式),然后通过 KEY0 控制数据发送;接着查询是否接收到数据,若接收到数据,则将接收到的数据显示在 LCD 模块上。如果是环回模式,则不需要 2 个开发板。如果是正常模式,则需要 2 个战舰开发板,并且将它们的 CAN 接口对接起来,然后一个开发板发送数据,另外一个开发板将接收到的数据显示在 LCD 模块上。

(2) 硬件资源

➢ LED 灯:LED0 - PB5;

➢ 独立按键:KEY0 - PE4、KEY_UP - PA0;

➢ 正点原子 TFTLCD 模块(仅限 MCU 屏,16 位 8080 并口驱动);

➢ STM32 自带 CAN 控制器;

➢ CAN 收发芯片 TJA1050、SIT1050T。

(3) 原理图

STM32 有 CAN 的控制器,但要实现 CAN 通信的差分电平,还需要借助外围电路来实现。根据需要实现的程序功能,设计的电路原理如图 4.27 所示。

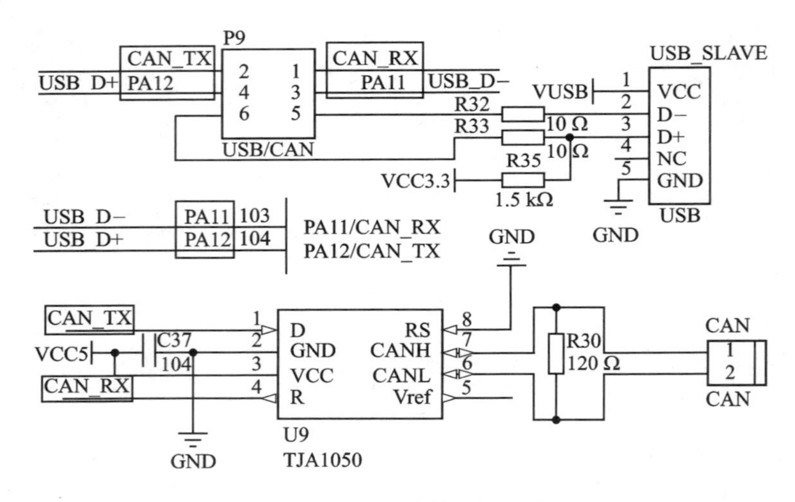

图 4.27 CAN 连接原理设计

可以看出,STM32F1 的 CAN 通过 P9 的设置连接到 TJA1050/SIT1050T 收发芯片,然后通过接线端子(CAN)同外部的 CAN 总线连接。战舰 STM32F103 开发板上面是带有 120 Ω 终端电阻的,如果开发板不作为 CAN 的终端,则需要把这个电阻去掉,以免影响通信。注意,CAN 和 USB 共用了 PA11 和 PA12,所以它们不能同时使用。

同时,要设置好开发板上 P9 排针的连接,通过跳线帽将 PA11 和 PA12 分别连接到 CAN_RX 和 CAN_TX 上面,如图 4.28 所示。

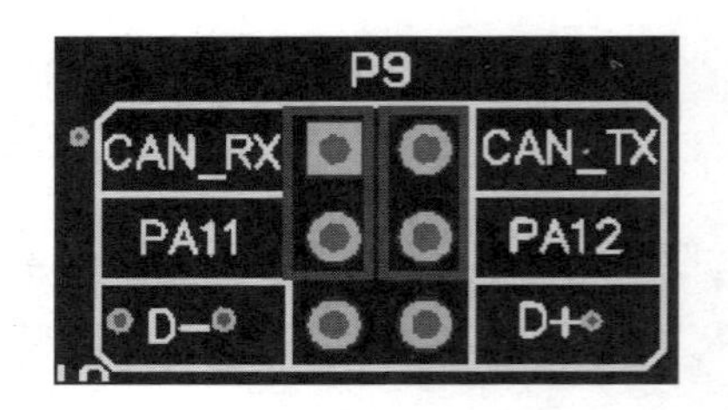

图 4.28 CAN 实验需要跳线连接的位置

最后,用 2 根导线将 2 个开发板 CAN 端子

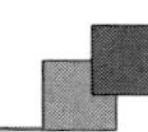

的 CAN_L 和 CAN_L、CAN_H 和 CAN_H 连接起来，不要接反了（CAN_L 接 CAN_H），否则会导致通信异常。

4.3　程序设计

4.3.1　CAN 的 HAL 库驱动

CAN 在 HAL 库中的驱动代码在 stm32f1xx_hal_can.c 文件（及其头文件）中。

1. HAL_CAN_Init 函数

要使用一个外设，则首先要对它进行初始化，所以先看 CAN 的初始化函数，其声明如下：

```
HAL_StatusTypeDef HAL_CAN_Init(CAN_HandleTypeDef * hcan);
```

函数描述：用于 CAN 控制器的初始化。

函数形参：形参是 CAN 的控制句柄，结构体类型是 CAN_HandleTypeDef，其定义如下：

```
typedef struct __CAN_HandleTypeDef
{
  CAN_TypeDef                   * Instance;     /* CAN 控制寄存器基地址 */
  CAN_InitTypeDef               Init;           /* 初始化参数结构体 */
  __IO HAL_CAN_StateTypeDef     State;          /* CAN 通信状态 */
  __IO uint32_t                 ErrorCode;      /* CAN 通信结果编码 */
} CAN_HandleTypeDef;
```

Instance：指向 CAN 寄存器基地址。可以根据 F103 寄存器的偏移量定义找到各个配置 CAN 的寄存器，并对其进行操作。

Init：CAN 初始化结构体，用于配置 CAN 的工作模式等。它的定义也在 stm32f1xx_hal_can.h 中列出。

```
typedef struct
{
  uint32_t Prescaler;         /* 分频值，可以配置为 1～1 024 间的任意整数 */
  uint32_t Mode;              /* can 操作模式，有效值参考 CAN_operating_mode 的描述 */
  uint32_t SyncJumpWidth;     /* CAN 硬件的最大超时时间 */
  uint32_t TimeSeg1;          /* CAN_time_quantum_in_bit_segment_1 */
  uint32_t TimeSeg2;          /* CAN_time_quantum_in_bit_segment_2 */
  FunctionalState TimeTriggeredMode;       /* 启用或禁用时间触发模式 */
  FunctionalState AutoBusOff;              /* 禁止/使能软件自动断开总线的功能 */
  FunctionalState AutoWakeUp;              /* 禁止/使能 CAN 的自动唤醒功能 */
  FunctionalState AutoRetransmission;      /* 禁止/使能 CAN 的自动传输模式 */
  FunctionalState ReceiveFifoLocked;       /* 禁止/使能 CAN 的接收 FIFO */
  FunctionalState TransmitFifoPriority;    /* 禁止/使能 CAN 的发送 FIFO */
} CAN_InitTypeDef;
```

调用 CAN 的初始化函数时，主要是对这个结构体赋值，配置 CAN 的工作模式。

State:CAN 操作状态,主要用于 HAL 库中的函数。

ErrorCode:CAN 错误操作信息。CAN 定义了多个错误返回值,方便查找通信异常的可能原因,可以看到 CAN 总线的容错能力要大于串口。

函数返回值:HAL_StatusTypeDef 枚举类型的值,有 4 个,分别是 HAL_OK 表示成功、HAL_ERROR 表示错误、HAL_BUSY 表示忙碌、HAL_TIMEOUT 为超时。

调用初始化函数之后,同样需要重定义 HAL_CAN_MspInit 来初始化与底层硬件相关的配置,后面编写初始化函数时用到。

2. HAL_CAN_ConfigFilter 函数

CAN 的接收过滤器属于硬件,可以根据软件的设置,在接收报文的时候过滤出符合过滤器配置条件的报文 ID,大大节省了 CPU 的开销。过滤器配置函数定义如下:

```
HAL_StatusTypeDef HAL_CAN_ConfigFilter(CAN_HandleTypeDef * hcan,
                                       CAN_FilterTypeDef * sFilterConfig)
```

函数描述:用于配置 CAN 的接收过滤器。

函数形参:

形参 1 是 CAN 的控制句柄指针,初始化函数已经介绍过它的结构了。

形参 2 是过滤器的结构体,这个是根据 STM32 的 CAN 过滤器模式设置的一些配置参数,它的结构如下:

```
typedef struct
{
  uint32_t FilterIdHigh;          /* 过滤器标识符高位 */
  uint32_t FilterIdLow;           /* 过滤器标识符低位 */
  uint32_t FilterMaskIdHigh;      /* 过滤器掩码号高位(列表模式下,也是属于标识符) */
  uint32_t FilterMaskIdLow;       /* 过滤器掩码号低位(列表模式下,也是属于标识符) */
  uint32_t FilterFIFOAssignment;  /* 与过滤器组管理的 FIFO */
  uint32_t FilterBank;            /* 指定过滤器组,单 CAN 为 0~13,双 CAN 可为 0~27 */
  uint32_t FilterMode;            /* 过滤器的模式 标识符屏蔽位模式/标识符列表模式 */
  uint32_t FilterScale;           /* 过滤器的位宽 32 位/16 位 */
  uint32_t FilterActivation;      /* 禁用或者使能过滤器 */
  uint32_t SlaveStartFilterBank;  /* 双 CAN 模式下,规定 CAN 的主从模式的过滤器分配 */
} CAN_FilterTypeDef;
```

通过配置过滤器及过滤器组的报文,即可从关联的 FIFO 的输出邮箱中获取信息。

函数返回值:只关注 HAL_OK 的情况。

3. HAL_CAN_Start 函数

HAL_CAN_Start 函数使能 CAN 控制器,以接入总线进行数据收发处理。

```
HAL_StatusTypeDef HAL_CAN_Start(CAN_HandleTypeDef * hcan)
```

函数描述:按需要配置完 CAN 总线后使能 CAN 控制器,以接入总线进行数据收发处理。

函数形参:形参是 CAN 的控制句柄指针,初始化函数已经介绍过它的结构了。

函数返回值:只关注 HAL_OK 的情况。

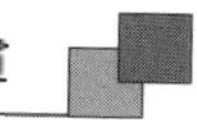

4. HAL_CAN_ActivateNotification 函数

HAL_CAN_ActivateNotification 函数用于使能 CAN 的各种中断。

```
HAL_StatusTypeDef HAL_CAN_ActivateNotification(CAN_HandleTypeDef * hcan, uint32_t ActiveITs)
```

函数描述: CAN 定义了多种传输中断以满足需求,只需要在 ActiveITs 中填入相关中断即可。中断源可以在 CAN_IER 寄存器中找到。

函数形参: 形参是 CAN 的控制句柄指针,初始化函数已经介绍过它的结构。

函数返回值: 只关注 HAL_OK 的情况。

5. HAL_CAN_AddTxMessage 函数

HAL_CAN_AddTxMessage 函数是发送报文函数。

```
HAL_StatusTypeDef HAL_CAN_AddTxMessage(CAN_HandleTypeDef * hcan,
                    CAN_TxHeaderTypeDef * pHeader, uint8_t aData[], uint32_t * pTxMailbox)
```

函数描述: 该函数用于向发送邮箱添加发送报文,并激活发送请求。

函数形参:

形参 1 是 CAN 的控制句柄指针,初始化函数已经介绍过它的结构了。

形参 2 是 CAN 发送的结构体,它的结构如下:

```
typedef struct
{
  uint32_t StdId;       /* 标准标识符 11 位 范围:0～0x7FF */
  uint32_t ExtId;       /* 扩展标识符 29 位 范围:0～0x1FFFFFFF */
  uint32_t IDE;         /* 标识符类型 CAN_ID_STD / CAN_ID_EXT */
  uint32_t RTR;         /* 帧类型 CAN_RTR_DATA / CAN_RTR_REMOTE */
  uint32_t DLC;         /* 帧长度 范围:0～8byte */
  FunctionalState TransmitGlobalTime;    /* 时间戳是否在开始时捕获 */
} CAN_TxHeaderTypeDef;
```

注意,当标识符选择位 IDE 为 CAN_ID_STD 时,表示本报文是标准帧,使用 StdId 成员存储报文 ID;当它的值为 CAN_ID_EXT 时,表示本报文是扩展帧,使用 ExtId 成员存储报文 ID。其他成员可以对照发送邮箱寄存器相关位来理解。

形参 3 是报文的内容。

形参 4 是发送邮箱编号,可选 3 个发送邮箱之一。

6. HAL_CAN_GetRxMessage 函数

HAL_CAN_GetRxMessage 函数是接收消息函数。

```
HAL_StatusTypeDef HAL_CAN_GetRxMessage(CAN_HandleTypeDef * hcan, uint32_t RxFifo,
                                    CAN_RxHeaderTypeDef * pHeader, uint8_t aData[])
```

函数描述: 该函数可从接收 FIFO 里面的输出邮箱获取到消息报文。

函数形参:

形参 1 是 CAN 的控制句柄指针,初始化函数已经介绍过它的结构了。

形参 2 是接收 FIFO,具体是 FIFO0/1 须根据过滤器组关联的 FIFO 确定。

形参 3 是 CAN 接收的结构体,它的结构如下:

```
typedef struct
{
  uint32_t StdId;                  /* 标准标识符 11 位 范围:0～0x7FF */
  uint32_t ExtId;                  /* 扩展标识符 29 位 范围:0～0x1FFFFFFF */
  uint32_t IDE;                    /* 标识符类型 CAN_ID_STD / CAN_ID_EXT */
  uint32_t RTR;                    /* 帧类型 CAN_RTR_DATA / CAN_RTR_REMOTE */
  uint32_t DLC;                    /* 帧长度 范围:0～8 字节 */
  uint32_t Timestamp;              /* 在帧接收开始时开始捕获的时间戳 */
  uint32_t FilterMatchIndex;       /* 过滤器匹配序号 */
} CAN_RxHeaderTypeDef;
```

发送结构体中也通过 IDE 位确认该消息报文的标识符类型,该结构体不同于发送结构体,还有一个过滤器匹配序号成员,可以查看到此报文是通过哪组过滤器到达接收 FIFO。其他成员可以对照发送邮箱寄存器相关位进行理解。

形参 4 是接收报文的内容。

CAN 的初始化配置步骤如下:

① CAN 参数初始化(工作模式、波特率等)。

HAL 库通过调用 CAN 初始化函数 HAL_CAN_Init 完成对 CAN 参数初始化。注意,该函数会调用 HAL_CAN_MspInit 函数来完成对 CAN 底层的初始化,包括 CAN 以及 GPIO 时钟使能、GPIO 模式设置、中断设置等。

② 开启 CAN 和对应引脚时钟,配置 CAN_TX 和 CAN_RX 的复用功能输出。

首先开启 CAN 的时钟,然后配置 CAN 相关引脚为复用功能(对应的引脚可查看中文参考手册 P117)。本实验中 CAN_TX 对应的是 PA12,CAN_RX 对应的是 PA11。它们的时钟开启方法如下:

```
__HAL_RCC_CAN1_CLK_ENABLE();              /* 使能 CAN1 */
__HAL_RCC_GPIOA_CLK_ENABLE();             /* 开启 GPIOA 时钟 */
```

I/O 口复用功能是通过函数 HAL_GPIO_Init 来配置的。

③ 设置过滤器。

HAL 库通过调用 HAL_CAN_ConfigFilter 完成 CAN 过滤器相关参数初始化。

④ CAN 数据接收和发送。

通过调用 HAL_CAN_AddTxMessage 函数来发送消息。通过调用 HAL_CAN_GetRxMessage 函数来接收数据。

至此,CAN 就可以开始正常工作了。如果用到中断,则还需要进行中断相关的配置。本实验也提供 CAN 接收中断,详看例程源码,这里就不介绍了。

4.3.2 程序流程图

程序流程如图 4.29 所示。

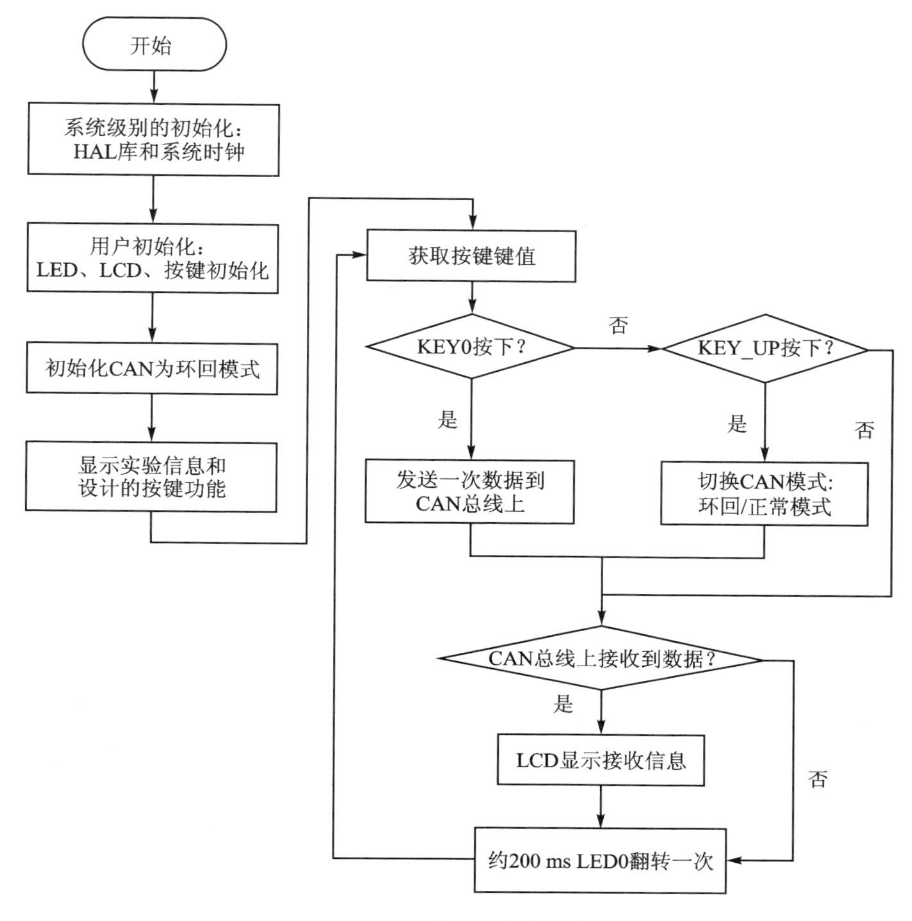

图4.29 CAN通信实验程序流程图

4.3.3 程序解析

要使用LED、LCD、按键这些功能，直接复制RS485实验的代码，把RS485的代码从工程中移除，并在Drivers/BSP目录下新建一个CAN文件夹，与之前一样，新建can.c/can.h文件并把它们加入到工程中。

1. can.c函数

这里只讲解核心代码，详细的源码可参考配套资料中本实验对应源码。CAN驱动相关源码包括2个文件：can.c和can.h。

利用前面介绍的HAL库函数来配置CAN的接收时钟及模式等参数，配置过滤器以使能硬件自动过滤功能，最后使能CAN以开始CAN控制器的工作。编写CAN初始化函数：

```
/**
 * @brief      CAN 初始化
 * @param      tsjw：重新同步跳跃时间单元.范围：1～3
 * @param      tbs2：时间段 2 的时间单元.范围：1～8
 * @param      tbs1：时间段 1 的时间单元.范围：1～16
 * @param      brp：波特率分频器.范围：1～1 024
 * @note       以上 4 个参数在函数内部会减 1，所以，任何一个参数都不能等于 0
 *             CAN 挂在 APB1 上面，其输入时钟频率为 Fpclk1 = PCLK1 = 36 MHz
 *             tq = brp * tpclk1
 *             波特率 = Fpclk1 / ((tbs1 + tbs2 + 1) * brp)
 *             我们设置 can_init(1, 8, 9, 4, 1)，则 CAN 波特率为
 *             36 MHz / ((8 + 9 + 1) * 4) = 500 kbps
 * @param      mode：CAN_MODE_NORMAL,   正常模式
 *                   CAN_MODE_LOOPBACK,回环模式
 * @retval     0，初始化成功；其他，初始化失败
 */
uint8_t can_init(uint32_t tsjw, uint32_t tbs2, uint32_t tbs1, uint16_t brp, uint32_t
                 mode)
{
  g_canx_handler.Instance = CAN1;
  g_canx_handler.Init.Prescaler = brp;      /* 分频系数(Fdiv)为 brp + 1 */
  g_canx_handler.Init.Mode = mode;          /* 模式设置 */
  /* 重新同步跳跃宽度(Tsjw)为 tsjw + 1 个时间单位 CAN_SJW_1TQ～CAN_SJW_4TQ */
  g_canx_handler.Init.SyncJumpWidth = tsjw;
  g_canx_handler.Init.TimeSeg1 = tbs1;      /* tbs1 范围 CAN_BS1_1TQ～CAN_BS1_16TQ */
  g_canx_handler.Init.TimeSeg2 = tbs2;      /* tbs2 范围 CAN_BS2_1TQ～CAN_BS2_8TQ */
  g_canx_handler.Init.TimeTriggeredMode = DISABLE;      /* 非时间触发通信模式 */
  g_canx_handler.Init.AutoBusOff = DISABLE;             /* 软件自动离线管理 */
  g_canx_handler.Init.AutoWakeUp = DISABLE;             /* 通过软件唤醒睡眠模式 */
  g_canx_handler.Init.AutoRetransmission = ENABLE;      /* 禁止报文自动传送 */
  g_canx_handler.Init.ReceiveFifoLocked = DISABLE;      /* 报文不锁定,新的覆盖旧的 */
  g_canx_handler.Init.TransmitFifoPriority = DISABLE;   /* 优先级由报文标识符决定 */
  if (HAL_CAN_Init(&g_canx_handler) != HAL_OK)
  {
    return 1;
  }
#if CAN_RX0_INT_ENABLE
  /* 使用中断接收,FIFO0 消息挂号中断允许 */
  __HAL_CAN_ENABLE_IT(&g_canx_handler, CAN_IT_RX_FIFO0_MSG_PENDING);
  HAL_NVIC_EnableIRQ(USB_LP_CAN1_RX0_IRQn);             /* 使能 CAN 中断 */
  HAL_NVIC_SetPriority(USB_LP_CAN1_RX0_IRQn, 1, 0);     /* 抢占优先级 1,子优先级 0 */
#endif
  CAN_FilterTypeDef sFilterConfig;
  /* 配置 CAN 过滤器 */
  sFilterConfig.FilterBank = 0;                         /* 过滤器 0 */
  sFilterConfig.FilterMode = CAN_FILTERMODE_IDMASK;
  sFilterConfig.FilterScale = CAN_FILTERSCALE_32BIT;
  sFilterConfig.FilterIdHigh = 0x0000;                  /* 32 位 ID */
  sFilterConfig.FilterIdLow = 0x0000;
  sFilterConfig.FilterMaskIdHigh = 0x0000;              /* 32 位 MASK */
  sFilterConfig.FilterMaskIdLow = 0x0000;
```

```
    sFilterConfig.FilterFIFOAssignment = CAN_RX_FIFO0;      /* 过滤器 0 关联到 FIFO0 */
    sFilterConfig.FilterActivation = ENABLE;                /* 激活滤波器 0 */
    sFilterConfig.SlaveStartFilterBank = 14;
    if (HAL_CAN_ConfigFilter(&g_canx_handler, &sFilterConfig) != HAL_OK)
    { /* 过滤器配置 */
      return 2;
    }
    if (HAL_CAN_Start(&g_canx_handler) != HAL_OK)
    { /* 启动 CAN 外围设备 */
      return 3;
    }
    return 0;
}
```

调用 HAL_CAN_Init 后会调用 HAL_CAN_MspInit，这里重定义这个函数，在函数中初始化用于控制 CAN 的收发引脚：

```
void HAL_CAN_MspInit(CAN_HandleTypeDef *hcan)
{
    if (CAN1 == hcan->Instance)
    {
      CAN_RX_GPIO_CLK_ENABLE();                   /* CAN_RX 脚时钟使能 */
      CAN_TX_GPIO_CLK_ENABLE();                   /* CAN_TX 脚时钟使能 */
      __HAL_RCC_CAN1_CLK_ENABLE();                /* 使能 CAN1 时钟 */
      GPIO_InitTypeDef gpio_initure;
      gpio_initure.Pin = CAN_TX_GPIO_PIN;
      gpio_initure.Mode = GPIO_MODE_AF_PP;
      gpio_initure.Pull = GPIO_PULLUP;
      gpio_initure.Speed = GPIO_SPEED_FREQ_HIGH;
      HAL_GPIO_Init(CAN_TX_GPIO_PORT, &gpio_initure); /* CAN_TX 设置成复用推挽输出 */
      gpio_initure.Pin = CAN_RX_GPIO_PIN;
      gpio_initure.Mode = GPIO_MODE_AF_INPUT;
      HAL_GPIO_Init(CAN_RX_GPIO_PORT, &gpio_initure); /* CAN_RX 设置成复用输入模式 */
    }
}
```

至此，初始化函数就编写完成了，设置它的工作波特率为 500 kbps，设置工作模式为回环模式，最后用以下配置来完成初始化设置：

```
can_init(CAN_SJW_1TQ, CAN_BS2_8TQ, CAN_BS1_9TQ, 4, CAN_MODE_LOOPBACK);
```

要与其他的 CAN 节点设备通信，还需要编写 CAN 相关的收发函数。首先是发送函数，发送报文时有 ID，所以发送时需要设定 ID，故需要设计一个形参为 ID 号。利用 HAL 库的发送函数封装一个更方便使用的函数，代码如下：

```
/**
 * @brief       CAN 发送一组数据
 * @note        发送格式固定为：标准 ID，数据帧
 * @param       id：标准 ID(11 位)
 * @retval      发送状态 0，成功；1，失败
 */
uint8_t can_send_msg(uint32_t id, uint8_t *msg, uint8_t len)
```

```
{
    uint32_t TxMailbox = CAN_TX_MAILBOX0;
    g_canx_txheader.StdId = id;                /* 标准标识符 */
    g_canx_txheader.ExtId = id;                /* 扩展标识符(29 位) */
    g_canx_txheader.IDE = CAN_ID_STD;          /* 使用标准帧 */
    g_canx_txheader.RTR = CAN_RTR_DATA;        /* 数据帧 */
    g_canx_txheader.DLC = len;
    if (HAL_CAN_AddTxMessage(&g_canx_handler, &g_canx_txheader,
                             msg, &TxMailbox) != HAL_OK) /* 发送消息 */
    {
        return 1;
    }
    /* 等待发送完成,所有邮箱为空(3 个邮箱) */
    while (HAL_CAN_GetTxMailboxesFreeLevel(&g_canx_handler) != 3);
    return 0;
}
```

在 CAN 初始化时,对于过滤器的配置是不过滤任何报文 ID,也就是说可以接收全部报文。但是编写接收函数时,可以使用软件的方式过滤报文 ID,通过形参与接收到的报文 ID 进行匹配。接收函数代码具体如下:

```
/**
 * @brief       CAN 接收数据查询
 * @note        接收数据格式固定为: 标准 ID, 数据帧
 * @param       id: 要查询的标准 ID(11 位)
 * @param       buf: 数据缓存区
 * @retval      接收结果
 * @arg         0, 无数据被接收到
 * @arg         其他, 接收的数据长度
 */
uint8_t can_receive_msg(uint32_t id, uint8_t *buf)
{
    if (HAL_CAN_GetRxFifoFillLevel(&g_canx_handler, CAN_RX_FIFO0) != 1)
    {
        return 0;
    }
    if (HAL_CAN_GetRxMessage(&g_canx_handler, CAN_RX_FIFO0, &g_canx_rxheader,
                             buf) != HAL_OK)
    {
        return 0;
    }
    /* 接收到的 ID 不对 / 不是标准帧 / 不是数据帧 */
    if (g_canx_rxheader.StdId != id || g_canx_rxheader.IDE != CAN_ID_STD ||
                                       g_canx_rxheader.RTR != CAN_RTR_DATA)
    {
        return 0;
    }
    return g_canx_rxheader.DLC;
}
```

最后,把 can_send_msg 函数加到 USMART 接口中,这样就可以方便地用串口来

调试 CAN 接口了。

2. main.c 代码

在 main.c 里面编写如下代码：

```
int main(void)
{
    uint8_t key;
    uint8_t i = 0, t = 0;
    uint8_t cnt = 0;
    uint8_t canbuf[8];
    uint8_t rxlen = 0;
    uint8_t res;
    uint8_t mode = 1; /* CAN 工作模式：0,正常模式；1,环回模式 */
    HAL_Init();                                     /* 初始化 HAL 库 */
    sys_stm32_clock_init(RCC_PLL_MUL9);             /* 设置时钟，72 MHz */
    delay_init(72);                                 /* 延时初始化 */
    usart_init(115200);                             /* 串口初始化为 115 200 */
    usmart_dev.init(72);                            /* 初始化 USMART */
    led_init();                                     /* 初始化 LED */
    lcd_init();                                     /* 初始化 LCD */
    key_init();                                     /* 初始化按键 */
    /* CAN 初始化，环回模式，波特率 500 Kbps */
    can_init(CAN_SJW_1TQ, CAN_BS2_8TQ, CAN_BS1_9TQ, 4, CAN_MODE_LOOPBACK);
    lcd_show_string(30, 50, 200, 16, 16, "STM32", RED);
    lcd_show_string(30, 70, 200, 16, 16, "CAN TEST", RED);
    lcd_show_string(30, 90, 200, 16, 16, "ATOM@ALIENTEK", RED);
    lcd_show_string(30, 110, 200, 16, 16, "LoopBack Mode", RED);
    lcd_show_string(30, 130, 200, 16, 16, "KEY0:Send KEK_UP:Mode", RED);
    lcd_show_string(30, 150, 200, 16, 16, "Count:", RED);       /* 显示当前计数值 */
    lcd_show_string(30, 170, 200, 16, 16, "Send Data:", RED);   /* 提示发送的数据 */
    lcd_show_string(30, 230, 200, 16, 16, "Receive Data:", RED);/* 提示接收的数据 */
    while (1)
    {
        key = key_scan(0);
        if (key == KEY0_PRES) /* KEY0 按下,发送一次数据 */
        {
            for (i = 0; i < 8; i++)
            {
                canbuf[i] = cnt + i; /* 填充发送缓冲区 */
                if (i < 4)
                {   /* 显示数据 */
                    lcd_show_xnum(30 + i * 32, 190, canbuf[i], 3, 16, 0X80, BLUE);
                }
                else
                {   /* 显示数据 */
                    lcd_show_xnum(30 + (i - 4) * 32,210, canbuf[i], 3, 16, 0X80, BLUE);
                }
            }
            res = can_send_msg(0X12, canbuf, 8); /* ID = 0X12, 发送 8 个字节 */
            if (res)
```

```
            {   /* 提示发送失败 */
                lcd_show_string(30 + 80, 170, 200, 16, 16, "Failed", BLUE);
            }
            else
            {   /* 提示发送成功 */
                lcd_show_string(30 + 80, 170, 200, 16, 16, "OK      ", BLUE);
            }
        }
        else if (key == WKUP_PRES) /* WK_UP 按下,改变 CAN 的工作模式 */
        {
            mode = ! mode;
            if (mode == 0) /* 正常模式,需要 2 个开发板 */
            {/* CAN 模式初始化, 正常模式, 波特率 500Kbps */
              can_init(CAN_SJW_1TQ, CAN_BS2_8TQ, CAN_BS1_9TQ, 4, CAN_MODE_NORMAL);
              lcd_show_string(30, 110, 200, 16, 16, "Nnormal Mode ", RED);
            }
            else /* 回环模式,一个开发板就可以测试了. */
            {/* CAN 模式初始化, 回环模式, 波特率 500Kbps */
             can_init(CAN_SJW_1TQ, CAN_BS2_8TQ, CAN_BS1_9TQ,4,CAN_MODE_LOOPBACK);
             lcd_show_string(30, 110, 200, 16, 16, "LoopBack Mode", RED);
            }
        }
        rxlen = can_receive_msg(0X12, canbuf); /* CAN ID = 0X12, 接收数据查询 */
        if (rxlen) /* 接收到有数据 */
        {
            lcd_fill(30, 270, 130, 310, WHITE); /* 清除之前的显示 */
            for (i = 0; i < rxlen; i++)
            {
                if (i < 4)
                {/* 显示数据 */
                 lcd_show_xnum(30 + i * 32, 250, canbuf[i], 3, 16, 0X80, BLUE);
                }
                else
                {/* 显示数据 */
                 lcd_show_xnum(30 + (i - 4) * 32, 270, canbuf[i], 3, 16,0X80, BLUE);
                }
            }
        }
        t++;
        delay_ms(10);
        if (t == 20)
        {
            LED0_TOGGLE(); /* 提示系统正在运行 */
            t = 0;
            cnt++;
            lcd_show_xnum(30 + 48, 150, cnt, 3, 16, 0X80, BLUE); /* 显示数据 */
        }
    }
}
```

main 函数的执行过程与程序流程图一致,注意,在选择正常模式的情况下,要使 2

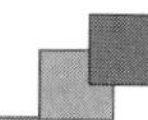

个开发板通信成功，则必须保持一致的波特率。

4.4　下载验证

代码编译成功之后，下载代码到开发板上，得到界面如图 4.30 所示。

LED0 的不停闪烁提示程序在运行。默认设置回环模式，按下 KEY0 就可以在 LCD 模块上面看到自发自收的数据(见图 4.30)。如果选择正常模式(KEY_UP 按键切换)，则必须连接 2 个开发板的 CAN 接口，然后就可以互发数据了，如图 4.31 和图 4.32 所示。

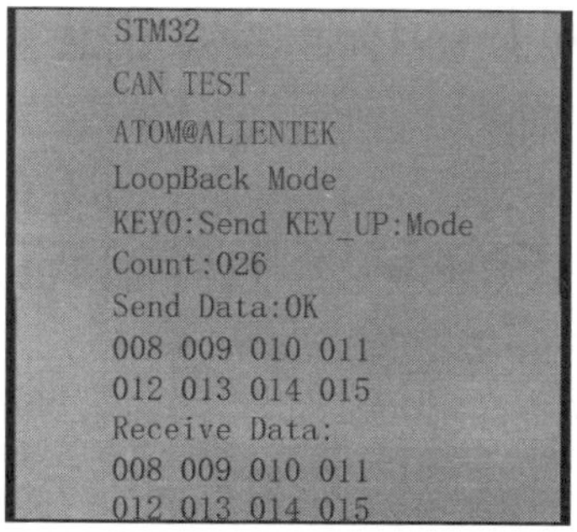

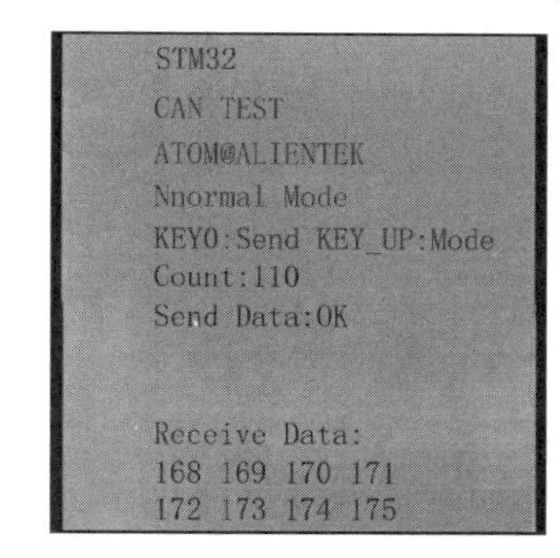

图 4.31 来自开发板 A，发送了 8 个数据；图 4.32 来自开发板 B，收到了来自开发板 A 的数据。另外，利用 USMART 测试的部分这里就不介绍了，读者可自行验证。

STM32
CAN TEST
ATOM@ALIENTEK
LoopBack Mode
KEY0:Send KEY_UP:Mode
Count:026
Send Data:OK
008 009 010 011
012 013 014 015
Receive Data:
008 009 010 011
012 013 014 015

图 4.30　程序运行效果图

STM32
CAN TEST
ATOM@ALIENTEK
Nnormal Mode
KEY0:Send KEY_UP:Mode
Count:208
Send Data:OK
168 169 170 171
172 173 174 175
Receive Data:

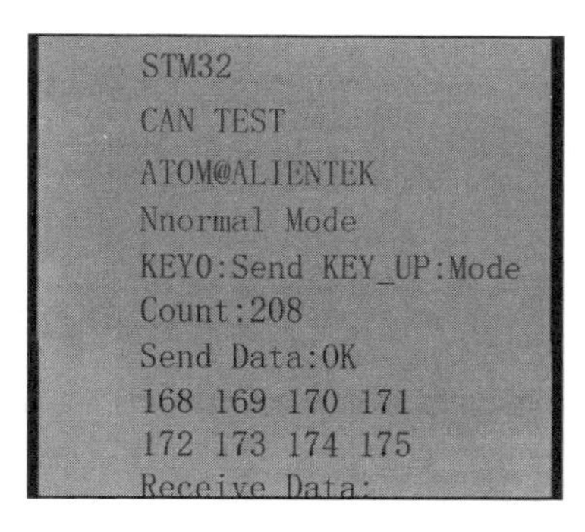

图 4.31　CAN 正常模式发送数据

STM32
CAN TEST
ATOM@ALIENTEK
Nnormal Mode
KEY0:Send KEY_UP:Mode
Count:110
Send Data:OK
Receive Data:
168 169 170 171
172 173 174 175

图 4.32　CAN 正常模式接收数据

第 5 章

触摸屏实验

正点原子战舰 STM32F103 本身并没有触摸屏控制器，但是它支持触摸屏，可以通过外接带触摸屏的 LCD 模块（比如正点原子 TFTLCD 模块）来实现触摸屏控制。本章将介绍 STM32 控制正点原子 TFTLCD 模块（包括电阻触摸与电容触摸）实现触摸屏驱动，最终实现一个手写板的功能。

5.1 触摸屏简介

触摸屏是在显示屏的基础上，在屏幕或屏幕上方分布一层与屏幕大小相近的传感器形成的组合器件。触摸和显示功能由软件控制，可以独立也可以组合实现，用户可以通过侦测传感器的触点再配合相应的软件实现触摸效果。目前最常用的触摸屏有 2 种：电阻式触摸屏与电容式触摸屏。

5.1.1 电阻式触摸屏

正点原子 2.4、2.8、3.5 寸 TFTLCD 模块自带的触摸屏属于电阻式触摸屏，下面简单介绍下电阻式触摸屏的原理。

电阻触摸屏的主要部分是一块与显示器表面非常贴合的电阻薄膜屏，这是一种多层的复合薄膜，具体结构如图 5.1 所示。

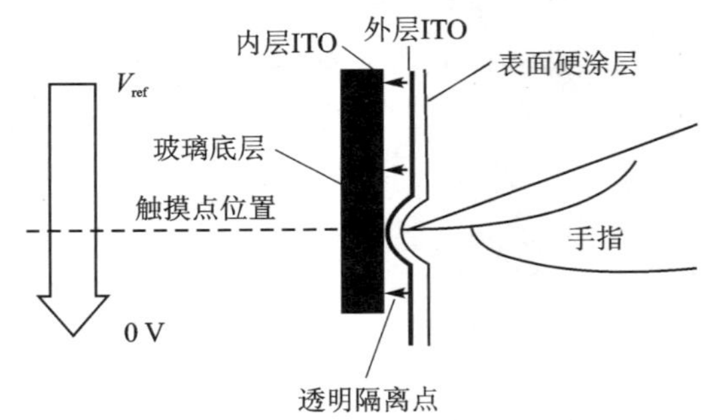

图 5.1 电阻触摸屏多层结构图

表面硬涂层起保护作用，主要是一层外表面硬化处理、光滑防擦的塑料层。玻璃底层用于支撑上面的结构，主要是玻璃或者塑料平板。透明隔离点用来分离开外层 ITO 和内层 ITO。ITO 层是触摸屏关键结构，是涂有铟锡金属氧化物的导电层。还有一个结构没有标出来，就是 PET 层。PET 层是聚酯薄膜，处于外层 ITO 和表面硬涂层之间，很薄、很有弹性，触摸时向下弯曲，使得 PET 层与 ITO 层接触。

当手指触摸屏幕时，2 个 ITO 层在触摸点位置就有接触，电阻发生变化，在 X 和 Y 这 2 个方向上产生电信号，然后送到触摸屏控制器，具体情况如图 5.2 所示。触摸屏控

制器侦测到这一接触并计算出 X 和 Y 方向上的 A/D 值，简单来讲，电阻触摸屏将触摸点(X,Y)的物理位置转换为代表 X 坐标和 Y 坐标的电压值。单片机与触摸屏控制器进行通信获取 A/D 值，通过一定比例关系运算获得 X 和 Y 轴坐标值。

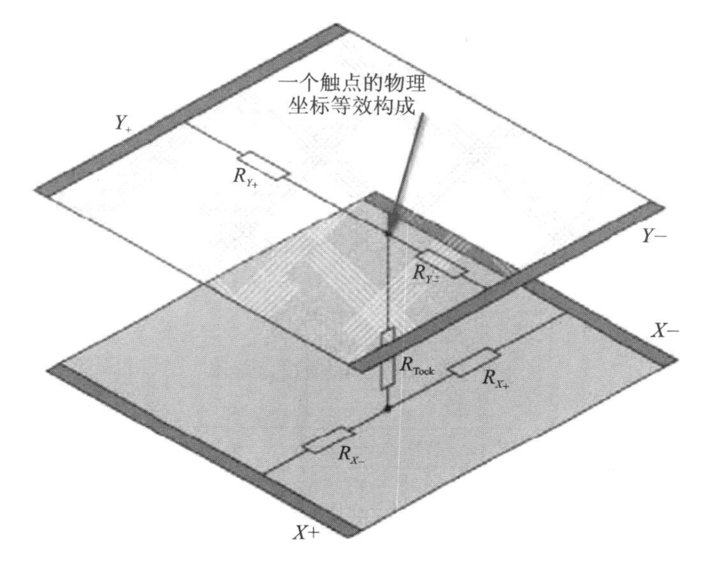

图 5.2　电阻式触摸屏的触点坐标结构

电阻触摸屏的优点：精度高、价格便宜、抗干扰能力强、稳定性好。

电阻触摸屏的缺点：容易被划伤、透光性不太好、不支持多点触摸。

从以上介绍可知，触摸屏需要一个 ADC，或者说需要一个控制器。正点原子 TFTLCD 模块选择的是 4 线电阻式触摸屏，这种触摸屏的控制芯片有很多，包括 ADS7543、ADS7846、TSC2046、XPT2046 和 HR2046 等。这几款芯片的驱动基本上是一样的，也就是说，只要写出了 XPT2046 的驱动，这个驱动对其他几个芯片也是有效的。而且封装也一样，完全 PIN－TO－PIN 兼容，所以替换起来很方便。

正点原子 TFTLCD 模块自带的触摸屏控制芯片为 XPT2046 或 HR2046。这里以 XPT2046 为例来介绍。XPT2046 是一款 4 导线制触摸屏控制器，使用的是 SPI 通信接口，内含 12 位分辨率、125 kHz 转换速率逐步逼近型 ADC。XPT2046 支持从 1.5～5.25 V 的低电压 I/O 接口。XPT2046 能通过执行 2 次 ADC(一次获取 X 位置，一次获取 Y 位置)查出被按的屏幕位置，除此之外，还可以测量加在触摸屏上的压力。内部自带 2.5 V 参考电压可以用于辅助输入、温度测量和电池监测模式，电池监测的电压范围为 0～6 V。XPT2046 片内集成有一个温度传感器。在 2.7 V 的典型工作状态下，关闭参考电压，功耗可小于 0.75 mW。

XPT2046 的驱动方法也很简单，XPT2046 通信时序如图 5.3 所示。具体过程：拉低片选，选中器件→发送命令字→清除 BUSY→读取 16 位数据(高 12 位数据有效，即转换的 A/D 值)→拉高片选，结束操作。这里的难点就是需要弄清楚命令字该发送什么？只要弄清楚发送什么数值，就可以获取到 A/D 值。命令字的详情如图 5.4 所示。

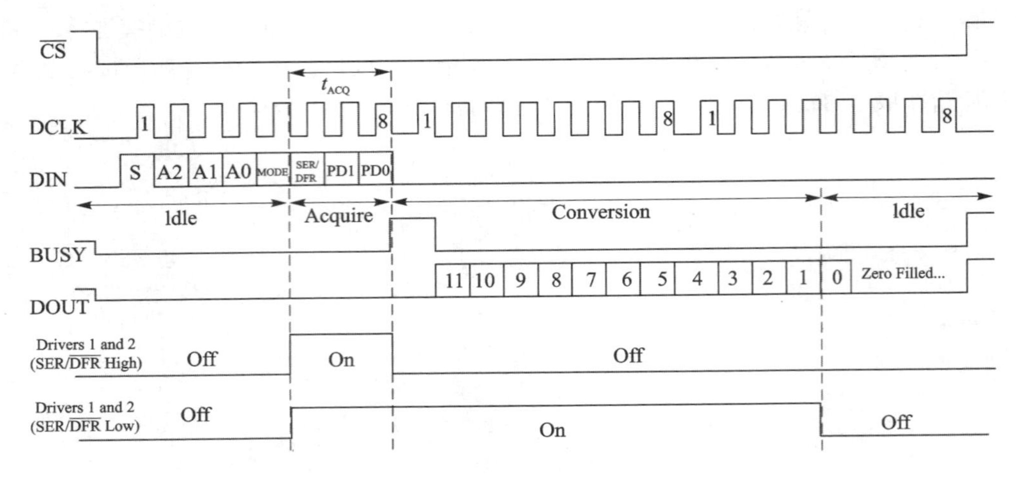

图 5.3　XPT2046 通信时序图

位7(MSB)	位6	位5	位4	位3	位2	位1	位0 (LSB)
S	A2	A1	A0	MODE	SER/$\overline{\text{DFR}}$	PD1	PD10

位	名称	功能描述
7	S	开始位。为1表示一个新的控制字节到来，为0则忽略PIN引脚上的数据
6～4	A2～10	通道选择位
3	MODE	12位或8位转换分辨率选择位。为1选择8位转换分辨率，为0选择12位分辨率
2	SER/$\overline{\text{DFR}}$	单端输入方式/差分输入方式选择位。为1是单端输入方式，为0是差分输入方式
1～0	PD1～PD0	低功率模式选择位。若为11，则器件总处于供电状态；若为00，则器件在变换之间处于低功率模式

图 5.4　命令字详情图

位 7 为开始位，置 1 即可。为了提供精度，位 3 即 MODE 位清 0 选择 12 位分辨率。位 2 用于选择工作模式，为了达到最佳性能，首选差分工作模式，即该位清 0。位 1～0 与功耗相关，直接清 0 即可。位 6～4 的值取决于工作模式，确定了差分功能模式后，通道选择位也就确定了，如图 5.5 所示。

A2	A1	A0	+REF	−REF	YN	XP	YP	*Y*-位置	*X*-位置	Z_1-位置	Z_2-位置	驱动
0	0	1	YP	YN		+IN		测量				YP，YN
0	1	1	YP	XN		+IN				测量		YP，XN
1	0	0	YP	XN	+ N						测量	YP，XN
1	0	1	XP	XN			+IN		测量			XP，XN

图 5.5　差分模式输入配置图(SER/DFR＝0)

可见，需要检测 *Y* 轴位置时，A2A1A0 赋值为 001；检测 *X* 轴位置时，A2A1A0 赋值为 101。结合前面对其他位的赋值，在 *X*、*Y* 方向与屏幕相同的情况下，命令字 0xD0

就是读取 X 坐标 A/D 值，0x90 就是读取 Y 坐标的 A/D 值。假如 X、Y 方向与屏幕相反，0x90 就是读取 X 坐标的 A/D 值，而 0xD0 就是读取 Y 坐标的 A/D 值。

5.1.2　电容式触摸屏

现在几乎所有智能手机(包括平板电脑)都采用电容屏作为触摸屏，电容屏利用人体感应进行触点检测控制，不需要直接接触或只需要轻微接触，通过检测感应电流来定位触摸坐标。正点原子 4.3、7 寸 TFTLCD 模块自带的触摸屏采用的是电容式触摸屏，下面简单介绍电容式触摸屏的原理。

电容式触摸屏主要分为 2 种：

① 表面电容式电容触摸屏。

表面电容式触摸屏技术是利用 ITO(铟锡氧化物，是一种透明的导电材料)导电膜，通过电场感应方式感测屏幕表面的触摸行为。但是表面电容式触摸屏有一些局限性，它只能识别一个手指或者一次触摸。

② 投射式电容触摸屏。

投射式电容触摸屏是传感器利用触摸屏电极发射出静电场线。一般用于投射式电容传感技术的电容类型有两种：自我电容和交互电容。

自我电容又称绝对电容，是最常采用的一种方法，通常是指扫描电极与地构成的电容。玻璃表面有用 ITO 制成的横向与纵向的扫描电极，这些电极和地之间就构成一个电容的两极。用手或触摸笔触摸的时候就会并联一个电容到电路中去，从而使得该条扫描线上的总体电容量有所改变。在扫描的时候，控制 IC 依次扫描纵向和横向电极，并根据扫描前后的电容变化来确定触摸点坐标位置。笔记本电脑触摸输入板就采用这种方式，其输入板采用 XY 的传感电极阵列形成一个传感格子，当手指靠近触摸输入板时，在手指和传感电极之间产生一个小量电荷。采用特定的运算法则处理来自于行、列传感器的信号，从而确定手指的位置。

交互电容又叫跨越电容，它是在玻璃表面的横向和纵向的 ITO 电极的交叉处形成电容。交互电容的扫描方式就是扫描每个交叉处的电容变化，从而判定触摸点的位置。触摸的时候就会影响到相邻电极的耦合，从而改变交叉处的电容量。交互电容的扫描方法可以侦测到每个交叉点的电容值和触摸后电容变化，因而它需要的扫描时间要比自我电容的扫描方式长一些，需要扫描检测 XY 根电极。目前，智能手机或平板电脑等触摸屏都采用交互电容技术。

正点原子选择的电容触摸屏也采用投射式电容屏(交互电容类型)，所以后面仅介绍投射式电容屏。

投射式电容触摸屏采用纵横 2 列电极组成感应矩阵来感应触摸。以 2 个交叉的电极矩阵，即 X 轴电极和 Y 轴电极，来检测每一个感应单元的电容变化，如图 5.6 所示。图中的电极实际是透明的，这里上色是为了方便理解。图中，X、Y 轴的透明电极电容屏的精度、分辨率与 X 或 Y 轴的通道数有关，通道数越多，精度越高。电容触摸屏的优缺点：

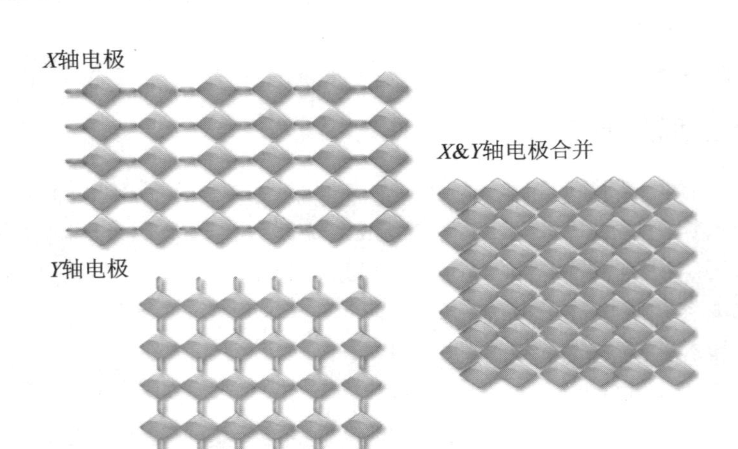

图 5.6 投射式电容屏电极矩阵示意图

➢ 电容触摸屏的优点：手感好、无须校准、支持多点触摸、透光性好。

➢ 电容触摸屏的缺点：成本高、精度不高、抗干扰能力差。

注意，电容触摸屏对工作环境的要求比较高，在潮湿、多尘、高低温环境下都不适用。

电容触摸屏一般需要一个驱动 IC 来检测电容触摸，正点原子的电容触摸屏使用的是 I^2C 接口输出触摸数据的触摸芯片。正点原子 7 寸 TFTLCD 模块的电容触摸屏采用 15×10 的驱动结构(10 个感应通道，15 个驱动通道)，采用 GT911/FT5206 作为驱动 IC。正点原子 4.3 寸 TFTLCD 模块采用的驱动 IC 是 GT9xxx(GT9147/GT917S/GT911/GT1151/GT9271)，不同型号感应通道和驱动通道数量都不一样，但是这些驱动 IC 驱动方式都类似，这里以 GT9147 为例介绍。

GT9147 与 MCU 通过 4 根线连接：SDA、SCL、RST 和 INT。GT9147 的 I^2C 地址可以是 0x14 或者 0x5D，在复位结束后的 5 ms 内，如果 INT 是高电平，则使用 0x14 作为地址；否则，使用 0x5D 作为地址，具体的设置过程参见"GT9147 数据手册.pdf"。本章使用 0x14 作为器件地址(不含最低位，换算成读/写命令是读 0x29，写 0x28)，接下来介绍 GT9147 的几个重要寄存器。

(1) 控制命令寄存器(0x8040)

该寄存器可以写入不同值来实现不同的控制，一般使用 0 和 2 这 2 个值，写入 2 即可软复位 GT9147。在硬复位之后，一般要往该寄存器写 2 来实行软复位。然后，写入 0 即可正常读取坐标数据(并且会结束软复位)。

(2) 配置寄存器组(0x8047～0x8100)

这里共 186 个寄存器，用于配置 GT9147 的各个参数。这些配置一般由厂家提供(一个数组)，所以我们只需要将厂家配置写入这些寄存器里面即可完成 GT9147 的配置。由于 GT9147 可以保存配置信息(可写入内部 FLASH，不需要每次上电都更新配

置），有几点需要注意：① 0x8047 寄存器用于指示配置文件版本号，程序写入的版本号必须大于等于 GT9147 本地保存的版本号才可以更新配置。② 0x80FF 寄存器用于存储校验和，使得 0x8047～0x80FF 之间所有数据之和为 0。③ 0x8100 用于控制是否将配置保存在本地，写 0 不保存配置，写 1 则保存配置。

(3) 产品 ID 寄存器(0x8140～0x8143)

这里由 4 个寄存器组成，用于保存产品 ID。对于 GT9147，这 4 个寄存器读出来就是 9、1、4、7 这 4 个字符（ASCII 码格式）。因此，可以通过这 4 个寄存器的值来判断驱动 IC 的型号，以便执行不同的初始化。

(4) 状态寄存器(0x814E)

该寄存器各位描述如表 5.1 所列。这里仅关心最高位和最低 4 位。最高位用于表示 buffer 状态，如果有数据（坐标/按键），buffer 就会是 1；最低 4 位用于表示有效触点的个数，范围是 0～5，0 表示没有触摸，5 表示有 5 点触摸。最后，该寄存器在每次读取后，如果 bit7 有效，则必须写 0 清除这个位，否则不会输出下一次数据。这个要特别注意。

表 5.1 状态寄存器各位描述

寄存器	bit7	bit6	bit5	bit4	bit3	bit2	bit1	bit0
0x814E	buffer 状态	最大触摸点个数	接近有效	按键	有效触点个数			

(5) 坐标数据寄存器(共 30 个)

这里共分成 5 组（5 个点），每组有 6 个寄存器来存储数据，以触点 1 的坐标数据寄存器组为例，如表 5.2 所列。

表 5.2 触点 1 坐标寄存器组描述

寄存器	bit7～0	寄存器	bit7～0
0x8150	触点 1 的 *X* 坐标低 8 位	0x8151	触点 1 的 *X* 坐标高 8 位
0x8152	触点 1 的 *Y* 坐标低 8 位	0x8153	触点 1 的 *Y* 坐标高 8 位
0x8154	触点 1 触摸尺寸低 8 位	0x8155	触点 1 触摸尺寸高 8 位

一般只用到触点的 *X*、*Y* 坐标，所以只需要读取 0x8150～0x8153 的数据即可得到触点坐标。其他 4 组分别是由 0x8158、0x8160、0x8168 和 0x8170 开头的 16 个寄存器组成，分别针对触点 2～4 的坐标。同样，GT9147 也支持寄存器地址自增，只需要发送寄存器组的首地址，然后连续读取即可。GT9147 会自动地址自增，从而提高读取速度。

GT9147 相关寄存器的介绍就介绍到这里，更详细的资料可参考“GT9147 编程指南.pdf”文档。GT9147 只需要经过简单的初始化就可以正常使用了，初始化流程：硬复位→延时 10 ms→结束硬复位→设置 I^2C 地址→延时 100 ms→软复位→更新配置（需要时）→结束软复位。此时 GT9147 即可正常使用了。然后，不停地查询 0x814E 寄存器，判断是否有有效触点，如果有，则读取坐标数据寄存器，得到触点坐标。注意，如果 0x814E 读到的值最高位为 1，就必须对该位写 0，否则无法读到下一次坐标数据。

5.1.3 触摸控制原理

前面已经简单介绍了电阻屏和电容屏的原理，并且知道了不同类型的触摸屏其实是屏幕＋触摸传感器组成。那么这里就会有 2 组相互独立的参数：屏幕坐标和触摸坐标。要实现触摸功能，就是要把触摸点和屏幕坐标对应起来。

这里以 LCD 显示屏为例，屏幕的扫描方向是可以编程设定的。而触摸点在触摸传感器安装好后，A/D 值的变化方向则是固定的，这里以最常见的屏幕坐标方向（先从左到右、再从上到下扫描）为例，此时，屏幕坐标和触点 A/D 的坐标有类似的规律：从坐标原点出发，水平方向屏幕坐标增加时，A/D 值的 X 方向也增加；屏幕坐标的 Y 方向坐标增加，A/D 值的 Y 方向也增加；坐标减少时对应的关系也类似，示意图如图 5.7 所示。

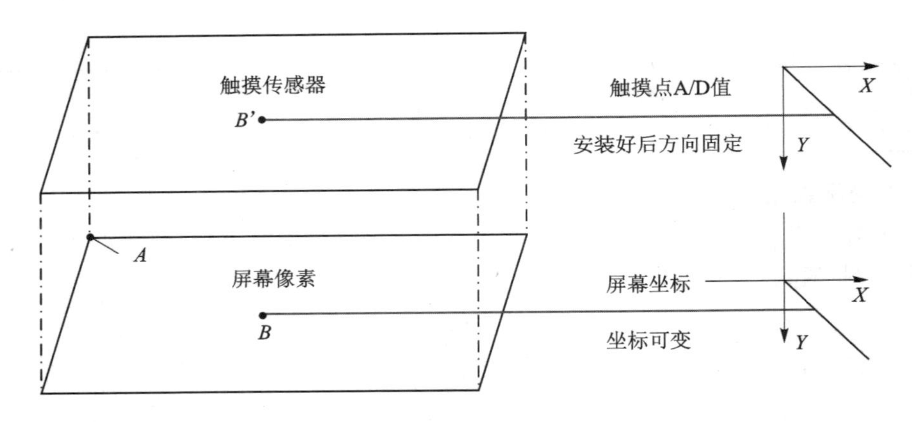

图 5.7　屏幕坐标和触摸坐标的对应关系

这里再引入 2 个概念，物理坐标和逻辑坐标。物理坐标指触摸屏上点的实际位置，通常以液晶上点的个数来度量。逻辑坐标指这点被触摸时 A/D 转换后的坐标值。仍以图 5.7 为例，假定液晶最左上角为坐标轴原点 A，在液晶上任取一点 B（实际人手比像素点大得多，一次按下会有多个触点，此处取十字线交叉中心），B 在 X 方向与 A 相距 100 个点，在 Y 方向与 A 距离 200 个点，则这点的物理坐标 B 为(100,200)。如果触摸这一点时得到的 X 向 A/D 转换值为 200，Y 向 A/D 转换值为 400，则这点的逻辑坐标 B' 为(200,400)。

需要特别说明的是，正点原子的电容屏的参数已经在出厂时由厂家调好，所以无须校准，而且可以直接读到转换后的触点坐标；对于电阻屏，读者须理解并熟记物理坐标和逻辑坐标逻辑上的对应关系，后面编程时需要用到。

5.2 硬件设计

(1) 例程功能

正点原子的触摸屏种类很多,并且设计了规格相对统一的接口。根据屏幕的种类不同,设置了相应的硬件 ID(正点原子自编 ID),可以通过软件判断触摸屏的种类。

本章实验功能简介:开机的时候先初始化 LCD,读取 LCD ID,随后,根据 LCD ID 判断是电阻触摸屏还是电容触摸屏。如果是电阻触摸屏,则先读取 24C02 的数据判断触摸屏是否已经校准过;如果没有校准,则执行校准程序,校准过后再进入电阻触摸屏测试程序;如果已经校准了,则直接进入电阻触摸屏测试程序。

如果是 4.3 寸电容触摸屏,则执行 GT9xxx 的初始化代码;如果是 7 寸电容触摸屏(仅支持新款 7 寸屏,使用 SSD1963+FT5206 方案),则执行 FT5206 的初始化代码,在初始化电容触摸屏完成后进入电容触摸屏测试程序(电容触摸屏无须校准)。

电阻触摸屏测试程序和电容触摸屏测试程序基本一样,只是电容触摸屏最多支持 5 点同时触摸,电阻触摸屏只支持一点触摸,其他一模一样。测试界面的右上角会有一个清空的操作区域(RST),单击这个地方就会将输入全部清除,恢复白板状态。使用电阻触摸屏的时候,可以通过按 KEY0 来实现强制触摸屏校准,只要按下 KEY0 就会进入强制校准程序。

(2) 硬件资源

- LED 灯:LED0 - PB5;
- 独立按键:KEY0 - PE4;
- EEPROM AT24C02;
- 正点原子 TFTLCD 模块(仅限 MCU 屏,16 位 8080 并口驱动);
- 串口 1(PA9、PA10 连接在板载 USB 转串口芯片 CH340 上面)。

(3) 原理图

所有这些资源与 STM32F1 的连接图在前面都已经介绍了,这里只介绍 TFTLCD 模块与 STM32F1 的连接端口。TFTLCD 模块的触摸屏(电阻触摸屏)总共有 5 根线与 STM32F1 连接,连接电路图如图 5.8 所示。可以看出,T_SCK、T_MISO、T_MOSI、T_PEN 和 T_CS 分别连接在 STM32F1 的 PB1、PB2、PF9、PF10 和 PF11 上。

如果是电容式触摸屏,则接口和电阻式触摸屏一样(图 5.8 的右侧接口),只是没有用到 5 根线了,而是 4 根线,分别是 T_PEN(CT_INT)、T_CS(CT_RST)、T_CLK(CT_SCL)和 T_MOSI(CT_SDA)。其中,CT_INT、CT_RST、CT_SCL 和 CT_SDA 分别是 GT9147/FT5206 的中断输出信号、复位信号,I^{2}C 的 SCL 和 SDA 信号。用查询的方式读取 GT9147/FT5206 的数据,FT5206 没有用到中断信号(CT_INT),所以同 STM32F1 的连接最少只需要 3 根线即可;GT9147 等 IC 还需要用到 CT_INT 做 I^{2}C 地址设定,所以需要 4 根线连接。

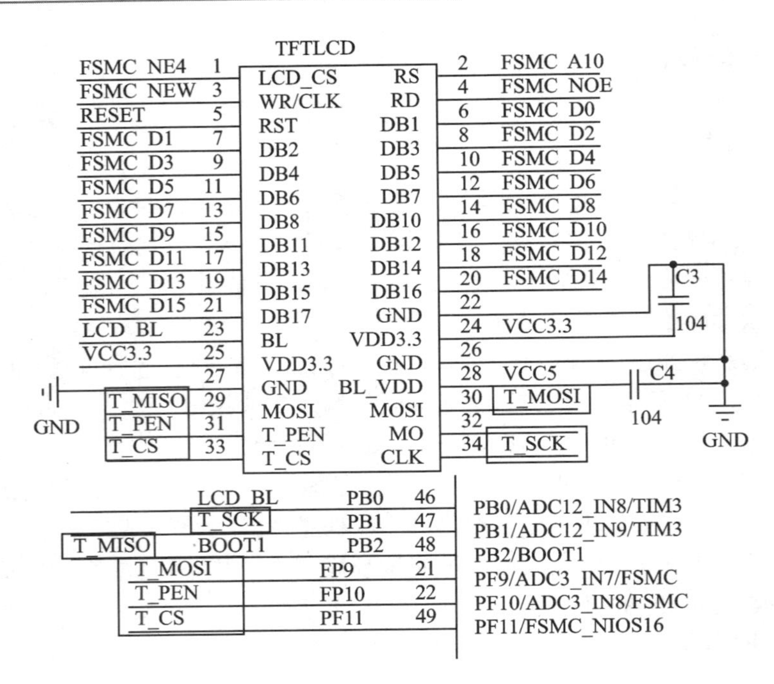

图 5.8 触摸屏与 STM32F1 的连接图

5.3 程序设计

5.3.1 HAL 库驱动

触摸芯片使用到的是 I²C 和 SPI 的驱动,这部分的时序分析可参考之前相应章节,这里直接使用软件模拟的方式,所以只需要使用 HAL 库驱动的 GPIO 操作部分。

触摸 IC 驱动步骤如下:

① 初始化通信接口及其 I/O(使能时钟、配置 GPIO 工作模式)。

触摸 IC 用到的 GPIO 口主要是 PB1、PB2、PF9、PF10 和 PF11,因为都用软件模拟的方式,因此这里只须使能 GPIOB 和 GPIOF 时钟即可。参考代码如下:

```
__HAL_RCC_GPIOB_CLK_ENABLE();                    /* 使能 GPIOB 时钟 */
__HAL_RCC_GPIOF_CLK_ENABLE();                    /* 使能 GPIOF 时钟 */
```

GPIO 模式设置通过调用 HAL_GPIO_Init 函数实现。

② 编写通信协议基础读/写函数。

通过参考时序图,在 I²C 驱动或 SPI 驱动基础上编写基础读/写函数。读/写函数均以一字节数据进行操作。

③ 参考触摸 IC 时序图,编写触摸 IC 读/写驱动函数。

根据触摸 IC 的读/写时序编写触摸 IC 的读/写函数。

④ 编写坐标获取函数(电阻触摸屏和电容触摸屏)。

查阅数据手册获得命令词(电阻触摸屏)/寄存器(电容触摸屏),通过读/写函数获取坐标数据。

5.3.2　程序流程图

程序流程如图 5.9 所示。

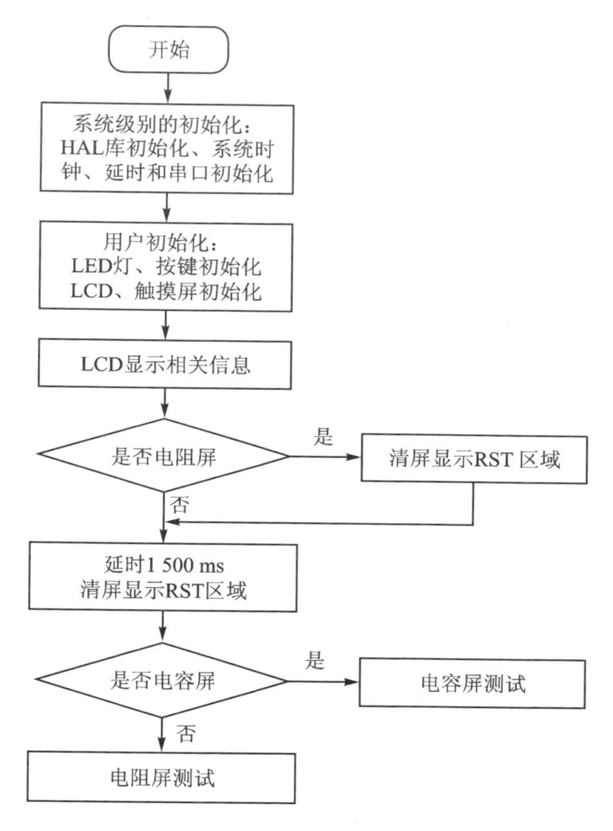

图 5.9　触摸屏实验流程图

5.3.3　程序解析

这里只讲解核心代码,详细的源码可参考配套资料中本实验对应源码。TOUCH 驱动源码包括如下文件:ctiic.c、ctiic.h、ft5206.c、ft5206.h、gt9xxx.c、gt9xxx.h、touch.c 和 touch.h。

由于正点原子的 TFTLCD 的型号很多,触摸控制这部分驱动代码根据不同屏幕搭载的触摸芯片驱动而有不同,这里使用 LCD ID 来帮助软件区分。为了解决多种驱动芯片的问题,这里设计了 touch.c 及 touch.h 这 2 个文件统一管理各类型的驱动。不同的驱动芯片类型可以在 touch.c 集中添加,并通过 touch.c 中的接口统一调用。不同的触摸芯片各自编写独立的.c/.h文件，需要时被touch.c调用。电阻触摸屏相关代码也在touch.c中实现。

1. 触摸管理驱动代码

因为需要支持的触摸驱动比较多，为了方便管理和添加新的驱动，这里用touch.c文件来统一管理这些触摸驱动，然后针对各类触摸芯片编写独立的驱动。为了方便管理触摸，touch.h中定义了一个用于管理触摸信息的结构体类型，具体代码如下：

```
/* 触摸屏控制器 */
typedef struct
{
    uint8_t ( * init)(void);        /* 初始化触摸屏控制器 */
    uint8_t ( * scan)(uint8_t);     /* 扫描触摸屏.0,屏幕扫描;1,物理坐标; */
    void ( * adjust)(void);         /* 触摸屏校准 */
    uint16_t x[CT_MAX_TOUCH];       /* 当前坐标 */
    uint16_t y[CT_MAX_TOUCH];       /* 电容屏有最多10组坐标,电阻屏则用x[0],y[0]代表此
                                       次扫描时触屏的坐标,用x[9],y[9]存储第一次按下时
                                       的坐标 */
    uint16_t sta;                   /* 笔的状态
                                     * b15:按下1/松开0
                                     * b14:0,没有按键按下;1,有按键按下
                                     * b13~b10:保留
                                     * b9~b0:电容触摸屏按下的点数(0表示未按下,1表示
                                       按下)
                                     */
    /* 5点校准触摸屏校准参数(电容屏不需要校准) */
    float xfac;                     /* 5点校准法x方向比例因子 */
    float yfac;                     /* 5点校准法y方向比例因子 */
    short xc;                       /* 中心X坐标物理值(A/D值) */
    short yc;                       /* 中心Y坐标物理值(A/D值) */
    /* 新增的参数,触摸屏的左右上下完全颠倒时需要用到
     * b0: 0, 竖屏(适合左右为X坐标,上下为Y坐标的TP)
     *     1, 横屏(适合左右为Y坐标,上下为X坐标的TP)
     * b1~6: 保留
     * b7: 0, 电阻屏
     *     1, 电容屏
     */
    uint8_t touchtype;
} _m_tp_dev;
extern _m_tp_dev tp_dev;            /* 触屏控制器在touch.c里面定义 */
```

这里定义了函数指针，只要把相应的触摸芯片的函数指针赋值给它，就可以通过这个通用接口很方便地调用不同芯片的函数接口。正点原子不同的触摸屏区别如下：

① 在使用4.3、10.1寸屏电容屏时，使用的是汇顶科技的GT9xxx系列触摸屏驱动IC。这是一个I^2C接口的驱动芯片，需要编写gt9xxx系列芯片的初始化程序，并编写一个坐标扫描程序。这里先预留gt9xxx_init()和gt9xxx_scan()这2个函数，gt9xxx.c文件中再专门实现这2个驱动，标记使用的为电容屏。

② 类似地，在使用SSD1963 7寸屏、7寸800×480或1 024×600 RGB屏时，屏幕

搭载的触摸驱动芯片是 FT5206/GT911。FT5206 触摸 IC 预留的 2 个接口分别为 ft5206_init()和 ft5206_scan(),在 ft5206.c 文件中专门实现这 2 个驱动,标记使用的为电容屏;GT911 也调用 gtxxx_init()和 gt9xxx_scan()接口。

③ 为其他 ID 时,默认为电阻屏,而电阻屏默认使用的是 SPI 接口的 XPT2046 芯片。由于电阻屏存在线性误差,所以使用前需要进行校准,这也是为什么在前面的结构体类型中存在关于校准参数的成员。为了避免每次都要进行校准的麻烦,所以使用 AT24C02 来存储校准成功后的数据。作为电阻屏,它也有一个扫描坐标函数,即 tp_scan()。

(* init)(void)结构体函数指针默认指向 tp_init,而在 tp_init 里对触摸屏进行初始化并对(* scan)(uint8_t)函数指针根据触摸芯片类型重新做了指向。touch.c 的触摸屏初始化函数 tp_init()代码如下:

```
/**
 * @brief       触摸屏初始化
 * @param       无
 * @retval      0,没有进行校准
 *              1,进行过校准
 */
uint8_t tp_init(void)
{
    GPIO_InitTypeDef gpio_init_struct;
    tp_dev.touchtype = 0;                          /* 默认设置(电阻屏 & 竖屏) */
    tp_dev.touchtype |= lcddev.dir & 0X01;         /* 根据 LCD 判定是横屏还是竖屏 */
    if (lcddev.id == 0X5510 || lcddev.id == 0X4342 || lcddev.id == 0X4384 || lcddev.id =
        = 0X1018)
    {   /* 电容触摸屏,4.3 寸/10.1 寸屏 */
        gt9xxx_init();
        tp_dev.scan = gt9xxx_scan;   /* 扫描函数指向 GT9147 触摸屏扫描 */
        tp_dev.touchtype|= 0X80;    /* 电容屏 */
        return 0;
    }
    else if (lcddev.id == 0X1963 || lcddev.id == 0X7084 || lcddev.id == 0X7016)
    {   /* SSD1963 7 寸屏或者 7 寸 800 * 480/1024 * 600 RGB 屏 */
        if (!ft5206_init())
        {
            tp_dev.scan = ft5206_scan;     /* 扫描函数指向 FT5206 触摸屏扫描 */
        }
        else
        {
            gt9xxx_init();
            tp_dev.scan = gt9xxx_scan;   /* 扫描函数指向 GT9147 触摸屏扫描 */
        }
        tp_dev.touchtype|= 0X80;         /* 电容屏 */
        return 0;
    }
    else
    {
        T_PEN_GPIO_CLK_ENABLE();            /* T_PEN 脚时钟使能 */
```

```
        T_CS_GPIO_CLK_ENABLE();                 /* T_CS 脚时钟使能 */
        T_MISO_GPIO_CLK_ENABLE();               /* T_MISO 脚时钟使能 */
        T_MOSI_GPIO_CLK_ENABLE();               /* T_MOSI 脚时钟使能 */
        T_CLK_GPIO_CLK_ENABLE();                /* T_CLK 脚时钟使能 */
        gpio_init_struct.Pin = T_PEN_GPIO_PIN;
        gpio_init_struct.Mode = GPIO_MODE_INPUT;                /* 输入 */
        gpio_init_struct.Pull = GPIO_PULLUP;                    /* 上拉 */
        gpio_init_struct.Speed = GPIO_SPEED_FREQ_HIGH;          /* 高速 */
        HAL_GPIO_Init(T_PEN_GPIO_PORT, &gpio_init_struct);      /* 初始化 T_PEN 引脚 */
        gpio_init_struct.Pin = T_MISO_GPIO_PIN;
        HAL_GPIO_Init(T_MISO_GPIO_PORT, &gpio_init_struct); /* 初始化 T_MISO 引脚 */
        gpio_init_struct.Pin = T_MOSI_GPIO_PIN;
        gpio_init_struct.Mode = GPIO_MODE_OUTPUT_PP;            /* 推挽输出 */
        gpio_init_struct.Pull = GPIO_PULLUP;                    /* 上拉 */
        gpio_init_struct.Speed = GPIO_SPEED_FREQ_HIGH;          /* 高速 */
        HAL_GPIO_Init(T_MOSI_GPIO_PORT, &gpio_init_struct); /* 初始化 T_MOSI 引脚 */
        gpio_init_struct.Pin = T_CLK_GPIO_PIN;
        HAL_GPIO_Init(T_CLK_GPIO_PORT, &gpio_init_struct);  /* 初始化 T_CLK 引脚 */
        gpio_init_struct.Pin = T_CS_GPIO_PIN;
        HAL_GPIO_Init(T_CS_GPIO_PORT, &gpio_init_struct);   /* 初始化 T_CS 引脚 */
        tp_read_xy(&tp_dev.x[0], &tp_dev.y[0]);             /* 第一次读取初始化 */
        at24cxx_init();                                     /* 初始化 24CXX */
        if (tp_get_adjust_data())
        {
            return 0;                           /* 已经校准 */
        }
        else                                    /* 未校准？ */
        {
            lcd_clear(WHITE);                   /* 清屏 */
            tp_adjust();                        /* 屏幕校准 */
            tp_save_adjust_data();
        }
        tp_get_adjust_data();
    }
    return 1;
}
```

正点原子的电容屏在出厂时已经由厂家校对好参数了，而电阻屏由于工艺和每个屏的线性有所差异，所以需要先对其进行“校准”。

通过上面的触摸初始化后，就可以读取相关的触点信息用于显示编程了。注意，上面还有很多个函数没有实现，比如读取坐标和校准，接下来的代码会将它补充完整。

2. 电阻屏触摸函数

前面介绍过了电阻式触摸屏的原理，由于电阻屏的驱动代码都类似，这里决定把电阻屏的驱动函数直接添加在 touch.c/touch.h 中实现。

touch.c 的初始化函数 tp_init 对使用到的 SPI 接口 I/O 进行了初始化。接下来介绍一下获取触摸点在屏幕上坐标的算法：先获取逻辑坐标（A/D 值），再转换成屏幕坐标。

获取逻辑坐标(A/D值)的方法前面已经分析过了,这里看一下 tp_read_ad()函数接口:

```
/**
 * @brief       SPI 读数据
 * @note        从触摸屏 IC 读取 ADC 值
 * @param       cmd: 指令
 * @retval      读取到的数据,ADC 值(12 bit)
 */
static uint16_t tp_read_ad(uint8_t cmd)
{
    uint8_t count = 0;
    uint16_t num = 0;
    T_CLK(0);                   /* 先拉低时钟 */
    T_MOSI(0);                  /* 拉低数据线 */
    T_CS(0);                    /* 选中触摸屏 IC */
    tp_write_byte(cmd);         /* 发送命令字 */
    delay_us(6);                /* ADS7846 的转换时间最长为 6 μs */
    T_CLK(0);
    delay_us(1);
    T_CLK(1);                   /* 给一个时钟,清除 BUSY */
    delay_us(1);
    T_CLK(0);
    for (count = 0; count < 16; count ++ )     /* 读出 16 位数据,只有高 12 位有效 */
    {
        num <<= 1;
        T_CLK(0);               /* 下降沿有效 */
        delay_us(1);
        T_CLK(1);
        if (T_MISO)num ++ ;
    }
    num >>= 4;                  /* 只有高 12 位有效 */
    T_CS(1);                    /* 释放片选 */
    return num;
}
```

这里使用的是软件模拟 SPI,遵照时序编写 SPI 读函数接口。发送命令字是通过写函数 tp_write_byte 来实现的。

一次读取的误差会很大,这里采用平均值滤波的方法,多次读取数据并丢弃波动最大的最大和最小值,取余下的平均值。具体可以查看 tp_read_xoy 函数内部实现。

```
/* 电阻触摸驱动芯片 数据采集滤波用到的参数 */
#define TP_READ_TIMES     5        /* 读取次数 */
#define TP_LOST_VAL       1        /* 丢弃值 */
/**
 * @brief       读取一个坐标值(x 或者 y)
 * @note        连续读取 TP_READ_TIMES 次数据,对这些数据升序排列
 *              然后去掉最低和最高 TP_LOST_VAL 个数, 取平均值
 *              设置时需满足: TP_READ_TIMES > 2 * TP_LOST_VAL 的条件
 * @param       cmd: 指令
 * @arg         0XD0: 读取 X 轴坐标(@竖屏状态,横屏状态和 Y 对调)
```

```
  * @arg        0X90：读取 Y 轴坐标(@竖屏状态,横屏状态和 X 对调)
  *
  * @retval     读取到的数据(滤波后的), ADC 值(12 bit)
  */
static uint16_t tp_read_xoy(uint8_t cmd)
{
    uint16_t i, j;
    uint16_t buf[TP_READ_TIMES];
    uint16_t sum = 0;
    uint16_t temp;
    for (i = 0; i < TP_READ_TIMES; i++)            /* 先读取 TP_READ_TIMES 次数据 */
    {
        buf[i] = tp_read_ad(cmd);
    }
    for (i = 0; i < TP_READ_TIMES - 1; i++)        /* 对数据进行排序 */
    {
        for (j = i + 1; j < TP_READ_TIMES; j++)
        {
            if (buf[i] > buf[j])                    /* 升序排列 */
            {
                temp = buf[i];
                buf[i] = buf[j];
                buf[j] = temp;
            }
        }
    }
    sum = 0;
    for (i = TP_LOST_VAL; i < TP_READ_TIMES - TP_LOST_VAL; i++)
    {   /* 去掉两端的丢弃值 */
        sum += buf[i];  /* 累加去掉丢弃值以后的数据 */
    }
    temp = sum / (TP_READ_TIMES - 2 * TP_LOST_VAL); /* 取平均值 */
    return temp;
}
```

这样就可以通过 tp_read_xoy(uint8_t cmd)接口调取需要的 X 或者 Y 坐标的 A/D 值了。这里加上横屏或者竖屏的处理代码，编写一个可以通过指针一次得到 X 和 Y 的 2 个 A/D 值的接口，代码如下：

```
/**
  * @brief      读取 x, y 坐标
  * @param      x,y：读取到的坐标值
  * @retval     无
  */
static void tp_read_xy(uint16_t *x, uint16_t *y)
{
    uint16_t xval, yval;
    if (tp_dev.touchtype & 0X01)           /* X,Y 方向与屏幕相反 */
    {
        xval = tp_read_xoy(0X90);          /* 读取 X 轴坐标 A/D 值，并进行方向变换 */
        yval = tp_read_xoy(0XD0);          /* 读取 Y 轴坐标 A/D 值 */
```

```
    }
    else                                        /* X,Y 方向与屏幕相同 */
    {
        xval = tp_read_xoy(0XD0);               /* 读取 X 轴坐标 A/D 值 */
        yval = tp_read_xoy(0X90);               /* 读取 Y 轴坐标 A/D 值 */
    }
    *x = xval;
    *y = yval;
}
```

为了进一步保证参数的精度，连续读 2 次触摸数据并取平均值作为最后的触摸参数，对这 2 次滤波值取平均后再传给目标存储区。由于 A/D 的精度为 12 位，故该函数读取坐标的值 0～4 095。tp_read_xy2 的代码如下：

```
/* 连续 2 次读取 X,Y 坐标的数据误差最大允许值 */
#define TP_ERR_RANGE      50          /* 误差范围 */
/**
 * @brief          连续读取 2 次触摸 IC 数据，并滤波
 * @note           连续 2 次读取触摸屏 IC,且这 2 次的偏差不能超过 ERR_RANGE
 *                 满足条件,则认为读数正确,否则读数错误.该函数能大大提高准确度
 *
 * @param           x,y: 读取到的坐标值
 * @retval          0, 失败; 1, 成功
 */
static uint8_t tp_read_xy2(uint16_t *x, uint16_t *y)
{
    uint16_t x1, y1;
    uint16_t x2, y2;
    tp_read_xy(&x1, &y1);    /* 读取第一次数据 */
    tp_read_xy(&x2, &y2);    /* 读取第二次数据 */
    /* 前后两次采样在 +- TP_ERR_RANGE 内 */
    if (((x2 <= x1 && x1 < x2 + TP_ERR_RANGE)||(x1 <= x2 && x2 < x1 + TP_ERR_RANGE))&&
        ((y2 <= y1 && y1 < y2 + TP_ERR_RANGE)||(y1 <= y2 && y2 < y1 + TP_ERR_RANGE)))
    {
        *x = (x1 + x2) / 2;
        *y = (y1 + y2) / 2;
        return 1;
    }
    return 0;
}
```

根据以上的流程可以得到电阻屏触摸点比较精确的 A/D 信息。每次触摸屏幕时会对应一组 X、Y 的 A/D 值，由于坐标的 A/D 值在 X、Y 方向都是线性的，很容易想到要把触摸信息的 A/D 值和屏幕坐标联系起来，这里需要编写一个坐标转换函数，前面编写初始化接口时讲到的校准函数这时候就派上用场了。

触摸屏的 A/D 的 X_{AD}、Y_{AD} 可以构成一个逻辑平面，LCD 屏的屏幕坐标 X、Y 也是一个逻辑平面，由于存在误差，这 2 个平面并不重合，校准的作用就是要将逻辑平面映射到物理平面上，即得到触点在液晶屏上的位置坐标。校准算法的中心思想就是要建立这样一个映射函数。现有的校准算法大多基于线性校准，即首先假定物理平面和逻

辑平面之间的误差是线性误差,由旋转和偏移形成。

常用的电阻式触摸屏矫正方法有 2 点校准法和 3 点校准法。这里介绍的是结合了不同的电阻式触摸屏矫正法的优化算法:5 点校正法,其主要的原理是使用 4 点矫正法的比例运算以及 3 点矫正法的基准点运算。5 点校正法优势在于可以更加精确地计算出 *X* 和 *Y* 方向的比例缩放系数,同时提供了中心基准点,对于一些线性电阻系数比较差的电阻式触摸屏有很好的校正功能。校正相关的变量主要有:

- x[5]、y[5]为 5 点定位的物理坐标(LCD 坐标);
- xl[5]、yl[5]为 5 点定位的逻辑坐标(触摸 A/D 值);
- KX、KY 为横纵方向伸缩系数;
- XLC、YLC 为中心基点逻辑坐标;
- XC、YC 为中心基点物理坐标(数值采用 LCD 显示屏的物理长宽分辨率的一半)。

x[5]、y[5]这 5 点定位的物理坐标是已知的,其中 4 点分别设置在 LCD 的角落,一点设置在 LCD 正中心,作为基准矫正点,如图 5.10 所示。

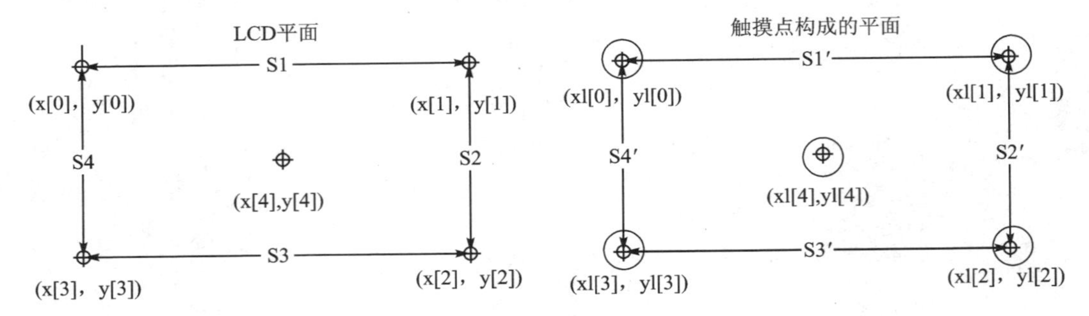

图 5.10 电阻屏 5 点校准法的参考点设定

校正步骤如下:

① 通过先后单击 LCD 的 4 个角落的矫正点,获取 4 个角落的逻辑坐标值。

② 计算屏幕坐标和 4 点间距:

```
S1 = x[1] - x[0]        S3 = x[2] - x[3]
S2 = y[2] - y[1]        S4 = y[3] - y[0]
```

一般,可以人为地设定 S1=S3 和 S2=S4,以方便运算。

计算逻辑坐标的 4 点间距时,由于实际触点肯定存在误差,所以触摸点会落在实际设定点的更大范围内。在图 5.10 中,设定点为 5 个点⊕,但实际采样时触点有时会落在稍大的外圈范围,即图中每个点外围的圆圈标注,所以有必要设定一个误差范围:

```
S1´ = xl[1] - xl[0]     S3´ = xl[2] - xl[3]
S2´ = yl[2] - yl[1]     S4´ = yl[3] - yl[0]
```

由于触点的误差,逻辑点 S1′和 S3′大概率不会相等,同样的,S2′和 S4′也很难取到相等的点。那么为了简化计算,强制以(S1′+S3′)/2 的线长作一个矩形一边,以(S2′+S4′)/2 为矩形另一边,这样构建的矩形在误差范围是可以接受的,也方便计算。于是得到 X 和 Y 方向的近似缩放系数：

```
KX = (S1′ + S3′) / 2 / S1
KY = (S2′ + S4′) / 2 / S2
```

③ 单击 LCD 正中心，获取中心点的逻辑坐标，作为矫正的基准点。这里也同样需要限制误差，之后可以得到一个中心点的 A/D 值坐标(xl[4]，yl[4])。这个点的 A/D 值作为对比的基准点，即 xl[4]＝XLC，yl[4]＝YLC。

完成以上步骤则校正完成。下次单击触摸屏的时候获取的逻辑值 XL 和 YL，可以按下以公式转换为物理坐标：

```
X = (XL - XLC)/ KX + XC
Y = (YL - YLC) / KY + YC
```

最后一步的转换公式可能不好理解，换个角度，如果求到的缩放比例是正确的，在取新的触摸的时候，这个触摸点的逻辑坐标和物理坐标的转换必然与中心点在 2 方向上的缩放比例相等，用中学数学直线斜率相等的情况变换便可得到上述公式。

在以后的使用中，把所有得到的物理坐标都按照这个关系式来计算，得到的就是触摸点的屏幕坐标。为了省去每次都需要校准的麻烦，保存这些参数到 AT24Cxx 的指定扇区地址，这样只要校准一次就可以重复使用这些参数了。

根据上面的原理，设计校准函数 tp_adjust 如下：

```
/**
  * @brief   触摸屏校准代码
  * @note    使用 5 点校准法
  *          本函数得到 X 轴/Y 轴比例因子 xfac/yfac 及物理中心坐标值(xc,yc)这 4 个参数
  *          我们规定：物理坐标即 A/D 采集到的坐标值，范围是 0～4 095
  *                    逻辑坐标即 LCD 屏幕的坐标，范围为 LCD 屏幕的分辨率
  * @param   无
  * @retval  无
  */
void tp_adjust(void)
{
    uint16_t pxy[5][2];           /* 物理坐标缓存值 */
    uint8_t  cnt = 0;
    short s1, s2, s3, s4;         /* 4 个点的坐标差值 */
    double px, py;                /* X,Y 轴物理坐标比例,用于判定是否校准成功 */
    uint16_t outtime = 0;
    cnt = 0;
    lcd_clear(WHITE);             /* 清屏 */
    lcd_show_string(40, 40, 160, 100, 16, TP_REMIND_MSG_TBL, RED);/* 显示提示信息 */
    tp_draw_touch_point(20, 20, RED);   /* 画点 1 */
    tp_dev.sta = 0;                     /* 消除触发信号 */
    while (1)                           /* 如果连续 10 s 没有按下,则自动退出 */
    {
        tp_dev.scan(1);                 /* 扫描物理坐标 */
        if ((tp_dev.sta & 0xc000) == TP_CATH_PRES)
        {   /* 按键按下了一次(此时按键松开了) */
            outtime = 0;
            tp_dev.sta &=  ~TP_CATH_PRES; /* 标记按键已经被处理过了 */
```

```
            pxy[cnt][0] = tp_dev.x[0];       /* 保存 X 物理坐标 */
            pxy[cnt][1] = tp_dev.y[0];       /* 保存 Y 物理坐标 */
            cnt++;
            switch (cnt)
            {
                case 1:
                    tp_draw_touch_point(20, 20, WHITE);                 /* 清点 1 */
                    tp_draw_touch_point(lcddev.width - 20, 20, RED);   /* 画点 2 */
                    break;
                case 2:
                    tp_draw_touch_point(lcddev.width - 20, 20, WHITE);  /* 清点 2 */
                    tp_draw_touch_point(20, lcddev.height - 20, RED);   /* 画点 3 */
                    break;
                case 3:
                    tp_draw_touch_point(20, lcddev.height - 20, WHITE);  /* 清点 3 */
                    /* 画点 4 */
                    tp_draw_touch_point(lcddev.width - 20, lcddev.height - 20, RED);
                    break;
                case 4:
                    lcd_clear(WHITE);    /* 画第 5 个点了，直接清屏 */
                    /* 画点 5 */
                    tp_draw_touch_point(lcddev.width / 2, lcddev.height / 2, RED);
                    break;
                case 5:                              /* 全部 5 个点已经得到 */
                    s1 = pxy[1][0] - pxy[0][0];/* 第 1,2 个点的 X 轴物理坐标差值(A/D 值) */
                    s3 = pxy[3][0] - pxy[2][0];/* 第 3,4 个点的 X 轴物理坐标差值(A/D 值) */
                    s2 = pxy[3][1] - pxy[1][1];/* 第 2,4 个点的 Y 轴物理坐标差值(A/D 值) */
                    s4 = pxy[2][1] - pxy[0][1];/* 第 1,3 个点的 Y 轴物理坐标差值(A/D 值) */
                    px = (double)s1 / s3;     /* X 轴比例因子 */
                    py = (double)s2 / s4;     /* Y 轴比例因子 */
                    if (px < 0)px = -px;      /* 负数改正数 */
                    if (py < 0)py = -py;      /* 负数改正数 */
                    if (px < 0.95 || px > 1.05 || py < 0.95 || py > 1.05 ||
                    abs(s1) > 4095||abs(s2) > 4095||abs(s3) > 4095||abs(s4) > 4095||
                    abs(s1) == 0 ||abs(s2) == 0||abs(s3) == 0||abs(s4) == 0)
                    { /* 比例不合格,差值大于坐标范围或等于 0,重绘校准图形 */
                        cnt = 0;
                        /* 清除点 5 */
                        tp_draw_touch_point(lcddev.width/2, lcddev.height/2, WHITE);
                        tp_draw_touch_point(20, 20, RED); /* 重新画点 1 */
                        tp_adjust_info_show(pxy, px, py); /* 显示当前信息,方便找问题 */
                        continue;
                    }
                    tp_dev.xfac = (float)(s1 + s3) / (2 * (lcddev.width - 40));
                    tp_dev.yfac = (float)(s2 + s4) / (2 * (lcddev.height - 40));
                    tp_dev.xc = pxy[4][0];          /* X 轴,物理中心坐标 */
                    tp_dev.yc = pxy[4][1];          /* Y 轴,物理中心坐标 */
                    lcd_clear(WHITE);               /* 清屏 */
                    lcd_show_string(35, 110, lcddev.width, lcddev.height, 16,
                                "Touch Screen Adjust OK!", BLUE); /* 校准完成 */
                    delay_ms(1000);
```

```
                tp_save_adjust_data();
                lcd_clear(WHITE);    /* 清屏 */
                return;              /* 校正完成 */
            }
        }
        delay_ms(10);
        outtime++;
        if (outtime > 1000)
        {
            tp_get_adjust_data();
            break;
        }
    }
}
```

注意，该函数里面多次使用了 lcddev. width 和 lcddev. height，用于坐标设置。故在程序调用前需要预先初始化 LCD 来得到 LCD 的一些屏幕信息，主要是为了兼容不同尺寸的 LCD(比如 320×240、480×320 和 800×480 的屏都可以兼容)。

有了校准参数后，由于需要频繁地进行屏幕坐标和物理坐标的转换，这里为电阻屏增加一个 tp_scan(uint8_t mode)用于转换。为了实际使用上更灵活，这里使这个参数支持物理坐标和屏幕坐标。设计的函数如下：

```
/**
 * @brief     触摸按键扫描
 * @param     mode：坐标模式
 * @arg       0，屏幕坐标；
 * @arg       1，物理坐标(校准等特殊场合用)
 *
 * @retval    0，触屏无触摸；1，触屏有触摸
 */
uint8_t tp_scan(uint8_t mode)
{
    if (T_PEN == 0)            /* 有按键按下 */
    {
        if (mode)              /* 读取物理坐标，无须转换 */
        {
            tp_read_xy2(&tp_dev.x[0], &tp_dev.y[0]);
        }
        else if (tp_read_xy2(&tp_dev.x[0], &tp_dev.y[0]))/* 读取屏幕坐标,需要转换 */
        {   /* 将 X 轴物理坐标转换成逻辑坐标(即对应 LCD 屏幕上面的 X 坐标值) */
            tp_dev.x[0] = (signed short)(tp_dev.x[0] - tp_dev.xc)
                          / tp_dev.xfac + lcddev.width / 2;
            /* 将 Y 轴物理坐标转换成逻辑坐标(即对应 LCD 屏幕上面的 Y 坐标值) */
            tp_dev.y[0] = (signed short)(tp_dev.y[0] - tp_dev.yc)
                                   / tp_dev.yfac + lcddev.height / 2;
        }
        if ((tp_dev.sta & TP_PRES_DOWN) == 0)    /* 之前没有被按下 */
        {
            tp_dev.sta = TP_PRES_DOWN | TP_CATH_PRES;    /* 按键按下 */
            tp_dev.x[CT_MAX_TOUCH - 1] = tp_dev.x[0];  /* 记录第一次按下时的坐标 */
```

```
                tp_dev.y[CT_MAX_TOUCH - 1] = tp_dev.y[0];
            }
        }
        else
        {
            if (tp_dev.sta & TP_PRES_DOWN)          /* 之前是被按下的 */
            {
                tp_dev.sta &= ~TP_PRES_DOWN;       /* 标记按键松开 */
            }
            else        /* 之前就没有被按下 */
            {
                tp_dev.x[CT_MAX_TOUCH - 1] = 0;
                tp_dev.y[CT_MAX_TOUCH - 1] = 0;
                tp_dev.x[0] = 0xffff;
                tp_dev.y[0] = 0xffff;
            }
        }
        return tp_dev.sta & TP_PRES_DOWN; /* 返回当前的触屏状态 */
}
```

要进行电阻触摸屏的触摸扫描，只要调取 tp_scan()函数，就能灵活得到触摸坐标。

3. 电容屏触摸驱动代码

电容屏触摸芯片使用的是 I²C 接口。I²C 接口部分代码可以参考 myiic.c 和 myiic.h，为了使代码独立，在 TOUCH 文件夹下也采用软件模拟 I²C 的方式实现 ctiic.c 和 ctiic.h，这样 I/O 的使用更灵活。

电容触摸芯片除了 I²C 接口相关引脚 CT_SCL 和 CT_SDA 外，还有 CT_INT 和 CT_RST，接口图如图 5.11 所示。

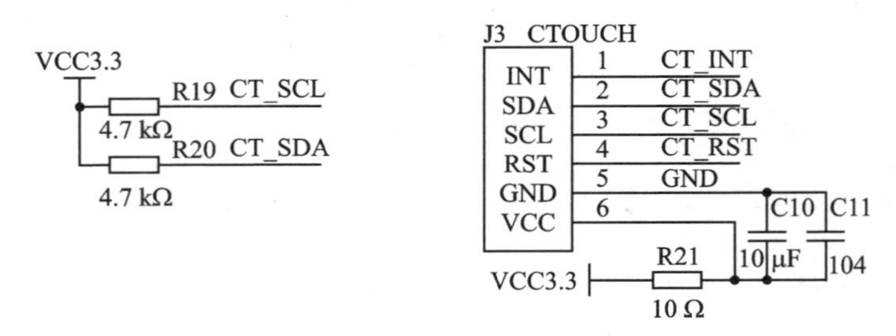

图 5.11 电容屏触摸芯片接口图

gt9xxx_init 的实现也比较简单，包括实现 CT_INT、CT_RST 引脚初始化和调用 ct_iic_init 函数实现对 CT_SDA、CT_SCL 初始化。由于电容触摸屏在设计时是根据屏幕进行参数设计的，参数已经保存在芯片内部。所以初始化后就可以参考手册推荐的 I²C 时序从相对应的坐标数据寄存器把对应的 *XY* 坐标数据读出来，再通过数据整理转成 LCD 坐标。

与电阻屏不同的是，这里通过 I²C 读取状态寄存器的值并非引脚电平。而 gt9xxx 系列支持中断或轮询方式得到触摸状态，本实验使用的是轮询方式：

① 按照读时序先读取寄存器 0x814E,若当前 buffer(buffer status 为 1)数据准备好,则依据有效触点个数到相对应的坐标数据地址处进行坐标数据读取。

② 若在①中发现 buffer 数据(buffer status 为 0)未准备好,则等待 1 ms 再进行读取。

这样,gt9xxx_scan()函数的实现如下:

```
/* GT9XXX 10 个触摸点(最多) 对应的寄存器表 */
const uint16_t GT9XXX_TPX_TBL[10] =
{
    GT9XXX_TP1_REG,GT9XXX_TP2_REG,GT9XXX_TP3_REG,GT9XXX_TP4_REG,GT9XXX_TP5_REG,
    GT9XXX_TP6_REG,GT9XXX_TP7_REG,GT9XXX_TP8_REG,GT9XXX_TP9_REG,GT9XXX_TP10_REG,
};
/**
 * @brief      扫描触摸屏(采用查询方式)
 * @param      mode: 电容屏未用到此参数, 为了兼容电阻屏
 * @retval     当前触屏状态
 * @arg        0, 触屏无触摸
 * @arg        1, 触屏有触摸
 */
uint8_t gt9xxx_scan(uint8_t mode)
{
    uint8_t buf[4];
    uint8_t i = 0;
    uint8_t res = 0;
    uint16_t temp;
    uint16_t tempsta;
    static uint8_t t = 0;    /* 控制查询间隔,从而降低 CPU 占用率 */
    t ++ ;
    if ((t % 10) == 0 || t < 10)
    {   /* 空闲时,每进入 10 次 CTP_Scan 函数才检测 1 次,从而节省 CPU 使用率 */
        gt9xxx_rd_reg(GT9XXX_GSTID_REG, &mode, 1);  /* 读取触摸点的状态 */
        if ((mode & 0X80) && ((mode & 0XF) < = g_gt_tnum))
        {
            i = 0;
            gt9xxx_wr_reg(GT9XXX_GSTID_REG, &i, 1);    /* 清标志 */
        }
        if ((mode & 0XF) && ((mode & 0XF) < = g_gt_tnum))
        {
            /* 将点的个数转换为 1 的位数,匹配 tp_dev.sta 定义 */
            temp = 0XFFFF << (mode & 0XF);
            tempsta = tp_dev.sta;                 /* 保存当前的 tp_dev.sta 值 */
            tp_dev.sta = (~temp) | TP_PRES_DOWN | TP_CATH_PRES;
            tp_dev.x[g_gt_tnum - 1] = tp_dev.x[0];     /* 保存触点 0 的数据 */
            tp_dev.y[g_gt_tnum - 1] = tp_dev.y[0];
            for (i = 0; i < g_gt_tnum; i++ )
            {                   if (tp_dev.sta & (1 << i))              /* 触摸有效吗 */
                {
                    gt9xxx_rd_reg(GT9XXX_TPX_TBL[i], buf, 4);    /* 读取 XY 坐标值 */
                    if (lcddev.id == 0X5510)            /* 4.3 寸 800 * 480 MCU 屏 */
                    {
```

```
                if (tp_dev.touchtype & 0X01)    /* 横屏 */
                {
                    tp_dev.y[i] = ((uint16_t)buf[1] << 8) + buf[0];
                    tp_dev.x[i] = 800 - (((uint16_t)buf[3] << 8) + buf[2]);
                }
                else
                {
                    tp_dev.x[i] = ((uint16_t)buf[1] << 8) + buf[0];
                    tp_dev.y[i] = ((uint16_t)buf[3] << 8) + buf[2];
                }
            }
            else      /* 其他型号 */
            {
                if (tp_dev.touchtype & 0X01)     /* 横屏 */
                {
                    tp_dev.x[i] = (((uint16_t)buf[1] << 8) + buf[0]);
                    tp_dev.y[i] = (((uint16_t)buf[3] << 8) + buf[2]);
                }
                else
                {
                    tp_dev.x[i] = lcddev.width - (((uint16_t)buf[3] << 8) + buf[2]);
                    tp_dev.y[i] = ((uint16_t)buf[1] << 8) + buf[0];
                }
            }
            //printf("x[%d]:%d,y[%d]:%d\r\n",i,tp_dev.x[i],i,tp_dev.y[i]);
        }
    }
    res = 1;
    if (tp_dev.x[0] > lcddev.width || tp_dev.y[0] > lcddev.height)
    {   /* 非法数据(坐标超出了) */
        if ((mode & 0XF) > 1)/* 其他点有数据,则复制第二个触点的数据到第一个
                                触点 */
        {
            tp_dev.x[0] = tp_dev.x[1];
            tp_dev.y[0] = tp_dev.y[1];
            t = 0;  /* 触发一次,则最少连续监测 10 次,从而提高命中率 */
        }
        else            /* 非法数据,则忽略此次数据(还原原来的) */
        {
            tp_dev.x[0] = tp_dev.x[g_gt_tnum - 1];
            tp_dev.y[0] = tp_dev.y[g_gt_tnum - 1];
            mode = 0X80;
            tp_dev.sta = tempsta;    /* 恢复 tp_dev.sta */
        }
    }
    else
    {
        t = 0;        /* 触发一次,则最少连续监测 10 次,从而提高命中率 */
    }
  }
}
```

```
        if ((mode & 0X8F) == 0X80)                      /* 无触摸点按下 */
        {
            if (tp_dev.sta & TP_PRES_DOWN)              /* 之前是被按下的 */
            {
                tp_dev.sta &= ~TP_PRES_DOWN;            /* 标记按键松开 */
            }
            else        /* 之前就没有被按下 */
            {
                tp_dev.x[0] = 0xffff;
                tp_dev.y[0] = 0xffff;
                tp_dev.sta &= 0XE000;                   /* 清除点有效标记 */
            }
        }
        if (t > 240)t = 10; /* 重新从 10 开始计数 */
        return res;
}
```

打开 gt9xxx 芯片对应的编程手册，对照时序即可理解上述实现过程，只是程序中为了匹配多种屏幕和横屏显示，添加了一些代码。电容屏驱动 ft5206.c/ft5206.h 的驱动实现与 gt9xxx 的实现类似。

4. main 函数和测试代码

在 main.c 里面编程如下代码：

```
void rtp_test(void)
{
    uint8_t key;
    uint8_t i = 0;
    while (1)
    {
        key = key_scan(0);
        tp_dev.scan(0);
        if (tp_dev.sta & TP_PRES_DOWN)      /* 触摸屏被按下 */
        {
            if (tp_dev.x[0] < lcddev.width && tp_dev.y[0] < lcddev.height)
            {
                if (tp_dev.x[0] > (lcddev.width - 24) && tp_dev.y[0] < 16)
                {
                    load_draw_dialog();     /* 清除 */
                }
                else
                {
                    tp_draw_big_point(tp_dev.x[0], tp_dev.y[0], RED);   /* 画点 */
                }
            }
        }
        else
        {
            delay_ms(10);               /* 没有按键按下的时候 */
        }
```

```
        if (key == KEY0_PRES)          /* KEY0 按下,则执行校准程序 */
        {
            lcd_clear(WHITE);          /* 清屏 */
            tp_adjust();               /* 屏幕校准 */
            tp_save_adjust_data();
            load_draw_dialog();
        }
        i++;
        if (i % 20 == 0)LED0_TOGGLE();
    }
}
/* 10 个触控点的颜色(电容触摸屏用) */
const uint16_t POINT_COLOR_TBL[10] = {RED, GREEN, BLUE, BROWN, YELLOW, MAGENTA, CYAN,
LIGHTBLUE, BRRED, GRAY};
void ctp_test(void)
{
    uint8_t t = 0;
    uint8_t i = 0;
    uint16_t lastpos[10][2];          /* 最后一次的数据 */
    uint8_t maxp = 5;
    if (lcddev.id == 0X1018) maxp = 10;
    while (1)
    {
        tp_dev.scan(0);
        for (t = 0; t < maxp; t++)
        {
            if ((tp_dev.sta) & (1 << t))
            {   /* 坐标在屏幕范围内 */
                if (tp_dev.x[t] < lcddev.width && tp_dev.y[t] < lcddev.height)
                {
                    if (lastpos[t][0] == 0XFFFF)
                    {
                        lastpos[t][0] = tp_dev.x[t];
                        lastpos[t][1] = tp_dev.y[t];
                    }
                    lcd_draw_bline(lastpos[t][0], lastpos[t][1], tp_dev.x[t],
                                   tp_dev.y[t], 2, POINT_COLOR_TBL[t]); /* 画线 */
                    lastpos[t][0] = tp_dev.x[t];
                    lastpos[t][1] = tp_dev.y[t];
                    if (tp_dev.x[t] > (lcddev.width - 24) && tp_dev.y[t] < 20)
                    {
                        load_draw_dialog();/* 清除 */
                    }
                }
            }
            else
            {
                lastpos[t][0] = 0XFFFF;
            }
        }
```

```
        delay_ms(5);
        i++;
        if (i % 20 == 0)LED0_TOGGLE();
    }
}
int main(void)
{
    HAL_Init();                                  /* 初始化 HAL 库 */
    sys_stm32_clock_init(RCC_PLL_MUL9);          /* 设置时钟, 72 MHz */
    delay_init(72);                              /* 延时初始化 */
    usart_init(115200);                          /* 串口初始化为 115 200 */
    led_init();                                  /* 初始化 LED */
    lcd_init();                                  /* 初始化 LCD */
    key_init();                                  /* 初始化按键 */
    tp_dev.init();                               /* 触摸屏初始化 */
    lcd_show_string(30, 50, 200, 16, 16, "STM32F103", RED);
    lcd_show_string(30, 70, 200, 16, 16, "TOUCH TEST", RED);
    lcd_show_string(30, 90, 200, 16, 16, "ATOM@ALIENTEK", RED);
    if (tp_dev.touchtype != 0XFF)
    {   /* 电阻屏才显示 */
        lcd_show_string(30, 110, 200, 16, 16, "Press KEY0 to Adjust", RED);
    }
    delay_ms(1500);
    load_draw_dialog();
    if (tp_dev.touchtype & 0X80)
    {
        ctp_test(); /* 电容屏测试 */
    }
    else
    {
        rtp_test(); /* 电阻屏测试 */
    }
}
```

这里没有把 main.c 全部代码列出来，只是列出重要函数，简单介绍一下这 3 个函数。

rtp_test 函数用于电阻触摸屏的测试，代码比较简单，就是扫描按键和触摸屏。如果触摸屏有按下，则在触摸屏上面划线；如果按中“RST”区域，则执行清屏。如果按键 KEY0 按下，则执行触摸屏校准。

ctp_test 函数用于电容触摸屏的测试。由于采用 tp_dev.sta 来标记当前按下的触摸屏点数，所以判断是否有电容触摸屏按下，也就是判断 tp_dev.sta 的最低 5 位。如果有数据，则画线；没数据则忽略，且 5 个点画线的颜色各不一样，方便区分。另外，电容触摸屏不需要校准，所以没有校准程序。

main 函数比较简单，初始化相关外设，然后根据触摸屏类型选择执行 ctp_test 还是 rtp_test。

5.4 下载验证

代码编译成功之后,下载代码到开发板上,电阻触摸屏测试程序运行效果如图 5.12 所示。图中电阻屏上画了一些内容,右上角的 RST 可以用来清屏,单击该区域即可清屏重画。另外,按 KEY0 可以进入校准模式,如果发现触摸屏不准,则可以按 KEY0 进入校准,重新校准一下即可正常使用。如果是电容触摸屏,测试界面如图 5.13 所示。图中同样输入了一些内容。电容屏支持多点触摸,每个点的颜色都不一样,图中的波浪线就是 3 点触摸画出来的,最多可以 5 点触摸。按右上角的 RST 可以清屏。电容屏无须校准,所以按 KEY0 无效。KEY0 校准仅对电阻屏有效。

图 5.12　电阻触摸屏测试程序运行效果

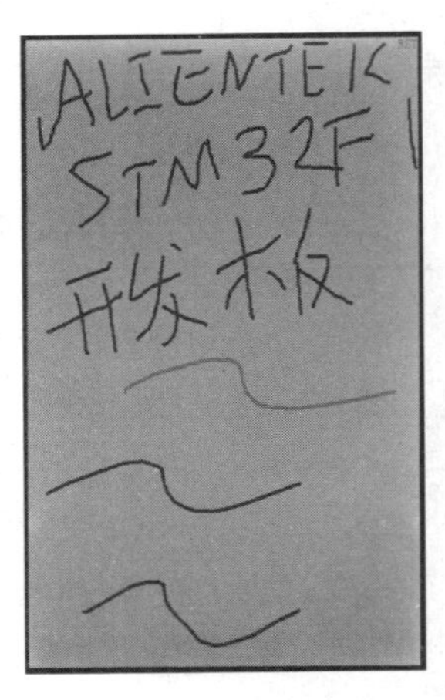

图 5.13　电容触摸屏测试界面

第 6 章

红外遥控实验

本书使用的开发板上标配了红外接收头和一个小巧的红外遥控器。本章将利用 STM32F103 的输入捕获功能解码红外遥控器的信号,并将编码后的键值在 LCD 模块中显示出来。

6.1 红外遥控简介

1. 红外遥控技术

红外遥控是一种无线、非接触控制技术,具有抗干扰能力强、信息传输可靠、功耗低、成本低、易实现等显著优点,被诸多电子设备特别是家用电器广泛采用,并越来越多地应用到计算机系统中。由于红外线遥控不具有像无线电遥控那样穿过障碍物去控制被控对象的能力,所以,在设计红外线遥控器时,不必像无线电遥控器那样,每套(发射器和接收器)产品都有不同的遥控频率或编码(否则就会隔墙控制或干扰邻居的家用电器)。所以同类产品的红外线遥控器可以有相同的遥控频率或编码,而不会出现遥控信号"串门"的情况。这对于大批量生产以及在家用电器上普及红外线遥控提供了极大的方便。由于红外线为不可见光,因此对环境影响很小。而且红外光波动波长远小于无线电波的波长,所以红外线遥控不会影响其他家用电器,也不会影响附近的无线电设备。

2. 红外器件特性

红外遥控的情景中,必定有一个红外发射端和红外接收端。本实验中,正点原子的红外遥控器作为红外发射端,红外接收端就是板载的红外接收器。要使两者通信成功,收/发红外波长与载波频率必须一致,这里波长是 940 nm,载波频率是 38 kHz。

红外发射管属于二极管类,红外发射电路通常使用三极管控制红外发射器的导通或者截止,导通时,红外发射管发射出红外光,反之,就不会发射出红外光。虽然肉眼看不到红外光,但是借助手机摄像头就能看到。红外接收管的特性是当接收到红外载波信号时,OUT 引脚输出低电平;没有接收到红外载波信号时,OUT 引脚输出高电平。

红外载波信号其实是由一个个红外载波周期组成。频率为 38 kHz 时,红外载波周期约等于 26.3 μs(1 s/38 kHz≈26.3 μs)。在一个红外载波发射周期里,发射红外光时间为 8.77 μs 和不发射红外光时间为 17.53 μs,发射红外光的占空比一般为 1/3。

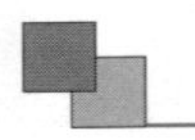

相对地,整个周期内不发射红外光就是载波不发射周期。红外遥控器内已经把载波和不载波信号处理好,这里需要做的就是识别遥控器按键发射出的信号。注意,信号也是遵循某种协议的。

3. 红外编/解码协议

红外遥控的编码方式目前广泛使用的是 PWM(脉冲宽度调制)的 NEC 协议和 Philips PPM(脉冲位置调制)的 RC-5 协议。开发板配套的遥控器使用的是 NEC 协议,其特征如下:

- 8 位地址和 8 位指令长度;
- 地址和命令 2 次传输(确保可靠性);
- PWM 脉冲宽度调制,以发射红外载波的占空比代表"0"和"1";
- 载波频率为 38 kHz;
- 位时间为 1.125 ms 或 2.25 ms;

在 NEC 协议中,根据如何判定协议中的数据是 0 或者 1,这里分为红外接收器和红外发射器 2 种情况介绍。

红外发射器:发送协议数据 0=发射载波信号 560 μs+不发射载波信号 560 μs;
发送协议数据 1=发射载波信号 560 μs+不发射载波信号 1 680 μs。

红外发射器的位定义如图 6.1 所示。

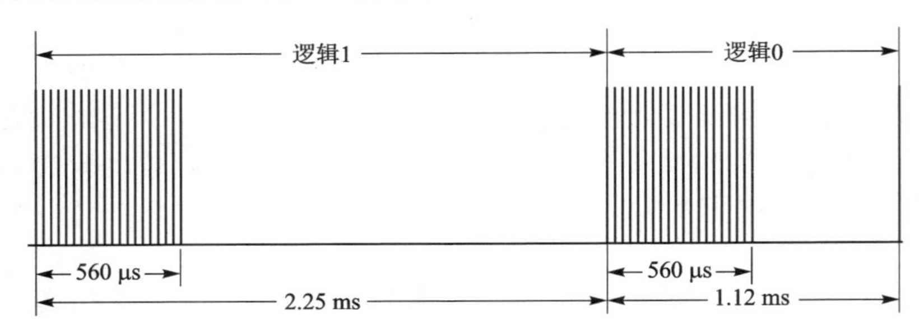

图 6.1 红外发射器位定义图

红外接收器:接收到协议数据 0=560 μs 低电平+560 μs 高电平;
接收到协议数据 1=560 μs 低电平+1 680 μs 高电平。

红外接收器的位定义如图 6.2 所示。

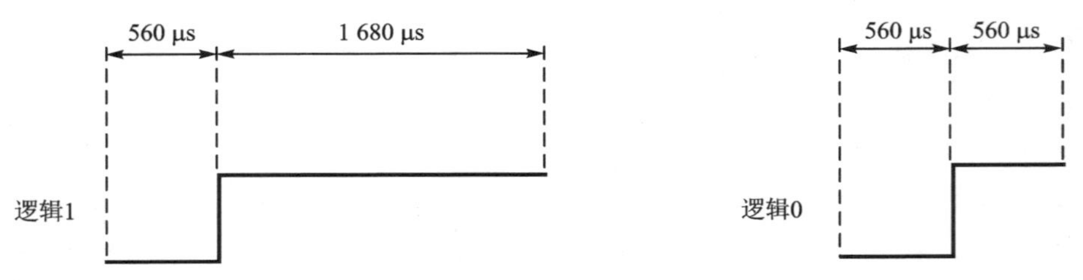

图 6.2 红外接收器位定义图

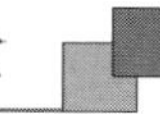

NEC 遥控指令的数据格式为:同步码头、地址码、地址反码、控制码、控制反码。同步码由一个 9 ms 的低电平和一个 4.5 ms 的高电平组成,地址码、地址反码、控制码、控制反码均是 8 位数据格式。按照低位在前,高位在后的顺序发送。采用反码是为了增加传输的可靠性(可用于校验)。

遥控器的按键▽按下时,从红外接收头端收到的波形如图 6.3 所示。可以看到,其地址码为 0,控制码为 21(正确解码后 00010101)。在 100 ms 之后还收到了几个脉冲,这是 NEC 码规定的连发码(由 9 ms 低电平+2.25 ms 高电平+0.56 ms 低电平+97.94 ms 高电平组成)。如果在一帧数据发送完毕之后,按键仍然没有放开,则发射重复码,即连发码可以通过统计连发码的次数来标记按键按下的长短/次数。

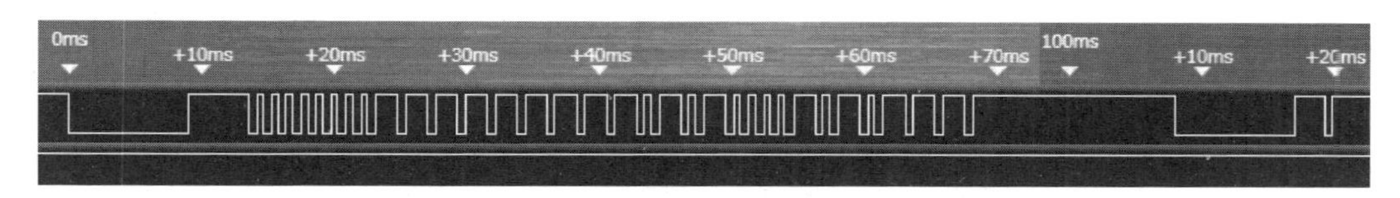

图 6.3 按键▽所对应的红外波形

本章解码红外遥控信号利用定时器的输入捕获功能来实现遥控解码。

6.2 硬件设计

(1) 例程功能

本实验开机后在 LCD 上显示一些信息,之后即进入等待红外触发,如果接收到正确的红外信号,则解码,并在 LCD 上显示键值及其代表的意义、按键次数等信息。LED0 闪烁用于提示程序正在运行。

(2) 硬件资源

- LED 灯:LED0 - PB5;
- 红外接收头:REMOTE_IN - PB9;
- 正点原子红外遥控器;
- 串口 1(PA9、PA10 连接在板载 USB 转串口芯片 CH340 上面);
- 正点原子 TFTLCD 模块(仅限 MCU 屏,16 位 8080 并口驱动)。

(3) 原理图

红外遥控接收头与 STM32 的连接关系如图 6.4 所示。红外遥控接收头连接在 STM32 的 PB9(TIM4_CH4)上,本实验不需要额外连线。程序将 TIM4_CH4 设计输入捕获,然后将接收到的脉冲信号解码就可以了。

开发板配套的红外遥控器外观如图 6.5 所示。开发板上接收红外遥控器信号的红外管外观如图 6.6 所示。使用时需要将遥控器有红外管的一端对准开发板上的红外管,这样才能正确接收到信号。

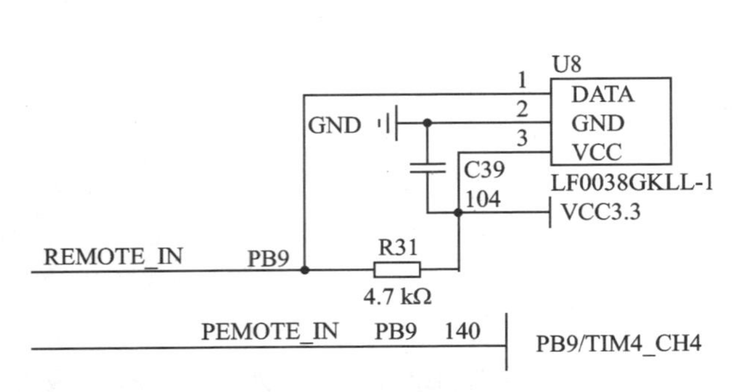

图 6.4 红外遥控接收头与 STM32 的连接电路图

图 6.5 红外遥控器外观

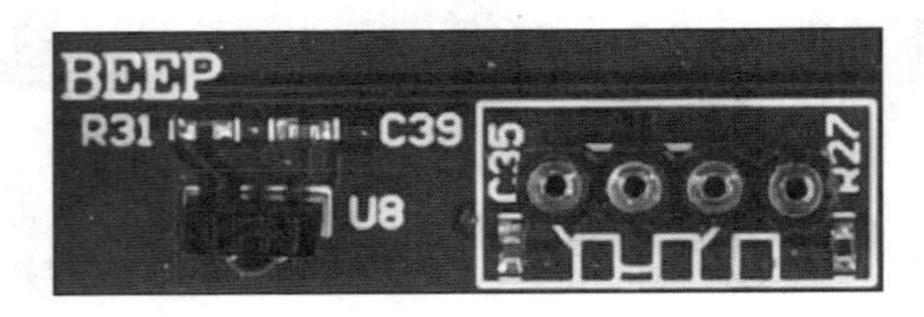

图 6.6 开发板上的红外接收管位置

6.3 程序设计

本实验采用定时器的输入捕获功能,所以这里讲解红外遥控的配置步骤。

① 初始化 TIMx,设置 TIMx 的 ARR 和 PSC 等参数。

HAL 库通过调用定时器输入捕获初始化函数 HAL_TIM_IC_Init 完成对定时器参数初始化。注意,该函数会调用 HAL_TIM_IC_MspInit 函数来完成对定时器底层及其输入通道 I/O 的初始化,包括定时器及 GPIO 时钟使能、GPIO 模式设置、中断设置等。

② 开启 TIMx 和输入通道的 GPIO 时钟,配置该 I/O 口的复用功能输入。

首先开启 TIMx 的时钟,然后配置 GPIO 为复用功能输出。本实验默认用到定时器 4 的通道 4,对应 I/O 是 PB9,它们的时钟开启方法如下:

```
__HAL_RCC_TIM4_CLK_ENABLE();                    /* 使能定时器 4 */
__HAL_RCC_GPIOB_CLK_ENABLE();                   /* 开启 GPIOB 时钟 */
```

I/O 口复用功能是通过函数 HAL_GPIO_Init 来配置的。

③ 设置 TIMx_CHy 的输入捕获模式,开启输入捕获。

在 HAL 库中,定时器的输入捕获模式通过 HAL_TIM_IC_ConfigChannel 函数来设置定时器某个通道为输入捕获通道,包括映射关系、输入滤波和输入分频等。

④ 使能定时器更新中断,开启捕获功能以及捕获中断,配置定时器中断优先级。

通过__HAL_TIM_ENABLE_IT 函数使能定时器更新中断。通过 HAL_TIM_IC_

Start_IT 函数使能定时器并开启捕获功能以及捕获中断。通过 HAL_NVIC_EnableIRQ 函数使能定时器中断。通过 HAL_NVIC_SetPriority 函数设置中断优先级。

⑤ 编写中断服务函数。

定时器 4 中断服务函数为 TIM4_IRQHandler，当发生中断的时候，程序就会执行中断服务函数。为了使用方便，HAL 库提供了一个定时器中断通用处理函数 HAL_TIM_IRQHandler，该函数会调用一些定时器相关的回调函数，用于给用户处理定时器中断到了之后需要处理的程序。本实验除了用到更新（溢出）中断回调函数 HAL_TIM_PeriodElapsedCallback 之外，还要用到捕获中断回调函数 HAL_TIM_IC_CaptureCallback。

6.3.1　程序流程图

程序流程如图 6.7 所示。

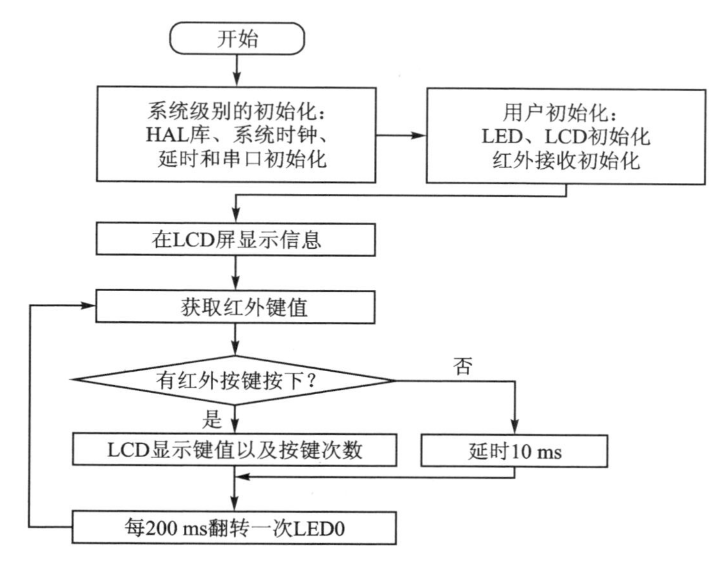

图 6.7　红外遥控实验程序流程图

6.3.2　程序解析

1. REMOTE 驱动代码

这里只讲解核心代码，详细的源码可参考配套资料中本实验对应源码。REMOTE 驱动源码包括 2 个文件：remote.c 和 remote.h。remote.h 和定时器输入捕获功能的 .h 头文件代码相似，这里就不介绍了。

下面直接介绍 remote.c，与红外遥控初始化相关的函数定义如下：

```
TIM_HandleTypeDef g_tim4_handle;         /* 定时器 4 句柄 */
/**
 * @brief        红外遥控初始化
```

```
 * @note       设置 I/O 以及定时器的输入捕获
 * @param      无
 * @retval     无
 */
void remote_init(void)
{
    TIM_IC_InitTypeDef tim_ic_init_handle;
    g_tim4_handle.Instance = REMOTE_IN_TIMX;                 /* 通用定时器 4 */
    g_tim4_handle.Init.Prescaler = (72 - 1);  /* 预分频器,1 MHz 的计数频率,1 μs 加 1 */
    g_tim4_handle.Init.CounterMode = TIM_COUNTERMODE_UP; /* 向上计数器 */
    g_tim4_handle.Init.Period = 10000;                       /* 自动装载值 */
    g_tim4_handle.Init.ClockDivision = TIM_CLOCKDIVISION_DIV1;
    HAL_TIM_IC_Init(&g_tim4_handle);
    /* 初始化 TIM4 输入捕获参数 */
    tim_ic_init_handle.ICPolarity = TIM_ICPOLARITY_RISING;      /* 上升沿捕获 */
    tim_ic_init_handle.ICSelection = TIM_ICSELECTION_DIRECTTI; /* 映射到 TI4 上 */
    tim_ic_init_handle.ICPrescaler = TIM_ICPSC_DIV1;       /* 不分频 */
    tim_ic_init_handle.ICFilter = 0x03;                     /* 8 个定时器时钟周期滤波 */
HAL_TIM_IC_ConfigChannel(&g_tim4_handle, &tim_ic_init_handle,
                        REMOTE_IN_TIMX_CHY);                 /* 配置 TIM4 通道 4 */
    HAL_TIM_IC_Start_IT(&g_tim4_handle, REMOTE_IN_TIMX_CHY);  /* 开始捕获 TIM 通道 */
    __HAL_TIM_ENABLE_IT(&g_tim4_handle, TIM_IT_UPDATE); /* 使能更新中断 */
}
/**
 * @brief       定时器 4 底层驱动,时钟使能,引脚配置
 * @param       htim: 定时器句柄
 * @note        此函数会被 HAL_TIM_IC_Init()调用
 * @retval      无
 */
void HAL_TIM_IC_MspInit(TIM_HandleTypeDef *htim)
{
    if(htim->Instance == REMOTE_IN_TIMX)
    {
        GPIO_InitTypeDef gpio_init_struct;
        REMOTE_IN_GPIO_CLK_ENABLE();               /* 红外接入引脚 GPIO 时钟使能 */
        REMOTE_IN_TIMX_CHY_CLK_ENABLE();           /* 定时器时钟使能 */
        /* 这里用的是 PB9/TIM4_CH4,参考 AFIO_MAPR 寄存器的设置 */
        __HAL_AFIO_REMAP_TIM4_DISABLE();
        gpio_init_struct.Pin = REMOTE_IN_GPIO_PIN;
        gpio_init_struct.Mode = GPIO_MODE_AF_INPUT;               /* 复用输入 */
        gpio_init_struct.Pull = GPIO_PULLUP;                      /* 上拉 */
        gpio_init_struct.Speed = GPIO_SPEED_FREQ_HIGH;            /* 高速 */
        HAL_GPIO_Init(REMOTE_IN_GPIO_PORT, &gpio_init_struct); /* 定时器通道引脚 */
        /* 设置中断优先级,抢占优先级 1,子优先级 3 */
        HAL_NVIC_SetPriority(REMOTE_IN_TIMX_IRQn, 1, 3);
        HAL_NVIC_EnableIRQ(REMOTE_IN_TIMX_IRQn);                 /* 开启 ITM4 中断 */
    }
}
```

remote_init 函数主要是对红外遥控使用到的定时器 4 和定时器通道 4 进行相关配置,关于定时器 4 通道 4 的 I/O 放在回调函数 HAL_TIM_IC_MspInit 中初始化。

在 remote_init 函数中，通过调用 HAL_TIM_IC_Init 函数初始化定时器的 ARR 和 PSC 等参数；通过调用 HAL_TIM_IC_ConfigChannel 函数配置映射关系、滤波和分频等；最后，调用 HAL_TIM_IC_Start_IT 和__HAL_TIM_ENABLE_IT 分别使能捕获通道和使能定时器中断。

在 HAL_TIM_IC_MspInit 函数中，主要通过 HAL_GPIO_Init 函数对定时器输入通道的 GPIO 口进行配置，最后还需要设置中断抢占优先级和响应优先级。

至此，定时器的输入捕获已经初始化完成，接下来还需要做一些接收处理，下面先介绍 3 个变量。

```
/* 遥控器接收状态
 * [7]：收到了引导码标志
 * [6]：得到了一个按键的所有信息
 * [5]：保留
 * [4]：标记上升沿是否已经被捕获
 * [3:0]：溢出计时器
 */
uint8_t g_remote_sta = 0;
uint32_t g_remote_data = 0;     /* 红外接收到的数据 */
uint8_t  g_remote_cnt = 0;      /* 按键按下的次数 */
```

这 3 个变量用于辅助实现高电平的捕获。其中，g_remote_sta 用来记录捕获状态，将这个变量当成一个寄存器来使用，各位描述如表 6.1 所列。

表 6.1　g_remote_sta 各位描述

位	bit7	bit6	bit5	bit4	bit3～0
说　明	收到引导码	得到一个按键所有信息	保留	标记上升沿是否已经被捕获	溢出计时器

变量 g_remote_data 用于存放红外接收到的数据，而 g_remote_cnt 用于存放按键按下的次数。

下面开始看中断服务函数里面的逻辑程序。HAL_TIM_IRQHandler 函数会调用下面 2 个回调函数，逻辑代码就放在回调函数里，函数的定义如下：

```
/**
 * @brief       定时器输入捕获中断回调函数
 * @param       htim:定时器句柄
 * @retval      无
 */
void HAL_TIM_IC_CaptureCallback(TIM_HandleTypeDef *htim)
{
    if (htim->Instance == REMOTE_IN_TIMX)
    {
        uint16_t dval;      /* 下降沿时计数器的值 */
        if (RDATA)          /* 上升沿捕获 */
        {
            __HAL_TIM_SET_CAPTUREPOLARITY(&g_tim4_handle,REMOTE_IN_TIMX_CHY,
                    TIM_INPUTCHANNELPOLARITY_FALLING);  /* 设置为下降沿捕获 */
            __HAL_TIM_SET_COUNTER(&g_tim4_handle, 0);   /* 清空定时器计数器值 */
            g_remote_sta |= 0X10;                       /* 标记上升沿已经被捕获 */
```

```
            }
            else                    /* 下降沿捕获 */
            {   /* 读取 CCR4 也可以清 CC4IF 标志位 */
                dval = HAL_TIM_ReadCapturedValue(&g_tim4_handle, REMOTE_IN_TIMX_CHY);
                __HAL_TIM_SET_CAPTUREPOLARITY(&g_tim4_handle, REMOTE_IN_TIMX_CHY,
                    TIM_INPUTCHANNELPOLARITY_RISING); /* 配置 TIM4 通道 4 上升沿捕获 */
                if (g_remote_sta & 0X10)                /* 完成一次高电平捕获 */
                {
                    if (g_remote_sta & 0X80)            /* 接收到了引导码 */
                    {
                        if (dval > 300 && dval < 800)   /* 560 为标准值,560 μs */
                        {
                            g_remote_data >>= 1;        /* 右移一位. */
                            g_remote_data &= ~0x80000000;   /* 接收到 0 */
                        }
                        else if (dval > 1400 && dval < 1800) /* 1680 为标准值,1 680 μs */
                        {
                            g_remote_data >>= 1;            /* 右移一位 */
                            g_remote_data |= 0x80000000;    /* 接收到 1 */
                        }
                        else if (dval > 2000 && dval < 3000)
                        {   /* 得到按键键值增加的信息 2250 为标准值 2.25 ms */
                            g_remote_cnt ++;                /* 按键次数增加 1 次 */
                            g_remote_sta &= 0XF0;           /* 清空计时器 */
                        }
                    }
                    else if (dval > 4200 && dval < 4700)    /* 4500 为标准值 4.5 ms */
                    {
                        g_remote_sta |= 1 << 7;     /* 标记成功接收到了引导码 */
                        g_remote_cnt = 0;           /* 清除按键次数计数器 */
                    }
                }
                g_remote_sta &= ~(1 << 4);
            }
        }
    }
```

捕获高电平脉宽的思路：首先，设置 TIM4_CH4 捕获上升沿，然后等待上升沿中断到来；当捕获到上升沿中断时，设置该通道为下降沿捕获，清除 TIM4_CNT 寄存器的值。最后把 g_remote_sta 的位 4 置 1，表示已经捕获到高电平，等待下降沿到来。当下降沿到来的时候，读取此时定时器计数器的值到 dval 中，并设置该通道为上升沿捕获，然后判断 dval 的值属于哪个类型(引导码，数据 0，数据 1 或者重发码)，把 g_remote_sta 相关位进行相应调整。例如，一开始识别为引导码时，需要把 g_remote_sta 第 7 位置 1。当检测到重复码时，就把按键次数增量存放在 g_remote_cnt 变量中。

```
/**
 * @brief       定时器更新中断回调函数
 * @param       htim:定时器句柄
 * @retval      无
 */
```

```
void HAL_TIM_PeriodElapsedCallback(TIM_HandleTypeDef * htim)
{
    if (htim->Instance == REMOTE_IN_TIMX)
    {
        if (g_remote_sta & 0x80)                    /* 上次有数据被接收到了 */
        {
            g_remote_sta &= ~0X10;                  /* 取消上升沿已经被捕获标记 */
            if ((g_remote_sta & 0X0F) == 0X00)
            {
                g_remote_sta |= 1 << 6;     /* 标记已经完成一次按键的键值信息采集 */
            }
            if ((g_remote_sta & 0X0F) < 14)
            {
                g_remote_sta++;
            }
            else
            {
                g_remote_sta &= ~(1 << 7);          /* 清空引导标识 */
                g_remote_sta &= 0XF0;               /* 清空计数器 */
            }
        }
    }
}
```

定时器更新中断回调函数主要是对标志位进行管理。在函数内通过 g_remote_sta 标志的判断思路就是：在接收到引导码的前提下，对 g_remote_sta 状态进行判断，并在符合条件时进行运算，这里主要就做了2件事：标记完成一次按键信息采集和是否松开按键(即没有接收到数据)。当完成一次按键信息采集时，g_remote_data 已经存放了控制反码、控制码、地址反码、地址码。那为什么可以检测是否可以松开按键？因为接收到重发码时会清空计数器，所以松开按键接收不到重发码时，溢出中断次数增多而最终导致 g_remote_sta&0x0f 值大于 14，进而就可以把引导码、计数器清空，便于下一次的接收。

```
/**
 * @brief       处理红外按键(类似按键扫描)
 * @param       无
 * @retval      0，没有任何按键按下
 *              其他，按下的按键值
 */
uint8_t remote_scan(void)
{
    uint8_t sta = 0;
    uint8_t t1, t2;
    if (g_remote_sta & (1 << 6))                    /* 得到一个按键的所有信息了 */
    {
        t1 = g_remote_data;                         /* 得到地址码 */
        t2 = (g_remote_data >> 8) & 0xff;           /* 得到地址反码 */
        if ((t1 == (uint8_t)~t2) && t1 == REMOTE_ID)
        {   /* 检验遥控识别码(ID)及地址 */
```

```
            t1 = (g_remote_data >> 16) & 0xff;
            t2 = (g_remote_data >> 24) & 0xff;
            if (t1 == (uint8_t)~t2)
            {
                sta = t1;                             /* 键值正确 */
            }
        }
        if ((sta == 0) || ((g_remote_sta & 0X80) == 0))
        {   /* 按键数据错误/遥控已经没有按下了 */
            g_remote_sta &= ~(1 << 6);                /* 清除接收到有效按键标识 */
            g_remote_cnt = 0;                         /* 清除按键次数计数器 */
        }
    }
    return sta;
}
```

remote_scan 函数用来扫描解码结果，相当于按键扫描，输入捕获解码的红外数据通过该函数传送给其他程序。

2. main.c 代码

在 main.c 里面编写如下代码：

```
int main(void)
{
    uint8_t key;
    uint8_t t = 0;
    char * str = 0;
    HAL_Init();                                 /* 初始化 HAL 库 */
    sys_stm32_clock_init(RCC_PLL_MUL9);         /* 设置时钟, 72 MHz */
    delay_init(72);                             /* 延时初始化 */
    usart_init(115200);                         /* 串口初始化为 115 200 */
    led_init();                                 /* 初始化 LED */
    lcd_init();                                 /* 初始化 LCD */
    remote_init();                              /* 红外接收初始化 */
    lcd_show_string(30,  50, 200, 16, 16, "STM32", RED);
    lcd_show_string(30,  70, 200, 16, 16, "REMOTE TEST", RED);
    lcd_show_string(30,  90, 200, 16, 16, "ATOM@ALIENTEK", RED);
    lcd_show_string(30, 110, 200, 16, 16, "KEYVAL:", RED);
    lcd_show_string(30, 130, 200, 16, 16, "KEYCNT:", RED);
    lcd_show_string(30, 150, 200, 16, 16, "SYMBOL:", RED);
    while (1)
    {
        key = remote_scan();
        if (key)
        {
            lcd_show_num(86, 110, key, 3, 16, BLUE);           /* 显示键值 */
            lcd_show_num(86, 130, g_remote_cnt, 3, 16, BLUE);  /* 显示按键次数 */
            switch (key)
            {
                case 0:  str = "ERROR";      break;
                case 69: str = "POWER";      break;
                case 70: str = "UP";         break;
```

```
            case 64:  str = "PLAY";          break;
            case 71:  str = "ALIENTEK";      break;
            case 67:  str = "RIGHT";         break;
            case 68:  str = "LEFT";          break;
            case 7:   str = "VOL - ";        break;
            case 21:  str = "DOWN";          break;
            case 9:   str = "VOL + ";        break;
            case 22:  str = "1";             break;
            case 25:  str = "2";             break;
            case 13:  str = "3";             break;
            case 12:  str = "4";             break;
            case 24:  str = "5";             break;
            case 94:  str = "6";             break;
            case 8:   str = "7";             break;
            case 28:  str = "8";             break;
            case 90:  str = "9";             break;
            case 66:  str = "0";             break;
            case 74:  str = "DELETE";        break;
        }
        lcd_fill(86, 150, 116 + 8 * 8, 170 + 16, WHITE); /* 清除之前的显示 */
        lcd_show_string(86, 150, 200, 16, 16, str, BLUE);  /* 显示 SYMBOL */
    }
    else
    {
        delay_ms(10);
    }
    t++;
    if (t == 20)
    {
        t = 0;
        LED0_TOGGLE();   /* LED0 闪烁 */
    }
  }
}
```

main 函数代码比较简单，主要是通过 remote_scan 函数获得红外遥控输入的数据（控制码），然后显示在 LCD 上面。正点原子红外遥控器按键对应的控制码图如图 6.8

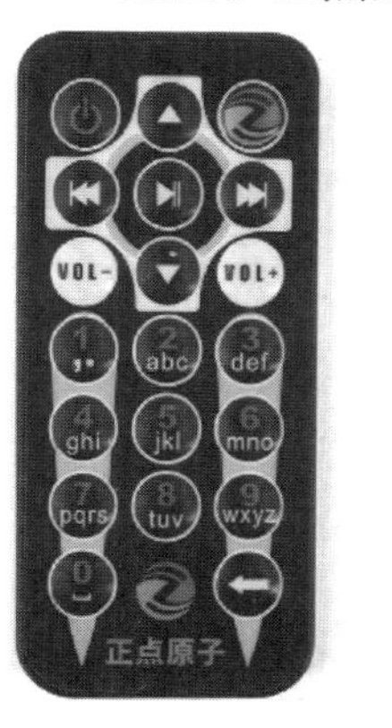

图 6.8　红外遥控器按键对应的控制码图(十六进制数)

所示。注意,图中的控制码数值是十六进制的,而我们代码中使用的是十进制的表示方式。此外,正点原子红外遥控器的地址码是 0。

6.4 下载验证

将程序下载到开发板后,可以看到 LED0 不停地闪烁,提示程序已经在运行了。LCD 显示的效果图如图 6.9 所示。

此时通过遥控器按下不同的按键,可以看到 LCD 上显示了不同按键的键值、按键次数和对应的遥控器上的符号,如图 6.10 所示。

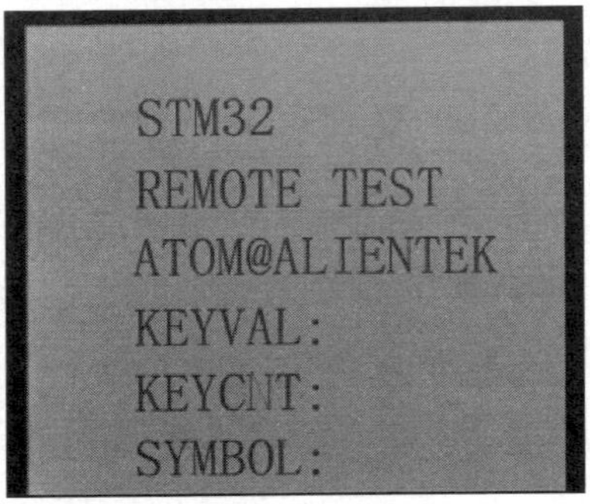

图 6.9 程序运行效果图

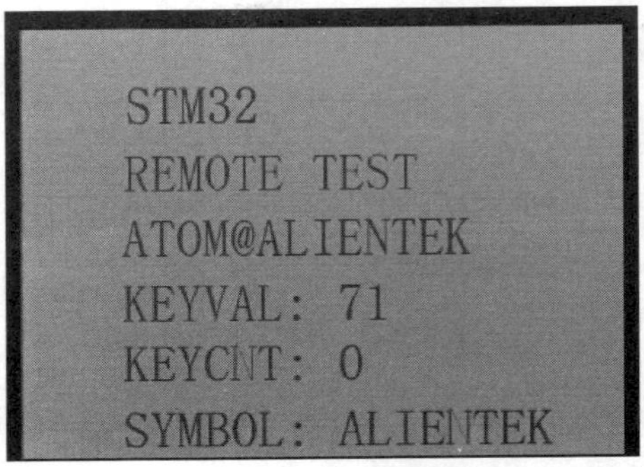

图 6.10 解码成功

第7章

游戏手柄实验

FC游戏机(又称红白机/小霸王游戏机)发行了很多经典的游戏,给不少人的童年留下了无限乐趣。本章将介绍如何通过STM32来驱动FC游戏机手柄,并将手柄的按键值等信息通过TFTLCD模块显示出来。

7.1 游戏手柄

FC游戏机曾经红极一时(现在也还有很多人玩),那时任天堂仅FC机的主机收入就超过全美国电视台收入的总和。本章将使用STM32来驱动FC手柄,实现手柄控制信号的读取。

FC手柄大致可分为2种:一种手柄插口是11针的,一种是9针的。但11针的市面上很少了,现在几乎都是9针FC组装手柄的天下,所以本章使用的是9针FC手柄。该手柄有一个特点,就是可以直接和DB9的串口公头对插,这样与开发板的连接就简单了。FC手柄的外观如图7.1所示。

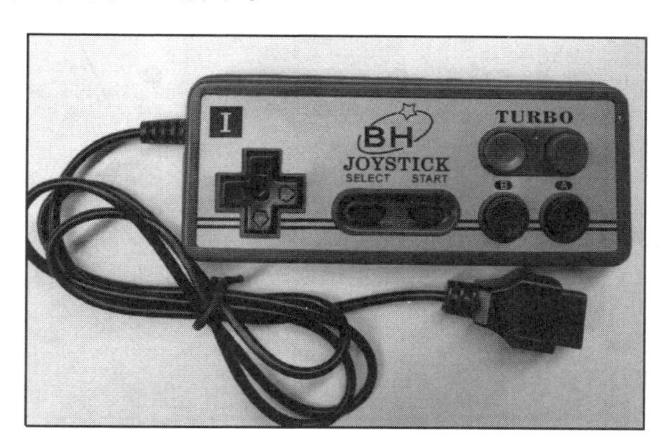

图7.1 FC手柄外观

这种手柄一般有10个按键(实际是8个键值):上、下、左、右、Start、Select、A、B、A连发、B连发。这里的A和A连发是一个键值,而B和B连发也是一个键值,一直按下按键A或B,就会不停发送(方便快速按键,比如发炮弹之类的功能)。

FC手柄的控制电路由一个8位并入串出的移位寄存器(CD4021)及一个时基集成电路(NE555,用于连发)构成。不过现在的手柄,为了节约成本,直接就在PCB上做绑定了，所以拆开手柄一般看不到里面有四四方方的 IC，而只有一个黑色的小点，所有电路都集成到这里了，但是控制和读取方法还是一样的。

9 针手柄实际上只有 5 根线起作用，不同文档的命名会有一些差别，分别如下：

- VCC 为 5 V 供电；
- GND 为地线；
- Latch 为锁存信号，由主机发送；
- Clock 为时钟信号，有些文档会叫 PULSE，由主机发送；
- Data 为串行数据线，低电平有效。

可以把它看作键盘，标准的 FC 手柄的控制读取时序和接线图如图 7.2 所示。可以看出，读取手柄按键值的信息十分简单：先 Latch（锁存键值），然后就得到了第一个按键值（A），之后在 Clock 的作用下依次读取其他按键的键值，总共 8 个按键值。标准的 NES 手柄高低电平周期 12 μs，占空比为 50%；按键按下后，Data 上的电平为负。不同手柄可能有差异，但时序差不多，编程时参考这个时序来实现即可。

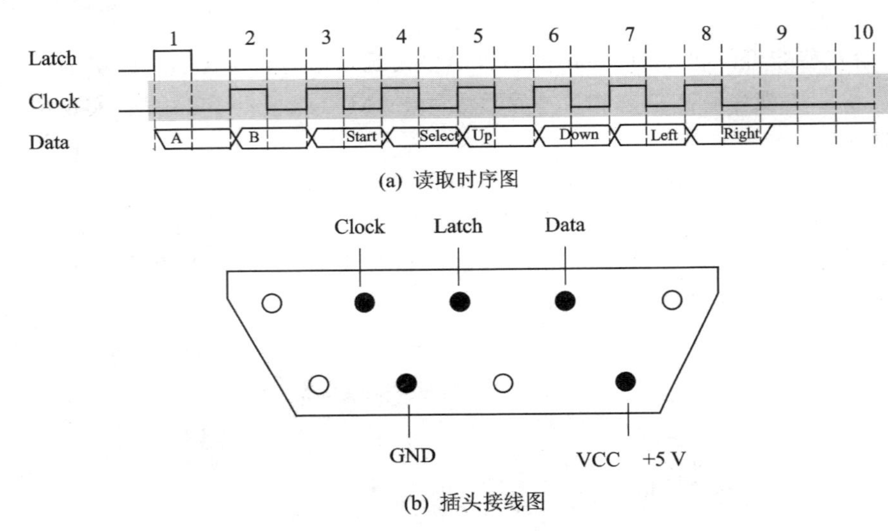

(a) 读取时序图

(b) 插头接线图

图 7.2　FC 手柄读取时序和接线图

7.2　硬件设计

(1) 例程功能

本实验采用 STM32 的 3 个普通 I/O 连接 FC 手柄的 Clock、Data 和 Latch 信号。功能简介：在主函数不停地查询手柄输入，一旦检测到输入信号，则在 LCD 模块上面显示键值和对应的按键符号。用 LED0 来指示程序正在运行。

(2) 硬件资源

- LED 灯：LED0 – PB5；

➢ 串口 1（PA9、PA10 连接在板载 USB 转串口芯片 CH340 上面）；

➢ 正点原子 TFTLCD 模块（仅限 MCU 屏，16 位 8080 并口驱动）；

➢ FC 游戏手柄：Clock（PD3）、Data（PB10）和 Latch（PB11）。

战舰 STM32 开发板板载了一个 FC 手柄接口（COM3），其实就是一个 DB9 接公头插座。FC 手柄接口和 COM3 共用一个接口，通过开发板上的 K1 开关来选择，如图 7.3 所示。

图 7.3 COM3 功能选择示意图

当 K1 拨到上面（JOYPAD）时，COM3 作为 FC 手柄接口；当 K1 拨到下面（RS232）时，COM3 作为 RS232 串口。FC 手柄接头与 STM32 的连接原理图如图 7.4 所示。

图 7.4 中，COM3 用来连接 FC 手柄，该接头采用标准的 DR9 座。当 K1 开关拨到上面的时候，COM_TX 连接 U3_TX、COM_RX 连接 U3_RX；然后通过 P8，连接在 PB11 和 PB10 上面。所以要将 FC 手柄通过 COM3 连接在 STM32 上面，必须 K1 开关拨到上面，并且 P8 需要用跳线帽连接 USART3_TX、USART3_RX 和 U3_TX。D3 稳压二极管是为了防止 COM3 作为 RS232 时高压烧坏 MCU 的 I/O 口。

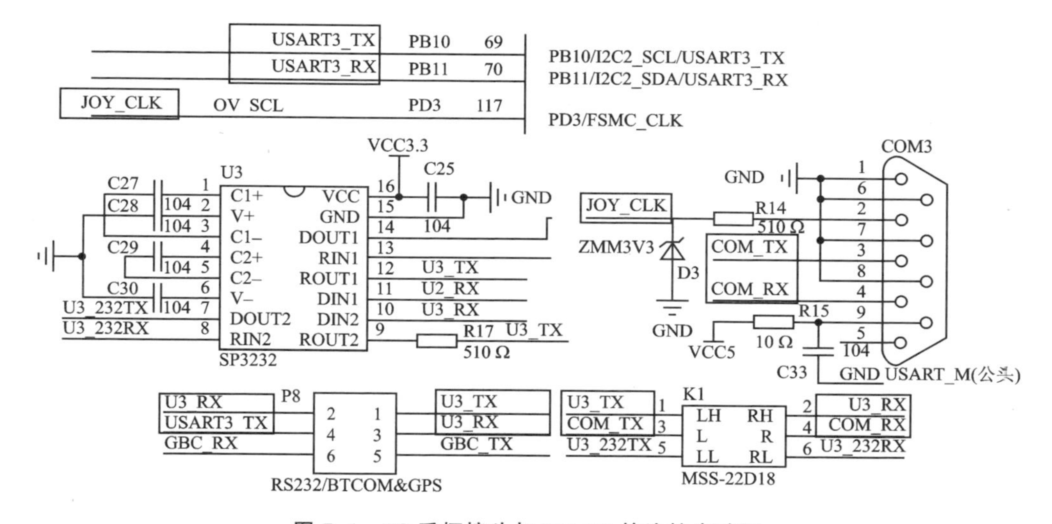

图 7.4 FC 手柄接头与 STM32 的连接电路图

本例程使用 FC 手柄（JOYPAD）功能时，COM_TX 是 LAT（Latch）信号，COM_RX 是 DAT（Data）信号，JOY_CLK 是 CLK（Clock）信号，分别连接在 STM32 的 PB11、PB10 和 PD3 上面。这里 JOY_CLK 和 OV_SCL 信号线共用 PD3，所以 FC 手柄和摄像头模块需分时复用 PD3 才可以。

在设置好开发板的连接后（P8 跳线帽：PB10（TX）和 COM3_RX 连接、PB11（RX）和 COM3_TX 连接，K1 开关拨 JOYPAD 位置），将 FC 手柄插入 COM3 插口即可。

7.3 程序设计

7.3.1 程序流程图

程序流程如图 7.5 所示。

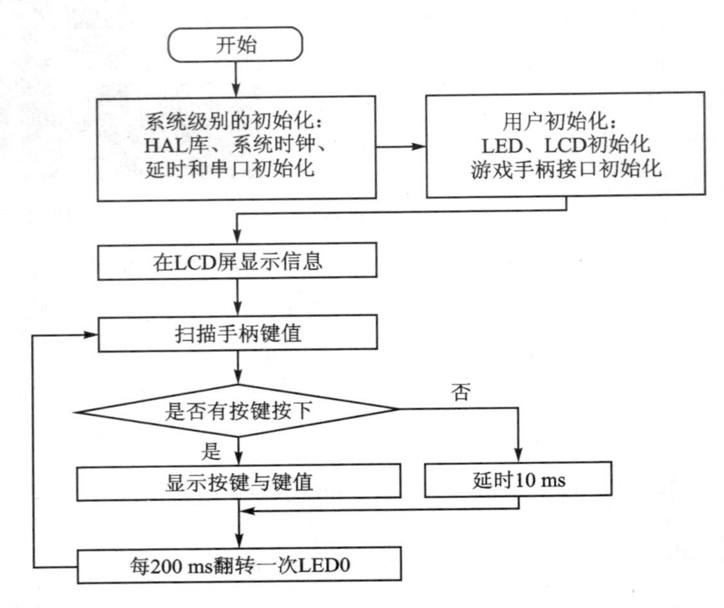

图 7.5　游戏手柄实验程序流程图

7.3.2 程序解析

1. JOYPAD 驱动代码

这里只讲解核心代码,详细的源码可参考配套资料中本实验对应源码。JOYPAD 驱动源码包括 2 个文件:joypad.c 和 joypad.h。joypad.h 和定时器输入捕获功能的.h 头文件代码相似,这里就不介绍了。

下面直接介绍 joypad.c 的程序。与红外遥控初始化相关的函数定义如下:

```
/**
 * @brief       初始化手柄接口
 * @param       无
 * @retval      无
 */
void joypad_init(void)
{
    JOYPAD_CLK_GPIO_CLK_ENABLE();       /* CLK 所在 I/O 时钟初始化 */
    JOYPAD_LAT_GPIO_CLK_ENABLE();       /* LATCH 所在 I/O 时钟初始化 */
```

```
    JOYPAD_DATA_GPIO_CLK_ENABLE();      /* DATA 所在 I/O 时钟初始化 */
    GPIO_InitTypeDef gpio_init_struct;
    gpio_init_struct.Pin = JOYPAD_CLK_GPIO_PIN;
    gpio_init_struct.Mode = GPIO_MODE_OUTPUT_PP;
    gpio_init_struct.Pull = GPIO_PULLUP;
    gpio_init_struct.Speed = GPIO_SPEED_FREQ_MEDIUM;
    HAL_GPIO_Init(JOYPAD_CLK_GPIO_PORT, &gpio_init_struct);
    gpio_init_struct.Pin = JOYPAD_LAT_GPIO_PIN;
    HAL_GPIO_Init(JOYPAD_LAT_GPIO_PORT, &gpio_init_struct);
    gpio_init_struct.Pin = JOYPAD_DATA_GPIO_PIN;
    gpio_init_struct.Mode = GPIO_MODE_INPUT;
    gpio_init_struct.Pull = GPIO_PULLUP;
    gpio_init_struct.Speed = GPIO_SPEED_FREQ_MEDIUM;
    HAL_GPIO_Init(JOYPAD_DATA_GPIO_PORT, &gpio_init_struct);
}
/**
  * @brief     手柄延迟函数
  * @param     t: 要延时的时间
  * @retval    无
  */
static void joypad_delay(uint16_t t)
{
    while (t--);
}
/**
  * @brief         读取手柄按键值
  * @note          FC 手柄数据输出格式
  *                每给一个脉冲,输出一位数据,输出顺序
  *                A->B->SELECT->START->UP->DOWN->LEFT->RIGHT
  *                总共 8 位, 对于有 C 按钮的手柄, 按下 C 其实就等于 A + B 同时按下
  *                按下是 1,松开是 0
  * @param         无
  * @retval        按键结果, 格式如下
  *                [7]:右
  *                [6]:左
  *                [5]:下
  *                [4]:上
  *                [3]:Start
  *                [2]:Select
  *                [1]:B
  *                [0]:A
  */
uint8_t joypad_read(void)
{
    volatile uint8_t temp = 0;
    uint8_t t;
    JOYPAD_LAT(1);                          /* 锁存当前状态 */
    joypad_delay(80);
    JOYPAD_LAT(0);
    for (t = 0; t < 8; t++)               /* 移位输出数据 */
    {
```

```
            temp >>= 1;
            if (JOYPAD_DATA == 0)
            {
                temp |= 0x80;              /* LOAD之后,就得到第一个数据 */
            }
            JOYPAD_CLK(1);                 /* 每给一次脉冲,收到一个数据 */
            joypad_delay(80);
            JOYPAD_CLK(0);
            joypad_delay(80);
    }
        return temp;
    }
```

有了以上函数,则在应用程序中初始化控制手柄的 I/O 后,就可以利用 joypad_read()返回的键值来设计其他的应用程序了,如同使用开发板上的按键一样简单。

2. main.c 代码

在 main.c 里面编写如下代码:

```
/* 手柄按键符号定义 */
const char * JOYPAD_SYMBOL_TBL[8] = {"Right", "Left", "Down", "Up",
                                     "Start", "Select", "A", "B"};

int main(void)
{
    uint8_t key;
    uint8_t t = 0, i = 0;
    HAL_Init();                                 /* 初始化 HAL 库 */
    sys_stm32_clock_init(RCC_PLL_MUL9);         /* 设置时钟, 72 MHz */
    delay_init(72);                             /* 延时初始化 */
    usart_init(115200);                         /* 串口初始化为 115 200 */
    led_init();                                 /* 初始化 LED */
    lcd_init();                                 /* 初始化 LCD */
    joypad_init();                              /* 游戏手柄初始化 */
    lcd_show_string(30, 50, 200, 16, 16, "STM32", RED);
    lcd_show_string(30, 70, 200, 16, 16, "JOYPAD TEST", RED);
    lcd_show_string(30, 90, 200, 16, 16, "ATOM@ALIENTEK", RED);
    lcd_show_string(30, 110, 200, 16, 16, "KEYVAL:", RED);
    lcd_show_string(30, 130, 200, 16, 16, "SYMBOL:", RED);
    while (1)
    {
        key = joypad_read();
        if (key)          /* 手柄有按键按下 */
        {
            lcd_show_num(116, 130, key, 3, 16, BLUE);    /* 显示键值 */
            for (i = 0; i < 8; i++)
            {
                if (key & (0X80 >> i))
                {
                    /* 清除之前的显示 */
                    lcd_fill(30 + 56, 130, 30 + 56 + 48, 150 + 16, WHITE);
                    lcd_show_string(30 + 56, 130, 200, 16, 16,
```

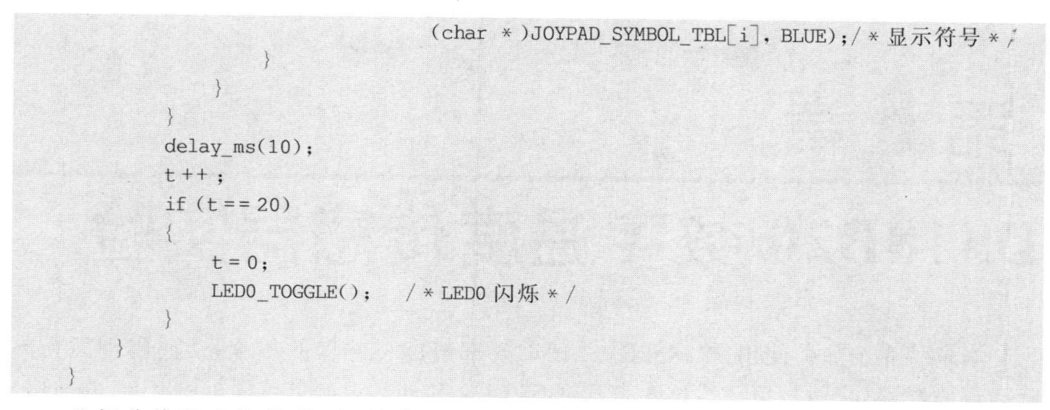

```
                    (char * )JOYPAD_SYMBOL_TBL[i], BLUE);/ * 显示符号 * /
                }
            }
        }
        delay_ms(10);
        t ++ ;
        if (t == 20)
        {
            t = 0;
            LED0_TOGGLE();    / * LED0 闪烁 * /
        }
    }
}
```

此部分代码比较简单，初始化 JOYPAD 之后，就一直扫描 FC 手柄（joypad_read 函数），只要接收到手柄的有效型号，就在 LCD 模块上显示出来。

7.4　下载验证

在代码编译成功之后，下载代码到正点原子战舰 STM32 开发板上，可以看到 LCD 显示如图 7.6 所示的内容。

按下 FC 手柄的按键，则可以看到 LCD 上显示了对应按键的键值以及对应的符号，如图 7.7 所示。

STM32
JOYPAD TEST
ATOM@ALIENTEK
KEYVAL:
SYMBOL:

图 7.6　程序运行效果图

STM32
JOYPAD TEST
ATOM@ALIENTEK
KEYVAL: 4
SYMBOL:Select

图 7.7　解码游戏手柄数据成功

第 8 章

DS18B20 数字温度传感器实验

本章将介绍如何使用 STM32F103 读取外部温度传感器的温度，从而得到较为准确的环境温度；将通过单总线技术来实现 STM32 和外部温度传感器 DS18B20 的通信，并把从温度传感器得到的温度显示在 LCD 上。

8.1 DS18B20 及工作时序简介

8.1.1 DS18B20 简介

DS18B20 是由 DALLAS 半导体公司推出的一种"单总线"接口的温度传感器。与传统的热敏电阻等测温元件相比，它是一种新型的体积小、适用电压宽、与微处理器接口简单的数字化温度传感器。单总线结构具有简洁且经济的特点，可使用户轻松地组建传感器网络，从而为测量系统的构建引入全新的概念，测试温度范围为－55～＋125 ℃，精度为±0.5 ℃。现场温度直接以单总线的数字方式传输，大大提高了系统的抗干扰性。它能直接读出被测温度，并且可根据实际要求通过简单的编程实现 9～12 位的数字值读数方式。它的工作电压范围为 3～5.5 V，采用多种封装形式，从而使系统设置灵活、方便，设定分辨率以及用户设定的报警温度存储在 EEPROM 中，掉电后依然保存。其内部结构如图 8.1 所示。

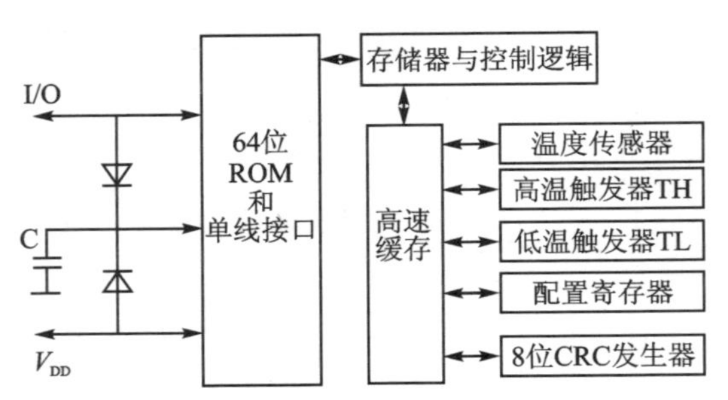

图 8.1 DS18B20 内部结构图

ROM 中的 64 位序列号是出厂前设置好的，可以看作该 DS18B20 的地址序列码，每个 DS18B20 的 64 位序列号均不相同。64 位 ROM 的排列是：前 8 位是产品家族码，接着 48 位是 DS18B20 的序列号，最后 8 位是前面 56 位的循环冗余校验码（CRC＝

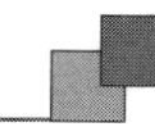

X8＋X5＋X4＋1)。ROM 作用是使每一个 DS18B20 都各不相同,这样就可以允许一根总线上挂载多个 DS18B20 模块同时工作且不会引起冲突。

8.1.2　DS18B20 工作时序

所有单总线器件要求采用严格的信号时序,以保证数据的完整性。DS18B20 共有 6 种信号类型:复位脉冲、应答脉冲、写 0、写 1、读 0 和读 1。所有信号,除了应答脉冲以外,都由主机发出同步信号,并且发送所有的命令和数据都是字节的低位在前。

(1) 复位脉冲和应答脉冲(见图 8.2)

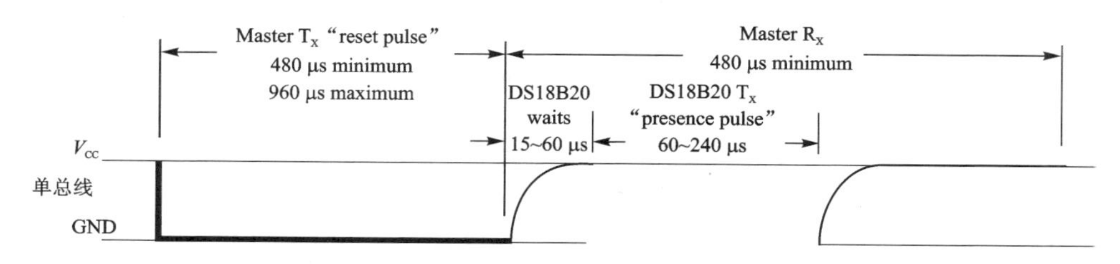

图 8.2　复位脉冲和应答脉冲时序图

单总线上的所有通信都以初始化序列开始。主机输出低电平,保持低电平时间至少要在 480 μs,以产生复位脉冲。接着主机释放总线,4.7 kΩ 的上拉电阻将单总线拉高,延时时间要在 15～60 μs,并进入接收模式(Rx)。接着 DS18B20 拉低总线 60～240 μs,以产生低电平应答脉冲。

(2) 写时序(见图 8.3)

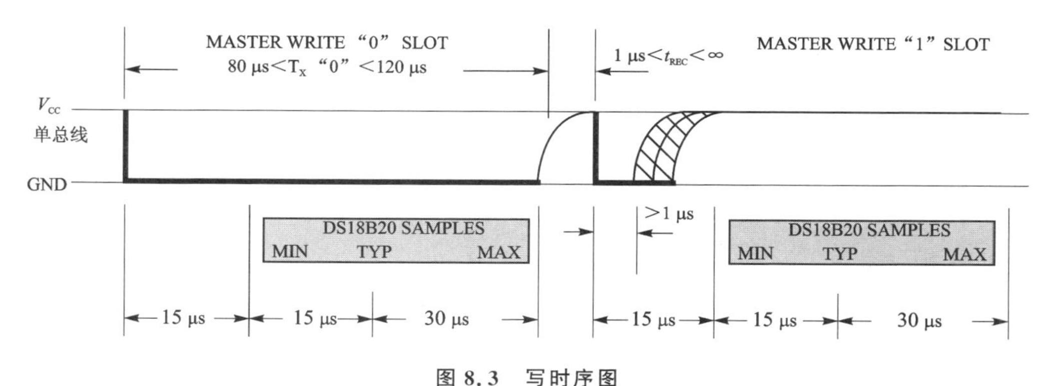

图 8.3　写时序图

写时序包括写 0 时序和写 1 时序。所有写时序至少需要 60 μs,且在 2 次独立的写时序之间至少需要 1 μs 的恢复时间,2 种写时序均起始于主机拉低总线。写 1 时序:主机输出低电平,延时 2 μs,然后释放总线,延时 60 μs。写 0 时序:主机输出低电平,延时 60 μs,然后释放总线延时 2 μs。

(3) 读时序(见图 8.4)

单总线器件仅在主机发出读时序时才向主机传输数据,所以,在主机发出读数据命令后,必须马上产生读时序,以便从机能够传输数据。所有读时序至少需要 60 μs,且在

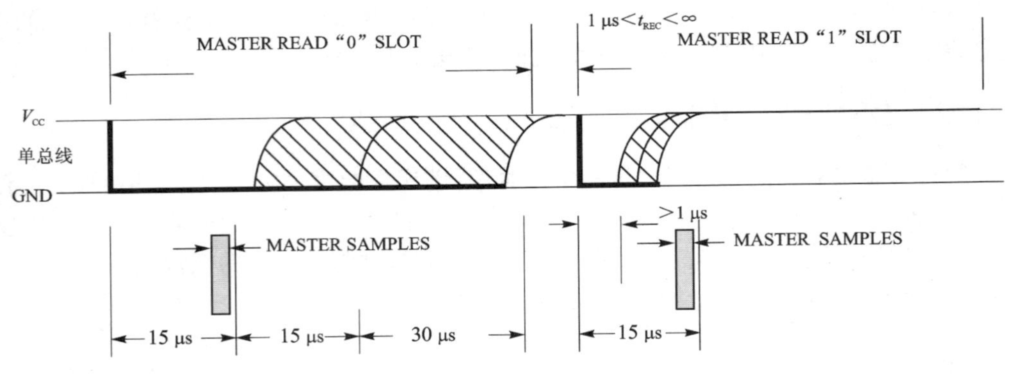

图 8.4 读时序图

2 次独立的读时序之间至少需要 1 μs 的恢复时间。每个读时序都由主机发起,至少拉低总线 1 μs。主机在读时序期间必须释放总线,并且在时序起始后的 15 μs 之内采样总线状态。典型的读时序过程为:主机输出低电平延时 2 μs,主机转入输入模式延时 12 μs,然后读取单总线当前的电平,延时 50 μs。

了解单总线时序之后再来看 DS18B20 的典型温度读取过程:复位→发 SKIP ROM(0xCC)→发开始转换命令(0x44)→延时→复位→发送 SKIP ROM 命令(0xCC)→发送存储器命令(0xBE)→连续读取 2 个字节数据(即温度)→结束。

8.2 硬件设计

(1) 例程功能

开机的时候先检测是否有 DS18B20 存在,如果没有,则提示错误。只有在检测到 DS18B20 之后,才开始读取温度并显示在 LCD 上;如果发现了 DS18B20,则程序每隔 100 ms 左右读取一次数据,并把温度显示在 LCD 上。LED0 闪烁用于提示程序正在运行。

(2) 硬件资源

- LED 灯:LED0 - PB5;
- DS18B20 温度传感器- PG11;
- 串口 1(PA9、PA10 连接在板载 USB 转串口芯片 CH340 上面);
- 正点原子 TFTLCD 模块(仅限 MCU 屏,16 位 8080 并口驱动)。

(3) 原理图

DS18B20 与 STM32 连接原理图,如图 8.5 所示。可以看出,这里使用的是 STM32 的 PG11 来连接 U6 的 DQ 引脚;U6 为 DHT11(数字温湿度传感器)和 DS18B20 共用的一个接口。

DS18B20 只用到 U6 的 3 个引脚(U6 的 1、2 和 3 脚),将 DS18B20 传感器插到这个上面就可以通过 STM32 来读取 DS18B20 的温度了。连接示意图如图 8.6 所示。可

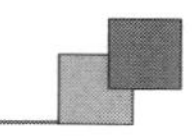

以看出，DS18B20 的平面部分（有字的那面）应该朝内，曲面部分朝外。然后插入如图 8.6 所示的 3 个孔内。

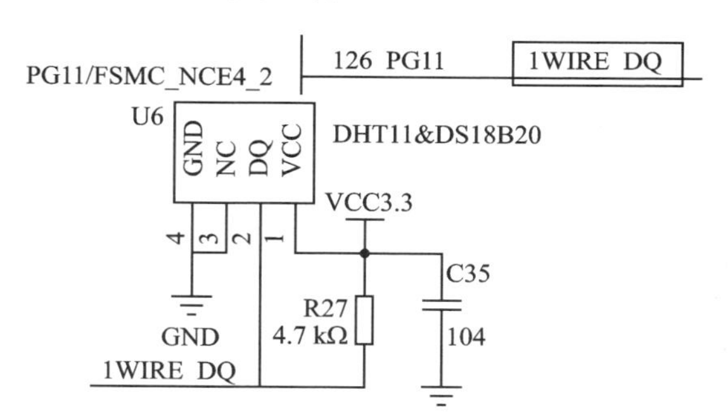

图 8.5　DS18B20 与 STM32 连接原理图

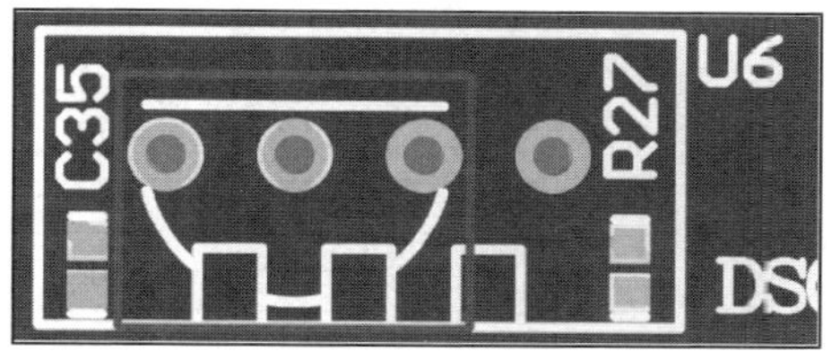

图 8.6　DS18B20 连接示意图

8.3　程序设计

DS18B20 实验中使用的是单总线协议，用到的是 HAL 中 GPIO 相关函数，这旦就不展开了。下面介绍一下如何驱动 DS18B20。

DS18B20 配置步骤如下：

① 使能 DS18B20 数据线对应的 GPIO 时钟。

本实验中 DS18B20 的数据线引脚是 PG11，因此需要先使能 GPIOG 的时钟，代码如下：

```
__HAL_RCC_GPIOG_CLK_ENABLE();            /* PG 口时钟使能 */
```

② 设置对应 GPIO 工作模式（开漏输出）。

本实验 GPIO 使用开漏输出模式，通过函数 HAL_GPIO_Init 设置实现。

③ 参考单总线协议，编写信号函数（复位脉冲、应答脉冲、写 0/1、读 0/1）。

- 复位脉冲：主机发出低电平，保持低电平时间至少 480 μs。
- 应答脉冲：DS18B20 拉低总线 60～240 μs，以产生低电平应答信号。
- 写 1 信号：主机输出低电平，延时 2 μs，然后释放总线，延时 60 μs。
- 写 0 信号：主机输出低电平，延时 60 μs，然后释放总线，延时 2 μs。
- 读 0/1 信号：主机输出低电平延时 2 μs，然后主机转入输入模式延时 12 μs，然后读取单总线当前的电平，然后延时 50 μs。

④ 编写 DS18B20 的读和写函数。

在写 1 bit 数据和读 1 bit 数据的基础上，编写 DS18B20 写 1 字节和读 1 字节的函数。

⑤ 编写 DS18B20 获取温度函数。

参考 DS18B20 典型温度读取过程，编写获取温度函数。

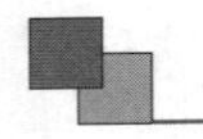

8.3.1 程序流程图

程序流程如图 8.7 所示。

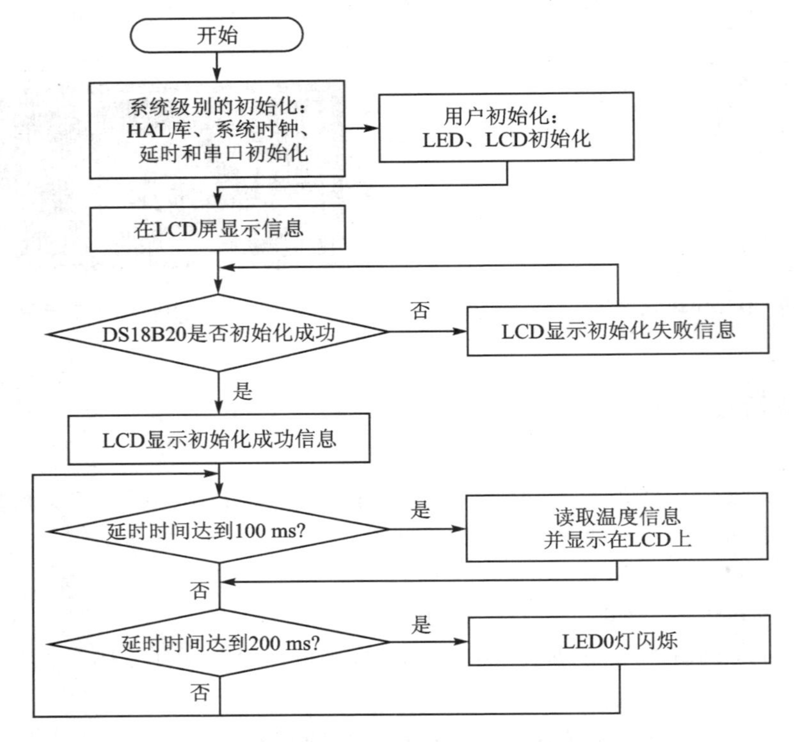

图 8.7 DS18B20 实验程序流程图

8.3.2 程序解析

1. DS18B20 驱动代码

这里只讲解核心代码，详细的源码可参考配套资料中本实验对应源码。温度传感器驱动源码包括 2 个文件：ds18b20.c 和 ds18b20.h。

ds18b20 头文件里面的内容如下：

```
/* DS18B20 引脚定义 */
#define DS18B20_DQ_GPIO_PORT                GPIOG
#define DS18B20_DQ_GPIO_PIN                 GPIO_PIN_11
#define DS18B20_DQ_GPIO_CLK_ENABLE()        do{ __HAL_RCC_GPIOG_CLK_ENABLE();\
                                            }while(0)    /* PG 口时钟使能 */
/* I/O 操作函数 */
#define DS18B20_DQ_OUT(x)    do{ x ? \
  HAL_GPIO_WritePin(DS18B20_DQ_GPIO_PORT,DS18B20_DQ_GPIO_PIN, GPIO_PIN_SET):\
  HAL_GPIO_WritePin(DS18B20_DQ_GPIO_PORT, DS18B20_DQ_GPIO_PIN, GPIO_PIN_RESET);\
                             }while(0)
```

```
/* 数据端口输出 */
#define DS18B20_DQ_IN        HAL_GPIO_ReadPin(DS18B20_DQ_GPIO_PORT, \
                                 DS18B20_DQ_GPIO_PIN)/* 数据端口输入 */
```

ds18b20.h 的操作跟 I²C 实验代码很类似，主要是对用到的 GPIO 口进行宏定义以及宏定义 I/O 操作函数，方便时序函数调用。

下面直接介绍 ds18b20.c 的程序。首先介绍 DS18B20 传感器的初始化函数，其定义如下：

```
/**
 * @brief       初始化 DS18B20 的 I/O 口 DQ 同时检测 DS18B20 的存在
 * @param       无
 * @retval      0，正常
 *              1，不存在/不正常
 */
uint8_t ds18b20_init(void)
{
    GPIO_InitTypeDef gpio_init_struct;
    DS18B20_DQ_GPIO_CLK_ENABLE();    /* 开启 DQ 引脚时钟 */
    gpio_init_struct.Pin = DS18B20_DQ_GPIO_PIN;
    gpio_init_struct.Mode = GPIO_MODE_OUTPUT_OD;              /* 开漏输出 */
    gpio_init_struct.Pull = GPIO_PULLUP;                       /* 上拉 */
    gpio_init_struct.Speed = GPIO_SPEED_FREQ_HIGH;            /* 高速 */
    HAL_GPIO_Init(DS18B20_DQ_GPIO_PORT, &gpio_init_struct);
    /* DS18B20_DQ 引脚模式设置，开漏输出，上拉，这样就不用再设置 I/O 方向了，开漏输
    出的时候(=1)，也可以读取外部信号的高低电平 */
    ds18b20_reset();
    return ds18b20_check();
}
```

DS18B20 的初始化函数中主要对用到的 GPIO 口进行初始化，同时在函数最后调用复位函数和自检函数。

下面介绍一下前面提及的几个信号类型：

```
/**
 * @brief       复位 DS18B20
 * @param       data：要写入的数据
 * @retval      无
 */
static void ds18b20_reset(void)
{
    DS18B20_DQ_OUT(0);          /* 拉低 DQ，复位 */
    delay_us(750);              /* 拉低 750 μs */
    DS18B20_DQ_OUT(1);          /* DQ = 1，释放复位 */
    delay_us(15);               /* 延迟 15 μs */
}
/**
 * @brief       等待 DS18B20 的回应
 * @param       无
 * @retval      0，DS18B20 正常
 *              1，DS18B20 异常/不存在
```

```
 */
uint8_t ds18b20_check(void)
{
    uint8_t retry = 0;
    uint8_t rval = 0;
    while (DS18B20_DQ_IN && retry < 200)     /* 等待 DQ 变低，等待 200 μs */
    {
        retry++;
        delay_us(1);
    }
    if (retry >= 200)
    {
        rval = 1;
    }
    else
    {
        retry = 0;
        while (!DS18B20_DQ_IN && retry < 240)    /* 等待 DQ 变高，等待 240 μs */
        {
            retry++;
            delay_us(1);
        }
        if (retry >= 240) rval = 1;
    }
    return rval;
}
```

以上 2 个函数分别代表着前面所说的复位脉冲与应答信号。现在看一下应答信号函数,其主要是对 DS18B20 传感器的回应信号进行检测,从而判断其是否存在。函数的实现也依据时序图进行逻辑判断,例如,主机发送了复位信号之后,按照时序,DS18B20 会拉低数据线 60～240 μs,同时主机接收最小时间为 480 μs,于是依据这 2 个硬性条件进行判断,首先需要设置一个时限来等待 DS18B20 响应,后面也设置一个时限来等待 DS18B20 释放数据线拉高,满足这 2 个条件即 DS18B20 成功响应。

写函数:

```
/**
 * @brief       写一个字节到 DS18B20
 * @param       data: 要写入的字节
 * @retval      无
 */
static void ds18b20_write_byte(uint8_t data)
{
    uint8_t j;
    for (j = 1; j <= 8; j++)
    {
        if (data & 0x01)
        {
            DS18B20_DQ_OUT(0);          /* Write 1 */
            delay_us(2);
```

```
                DS18B20_DQ_OUT(1);
                delay_us(60);
            }
            else
            {
                DS18B20_DQ_OUT(0);          /* Write 0 */
                delay_us(60);
                DS18B20_DQ_OUT(1);
                delay_us(2);
            }
            data >>= 1;                     /* 右移,获取高一位数据 */
        }
}
```

通过形参决定是写 1 还是写 0,按照前面对写时序的分析可以知道写函数的逻辑处理。有写函数肯定就有读函数,读函数如下:

```
/**
  * @brief       从 DS18B20 读取一个位
  * @param       无
  * @retval      读取到的位值: 0 / 1
  */
static uint8_t ds18b20_read_bit(void)
{
    uint8_t data = 0;
    DS18B20_DQ_OUT(0);
    delay_us(2);
    DS18B20_DQ_OUT(1);
    delay_us(12);
    if (DS18B20_DQ_IN)
    {
        data = 1;
    }
    delay_us(50);
    return data;
}
/**
  * @brief       从 DS18B20 读取一个字节
  * @param       无
  * @retval      读到的数据
  */
static uint8_t ds18b20_read_byte(void)
{
    uint8_t i, b, data = 0;
    for (i = 0; i < 8; i++ )
    {
        b = ds18b20_read_bit();     /* DS18B20 先输出低位数据 ,高位数据后输出 */

        data |= b << i;             /* 填充 data 的每一位 */
    }
    return data;
}
```

这里的 ds18b20_read_bit 函数从 DS18B20 处读取一位数据。读取温度函数定义如下：

```
/**
 * @brief       开始温度转换
 * @param       无
 * @retval      无
 */
static void ds18b20_start(void)
{
    ds18b20_reset();
    ds18b20_check();
    ds18b20_write_byte(0xcc);   /* skip rom */
    ds18b20_write_byte(0x44);   /* convert */
}
/**
 * @brief       从 DS18B20 得到温度值(精度:0.1C)
 * @param       无
 * @retval      温度值(-550~1250)
 * @note        返回的温度值放大了 10 倍
 *              实际使用的时候,要除以 10 才是实际温度
 */
short ds18b20_get_temperature(void)
{
    uint8_t flag = 1;                   /* 默认温度为正数 */
    uint8_t TL, TH;
    short temp;
    ds18b20_start();                    /* ds1820 start convert */
    ds18b20_reset();
    ds18b20_check();
    ds18b20_write_byte(0xcc);           /* skip rom */
    ds18b20_write_byte(0xbe);           /* convert */
    TL = ds18b20_read_byte();           /* LSB */
    TH = ds18b20_read_byte();           /* MSB */
    if (TH > 7)
    {   /* 温度为负,查看 DS18B20 的温度表示法与计算机存储正负数据的原理一致
            正数补码为寄存器存储的数据自身,负数补码为寄存器存储值按位取反后 +1
            所以直接取它实际的负数部分,但负数的补码为取反后 +1,但考虑到低位 +1 后可
            能有进位和代码冗余,这里先暂时没有作 +1 的处理,这里需要留意 */
        TH = ~TH;
        TL = ~TL;
        flag = 0;
    }
    temp = TH;          /* 获得高 8 位 */
    temp <<= 8;
    temp += TL;         /* 获得低 8 位 */
    if (flag == 0)
    {   /* 将温度转换成负温度,这里的 +1 参考前面的说明 */
        temp = (double)(temp + 1) * 0.625;
        temp = -temp;
    }
```

```
    else
    {
        temp = (double)temp * 0.625;
    }
    return temp;
}
```

上面用到的 RAM 指令如下：

跳过 ROM(0xCC)。该指令只适用于总线只有一个节点的情况，它通过允许总线上的主机不提供 64 位 ROM 序列号而直接访问 RAM，节省了操作时间。

温度转换(0x44)。启动 DS18B20 进行温度转换，结果存入内部 RAM。

读暂存器(0xBE)。读暂存器 9 个字节内容，该指令从 RAM 的第一个字节(字节 0)开始读取，直到 9 个字节(字节 8，CRC 值)被读出为止。如果不需要读出所有字节的内容，那么主机可以在任何时候发出复位信号以中止读操作。

2. main.c 代码

在 main.c 里面编写如下代码：

```
int main(void)
{
    uint8_t t = 0;
    short temperature;
    HAL_Init();                              /* 初始化 HAL 库 */
    sys_stm32_clock_init(RCC_PLL_MUL9); /* 设置时钟，72 MHz */
    delay_init(72);                          /* 延时初始化 */
    usart_init(115200);                      /* 串口初始化为 115 200 */
    led_init();                              /* 初始化 LED */
    lcd_init();                              /* 初始化 LCD */
    lcd_show_string(30, 50, 200, 16, 16, "STM32", RED);
    lcd_show_string(30, 70, 200, 16, 16, "DS18B20 TEST", RED);
    lcd_show_string(30, 90, 200, 16, 16, "ATOM@ALIENTEK", RED);
    while (ds18b20_init()) /* DS18B20 初始化 */
    {
        lcd_show_string(30, 110, 200, 16, 16, "DS18B20 Error", RED);
        delay_ms(200);
        lcd_fill(30, 110, 239, 130 + 16, WHITE);
        delay_ms(200);
}
    lcd_show_string(30, 110, 200, 16, 16, "DS18B20 OK", RED);
    lcd_show_string(30, 130, 200, 16, 16, "Temp:   . C", BLUE);
    while (1)
    {
        if (t % 10 == 0) /* 每 100 ms 读取一次 */
        {
            temperature = ds18b20_get_temperature();
            if (temperature < 0)
            {
                lcd_show_char(30 + 40, 130, '-', 16, 0, BLUE);   /* 显示负号 */
                temperature = - temperature;                     /* 转为正数 */
```

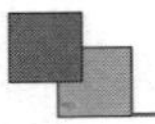


```
            }
            else
            {
                lcd_show_char(30 + 40, 130, ' ', 16, 0, BLUE);  /* 去掉负号 */
            }
            lcd_show_num(30 + 40 + 8, 130, temperature / 10, 2, 16, BLUE);
            lcd_show_num(30 + 40 + 32, 130, temperature % 10, 1, 16, BLUE);
        }
        delay_ms(10);
        t++;
        if (t == 20)
        {
            t = 0;
            LED0_TOGGLE(); /* LED0 闪烁 */
        }
    }
}
```

主函数代码比较简单，一系列硬件初始化后，在循环中调用 ds18b20_get_temperature 函数获取温度值，然后显示在 LCD 上。

8.4 下载验证

假定 DS18B20 传感器已经接了正确的位置，将程序下载到开发板后，可以看到 LED0 不停地闪烁，提示程序已经在运行了。LCD 显示当前的温度值的内容，如图 8.8 所示。同时，该程序还可以读取并显示负温度值。

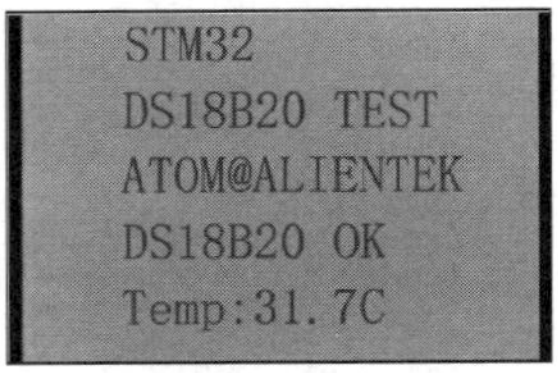

图 8.8 程序运行效果图

第 9 章

DHT11 数字温湿度传感器实验

本章将介绍数字温湿度传感器 DHT11 的使用，与前一章的温度传感器相比，该传感器不但能测温度，还能测湿度。本章将介绍如何获取 DHT11 传感器的温湿度数据，并把数据显示在 LCD 上。

9.1 DHT11 及工作时序

1. DHT11 简介

DHT11 是一款温湿度一体化的数字传感器，包括一个电容式测湿元件和一个 NTC 测温元件；与一个高性能 8 位单片机相连就能够实时采集本地湿度和温度。DHT11 与单片机之间能采用简单的单总线进行通信，仅仅需要一个 I/O 口。传感器将内部湿度和温度数据 40 bit 的数据一次性传给单片机，数据采用校验和方式进行校验，有效地保证数据传输的准确性。DHT11 功耗很低，5 V 电源电压下，平均工作最大电流为 0.5 mA。

DHT11 的技术参数如下：

- 工作电压范围：3.3～5.5 V；
- 工作电流：平均 0.5 mA；
- 输出：单总线数字信号；
- 测量范围：湿度 5%RH～95%RH，温度 −20～60 ℃；
- 精度：湿度±5%，温度±2 ℃；
- 分辨率：湿度 1%，温度 0.1 ℃。

DHT11 的引脚排列如图 9.1 所示。

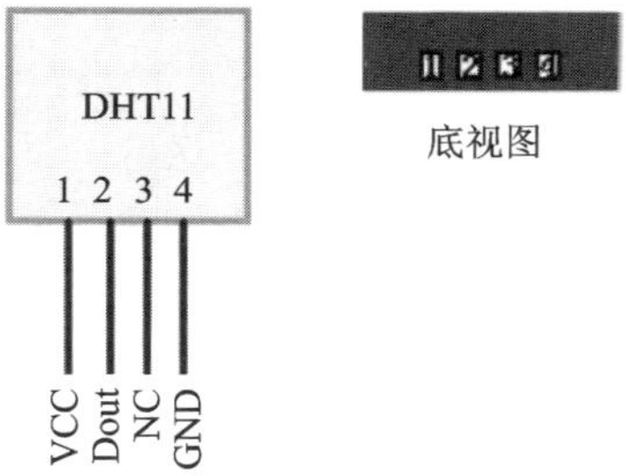

DHT11
1 2 3 4
VCC Dout NC GND
底视图

图 9.1 DHT11 引脚排列图

2. DHT11 工作时序简介

虽然 DHT11 与 DS18B20 类似，都是单总线访问，但是 DHT11 的访问相对 DS18B20 来说简单很多。

DHT11 数字温湿度传感器采用单总线数据格式，即单个数据引脚端口完成输入/输出双向传输。其数据包由 5 字节(40 bit)组成。数据分小数部分和整数部分，一次完整的数据传输为 40 bit，高位先出。DHT11 的数据格式为：8 bit 湿度整数数据＋8 bit

湿度小数数据+8 bit 温度整数数据+8 bit 温度小数部分+8 bit 校验和。其中,校验和数据为前面 4 个字节相加。

传感器数据输出的是未编码的二进制数据。数据(湿度、温度、整数、小数)之间应该分开处理。例如,某次从 DHT11 读到的数据如图 9.2 所示。

byte4	byte3	byte2	byte1	byte0
00101101	00000000	00011100	00000000	01001001
整数	小数	整数	小数	校验和
湿度		温度		校验和

图 9.2　某次从 DHT11 读取到的数据

由以上数据就可得到湿度和温度的值,计算方法:

湿度=byte4.byte3=45.0(%RH)

温度=byte2.byte1=28.0(℃)

校验=byte4+byte3+byte2+byte1=73 (=湿度+温度)(校验正确)

可以看出,DHT11 的数据格式十分简单,DHT11 和 MCU 的一次通信最长时间为 34 ms 左右,建议主机连续读取时间间隔不要小于 2 s。

下面介绍一下 DHT11 的传输时序。DHT11 的数据发送流程如图 9.3 所示。

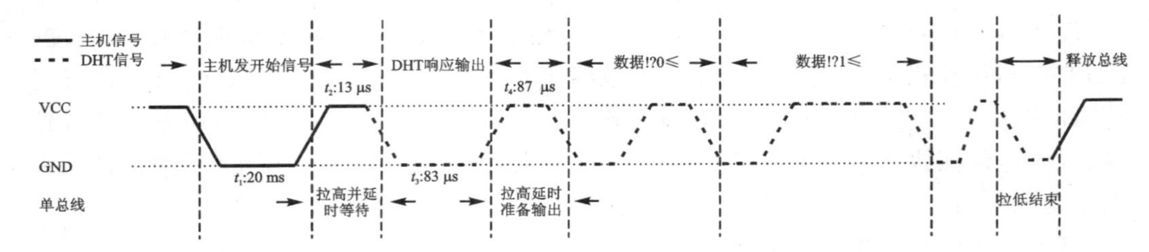

图 9.3　DHT11 数据发送流程图

首先主机发送开始信号,即拉低数据线,保持 t_1(至少 18 ms)时间,然后拉高数据线 t_2(10～35 μs)时间,读取 DHT11 的响应。正常的话,DHT11 会拉低数据线,保持 t_3(78～88 μs)时间作为响应信号,然后 DHT11 拉高数据线,保持 t_4(80～92 μs)时间后开始输出数据。

DHT11 输出数字 0 时序如图 9.4 所示。

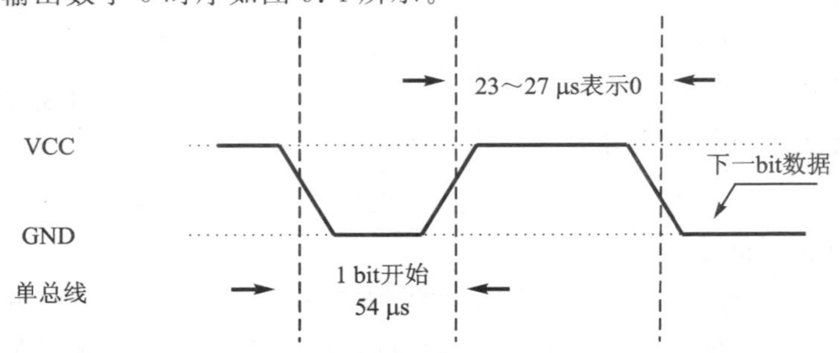

图 9.4　DHT11 数字 0 时序图

DHT11 输出数字 1 的时序如图 9.5 所示。

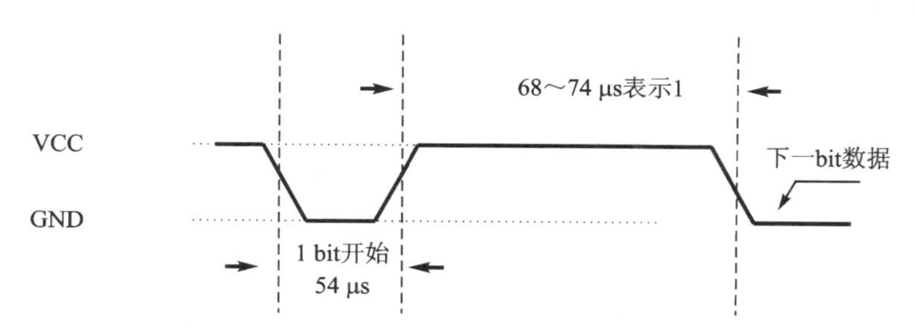

图 9.5 DHT11 输出数字 1 时序图

DHT11 输出数字 0 和 1 时序，一开始都是 DHT11 拉低数据线 54 μs，后面拉高数据线保持的时间就不一样，数字 0 就是 23～27 μs，而数字 1 就是 68～74 μs。

这样就可以通过 STM32F103 来实现对 DHT11 的读取了。

9.2 硬件设计

(1) 例程功能

开机的时候先检测是否有 DHT11 存在，如果没有，则提示错误。只有在检测到 DHT11 之后，才开始读取温湿度值并显示在 LCD 上。如果发现了 DHT11，则程序每隔 100 ms 左右读取一次数据，并把温湿度显示在 LCD 上。LED0 闪烁用于提示程序正在运行。

(2) 硬件资源

- LED 灯：LED0 - PB5；
- DHT11 温湿度传感器- PG11；
- 串口 1(PA9、PA10 连接在板载 USB 转串口芯片 CH340 上面)；
- 正点原子 TFTLCD 模块(仅限 MCU 屏，16 位 8080 并口驱动)。

(3) 原理图

DHT11 接口与 STM32 的连接关系与第 8 章 DS18B20 和 STM32 的关系是一样的，使用到的 GPIO 口是 PG11。

DHT11 和 DS18B20 共用一个接口，不过 DHT11 有 4 条腿，需要把 U6 的 4 个接口都用上，将 DHT11 传感器插到这个上面就可以通过 STM32F1 来读取温湿度值了。连接示意图如图 9.6 所示。注意，将 DHT11 贴有字的一面朝内，有很多孔的一面(网面)朝外，然后插入如图所示的 4 个孔内就可以了。

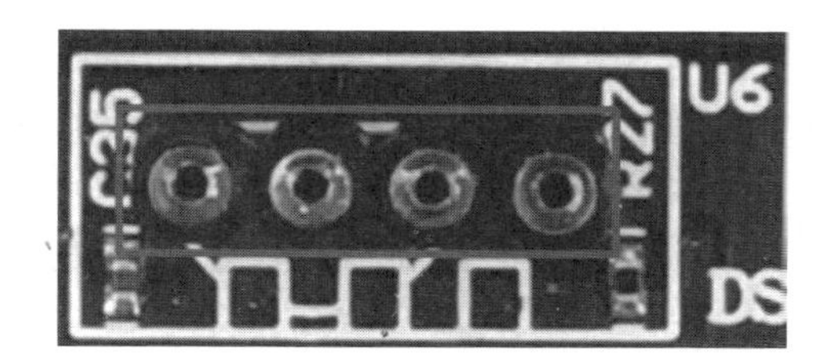

图 9.6 DHT11 连接示意图

9.3 程序设计

DHT11 实验中使用的是单总线协议,用到的是 HAL 中 GPIO 相关函数。下面介绍一下如何驱动 DHT11。

DHT11 配置步骤如下:

① 使能 DHT11 数据线对应的 GPIO 时钟。

本实验中 DHT11 的数据线引脚是 PG11,因此需要先使能 GPIOG 的时钟,代码如下:

```
__HAL_RCC_GPIOG_CLK_ENABLE();    /* PG 口时钟使能 */
```

② 设置对应 GPIO 工作模式(开漏输出)。本实验 GPIO 使用开漏输出模式,通过函数 HAL_GPIO_Init 设置实现。

③ 参考单总线协议,编写信号代码(复位脉冲、应答脉冲、读 0/1)。

复位脉冲:拉低数据线,保持至少 18 ms,然后拉高数据线 10~35 μs。

应答脉冲:DHT11 拉低数据线,保持 78~88 μs。

读 0/1 信号:DHT11 拉低数据线延时 54 μs,然后拉高数据线延时一定时间,主机通过判断高电平时间得到 0 或者 1。

④ 编写 DHT11 的读函数。

在读 1 bit 数据的基础上,编写 DHT11 读 1 字节函数。

⑤ 编写 DHT11 获取温度函数。

参考 DHT11 典型温湿度读取过程,编写获取温湿度函数。

9.3.1 程序流程图

程序流程如图 9.7 所示。

9.3.2 程序解析

1. DHT11 驱动代码

这里只讲解核心代码,详细的源码可参考配套资料中本实验对应源码。DHT11 驱动源码包括 2 个文件:dht11.c 和 dht11.h。

首先看一下 dht11 头文件里面的内容,其定义如下:

```
/* DHT11 引脚定义 */
#define DHT11_DQ_GPIO_PORT                  GPIOG
#define DHT11_DQ_GPIO_PIN                   GPIO_PIN_11
#define DHT11_DQ_GPIO_CLK_ENABLE()
                    do{ __HAL_RCC_GPIOG_CLK_ENABLE(); }while(0)/* PG 口时钟使能 */
/* I/O 操作函数 */
#define DHT11_DQ_OUT(x)     do{ x ? \
```

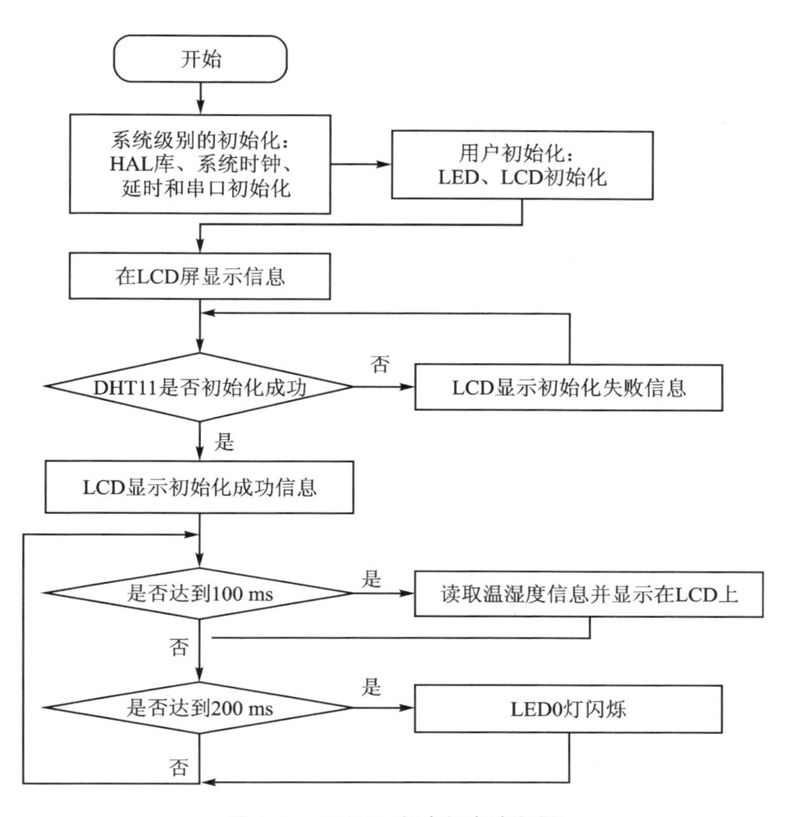

图 9.7 DHT11 实验程序流程图

```
        HAL_GPIO_WritePin(DHT11_DQ_GPIO_PORT,DHT11_DQ_GPIO_PIN, GPIO_PIN_SET):\
        HAL_GPIO_WritePin(DHT11_DQ_GPIO_PORT,DHT11_DQ_GPIO_PIN, GPIO_PIN_RESET); \
                            }while(0)                          /* 数据端口输出 */
/* 数据端口输入 */
#define DHT11_DQ_IN     HAL_GPIO_ReadPin(DHT11_DQ_GPIO_PORT, DHT11_DQ_GPIO_PIN)
```

对DHT11的相关引脚以及I/O操作进行宏定义，方便程序中调用。下面直接介绍dht11.c的程序，首先看DHT11传感器的初始化函数，其定义如下：

```
/**
 * @brief       初始化 DHT11 的 I/O 口 DQ 同时检测 DHT11 的存在
 * @param       无
 * @retval      0, 正常
 *              1, 不存在/不正常
 */
uint8_t dht11_init(void)
{
    GPIO_InitTypeDef gpio_init_struct;
    DHT11_DQ_GPIO_CLK_ENABLE();       /* 开启 DQ 引脚时钟 */
    gpio_init_struct.Pin = DHT11_DQ_GPIO_PIN;
    gpio_init_struct.Mode = GPIO_MODE_OUTPUT_OD;                  /* 开漏输出 */
    gpio_init_struct.Pull = GPIO_PULLUP;                          /* 上拉 */
```

```
    gpio_init_struct.Speed = GPIO_SPEED_FREQ_HIGH;              /* 高速 */
    HAL_GPIO_Init(DHT11_DQ_GPIO_PORT, &gpio_init_struct);       /* 初始化 DQ 引脚 */
    /* DHT11_DQ 引脚模式设置,开漏输出,上拉, 这样就不用再设置 I/O 方向了, 开漏输出的
       时候(=1),也可以读取外部信号的高低电平 */
    dht11_reset();
    return dht11_check();
}
```

在 DHT11 的初始化函数中,主要对用到的 GPIO 口进行初始化,同时在函数最后调用复位函数和自检函数。

下面介绍的是复位 DHT11 函数和等待 DHT11 的回应函数,它们的定义如下:

```
/**
 * @brief       复位 DHT11
 * @param       data: 要写入的数据
 * @retval      无
 */
static void dht11_reset(void)
{
    DHT11_DQ_OUT(0);            /* 拉低 DQ */
    delay_ms(20);               /* 拉低至少 18 ms */
    DHT11_DQ_OUT(1);            /* DQ = 1 */
    delay_us(30);               /* 主机拉高 10~35 μs */
}
/**
 * @brief       等待 DHT11 的回应
 * @param       无
 * @retval      0, DHT11 正常
 *              1, DHT11 异常/不存在
 */
uint8_t dht11_check(void)
{
    uint8_t retry = 0;
    uint8_t rval = 0;
    while (DHT11_DQ_IN && retry < 100)      /* DHT11 会拉低约 83 μs */
    {
        retry++;
        delay_us(1);
    }
    if (retry >= 100)
    {
        rval = 1;
    }
    else
    {
        retry = 0;
        while (!DHT11_DQ_IN && retry < 100) /* DHT11 拉低后会再次拉高 87 μs */
        {
            retry++;
            delay_us(1);
        }
```

```
        if (retry >= 100) rval = 1;
    }
    return rval;
}
```

以上 2 个函数分别代表着前面所说的复位脉冲与应答信号。与 DS18B20 有所不同,DHT11 不需要写函数,只需要读函数即可。读函数如下:

```
/**
 * @brief       从 DHT11 读取一个位
 * @param       无
 * @retval      读取到的位值: 0 / 1
 */
uint8_t dht11_read_bit(void)
{
uint8_t retry = 0;
    while (DHT11_DQ_IN && retry < 100)  /* 等待变为低电平 */
    {
        retry++;
        delay_us(1);
    }
    retry = 0;
    while (!DHT11_DQ_IN && retry < 100) /* 等待变高电平 */
    {
        retry++;
        delay_us(1);
    }
    delay_us(40);              /* 等待 40 μs */
    if (DHT11_DQ_IN)           /* 根据引脚状态返回 bit */
    {
        return 1;
    }
    else
    {
        return 0;
    }
}
/**
 * @brief       从 DHT11 读取一个字节
 * @param       无
 * @retval      读到的数据
 */
static uint8_t dht11_read_byte(void)
{
    uint8_t i, data = 0;
    for (i = 0; i < 8; i++)                 /* 循环读取 8 位数据 */
    {
        data <<= 1;                         /* 高位数据先输出,先左移一位 */
        data |= dht11_read_bit();           /* 读取 1 bit 数据 */
}
    return data;
}
```

这里 dht11_read_bit 函数从 DHT11 处读取一位数据;读数字 0 和 1 的不同在于高电平的持续时间,所以这个作为判断的依据。dht11_read_byte 函数就是调用一字节读取函数进行实现。

读取温湿度函数定义如下:

```
/**
 * @brief       从 DHT11 读取一次数据
 * @param       temp: 温度值(范围: - 20~60°)
 * @param       humi: 湿度值(范围:5%~95%)
 * @retval      0, 正常
 *              1, 失败
 */
uint8_t dht11_read_data(uint8_t *temp, uint8_t *humi)
{
    uint8_t buf[5];
    uint8_t i;
    dht11_reset();
    if (dht11_check() == 0)
    {
        for (i = 0; i < 5; i++)       /* 读取 40 位数据 */
        {
            buf[i] = dht11_read_byte();
        }
        if ((buf[0] + buf[1] + buf[2] + buf[3]) == buf[4])
        {
            *humi = buf[0];
            *temp = buf[2];
        }
    }
    else
    {
        return 1;
    }
    return 0;
}
```

读取温湿度函数也是根据时序图实现的,在发送复位信号以及应答信号产生后即可以读取 5 字节数据进行处理,校验成功即读取数据有效成功。

2. main.c 代码

在 main.c 里面编写如下代码:

```
int main(void)
{
    uint8_t t = 0;
    uint8_t temperature;
    uint8_t humidity;
    HAL_Init();                                  /* 初始化 HAL 库 */
    sys_stm32_clock_init(RCC_PLL_MUL9);          /* 设置时钟, 72 MHz */
```

```
    delay_init(72);                                 /* 延时初始化 */
    usart_init(115200);                             /* 串口初始化为 115 200 */
    led_init();                                     /* 初始化 LED */
    lcd_init();                                     /* 初始化 LCD */
    lcd_show_string(30, 50, 200, 16, 16, "STM32F103", RED);
    lcd_show_string(30, 70, 200, 16, 16, "DHT11 TEST", RED);
    lcd_show_string(30, 90, 200, 16, 16, "ATOM@ALIENTEK", RED);
    while (dht11_init()) /* DHT11 初始化 */
    {
        lcd_show_string(30, 110, 200, 16, 16, "DHT11 Error", RED);
        delay_ms(200);
        lcd_fill(30, 110, 239, 130 + 16, WHITE);
        delay_ms(200);
    }
    lcd_show_string(30, 110, 200, 16, 16, "DHT11 OK", RED);
    lcd_show_string(30, 130, 200, 16, 16, "Temp:  C", BLUE);
    lcd_show_string(30, 150, 200, 16, 16, "Humi:   %", BLUE);
    while (1)
    {
        if (t % 10 == 0) /* 每 100 ms 读取一次 */
        {
            dht11_read_data(&temperature, &humidity);             /* 读取温湿度值 */
            lcd_show_num(30 + 40, 130, temperature, 2, 16, BLUE);/* 显示温度 */
            lcd_show_num(30 + 40, 150, humidity, 2, 16, BLUE);   /* 显示湿度 */
        }
        delay_ms(10);
        t++;
        if (t == 20)
        {
            t = 0;
            LED0_TOGGLE(); /* LED0 闪烁 */
        }
    }
}
```

主函数代码比较简单，一系列硬件初始化后，如果 DHT11 初始化成功，那么在循环中调用 dht11_get_temperature 函数获取温湿度值，每隔 100 ms 读取数据并显示在 LCD 上。

9.4　下载验证

假定 DHT11 传感器已经接上正确的位置，将程序下载到开发板后，可以看到 LED0 不停地闪烁，提示程序已经在运行了。LCD 显示运行效果如图 9.8 所示。

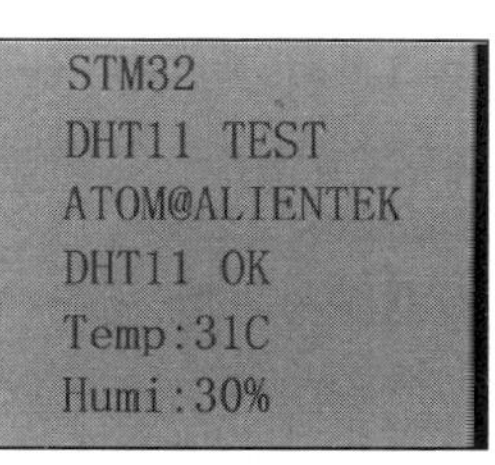

图 9.8　程序运行效果图

至此，本章实验结束。读者可以将本章通过 DHT11 读取到的温度值和第 8 章通过 DS18B20 读取到的温度值对比一下，看看哪个更准确？

第 10 章 无线通信实验

本章将介绍如何使用 2.4G 无线模块 NRF24L01 实现无线通信，将使用 2 块 STM32 开发板，一块用于发送，一块用于接收，从而实现无线数据传输，并把数据显示在 LCD 上。

10.1 NRF24L01 无线模块

10.1.1 NRF24L01 简介

NRF24L01 无线模块采用的芯片是 NRF24L01+。该芯片由 Nordic 公司生产，并且集成其 Enhance ShortBurst 协议，主要特点如下：

- 2.4G 全球开放的 ISM 频段，免许可证使用；
- 最高工作速率 2 Mbps，高效的 GFSK 调制，抗干扰能力强；
- 126 个可选的频道，满足多点通信和调频通信的需要；
- 6 个数据通道，可支持点对多点的通信地址控制；
- 低工作电压(1.9～3.6 V)；
- 硬件 CRC 和自动处理字头；
- 可设置自动应答，确保数据可靠传输。

高速信号由芯片内部的射频协议处理后进行无线高速通信，对 MCU 的时钟频率要求不高，只需要对 NRF24L01 某些寄存器进行配置即可。芯片与外部 MCU 通过 SPI 通信接口进行数据通信，并且最大的 SPI 频率可达 10 MHz。

NRF24L01+是 NRF24L01 的升级版。相比 NRF24L01，升级版支持 250 kHz、1 MHz、2 MHz 这 3 种传输频率；支持更多功率配置，根据不同应用有效节省功耗；稳定性及可靠性更高。

NRF24L01 模块的引脚图如图 10.1 所示。VCC 脚的电压范围为 1.9～3.6 V，超过 3.6 V 可能烧坏模块，一般用 3.3 V 电压比较合适。除了 VCC 和 GND 脚，其他引脚都可以和 5 V 单片机的 I/O 口直连；正是因为其兼容 5 V 单片机的 I/O，所以使用上具有很大优势。

具体引脚介绍如表 10.1 所列。引脚部分主要分为电源相关的 VCC 和 GND，SPI 通信接口相关的 CSN、SCK、MOSI、MISO，模式选择相关的 CE，中断相关的 IRQ。CE

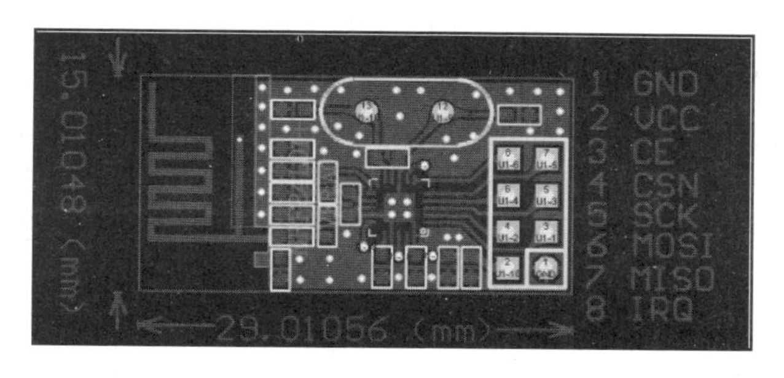

图 10.1　NRF24L01 无线模块引脚图

引脚会与 CONFIG 寄存器共同控制 NRF24L01 进入某个工作模式。IRQ 引脚会在寄存器的配置下生效，当收到数据、成功发送数据或达到最大重发次数时，IRQ 引脚会变为低电平。

表 10.1　引脚介绍

模块引脚	GND	VCC	CE	CSN	SCK	MOSI	MISO	IRQ
功能说明	地线	3.3 V 电源线	模式控制线	片选	时钟	数据输出	数据输入	中断

NRF24L01 的 Enhance ShockBurstTM 模式具体表现在自动应答和重发机制，发送端要求接收端在接收到数据后有应答信号，便于发送端检测有无数据丢失；一旦有数据丢失，则通过重发功能将丢失的数据恢复，这个过程无需 MCU。Enhance ShockBurstTM 模式可以通过 EN_AA 寄存器进行配置。

Enhanced ShockBurstTM 模式下 NRF24L01 通信图如图 10.2 所示。这里抽出来 PTX6 和 PRX，分析一下通信过程。

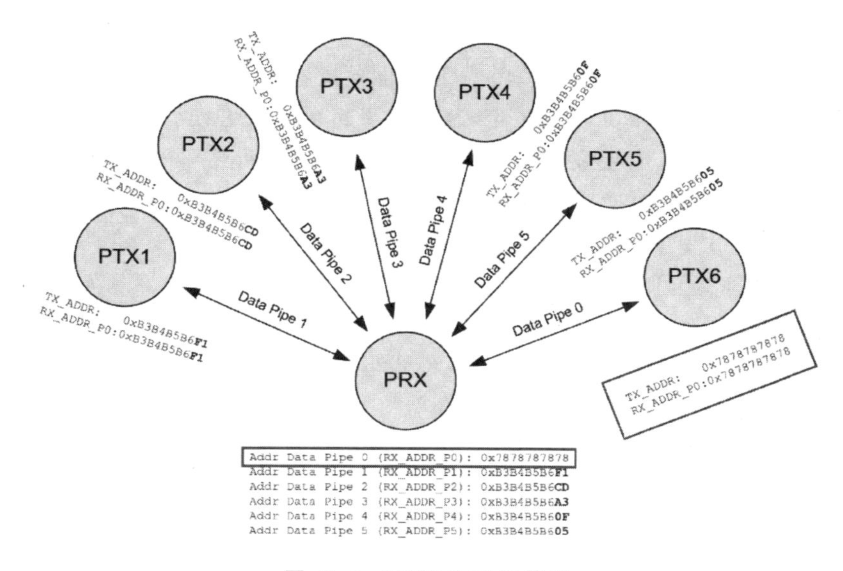

图 10.2　NRF24L01 通信图

PTX6 作为发送端，则就需要设置发送地址，可以看到 TX_ADDR 为 0x7878787878；PRX 作为接收端，它使能接收通道 0 并设置接收通道 0 接收地址为 0x7878787878。通信时，发送端发送数据→接收端接收到数据并记录 TX 地址→接收端以 TX 地址为目的地址发送应答信号→发送端会以通道 0 接收应答信号。

NRF24L01 规定：发送端中的数据通道 0 用来接收接收端发送的应答信号，所以数据通道 0 的接收地址要与发送地址相同，这样才能确保收到正确的应答信号。这十分重要，必须要在相关寄存器中配置正确。

10.1.2 NRF24L01 工作模式

NRF24L01 作为无线通信模块，功耗问题十分重要，在数据发送与空闲状态下能耗肯定需要调整。所以给芯片设计了多种工作模块，如表 10.2 所列。

表 10.2 NRF24L01 工作模式表

工作模式	PWR_UP 位	PRIM_RX 位	CE 引脚电平	FIFO 寄存器状态
接收模式	**1**	**1**	**1**	**—**
发送模式	**1**	**0**	**1**	**发送所有 TX FIFO 数据**
发送模式	1	0	1(至少 10 μs)→0	发送一级 TX FIFO 数据
待机模式Ⅱ	**1**	**0**	**1**	**TX FIFO 为空**
待机模式Ⅰ	1	—	0	无数据包传输
掉电模式	0	—	—	—

NRF24L01 工作模式由 CE 引脚、CONFIG 寄存器的 PWR_UP 位和 PRIM_RX 位共同控制。CE 引脚是模式控制线，PWR_UP 位是上电位，PRIM_RX 位可以理解为配置身份位(TX 或 RX)。可以看到，发送模式有 2 种，待机模式也有 2 种，功耗上各不相同，没有黑体加粗的发送模式和待机模式Ⅰ是官方推荐的，更加节能，但是本实验用到的模式是表 10.2 中黑体加粗的部分，因为其使用起来更加方便。单看发送模式，要使用官方推荐的发送模式，需要发送 3 级 TX_FIFO 数据来产生 3 个边沿信号(CE 从高电平变为低电平)。而这里使用的发送模式，从 CE 引脚的操作上看，只需要拉高，就可以把所有 TX_FIFO 里的数据发送完成。

NRF24L01 的发送和接收都有 3 级 FIFO，每一级 FIFO 有 32 字节。发送和接收都是对 FIFO 进行操作，并且最大操作的数据量就是一级 FIFO(即 32 字节)。发送时，只需要把数据存进 TX_FIFO，并按照发送模式下的操作(参考 NRF24L01 工作模式表中的发送模式)，即可让 NRF24L01 启动发射。这个发射过程包括：无线系统上电，启动内部 16 MHz 时钟，无线发送数据打包，高速发送数据。接收时也通过读取 RX_FIFO 里的内容实现。

10.1.3 NRF24L01 寄存器

这里简单介绍本实验用到的 NRF24L01 比较重要的寄存器。

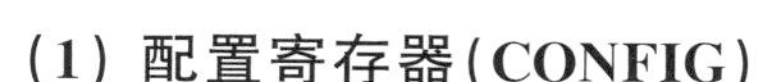

(1) 配置寄存器(CONFIG)

寄存器地址 0x01,复位值为 0x80,用来配置 NRF24L01 工作状态以及中断相关,描述如表 10.3 所列。

表 10.3　配置寄存器描述

参　数	位	描　述
Reserved	7	保留位
MASK_RX_DR	6	可屏蔽中断 RX_RD(1 表示 IRQ 引脚不显示 RX_RD 中断,0 表示 RX_RD 中断时 IRQ 输出低电平)
MASK_TX_DS	5	可屏蔽中断 TX_RD(1 表示 IRQ 引脚不显示 TX_DS 中断,0 表示 TX_DS 中断时 IRQ 输出低电平)
MASK_MAX_RT	4	可屏蔽中断 MAX_RT(1 表示 IRQ 引脚不显示 MAX_RT 中断,0 表示 MAX_RT 中断时 IRQ 输出低电平)
EN_CRC	3	CRC 使能(如果 EN_AA 中任意一位为高,则 EN_CRC 强迫为高)
CRCO	2	CRC 模式(1 表示 16 位 CRC 校验,0 表示 8 位 CRC 校验)
PWR_UP	1	上电/掉电模式设置位(1 表示上电,0 表示掉电)
PRIM_RX	0	接收/发送模式设置位(1 表示接收模式,0 表示发送模式)

若要配置成发送模式,则可以把该寄存器赋值为 0x0E;若要配置成接收模式,则可以把该寄存器赋值为 0x0F。无论是发送模式还是接收模式,都使能 16 位 CRC 以及使能接收中断、发送中断和最大重发次数中断,这里发送端和接收端配置需要一致。

(2) 自动应答功能寄存器(EN_AA)

寄存器地址 0x01,复位值为 0x3F,用来设置通道 0～5 的自动应答功能,描述如表 10.4 所列。

表 10.4　自动应答功能寄存器描述

参　数	位	描　述
Reserved	7:6	保留位
ENAA_P5	5	数据通道 5,自动应答允许
ENAA_P4	4	数据通道 4,自动应答允许
ENAA_P3	3	数据通道 3,自动应答允许
ENAA_P2	2	数据通道 2,自动应答允许
ENAA_P1	1	数据通道 1,自动应答允许
ENAA_P0	0	数据通道 0,自动应答允许

本实验中,接收端以数据通道 0 作为接收通道。接收端接收到数据后,需要回复应答信号,通过该寄存器 ENAA_P0 置 1 即可实现。另外,使能自动应答也相当于配置成 Enhanced 模式,所以发送端也需要进行自动应答允许。

(3) 接收地址允许寄存器(EN_RXADDR)

寄存器地址 0x02,复位值为 0x03,用于使能接收通道 0～5,描述如表 10.5 所列。

表 10.5　接收地址允许寄存器描述

参　数	位	描　述
Reserved	7:6	保留位
ERX_P5	5	数据接收通道 5 使能
ERX_P4	4	数据接收通道 4 使能
ERX_P3	3	数据接收通道 3 使能
ERX_P2	2	数据接收通道 2 使能
ERX_P1	1	数据接收通道 1 使能
ERX_P0	0	数据接收通道 0 使能

接收端使用的是通道 0 进行接收数据，所以 ERX_P0 需要置 1 处理。同样的，发送端也需要使能数据通道 0 来接收应答信号。

(4) 地址宽度设置寄存器(SETUP_AW)

寄存器地址 0x03，复位值为 0x03，对接收/发送地址宽度设置位，描述如表 10.6 所列。

本实验中，无论是发送地址还是接收地址都使用 5 字节，也就是默认设置便是使用 5 字节宽度的地址。

(5) 自动重发配置寄存器(SETUP_RETR)

寄存器地址 0x04，复位值为 0x00，对发送端的自动重发数值和延时进行设置，描述如表 10.7 所列。

表 10.6　地址宽度设置寄存器描述

参　数	位	描　述
Reserved	7:2	保留位
AW	1:0	RX/TX 地址字段宽度 '00'非法　'01'3 字节 '10'4 字节'11'5 字节

表 10.7 自动重发配置寄存器描述

参　数	位	描　述
ADR	7:4	自动重发延时： 0000～1111→86 μs+250×(ARD + 1) μs
ARC	3:0	自动重发计数 0000～1111→自动重发次数。0 代表禁止

本实验中直接对该寄存器写入 0x1A，即自动重发间隔时间为 586 μs，最大自动重发次数为 10 次。使能 MAX_RT 中断时，连续重发 10 次还是发送失败的时候，IRQ 中断引脚就会拉低。

(6) 射频频率设置寄存器(RF_CH)

寄存器地址 0x05，复位值为 0x05，对 NRF24L01 的频段进行设置，描述如表 10.8 所列。

表 10.8　射频频率设置寄存器描述

参　数	位	描　述
Reserved	7	保留位
RF_CH	6:0	0～125，设置 NRF24L01 的射频频率，接收端和发送端需要一致

频率计算公式:2 400+RF_CH,单位为 MHz。

本实验中直接对该寄存器写入 40,即射频频率为 2 440 MHz。通信双方的该寄存器必须配置一样才能通信成功。

(7) 发射参数设置寄存器(RF_SETUP)

寄存器地址 0x06,复位值为 0x0E,对 NRF24L01 的发射功率、无线速率进行设置,描述如表 10.9 所列。

表 10.9　发射参数设置寄存器描述

参　数	位	描　述
CONT_WAVE	7	高电平时,可使载波连续传输
Reserved	6	只允许写 0
RF_DR_LOW	5	设置射频数据速率 250 kbps(结合 RF_DR_HIGH 查看)
PLL_LOCK	4	PLL_LOCK 允许,仅用于测试模式
RF_DR_HIGH	3	与 RF_DR_LOW 决定传输速率[RF_DR_LOW, RF_DR_HIGH] 00:1 Mbps　　01:2 Mbps 10:250 kbps　　11:保留
RF_PWR	1:0	设置射频输出功率 00:−18 dBm　　01:−12 dBm 10:−6 dBm　　11:0 dBm
Obsolete	0	不用关心

本实验中,直接对该寄存器写入 0x0F,即射频输出功率为 0 dBm 增益,传输速率为 2 MHz。发送端和接收端中该寄存器的配置需要一样。功率越小耗电越少,同等条件下,传输距离越小,这里设置射频部分功耗为最大,读者可以根据实际应用而选择对应的功率配置。

(8) 状态寄存器(STATUS)

地址 0x07,复位值为 0x0E,反映 NRF24L01 当前工作状态,描述如表 10.10 所列。

表 10.10　状态寄存器描述

参　数	位	描　述
Reserved	7	保留位
RX_DR	6	接收数据标记,收到数据后置 1。写 1 清除中断
TX_DS	5	数据发送完成标记。工作在自动应答模式,必须收到 ACK 才会置 1。写 1 清除中断
MAX_RT	4	达到最大重发次数标记。写 1 清除中断(如果 MAX_RX 中断产生,则必须清除后系统才能进行通信)
RX_P_NO	3:1	接收数据通道: 000~101 表示数据通道号,110 表示未使用,111 表示 RX_FIFO 为空
TX_FULL	0	TX_FIFO 寄存器满标记(1 表示满,0 表示未满)

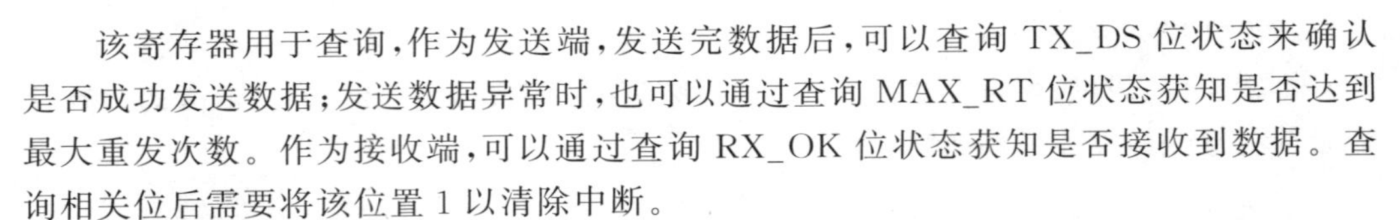

该寄存器用于查询，作为发送端，发送完数据后，可以查询 TX_DS 位状态来确认是否成功发送数据；发送数据异常时，也可以通过查询 MAX_RT 位状态获知是否达到最大重发次数。作为接收端，可以通过查询 RX_OK 位状态获知是否接收到数据。查询相关位后需要将该位置 1 以清除中断。

此外还用到设置接收通道 0 地址寄存器 RX_ADDR_P0(0x0A)、发送地址设置寄存器 TX_ADDR(0x10)以及接收通道 0 有效数据宽度设置寄存器 RX_PW_P0(0x11)。

10.2 硬件设计

(1) 例程功能

开机的时候先检测 NRF24L01 模块是否存在，检测到 NRF24L01 模块之后，根据 KEY0 和 KEY1 的设置来决定模块的工作模式。设定好工作模式之后就会不停地发送、接收数据，同时在 LCD 上面显示相关信息。LED0 闪烁用于提示程序正在运行。

(2) 硬件资源

- LED 灯：LED0 - PB5；
- 独立按键：KEY0 - PE4、KEY1 - PE3；
- 2.4G 无线模块 NRF24L01 模块；
- 正点原 TFTLCD 模块(仅限 MCU 屏，16 位 8080 并口驱动)；
- 串口 1(PA9、PA10 连接在板载 USB 转串口芯片 CH340 上面)；
- SPI2(连接在 PB13、PB14、PB15)。

(3) 原理图

NRF24L01 模块与 STM32 的连接关系，如图 10.3 所示。NRF24L01 使用的是 SPI2，与 NOR FLASH 共用一个 SPI 接口，所以同时使用这些设备时必须分时复用。为了防止其他器件对 NRF24L01 的通信造成干扰，最好把 NOR FLASH 的片选信号引脚拉高。

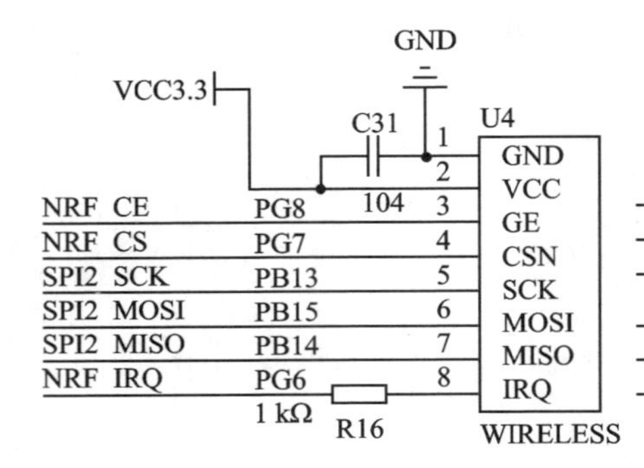

图 10.3 NRF24L01 模块与 STM32 的接口

由于无线通信实验是双向的，所以至少要有 2 个模块同时能工作，这里使用 2 套开发板来演示。

10.3　程序设计

NRF24L01 配置步骤如下：

① SPI 参数初始化（工作模式、数据时钟极性、时钟相位等）。

HAL 库通过调用 SPI 初始化函数 HAL_SPI_Init 完成对 SPI 参数初始化。注意，该函数会调用 HAL_SPI_MspInit 函数来完成对 SPI 底层的初始化，包括 SPI 及 GPIO 时钟使能、GPIO 模式设置等。

② 使能 SPI 时钟和配置相关引脚的复用功能、NRF24L01 的其他相关引脚。

本实验用到 SPI2，使用 PB13、PB14 和 PB15 作为 SPI_SCK、SPI_MISO 和 SPI_MOSI，NRF24L01 的 CE、CSN 和 IRQ 分别对应 PG8、PG7 和 PG6，因此需要先使能 SPI2、GPIOB 和 GPIOG 时钟。参考代码如下：

```
__HAL_RCC_SPI2_CLK_ENABLE();
__HAL_RCC_GPIOB_CLK_ENABLE();
__HAL_RCC_GPIOG_CLK_ENABLE();
```

I/O 口复用功能是通过函数 HAL_GPIO_Init 来配置的。

③ 使能 SPI。通过__HAL_SPI_ENABLE 函数使能 SPI 便可进行数据传输。

④ SPI 传输数据。通过 HAL_SPI_Transmit 函数进行发送数据。通过 HAL_SPI_Receive 函数进行接收数据。也可以通过 HAL_SPI_TransmitReceive 函数进行发送与接收操作。

⑤ 编写 NRF24L01 的读/写函数。在 SPI 的读/写函数的基础上，编写 NRF24L01 的读/写函数。

⑥ 编写 NRF24L01 接收模式与发送模式函数。

通过查看寄存器，编写配置 NRF24L01 接收和发送模式的函数。

10.3.1　程序流程图

程序流程如图 10.4 所示。

10.3.2　程序解析

本实验用到的 SPI 配置与 SPI 实验章节差异不大，所以这里不展开了，读者可以先回顾一下 SPI 实验的内容再来学习。

1. NRF24L01 驱动代码

这里只讲解核心代码，详细的源码可参考配套资料中本实验对应源码。NRF24L01 驱动源码包括 2 个文件：nrf24l01.c 和 nrf24l01.h。

这里要在 spi.c 文件中封装好的函数的基础上进行调用，实现 NRF24L01 的发送与接收。nrf24l01.h 文件中定义的信息如下：

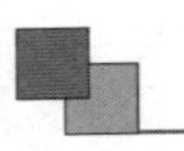

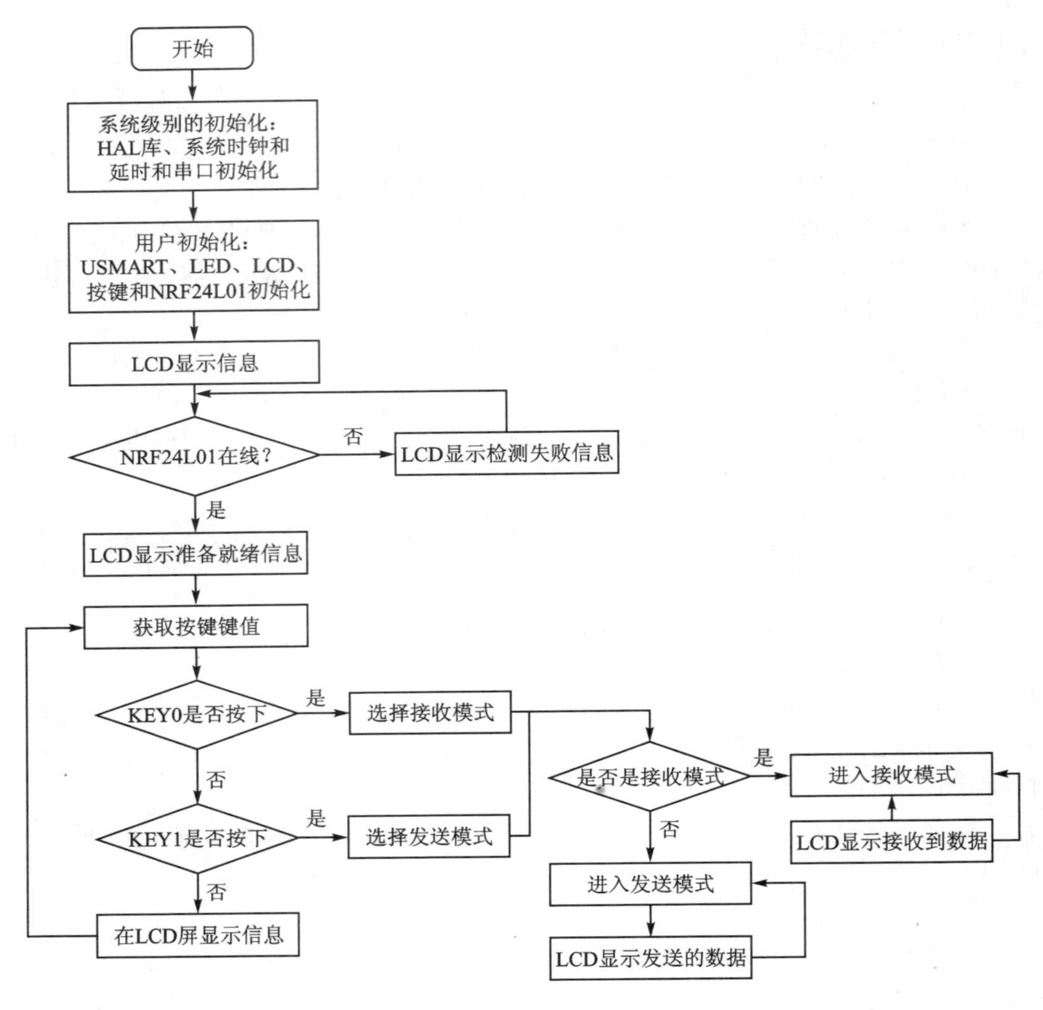

图 10.4　无线通信实验程序流程图

```
/* NRF24L01 操作引脚 定义(不包含 SPI_SCK/MISO/MISO 这 3 根线) */
#define NRF24L01_CE_GPIO_PORT                    GPIOG
#define NRF24L01_CE_GPIO_PIN                     GPIO_PIN_8
#define NRF24L01_CE_GPIO_CLK_ENABLE()
                  do{ __HAL_RCC_GPIOG_CLK_ENABLE();}while(0)   /* PG 口时钟使能 */
#define NRF24L01_CSN_GPIO_PORT                   GPIOG
#define NRF24L01_CSN_GPIO_PIN                    GPIO_PIN_7
#define NRF24L01_CSN_GPIO_CLK_ENABLE()
                  do{ __HAL_RCC_GPIOG_CLK_ENABLE();}while(0)   /* PE 口时钟使能 */
#define NRF24L01_IRQ_GPIO_PORT                      GPIOG
#define NRF24L01_IRQ_GPIO_PIN                       GPIO_PIN_6
#define NRF24L01_IRQ_GPIO_CLK_ENABLE()
                  do{ __HAL_RCC_GPIOG_CLK_ENABLE();}while(0)   /* PG 口时钟使能 */
/* 24L01 操作线 */
```

```
#define NRF24L01_CE(x)      do{ x ? \
 HAL_GPIO_WritePin(NRF24L01_CE_GPIO_PORT,NRF24L01_CE_GPIO_PIN,GPIO_PIN_SET):\
 HAL_GPIO_WritePin(NRF24L01_CE_GPIO_PORT,NRF24L01_CE_GPIO_PIN,GPIO_PIN_RESET);\
                            }while(0)          /* 24L01 模式选择信号 */
#define NRF24L01_CSN(x)     do{ x ? \
 HAL_GPIO_WritePin(NRF24L01_CSN_GPIO_PORT,NRF24L01_CSN_GPIO_PIN,GPIO_PIN_SET):\
 HAL_GPIO_WritePin(NRF24L01_CSN_GPIO_PORT,
                                NRF24L01_CSN_GPIO_PIN,GPIO_PIN_RESET);\
                            }while(0)          /* 24L01 片选信号 */
#define NRF24L01_IRQ        HAL_GPIO_ReadPin(NRF24L01_IRQ_GPIO_PORT, \
                             NRF24L01_IRQ_GPIO_PIN)     /* IRQ 主机数据输入 */
```

除了有 NRF24L01 的引脚定义及引脚操作函数外，还有一些 NRF24L01 寄存器操作命令以及其寄存器地址。

NRF24L01 的初始化函数定义如下：

```
/**
 * @brief      初始化 24L01 的 I/O 口
 * @note       将 SPI2 模式改成 SCK 空闲低电平，及 SPI 模式 0
 * @param      无
 * @retval     无
 */
void nrf24l01_init(void)
{
    GPIO_InitTypeDef gpio_init_struct;
    NRF24L01_CE_GPIO_CLK_ENABLE();           /* CE 脚时钟使能 */
    NRF24L01_CSN_GPIO_CLK_ENABLE();          /* CSN 脚时钟使能 */
    NRF24L01_IRQ_GPIO_CLK_ENABLE();          /* IRQ 脚时钟使能 */
    gpio_init_struct.Pin = NRF24L01_CE_GPIO_PIN;
    gpio_init_struct.Mode = GPIO_MODE_OUTPUT_PP;                    /* 推挽输出 */
    gpio_init_struct.Pull = GPIO_PULLUP;                            /* 上拉 */
    gpio_init_struct.Speed = GPIO_SPEED_FREQ_HIGH;                  /* 高速 */
    HAL_GPIO_Init(NRF24L01_CE_GPIO_PORT, &gpio_init_struct);        /* 初始化 CE 引脚 */
    gpio_init_struct.Pin = NRF24L01_CSN_GPIO_PIN;
    HAL_GPIO_Init(NRF24L01_CSN_GPIO_PORT, &gpio_init_struct);       /* 初始化 CS 引脚 */
    gpio_init_struct.Pin = NRF24L01_IRQ_GPIO_PIN;
    gpio_init_struct.Mode = GPIO_MODE_INPUT;                        /* 输入 */
    gpio_init_struct.Pull = GPIO_PULLUP;                            /* 上拉 */
    gpio_init_struct.Speed = GPIO_SPEED_FREQ_HIGH;                  /* 高速 */
    HAL_GPIO_Init(NRF24L01_IRQ_GPIO_PORT, &gpio_init_struct);       /* 初始化 CE 引脚 */
    spi2_init();                        /* 初始化 SPI2 */
    nrf24l01_spi_init();                /* 针对 NRF 的特点修改 SPI 的设置 */
    NRF24L01_CE(0);                     /* 使能 NRF24L01 */
    NRF24L01_CSN(1);                    /* SPI 片选取消 */
}
/**
 * @brief       针对 NRF24L01 修改 SPI2 驱动
 * @param       无
 * @retval      无
 */
void nrf24l01_spi_init(void)
```

```
{
    __HAL_SPI_DISABLE(&g_spi2_handler);        /* 先关闭 SPI2 */
    /* 串行同步时钟的空闲状态为低电平 */
    g_spi2_handler.Init.CLKPolarity = SPI_POLARITY_LOW;
    /* 串行同步时钟的第 1 个跳变沿(上升或下降)数据被采样 */
    g_spi2_handler.Init.CLKPhase = SPI_PHASE_1EDGE;
    HAL_SPI_Init(&g_spi2_handler);
    __HAL_SPI_ENABLE(&g_spi2_handler);         /* 使能 SPI2 */
}
```

在初始化函数中,主要对该模块用到的引脚进行配置、初始化工作以及需要调用 spi.c 文件中的 spi_init 函数对 SPI1 的引脚进行初始化。NRF24L01 的工作时序图如图 10.5 所示。

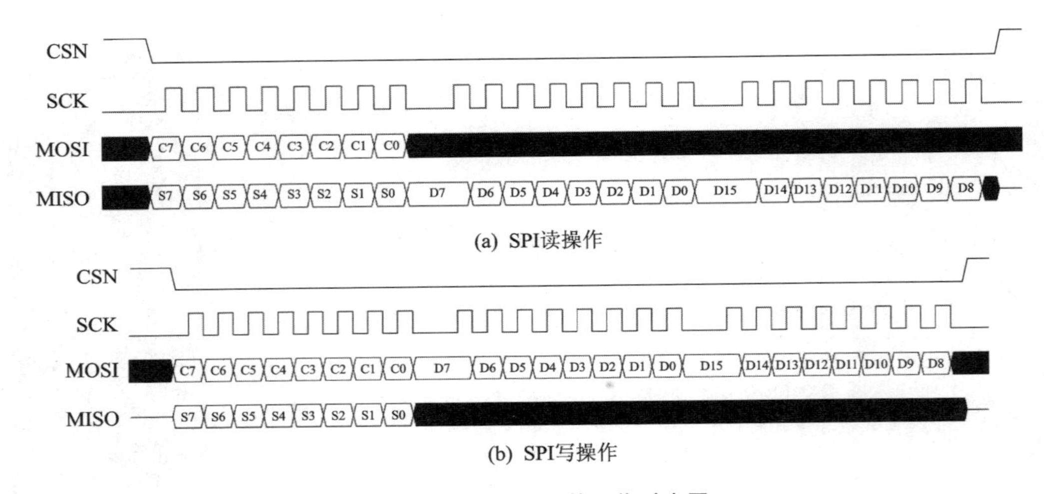

图 10.5　NRF24L01 的工作时序图

比对前面章节的 SPI 工作时序图可见,符合工作模式 1 的时序,即在奇数边沿上升沿进行数据采集。所以调用 nrf24l01_spi_init 函数针对 NRF24L01 的特点修改 SPI 的设置。该函数就是将 SPI 工作模式下的串行同步时钟空闲状态设置为低电平,在奇数边沿数据被采集,也就是 SPI 实验章节中 SPI 的工作模式 0。工作时序图中的 Cn 代表指令位,Sn 代表状态寄存器位,Dn 代表数据位。

NRF24L01 的读/写函数代码如下:

```
/**
 * @brief       NRF24L01 写寄存器
 * @param       reg: 寄存器地址
 * @param       value : 写入寄存器的值
 * @retval      状态寄存器值
 */
static uint8_t nrf24l01_write_reg(uint8_t reg, uint8_t value)
{
    uint8_t status;
    NRF24L01_CSN(0);                                   /* 使能 SPI 传输 */
```

```
    status = spi2_read_write_byte(reg);              /* 发送寄存器号 */
    spi2_read_write_byte(value);                     /* 写入寄存器的值 */
    NRF24L01_CSN(1);                                 /* 禁止 SPI 传输 */
    return status;                                   /* 返回状态值 */
}
/**
 * @brief       NRF24L01 读寄存器
 * @param       reg: 寄存器地址
 * @retval      读取到的寄存器值;
 */
static uint8_t nrf24l01_read_reg(uint8_t reg)
{
    uint8_t reg_val;
    NRF24L01_CSN(0);                         /* 使能 SPI 传输 */
    spi2_read_write_byte(reg);               /* 发送寄存器号 */
    reg_val = spi2_read_write_byte(0XFF);    /* 读取寄存器内容 */
    NRF24L01_CSN(1);                         /* 禁止 SPI 传输 */
    return reg_val;                          /* 返回状态值 */
}
/**
 * @brief       在指定位置读出指定长度的数据
 * @param       reg: 寄存器地址
 * @param       pbuf: 数据指针
 * @param       len: 数据长度
 * @retval      状态寄存器值
 */
static uint8_t nrf24l01_read_buf(uint8_t reg, uint8_t *pbuf, uint8_t len)
{
    uint8_t status, i;
    NRF24L01_CSN(0);                        /* 使能 SPI 传输 */
    status = spi2_read_write_byte(reg);     /* 发送寄存器值(位置),并读取状态值 */
    for (i = 0; i < len; i++)
    {
        pbuf[i] = spi2_read_write_byte(0XFF);    /* 读出数据 */
    }
    NRF24L01_CSN(1);                        /* 关闭 SPI 传输 */
    return status;                          /* 返回读到的状态值 */
}
/**
 * @brief           在指定位置写指定长度的数据
 * @param           reg: 寄存器地址
 * @param           pbuf: 数据指针
 * @param           len: 数据长度
 * @retval          状态寄存器值
 */
static uint8_t nrf24l01_write_buf(uint8_t reg, uint8_t *pbuf, uint8_t len)
{
    uint8_t status, i;
    NRF24L01_CSN(0);        /* 使能 SPI 传输 */
    status = spi2_read_write_byte(reg);/* 发送寄存器值(位置),并读取状态值 */
    for (i = 0; i < len; i++)
```

```
    {
        spi2_read_write_byte( * pbuf ++ ); /* 写入数据 */
    }
    NRF24L01_CSN(1);         /* 关闭 SPI 传输 */
    return status;           /* 返回读到的状态值 */
}
```

NRF24L01 读/写寄存器函数实现的具体过程：先拉低片选线→发送寄存器号→发送数据/接收数据→拉高片选线。

SPI 通过移位寄存器进行数据传输，所以发一字节数据就会收到一个字节数据。那么发数据就可以直接发送数据，接收数据只需要发送 0xFF，寄存器就会返回要读取的数据。

在指定位置写入或读取指定长度的数据函数的实现方式也通过调用 SPI 的读/写一字节函数实现，与写或读寄存器函数的实现差不多。

下面看一下这 2 种模式的初始化过程。

Rx 模式初始化过程如下：

① 写 Rx 节点的地址；

② 使能通道 x 自动应答；

③ 使能通道 x 接收地址；

④ 设置通信频率；

⑤ 选择通道 x 的有效数据宽度；

⑥ 配置发射参数(发射功率、无线速率)；

⑦ 配置 NRF24L01 的基本参数以及工作模式。

其代码如下：

```
/**
 * @brief       NRF24L01 进入接收模式
 * @note        设置 RX 地址，写 RX 数据宽度，选择 RF 频道、波特率和 LNA HCURR
 *              CE 变高后即进入 RX 模式，可以接收数据了
 * @param       无
 * @retval      无
 */
void nrf24l01_rx_mode(void)
{
    NRF24L01_CE(0);
    nrf24l01_write_buf(NRF_WRITE_REG + RX_ADDR_P0, (uint8_t *)RX_ADDRESS,
                       RX_ADR_WIDTH); /* 写 RX 节点地址 */
    nrf24l01_write_reg(NRF_WRITE_REG + EN_AA, 0x01);      /* 使能通道 0 的自动应答 */
    nrf24l01_write_reg(NRF_WRITE_REG + EN_RXADDR, 0x01); /* 使能通道 0 的接收地址 */
    nrf24l01_write_reg(NRF_WRITE_REG + RF_CH, 40);        /* 设置 RF 通信频率 */
    /* 选择通道 0 的有效数据宽度 */
    nrf24l01_write_reg(NRF_WRITE_REG + RX_PW_P0, RX_PLOAD_WIDTH);
    /* 设置 TX 发射参数,0db 增益,2 Mbps */
    nrf24l01_write_reg(NRF_WRITE_REG + RF_SETUP, 0x0f);
    /* 配置基本工作模式的参数;PWR_UP,EN_CRC,16BIT_CRC,接收模式 */
```

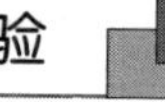

```
    nrf24l01_write_reg(NRF_WRITE_REG + CONFIG, 0x0f);
    NRF24L01_CE(1); /* CE为高,进入接收模式 */
}
```

Tx模式初始化过程：

① 写Tx节点的地址；

② 写Rx节点的地址,主要是为了使能硬件的自动应答；

③ 使能通道x的自动应答；

④ 使能通道x的接收地址；

⑤ 配置自动重发次数；

⑥ 配置通信频率；

⑦ 选择通道x的有效数据宽度；

⑧ 配置发射参数(发射功率、无线速率)；

⑨ 配置NRF24L01的基本参数以及切换工作模式。

其代码如下：

```
/**
 * @brief     NRF24L01进入发送模式
 * @note      设置TX地址,写TX数据宽度,设置RX自动应答地址,填充TX发送数据,选择
              RF频道、波特率和PWR_UP,CRC使能
 *            CE变高后即进入TX模式,并可以发送数据了,CE为高大于10 μs,则启动发送
 * @param     无
 * @retval    无
 */
void nrf24l01_tx_mode(void)
{
    NRF24L01_CE(0);
    nrf24l01_write_buf(NRF_WRITE_REG + TX_ADDR, (uint8_t *)TX_ADDRESS,
                       TX_ADR_WIDTH);     /* 写TX节点地址 */
    nrf24l01_write_buf(NRF_WRITE_REG + RX_ADDR_P0, (uint8_t *)RX_ADDRESS,
                       RX_ADR_WIDTH);     /* 设置RX节点地址,主要为了使能ACK */
    nrf24l01_write_reg(NRF_WRITE_REG + EN_AA, 0x01);/* 使能通道0的自动应答 */
    nrf24l01_write_reg(NRF_WRITE_REG + EN_RXADDR, 0x01); /* 使能通道0的接收地址 */
    /* 设置自动重发间隔时间:500 μs + 86 μs;最大自动重发次数:10次 */
    nrf24l01_write_reg(NRF_WRITE_REG + SETUP_RETR, 0x1a);
    nrf24l01_write_reg(NRF_WRITE_REG + RF_CH, 40);          /* 设置RF通道为40 */
    /* 设置TX发射参数,0db增益,2Mbps,低噪声增益开启 */
    nrf24l01_write_reg(NRF_WRITE_REG + RF_SETUP, 0x0f);
    /* 配置基本工作模式的参数;PWR_UP,EN_CRC,16BIT_CRC,接收模式,开启所有中断 */
    nrf24l01_write_reg(NRF_WRITE_REG + CONFIG, 0x0e);
    NRF24L01_CE(1); /* CE为高,10 μs后启动发送 */
}
```

以上就是2种模式的配置。看过完整代码的读者会发现,TX_ADDR和RX_ADDR这2个地址是一样的,必须保持地址的匹配才能通信成功。以上代码中的发送函数都有一个特点,并不是单纯发送寄存器地址,而是操作指令+寄存器地址,这一点需要记住。NRF24L01的操作指令也有好几个,配合寄存器完成特定的操作,其定义如下：

```
/* NRF24L01 寄存器操作命令 */
#define NRF_READ_REG        0x00    /* 读配置寄存器,低 5 位为寄存器地址 */
#define NRF_WRITE_REG       0x20    /* 写配置寄存器,低 5 位为寄存器地址 */
#define RD_RX_PLOAD         0x61    /* 读 RX 有效数据,1～32 字节 */
#define WR_TX_PLOAD         0xA0    /* 写 TX 有效数据,1～32 字节 */
#define FLUSH_TX            0xE1    /* 清除 TX FIFO 寄存器.发射模式下用 */
#define FLUSH_RX            0xE2    /* 清除 RX FIFO 寄存器.接收模式下用 */
#define REUSE_TX_PL         0xE3    /* 重新使用上一包数据,CE 为高,数据包被不断发送 */
#define NOP                 0xFF    /* 空操作,可以用来读状态寄存器 */
```

至此,NRF24L01 就可以准备启动发送数据或者等待接收数据了。

启动 NRF24L01 发送一次数据的函数定义如下:

```
/**
 * @brief       启动 NRF24L01 发送一次数据(数据长度 = TX_PLOAD_WIDTH)
 * @param       ptxbuf:待发送数据首地址
 * @retval      发送完成状态
 * @arg         0:发送成功
 * @arg         1:达到最大发送次数,失败
 * @arg         0XFF:其他错误
 */
uint8_t nrf24l01_tx_packet(uint8_t *ptxbuf)
{
    uint8_t sta;
    uint8_t rval = 0XFF;
    NRF24L01_CE(0);
    /* 写数据到 TX BUF  TX_PLOAD_WIDTH 个字节 */
    nrf24l01_write_buf(WR_TX_PLOAD, ptxbuf, TX_PLOAD_WIDTH);
    NRF24L01_CE(1);                               /* 启动发送 */
    while (NRF24L01_IRQ != 0);                    /* 等待发送完成 */
    sta = nrf24l01_read_reg(STATUS);              /* 读取状态寄存器的值 */
    nrf24l01_write_reg(NRF_WRITE_REG + STATUS, sta);/* 清除 TX_DS/MAX_RT 中断标志 */
    if (sta & MAX_TX)                                       /* 达到最大重发次数 */
    {
        nrf24l01_write_reg(FLUSH_TX, 0xff); /* 清除 TX FIFO 寄存器 */
        rval = 1;
    }
    if (sta & TX_OK)            /* 发送完成 */
    {
        rval = 0;               /* 标记发送成功 */
    }
    return rval;                /* 返回结果 */
}
```

具体实现很简单:拉低片选信号→向发送数据寄存器写入数据→拉高片选信号。这里说明一下,在发送完寄存器号后都会返回一个 status 值,返回的这个值就是前面介绍的 STATUS 寄存器的内容。在这个基础上就可以知道数据是否发送完成以及现在的状态。

NRF24L01 接收一次数据函数的定义如下:

```
/**
 * @brief       启动 NRF24L01 接收一次数据(数据长度 = RX_PLOAD_WIDTH)
```

```
 * @param      prxbuf：接收数据缓冲区首地址
 * @retval     接收完成状态
 * @arg        0：接收成功
 * @arg        1：失败
 */
uint8_t nrf24l01_rx_packet(uint8_t *prxbuf)
{
    uint8_t sta;
    uint8_t rval = 1;
    sta = nrf24l01_read_reg(STATUS);            /* 读取状态寄存器的值 */
    nrf24l01_write_reg(NRF_WRITE_REG + STATUS, sta);/* 清除 TX_DS 或 MAX_RT 中断标志 */
    if (sta & RX_OK)                            /* 接收到数据 */
    {
        nrf24l01_read_buf(RD_RX_PLOAD, prxbuf, RX_PLOAD_WIDTH); /* 读取数据 */
        nrf24l01_write_reg(FLUSH_RX, 0xff); /* 清除 RX FIFO 寄存器 */
        rval = 0;                               /* 标记接收完成 */
    }
    return rval;                                /* 返回结果 */
}
```

在启动接收的过程中，首先需要判断当前 NRF24L01 的状态，往后才是真正的读取数据，清除接收寄存器的缓冲，完成数据的接收。注意，RX_PLOAD_WIDTH 和 TX_PLOAD_WIDTH 决定了接收和发送的数据宽度，也决定每次发送和接收的有效字节数。NRF24L01 每次最多传输 32 字节，再多的字节传输则需要多次传输。通信双方的发送和接收数据宽度必须一致才能正常通信。

2. main.c 代码

在 main.c 里编写如下代码：

```
int main(void)
{
    uint8_t key, mode;
    uint16_t t = 0;
    uint8_t tmp_buf[33];
    HAL_Init();                                 /* 初始化 HAL 库 */
    sys_stm32_clock_init(RCC_PLL_MUL9);         /* 设置时钟，72 MHz */
    delay_init(72);                             /* 延时初始化 */
    usart_init(115200);                         /* 串口初始化为 115 200 */
    led_init();                                 /* 初始化 LED */
    lcd_init();                                 /* 初始化 LCD */
    key_init();                                 /* 初始化按键 */
    nrf24l01_init();                            /* 初始化 NRF24L01 */
    lcd_show_string(30, 50, 200, 16, 16, "STM32", RED);
    lcd_show_string(30, 70, 200, 16, 16, "NRF24L01 TEST", RED);
    lcd_show_string(30, 90, 200, 16, 16, "ATOM@ALIENTEK", RED);
    while (nrf24l01_check())                    /* 检查 NRF24L01 是否在线 */
    {
        lcd_show_string(30, 110, 200, 16, 16, "NRF24L01 Error", RED);
        delay_ms(200);
        lcd_fill(30, 110, 239, 130 + 16, WHITE);
```

```
        delay_ms(200);
    }
    lcd_show_string(30, 110, 200, 16, 16, "NRF24L01 OK", RED);
    while (1) /* 提醒用户选择模式 */
    {
        key = key_scan(0);
        if (key == KEY0_PRES)
        {
            mode = 0; /* 接收模式 */
            break;
        }
        else if (key == KEY1_PRES)
        {
            mode = 1; /* 发送模式 */
            break;
        }
        t++;
        if (t == 100) /* 显示提示信息 */
        {
            lcd_show_string(10,130,230,16,16,"KEY0:RX_Mode  KEY1:TX_Mode", RED);
        }
        if (t == 200) /* 关闭提示信息 */
        {
            lcd_fill(10, 130, 230, 150 + 16, WHITE);
            t = 0;
        }
        delay_ms(5);
    }
    lcd_fill(10, 130, 240, 166, WHITE);     /* 清空上面的显示 */
    if (mode == 0)                          /* RX模式 */
    {
        lcd_show_string(30, 130, 200, 16, 16, "NRF24L01 RX_Mode", BLUE);
        lcd_show_string(30, 150, 200, 16, 16, "Received DATA:", BLUE);
        nrf24l01_rx_mode();                 /* 进入RX模式 */
        while (1)
        {
            if (nrf24l01_rx_packet(tmp_buf) == 0) /* 一旦接收到信息,则显示出来 */
            {
                tmp_buf[32] = 0; /* 加入字符串结束符 */
                lcd_show_string(0,170,lcddev.width - 1,32,16,(char *)tmp_buf, BLUE);
            }
            else
                delay_us(100);
            t++;
            if (t == 10000) /* 大约1s钟改变一次状态 */
            {
                t = 0;
                LED0_TOGGLE();
            }
        }
    }
```

```
        else                                                    /* TX 模式 */
        {
            lcd_show_string(30, 130, 200, 16, 16, "NRF24L01 TX_Mode", BLUE);
            nrf24l01_tx_mode();                                 /* 进入 TX 模式 */
            mode = ' ';                                         /* 从空格键开始发送 */
            while (1)
            {
                if (nrf24l01_tx_packet(tmp_buf) == 0)     /* 发送成功 */
                {
                    lcd_show_string(30, 150, 239, 32, 16, "Sended DATA:", BLUE);
                    lcd_show_string(0,170,lcddev.width - 1,32,16,(char *)tmp_buf, BLUE);
                    key = mode;
                    for (t = 0; t < 32; t++)
                    {
                        key++;
                        if (key > ('~'))
                            key = ' ';
                        tmp_buf[t] = key;
                    }
                    mode++;
                    if (mode > '~')
                        mode = ' ';
                    tmp_buf[32] = 0;                            /* 加入结束符 */
                }
                else
                {
                    lcd_fill(0, 150, lcddev.width, 170 + 16 * 3, WHITE); /* 清空显示 */
                    lcd_show_string(30,150,lcddev.width - 1,32,16,"Send Failed ", BLUE);
                }
                LED0_TOGGLE();
                delay_ms(200);
            }
        }
}
```

程序运行时，先通过 nrf24l01_cheak 函数检测 NRF24L01 是否存在；如果存在，则让用户选择发送模式还是接收模式；确定模式之后，设置 NRF24L01 的工作模式，然后执行对应的数据发送或接收处理。

10.4　下载验证

将程序下载到开发板后，可以看到 LCD 显示的内容如图 10.6 所示。

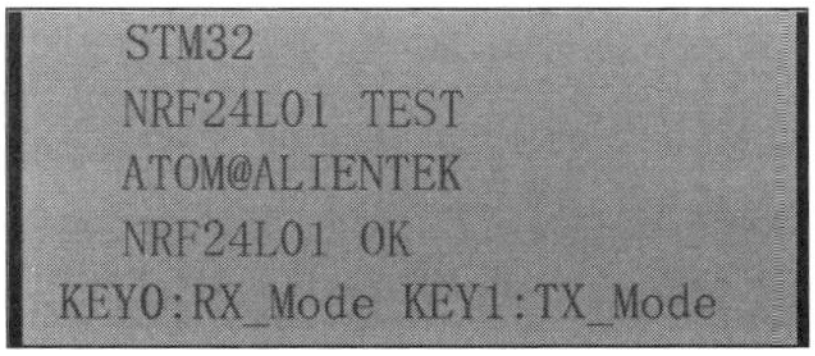

STM32
NRF24L01 TEST
ATOM@ALIENTEK
NRF24L01 OK
KEY0:RX_Mode KEY1:TX_Mode

图 10.6　选择工作模式图

通过 KEY0 和 KEY1 来选择 NRF24L01 模块要进入的工作模式，这里 2 个开发板中的一个选择发送模式，另外一个选择接收模式就可以了。设置好的界面如图 10.7 和图 10.8 所示。

图 10.7 来自于开发板 A,工作在发送模式;图 10.8 来自于开发板 B,工作在接收模式,A 发送,B 接收。发送和接收图片的数据不一样,这是因为拍照的时间不一样。收发数据一致就说明实验成功。

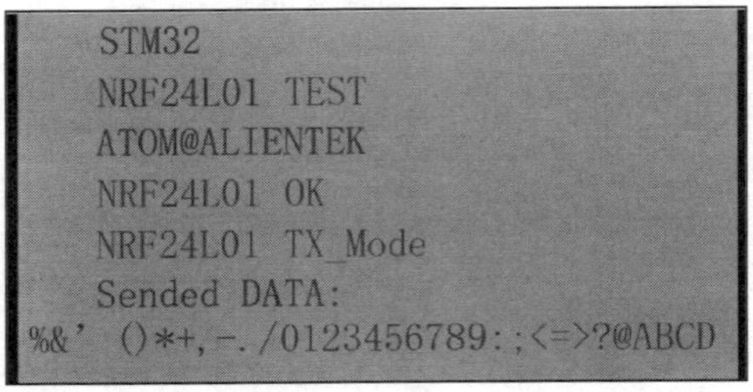

```
STM32
NRF24L01 TEST
ATOM@ALIENTEK
NRF24L01 OK
NRF24L01 TX_Mode
Sended DATA:
%&' ()*+,-./0123456789:;<=>?@ABCD
```

图 10.7 开发板 A 发送数据

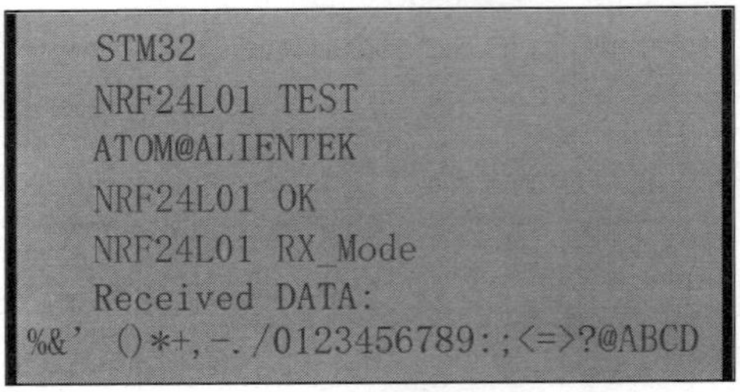

```
STM32
NRF24L01 TEST
ATOM@ALIENTEK
NRF24L01 OK
NRF24L01 RX_Mode
Received DATA:
%&' ()*+,-./0123456789:;<=>?@ABCD
```

图 10.8 开发板 B 接收数据

第 11 章

FLASH 模拟 EEPROM 实验

STM32 本身没有自带 EEPROM，但是具有 IAP（在应用编程）功能，所以可以把它的 FLASH 当成 EEPROM 来使用。本章将利用 STM32 内部的 FLASH 来实现第 2 章实验类似的效果，不过这里将数据直接存放在 STM32 内部，而不是存放在 NOR FLASH。

11.1 STM32 FLASH 简介

不同型号 STM32 的 FLASH 容量也有所不同，最小的只有 16 KB，最大的则达到了 1 024 KB。战舰开发板选择的 STM32F103ZET6 的 FLASH 容量为 512 KB，属于大容量产品（另外还有中容量和小容量产品）。大容量产品的闪存模块组织如图 11.1 所示。

块	名　称	FLASH 起始地址	大小/B
主存储器	页 0	0x08000000～0x080007FF	2K
	页 1	0x08000800～0x08000FFF	2K
	页 2	0x08001000～0x080117FF	2K
	页 3	0x08001800～0x0801FFFF	2K
	⋮	⋮	⋮
	页 255	0x0807F800～0x0807FFFF	2K
信息块	启动程序代码	0x1FFFF000～0x1FFFF7FF	2K
	用户选择字节	0x1FFFF800～0x1FFFF80F	16
闪存存储器接口寄存器	FLASH_ACR	0x40022000～0x40022003	4
	FLASH_KEYR	0x40022004～0x40022007	4
	FLASH_OPTKEYR	0x40022008～0x4002200B	4
	FLASH_SR	0x4002200C～0x4002200F	4
	FLASH_CR	0x40022010～0x40022013	4
	FLASH_AR	0x40022014～0x40022017	4
	保留	0x40022018～0x4002201B	4
	FLASH_OBR	0x4002201C～0x4002201F	4
	FLASH_WRPR	0x40022020～0x40022023	4

图 11.1　大容量产品闪存模块组织表

STM32 的闪存模块由主存储器、信息块和闪存存储器接口寄存器 3 部分组成。

主存储器,用来存放代码和数据常数(如 const 类型的数据)。大容量产品被划分为 256 页,每一页 2 KB(注意,小容量和中容量产品每页只有 1 KB)。从图 11.1 可以看出,主存储器的起始地址就是 0x08000000,B0、B1 都接 GND 的时候就是从 0x08000000 开始运行代码的。

信息块,分为 2 个小部分,其中,启动程序代码用来存储 ST 自带的启动程序,用来串口下载代码;当 B0 接 3V3、B1 接 GND 的时候,运行的就是这部分代码。用户选中字节一般用于配置写保护、读保护等功能。

闪存存储器接口寄存器,用于控制闪存读/写等,是整个闪存模块的控制结构。

对主存储器和信息块的写入由内嵌的闪存编程/擦除控制器(FPEC)管理,编程与擦除的高电压由内部产生。

在执行闪存写操作时,任何对闪存的读操作都会锁住总线,写操作完成后读操作才能正确进行,即在进行写或擦除操作时,不能进行代码或数据的读取操作。

1. 闪存的读取

内置闪存模块可以在通用地址空间直接寻址,任何 32 位数据的读操作都能访问闪存模块的内容并得到相应的数据。读接口在闪存端包含一个读控制器,还包含一个 AHB 接口与 CPU 衔接。这个接口的主要工作是产生读内存的控制信号并预取 CPU 要求的指令块,预取指令块仅用于在 I-Code 总线上的取指操作,数据常量是通过 D-Code 总线访问的。这 2 条总线的访问目标是相同的闪存模块,访问 D-Code 将比预取指令优先级高。

这里要特别留意一个闪存等待时间,因为 CPU 运行速度比 FLASH 快得多,STM32F103 的 FLASH 最快访问频率≤24 MHz,如果 CPU 频率超过这个值,那么必须加入等待时间。比如一般使用 72 MHz 的主频,那么 FLASH 等待周期就必须设置为 2,该设置通过 FLASH_ACR 寄存器实现。

例如,要从地址 addr 读取一个半字(半字为 16 位,字为 32 位),可以通过如下的语句读取:

```
data = *(vu16 *)addr;
```

将 addr 强制转换为 vu16 指针,然后取该指针所指向的地址的值,即得到了 addr 地址的值。类似地,将上面的 vu16 改为 vu8 即可读取指定地址的一个字节。相对 FLASH 读取来说,STM32 FLASH 的写就复杂一点了。

2. 闪存的编程和擦除

STM32 的闪存编程是由 FPEC(闪存编程和擦除控制器)模块处理的,这个模块包含 7 个 32 位寄存器,它们分别是 FPEC 键寄存器(FLASH_KEYR)、选择字节键寄存器(FLASH_OPTKEYR)、闪存控制寄存器(FLASH_CR)、闪存状态寄存器(FLASH_SR)、闪存地址寄存器(FLASH_AR)及选择字节寄存器(FLASH_WRPR)。

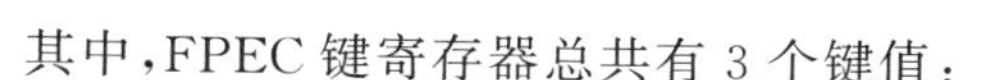

其中,FPEC 键寄存器总共有 3 个键值:

```
RDPRT 键 = 0X0000 00A5
KEY1 = 0X4567 0123
KEY2 = 0XCDEF 89AB
```

STM32 复位后,FPEC 模块是被保护的,不能写入 FLASH_CR 寄存器;通过写入特定的序列到 FLASH_KEYR 寄存器可以打开 FPEC 模块(即写入 KEY1 和 KEY2),只有在写保护被解除后,才能操作相关寄存器。

STM32 闪存的编程每次必须写入 16 位(不能单纯的写入 8 位数据),当 FLASH_CR 寄存器的 PG 位为 1 时,在一个闪存地址写入一个半字将启动一次编程;写入任何非半字的数据,FPEC 都会产生总线错误。在编程过程中(BSY 位为 1),任何读/写内存的操作都会使 CPU 暂停,直到此次闪存编程结束。

同样,STM32 的 FLASH 在编程的时候也必须要求其写入地址的 FLASH 是被擦除了的(其值必须是 0xFFFF),否则无法写入;在 FLASH_SR 寄存器的 PGERR 位将得到一个警告。

STM32 的 FLASH 编程过程如图 11.2 所示。可以得到闪存的编程顺序如下:

① 检查 FLASH_CR 的 LOCK 是否解锁,没有则先解锁;

② 检查 FLASH_SR 寄存器的 BSY 位,以确认没有其他正在进行的编程操作;

③ 设置 FLASH_CR 寄存器的 PG 位为 1;

④ 在指定的地址写入要编程的半字;

⑤ 等待 BSY 位变为 0;

⑥ 读出写入地址并验证数据。

在 STM32 的 FLASH 编程的时候,要先判断缩写地址是否被擦出了,所以,有必要再介绍一下 STM32 的闪存擦除。STM32 的闪存擦除分为 2 种:页擦除和整片擦除。页擦除过程如图 11.3 所示。

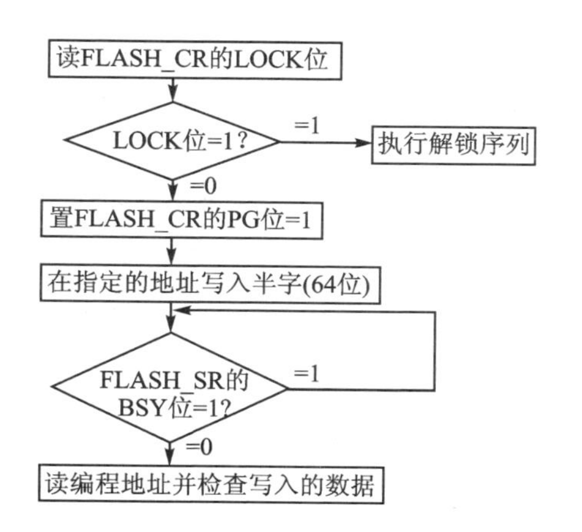

图 11.2　STM32 闪存编程过程

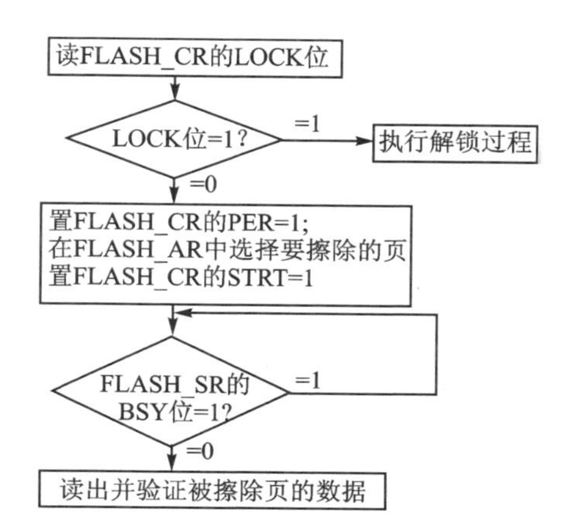

图 11.3　STM32 闪存页擦除过程

可以看出,STM32 的页擦除顺序为:

① 检查 FLASH_CR 和 LOCK 是否解锁,没有则先解锁;

② 检查 FLASH_SR 寄存器的 BSY 位,以确认没有其他正在进行的闪存操作;

③ 设置 FLASH_CR 寄存器的 PER 位为 1;

④ 用 FLASH_AR 寄存器选择要擦除的页;

⑤ 设置 FLASH_CR 寄存器的 STRT 位为 1;

⑥ 等待 BSY 位变为 0;

⑦ 读出被擦除的页并做验证。

本章只用到了 STM32 页擦除功能,整片擦除功能就不介绍了。

3. FLASH 寄存器

(1) FPEC 键寄存器(FLASH_KEYR)

FPEC 键寄存器描述如图 11.4 所示。该寄存器主要用来解锁 FPEC,必须在该寄存器写入特定的序列(KEY1 和 KEY2)解锁后,才能对 FLASH_CR 寄存器进行写操作。

31	30	29	28	27	26	25	24	23	22	21	20	19	18	17	16
FKEYR[31:16]															
w	w	w	w	w	w	w	w	w	w	w	w	w	w	w	w
15	**14**	**13**	**12**	**11**	**10**	**9**	**8**	**7**	**6**	**5**	**4**	**3**	**2**	**1**	**0**
FKEYR[15:0]															
w	w	w	w	w	w	w	w	w	w	w	w	w	w	w	w

注:所有这些位是只写的,读出时返回0。

位31~0	FKEYR:FPEC键 这些位用于输入FPEC的解锁建

图 11.4 FLASH_KEYR 寄存器

(2) FLASH 控制寄存器(FLASH_CR)

FLASH 控制寄存器描述如图 11.5 所示。该寄存器只用到了 LOCK、STRT、PER 和 PG 这 4 个位。

LOCK 位,用于指示 FLASH_CR 寄存器是否被锁住;该位在检测到正确的解锁序列后,硬件将其清零。在一次不成功的解锁操作后,在下次系统复位之前,该位将不再改变。

STRT 位,用于开始一次擦除操作。在该位写入 1,将执行一次擦除操作。

PER 位,用于选择页擦除操作,在页擦除的时候需要将该位置 1。

PG 位,用于选择编程操作,在往 FLASH 写数据的时候,该位需要置 1。

(3) 闪存状态寄存器(FLASH_SR)

闪存状态寄存器描述如图 11.6 所示。该寄存器主要用来指示当前 FPEC 的操作编程状态。

31	30	29	28	27	26	25	24	23	22	21	20	19	18	17	16
保留															
res															

15	14	13	12	11	10	9	8	7	6	5	4	3	2	1	0
保留			EOPIE	保留	ERRIE	OPTWRE	保留	LOCK	STRT	OPTER	OPTPG	保留	MER	PER	PG
res			rw	res	rw	rw	res	rw	rw	rw	rw	res	rw	rw	rw

位	说明
位7	LOCK：锁 只能写1。当该位为1时表示FPEC和FLASH_CR被锁住。在检测到正确的解锁序列后，硬件清除此位为0。 在一次不成功的解锁操作后，下次系统复位前，该位不能再被改变
位6	STRT：开始 当该位为1时触发一次擦除操作。该位只可由软件置为1并在BSY变为1时清为0
位1	PER：页擦除 选择擦除页
位0	PG：编程 选择编程操作

图 11.5　FLASH_CR寄存器

31	30	29	28	27	26	25	24	23	22	21	20	19	18	17	16
保留															
res															

15	14	13	12	11	10	9	8	7	6	5	4	3	2	1	0
保留										EOP	WRPRTERR	保留	PGERR	保留	BSY
res										rw	rw	res	rw	res	r

位	说明
位5	EOP：操作结束 当闪存操作(编程/擦除)完成时，硬件设置这个为1，写入1可以清除这位状态。 注：每次成功的编程或擦除都会设置EOP状态
位4	WRPRTERR：写保护错误 试图对写保护的闪存地址编程时，硬件设置这位为1，写入1可以清除这位状态
位3	保留。必须保持为清除状态0
位2	PGERR：编程错误 试图对内容不是0xFFFF的地址编程时，硬件设置这位为1，写入1可以清除这位状态。 注：进行编程操作之前，必须先清除FLASH_CR寄存器的STRT位
位1	保留。必须保持为清除状态0
位0	BSY：忙 该位指示闪存操作正在进行。在闪存操作开始时，该位被设置为1；在操作结束或发生错误时，该位被清除为0

图 11.6　FLASH_SR寄存器

(4) 闪存地址寄存器(FLASH_AR)

闪存地址寄存器描述如图11.7所示。该寄存器在本章主要用来设置要擦除的页。

关于STM32 FLASH的介绍就到这里，更详细的介绍可以参考《STM32F10xxx闪存编程参考手册》。

31	30	29	28	27	26	25	24	23	22	21	20	19	18	17	16
FAR[31:16]															
w	w	w	w	w	w	w	w	w	w	w	w	w	w	w	w
15	14	13	12	11	10	9	8	7	6	5	4	3	2	1	0
FAR[15:0]															
w	w	w	w	w	w	w	w	w	w	w	w	w	w	w	w

这些位由硬件修改为当前/最后使用的地址。在页擦除操作中，软件必须修改这个寄存器以指定要擦除的页。

位31~0	FAR：闪存地址 进行编程时选择要编程的地址，进行页擦除时选择要擦除的页。 注意：当FLASH_SR中的BSY位为1时，不能写这个寄存器

图 11.7　FLASH_AR 寄存器

11.2　硬件设计

(1) 例程功能

按键 KEY1 控制写入 FLASH 的操作，按键 KEY0 控制读出操作，并在 TFTLCD 模块上显示相关信息，还可以借助 USMART 进行读取或者写入操作。LED0 闪烁用于提示程序正在运行。

(2) 硬件资源

- LED 灯：LED0 - PB5；
- 串口 1(PA9、PA10 连接在板载 USB 转串口芯片 CH340 上面)；
- 正点原子 TFTLCD 模块(仅限 MCU 屏，16 位 8080 并口驱动)；
- 独立按键：KEY0 - PE4、KEY1 - PE3。

11.3　程序设计

11.3.1　FLASH 的 HAL 库驱动

FLASH 在 HAL 库中的驱动代码在 stm32f1xx_hal_flash.c 和 stm32f1xx_hal_flash_ex.c 文件(及其头文件)中。

(1) HAL_FLASH_Unlock 函数

解锁闪存控制寄存器访问的函数，其声明如下：

```
HAL_StatusTypeDef HAL_FLASH_Unlock(void);
```

函数描述：用于解锁闪存控制寄存器的访问，在对 FLASH 进行写操作前必须先解锁；解锁操作也就是必须在 FLASH_KEYR 寄存器写入特定的序列(KEY1 和 KEY2)。

函数形参：无。

函数返回值：HAL_StatusTypeDef 枚举类型的值。

(2) HAL_FLASH_Lock 函数

锁定闪存控制寄存器访问的函数，其声明如下：

```
HAL_StatusTypeDef HAL_FLASH_Lock (void);
```

函数描述：用于锁定闪存控制寄存器的访问。

函数形参：无。

函数返回值：HAL_StatusTypeDef **枚举类型的值。**

(3) HAL_FLASH_Program 函数

闪存写操作函数，其声明如下：

```
HAL_StatusTypeDef HAL_FLASHEx_Program(uint32_t TypeProgram, uint32_t Address,
                                      uint64_t Data);
```

函数描述：该函数用于 FLASH 的写入。

函数形参：

形参 1 TypeProgram 用来区分要写入的数据类型，取值可为字节、半字、字和双字，用户根据写入数据类型选择即可。

形参 2 Address 用来设置要写入数据的 FLASH 地址。

形参 3 Data 是要写入的数据类型。该参数默认 64 位，如果要写入小于 64 位的数据，比如 16 位，则程序会进行类型转换。

函数返回值：HAL_StatusTypeDef 枚举类型的值。

(4) HAL_FLASHEx_Erase 函数

闪存擦除函数，其声明如下：

```
HAL_StatusTypeDef HAL_FLASHEx_Erase(FLASH_EraseInitTypeDef * pEraseInit,
                                    uint32_t * SectorError);
```

函数描述：该函数用于大量擦除或擦除指定的闪存扇区。

函数形参：

形参 1 FLASH_EraseInitTypeDef 是结构体类型指针变量。

```
typedef struct
{
  uint32_t TypeErase;        /* 擦除类型(Page 擦除/BANK 级别批量擦除) */
  uint32_t Banks;            /* 擦除的 Bank 编号(批量擦除时才有效) */
  uint32_t PageAddress;      /* 擦除页面地址 */
  uint32_t NbPages;          /* 擦除的页面数 */
} FLASH_EraseInitTypeDef;
```

成员变量 TypeErase 用来设置擦除类型，是 page 擦除还是 BANK 级别的批量擦除，取值为 FLASH_TYPEERASE_PAGES 或者 FLASH_TYPEERASE_MASSERASE。如果一次擦除一个 Bank 下面的所有 Page，那么需要选择 FLASH_TYPEERASE_MASSERASE。成员变量 Banks 用来设置要擦除的 Bank 编号，只有设置为批量擦除时才有效。成员变量 PageAddress 用来设置要擦除页面的地址。成员变量 NbPages 用来设置要擦除的页面数。

形参 2 是 uint32_t 类型指针变量,存放错误码。0xFFFFFFFF 值表示扇区已被正确擦除,其他值表示擦除过程中的错误扇区。

函数返回值:HAL_StatusTypeDef 枚举类型的值。

(5) FLASH_WaitForLastOperation 函数

等待 FLASH 操作完成函数,其声明如下:

```
HAL_StatusTypeDef FLASH_WaitForLastOperation(uint32_t Timeout);
```

函数描述:该函数用于等待 FLASH 操作完成。

函数形参:形参是 FLASH 操作超时时间。

函数返回值:HAL_StatusTypeDef 枚举类型的值。

11.3.2 程序流程图

程序流程如图 11.8 所示。

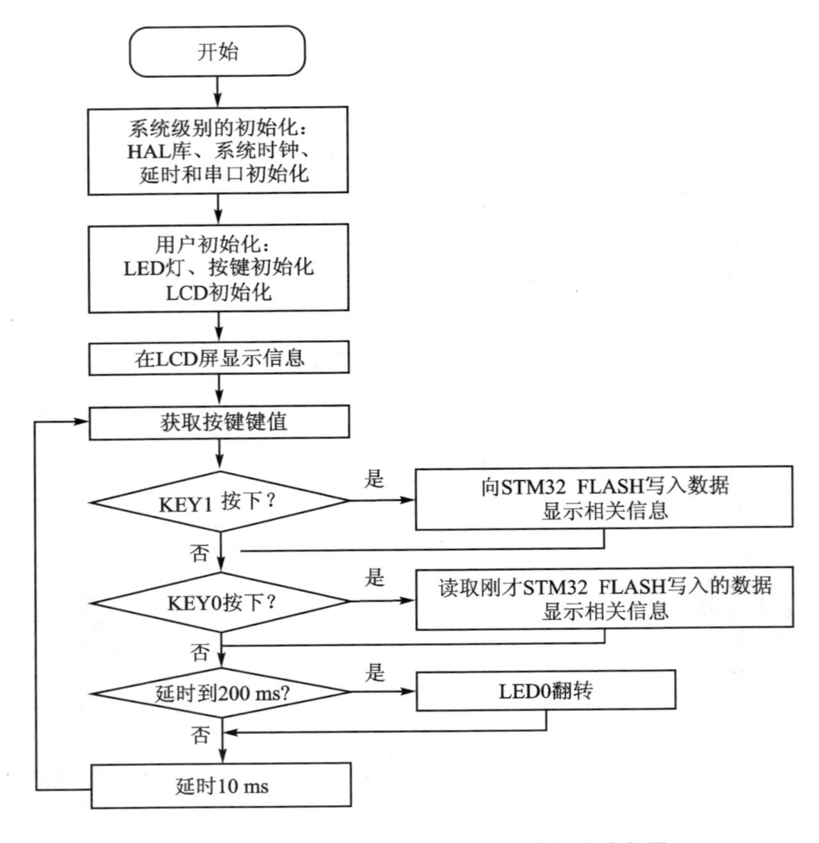

图 11.8 FLASH 模拟 EEPROM 实验程序流程图

11.3.3 程序解析

1. STM FLASH 驱动代码

这里只讲解核心代码，详细的源码可参考配套资料中本实验对应源码。STM FLASH 驱动源码包括 2 个文件：stmflash.c 和 stmflash.h。

stmflash.h 头文件做了一些比较重要的宏定义，定义如下：

```
/* FLASH 起始地址 */
#define STM32_FLASH_BASE          0x08000000          /* STM32 FLASH 起始地址 */
#define STM32_FLASH_SIZE          0x80000             /* STM32 FLASH 总大小 */
#if STM32_FLASH_SIZE < 256 * 1024    /* STM32F103 扇区大小 */
#define STM32_SECTOR_SIZE   1024     /* 容量小于 256 KB 的 F103，扇区大小为 1 KB */
#else
#define STM32_SECTOR_SIZE   2048     /* 容量大于等于 256 KB 的 F103，扇区大小为 2 KB */
#endif
```

STM32_FLASH_BASE 和 STM32_FLASH_SIZE 分别是 FLASH 的起始地址和 FLASH 总大小，这 2 个宏定义随着芯片是固定的。战舰开发板的 F103 芯片 FLASH 是 512 KB，所以 STM32_FLASH_SIZE 宏定义值为 0x80000。STM FLASH 写操作函数，源码如下：

```
/**
 * @brief       在 FLASH 指定位置，写入指定长度的数据(自动擦除)
 * @note        该函数往 STM32 内部 FLASH 指定位置写入指定长度的数据
 *              该函数会先检测要写入的扇区是否是空(全 0XFFFF)，如果
 *              不是，则先擦除;如果是，则直接往扇区里面写入数据
 *              数据长度不足扇区时，自动被回擦除前的数据
 * @param       waddr：起始地址 (此地址必须为 2 的倍数，否则写入出错!)
 * @param       pbuf：数据指针
 * @param       length：要写入的半字(16 位)数
 */
uint16_t g_flashbuf[STM32_SECTOR_SIZE / 2]; /* 最多是 2 KB */
void stmflash_write(uint32_t waddr, uint16_t *pbuf, uint16_t length)
{
    uint32_t secpos;              /* 扇区地址 */
    uint16_t secoff;              /* 扇区内偏移地址(16 位字计算) */
    uint16_t secremain;           /* 扇区内剩余地址(16 位字计算) */
    uint16_t i;
    uint32_t offaddr;             /* 去掉 0X08000000 后的地址 */
    FLASH_EraseInitTypeDef flash_eraseop;
    uint32_t erase_addr;          /* 擦除错误，这个值为发生错误的扇区地址 */
    if(waddr < STM32_FLASH_BASE||(waddr >= (STM32_FLASH_BASE + 1024 * STM32_FLASH_SIZE)))
    {
        return;                   /* 非法地址 */
    }
    HAL_FLASH_Unlock();          /* FLASH 解锁 */
    offaddr = waddr - STM32_FLASH_BASE;                 /* 实际偏移地址 */
    secpos = offaddr / STM32_SECTOR_SIZE;               /* 得到扇区编号 */
    secoff = (offaddr % STM32_SECTOR_SIZE)/2;           /* 在扇区内的偏移(2B 为基本单位) */
```

```
secremain = STM32_SECTOR_SIZE / 2 - secoff;     /* 扇区剩余空间大小 */
if (length <= secremain)
{
    secremain = length;     /* 不大于该扇区范围 */
}
while (1)
{
    stmflash_read(secpos * STM32_SECTOR_SIZE + STM32_FLASH_BASE,
            g_flashbuf, STM32_SECTOR_SIZE / 2);     /* 读出整个扇区的内容 */
    for (i = 0; i < secremain; i++)         /* 校验数据 */
    {
        if (g_flashbuf[secoff + i] != 0XFFFF)
        {
            break;                          /* 需要擦除 */
        }
    }
    if (i < secremain)                      /* 需要擦除 */
    {
        flash_eraseop.TypeErase = FLASH_TYPEERASE_PAGES;    /* 选择页擦除 */
        flash_eraseop.NbPages = 1;                          /* 要擦除的页数 */
        flash_eraseop.PageAddress = secpos * STM32_SECTOR_SIZE +
                        STM32_FLASH_BASE;    /* 要擦除的起始地址 */
        HAL_FLASHEx_Erase(&flash_eraseop, &erase_addr);
        for (i = 0; i < secremain; i++)                     /* 复制 */
        {
            g_flashbuf[i + secoff] = pbuf[i];
        }
        stmflash_write_nocheck(secpos * STM32_SECTOR_SIZE + STM32_FLASH_BASE,
                g_flashbuf, STM32_SECTOR_SIZE / 2); /* 写入整个扇区 */
    }
    else
    {   /* 写已经擦除了的,直接写入扇区剩余区间 */
        stmflash_write_nocheck(waddr, pbuf, secremain);
    }
    if (length == secremain)
    {
        break;                      /* 写入结束了 */
    }
    else                            /* 写入未结束 */
    {
        secpos++;                   /* 扇区地址增 1 */
        secoff = 0;                 /* 偏移位置为 0 */
        pbuf += secremain;          /* 指针偏移 */
        waddr += secremain * 2;     /* 写地址偏移(16 位数据地址,需要 * 2) */
        length -= secremain;        /* 字节(16 位)数递减 */
        if (length > (STM32_SECTOR_SIZE / 2))
        {
            secremain = STM32_SECTOR_SIZE / 2;      /* 下一个扇区还是写不完 */
        }
        else
        {
```

```
                secremain = length;     /* 下一个扇区可以写完了 */
            }
        }
    }
    HAL_FLASH_Lock();                   /* 上锁 */
}
```

该函数用于在 STM32 的指定地址写入指定长度的数据。函数的实现基本类似 SPI 章节的 norflash_write 函数，不过该函数对于写入地址是有要求，必须保证：

① 写入地址必须是用户代码区以外的地址。

② 写入地址必须是 2 的倍数。

第①点比较好理解，如果把用户代码擦了，则运行的程序就被废了，从而很可能出现死机的情况。第②点则是 STM32 FLASH 的要求，每次必须写入 16 位，如果写的地址不是 2 的倍数，那么写入的数据可能就不是写在要写的地址了。另外，该函数的 g_flashbuf 数组也是根据所用 STM32 的 FLASH 容量来确定的，战舰 STM32 开发板的 FLASH 是 512 KB，所以 STM_SECTOR_SIZE 的值为 2 048，故该数组大小为 2 KB。

stmflash_write 函数实质是调用 stmflash_write_nocheck 函数进行实现。stmflash_write 函数代码如下：

```
/**
 * @brief      不检查的写入
               这个函数的假设已经把原来的扇区擦除过再写入
 * @param      waddr：起始地址 (此地址必须为 2 的倍数，否则写入出错)
 * @param      pbuf：数据指针
 * @param      length：要写入的半字(16 位)数
 */
void stmflash_write_nocheck(uint32_t waddr, uint16_t *pbuf, uint16_t length)
{
    uint16_t i;
    for (i = 0; i < length; i++)
    {
        HAL_FLASH_Program(FLASH_TYPEPROGRAM_HALFWORD, waddr, pbuf[i]);
        waddr += 2;          /* 指向下一个半字 */
    }
}
```

该函数的实现依靠 FLASH 的 HAL 库驱动 HAL_FLASH_Program 实现。写函数也调用到读函数，代码如下：

```
/**
 * @brief       从指定地址读取一个半字 (16 位数据)
 * @param       faddr：读取地址 (此地址必须为 2 的倍数!!)
 * @retval      读取到的数据 (16 位)
 */
uint16_t stmflash_read_halfword(uint32_t faddr)
{
    return *(volatile uint16_t *)faddr;
}
```

```
/**
 * @brief       从指定地址开始读出指定长度的数据
 * @param       raddr：起始地址
 * @param       pbuf：数据指针
 * @param       length：要读取的半字(16 位)数,即 2 个字节的整数倍
 */
void stmflash_read(uint32_t raddr, uint16_t *pbuf, uint16_t length)
{
    uint16_t i;
    for (i = 0; i < length; i++)
    {
        pbuf[i] = stmflash_read_halfword(raddr);     /* 读取 2 个字节 */
        raddr += 2;                                   /* 偏移 2 个字节 */
    }
}
```

STM32 对 FLASH 写入地址的值必须是 0xFFFFFFFF,所以读函数主要是读取地址的值,用以给写函数调用检验,确保能写入成功。

2. main.c 代码

在 main.c 里面编写如下代码：

```
const uint8_t g_text_buf[] = {"STM32 FLASH TEST"};      /* 要写入的 FLASH 字符串数组 */
#define TEXT_LENTH sizeof(g_text_buf)                   /* 数组长度 */
/* SIZE 表示半字长(2 字节),大小必须是 2 的整数倍, 如果不是,则强制对齐到 2 的整数倍 */
#define SIZE TEXT_LENTH / 2 + ((TEXT_LENTH % 2) ? 1 : 0)
/* 设置 FLASH 保存地址(必须为偶数,且其值要大于本代码所占用 FLASH 的大小 + 0X08000000) */
#define FLASH_SAVE_ADDR  0X08070000
int main(void)
{
    uint8_t key = 0;
    uint16_t i = 0;
    uint8_t datatemp[SIZE];
    HAL_Init();                                         /* 初始化 HAL 库 */
    sys_stm32_clock_init(RCC_PLL_MUL9);                 /* 设置时钟, 72 MHz */
    delay_init(72);                                     /* 延时初始化 */
    usart_init(115200);                                 /* 串口初始化为 115 200 */
    usmart_dev.init(72);                                /* 初始化 USMART */
    led_init();                                         /* 初始化 LED */
    lcd_init();                                         /* 初始化 LCD */
    key_init();                                         /* 初始化按键 */
    lcd_show_string(30,  50, 200, 16, 16, "STM32", RED);
    lcd_show_string(30,  70, 200, 16, 16, "FLASH EEPROM TEST", RED);
    lcd_show_string(30,  90, 200, 16, 16, "ATOM@ALIENTEK", RED);
    lcd_show_string(30, 110, 200, 16, 16, "KEY1:Write  KEY0:Read", RED);
    while (1)
    {
        key = key_scan(0);
        if (key == KEY1_PRES)       /* KEY1 按下,写入 STM32 FLASH */
        {
            lcd_fill(0, 150, 239, 319, WHITE);
```

```
            lcd_show_string(30, 160, 200, 16, 16, "Start Write FLASH....", RED);
            stmflash_write(FLASH_SAVE_ADDR, (uint16_t *)g_text_buf, SIZE);
            lcd_show_string(30, 150, 200, 16, 16, "FLASH Write Finished!", RED);
        }
        if (key == KEY0_PRES)      /* KEY0 按下,读取字符串并显示 */
        {
            lcd_show_string(30, 150, 200, 16, 16, "Start Read FLASH....  ", RED);
            stmflash_read(FLASH_SAVE_ADDR, (uint16_t *)datatemp, SIZE);
            lcd_show_string(30, 150, 200, 16, 16, "The Data Readed Is:  ", RED);
            lcd_show_string(30, 170, 200, 16, 16, (char *)datatemp, BLUE);
        }
        i++;
        delay_ms(10);
        if (i == 20)
        {
            LED0_TOGGLE();          /* 提示系统正在运行 */
            i = 0;
        }
    }
}
```

主函数代码逻辑比较简单,检测到按键 KEY1 按下后,则往 FLASH 指定地址开始的连续地址空间写入一段数据;当检测到按键 KEY0 按下后,则读取 FLASH 指定地址开始的连续空间数据。

最后,将 stmflash_read_word 和 test_write 函数加入 USMART 控制,这样就可以通过串口调试助手调用 STM32F103 的 FLASH 读/写函数,方便测试。

11.4　下载验证

将程序下载到开发板后,可以看到 LED0 不停地闪烁,提示程序已经在运行了。LCD 显示的内容如图 11.9 所示。

先按 KEY1 按键写入数据,然后按 KEY0 读取数据,得到界面如图 11.10 所示。

STM32
FLASH EEPROM TEST
ATOM@ALIENTEK
KEY1:Write　KEY0: READ

图 11.9　程序运行效果图

STM32
FLASH EEPROM TEST
ATOM@ALIENTEK
KEY1:Write　KEY0: READ
The Data Readed Is:
STM32 FLASH TEST

图 11.10　操作后的显示效果图

本实验的测试还可以借助 USMART,调用 stmflash_read_word 和 test_write 函数进行测试。

第 12 章

摄像头实验

正点原子战舰 STM32 开发板板载了一个摄像头接口(P6),用来连接正点原子 OV7725 摄像头模块。本章将使用 STM32 驱动正点原子 OV7725 摄像头模块,实现摄像头功能。

12.1 OV7725 模块简介

12.1.1 正点原子 OV7725 模块

正点原子 OV7725 模块是正点原子推出的一款高性能 30 万像素高清摄像头模块,采用 OmniVision 公司生产的 1/4 英寸 CMOS VGA(640×480)图像传感器 OV7725。正点原子的 OV7725 模块(外形如图 12.1 所示)采用该 OV7725 传感器作为核心部件,集成有源晶振和 FIFO(AL422B),可以调整缓存摄像头的图像数据。任意一款 MCU 都可控制该模块和读取图像。

正点原子 OV7725 模块的特点如下:

图 12.1 正点原子 OV7725 模块

- 高灵敏度、低电压,适合嵌入式应用;
- 标准的 SCCB 接口,兼容 I^2C 接口;
- 支持 RawRGB、RGB(GBR4:2:2,RGB565/RGB555/RGB444),YUV(4:2:2)和 YCbCr(4:2:2)输出格式;
- 支持 VGA、QVGA 和从 CIF 到 40×30 的各种尺寸输出;
- 自动图像控制功能:自动曝光(AEC)、自动白平衡(AWB)、自动消除灯光条纹、自动黑电平校准(ABLC)和自动带通滤波器(ABF);
- 支持图像质量控制:色饱和度调节、色调调节、gamma 校准、锐度和镜头校准等;
- 支持图像缩放、平移和窗口设置;
- 集成有源晶振,无需外部提供时钟;
- 集成 FIFO 芯片(AL422B),方便 MCU 读取图像;
- 自带嵌入式微处理器。

OV7725的功能框图如图12.2所示。可见，感光阵列(image array)在XCLK时钟的驱动下进行图像采样，输出640×480阵列的模拟数据；接着模拟信号处理器在时序发生器(video timing generator)的控制下对模拟数据进行算法处理(analog processing)；模拟数据处理完成后分成G(绿色)和R/B(红色/蓝色)2路通道，经过A/D转换器后转换成数字信号，并且通过DSP进行相关图像处理，最终输出所配置格式的10位视频数据流。模拟信号处理以及DSP等都可以通过寄存器(register)来配置，配置寄存器的接口就是SCCB接口。

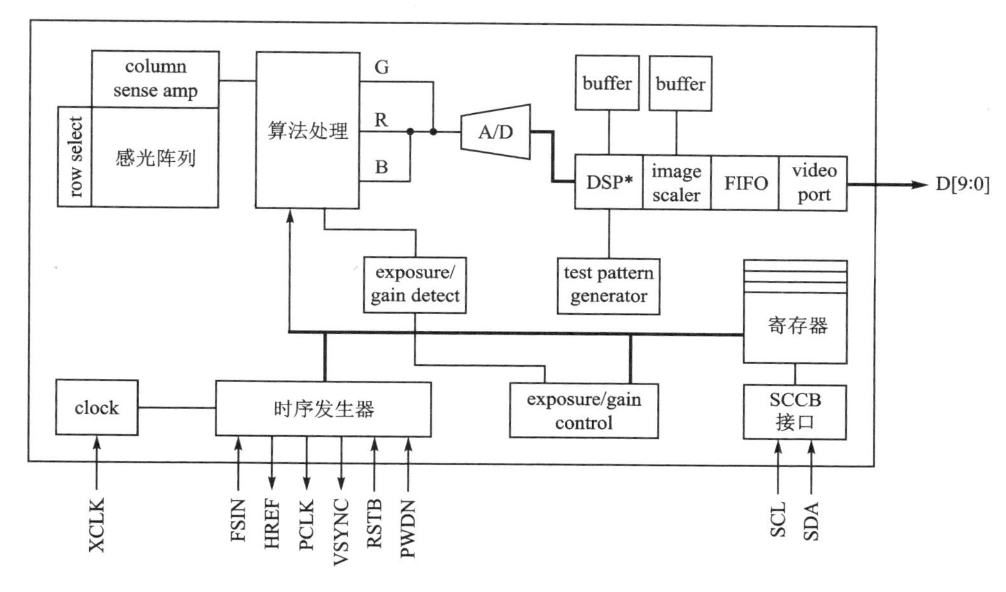

图12.2　OV7725功能框图

正点原子OV7725模块原理图如图12.3所示。可以看出，正点原子OV7725摄像头模块自带了有源晶振，用于产生12 MHz时钟作为OV7725传感器的XCLK输入；带有一个FIFO芯片(AL422B)，该FIFO芯片的容量是384 KB，足够存储2帧QVGA的图像数据。当驱动好OV7725模块后，图像数据就被存放到FIFO中，获取图像数据就是对FIFO进行读取，这个过程需要用到的引脚就是图中的2×9双排座。模块就是通过一个2×9的双排排针(P1)与外部通信，与外部通信信号如表12.1所列。

表12.1　OV7725模块接口信号描述

信　号	作用描述	信　号	作用描述
VCC3.3	模块供电脚，接3.3 V电源	FIFO_WEN	FIFO写使能
GND	模块地线	FIFO_WRST	FIFO写指针复位
OV_SCL	SCCB通信时钟信号	FIFO_RRST	FIFO读指针复位
OV_SDA	SCCB通信数据信号	FIFO_OE	FIFO输出使能(片选)
FIFO_D[7:0]	FIFO输出数据(8位)	OV_VSYNC	帧同步信号
FIFO_RCLK	读FIFO时钟		

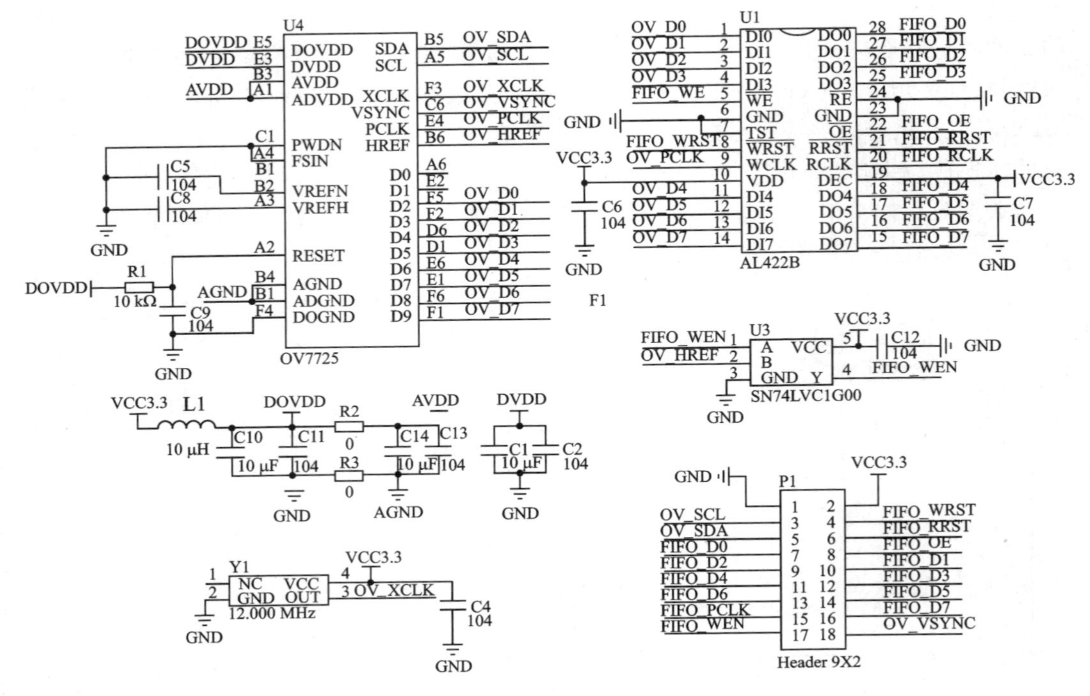

图 12.3　正点原子 OV7725 模块原理图

12.1.2　串行摄像头控制总线(SCCB)简介

正点原子 OV7725 摄像头模块的所有配置，包括图像数据格式、分辨率以及图像处理参数等，都是通过串行摄像头控制总线(SCCB)总线来实现的。

SCCB 全称是 Serial Camera Control Bus，即串行摄像头控制总线，是由 OV(OmniVision 的简称)公司定义和发展的 3 线式串行总线。不过，为了减少传感器引脚的封装，现在 SCCB 总线大多采用 2 线式接口总线。

OV7725 使用的 2 线式接口总线，由 2 条数据线组成：一条是用于传输时钟信号的 SIO_C(即 OV_SCL)，另一条是用于传输数据信号的 SIO_D(即 OV_SDA)，这 2 条数据线类型对应 I^2C 协议中的 SCL 和 SDA 信号线。SCCB 协议兼容 I^2C 协议，是因为 SCCB 协议和 I^2C 协议非常相似。

SCCB 包括 3 种传输周期(也就是协议)，即 3 相写传输周期、2 相写传输周期和 2 相读传输周期。3 相写传输周期相当于写操作，而读操作是符合需要的 2 相写传输周期和 2 相读传输周期进行结合。这里的相指的是传输的单位，一字节称为一个相。

SCCB 的写传输协议如图 12.4 所示。

图中就是 3 相写传输周期。第一个相是 ID Address，由 7 位器件地址和一位读/写控制位构成(0 表示写，1 表示读)，而 OV7725 器件地址为 0x21，所以在写传输时序中，ID Address(W)为 0x42(器件地址左移一位，低位补 0)；第二个相就是 Sub - address，

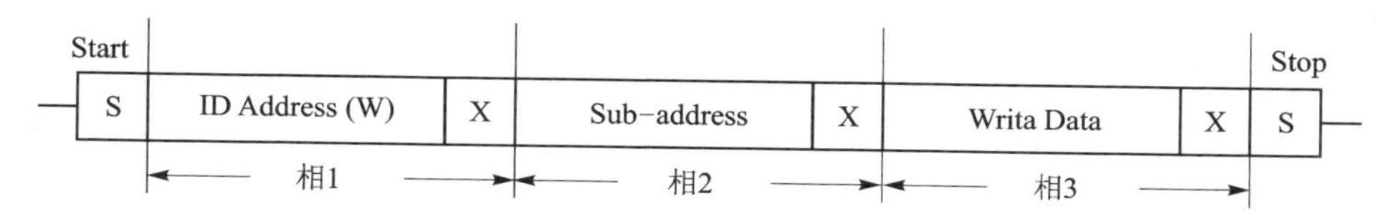

图 12.4 SCCB 写传输协议

即 8 位寄存器地址，在 OV7725 的数据手册中定义了 0x00～0xAC 共 173 个寄存器，有些寄存器是可写的，有些是只读的，只有可写的寄存器才能正确写入；第三个相就是 Write Data，即要写入寄存器的 8 位配置数据。图 12.4 中的第 9 位 X 表示 Don't Care（不必关心位），该位是由从机（此处指 OV7725）发出应答信号来响应主机，表示当前 ID Adress、Sub - address 和 Write Data 是否传输完成；但是从机有可能不发出应答信号，因此主机（此处指 STM32）可不用判断此处是否有应答，直接默认当前传输完成即可。

SCCB 和 I^2C 写传输协议极为相似，只是在 SCCB 写传输时序中，第 9 位为不必关心位，而 I^2C 写传输协议中为应答位。SCCB 的读传输时序和 I^2C 有些差异，在 I^2C 读传输协议中，写完寄存器地址后会有一个 restart 即重复开始的操作；而 SCCB 读传输协议中没有重复开始的概念，在写完寄存器地址后发起总线停止信号。

SCCB 读传输协议如图 12.5 所示。SCCB 读传输协议由 2 个部分组成：2 相写传输周期和 2 相读传输周期；与 I^2C 的读操作是相似的，都是复合的过程。第一部分是写器件地址和寄存器地址，即先进行一次虚写操作，通过这种虚写操作使地址指针指向虚写操作中寄存器地址的位置。第二部分就是读器件地址和读数据，此时读取到的数据才是寄存器地址对应的数据，这里的读器件地址为 0x43（器件地址左移一位，低位补 1）。图中的 NA 位由主机（这里指 STM32）产生，由于 SCCB 总线不支持连续读/写，因此 NA 位必须为高电平。

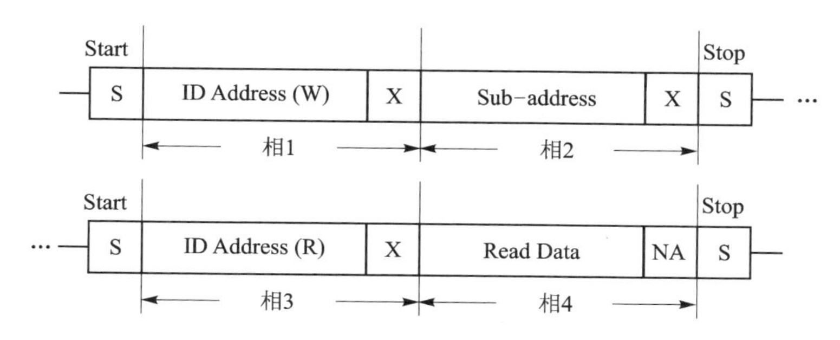

图 12.5 SCCB 读传输协议

SCCB 的详细介绍可参考配套资料的 OV7725 摄像头模块资料里“OmniVision Technologies Seril Camera Control Bus(SCCB) Specification. pdf”文档。

OV7725 的初始化需要配置大量的寄存器，读者可参考配套资料的 OV7725 摄像头模块资料里“OV7725 Software Application Note. pdf”。

12.1.3 输出时序说明

当使用 SCCB 总线对 OV7725 进行寄存器配置后，就会输出图像数据。通过查看输出时序图就可以知道如何进行图像数据的获取。OV7725 支持多种尺寸(分辨率)输出：

- VGA，即分辨率为 640×480 的输出模式；
- QVGA，即分辨率为 32×240 的输出模式；
- QQVGA，即分辨率为 160×120 的输出模式。

这里就以 VGA 模式为例子，即 OV7725 输出的图像分辨率为 640×480，分析如图 12.6 所示的帧时序图。

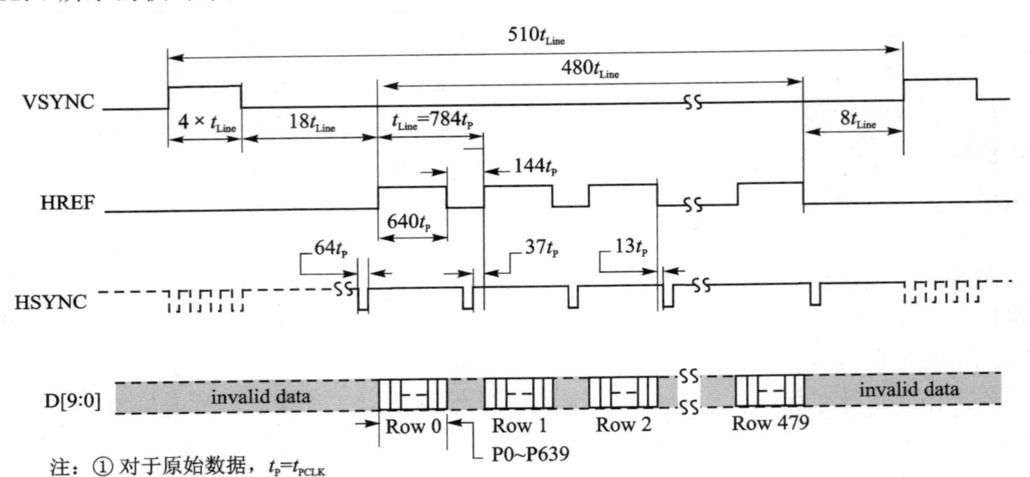

图 12.6 VGA 模式帧时序图

VSYNC：场同步信号，也叫帧信号，由摄像头输出，用于标志一帧图像数据的开始与结束。图 12.6 中 VSYNC 的高电平作为一帧的同步信号，在低电平时输出的数据有效。场同步的极性可以通过寄存器 0x15 去设置，本实验使用的是和图 12.6 一致的默认设置。

HREF/HSYNC：行同步信号，由摄像头输出，用来标志一行数据的开始与结束。图 12.6 中的 HREF 和 HSYNC 由同一引脚输出，只是数据的同步方式不一样。HREF 上升沿就马上输出图像数据，而 HSYNC 会等待一段时间再输出图像数据；如果行中断里需要先处理事情再开始采集，显然用 HREF 上升沿不容易采集到第一个像素数据。本实验使用 HREF 格式输出，当 HREF 为高电平时，图像数据马上输出并有效。该引脚的极性也可以通过寄存器 0x15 进行设置。

D[9:0]：数据信号，由摄像头输出，在 RGB 格式输出中，只用到 8 个数据引脚，即高 8 位 D[9:2]是有效的。

t_{PCLK}：一个像素时钟周期。

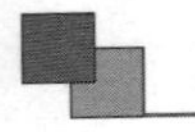

t_p：单个数据周期，这里需要注意图 12.6 的图下注。在 RGB 模式中，t_p 代表 2 个 t_{PCLK}（像素时钟）。以 RGB565 数据格式为例，RGB565 采用 16 bit 数据表示一个像素点，而 OV7725 在一个像素周期（t_{PCLK}）内只能传输 8 bit 数据，因此需要 2 个时钟周期才能输出一个 RGB565 数据。

t_{Line}：摄像头输出一行数据的时间，共 784 个 t_p，包含 $640t_p$ 个高电平和 $144t_p$ 个低电平，其中，$640t_p$ 为有效像素数据输出的时间。以 RGB565 数据格式为例，$640t_p$ 实际上就是 640×2=1 280 个 t_{PCLK}。

由图 12.6 可知，VSYNC 的上升沿作为一帧的开始，高电平同步脉冲时间为 $4t_{Line}$，紧接着等待 $18t_{Line}$ 时间后，HREF 开始拉高，此时 OV7725 输出一行有效图像数据，这里一行数据即 640 个像素点（VGA 模式）。HREF 由 $640t_p$ 个高电平和 $144t_p$ 个低电平构成。输出 480 行数据之后等待 $8t_{Line}$ 时间会产生一个 VSYNC 上升沿，标志一帧数据传输结束。所以输出一帧图像的时间实际上是 $t_{Frame}=(4+18+480+8)t_{Line}=510t_{Line}$。

利用以上的公式，结合摄像头的输出时钟 f_{PCLK} 得到 t_{PCLK}，便可算出摄像头输出帧率：

$$1\ \text{s}/t_{Frame}=1\ \text{s}/(510\times784\times2t_{PCLK})$$

OV7725 模块的输入时钟为 12 MHz，通过 OV7725 初始化的配置（主要查看 0xCD 和 0x11 寄存器），输出时钟为 24 MHz（周期为 42 ns），所以代入以上公式，帧率达到 30 Hz。这里要根据 LCD 的刷新率进行区分，由于本实验用到的是带 FIFO 的 OV7725 模块，MCU 不直接接收传感器输出的图像数据，而是通过从 FIFO 里获得，所以说这个刷新率比摄像头的输出帧率要低很多。

从帧时序图中可以清楚知道 OV7725 是如何输出图像数据的，但是不清楚像素数据的情况，所以接下来看一下如图 12.7 所示的输出 RGB565 输出时序图。可以看出，OV7725 的图像数据通过 D[9:2]输出一个字节，first byte 和 second byte 组成一个 16 位 RGB565 数据。在时序上，HREF 为高时开始传输一行数据，一个 PCLK 传输一个字节，传输完一行数据的最后一个字节（last byte）后 HREF 变为低。

12.1.4 图像数据存储和读取说明

由于 OV7725 的像素时钟（PCLK）最高可达 24 MHz，用 STM32F103 的 I/O 口直接抓取会十分消耗 CPU（可以通过降低 PCLK 输出频率来实现 I/O 口抓取，但是不推荐）。所以，这里并不是直接抓取 OV7725 输出的图像数据，而是通过 FIFO 读取。正点原子 OV7725 摄像头模块自带了一个 FIFO 芯片，用于暂存图像数据，有了这个芯片就可以很方便地获取图像数据了，而不再要求单片机具有高速 I/O，也不会耗费多少 CPU。可以说，只要是个单片机，都可以通过正点原子 OV7725 摄像头模块实现拍照的功能。

FIFO 芯片，型号是 AL422B，本质是一种 RAM 存储器，容量为 393 216 字节，不足以存放一帧 VGA 分辨率 RGB 格式的图像数据（640×480×2），但是能存放 2 帧 QVGA

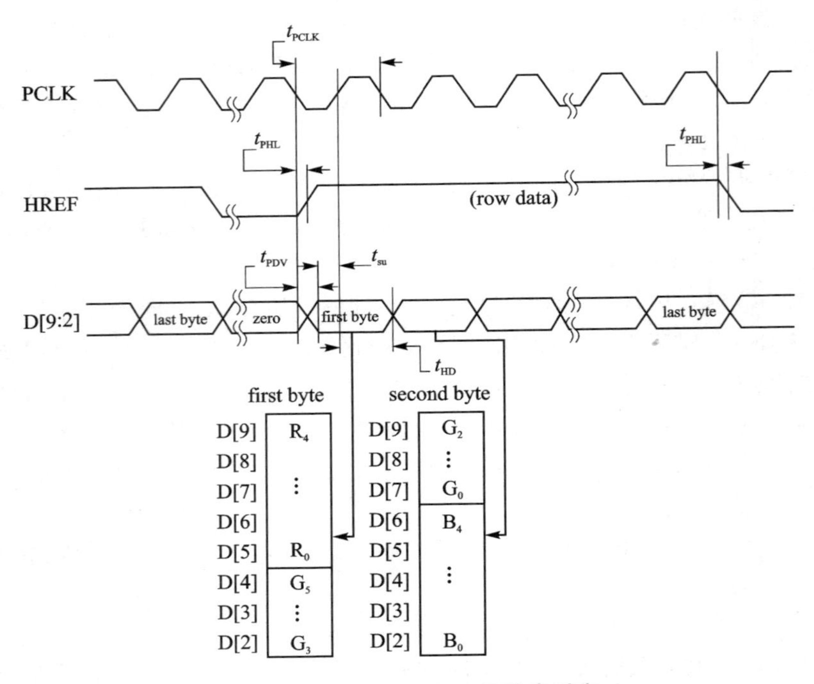

图 12.7 OV7725 RGB565 输出时序

分辨率 RGB 格式的图像数据(320×240×2)。由于 AL422B 写操作相关引脚和读操作相关引脚是独立开来的,其引脚图如图 12.8 所示,所以支持同时写入和读出数据。

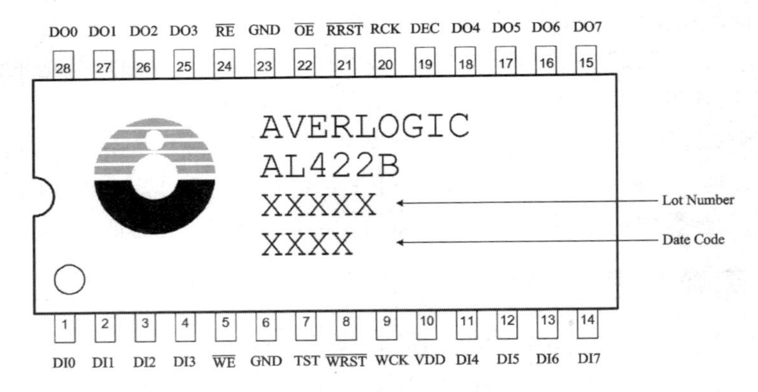

图 12.8 AL422B 引脚图

➢ 写操作相关引脚:WCK、$\overline{\text{WRST}}$、DI7~0、$\overline{\text{WE}}$;

➢ 读操作相关引脚:RCK、$\overline{\text{RRST}}$、DO7~0、$\overline{\text{RE}}$、$\overline{\text{OE}}$。

以上引脚在表 12.1 已经做了介绍,接下来看一下 FIFO 写时序和读 FIFO 时序,如图 12.9 和图 12.10 所示。

图 12.9 是 FIFO 写时序图,图中 WCK 是写 FIFO 时钟,与 OV_PCLK 相连,也就是 OV7725 的 PCLK 时钟信号直接提供写 FIFO 时钟。$\overline{\text{WRST}}$ 是 FIFO 写指针复位引

脚，由 MCU 控制，低电平时，写指针会复位到 FIFO 的 0 地址处。$\overline{\text{WE}}$ 是 FIFO 写使能引脚(FIFO_WE)，低电平时，FIFO 允许写入；但该引脚的电平通过一个与非门进行决定，详见图 12.3 模块原理图中的 SN74LVC1G00 部分(FIFO_WEN 和 OV_HREF 都为高电平时 FIFO_WE 才为低电平)，具体使用：当 OV_HREF 为高电平时就是一行图像数据到来，而 FIFO_WEN 引脚是引出来的，所以只需要在此刻拉高 FIFO_WEN 引脚，则 $\overline{\text{WE}}$ 引脚输出低电平，允许图像数据写到 FIFO。而 DI7～0 直接与 OV7725 传感器的数据引脚 D2～D9 相连。

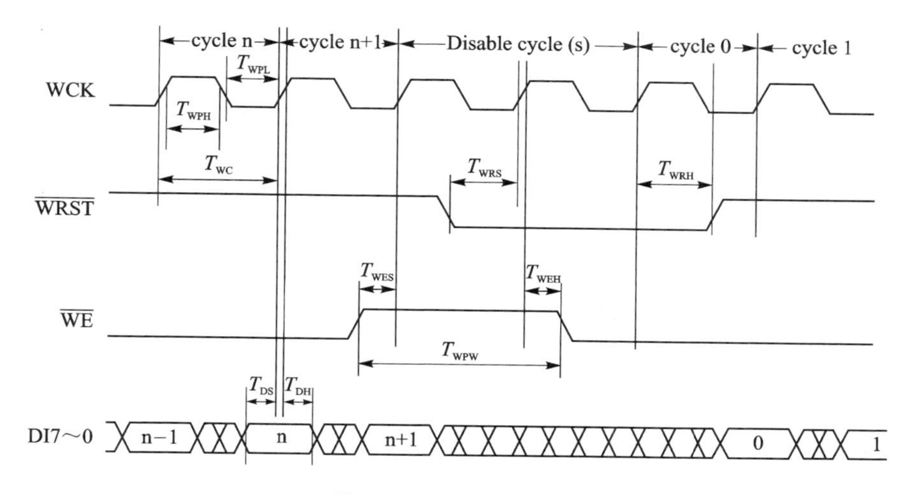

图 12.9　FIFO 写时序图

总的来说，写 FIFO 时序就是：OV7725 输出有效的行图像数据时(HREF 高电平)，需要保持写使能引脚为低电平(FIFO_WEN 拉高)。复位写指针(拉低后又重新拉高)后，需要一定的复位周期，然后才开始往 FIFO 的 0 地址处写数据，且数据会按地址递增方式存入 FIFO。

通常，我们会根据帧同步信号进行以上操作。这个存储图像数据的工程为：

① 等待 OV7725 帧同步信号；

② FIFO 写指针复位；

③ FIFO 写使能；

④ 等待第二个 OV7725 帧同步信号；

⑤ FIFO 写禁止。

通过以上 5 个步骤就可以完成一帧图像数据在 AL422B 的存储。注意，FIFO 写禁止操作不是必须的，只有想将一帧图片数据存储在 FIFO，并在外部 MCU 读取完这帧图片数据之前，不再采集新的图片数据的时候，才需要进行 FIFO 写禁止。

图 12.10 是读 FIFO 时序图，图中的 RCK 是读 FIFO 时钟，由 MCU 控制；$\overline{\text{RRST}}$ 是 FIFO 读指针复位引脚，由 MCU 控制，低电平时，读指针会复位到 FIFO 的 0 地址处；$\overline{\text{RE}}$ 是读使能引脚，硬件设计直接接地；$\overline{\text{OE}}$ 是输出使能，由 MCU 控制，要保持低电平才能使能 FIFO 数据输出；DO7～0 是数据引脚，获取图像数据。

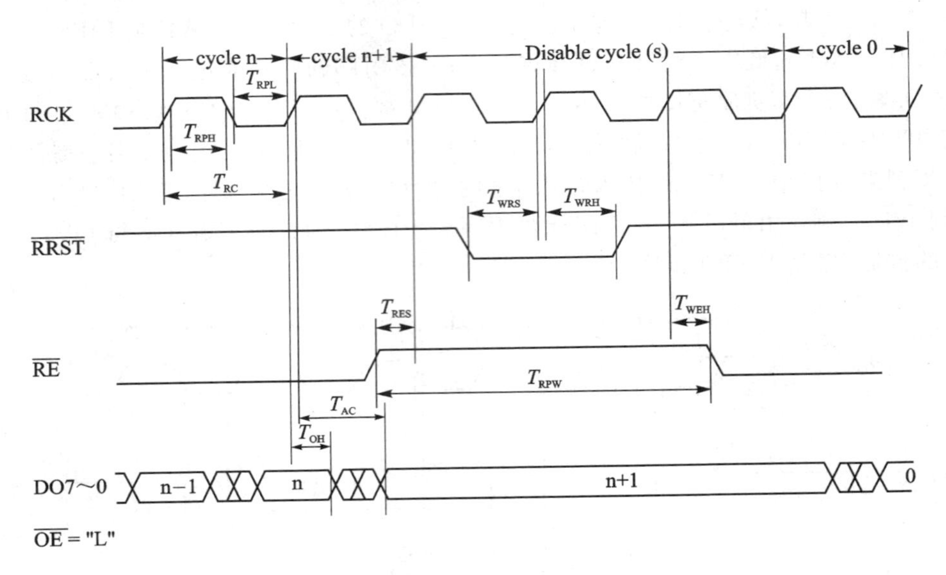

图 12.10　读 FIFO 时序图

存储完一帧图像以后就可以开始读取图像数据了，读取过程如下：

① FIFO 读指针复位(RRST)；

② 给 FIFO 读时钟(FIFO_RCLK)；

③ 读取第一个像素高字节(D[7:0])；

④ 给 FIFO 读时钟(FIFO_RCLK)；

⑤ 读取第一个像素低字节(D[7:0])；

⑥ 给 FIFO 读时钟(FIFO_RCLK)；

⑦ 读取第二个像素高字节(D[7:0])；

⑧ 循环读取剩余像素；

⑨ 结束。

可以看出，摄像头模块数据的读取也十分简单，比如 QVGA 模式、RGB565 格式，总共循环读取 320×240×2 次，就可以读取一帧图像数据，把这些数据写入 LCD 模块，就可以看到摄像头捕捉到的画面了。

注意，如果摄像头要使用 VGA 模式输出，由于 FIFO 没办法缓存一帧的 VGA 图像，则需要在 FIFO 写满之前开始读 FIFO 数据，否则数据可能被覆盖。OV7725 还可以对输出图像进行各种设置，数据手册和应用笔记详见配套资料的“OV7725_datasheet.pdf”和“OV7725 Software Application Note.pdf”。对 AL422B 的操作时序可参考 AL422B 的数据手册。以上资料可以通过配套资料的“正点原子 OV7725 摄像头模块资料”查看。

12.2　硬件设计

(1) 例程功能

开机后,检测和初始化 OV7725 摄像头模块。初始化成功后需要先通过 KEY0 和 KEY1 选择为 QVGA 或 VGA 输出模式,然后 LCD 才会显示拍摄到的画面。

正常显示拍摄画面后,可以通过 KEY0 设置光照模式、通过 KEY1 设置色饱和度、通过 KEY2 设置亮度、通过 KEY_UP 设置对比度、通过 TPAD 设置特效(总共 7 种特效)。通过串口可以查看当前的帧率(这里指 LCD 显示的帧率,而不是 OV7725 的输出帧率),同时可以借助 USMART 设置 OV7725 的寄存器,方便调试。LED0 指示程序运行状态。

(2) 硬件资源

➢ LED 灯:LED0 - PB5;

➢ 串口 1(PA9、PA10 连接在板载 USB 转串口芯片 CH340 上面);

➢ 正点原子 TFTLCD 模块(仅限 MCU 屏,16 位 8080 并口驱动);

➢ 独立按键:KEY0 - PE4、KEY1 - PE3、KEY2 - PE2、WK_UP - PA0;

➢ 电容按键:PA1,用于控制触摸按键 TPAD;

➢ 外部中断 8(连接 PA8,用于检测 OV7725 的帧信号);

➢ 定时器 6(用于打印摄像头帧率等信息);

➢ 正点原子 OV7725 摄像头模块。连接关系如表 12.2 所列。

表 12.2　OV7725 模块与开发板连接关系

OV7725 模块	STM32 开发板	OV7725 模块	STM32 开发板
OV_D0～D7	PC0～7	FIFO_OE	PG15
OV_SCL	PD3	FIFO_WRST	PD6
OV_SDA	PG13	FIFO_WEN	PB3
OV_VSYNC	PA8	FIFO_RCLK	PB4
FIFO_RRST	PG14		

对于这部分连线,模块与开发板上的 P6 已经对应好了,安装模块时,把有镜头的一面背对开发板的方向安装即可(建议断电安装)。

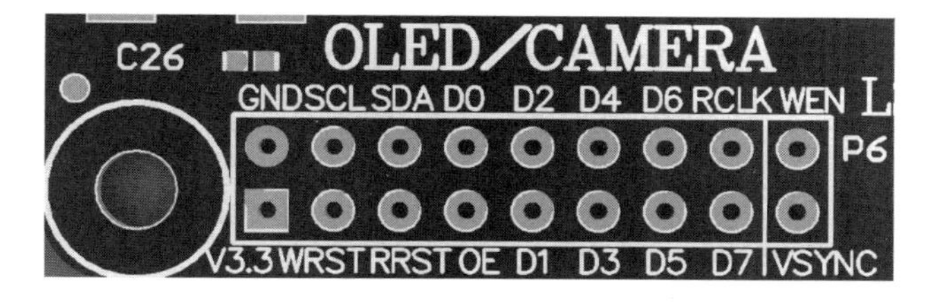

图 12.11　开发板上连接 OV7725 模块

12.3 程序设计

OV7725 模块驱动步骤如下：

① 初始化 OV7725。

这里的初始化工作包括初始化用到的 I/O 口以及 SCCB 接口、读取传感器 ID 以及执行初始化序列(配置参数)。

② 存储图像数据。依照 OV7725 帧时序和 FIFO 写时序进行操作。

③ 读取图像数据。依照 FIFO 读时序进行。

12.3.1 程序流程图

程序流程如图 12.12 所示。

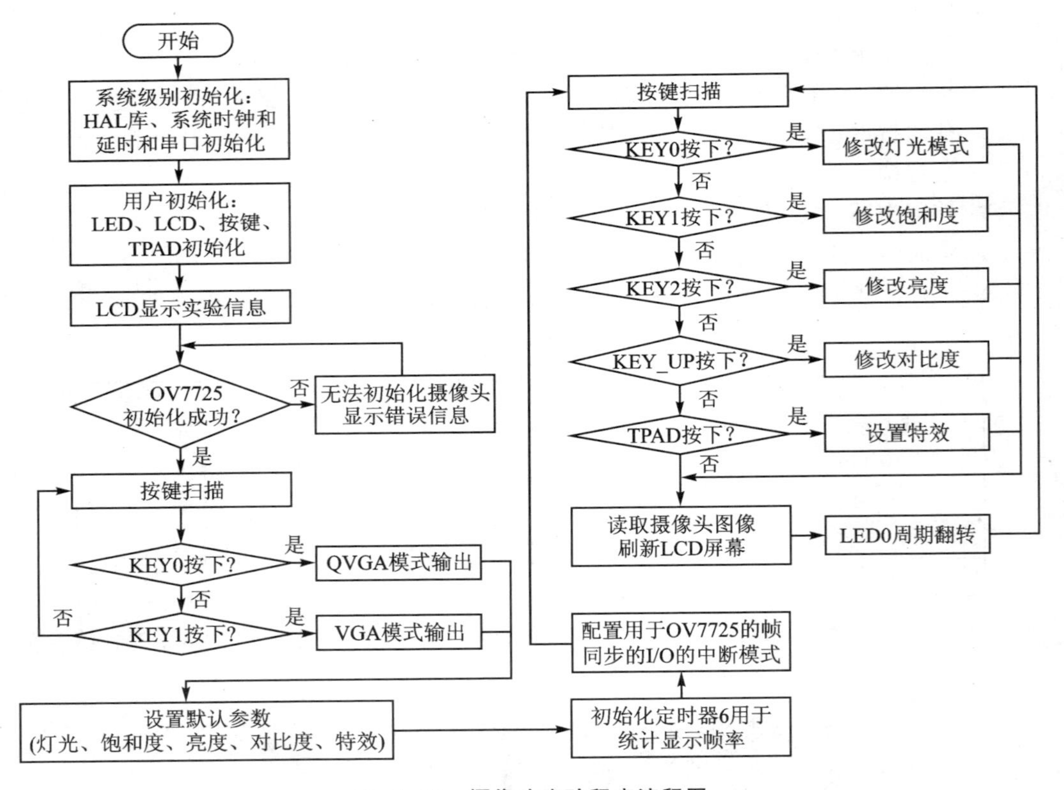

图 12.12 摄像头实验程序流程图

12.3.2 程序解析

这里只讲解核心代码，详细的源码可参考配套资料中本实验对应源码。SCCB 驱动源码包括 2 个文件：sccb.c 和 sccb.h。OV7725 驱动源码包括 5 个文件：ov7725.c、

ov7725.h、ov7725cfg.h、exti.c 和 exti.h。

1. SCCB 驱动代码

OV7725 通过 SCCB 协议驱动，所以在实现 OV7725 驱动前需要先定义好 SCCB 对应 I/O 的初始化、读/写函数，这部分代码在 sccb.c/h 中实现。由于 SCCB 与 I^2C 的实现类似，但是根据 SCCB 协议在数据收/发周期时必须实现第九位的传输。

直接复制 myiic.c/h 的代码，把它们改成 SCCB 驱动，除了读/写函数存在一点区别外，其他基本上没有太大的变化。读/写函数代码如下：

```
/**
 * @brief       SCCB 发送一个字节
 * @param       data：要发送的数据
 * @retval      无
 */
uint8_t sccb_send_byte(uint8_t data)
{
    uint8_t t, res;
    for (t = 0; t < 8; t++)
    {
        SCCB_SDA((data & 0x80) >> 7);       /* 高位先发送 */
        sccb_delay();
        SCCB_SCL(1);
        sccb_delay();
        SCCB_SCL(0);
        data <<= 1;                         /* 左移一位,用于下一次发送 */
}
    SCCB_SDA(1);                            /* 发送完成，主机释放 SDA 线 */
    sccb_delay();
    SCCB_SCL(1);                            /* 接收第九位,以判断是否发送成功 */
    sccb_delay();
    if (SCCB_READ_SDA)
    {
        res = 1;                            /* SDA = 1 发送失败,返回 1 */
    }
    else
    {
        res = 0;                            /* SDA = 0 发送成功,返回 0 */
    }
    SCCB_SCL(0);
    return res;
}
/**
 * @brief       SCCB 读取一个字节
 * @param       无
 * @retval      读取到的数据
 */
uint8_t sccb_read_byte(void)
{
    uint8_t i, receive = 0;
```

```
    for (i = 0; i < 8; i++ )                    /* 接收一个字节数据 */
    {
        receive <<= 1;                          /* 高位先输出,所以先收到的数据位要左移 */
        SCCB_SCL(1);
        sccb_delay();
        if (SCCB_READ_SDA)
        {
            receive++;
        }

        SCCB_SCL(0);
        sccb_delay();
    }
    return receive;
}
```

2. OV7725 驱动代码

OV7725 驱动代码实现对 OV7725 摄像头模块的操作。首先看一下基于 SCCB 基本接口的 OV7725 读寄存器函数和写寄存器函数,代码如下:

```
/**
 * @brief       OV7725 读寄存器
 * @param       reg: 寄存器地址
 * @retval      读到的寄存器值
 */
uint8_t ov7725_read_reg(uint16_t reg)
{
    uint8_t data = 0;
    sccb_start();                               /* 起始信号 */
    sccb_send_byte(OV7725_ADDR);                /* 写通信地址 */
    sccb_send_byte(reg);                        /* 寄存器地址 */
    sccb_stop();                                /* 停止信号 */
    /* 设置寄存器地址后,才是读 */
    sccb_start();                               /* 起始信号 */
    sccb_send_byte(OV7725_ADDR | 0X01);         /* 读通信地址 */
    data = sccb_read_byte();                    /* 读取数据 */
    sccb_nack();                                /* 非应答信号 */
    sccb_stop();                                /* 停止信号 */
    return data;
}
/**
 * @brief       OV7725 写寄存器
 * @param       reg: 寄存器地址
 * @param       data: 要写入寄存器的值
 * @retval      0, 成功; 1, 失败
 */
uint8_t ov7725_write_reg(uint8_t reg, uint8_t data)
{
    uint8_t res = 0;
    sccb_start();    /* 起始信号 */
```

```
    if (sccb_send_byte(OV7725_ADDR)) res = 1;       /* 写通信地址 */
    if (sccb_send_byte(reg)) res = 1;               /* 寄存器地址 */
    if (sccb_send_byte(data)) res = 1;              /* 写数据 */
    sccb_stop();           /* 停止信号 */
    return res;
}
```

按厂商建议的初始化序列,我们封装了需要进行初始化的寄存器,再结合 AL422B 的读/写特性操作相关 I/O。实现的初始化函数如下:

```
/**
  * @brief       初始化 OV7725
  * @param       无
  * @retval      0, 成功; 1, 失败
  */
uint8_t ov7725_init(void)
{
    uint16_t i = 0;
    uint16_t reg = 0;
    /* .......这里删去 I/O 和时钟初始化部分代码........ */
    __HAL_RCC_AFIO_CLK_ENABLE();
    /* 禁止 JTAG,使能 SWD,释放 PB3,PB4 这 2 个引脚用作普通 I/O */
    __HAL_AFIO_REMAP_SWJ_NOJTAG();
    OV7725_WRST(1);             /* WRST = 1 */
    OV7725_RRST(1);             /* RRST = 1 */
    OV7725_OE(1);               /* OE = 1 */
    OV7725_RCLK(1);             /* RCLK = 1 */
    OV7725_WEN(1);              /* WEN = 1 */
    sccb_init();                /* 初始化 SCCB 的 I/O 口 */
    if (ov7725_write_reg(0x12, 0x80))      /* 软件复位 */
    {
        return 1;
    }
    delay_ms(50);
    reg = ov7725_read_reg(0X1c);          /* 读取厂家 ID 高 8 位 */
    reg << = 8;
    reg |=  ov7725_read_reg(0X1d);        /* 读取厂家 ID 低 8 位 */
    if ((reg ! = OV7725_MID) && (reg ! = OV7725_MID1))      /* MID 不正确吗 */
    {
        printf("MID: % d\r\n", reg);
        return 1;
    }
    reg = ov7725_read_reg(0X0a);           /* 读取厂家 ID 高 8 位 */
    reg <<= 8;
    reg |= ov7725_read_reg(0X0b);       /* 读取厂家 ID 低 8 位 */
    if (reg ! = OV7725_PID)               /* PID 不正确吗 */
    {
        printf("HID: % d\r\n", reg);
        return 2;
    }
    /* 初始化 OV7725,采用 QVGA 分辨率(320 * 240) */
```

```
    for (i = 0; i < sizeof(ov7725_init_reg_tbl)/sizeof(ov7725_init_reg_tbl[0]); i++)
    {
        ov7725_write_reg(ov7725_init_reg_tbl[i][0], ov7725_init_reg_tbl[i][1]);
    }
    return 0;                               /* ok */
}
```

通过 ov7725_init 函数就完成了 OV7725 的基本配置，OV7725 就会以配置的 QVGA 模式输出图像数据。每当 OV7725 输出一个帧信号 VSYNC，则代表一帧图像数据要通过数据引脚进行输出，因此可以利用 STM32 的外部中断来捕获这个信号，进而在中断服务函数里把图像数据写入 FIFO。这个过程详见 exti.c 新添加的函数 exti_ov7725_vsync_init 和中断服务函数，源码如下：

```
/**
 * @brief       OV7725 VSYNC 外部中断初始化程序
 * @param       无
 * @retval      无
 */
void exti_ov7725_vsync_init(void)
{
    GPIO_InitTypeDef gpio_init_struct;
    gpio_init_struct.Pin = OV7725_VSYNC_GPIO_PIN;
    gpio_init_struct.Mode = GPIO_MODE_IT_RISING;              /* 上升沿触发 */
    HAL_GPIO_Init(OV7725_VSYNC_GPIO_PORT, &gpio_init_struct);
    HAL_NVIC_SetPriority(OV7725_VSYNC_INT_IRQn, 0, 0);      /* 抢占 0,子优先级 0 */
    HAL_NVIC_EnableIRQ(OV7725_VSYNC_INT_IRQn);               /* 使能中断线 8 */
}
/**
 * @brief       OV7725 VSYNC 外部中断服务程序
 * @param       无
 * @retval      无
 */
void OV7725_VSYNC_INT_IRQHandler(void)
{   /* 是 OV7725_VSYNC_GPIO_PIN 线的中断吗 */
    if (__HAL_GPIO_EXTI_GET_IT(OV7725_VSYNC_GPIO_PIN))
    {
        if (g_ov7725_vsta == 0)     /* 上一帧数据已经处理了吗 */
        {
            OV7725_WRST(0);         /* 复位写指针 */
            OV7725_WRST(1);         /* 结束复位 */
            OV7725_WEN(1);          /* 允许写入 FIFO */
            g_ov7725_vsta = 1;      /* 标记帧中断 */
        }
        else
        {
            OV7725_WEN(0);          /* 禁止写入 FIFO */
        }
    }
    /* 清除 OV7725_VSYNC_GPIO_PIN 上的中断标志位 */
    __HAL_GPIO_EXTI_CLEAR_IT(OV7725_VSYNC_GPIO_PIN);
}
```

因为OV7725的帧同步信号(OV_VSYNC)接在PA8,所以用到的是EXTI9_5_IRQHandler。在中断服务函数中,需要先判断中断是不是来自中断线8再处理。

中断处理的部分流程:当帧中断到来后,先判断g_ov7725_vsta的值是否为0;如果是0,说明可以往FIFO里面写入数据,执行复位FIFO写指针,并允许FIFO写入。此时,AL422B将从地址0开始,存储新一帧的图像数据。然后设置g_ov7725_vsta为1,标记新的一帧数据正在存储中。如果g_ov7725_vsta不为0,说明之前存储在FIFO里面的一帧数据还未被读取过,直接禁止FIFO写入,等待MCU读取FIFO数据,以免数据覆盖。

然而,STM32只需要判断g_ov7725_vsta是否为1来读取FIFO里面的数据,读完一帧后,设置g_ov7725_vsta为0,以免重复读取;同时,还可以使能FIFO新一帧数据的写入。

3. main.c代码

实现main函数前,定义了一个ov7725_camera_refresh()函数,用于读取摄像头模块自带FIFO里面的数据并显示在LCD:

```
uint16_t g_ov7725_wwidth = 320;         /* 默认窗口宽度为 320 */
uint16_t g_ov7725_wheight = 240;        /* 默认窗口高度为 240 */
/**
  * @brief       更新 LCD 显示
  * @note        该函数将 OV7725 模块 FIFO 里面的数据复制到 LCD 屏幕上
  * @param       无
  * @retval      无
  */
void ov7725_camera_refresh(void)
{
    uint32_t i, j;
    uint16_t color;
    if (g_ov7725_vsta)                                  /* 有帧中断更新 */
    {
        lcd_scan_dir(U2D_L2R);                          /* 从上到下，从左到右 */
        lcd_set_window((lcddev.width - g_ov7725_wwidth) / 2,
                       (lcddev.height - g_ov7725_wheight) / 2, g_ov7725_wwidth,
                       g_ov7725_wheight);               /* 将显示区域设置到屏幕中央 */
        lcd_write_ram_prepare();                        /* 开始写入 GRAM */
        OV7725_RRST(0);                                 /* 开始复位读指针 */
        OV7725_RCLK(0);
        OV7725_RCLK(1);
        OV7725_RCLK(0);
        OV7725_RRST(1);                                 /* 复位读指针结束 */
        OV7725_RCLK(1);
        for (i = 0; i < g_ov7725_wheight; i++)
        {
            for (j = 0; j < g_ov7725_wwidth; j++)
            {
                OV7725_RCLK(0);
```

```
                color = OV7725_DATA;      /* 读数据 */
                OV7725_RCLK(1);
                color <<= 8;
                OV7725_RCLK(0);
                color |= OV7725_DATA;     /* 读数据 */
                OV7725_RCLK(1);
                LCD->LCD_RAM = color;
            }
        }
        g_ov7725_vsta = 0;                /* 清零帧中断标记 */
        g_ov7725_frame++;
        lcd_scan_dir(DFT_SCAN_DIR);       /* 恢复默认扫描方向 */
    }
}
```

对于 OV7725,可以通过 g_ov7725_wwidth 和 g_ov7725_wheight 这 2 个全局变量设置图像窗口输出的大小。对于分辨率大于 320×240 的屏幕,则通过开窗函数(lcd_set_window)将显示区域开窗在屏幕的正中央。注意,为了提高 FIFO 读取速度,这里将 OV7725_RCLK 采用快速 I/O 控制,关键代码如下(在 ov7725.h 里面):

```
#define OV7725_RCLK(x) x ? (OV7725_RCLK_GPIO_PORT->BSRR = OV7725_RCLK_GPIO_PIN):
                           (OV7725_RCLK_GPIO_PORT->BRR = OV7725_RCLK_GPIO_PIN)
```

控制 OV7725_RCLK 输出高电平或者低电平时用到 BSRR 和 BRR 这 2 个寄存器,以实现快速 I/O 设置,从而提高读取速度。

最后介绍的是 main 函数,其定义如下:

```
const char *LMODE_TBL[6] = {"Auto", "Sunny", "Cloudy", "Office",
                            "Home", "Night"};                    /* 6 种光照模式 */
const char *EFFECTS_TBL[7] = {"Normal", "Negative", "B&W", "Redish",
                              "Greenish", "Bluish", "Antique"};  /* 7 种特效 */

int main(void)
{
    uint8_t key;
    uint8_t i = 0;
    char msgbuf[15];                                  /* 消息缓存区 */
    uint8_t tm = 0;
    uint8_t lightmode = 0, effect = 0;
    uint8_t saturation = 4, brightness = 4, contrast = 4;
    HAL_Init();                                       /* 初始化 HAL 库 */
    sys_stm32_clock_init(RCC_PLL_MUL9);               /* 设置时钟, 72 MHz */
    delay_init(72);                                   /* 延时初始化 */
    usart_init(115200);                               /* 串口初始化为 115 200 */
    usmart_dev.init(72);                              /* 初始化 USMART */
    led_init();                                       /* 初始化 LED */
    lcd_init();                                       /* 初始化 LCD */
    key_init();                                       /* 初始化按键 */
    tpad_init(6);                                     /* TPAD 初始化 */
    lcd_show_string(30, 50, 200, 16, 16, "STM32", RED);
    lcd_show_string(30, 70, 200, 16, 16, "OV7725 TEST", RED);
    lcd_show_string(30, 90, 200, 16, 16, "ATOM@ALIENTEK", RED);
```

```
lcd_show_string(30, 110, 200, 16, 16, "KEY0:Light Mode", RED);
lcd_show_string(30, 130, 200, 16, 16, "KEY1:Saturation", RED);
lcd_show_string(30, 150, 200, 16, 16, "KEY2:Brightness", RED);
lcd_show_string(30, 170, 200, 16, 16, "KEY_UP:Contrast", RED);
lcd_show_string(30, 190, 200, 16, 16, "TPAD:Effects", RED);
lcd_show_string(30, 210, 200, 16, 16, "OV7725 Init...", RED);
while (1)
{
    if (ov7725_init() == 0)                        /* 初始化 OV7725 */
    {
        lcd_show_string(30, 210, 200, 16, 16, "OV7725 Init OK       ", RED);
        while (1)
        {
            key = key_scan(0);
            if (key == KEY0_PRES)
            {   /* QVGA 模式输出 */
                g_ov7725_wwidth = 320;      /* 默认窗口宽度为 320 */
                g_ov7725_wheight = 240;     /* 默认窗口高度为 240 */
                ov7725_window_set(g_ov7725_wwidth, g_ov7725_wheight, 0);
                break;
            }
            else if (key == KEY1_PRES)
            {   /* VGA 模式输出 */
                g_ov7725_wwidth = 320;      /* 默认窗口宽度为 320 */
                g_ov7725_wheight = 240;     /* 默认窗口高度为 240 */
                ov7725_window_set(g_ov7725_wwidth, g_ov7725_wheight, 1);
                break;
            }
            i++;
            if (i == 100)
                lcd_show_string(30,230,210,16,16, "KEY0:QVGA  KEY1:VGA", RED);
            if (i == 200)
            {
                lcd_fill(30, 230, 210, 250 + 16, WHITE);
                i = 0;
            }
            delay_ms(5);
        }
        ov7725_light_mode(lightmode);
        ov7725_color_saturation(saturation);
        ov7725_brightness(brightness);
        ov7725_contrast(contrast);
        ov7725_special_effects(effect);
        OV7725_OE(0); /* 使能 OV7725 FIFO 数据输出 */
        break;
    }
    else
    {
        lcd_show_string(30, 190, 200, 16, 16, "OV7725 Error!!", RED);
        delay_ms(200);
        lcd_fill(30, 190, 239, 246, WHITE);
```

```
            delay_ms(200);
        }
    }
    btim_timx_int_init(10000, 7200 - 1);      /* 10 kHz 计数频率,1 秒钟中断 */
    exti_ov7725_vsync_init();                 /* 使能 OV7725 VSYNC 外部中断 */
    lcd_clear(BLACK);
    while (1)
    {
        key = key_scan(0);              /* 不支持连按 */
        if (key)
        {
            tm = 20;
            switch (key)
            {
                case KEY0_PRES:     /* 灯光模式 Light Mode */
                    lightmode++;
                    if (lightmode > 5)     lightmode = 0;
                    ov7725_light_mode(lightmode);
                    sprintf((char *)msgbuf, "%s", LMODE_TBL[lightmode]);
                    break;
                case KEY1_PRES:     /* 饱和度 Saturation */
                    saturation++;
                    if (saturation > 8) saturation = 0;
                    ov7725_color_saturation(saturation);
                    sprintf((char *)msgbuf, "Saturation: %d", saturation);
                    break;
                case KEY2_PRES:     /* 饱和度 Saturation */
                    brightness++;
                    if (brightness > 8)  brightness = 0;
                    ov7725_brightness(brightness);
                    sprintf((char *)msgbuf, "Brightness: %d", brightness);
                    break;
                case WKUP_PRES:     /* 对比度 Contrast */
                    contrast++;
                    if (contrast > 8)     contrast = 0;
                    ov7725_contrast(contrast);
                    sprintf((char *)msgbuf, "Contrast: %d", contrast);
                    break;
            }
        }
        if (tpad_scan(0))           /* 检测到触摸按键 */
        {
            effect++;
            if (effect > 6) effect = 0;
            ov7725_special_effects(effect);     /* 设置特效 */
            sprintf((char *)msgbuf, "%s", EFFECTS_TBL[effect]);
            tm = 20;
        }
        ov7725_camera_refresh();      /* 更新显示 */
        if (tm)
        {
```

```
                lcd_show_string((lcddev.width - 240) / 2 + 30,
                                (lcddev.height - 320)/2 + 60,200,16,16, msgbuf,BLUE);
                tm -- ;
            }
            i++;
            if (i >= 15)
            {
                i = 0;
                LED0_TOGGLE();      /* LED0 闪烁 */
            }
        }
    }
```

至此,摄像头的使用过程就介绍完了,读者可以参考配套资料中的源码进行测试和修改,也可以在 USMART 中加入 OV7725 的测试接口 ov7725_write_reg 和 ov7725_read_reg 来调试摄像头。

最后,为了得到最快的显示速度,可以把 MDK 的代码优化等级设置为-O2 级别(在 C/C++选项卡设置),这样 OV7725 的显示帧率可达 23 帧。注意,因为 tpad_scan 扫描占用比较多的时间,所以帧率比较慢,屏蔽该函数也可以提高帧率。

12.4 下载验证

代码编译成功之后,下载代码到正点原子战舰 STM32F103 开发板上,得到如图 12.13 所示界面。

随后,通过 KEY0 和 KEY1 选择模式。当选择 QVGA 模式时,OV7725 直接输出 320×240 分辨率图像数据,该模式相对 VGA 模式视角较广但画面没有那么清晰细腻。当选择 VGA 模式时,实质是将 640×480 窗口截取中间 320×240 的图像输出,该模式拍出的图像较为清晰细腻但视角较小。

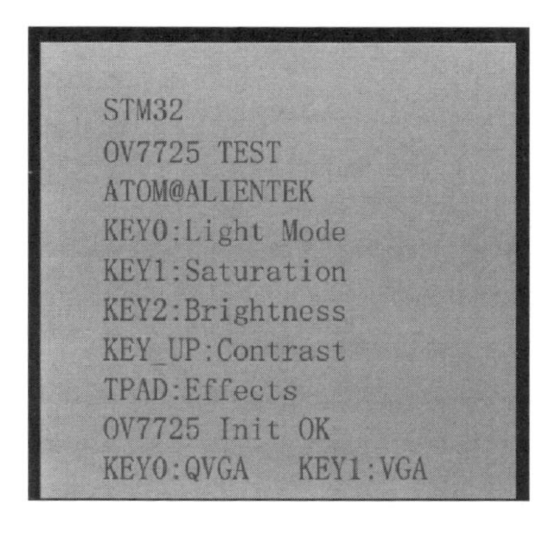

图 12.13 程序运行效果图

可以按不同的按键(KEY0～KEY2、KEY_UP、TPAD 等)来设置摄像头的相关参数和模式,从而得到不同的成像效果。同时,可以通过 USMART 调用 ov7725_write_reg 等函数,从而设置 OV7725 的各寄存器达到调试测试的目的,具体如图 12.14 所示。

可以看出,LCD 显示帧率为 10 帧左右(没有代码优化),而实际上 OV77225 的输出速度是 30 帧。图中可以通过 USMART 发送 ov7725_write_reg(0x66, 0x20)来设置 OV7725 输出彩条,方便测试。

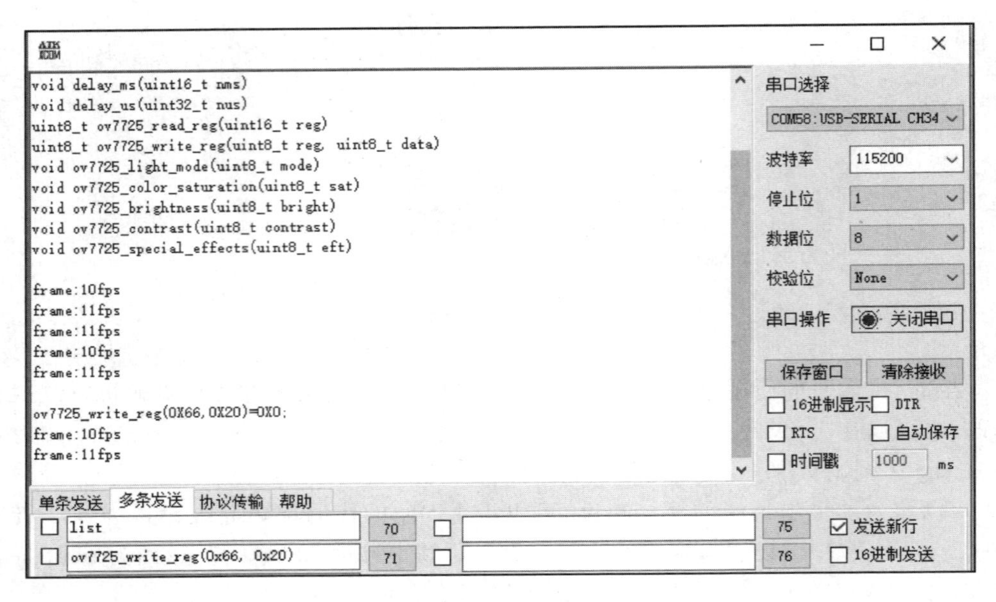

图 12.14　USMART 调试 OV7725

第13章 SRAM实验

STM32F103ZET6 自带了 64 KB 的 RAM,对一般应用来说已经足够了,但在一些对内存要求高的场合,比如做华丽效果的 GUI、处理大量数据的应用等,这些内存就不够用了。好在嵌入式方案提供了扩展芯片 RAM 的使用方法,本章将介绍战舰开发板上使用的 RAM 拓展方案:使用 SRAM 芯片,并驱动这个外部 SRAM 来提供程序需要的一部分 RAM 空间,对其进行读/写测试。

13.1 存储器简介

使用电脑时会提到内存和内存条的概念,电脑维修的朋友有时候会说"加个内存条电脑就不卡了"。实际上对于 PC 来说,一些情况下卡顿就是电脑同时运行的程序太多了,电脑处理速度变慢的现象。程序是动态加载到内存中的,一种解决方法就是增加电脑的内存来增加同时可处理的程序的数量。对于单片机也是一样的,高性能有时候需要通过增加内存来获得。内存是存储器的一种,微机架构设计了不同的存储器放置不同的数据,这里简单了解一下存储器。

存储器实际上是时序逻辑电路的一种,用来存放程序和数据信息。构成存储器的存储介质主要采用半导体器件和磁性材料。存储器中最小的存储单位就是一个双稳态半导体电路或一个 CMOS 晶体管或磁性材料的存储元,可存储一个二进制代码。由若干个存储元组成一个存储单元,再由许多存储单元组成一个存储器。按不同的分类方式,存储器可以有表 13.1 所列的分类。

表 13.1 存储器的分类

分类方式	类 别	描 述
按存储介质分类	半导体存储器	用半导体器件组成的存储器
	磁表面存储器	用磁性材料做成的存储器
按存储方式分类	随机存储器	任意存储单元的内容都能被随机存取,且存取时间和存储单元的物理位置无关
	顺序存储器	只能按某种顺序来存取,存取时间与存储单元的物理位置有关

续表 13.1

分类方式	类　别	描　述
按存储器的读/写功能分类	只读存储器(ROM)	ROM 原来是只能读而不能写的存储器,现在一般指掉电非易失性半导体存储器,如 STM32 的内部 FLASH
	随机存储器(RAM)	通电状态下,能通过地址线在任意地址读/写数据的半导体存储器,读/写速度极快。当电源关闭时,存于 RAM 中的数据会丢失
按信息的可保存性分类	非永久记忆的存储器	断电后信息即消失的存储器
	永久记忆性存储器	断电后仍能保存信息的存储器

STM32 编程时常常只关心按读/写功能分类的 ROM 和 RAM 这 2 种,因为嵌入式程序主要对应这 2 种存储器。对于 RAM,目前常见的是 SRAM 和 DRAM,因工作方式不同而得名,主要特性如表 13.2 所列。

表 13.2　SRAM 和 DRAM 特性

分　类	SRAM	DRAM
描　述	静态存储器/Static RAM,存储单元一般为锁存器,只要不掉电,信息就不会丢失	动态存储器/Dynamic RAM,利用 MOS(金属氧化物半导体)电容存储电荷来储存信息,保留数据的时间很短,速度也比 SRAM 慢,每隔一段时间要刷新充电一次,否则内部的数据会消失
特　点	存取速度快,工作稳定,不需要刷新电路,集成度不高,集成度较低且价格较高	DRAM 的成本、集成度、功耗等明显优于 SRAM
常见应用	CPU 与主存间的高速缓冲、CPU 内部的一级/二级缓存、外部的高速缓存、SSRAM	DRAM 分为很多种,按内存技术标准可分为 FPRAM/FastPage、EDO DRAM、SDRAM、DDR/DDR2/DDR3/DDR4/…、RDRAM、SGRAM 以及 WRAM 等

对于 STM32 上编译的程序,编译器一般会根据对应硬件的结构把程序中不同功能的数据段分为 ZI、RW、RO 这样的数据块,执行程序时分别放到不同的存储器上,这部分参考《原子教你学 STM32(HAL 库版)(上)》第 9 章中关于 map 文件的描述。对于 STM32 程序中的变量,默认配置下加载到 STM32 的 RAM 区中执行。而程序代码和常量等编译后就固定不变的,则放到 ROM 区。

13.2　SRAM 方案

RAM 的功能已经介绍过了,SRAM 更稳定,但因为结构更复杂且造价更高,所以有更大片上 SRAM 的 STM32 芯片造价也更高。而且由于 SRAM 集成度低,MCU 也不会把片上 SRAM 做得特别大。基于以上原因,计算机/微机系统中都允许采用外扩 RAM 的方式提高性能。

1. IS62WV51216 方案

IS62WV51216 是 ISSI(Integrated Silicon Solution, Inc)公司生产的一颗 16 位宽 512K(512×16 bit,即 1 MB)容量的 CMOS 静态内存芯片,具有如下特点:

- 高速,具有 45 ns、55 ns 访问速度。
- 低功耗。
- TTL 电平兼容。
- 全静态操作,不需要刷新和时钟电路。
- 三态输出。
- 字节控制功能,支持高/低字节控制。

IS62WV51216 的功能框图如图 13.1 所示。图中 A0～18 为地址线,总共 19 根地址线(即 2^{19}=512K,1K=1 024);IO0～15 为数据线,总共 16 根数据线。CS2 和 $\overline{CS1}$ 都是片选信号,不过 CS2 是高电平有效,$\overline{CS1}$ 是低电平有效;$\overline{OE}$ 是输出使能信号(读信号);$\overline{WE}$ 为写使能信号;$\overline{UB}$ 和 $\overline{LB}$ 分别是高字节控制和低字节控制信号。

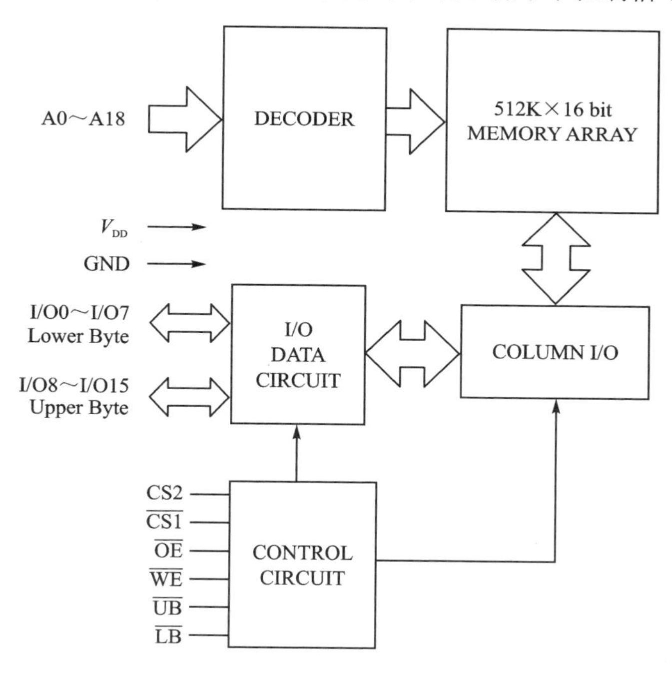

图 13.1 IS62WV51216 功能框图

2. XM8A51216 方案

国产替代一直是国内嵌入式领域的一个话题,优势一般是货源稳定,售价更低,也有专门研发对某款芯片做 Pin to Pin 兼容的厂家,使用时无须修改 PCB,直接更换元件即可,十分方便。

正点原子开发板目前使用的一款替代 IS62WV51216 的芯片是 XM8A5121,它与

IS62WV51216 一样采用 TSOP44 封装,引脚顺序也与前者完全一致。

XM8A51216 是星忆存储生产的一颗 16 位宽 512K(512×16 bit,即 1 MB)容量的 CMOS 静态内存芯片。它采用异步 SRAM 接口,并结合独有的 XRAM 免刷新专利技术,在大容量、高性能、高可靠及品质方面完全可以匹敌同类 SRAM,具有较低功耗和低成本优势,可以与市面上同类型 SRAM 产品硬件完全兼容,并且满足各种应用系统对高性能和低成本的要求。XM8A51216 也可以用作异步 SRAM,特点如下:

- 高速,具有最高访问速度 10、12、15 ns。
- 低功耗。
- TTL 电平兼容。
- 全静态操作,不需要刷新和时钟电路。
- 三态输出。
- 字节控制功能,支持高/低字节控制。

该芯片与 IS62WV51216 引脚完全兼容,控制时序也类似,读者可以方便地直接替换。

本章使用 FSMC 的 BANK1 区域 3 来控制 SRAM 芯片,可以采用读/写不同的时序来操作 TFTLCD 模块(因为 TFTLCD 模块读的速度比写的速度慢很多),但是本章 IS62WV51216/XM8A51216 的读/写时间基本一致,所以设置读/写相同的时序来访问 FSMC。FSMC 的详细介绍可参考《原子教你学 STM32(HAL 库版)(上)》第 21 章 TFTLCD 实验和“STM32F10xxx 参考手册_V10(中文版).pdf”。

13.3 硬件设计

(1) 例程功能

开机后显示提示信息,然后按下 KEY0 按键,即测试外部 SRAM 容量大小并显示在 LCD 上。按下 KEY1 按键即显示预存在外部 SRAM 的数据。LED0 指示程序运行状态。

(2) 硬件资源

- LED 灯:LED0 - PB5;
- 按键:KEY0 - PE4、KEY1 - PE3;
- SRAM 芯片:XM8A51216、IS62WV51216;
- 串口 1(PA9、PA10 连接在板载 USB 转串口芯片 CH340 上面);
- 正点原子 TFTLCD 模块(仅限 MCU 屏,16 位 8080 并口驱动)。

(3) 原理图

SRAM 芯片与 STM32 的连接关系如图 13.2 所示。

SRAM 芯片直接接在 STM32F1 的 FSMC 外设上,具体的引脚连接关系如表 13.3 所列。

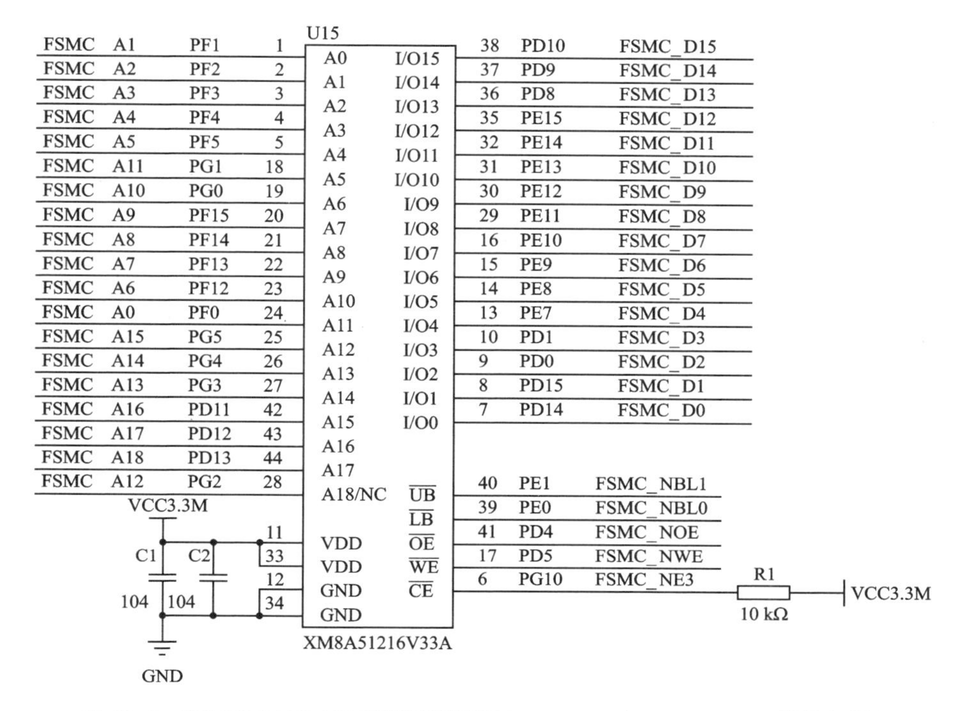

图 13.2　STM32 和 SRAM 连接原理图(XM8A51216/IS62WV51216 封装相同)

表 13.3　STM32 和 SRAM 芯片的连接原理图

战　舰	SRAM
A[0:18]	FMSC_A[0:18] (为了布线方便交换了部分 I/O)
D[0:15]	FSMC_D[0:15]
$\overline{UB}$	FSMC_NBL1
$\overline{LB}$	FSMC_NBL0
$\overline{OE}$	FSMC_NOE
$\overline{WE}$	FSMC_NWE
$\overline{CE}$	FSMC_NE3

在上面的连接关系中,SRAM 芯片的 A[0:18]并不是按顺序连接 STM32F1 的 FMSC_A[0:18],这样设计的好处就是可以方便 PCB 布线。不过这并不影响正常使用外部 SRAM,因为地址具有唯一性,只要地址线不和数据线混淆,就可以正常使用外部 SRAM。

13.4　程序设计

操作 SRAM 时要通过多个地址线寻址,然后才可以读/写数据,在 STM32 上可以使用 FSMC 来实现。

使用 SRAM 的配置步骤如下：

① 使能 FSMC 时钟,并配置 FSMC 相关的 I/O 及其时钟使能。

要使用 FSMC,当然首先得开启其时钟。然后需要把 FSMC_D0～15、FSMCA0～18 等相关 I/O 口全部配置为复用输出,并使能各 I/O 组的时钟。

② 设置 FSMC BANK1 区域 3 的相关寄存器。

此部分包括设置区域 3 的存储器的工作模式、位宽和读/写时序等。本章使用模式 A、16 位宽,读/写共用一个时序寄存器。

③ 使能 BANK1 区域 3。

最后需要通过 FSMC_BCR 寄存器使能 BANK1 的区域 3,使 FSMC 工作起来。

这样就完成了 FSMC 的配置,初始化 FSMC 后就可以访问 SRAM 芯片实现读/写操作了。注意,因为这里使用的是 BANK1 的区域 3,所以 HADDR[27:26]＝10,故外部内存的首地址为 0x68000000。

13.4.1 程序流程图

程序流程如图 13.3 所示。

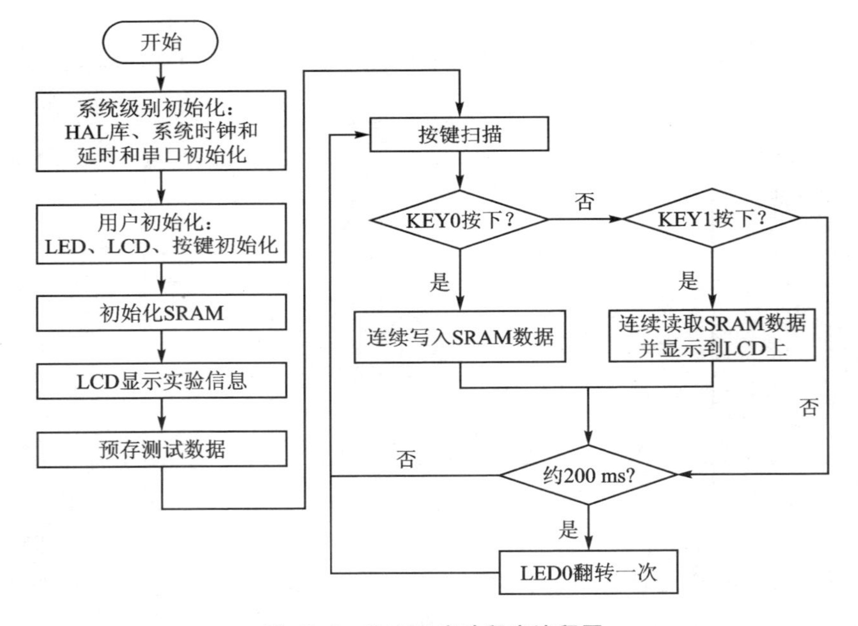

图 13.3 SRAM 实验程序流程图

13.4.2 程序解析

1. SRAM 驱动

这里只讲解核心代码,详细的源码可参考配套资料中本实验对应源码。SRAM 驱动源码包括 2 个文件：sram.c 和 sram.h。

为方便修改，在 sram.h 中使用宏定义 SRAM 的读/写控制和片选引脚，它们定义如下：

```
#define SRAM_WR_GPIO_PORT              GPIOD
#define SRAM_WR_GPIO_PIN               GPIO_PIN_5
#define SRAM_WR_GPIO_CLK_ENABLE()      do{ __HAL_RCC_GPIOD_CLK_ENABLE();}while(0)
#define SRAM_RD_GPIO_PORT              GPIOD
#define SRAM_RD_GPIO_PIN               GPIO_PIN_4
#define SRAM_RD_GPIO_CLK_ENABLE()      do{ __HAL_RCC_GPIOD_CLK_ENABLE(); }while(0)
/* SRAM_CS(需要根据 SRAM_FSMC_NEX 设置正确的 I/O 口) 引脚 定义 */
#define SRAM_CS_GPIO_PORT              GPIOG
#define SRAM_CS_GPIO_PIN               GPIO_PIN_10
#define SRAM_CS_GPIO_CLK_ENABLE()      do{ __HAL_RCC_GPIOG_CLK_ENABLE();}while(0)
```

根据 STM32F1 参考手册，SRAM 可以选择 FSMC 对应的存储块 1 上的 4 个区域之一作为访问地址，它上面有 4 块相互独立的 64 MB 的连续寻址空间。为了能灵活计算出使用的地址空间，定义了以下的宏：

```
/* FSMC 相关参数定义
 * 注意：我们默认是通过 FSMC 块 3 来连接 SRAM，块 1 有 4 个片选：FSMC_NE1～4
 *
 * 修改 SRAM_FSMC_NEX，对应的 SRAM_CS_GPIO 相关设置也得改
 */
#define SRAM_FSMC_NEX      3      /* 使用 FSMC_NE3 接 SRAM_CS,取值范围只能是：1～4 */
/**************************************************************/
/* SRAM 基地址，根据 SRAM_FSMC_NEX 的设置来决定基址地址
 * 我们一般使用 FSMC 的块 1(BANK1)来驱动 SRAM，块 1 地址范围总大小为 256 MB,均分成 4 块
 * 存储块 1(FSMC_NE1)地址范围：0X6000 0000～0X63FF FFFF
 * 存储块 2(FSMC_NE2)地址范围：0X6400 0000～0X67FF FFFF
 * 存储块 3(FSMC_NE3)地址范围：0X6800 0000～0X6BFF FFFF
 * 存储块 4(FSMC_NE4)地址范围：0X6C00 0000～0X6FFF FFFF
 */
#define SRAM_BASE_ADDR          (0X60000000 + (0X4000000 * (SRAM_FSMC_NEX - 1)))
```

这里定义 SRAM_FSMC_NEX 的值为 3，即使用 FSMC 存储块 1 的第 3 个地址范围；SRAM_BASE_ADDR 则根据使用的存储块计算出 SRAM 空间的首地址，存储块 3 对应的是 0x68000000～0x6BFFFFFF 的地址空间。

sram_init 类似于 LCD，需要根据原理图配置 SRAM 的控制引脚，复用连接到 SRAM 芯片上的 I/O 作为 FSMC 的地址线。根据 SRAM 芯片上的时序设置地址线宽度、等待时间、信号极性等，则 SRAM 的初始化函数如下：

```
void sram_init(void)
{
    GPIO_InitTypeDef GPIO_Initure;
    FSMC_NORSRAM_TimingTypeDef fsmc_readwritetim;
    SRAM_CS_GPIO_CLK_ENABLE();          /* SRAM_CS 脚时钟使能 */
    SRAM_WR_GPIO_CLK_ENABLE();          /* SRAM_WR 脚时钟使能 */
    SRAM_RD_GPIO_CLK_ENABLE();          /* SRAM_RD 脚时钟使能 */
    __HAL_RCC_FSMC_CLK_ENABLE();        /* 使能 FSMC 时钟 */
```

```
__HAL_RCC_GPIOD_CLK_ENABLE();       /* 使能 GPIOD 时钟 */
__HAL_RCC_GPIOE_CLK_ENABLE();       /* 使能 GPIOE 时钟 */
__HAL_RCC_GPIOF_CLK_ENABLE();       /* 使能 GPIOF 时钟 */
__HAL_RCC_GPIOG_CLK_ENABLE();       /* 使能 GPIOG 时钟 */
GPIO_Initure.Pin = SRAM_CS_GPIO_PIN;
GPIO_Initure.Mode = GPIO_MODE_AF_PP;
GPIO_Initure.Pull = GPIO_PULLUP;
GPIO_Initure.Speed = GPIO_SPEED_FREQ_HIGH;
HAL_GPIO_Init(SRAM_CS_GPIO_PORT, &GPIO_Initure); /* SRAM_CS 引脚模式设置 */
GPIO_Initure.Pin = SRAM_WR_GPIO_PIN;
HAL_GPIO_Init(SRAM_WR_GPIO_PORT, &GPIO_Initure); /* SRAM_WR 引脚模式设置 */
GPIO_Initure.Pin = SRAM_RD_GPIO_PIN;
HAL_GPIO_Init(SRAM_RD_GPIO_PORT, &GPIO_Initure); /* SRAM_CS 引脚模式设置 */
/* PD0,1,4,5,8~15 */
GPIO_Initure.Pin = GPIO_PIN_0 | GPIO_PIN_1 | GPIO_PIN_8 | GPIO_PIN_9 |
                   GPIO_PIN_10 | GPIO_PIN_11 | GPIO_PIN_12 | GPIO_PIN_13
                   GPIO_PIN_14 | GPIO_PIN_15;
GPIO_Initure.Mode = GPIO_MODE_AF_PP;                /* 推挽复用 */
GPIO_Initure.Pull = GPIO_PULLUP;                    /* 上拉 */
GPIO_Initure.Speed = GPIO_SPEED_FREQ_HIGH;          /* 高速 */
HAL_GPIO_Init(GPIOD, &GPIO_Initure);
/* PE0,1,7~15 */
GPIO_Initure.Pin = GPIO_PIN_0 | GPIO_PIN_1 | GPIO_PIN_7 | GPIO_PIN_8 |
                   GPIO_PIN_9 | GPIO_PIN_10 | GPIO_PIN_11 | GPIO_PIN_12 |
                   GPIO_PIN_13 | GPIO_PIN_14 | GPIO_PIN_15;
HAL_GPIO_Init(GPIOE, &GPIO_Initure);
/* PF0~5,12~15 */
GPIO_Initure.Pin = GPIO_PIN_0 | GPIO_PIN_1 | GPIO_PIN_2 | GPIO_PIN_3 |
                   GPIO_PIN_4 | GPIO_PIN_5 | GPIO_PIN_12 | GPIO_PIN_13 |
                   GPIO_PIN_14 | GPIO_PIN_15;
HAL_GPIO_Init(GPIOF, &GPIO_Initure);
/* PG0~5,10 */
GPIO_Initure.Pin = GPIO_PIN_0 | GPIO_PIN_1 |
                   GPIO_PIN_2 | GPIO_PIN_3 | GPIO_PIN_4 | GPIO_PIN_5;
HAL_GPIO_Init(GPIOG, &GPIO_Initure);
g_sram_handler.Instance = FSMC_NORSRAM_DEVICE;
g_sram_handler.Extended = FSMC_NORSRAM_EXTENDED_DEVICE;
g_sram_handler.Init.NSBank = (SRAM_FSMC_NEX == 1) ?  FSMC_NORSRAM_BANK1:\
                             (SRAM_FSMC_NEX == 2) ?  FSMC_NORSRAM_BANK2:\
                             (SRAM_FSMC_NEX == 3) ?  FSMC_NORSRAM_BANK3:\
                             FSMC_NORSRAM_BANK4; /* 根据配置选择 FSMC_NE1~4 */
/* 地址/数据线不复用 */
g_sram_handler.Init.DataAddressMux = FSMC_DATA_ADDRESS_MUX_DISABLE;
g_sram_handler.Init.MemoryType = FSMC_MEMORY_TYPE_SRAM;     /* SRAM */
/* 16 位数据宽度 */
g_sram_handler.Init.MemoryDataWidth = SMC_NORSRAM_MEM_BUS_WIDTH_16;
/* 是否使能突发访问,仅对同步突发存储器有效,此处未用到 */
g_sram_handler.Init.BurstAccessMode = FSMC_BURST_ACCESS_MODE_DISABLE;
/* 等待信号的极性,仅在突发模式访问下有用 */
g_sram_handler.Init.WaitSignalPolarity = FSMC_WAIT_SIGNAL_POLARITY_LOW;
/* 存储器是在等待周期之前的一个时钟周期还是等待周期期间使能 NWAIT */
```

```
    g_sram_handler.Init.WaitSignalActive = FSMC_WAIT_TIMING_BEFORE_WS;
    /* 存储器写使能 */
    g_sram_handler.Init.WriteOperation = FSMC_WRITE_OPERATION_ENABLE;
    /* 等待使能位,此处未用到 */
    g_sram_handler.Init.WaitSignal = FSMC_WAIT_SIGNAL_DISABLE;
    /* 读/写使用相同的时序 */
    g_sram_handler.Init.ExtendedMode = FSMC_EXTENDED_MODE_DISABLE;
    /* 是否使能同步传输模式下的等待信号,此处未用到 */
    g_sram_handler.Init.AsynchronousWait = FSMC_ASYNCHRONOUS_WAIT_DISABLE;
    g_sram_handler.Init.WriteBurst = FSMC_WRITE_BURST_DISABLE; /* 禁止突发写 */
    /* FMC 读时序控制寄存器 */
    /* 地址建立时间(ADDSET)为一个 HCLK,1/72 MHz = 13.8 ns */
    fsmc_readwritetim.AddressSetupTime = 0x00;
    fsmc_readwritetim.AddressHoldTime = 0x00;/* 地址保持时间(ADDHLD)模式 A 未用到 */
    fsmc_readwritetim.DataSetupTime = 0x01;/* 数据保存时间为 3 个 HCLK = 4 * 13.8 = 55ns */
    fsmc_readwritetim.BusTurnAroundDuration = 0X00;
    fsmc_readwritetim.AccessMode = FSMC_ACCESS_MODE_A;        /* 模式 A */
    HAL_SRAM_Init(&g_sram_handler,&fsmc_readwritetim,&fsmc_readwritetim);
}
```

初始化成功后,FSMC控制器就能根据扩展的地址线访问SRAM的数据,于是可以直接根据地址指针来访问SRAM。定义SRAM的写函数如下:

```
void sram_write(uint8_t *pbuf, uint32_t addr, uint32_t datalen)
{
    for (; datalen != 0; datalen--)
    {
        *(volatile uint8_t *)(SRAM_BASE_ADDR + addr) = *pbuf;
        addr++;
        pbuf++;
    }
}
```

同样地,利用地址可以构造出一个SRAM的连续读函数:

```
void sram_read(uint8_t *pbuf, uint32_t addr, uint32_t datalen)
{
    for (; datalen != 0; datalen--)
    {
        *pbuf++ = *(volatile uint8_t *)(SRAM_BASE_ADDR + addr);
        addr++;
    }
}
```

注意,以上2个函数是操作unsigned char类型的指针,使用其他类型的指针时需要注意指针的偏移量。难点主要是根据SRAM芯片上的时序来初始化FSMC控制器,读者可参考芯片手册上的时序并结合代码来理解这部分初始化的过程。

2. main.c 代码

初始化好了SRAM就可以使用SRAM中的存储器进行编程了,这里利用ARM编译器的特性——可以在某一绝对地址定义变量。为方便测试,直接定义一个与

SRAM 容量大小类似的数组。由于是 1 MB 的 RAM,定义了 uint32_t 类型后,大小要除以 4,故定义的测试数组如下:

```
/* 测试用数组，起始地址为 SRAM_BASE_ADDR */
#if (__ARMCC_VERSION >= 6010050)
uint32_t g_test_buffer[250000] __attribute__((section(".bss.ARM.__at_0x68000000")));
#else
uint32_t g_test_buffer[250000] __attribute__((at(SRAM_BASE_ADDR)));
#endif
```

这里的__attribute__(())是 ARM 编译器的一种关键字,它有很多种用法,可以通过特殊修饰来指定变量或者函数的属性。读者可以去 MDK 的帮助文件里查找这个关键字的其他用法。这里要用这个关键字把变量放到指定的位置,而且用了条件编译,因为 MDK 的 AC5 和 AC6 下的语法不同。

通过前面的描述可知,SRAM 的访问基地址是 0x68000000,如果定义一个与 SRAM 空间大小相同的数组,而且数组指向的位置就是 0x68000000,则通过数组就可以很方便地直接操作这块存储空间。所以回来前面所说的__attribute__关键字。对于 AC5,它可以用__attribute__((at(地址)))的方法来修饰变量,而且这个地址可以是一个算式,这样编译器在编译时就会通过这个关键字判断并把这个数组放到我们定义的空间,在硬件支持的情况下,就可以访问这些指定空间的变量或常量了。但是对于 AC6,指定地址时需要用__attribute__((section(".bss.ARM.__at_地址")))的方法指定一个绝对地址,才能把变量或者常量放到需要定义的位置。这里这个地址就不支持算式了,但是这个语法更加通用,其他平台的编译器如 gcc 也有类似的语法,而且 AC5 下也可以用 AC6 的这种语法来达到相同效果。

完成 SRAM 部分的代码后,main 函数只要实现对 SRAM 的读/写测试即可。这里加入按键和 LCD 来辅助显示,在 main 函数中编写代码如下:

```
int main(void)
{
    uint8_t key;
    uint8_t i = 0;
    uint32_t ts = 0;
    HAL_Init();                                 /* 初始化 HAL 库 */
    sys_stm32_clock_init(RCC_PLL_MUL9);         /* 设置时钟，72 MHz */
    delay_init(72);                             /* 延时初始化 */
    usart_init(115200);                         /* 串口初始化为 115 200 */
    usmart_dev.init(72);                        /* 初始化 USMART */
    led_init();                                 /* 初始化 LED */
    lcd_init();                                 /* 初始化 LCD */
    key_init();                                 /* 初始化按键 */
    sram_init();                                /* SRAM 初始化 */
    lcd_show_string(30, 50, 200, 16, 16, "STM32", RED);
    lcd_show_string(30, 70, 200, 16, 16, "SRAM TEST", RED);
    lcd_show_string(30, 90, 200, 16, 16, "ATOM@ALIENTEK", RED);
    lcd_show_string(30, 110, 200, 16, 16, "KEY0:Test Sram", RED);
    lcd_show_string(30, 130, 200, 16, 16, "KEY1:TEST Data", RED);
    for (ts = 0; ts < 250000; ts++)
```

```
    {
        g_test_buffer[ts] = ts;              /* 预存测试数据 */
    }
    while (1)
    {
        key = key_scan(0);                   /* 不支持连按 */
        if (key == KEY0_PRES)
        {
            fsmc_sram_test(30, 150);   /* 测试 SRAM 容量 */
        }
        else if (key == KEY1_PRES)           /* 打印预存测试数据 */
        {
            for (ts = 0; ts < 250000; ts++)
            {   /* 显示测试数据 */
                lcd_show_xnum(30, 170, g_test_buffer[ts], 6, 16, 0, BLUE);
            }
        }
        else
        {
            delay_ms(10);
        }
        i++;
        if (i == 20)
        {
            i = 0;
            LED0_TOGGLE(); /* LED0 闪烁 */
        }
    }
}
```

13.5　下载验证

代码编译成功之后，下载代码到开发板上，得到如图13.4所示界面。

此时，按下KEY0就可以在LCD上看到内存测试的界面。同样，按下KEY1就可以看到LCD显示存放在数组g_test_buffer里面的测试数据。把数组的下标直接写到SRAM中，可以看到这个数据在不断更新，SRAM读/写操作成功了，如图13.5所示。

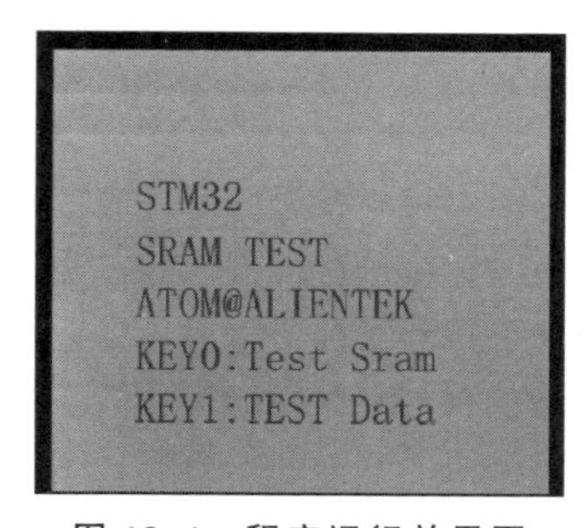

图13.4　程序运行效果图

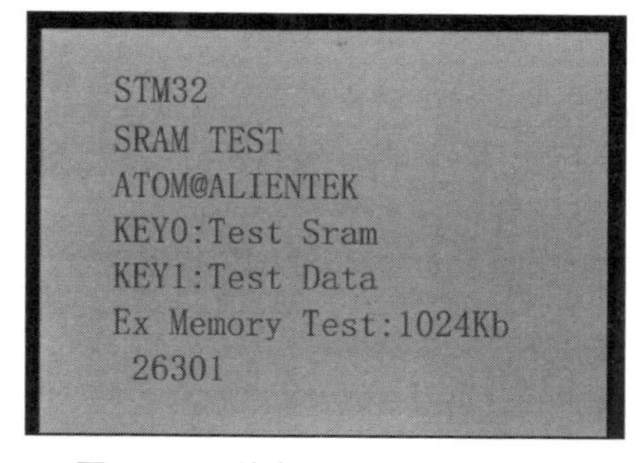

图13.5　外部SRAM测试界面

该实验还可以借助 USMART 来测试，如图 13.6 所示。

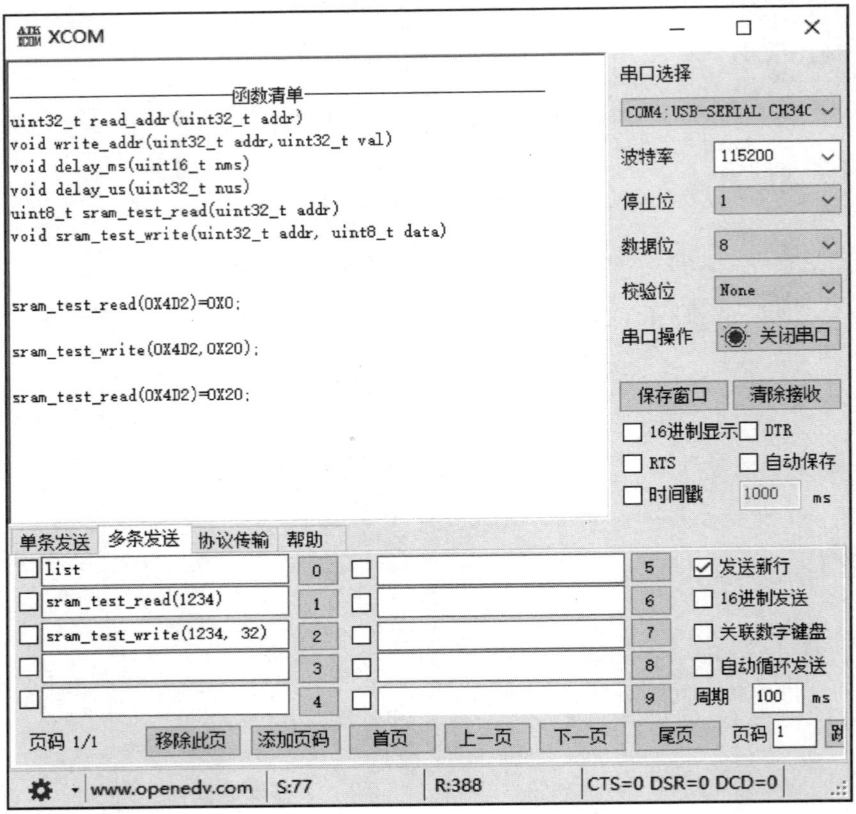

XCOM

```
——————————函数清单——————————
uint32_t read_addr(uint32_t addr)
void write_addr(uint32_t addr,uint32_t val)
void delay_ms(uint16_t nms)
void delay_us(uint32_t nus)
uint8_t sram_test_read(uint32_t addr)
void sram_test_write(uint32_t addr, uint8_t data)


sram_test_read(0X4D2)=0X0;

sram_test_write(0X4D2,0X20);

sram_test_read(0X4D2)=0X20;
```

串口选择　COM4:USB-SERIAL CH34C

波特率　115200

停止位　1

数据位　8

校验位　None

串口操作　关闭串口

保存窗口　清除接收

16进制显示　DTR

RTS　自动保存

时间戳　1000 ms

单条发送　多条发送　协议传输　帮助

list	0	5
sram_test_read(1234)	1	6
sram_test_write(1234, 32)	2	7
	3	8
	4	9

发送新行

16进制发送

关联数字键盘

自动循环发送

周期 100 ms

页码 1/1　移除此页　添加页码　首页　上一页　下一页　尾页　页码 1　跳

www.openedv.com　S:77　R:388　CTS=0 DSR=0 DCD=0

图 13.6　借助 USMART 测试外部 SRAM 读/写

第14章 内存管理实验

本章介绍内存管理，将使用内存的动态管理减少对内存的浪费。

14.1 内存管理简介

内存管理是指软件运行时对计算机内存资源的分配和使用的技术，其最主要的目的是如何高效、快速地分配，并且在适当的时候释放和回收内存资源。内存管理的实现方法有很多种，其实最终都是要实现 2 个函数：malloc 和 free。malloc 函数用来内存申请，free 函数用于内存释放。

本章介绍一种比较简单的办法来实现内存管理，即分块式内存管理，如图 14.1 所示。可以看出，分块式内存管理由内存池和内存管理表 2 部分组成。内存池被等分为 n 块，对应的内存管理表，大小也为 n，内存管理表的每一个项对应内存池的一块内存。

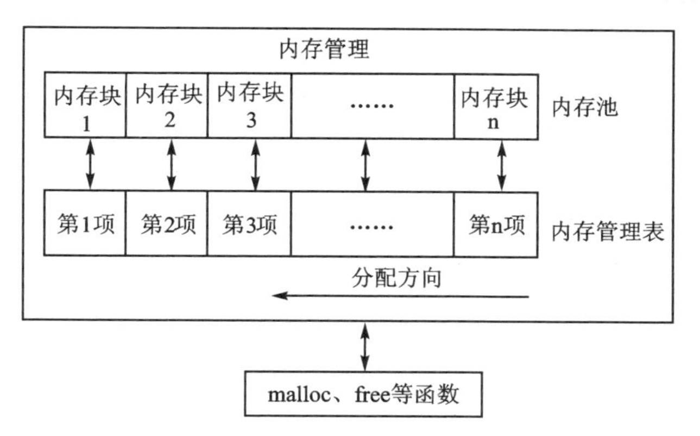

图 14.1 分块式内存管理原理

内存管理表的项值代表的意义为：当该项值为 0 的时候，代表对应的内存块未被占用；当该项值非 0 的时候，代表该项对应的内存块已经被占用，其数值则代表被连续占用的内存块数。比如某项值为 10，那么说明包括本项对应的内存块在内，总共分配了 10 个内存块给外部的某个指针。

内存分配方向如图 14.1 所示，是从顶→底的分配方向。即首先从最末端开始找空内存，当内存管理刚初始化的时候，内存表全部清零，表示没有任何内存块被占用。

(1) 分配原理

当指针p调用malloc申请内存的时候，先判断p要分配的内存块数(m)，然后从第n开始向下查找，直到找到m块连续的空内存块(即对应内存管理表项为0)，然后将这m个内存管理表项的值都设置为m(标记被占用)，最后，把这个空内存块的地址返回指针p，完成一次分配。注意，当内存不够的时候(找到最后也没有找到连续m块空闲内存)，则返回NULL给p，表示分配失败。

(2) 释放原理

当p申请的内存用完、需要释放的时候，调用free函数实现。free函数先判断p指向的内存地址所对应的内存块，然后找到对应的内存管理表项目，得到p所占用的内存块数目m(内存管理表项目的值就是所分配内存块的数目)，将这m个内存管理表项目的值都清零，标记释放，完成一次内存释放。

14.2 硬件设计

(1) 例程功能

按下按键KEY0就申请2 KB内存，按下KEY1就写数据到申请到的内存里，按下WK_UP按键用于释放内存。LED0闪烁用于提示程序正在运行。

(2) 硬件资源

➢ LED灯：LED0 - PB5；

➢ 独立按键：KEY0 - PE4、KEY1 - PE3、WK_UP - PA0；

➢ 串口1(USMART使用)；

➢ 正点原子TFTLCD模块(仅限MCU屏，16位8080并口驱动)；

➢ STM32自带的SRAM；

➢ 开发板板载的SRAM。

14.3 程序设计

14.3.1 程序流程图

程序流程如图14.2所示。

14.3.2 程序解析

1. 内存管理代码

这里只讲解核心代码，详细的源码可参考配套资料中本实验对应源码。内存管理驱动源码包括2个文件：malloc.c和malloc.h，这2个文件放在Middlewares文件夹下面的MALLOC文件夹。

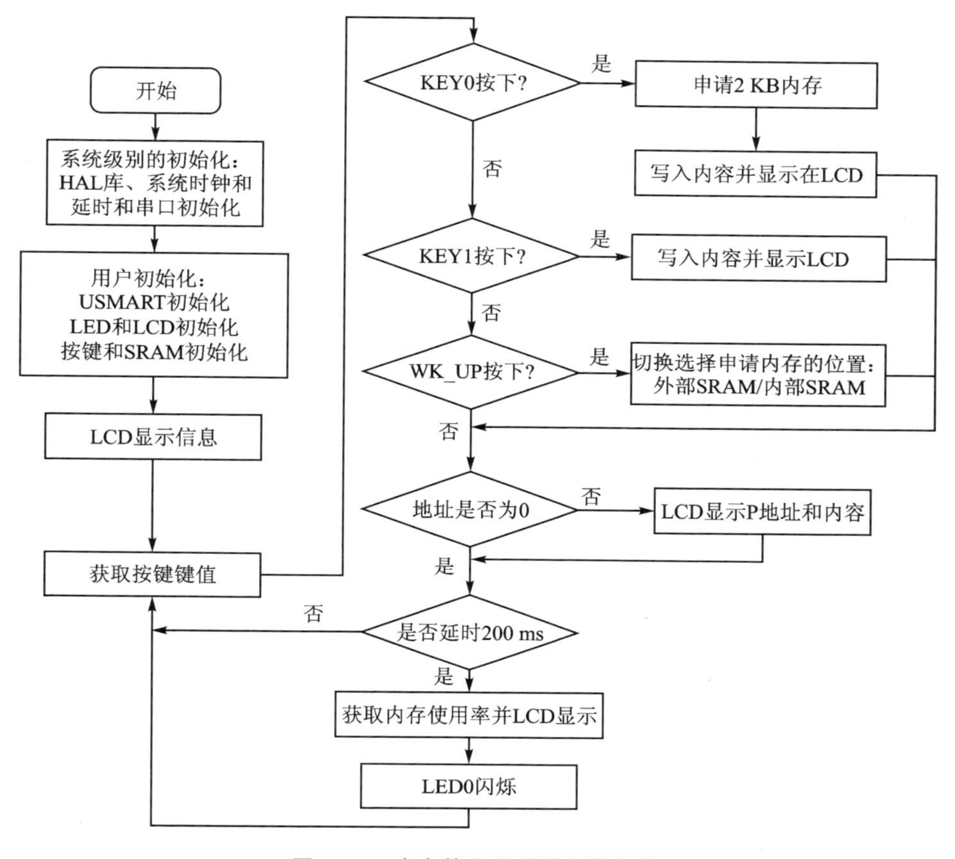

图 14.2　内存管理实验程序流程图

下面直接介绍 malloc. h 中比较重要的一个结构体和内存参数宏定义，其定义如下：

```
/* mem1 内存参数设定.mem1 是 F103 内部的 SRAM. */
#define MEM1_BLOCK_SIZE   32          /* 内存块大小为 32 字节 */
#define MEM1_MAX_SIZE     40 * 1024 /* 最大管理内存 40 KB,F103ZE 内部 SRAM 总共 64 KB */
#define MEM1_ALLOC_TABLE_SIZE     MEM1_MAX_SIZE/MEM1_BLOCK_SIZE     /* 内存表大小 */
/* mem2 内存参数设定.mem2 是 F103 外扩 SRAM */
#define MEM2_BLOCK_SIZE         32          /* 内存块大小为 32 字节 */
#define MEM2_MAX_SIZE    963 * 1024 /* 最大管理内存 963 KB, F103 外扩 SRAM 大小 1 024 KB */
#define MEM2_ALLOC_TABLE_SIZE    MEM2_MAX_SIZE/MEM2_BLOCK_SIZE     /* 内存表大小 */
/* 内存管理控制器 */
struct _m_mallco_dev
{
    void ( * init)(uint8_t);                   /* 初始化 */
    uint16_t ( * perused)(uint8_t);            /* 内存使用率 */
    uint8_t * membase[SRAMBANK];               /* 内存池管理 SRAMBANK 个区域的内存 */
    MT_TYPE * memmap[SRAMBANK];                /* 内存管理状态表 */
    uint8_t  memrdy[SRAMBANK];                 /* 内存管理是否就绪 */
};
```

可以定义几个不同的内存管理表,再分配相应的指针到管理控制器即可。程序中用宏定义 MEM1_BLOCK_SIZE 来定义 malloc 可以管理的内部内存池总大小,实际上定义了一个大小为 MEM1_BLOCK_SIZE 的数组,这样编译后就能获得一块实际的连续内存区域,这里是 40 KB,MEM1_ALLOC_TABLE_SIZE 代表内存池的内存管理表大小。可以定义多个内存管理表,这样就可以同时管理多块内存。

从这里可以看出,内存分块越小,那么内存管理表就越大。当分块为 2 字节一个块的时候,内存管理表就和内存池一样大了(管理表的每项都是 uint16_t 类型)。显然是不合适。这里取 32 字节,比例为 1:16,内存管理表就相对比较小了。

通过这个内存管理控制器_m_malloc_dev 结构体,我们把分块式内存管理的相关信息,如初始化函数、获取使用率、内存池、内存管理表以及内存管理的状态保存下来,实现对内存池的管理控制。其中,内存池的定义为:

```
/* 内存池(64 字节对齐) */
static __align(64) uint8_t mem1base[MEM1_MAX_SIZE];              /* 内部 SRAM 内存池 */
static __align(64) uint8_t mem2base[MEM2_MAX_SIZE]
            __attribute__((at(SRAM_BASE_ADDR)));                  /* 外扩 SRAM 内存池 */
/* 内存管理表 */
static MT_TYPE mem1mapbase[MEM1_ALLOC_TABLE_SIZE];               /* 内部 SRAM 内存池 MAP */
static MT_TYPE mem2mapbase[MEM2_ALLOC_TABLE_SIZE]
__attribute__((at(SRAM_BASE_ADDR + MEM2_MAX_SIZE)));             /* 外扩 SRAM 内存池 MAP */
```

这里定义了 2 个内存池:一个是内部的 SRAM,另一个是外部的 SRAM。

MDK 支持用__attirbute__((at(地址)))的方法把变量定义到指定的区域,而且这个变量支持算式。读者可以去 MKD 的帮助文件中查找__attribute__关键字的相关信息。这里通过这个关键字来指定 mem2mapbase 大数组的存放位置为 SRAM 上的空间,如果不加这个关键字修饰,MDK 会默认把这些变量定义到 STM32 的内部空间,这样就超出了 STM32 内部的 SRAM 空间,编译时会直接报错。当然,还有其他把变量定义到指定位置的方法,读者可以自行研究。

其中,MEM1_MAX_SIZE 是在头文件中定义的内存池大小。__align(64)定义内存池为 64 字节对齐,这个非常重要!如果不加上这个限制,某些情况下(比如分配内存给结构体指针)可能出现错误。

上面的写法是对于 AC5 来说的,如果想换成 AC6 编译器就比较麻烦了,指定变量位置的函数变成__attribute__((section(".bss.ARM.__at_地址")))的方式。其中,.bss 表示初始化值为 0。这个方式不支持算式,所以采用上面的方法直接用宏计算出 SRAM 地址的方法就不可行了,需要直接手动算出 SRAM 对应的内存地址。同样地,__align(64)在 AC6 下的写法也变成了__ALIGNED(64)。其他差异的部分可参考 MDK 官方提供的 AC5 到 AC6 的迁移方法的文档。于是定义的方法就变成:

```
/* 内存池(64 字节对齐) */
static  __ALIGNED(64) uint8_t mem1base[MEM1_MAX_SIZE];      /* 内部 SRAM 内存池 */
static  __ALIGNED(64) uint8_t mem2base[MEM2_MAX_SIZE]
__attribute__((section(".bss.ARM.__at_0X68000000")));       /* 外扩 SRAM 内存池 */
```

```
/* 内存管理表 */
static MT_TYPE mem1mapbase[MEM1_ALLOC_TABLE_SIZE];                  /* 内部 SRAM 内存池 MAP */
static MT_TYPE mem2mapbase[MEM2_ALLOC_TABLE_SIZE]
__attribute__((section(".bss.ARM.__at_0X680F0C00")));               /* 外扩 SRAM 内存池 MAP */
```

整个 malloc 代码的核心函数：my_mem_malloc 和 my_mem_free，分别用于内存申请和内存释放。这 2 个函数只是内部调用，外部调用另外定义了 mymalloc 和 myfree 这 2 个函数。分配内存和释放内存相关函数定义如下：

```
/**
 * @brief     内存分配(内部调用)
 * @param     memx：所属内存块
 * @param     size：要分配的内存大小(字节)
 * @retval    内存偏移地址
 * @arg       0 ~ 0XFFFFFFFE：有效的内存偏移地址
 * @arg       0XFFFFFFFF：无效的内存偏移地址
 */
static uint32_t my_mem_malloc(uint8_t memx, uint32_t size)
{
    signed long offset = 0;
    uint32_t nmemb;             /* 需要的内存块数 */
    uint32_t cmemb = 0;         /* 连续空内存块数 */
    uint32_t i;
    if (!mallco_dev.memrdy[memx])
    {
        mallco_dev.init(memx);                  /* 未初始化,先执行初始化 */
    }
    if (size == 0) return 0XFFFFFFFF;           /* 不需要分配 */
    nmemb = size / memblksize[memx];            /* 获取需要分配的连续内存块数 */
    if (size % memblksize[memx]) nmemb ++ ;
    for (offset = memtblsize[memx] - 1; offset >= 0; offset -- ) /* 搜索整个内存控制区 */
    {
        if (!mallco_dev.memmap[memx][offset])
        {
            cmemb ++ ;                          /* 连续空内存块数增加 */
        }
        else
        {
            cmemb = 0;                          /* 连续内存块清零 */
        }

        if (cmemb == nmemb)                     /* 找到了连续 nmemb 个空内存块 */
        {
            for (i = 0; i < nmemb; i ++ )       /* 标注内存块非空 */
            {
                mallco_dev.memmap[memx][offset + i] = nmemb;
            }
            return (offset * memblksize[memx]); /* 返回偏移地址 */
        }
    }
    return 0XFFFFFFFF;                          /* 未找到符合分配条件的内存块 */
```

```
}
/**
 * @brief       释放内存(内部调用)
 * @param       memx：所属内存块
 * @param       offset：内存地址偏移
 * @retval      释放结果
 * @arg         0，释放成功
 * @arg         1，释放失败
 * @arg         2，超区域了(失败)
 */
static uint8_t my_mem_free(uint8_t memx, uint32_t offset)
{
    int i;
    if (!mallco_dev.memrdy[memx])                         /* 未初始化,先执行初始化 */
    {
        mallco_dev.init(memx);
        return 1;                                         /* 未初始化 */
    }
    if (offset < memsize[memx])                           /* 偏移在内存池内 */
    {
        int index = offset / memblksize[memx];            /* 偏移所在内存块号码 */
        int nmemb = mallco_dev.memmap[memx][index];       /* 内存块数量 */
        for (i = 0; i < nmemb; i ++ )                     /* 内存块清零 */
        {
            mallco_dev.memmap[memx][index +  i] = 0;
        }
        return 0;
    }
    else
    {
        return 2;                                         /* 偏移超区了 */
    }
}
/**
 * @brief       释放内存(外部调用)
 * @param       memx：所属内存块
 * @param       ptr：内存首地址
 * @retval      无
 */
void myfree(uint8_t memx, void * ptr)
{
    uint32_t offset;
    if (ptr == NULL)return;         /* 地址为 0. */
    offset = (uint32_t)ptr - (uint32_t)mallco_dev.membase[memx];
    my_mem_free(memx, offset);  /* 释放内存 */
}
/**
 * @brief       分配内存(外部调用)
 * @param       memx：所属内存块
 * @param       size：要分配的内存大小(字节)
 * @retval      分配到的内存首地址
```

```
    */
void * mymalloc(uint8_t memx, uint32_t size)
{
    uint32_t offset;
    offset = my_mem_malloc(memx, size);
    if (offset == 0XFFFFFFFF)             /* 申请出错 */
    {
        return NULL;                      /* 返回空(0) */
    }
    else    /* 申请没问题，返回首地址 */
    {
        return (void *)((uint32_t)mallco_dev.membase[memx] + offset);
    }
}
```

2. main.c 代码

在 main.c 里面编写如下代码：

```
const char * SRAM_NAME_BUF[SRAMBANK] = {" SRAMIN ", " SRAMEX "};
int main(void)
{
    uint8_t paddr[20];  /* 存放 P Addr:+p 地址的 ASCII 值 */
    uint16_t memused = 0;
    uint8_t key;
    uint8_t i = 0;
    uint8_t *p = 0;
    uint8_t *tp = 0;
    uint8_t sramx = 0;                           /* 默认为内部 SRAM */
    HAL_Init();                                  /* 初始化 HAL 库 */
    sys_stm32_clock_init(RCC_PLL_MUL9);          /* 设置时钟，72 MHz */
    delay_init(72);                              /* 延时初始化 */
    usart_init(115200);                          /* 串口初始化为 115 200 */
    usmart_dev.init(72);                         /* 初始化 USMART */
    led_init();                                  /* 初始化 LED */
    lcd_init();                                  /* 初始化 LCD */
    key_init();                                  /* 初始化按键 */
    sram_init();                                 /* SRAM 初始化 */
    my_mem_init(SRAMIN);                         /* 初始化内部 SRAM 内存池 */
    my_mem_init(SRAMEX);                         /* 初始化外部 SRAM 内存池 */
    lcd_show_string(30,  50, 200, 16, 16, "STM32", RED);
    lcd_show_string(30,  70, 200, 16, 16, "MALLOC TEST", RED);
    lcd_show_string(30,  90, 200, 16, 16, "ATOM@ALIENTEK", RED);
    lcd_show_string(30, 110, 200, 16, 16, "KEY0:Malloc & WR & Show", RED);
    lcd_show_string(30, 130, 200, 16, 16, "KEY_UP:SRAMx KEY1:Free", RED);
    lcd_show_string(60, 160, 200, 16, 16, " SRAMIN ", BLUE);
    lcd_show_string(30, 176, 200, 16, 16, "SRAMIN   USED:", BLUE);
    lcd_show_string(30, 192, 200, 16, 16, "SRAMEX   USED:", BLUE);
    while (1)
    {
        key = key_scan(0);          /* 不支持连按 */
        switch (key)
```

```
        {
            case KEY0_PRES:         /* KEY0 按下 */
                p = mymalloc(sramx, 2048);/* 申请 2 KB,并写入内容,显示在 LCD 屏幕上面 */
                if (p != NULL)
                {   /* 向 p 写入一些内容 */
                    sprintf((char *)p, "Memory Malloc Test %03d", i);
                    /* 显示 P 的内容 */
                    lcd_show_string(30, 260, 209, 16, 16, (char *)p, BLUE);
                }
                break;
            case KEY1_PRES:                     /* KEY1 按下 */
                myfree(sramx, p);               /* 释放内存 */
                p = 0;                          /* 指向空地址 */
                break;
            case WKUP_PRES:                     /* KEY UP 按下 */
                sramx ++ ;
                if (sramx > 1)sramx = 0;
                lcd_show_string(60, 160, 200, 16, 16,
                                (char *)SRAM_NAME_BUF[sramx], BLUE);
                break;
        }
        if (tp != p)
        {
            tp = p;
            sprintf((char *)paddr, "P Addr:0X%08X", (uint32_t)tp);
            /* 显示 p 的地址 */
            lcd_show_string(30, 240, 209, 16, 16, (char *)paddr, BLUE);
            if (p)
            {   /* 显示 P 的内容 */
                lcd_show_string(30, 260, 280, 16, 16, (char *)p, BLUE);
            }
            else
            {
                lcd_fill(30, 260, 209, 296, WHITE); /* p = 0,清除显示 */
            }
        }
        delay_ms(10);
        i ++ ;
        if ((i % 20) == 0)
        {
            memused = my_mem_perused(SRAMIN);
            sprintf((char *)paddr, "%d.%01d%%", memused / 10, memused % 10);
            /* 显示内部内存使用率 */
            lcd_show_string(30 + 112, 176, 200, 16, 16, (char *)paddr, BLUE);
            memused = my_mem_perused(SRAMEX);
            sprintf((char *)paddr, "%d.%01d%%", memused / 10, memused % 10);
            /* 显示外部内存使用率 */
            lcd_show_string(30 + 112, 192, 200, 16, 16, (char *)paddr, BLUE);
            LED0_TOGGLE();   /* LED0 闪烁 */
        }
    }
}
```

该部分代码比较简单，主要是对 mymalloc 和 myfree 的应用。注意，如果对一个指针进行多次内存申请，而之前的申请又没释放，那么将造成内存泄漏。这是内存管理不希望发生的，久而久之，可能导致无内存可用的情况。所以，在使用的时候一定记得，申请的内存在用完以后一定要释放。

另外，本章希望利用 USMART 调试内存管理，所以在 USMART 里面添加了 mymalloc 和 myfree 函数，用于测试内存分配和内存释放。

14.4　下载验证

将程序下载到开发板后，可以看到 LED0 不停闪烁，提示程序已经在运行了。LCD 显示的内容如图 14.3 所示。

可以看到，内存的使用率均为 0%，说明还没有任何内存被使用。可以通过 KEY_UP 选择申请内存的位置：SRAIN 为内部，SRAMEX 为外部。此时选择从内部申请内存，按下 KEY0 就可以看到申请了 5%的一个内存块，同时下面提示了指针 p 所指向的地址（其实就是被分配到的内存地址）和内容。效果如图 14.4 所示。

KEY0 键用来更新 p 的内容，更新后的内容将重新显示在 LCD 模块上。多按几次 KEY0，可以看到内存使用率持续上升（注意比对 p 的值，可以发现是递减的，说明是从顶部开始分配内存）。每次申请一个内存块后，可以通过按下 KEY0 释放本次申请的内存，如果每次申请完内存不再使用却不及时释放掉，再按 KEY1 就无法释放之前的内存了。这样重复多次就会造成内存泄漏。我们程序就是模拟这样一个情况，告诉读者在实际使用的时候要注意到这种做法的危险性，必须在编程时严格避免内存泄漏的情况发生。

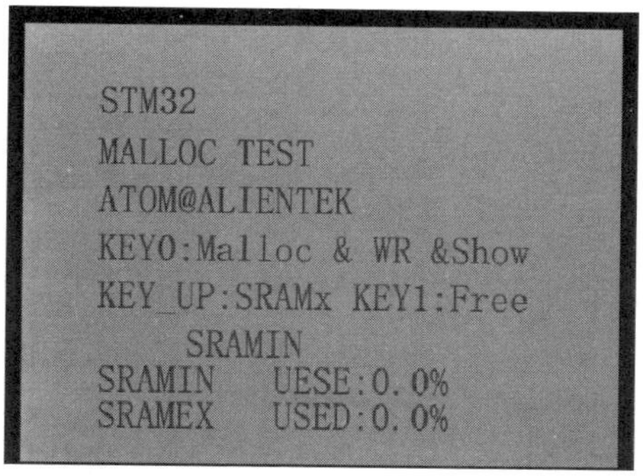

STM32
MALLOC TEST
ATOM@ALIENTEK
KEY0:Malloc & WR &Show
KEY_UP:SRAMx KEY1:Free
SRAMIN
SRAMIN　UESE:0.0%
SRAMEX　USED:0.0%

图 14.3　内存管理实验测试图

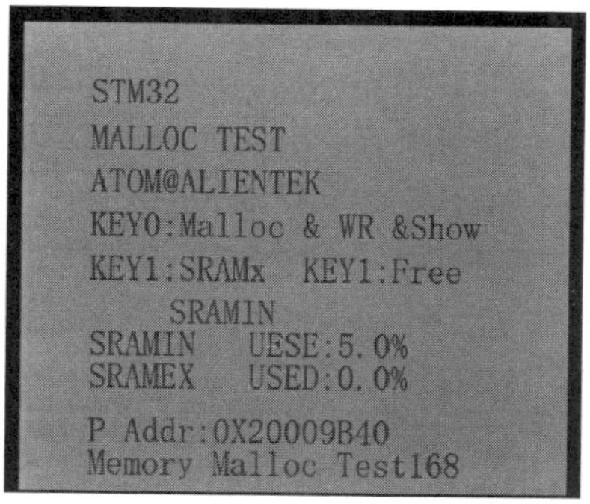

STM32
MALLOC TEST
ATOM@ALIENTEK
KEY0:Malloc & WR &Show
KEY1:SRAMx　KEY1:Free
SRAMIN
SRAMIN　UESE:5.0%
SRAMEX　USED:0.0%
P Addr:0X20009B40
Memory Malloc Test168

图 14.4　按下 KEY0 申请了部分内存

本章还可以借助 USMART 测试内存的分配和释放，有兴趣的读者可以动手试试，如图 14.5 所示。

图 14.5 中先申请了 4 660 字节的内存，申请到的内存首地址为 0x20009080，说明申请内存成功（如果不成功，则会收到 0）；然后释放内存的时候，参数是指针的地址，即

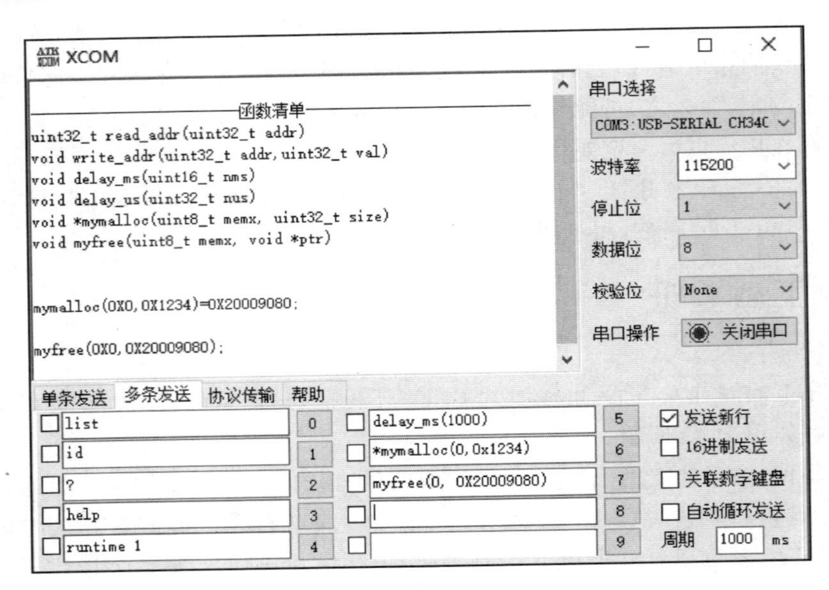

图 14.5　USMART 测试内存管理图

执行 myfree(0x20009080)就可以释放申请到的内存。其他情况可以自行测试并分析。

第 15 章 SD 卡实验

很多单片机系统都需要大容量存储设备来存储数据，目前常用的有 U 盘、FLASH 芯片、SD 卡等。它们各有优点，综合比较，最适合单片机系统的莫过于 SD 卡了，它不仅容量可以做到很大(32 GB 以上)、支持 SPI/SDIO 驱动，而且有多种体积的尺寸可供选择(标准的 SD 卡尺寸及 micorSD 卡尺寸等)，能满足不同应用的要求。

只需要少数几个 I/O 口即可外扩一个高达 32 GB 或以上的外部存储器，容量从几十 M 到几十 G 选择范围很大，更换也很方便，编程也简单，是单片机大容量外部存储器的首选。

正点原子战舰 V4 版本以后使用的接口是 microSD 卡接口，卡座带自锁功能，可使用 STM32F1 自带的 SDIO 接口驱动，4 位模式，最高通信速度可达 24 MHz，最高每秒可传输数据 12 MB，对于一般应用足够了。本章将介绍如何在正点原子战舰 STM32F103 上实现 microSD 卡的读取。

15.1 SD 卡简介

15.1.1 SD 物理结构

SD 卡的规范由 SD 卡协会明确，可以访问 https://www.sdcard.org 查阅更多标准。SD 卡主要有 SD、miniSD 和 microSD(原名 TF 卡，2004 年正式更名为 Micro SD Card，为方便本文用 microSD 表示)3 种类型。miniSD 已经被 microSD 取代，使用得不多，根据最新的 SD 卡规格列出的参数如表 15.1 所列。

表中的脚位数对应于实卡上的“金手指”数，不同类型的卡的触点数量不同，访问的速度也不相同。SD 卡允许不同的接口来访问它的内部存储单元。最常见的是 SDIO 模式和 SPI 模式。根据这 2 种接口模式，这里列出 SD 卡引脚对应于这 2 种不同的电路模式的引脚功能定义，如表 15.2 所列。

对比着来看一下 microSD 引脚，如表 15.3 所列，可见只比 SD 卡少了一个电源引脚 VSS2，其他引脚的功能类似。

SD 卡和 microSD 只有引脚和形状大小不同，内部结构类似，操作时序完全相同，可以使用完全相同的代码驱动。下面以 9'Pin SD 卡的内部结构为例，展示 SD 卡的存储结构，如图 15.1 所示。

表 15.1　SD 卡的主要规格参数

形　状		SD	microSD
尺寸		32×24×2.1 mm， 32×24×1.4 mm， 重 1.2～2.5 g	11×15×1.0 mm，重 0.5 g
卡片种类(容量范围)		SD(≤2 GB)、SDHC(2～32 GB)、SDXC(32 GB～2 TB)、SDUC(2～128 TB)	
硬件规格	脚位数	High Speed and UHS－I：9 pin	High Speed and UHS－I：8 pin
		UHS－II and UHS－III：17 pin	UHS－II and UHS－III：16 pin
		SD Express 1－lane：17～19 pin	SD Express 1－lane：17 pin
		SD Express 2－lane：25～27 pin	
	电压范围	3.3 V 版本：2.7～3.6 V	
		1.8 V 低电压版：1.70～1.95 V	
	防写开关	是	否

表 15.2　SD 卡引脚编号

SD 卡	SD 模式			SPI 模式		
引脚编号	引脚名	引脚类型	功能描述	引脚名	引脚类型	功能描述
1	CD/DAT3	I/O/PP	卡识别/数据线位 3	CS	I3	片选，低电平有效
2	CMD	I/O/PP	命令/响应	DI	I	数据输入
3	VSS1	S	电源地	VSS	S	电源地
4	VDD	S	DC 电源正极	VDD	S	DC 电源正极
5	CLK	I	Clock	SCLK	I	时钟
6	VSS2	S	电源地	VSS2	S	电源地
7	DAT0	I/O/PP	数据线位 0	DO	O/PP	数据输出
8	DAT1	I/O/PP	数据线位 1	RSV		
9	DAT2	I/O/PP	数据线位 2	RSV		

注：S 表示电源，I 表示输入，O 表示推挽输出，PP 表示推挽。

表 15.3 microSD 卡引脚编号

microSD	SD 模式			SPI 模式		
引脚编号	引脚名	引脚类型	功能描述	引脚名	引脚类型	功能描述
1	DAT2	I/O/PP	数据线位 2	RSV		
2	CD/DAT3	I/O/PP	卡识别/数据线位 3	CS	I	片选低电平有效
3	CMD	PP	命令/响应	DI	I	数据输入
4	VDD	S	DC 电源正极	VDD	S	DC 电源正极
5	CLK	I	时钟	SCLK	I	时钟
6	VSS	S	电源地	VSS	S	电源地
7	DAT0	I/O/PP	数据线位 0	DO	O/PP	数据输出
8	DAT1	I/O/PP	数据线位 1	RSV		

注：S 表示电源，I 表示输入，O 表示推挽输出，PP 表示推挽。

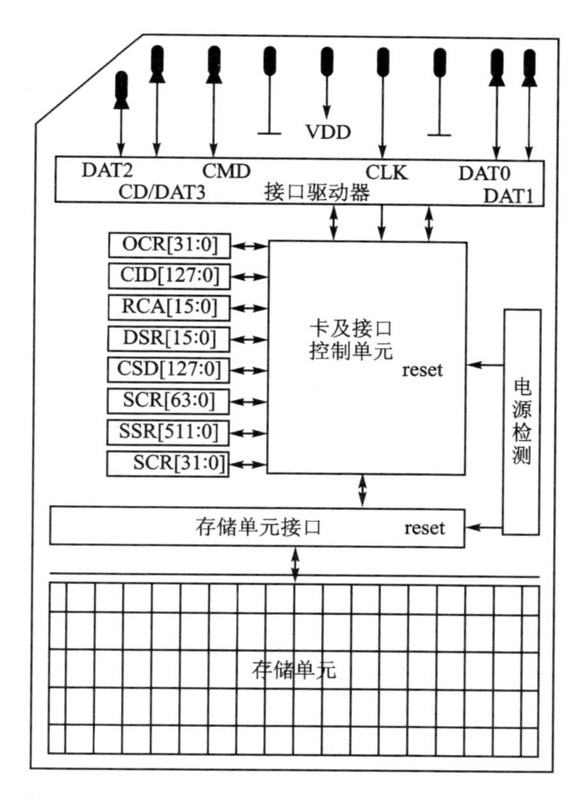

图 15.1 SD 卡内部物理结构(RCA 寄存器在 SPI 模式下不可访问)

SD 卡有自己的寄存器，但它不能直接进行读/写操作，需要通过命令来控制。SDIO 协议定义了一些命令用于实现某一特定功能，SD 卡根据收到的命令要求对内部寄存器进行修改。表 15.4 描述了 SD 卡的寄存器与 SD 卡进行数据通信的主要通道。

表 15.4　SD 卡寄存器信息

名　称	位　宽	描　述
CID	128	卡标识(Card identification):每个卡都是唯一的
RCA	16	相对地址(Relative card address):卡的本地系统地址,初始化时,动态地由卡建议,经主机核准(SPI 模式下无 RCA)
DSR	16	驱动级寄存器(Driver Stage Register):配置卡的输出驱动
CSD	128	卡的特定数据(Card Specific Data):卡的操作条件信息
SCR	64	SD 配置寄存器(SD Configuration Register):SD 卡特殊特性信息
OCR	32	操作条件寄存器(Operation conditions register):卡电源和状态标识
SSR	512	SD 状态(SD Status):SD 卡专有特征的信息
CSR	32	卡状态(Card Status):卡状态信息

关于 SD 卡的更多信息和硬件设计规范可以参考 SD 卡协议《Physical Layer Simplified Specification Version 2.00》的相关章节(因为 STM32F1 的 SDIO 匹配的是 SD 协议 2.0 版本,后续版本也兼容此旧协议版本,故本章仍以 2.0 版本为介绍对象)。

15.1.2　命令和响应

一个完整的 SD 卡操作过程是:主机(单片机等)发起命令,SD 卡根据命令的内容决定是否发送响应信息及数据等。如果是数据读/写操作,则主机还需要发送停止读/写数据的命令来结束本次操作;这意味着主机发起命令指令后,SD 卡可以没有响应、数据等过程,这取决于命令的含义。这一过程如图 15.2 所示。

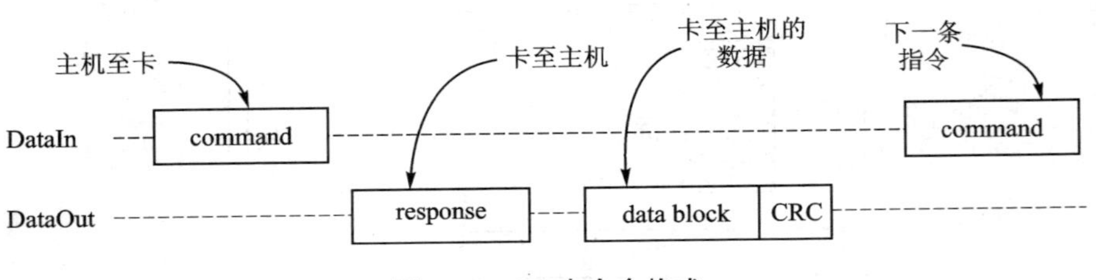

图 15.2　SD 卡命令格式

SD 卡有多种命令和响应,它们的格式定义及含义在《SD 卡协议 V2.0》的第 3、4 章有详细介绍。发送命令时主机只能通过 CMD 引脚发送给 SD 卡,串行逐位发送时先发送最高位(MSB),然后是次高位,这样类推。SD 卡的命令格式如表 15.5 所列。

表 15.5　SD 卡控制命令格式

字　节	字节 1			字节 2:5	字节 6	
位	47	46	45:40	39:8	7:1	0
描　述	0	1	command	命令参数	CRC7	1

SD 卡的命令固定为 48 位,由 6 个字节组成,字节 1 的最高 2 位固定为 01,低 6 位为命令号(比如 CMD16,为 10000B 即 16 进制的 0x10,完整的 CMD16,第一个字节为

01010000,即 0x10+0x40)。字节 2～5 为命令参数,有些命令是没有参数的。字节 6 的高 7 位为 CRC 值,最低位恒定为 1。

SD 卡的命令总共有 12 类,分为 Class0～Class11,本章仅介绍几个比较重要的命令,如表 15.6 所列。表中大部分命令用于初始化。其中,R1、R3 和 R7 等是 SD 卡的应答信号,每个响应也有规定好的格式,如图 15.3 所示。

表 15.6 SD 卡部分命令

命　令	参　数	响　应	描　述
CMD0(0x00)	NONE	无	复位 SD 卡
CMD8(0x08)	VHS+Checkpattern	R7	主机发送接口状态命令
ACMD41(0x29)	HCS+VDD 电压	R3	主机发送容量支持信息 HCS 和 OCR 寄存器内容
CMD2(0x02)	NONE	R2	读取 SD 卡的 CID 寄存器值
CMD3(0x03)	NONE	R6	要求 SD 卡发布新的相对地址
CMD9(0x09)	RCA	R2	读取卡特定数据寄存器
CMD7(0x07)	RCA	R1b	选中 SD 卡
CMD16(0x10)	块大小	R1	设置块大小(字节数)
CMD17(0x11)	地址	R1	读取一个块的数据
CMD24(0x18)	地址	R1	写入一个块的数据
CMD25(0x19)	地址	R1	连续写入多个块的数据
CMD55(0x37)	NONE	R1	告诉 SD 卡,下一个是特定应用命令

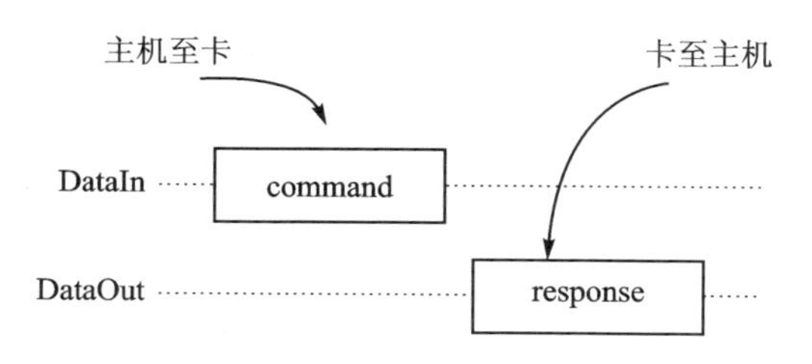

图 15.3 SD 卡命令传输过程

在规定为有响应的命令下,每发送一个命令,SD 卡都会给出一个应答,以告知主机该命令的执行情况或者返回主机需要获取的数据。应答可以是 R1～R7,R1 的应答各位描述如表 15.7 所列。

表 15.7 R1 响应

位	7	6	5	4	3	2	1	0
含　义	开始位始终为 0	参数错误	地址错误	擦除序列错误	CRC 错误	非法命令	擦除复位	闲置状态

R2～R7 的响应就不介绍了,需要注意的是除了 R2 响应是 128 位外,其他的响应都是 48 位,详细可参考 SD 卡 2.0 协议。

15.1.3 卡模式

SD 卡系统(包括主机和 SD 卡)定义了 SD 卡的工作模式,在每个操作模式下,SD 卡都有几种状态,如表 15.8 所列,状态之间通过命令控制实现卡状态的切换。

表 15.8 SD 卡状态与操作模式

模式	状态
无效模式(Inactive)	无效状态(Inactive State)
卡识别模(Card identification mode)	空闲状态(Idle State)
	准备状态(Ready State)
	识别状态(Identification State)
数据传输模式(Data transfer mode)	待机状态(Stand - by State)
	传输状态(Transfer State)
	发送数据状态(Sending - data State)
	接收数据状态(Receive - data State)
	编程状态(Programming State)
	断开连接状态(Disconnect State)

这里用到 2 种有效操作模式,即卡识别模式和数据传输模式。在系统复位后,主机处于卡识别模式,寻找总线上可用的 SDIO 设备。对 SD 卡进行数据读/写之前需要识别卡的种类:V1.0 标准卡、V2.0 标准卡、V2.0 高容量卡或者不被识别卡。同时,SD 卡也处于卡识别模式,直到被主机识别到,即当 SD 卡在卡识别状态接收到 CMD3 (SEND_RCA)命令后,SD 卡就进入数据传输模式,而主机在总线上所有卡被识别后也进入数据传输模式。

在卡识别模式下,主机会复位所有处于卡识别模式的 SD 卡,确认其工作电压范围,识别 SD 卡类型,并且获取 SD 卡的相对地址(卡相对地址较短,便于寻址)。在卡识别过程中,要求 SD 卡工作在识别时钟频率 FOD 的状态下。卡识别模式下 SD 卡状态转换如图 15.4 所示。

主机上电后,所有卡处于空闲状态,包括当前处于无效状态的卡。主机也可以发送 GO_IDLE_STATE(CMD0)让所有卡软复位从而进入空闲状态,但当前处于无效状态的卡并不会复位。

主机在开始与卡通信前,需要先确定双方在互相支持的电压范围内。SD 卡有一个电压支持范围,主机当前电压必须在该范围才能与卡正常通信。SEND_IF_COND (CMD8)命令用于验证卡接口操作条件(主要是电压支持)。卡会根据命令的参数来检测操作条件匹配性,如果卡支持主机电压,则产生响应,否则不响应。而主机则根据响应内容确定卡的电压匹配性。CMD8 是 SD 卡标准 V2.0 版本才有的新命令,所以如果主机有接收到响应,则可以判断卡为 V2.0 或更高版本 SD 卡。

SD_SEND_OP_COND(ACMD41)命令可以识别或拒绝不匹配它的电压范围的卡。ACMD41 命令的 VDD 电压参数用于设置主机支持电压范围,卡响应会返回卡支

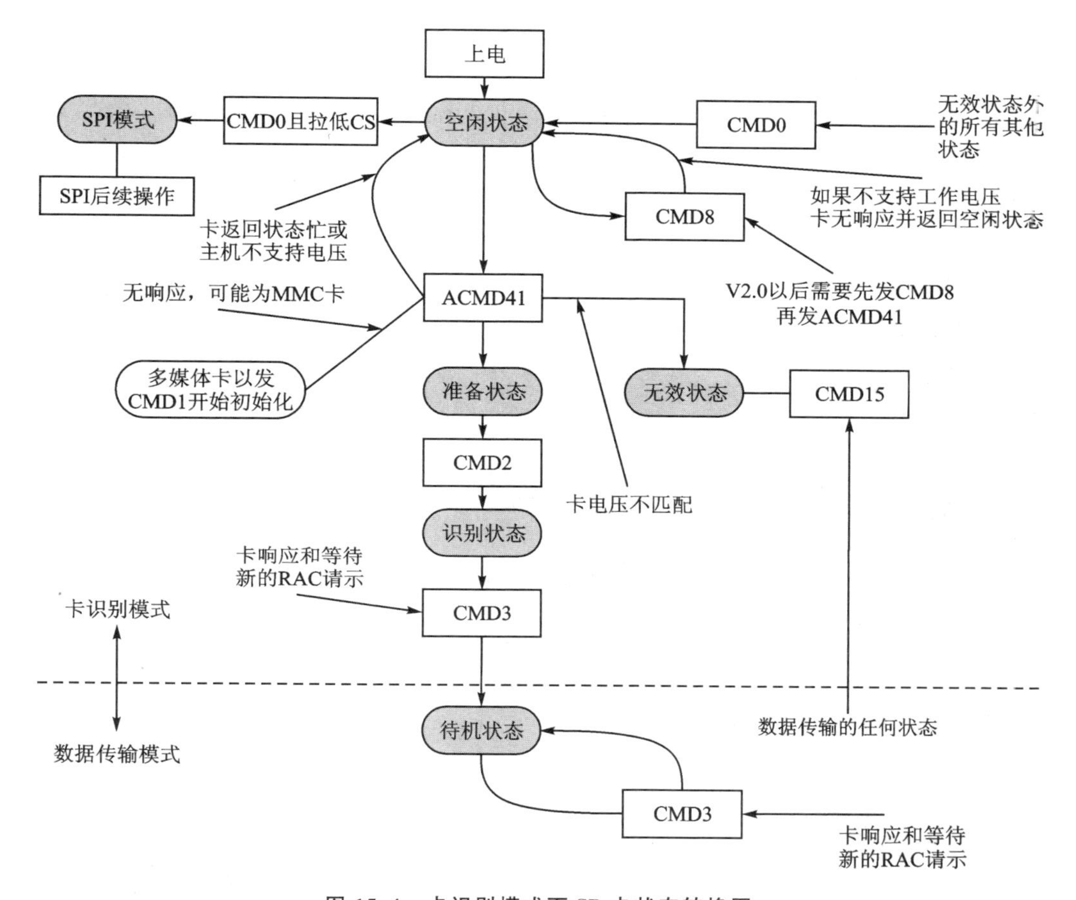

图 15.4　卡识别模式下 SD 卡状态转换图

持的电压范围。对于对 CMD8 有响应的卡，将 ACMD41 命令的 HCS 位设置为 1，可以测试卡的容量类型；如果卡响应的 CCS 位为 1，说明为高容量 SD 卡，否则为标准卡。卡在响应 ACMD41 之后进入准备状态，不响应 ACMD41 的卡为不可用卡，进入无效状态。ACMD41 是应用特定命令，发送该命令之前必须先发 CMD55。

ALL_SEND_CID(CMD2)用来控制所有卡返回它们的卡识别号(CID)，处于准备状态的卡在发送 CID 之后就进入识别状态。之后主机就发送 SEND_RELATIVE_ADDR(CMD3)命令，让卡自己推荐一个相对地址(RCA)并响应命令。这个 RCA 是 16 bit 地址，而 CID 是 128 bit 地址，使用 RCA 简化通信。卡在接收到 CMD3 并发出响应后就进入数据传输模式，并处于待机状态，主机在获取所有卡 RCA 之后也进入数据传输模式。

15.1.4　数据模式

在数据模式下可以对 SD 卡的存储块进行读/写访问操作。SD 卡上电后默认以一位数据总线访问，可以通过指令设置为宽总线模式，同时使用 4 位总线并行读/写数据，这样对于支持宽总线模式的接口(如 SDIO 和 QSPI 等)都能加快数据操作速度。

SD 卡有 2 种数据模式,一种是常规的 8 位宽,即一次按一字节传输,另一种是一次按 512 字节传输,这里只介绍前面一种。当按 8 bit 连续传输时,每次传输从最低字节开始,每字节从最高位(MSB)开始发送;当使用一条数据线时,只能通过 DAT0 进行数据传输,那它的数据传输结构如图 15.5 所示。

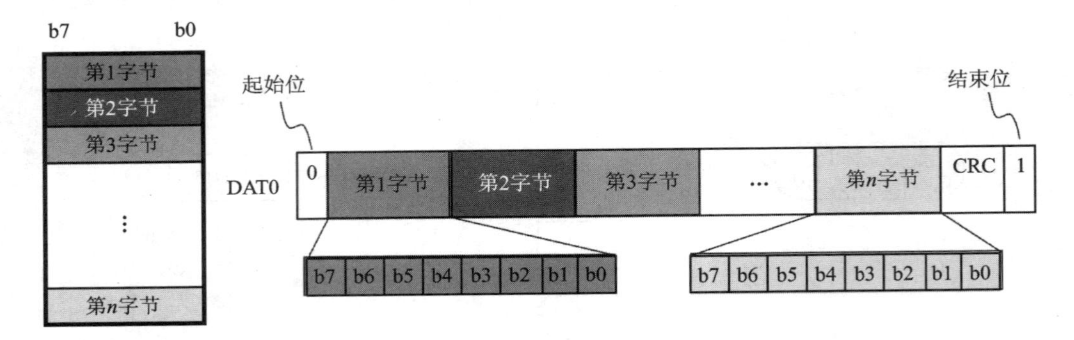

图 15.5 一位数据线传输 8 bit 的数据流格式

当使用 4 线模式传输 8 bit 结构的数据时,如图 15.6 所示,数据仍按 MSB 先发送的原则,DAT[3:0]的高位发送高数据位,低位发送低数据位。硬件支持的情况下,使用 4 线传输可以提升传输速率。

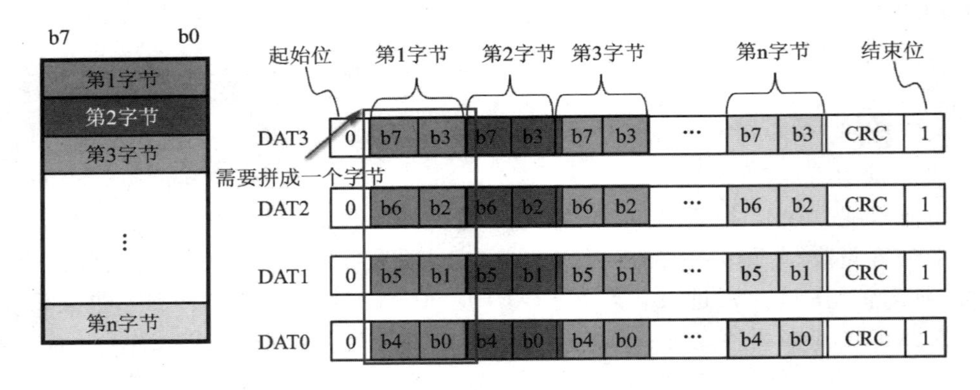

图 15.6 4 位数据线传输 8 bit 格式的数据流格式

只有 SD 卡系统处于数据传输模式时,才可以进行数据读/写操作。数据传输模式下可以将主机 SD 时钟频率设置为 FPP,默认最高为 25 MHz,频率切换可以通过 CMD4 命令来实现。数据传输模式下,SD 卡状态转换过程如图 15.7 所示。

CMD7 用来选定和取消指定的卡。卡在待机状态下还不能进行数据通信,因为总线上可能有多个卡处于待机状态,必须选择一个 RCA 地址目标卡使其进入传输状态才可以进行数据通信。同时,通过 CMD7 命令也可以让已经被选择的目标卡返回到待机状态。

数据传输模式下的数据通信都是主机和目标卡之间通过寻址命令点对点进行的。

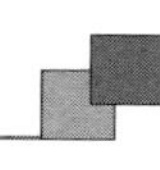

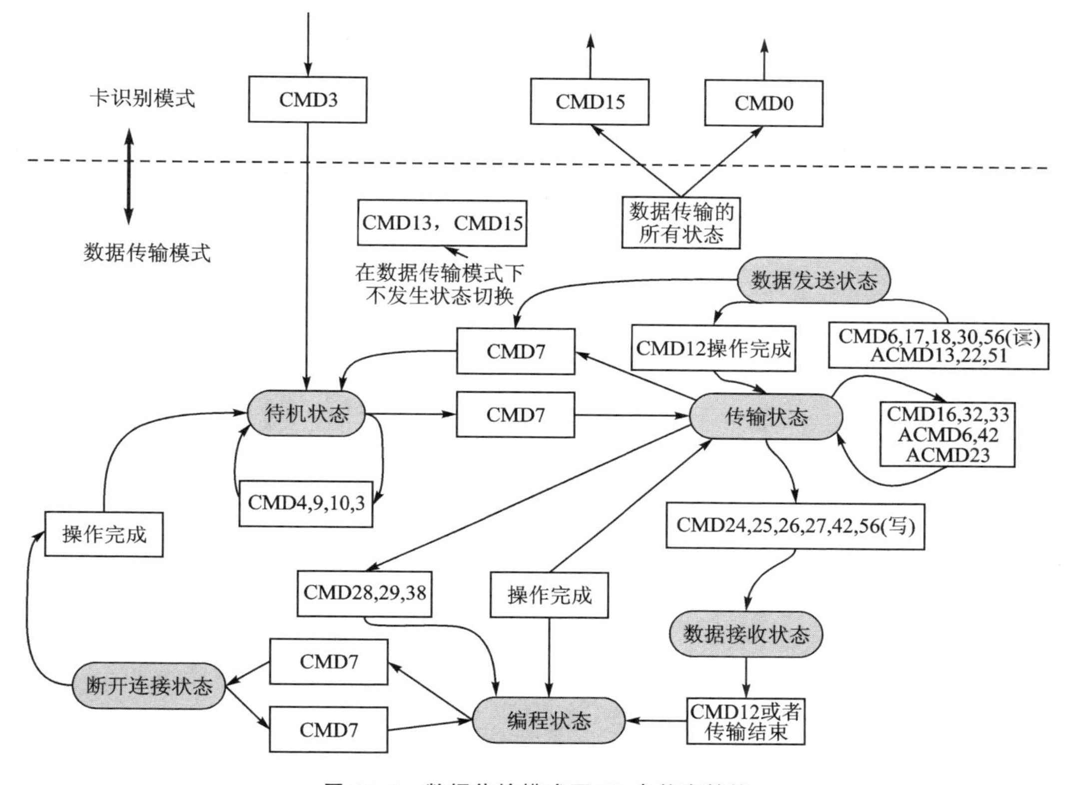

图 15.7　数据传输模式下 SD 卡状态转换

卡处于传输状态下可以通过命令对卡进行数据读/写、擦除。CMD12 可以中断正在进行的数据通信，让卡返回到传输状态。CMD0 和 CMD15 会中止任何数据编程操作，返回卡识别模式，注意谨慎使用，不当操作可能导致卡数据被损坏。

15.2　SDIO 接口简介

前面提到 SD 卡的驱动方式之一是用 SDIO 接口通信，正点原子战舰 STM32F103 自带 SDIO 接口，本节简单介绍 STM32F1 的 SDIO 接口，包括主要功能及框图、时钟、命令与响应和相关寄存器简介等。

15.2.1　SDIO 主要功能及框图

SDIO 于 2001 年推出，SD 总线连接多样设备的特性使得 SDIO 逐渐用于连接各种嵌入式 I/O 设备。SD 总线简单的连接特性与支持更高的总线速度模式，使得 SDIO 越来越普及。嵌入式解决方案让主机能在任何时间存取 SDIO 装置，而 SD 卡插槽则可让用户使用 SD 存储卡。

SDIO 本来是记忆卡的标准，由于 SD 卡方便即插即用的特性，现在也可以把 SDIO

拿来插上一些外围接口使用,如 SDIO 的 WIFI 卡、Bluetooth 卡、Radio/TV card 等。这些卡使用的 SDIO 命令略有差异。

STM32F1 的 SDIO 控制器支持多媒体卡(MMC 卡)、SD 存储卡、SDI/O 卡和 CE-ATA 设备等。SDIO 接口的设备整体结构如图 15.8 所示。SDIO 的主要功能如下:

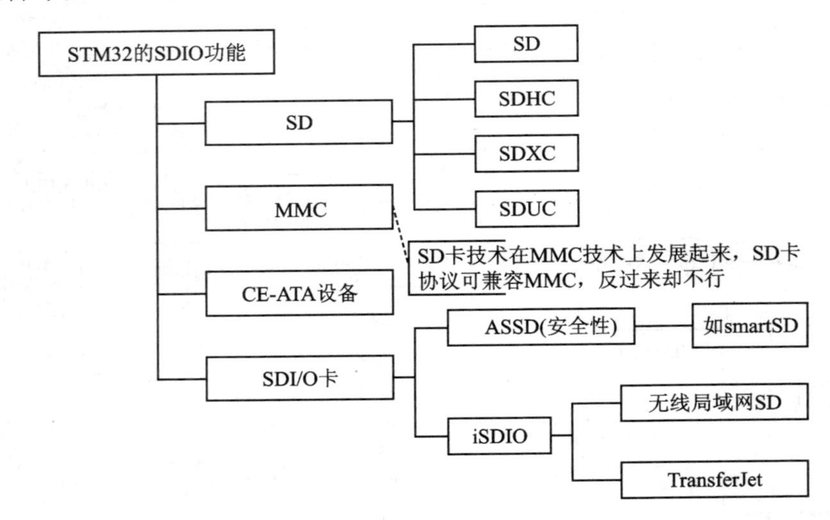

图 15.8 SDIO 接口的设备整体结构

- 与多媒体卡系统规格书版本 4.2 全兼容,支持 3 种不同的数据总线模式:1 位(默认)、4 位和 8 位。
- 与较早的多媒体卡系统规格版本全兼容(向前兼容)。
- 与 SD 存储卡规格版本 2.0 全兼容。SD 卡规范版本 2.0 包括 SD 和高容量 SDHC 标准卡,不支持超大容量 SDXC/SDUC 标准卡,所以 STM32F1xx 的 SDIO 可以支持的最高卡容量是 32 GB。
- 与 SDI/O 卡规格版本 2.0 全兼容:支持 2 种不同的数据总线模式,即 1 位(默认)和 4 位。
- 完全支持 CE-ATA 功能(与 CE-ATA 数字协议版本 1.1 全兼容)。8 位总线模式下数据传输速率可达 48 MHz。
- 数据和命令输出使能信号,用于控制外部双向驱动器。
- SDIO 没有 SPI 兼容的通信模式,故用 SPI 方式驱动的 SD 卡我们会单独介绍。

STM32F1 的 SDIO 控制器包含 2 个部分:SDIO 适配器模块和 AHB 总线接口,其功能框图如图 15.9 所示。

复位后,默认情况下 SDIO_D0 用于数据传输。初始化后,主机可以改变数据总线的宽度(通过 ACMD6 命令设置)。如果一个多媒体卡接到了总线上,则 SDIO_D0、SDIO_D[3:0]或 SDIO_D[7:0]可以用于数据传输。MMC 版本 V3.31 和之前版本的协议只支持一位数据线,所以只能用 SDIO_D0(为了通用性考虑,在程序里面只要检测到是 MMC 卡,就设置为一位总线数据)。

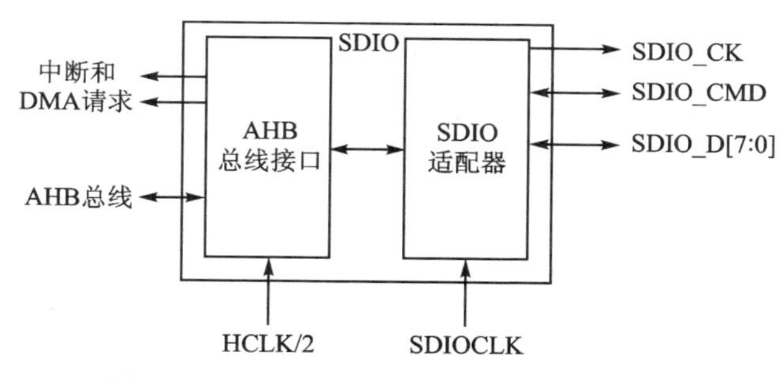

图 15.9　STM32F1 的 SDIO 控制器功能框图

如果一个 SD 或 SDI/O 卡接到了总线上，则可以通过主机配置数据传输使用 SDIO_D0 或 SDIO_D[3:0]。所有的数据线都工作在推挽模式。SDIO_CMD 有 2 种操作模式：

① 用于初始化时的开路模式（仅用于 MMC 版本 V3.31 或之前版本）；

② 用于命令传输的推挽模式（SD/SDI/O 卡和 MMCV4.2 在初始化时也使用推挽驱动）。

15.2.2　SDIO 的时钟

从图 15.9 可以看到 SDIO 总共有 3 个时钟，分别是：

① 卡时钟（SDIO_CK）：每个时钟周期，在命令和数据线上传输一位命令或数据。对于多媒体卡 V3.31 协议，时钟频率可以在 0～20 MHz 间变化；对于多媒体卡 V4.0/4.2 协议，时钟频率可以在 0～48 MHz 间变化；对于 SD 或 SDI/O 卡，时钟频率可以在 0～25 MHz 间变化。

② SDIO 适配器时钟（SDIOCLK）：该时钟用于驱动 SDIO 适配器，其频率等于 AHB 总线频率（HCLK），并用于产生 SDIO_CK 时钟。

③ AHB 总线接口时钟（HCLK/2）：该时钟用于驱动 SDIO 的 AHB 总线接口，其频率为 HCLK/2。

前面提到，SD 卡时钟（SDIO_CK）根据卡的不同可能有好几个区间，这就涉及时钟频率的设置。SDIO_CK 与 SDIOCLK 的关系为：

$$\text{SDIO\_CK}=\frac{\text{SDIOCLK}}{(2+\text{CLKDIV})}$$

其中，SDIOCLK 为 HCLK，一般是 72 MHz；CLKDIV 是分配系数，可以通过 SDIO 的 SDIO_CLKCR 寄存器进行设置（确保 SDIO_CK 不超过卡的最大操作频率）。

注意，在 SD 卡刚刚初始化的时候，其时钟频率（SDIO_CK）不能超过 400 kHz，否则可能无法完成初始化。初始化以后就可以设置时钟频率到最大了（但不可超过 SD 卡的最大操作时钟频率）。

15.2.3　SDIO 的命令与响应

SD 卡需要通过命令控制，下面介绍一些主要操作命令和响应过程，没介绍完的部分可以对照配套资料的“SD 卡 2.0 协议.pdf”或“STM32F10xxx 参考手册_V10(中文版).pdf”第 20 章进行更深入的学习。

SDIO 的命令分为应用相关命令(ACMD)和通用命令(CMD)两部分,其中,应用相关命令的发送必须先发送通用命令(CMD55),然后才能发送应用相关命令。

SDIO 的所有命令和响应都只通过 SDIO_CMD 引脚传输,任何命令的长度都固定为 48 位。SDIO 的命令格式如表 15.9 所列。

所有的命令都由 STM32F1 发出,其中,开始位、传输位、CRC7 和结束位由 SDIO 硬件控制,我们需要设置的就只有命令索引和参数部分。命令索引(如 CMD0、CMD1 之类的)在 SDIO_CMD 寄存器里面设置,命令参数则由寄存器 SDIO_ARG 设置。

一般情况下,选中的 SD 卡在接收到命令之后都会回复一个应答(注意,CMD0 是无应答的),这个应答称为响应,响应也是在 CMD 线上串行传输的。STM32F1 的 SDIO 控制器支持 2 种响应类型,即短响应(48 位)和长响应(136 位),这 2 种响应类型都带 CRC 错误检测(注意,不带 CRC 的响应应该忽略 CRC 错误标志,如 CMD1 的响应)。短响应的格式如表 15.10 所列。

表 15.9 SDIO 命令的格式

位的位置	宽 度	值	说 明
47	1	0	起始位
46	1	1	传输位
[45:40]	6	—	命令索引
[39:8]	32	—	参数
[7:1]	7	—	CRC7
0	1	1	结束位

表 15.10 短响应的格式

位的位置	宽 度	值	说 明
47	1	0	起始位
46	1	0	传输位
[45:40]	6	—	命令索引
[39:8]	32	—	参数
[7:1]	7	—	CRC7(或 1111111)
0	1	1	结束位

长响应的格式如表 15.11 所列。

表 15.11 长响应的 SDIO 命令格式

位的位置	宽 度	值	说 明
135	1	0	起始位
134	1	0	传输位
[133:28]	6	111111	保留
[127:1]	127	—	CID 或 CSD(包括内部 CRC7)
0	1	1	结束位

同样,硬件滤除了开始位、传输位、CRC7 以及结束位等信息。对于短响应,命令索引存放在 SDIO_RESPCMD 寄存器,参数则存放在 SDIO_RESP1 寄存器里面。对于长响应,则仅留 CID/CSD 位域,存放在 SDIO_RESP1～SDIO_RESP4 这 4 个寄存器。

SD 存储卡总共有 5 类响应(R1、R2、R3、R6、R7),这里以 R1 为例简单介绍一下。R1(普通响应命令)响应属于短响应,其长度为 48 位,R1 响应的格式如表 15.12 所列。

表 15.12　R1 响应格式

位的位置	宽度/位	值	说　明
47	1	0	起始位
46	1	0	传输位
[45:40]	6	×	命令索引
[39:8]	32	×	卡状态
[7:1]	7	—	CRC7
0	1	1	结束位

在收到 R1 响应后，可以从 SDIO_RESPCMD 寄存器和 SDIO_RESP1 寄存器分别读出命令索引和卡状态信息。

最后看看数据在 SDIO 控制器与 SD 卡之间的传输。对于 SDI/SDIO 存储器，数据是以数据块的形式传输的；而对于 MMC 卡，数据是以数据块或者数据流的形式传输。本节只考虑数据块形式的数据传输。SDIO(多)数据块读操作如图 15.10 所示。

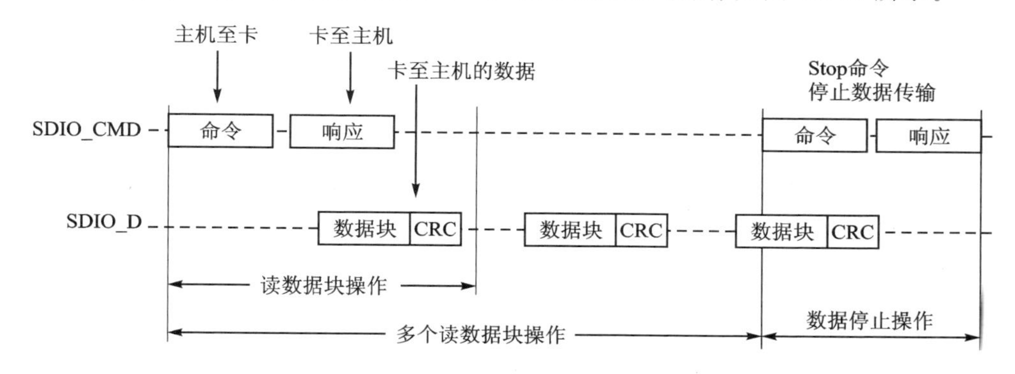

图 15.10　SDIO(多)数据块读操作

可以看出，从机在收到主机相关命令后开始发送数据块给主机，所有数据块都带有 CRC 校验值(CRC 由 SDIO 硬件自动处理)。单个数据块读的时候，在收到一个数据块以后即可以停止了，不需要发送停止命令(CMD12)。但是多块数据读的时候，SD 卡一直发送数据给主机，直到接到主机发送的 STOP 命令(CMD12)。SDIO(多)数据块写操作如图 15.11 所示。

数据块写操作同数据块读操作基本类似，只是数据块写的时候多了一个繁忙判断，新的数据块必须在 SD 卡非繁忙的时候发送。这里的繁忙信号由 SD 卡拉低 SDIO_D0，以表示繁忙，SDIO 硬件自动控制，不需要软件处理。

15.2.4　SDIO 相关寄存器

(1) SDIO 电源控制寄存器(SDIO_POWER)

SDIO 电源控制寄存器复位值为 0，所以 SDIO 的电源是关闭的。要启用 SDIO，第一步就是要设置该寄存器最低 2 个位均为 1，让 SDIO 上电，开启卡时钟。该寄存器定

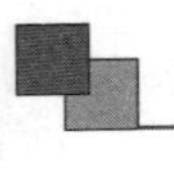

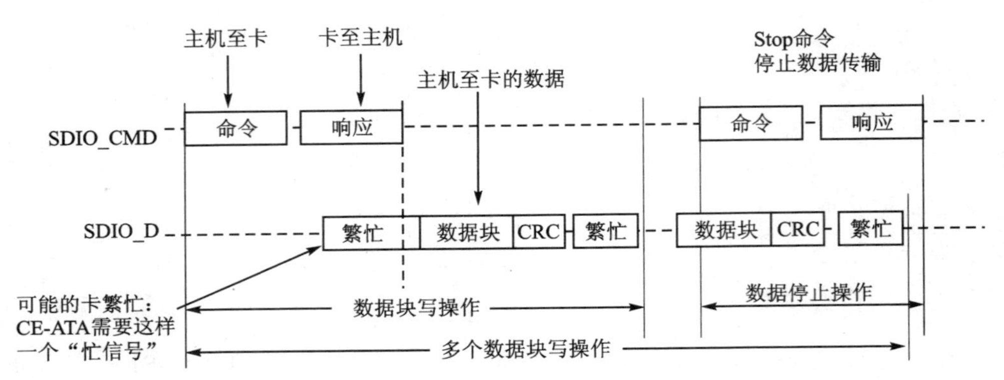

图 15.11　SDIO(多)数据块写操作

义如图 15.12 所示。

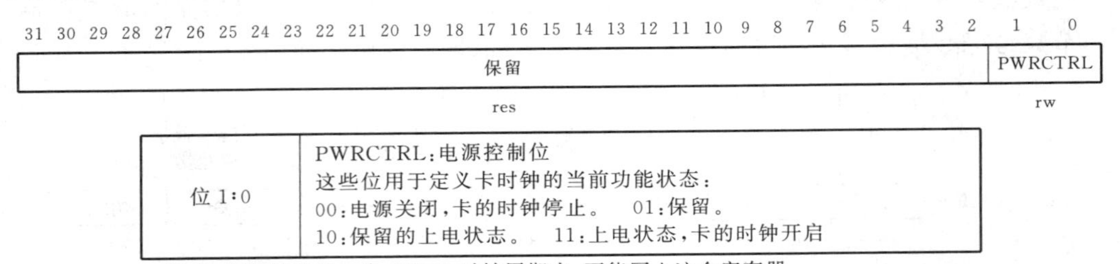

位 1:0	PWRCTRL:电源控制位 这些位用于定义卡时钟的当前功能状态: 00:电源关闭,卡的时钟停止。　01:保留。 10:保留的上电状态。　11:上电状态,卡的时钟开启

注意,写数据后的 7 个 HCLK 时钟周期内,不能写入这个寄存器。

图 15.12　SDIO_POWER 寄存器位定义

(2) SDIO 时钟控制寄存器(SDIO_CLKCR)

SDIO 时钟控制寄存器主要用于设置 SDIO_CK 的分配系数、开关等,也可以设置 SDIO 的数据位宽。该寄存器的定义如图 15.13 所示。图中仅列出了部分要用到的位设置,WIDBUS 用于设置 SDIO 总线位宽,正常使用的时候设置为 1,即 4 位宽度。BYPASS 用于设置分频器是否旁路,一般要使用分频器,所以这里设置为 0,禁止旁路。CLKEN 用于设置是否使能 SDIO_CK,这里设置为 1。最后,CLKDIV 用于控制 SDIO_CK 的分频,设置为 1 即可得到 24 MHz 的 SDIO_CK 频率。

(3) SDIO 参数制寄存器(SDIO_ARG)

SDIO 参数制寄存器比较简单,就是一个 32 位寄存器,用于存储命令参数。注意,必须在写命令之前先写这个参数寄存器。

(4) SDIO 命令响应寄存器(SDIO_RESPCMD)

SDIO 命令响应寄存器为 32 位,但只有低 6 位有效,比较简单,用于存储最后收到的命令响应中的命令索引。如果传输的命令响应不包含命令索引,则该寄存器的内容不可预知。

(5) SDIO 响应寄存器组(SDIO_RESP1～SDIO_RESP4)

SDIO 响应寄存器组总共由 4 个 32 位寄存器组成,用于存放接收到的卡响应部分信息。如果收到短响应,则数据存放在 SDIO_RESP1 寄存器里面,其他 3 个寄存器没

31–15	14	13	12–11	10	9	8	7–0
保留	HWFC_EN	NEGEDGE	WIDBUS	BYPASS	PWRSAV	CLKEN	CLKDIV
res	rw	rw	rw	rw	rw	rw	r/w

位	描述
位12:11	WIDBUS:宽总线模式使能位 00：默认总线模式，使用SDIO_D0 01：4位总线模式，使用SDIO_D［3:0］ 10：8位总线模式，使用SDIO_D［7:0］
位10	BYPASS：旁路时钟分频器 0：关闭旁路：驱动SDIO_ CK输出信号之前，依据CLKDIV数值对SDIOCLK分频。 1：使能旁路：SDIOCLK直接驱动SDIO_CK输出信号
位8	CLKEN：时钟使能位 0：SDIO_CK关闭。 1：SDIO_CK使能
位7:0	CLKDIV：时钟分频系数 这个域定义了输入时钟(SDIOCLK)与输出时钟(SDIO_CK)间的分频系数： SDIO_CK频率=SDIOCLK/[CLKDIV+2]

图 15.13　SDIO_CLKCR 寄存器位定义

有用到。而如果收到长响应，则依次存放在 SDIO_RESP1～SDIO_RESP4 里面，如表 15.13 所列。

表 15.13　响应类型和 SDIO_RESPx 寄存器

寄存器	短响应	长响应	寄存器	短响应	长响应
SDIO_RESP1	卡状态[31：0]	卡状态[127：96]	SDIO_RESP3	未使用	卡状态[63：32]
SDIO_RESP2	未使用	卡状态[95：64]	SDIO_RESP4	未使用	卡状态[31：1]

(6) SDIO 命令寄存器(SDIO_CMD)

SDIO 命令寄存器各位定义如图 15.14 所示。图中只列出了部分位的描述，其中低 6 位为命令索引，也就是要发送的命令索引号(比如发送 CMD1，其值为 1，索引就设置为 1)。位[7:6]用于设置等待响应位，用于指示 CPSM 是否需要等待以及等待类型等。这里的 CPSM，即命令通道状态机，详细可参考“STM32F10xxx 参考手册_V10(中文版).pdf”第 368 页。命令通道状态机一般都是开启的，所以位 10 要设置为 1。

(7) SDIO 数据定时器寄存器(SDIO_DTIMER)

SDIO 数据定时器寄存器用于存储以卡总线时钟(SDIO_CK)为周期的数据超时时间。一个计数器将从 SDIO_DTIMER 寄存器加载数值，并在数据通道状态机(DPSM)进入 Wait_R 或繁忙状态时进行递减计数；当 DPSM 处在这些状态时，如果计数器减为 0，则设置超时标志。DPSM，即数据通道状态机，类似 CPSM，详细可参考“STM32F10xxx 参考手册_V10(中文版).pdf”第 372 页。注意，在写入数据控制寄存器之前，必须先写入该寄存器(SDIO_DTIMER)和数据长度寄存器(SDIO_DLEN)。

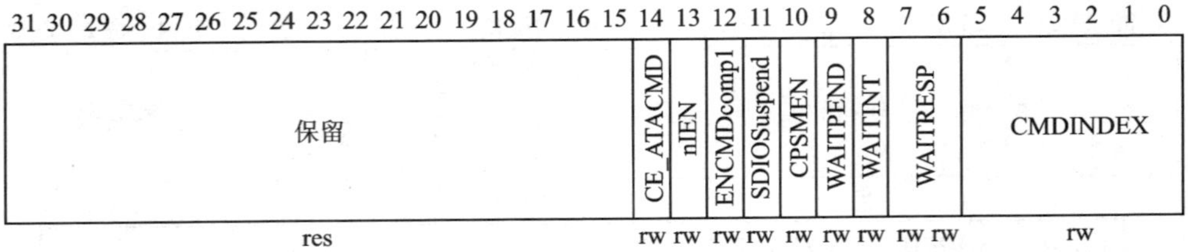

位	31–15	14	13	12	11	10	9	8	7:6	5:0
名称	保留	CE_ATACMD	nIEN	ENCMDcompl	SDIOSuspend	CPSMEN	WAITPEND	WAITINT	WAITRESP	CMDINDEX
访问	res	rw	rw	rw	rw	rw	rw	rw	rw rw	rw

位	说明
位10	CPSMEN：命令通道状态机(CPSM)使能位 如果设置该位，则使能CPSM
位7:6	WAITRESP：等待响应位 这2位指示CPSM是否需要等待响应，如果需要等待响应，则指示响应类型。 00：无响应，期待CMDSENT标志； 01：短响应，期待CMDREND或CCRCFAIL标志； 10：无响应，期待CMDSENT标志； 11：长响应，期待CMDREND或CCRCFAIL标志
位5:0	CMDINDEX：命令索引 命令索引是作为命令的一部分发送到卡中

图 15.14　SDIO_CMD 寄存器位定义

(8) SDIO 数据长度寄存器(SDIO_DLEN)

SDIO 数据长度寄存器低 25 位有效，用于设置需要传输的数据字节长度。对于块数据传输，该寄存器的数值必须是数据块长度(通过 SDIO_DCTRL 设置)的倍数。

(9) SDIO 数据控制寄存器(SDIO_DCTRL)

SDIO 数据控制寄存器各位定义如图 15.15 所示。该寄存器用于控制数据通道状态机(DPSM)，包括数据传输使能、传输方向、传输模式、DMA 使能、数据块长度等。需要根据自己的实际情况来配置该寄存器，才可正常实现数据收发。

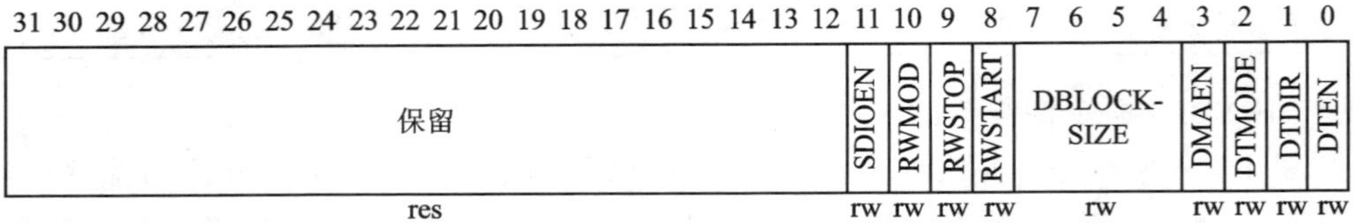

位	31–12	11	10	9	8	7:4	3	2	1	0
名称	保留	SDIOEN	RWMOD	RWSTOP	RWSTART	DBLOCK-SIZE	DMAEN	DTMODE	DTDIR	DTEN
访问	res	rw	rw	rw	rw	rw	rw	rw	rw	rw

位	说明
位 11	SDIOEN：SDI/O 使能功能 如果设置了该位，则 DPSM 执行 SDI/O 卡特定的操作
位 10	RWMOD：读等待模式 0：停止 SDIO_CK 控制读等待； 1：使用 SDIO_D2 控制读等待
位 9	RWSTOP：读等待停止 0：如果设置了 RWSTART，执行读等待； 1：如果设置了 RWSTART，停止读等待

图 15.15　SDIO_DCTRL 寄存器位定义

位 8	RWSTART：读等待开始 设置该位开始读等待操作
位 7:4	DBLOCKSIZE：数据块长度 当选择了块数据传输模式，该域定义数据块长度： 0000：块长度$=2^0=1$ 字节；　1000：块长度$=2^8=256$ 字节； 0001：块长度$=2^1=2$ 字节；　1001：块长度$=2^9=512$ 字节； 0010：块长度$=2^2=4$ 字节；　1010：块长度$=2^{10}=1\ 024$ 字节； 0011：块长度$=2^3=8$ 字节；　1011：块长度$=2^{11}=2\ 048$ 字节； 0100：(十进制 4)块长度$=2^4=16$ 字节；　1100：块长度$=2^{12}=4\ 096$ 字节； 0101：(十进制 5)块长度$=2^5=32$ 字节；　1101：块长度$=2^{13}=8\ 192$ 字节； 0110：(十进制 6)块长度$=2^6=64$ 字节；　1110：块长度$=2^{14}=16\ 384$ 字节； 0111：块长度$=2^7=128$ 字节；　1111：保留
位 3	DMAEN：DMA 使能位 0：关闭 DMA；　1：使能 DMA
位 2	DTMODE：数据传输模式 0：块数据传输；　1：流数据传输
位 1	DTDIR：数据传输方向 0：控制器至卡；　1：卡至控制器

图 15.15　SDIO_DCTRL 寄存器位定义(续)

接下来介绍几个位定义十分类似的寄存器，它们是状态寄存器(SDIO_STA)、清除中断寄存器(SDIO_ICR)和中断屏蔽寄存器(SDIO_MASK)，其每个位的定义都相同，只是功能各有不同。所以可以一起介绍，以状态寄存器(SDIO_STA)为例，该寄存器各位定义如图 15.16 所示。

状态寄存器可以用来查询 SDIO 控制器的当前状态，以便处理各种事务。比如 SDIO_STA 的位 2 表示命令响应超时，说明 SDIO 的命令响应出了问题。通过设置 SDIO_ICR 的位 2 可以清除这个超时标志，而设置 SDIO_MASK 的位 2 可以开启命令响应超时中断，设置为 0 关闭。

SDIO 的数据 FIFO 寄存器(SDIO_FIFO)包括接收和发送 FIFO，它们由一组连续的 32 个地址上的 32 个寄存器组成，CPU 可以使用 FIFO 读/写多个操作数。例如，要从 SD 卡读数据，就必须读 SDIO_FIFO 寄存器；要写数据到 SD 卡，则要写 SDIO_FIFO 寄存器。SDIO 将这 32 个地址分为 16 个一组，发送接收各占一半。每次读/写的时候，最多就是读取发送 FIFO 或写入接收 FIFO 的一半大小的数据，也就是 8 个字(32 字节)。注意，操作 SDIO_FIFO(不论读出还是写入)必须以 4 字节对齐的内存进行操作，否则将出错。

至此，SDIO 的相关寄存器就介绍完了。还有几个不常用的寄存器，可以参考“STM32F10xxx 参考手册_V10(中文版).pdf”第 20 章。

31 30 29 28 27 26 25 24	23	22	21	20	19	18	17	16	15	14	13	12	11	10	9	8	7	6	5	4	3	2	1	0
保留	CEATAEND	SDIOIT	RXDAVL	TXDAVL	RXFIFOE	TXFIFOE	RXFIFOF	TXFIFOF	RXFIFOHF	TXFIFOHE	RXACT	TXACT	CMDACT	DBCKEND	STBITERR	DATAEND	CMDSENT	CMDREND	RXOVERR	TXUNDERR	DTIMEOUT	CTIMEOUT	DCRCFAIL	CCFCFAIL
res	r	r	r	r	r	r	r	r	r	r	r	r	r	r	r	r	r	r	r	r	r	r	r	r

位	说明
位 23	CEATAEND:CMD61 接收到 CE-ATA 命令完成信号
位 22	SDIOIT:收到 SDIO 中断
位 21	RXDVAL:在接收 FIFO 中的数据可用
位 20	TXDVAL:在发送 FIFO 中的数据可用
位 19	RXFIFOE:接收 FIFO 空
位 18	TXFIFOE:发送 FIFO 空 若使用了硬件流控制,当 FIFO 包含 2 个字时,TXFIFOE 信号变为有效
位 17	RXFIFOF:接收 FIFO 满 若使用了硬件流控制,当 FIFO 还差 2 个字满时,RXFIFOF 信号变为有效
位 16	TXFIFOF:发送 FIFO 满
位 15	RXFIFOHF:接收 FIFO 半满:FIFO 中至少还有 8 个字
位 14	TXFIFOHE:发送 FIFO 半空:FIFO 中至少还可以写入 8 个字
位 13	RXACT:正在接收数据
位 12	TXACT:正在发送数据
位 11	CMDACT:正在传输命令
位 10	DBCKEND:已发送/接收数据块(CRC 检测成功)(Data block sent/received)
位 9	STBITERR:在宽总线模式,没有在所有数据信号上检测到起始位
位 8	DATAEND:数据结束(数据计数器,SDIO_DCOUNT=0)
位 7	CMDSENT:命令已发送(不需要响应)
位 6	CMDRENO:已接收到响应(CRC 检测成功)
位 5	RXOVERR:接收 FIFO 上溢错误
位 4	TXUNDERR:发送 FIFO 下溢错误
位 3	DTIMEOUT:数据超时
位 2	CTIMEOUT:命令响应超时 命令超时时间是一个固定的值,为 64 个 SDIO_CK 时钟周期
位 1	DCRCFAIL:已发送/接收数据块(CRC 检测失败)
位 0	CCRCFAIL:已收到命令响应(CRC 检测失败)

图 15.16　SDIO_STA 寄存器位定义

15.3　SD 卡初始化流程

15.3.1　SDIO 模式下的 SD 卡初始化

要实现 SDIO 驱动 SD 卡,最重要的步骤就是 SD 卡的初始化。只要 SD 卡初始化

完成了，那么剩下的（读/写操作）就简单了，所以这里重点介绍 SD 卡的初始化。SD 卡初始化流程图如图 15.17 所示。可以看到，不管什么卡（这里将卡分为 4 类：SD2.0 高容量卡（SDHC，最大 32G），SDv2.0 标准容量卡（SDSC，最大 2G），SD1.x 卡和 MMC 卡），首先要执行的是卡上电（需要设置 SDIO_POWER[1:0]=11），上电后发送 CMD0，对卡进行软复位；之后发送 CMD8 命令，用于区分 SD 卡 2.0，只有 2.0 及以后的卡才支持 CMD8 命令，MMC 卡和 V1.x 的卡；是不支持该命令的。CMD8 的格式如表 15.18 所列。

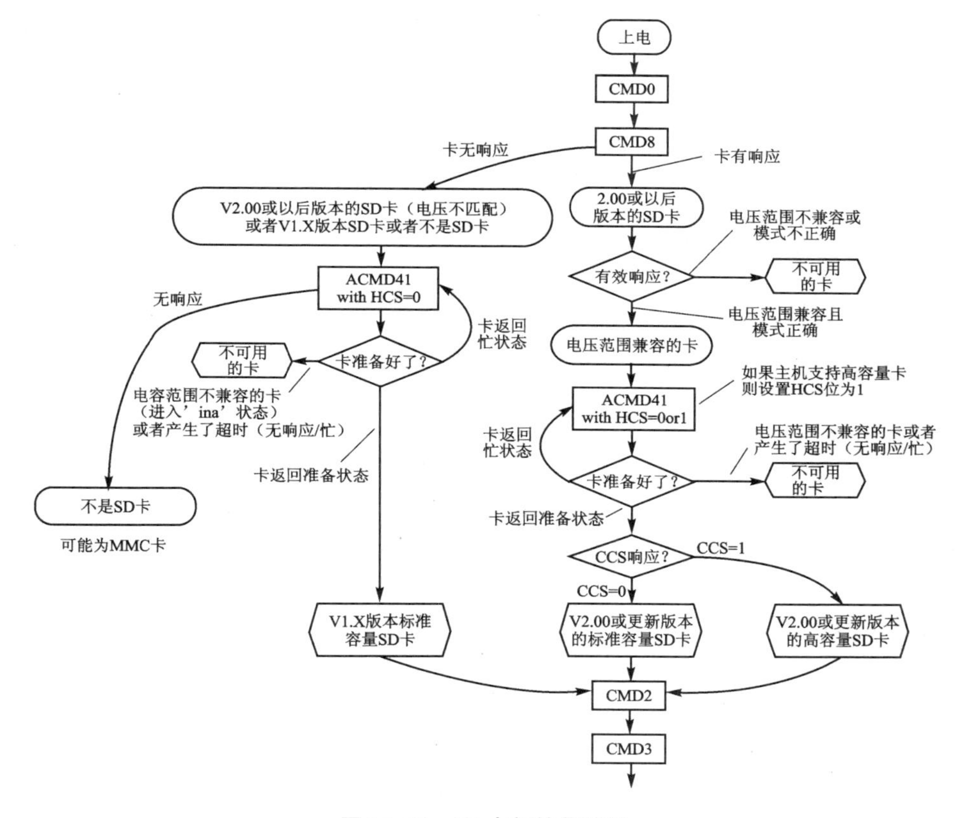

图 15.17　SD 卡初始化流程

表 15.18　CMD8 命令格式

位　序	47	46	[45:40]	[39:20]	[19:16]	[15:8]	[7:1]	)
占用位	1	1	6	20	4	8	7	1
命令值	0	1	001000	00000h	x	x	x	1
描　述	起始位	传输位	命令索引	保留位	电源（VHS）	校验	CRC7	结束位

这里需要在发送 CMD8 的时候，通过其带的参数设置 VHS 位，以告诉 SD 卡主机的供电情况。VHS 位定义如表 15.19 所列。

这里使用参数 0x1AA，即告诉 SD 卡，主机供电为 2.7～3.6 V 之间。如果 SD 卡支持 CMD8,且支持该电压范围,则会通过 CMD8 的响应(R7)将参数部分原本返回给主机;如果不支持 CMD8 或者不支持这个电压范围,则不响应。

表 15.19 VHS 位定义

供电电压	说 明	供电电压	说 明
0000b	未定义	0100b	保留
0001b	2.7～3.6 V	1000b	保留
0010b	低电压范围保留值	Others	未定义

在发送 CMD8 后,发送 ACMD41(注意,发送 ACMD41 之前要先发送 CMD55)来进一步确认卡的操作电压范围,并通过 HCS 位来告诉 SD 卡主机是不是支持高容量卡(SDHC)。ACMD41 的命令格式如表 15.20 所列。

表 15.20 ACMD41 命令格式

ACMD 索引	类 型	参 数	响 应	缩 写	指令描述
ACMD41	bcr	[31]保留位 [30]HCS(OCR[30]) [29:24]保留位 [23:0]VDD 电压窗口(OCR[23:0])	R3	SD_SEND_OP_COND	发送主机容量支持信息(HCS)以及要求被访问的卡,在响应时通过 CMD 线发送其操作条件寄存器(OCR)内容给主机。当 SD 卡接收到 SEND_IF_COND 命令时,HCS 有效。保留位必须设置为 0。CCS 位赋值给 OCR[30]

ACMD41 得到的响应(R3)包含 SD 卡 OCR 寄存器内容。OCR 寄存器内容定义如表 15.21 所列。

表 15.21 OCR 寄存器定义

OCR 位位置	描 述	OCR 位位置	描 述	OCR 位位置	描 述
0～6	保留	17	2.9～3.0	22	3.4～3.4
7	低电压范围保留位	18	3.0～3.1	23	3.5～3.6
8～14	保留	19	3.1～3.2	24～29	保留
15	2.7～2.8	20	3.2～3.3	30	卡容量状态位(CCS)[1]
16	2.8～2.9	21	3.3～3.4	31	卡上电状态位(busy)[2]

注:1. 仅在卡上电状态位为 1 的时候有效
2. 当卡还未完成上电流程时,此位为 0
3. 位 0～23 为 VDD 电压窗口

对于支持 CMD8 指令的卡,主机通过 ACMD41 的参数设置 HCS 位为 1,从而告诉 SD 卡主机支 SDHC 卡;如果设置为 0,则表示主机不支持 SDHC 卡,SDHC 卡如果接收到 HCS 为 0,则永远不会返回卡就绪状态。对于不支持 CMD8 的卡,HCS 位设置为 0 即可。

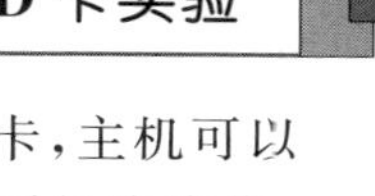

SD 卡在接收到 ACMD41 后，返回 OCR 寄存器内容。如果是 2.0 的卡，主机可以通过判断 OCR 的 CCS 位来判断是 SDHC 还是 SDSC；如果是 1.x 的卡，则忽略该位。OCR 寄存器的最后一个位用于告诉主机 SD 卡是否上电完成，如果上电完成，该位将会被置 1。

MMC 卡不支持 ACMD41，不响应 CMD55；对 MMC 卡，只需要发送 CMD0 后再发送 CMD1(作用同 ACMD41)，检查 MMC 卡的 OCR 寄存器，从而实现 MMC 卡的初始化。

至此，我们便实现了对 SD 卡的类型区分，图 15.17 最后发送了 CMD2 和 CMD3 命令，用于获得卡 CID 寄存器数据和卡相对地址(RCA)。

CMD2 用于获得 CID 寄存器的数据。CID 寄存器数据各位定义如表 15.22 所列。

表 15.22　CID 寄存器各位定义

名　字	域	宽　度	CID 位划分	名　字	域	宽　度	CID 位划分
制造商 ID	MID	8	[127:120]	保留	—	4	[23:20]
CEM/应用 ID	OID	16	[119:104]	制造日期	MDT	12	[23:20]
产品名称	PNM	40	[103:64]	CRC7 校验值	CRC	7	[7:1]
产品修订	PRV	8	[63:56]	未用到，恒为 1	—	1	[0:0]
产品序列号	PSN	32	[55:24]				

SD 卡收到 CMD2 后返回 R2 长响应(136 位)，其中包含 128 位有效数据(CID 寄存器内容)，存放在 SDIO_RESP1～4 这 4 个寄存器里面。通过读取这 4 个寄存器就可以获得 SD 卡的 CID 信息。

CMD3 用于设置卡相对地址(RCA，必须为非 0)。对于 SD 卡(非 MMC 卡)，在收到 CMD3 后，将返回一个新的 RCA 给主机，方便主机寻址。RCA 的存在允许一个 SDIO 接口挂多个 SD 卡，通过 RCA 来区分主机要操作的是哪个卡。对于 MMC 卡，则不由 SD 卡自动返回 RCA，而是主机主动设置 MMC 卡的 RCA，即通过 CMD3 带参数(高 16 位用于 RCA 设置)实现 RCA 设置。同样，MMC 卡也支持一个 SDIO 接口挂多个 MMC 卡，不同于 SD 卡的是所有的 RCA 都由主机主动设置，而 SD 卡的 RCA 则是 SD 卡发给主机的。

在获得卡 RCA 之后，便可以发送 CMD9(带 RCA 参数)，从而获得 SD 卡的 CSD 寄存器内容，从 CSD 寄存器可以得到 SD 卡的容量和扇区大小等十分重要的信息。

至此，SD 卡初始化基本就结束了，最后通过 CMD7 命令选中要操作的 SD 卡，即可开始对 SD 卡的读/写操作了。SD 卡的其他命令和参数这里就不再介绍了，读者可参考“SD 卡 2.0 协议.pdf”。

15.3.2　SPI 模式下的 SD 卡初始化

STM32 的 SDIO 驱动模式和 SPI 模式不兼容，使用时需要区分开来。SD 卡的 SPI 初始化流程如图 15.18 所示。

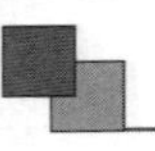

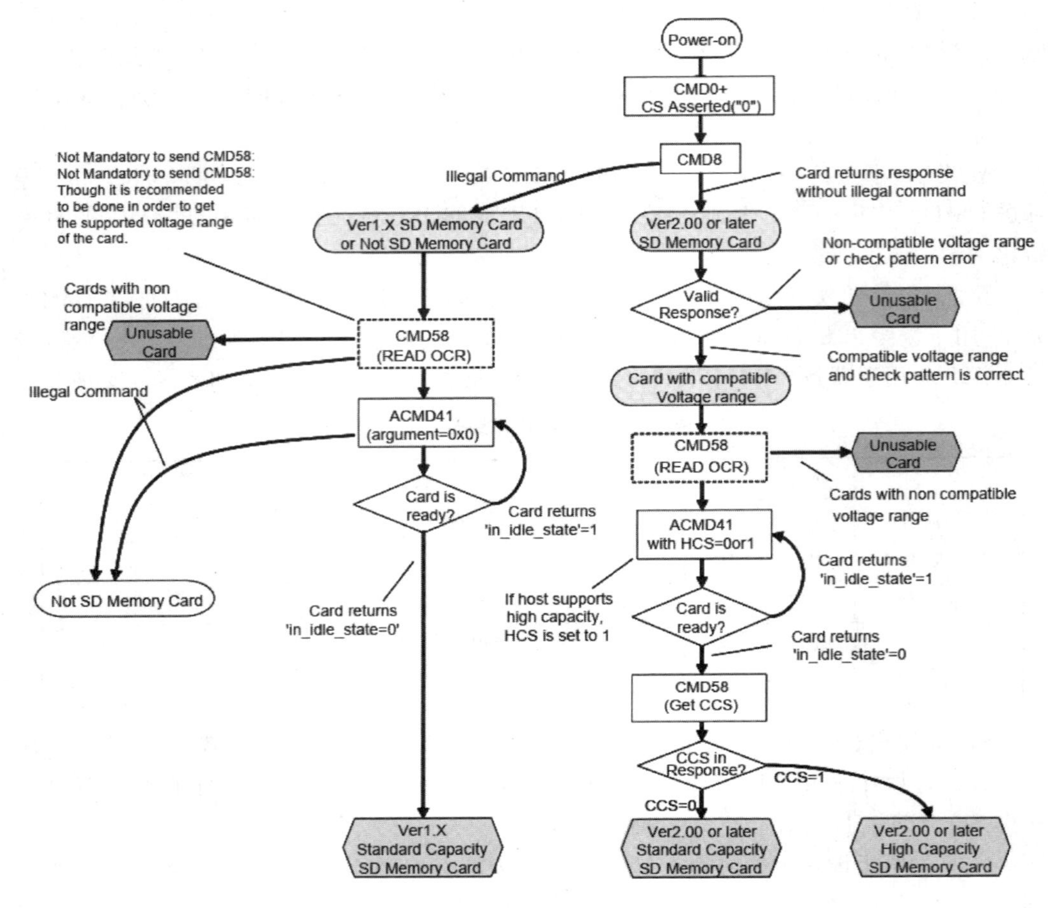

图 15.18 SD 卡的 SPI 初始化流程

要使用 SPI 模式驱动 SD 卡,先得让 SD 卡进入 SPI 模式。方法如下:在 SD 卡收到复位命令(CMD0)时,$\overline{CS}$ 为有效电平(低电平),则 SPI 模式被启用。在发送 CMD0 之前,要发送>74 个时钟,这是因为 SD 卡内部有个供电电压上升时间,大概为 64 个 CLK,剩下的 10 个 CLK 用于 SD 卡同步,之后才能开始 CMD0 的操作。在卡初始化的时候,CLK 时钟最大不能超过 400 kHz。

SD 卡的典型初始化过程如下:

① 初始化与 SD 卡连接的硬件条件(MCU 的 SPI 配置,I/O 口配置);

② 拉低片选信号,上电延时(>74 个 CLK);

③ 复位卡(CMD0),进入 IDLE 状态;

④ 发送 CMD8,检查是否支持 2.0 协议;

⑤ 根据不同协议检查 SD 卡(命令包括 CMD55、ACMD41、CMD58 和 CMD1 等);

⑥ 取消片选,多发 8 个 CLK,结束初始化。

这样就完成了对 SD 卡的初始化,注意,末尾发送的 8 个 CLK 是提供给 SD 卡额外

的时钟，用于完成某些操作。通过 SD 卡初始化可以知道 SD 卡的类型（V1、V2、V2HC 或者 MMC），之后就可以开始读/写数据了。

SD 卡单扇区读取数据通过 CMD17 来实现，具体过程如下：

① 发送 CMD17；

② 接收卡响应 R1；

③ 接收数据起始令牌 0xFE；

④ 接收数据；

⑤ 接收 2 字节的 CRC，如果不使用 CRC，则这 2 字节在读取后可以丢掉；

⑥ 禁止片选之后，多发 8 个 CLK。

以上就是一个典型的读取 SD 卡数据过程，SD 卡的写与读数据差不多。写数据通过 CMD24 来实现，具体过程如下：

① 发送 CMD24；

② 接收卡响应 R1；

③ 发送写数据起始令牌 0xFE；

④ 发送数据；

⑤ 发送 2 字节的伪 CRC；

⑥ 禁止片选之后，多发 8 个 CLK。

更详细的关于 SPI 操作 SD 卡方法可以参考配套资料中 STM32F1 Mini 板关于 SD 卡的章节。

15.4　硬件设计

(1) 例程功能

开机的时候先初始化 SD 卡，如果 SD 卡初始化完成，则提示 LCD 初始化成功。按下 KEY0，读取 SD 卡扇区 0 的数据，然后通过串口发送到电脑。如果没初始化通过，则在 LCD 上提示初始化失败。用 DS0 来指示程序正在运行。

(2) 硬件资源

- LED 灯：DS0：LED0 - PB5；
- KEY0 按键；
- TFTLCD 模块；
- microSD 卡（使用大卡的情况类似，读者可根据自己设计的硬件匹配选择）。

(3) 原理图

战舰 STM32F103 板载的 SD 卡接口使用 SDIO 方式来操作 SD 卡，和 STM32 的连接关系，如图 15.19 所示。SD 卡座在 JTAG 插座附近，开发板上直接连接在一起了，硬件上不需要任何改动。

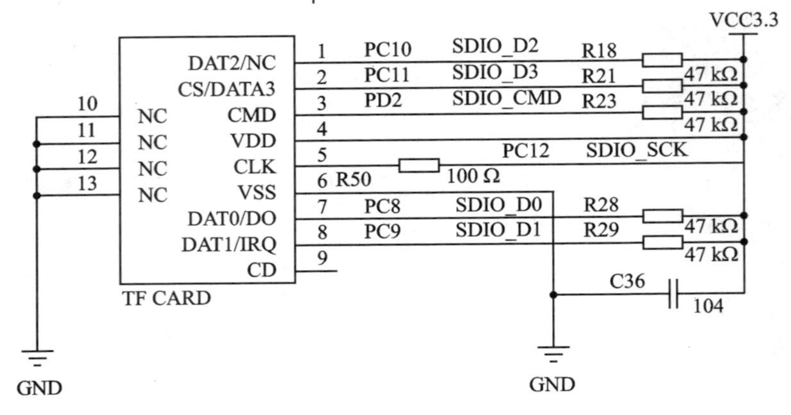

图 15.19　SD 卡接口与 STM32F1 连接原理图

15.5　程序设计

15.5.1　SD 卡的 HAL 库驱动

STM32 的 HAL 库为 SD 卡操作封装了一些函数，主要存放在 stm32f1xx_hal_sd.c/h 下，下面分析使用到的几个函数。

1. HAL_SD_Init 函数

要使用一个外设，首先要对它进行初始化，所以先看 SDIO 的初始化函数，其声明如下：

```
HAL_StatusTypeDef HAL_SD_Init(SD_HandleTypeDef * hsd)
```

函数描述：根据 SD 参数，初始化 SDIO 外设以便后续操作 SD 卡。

函数形参：形参是 SD 卡的句柄，结构体类型是 SD_HandleTypeDef。这里不使用 USE_HAL_SD_REGISTER_CALLBACKS 宏来拓展 SD 卡的自定义函数，精简后其定义如下：

```
/**
  * @brief  SD 操作句柄结构体定义
 */
typedef struct
{
  SD_TypeDef                    * Instance;         /* SD 相关寄存器基地址 */
  SD_InitTypeDef                Init;               /* SDIO 初始化变量 */
```

```
    HAL_LockTypeDef                 Lock;              /*互斥锁,用于解决外设访问冲突*/
    uint8_t                         *pTxBuffPtr;       /*SD发送数据指针*/
    uint32_t                        TxXferSize;        /*SD发送缓存按字节数的大小*/
    uint8_t                         *pRxBuffPtr;       /*SD接收数据指针*/
    uint32_t                        RxXferSize;        /*SD接收缓存按字节数的大小*/
    __IO uint32_t                   Context;           /*HAL库对SD卡的操作阶段*/
    __IO HAL_SD_StateTypeDef        State;             /*SD卡操作状态*/
    __IO uint32_t                   ErrorCode;         /*SD卡错误代码*/
    DMA_HandleTypeDef               *hdmatx;           /*SD DMA数据发送指针*/
    DMA_HandleTypeDef               *hdmarx;           /*SD DMA数据接收指针*/
    HAL_SD_CardInfoTypeDef          SdCard;            /*SD卡信息的*/
    uint32_t                        CSD[4];            /*保存SD卡CSD寄存器信息*/
    uint32_t                        CID[4];            /*保存SD卡CID寄存器信息*/
}SD_HandleTypeDef;
```

HAL_SD_CardInfoTypeDef卡信息结构体中的HAL_SD_CardInfoTypeDef用于初始化后提取卡信息,包括卡类型、容量等参数。

```
/**
  * @brief   SD卡信息结构定义
  */
typedef struct
{
  uint32_t CardType;                  /*存储卡类型标记:标准卡、高速卡*/
  uint32_t CardVersion;               /*存储卡版本*/
  uint32_t Class;                     /*卡类型*/
  uint32_t RelCardAdd;                /*卡相对地址*/
  uint32_t BlockNbr;                  /*卡存储块数*/
  uint32_t BlockSize;                 /*SD卡每个存储块大小*/
  uint32_t LogBlockNbr;               /*以块表示的卡逻辑容量*/
  uint32_t LogBlockSize;              /*以字节为单位的逻辑块大小*/
}HAL_SD_CardInfoTypeDef;
```

函数返回值:HAL_StatusTypeDef枚举类型的值,有4个,分别是HAL_OK表示成功、HAL_ERROR表示错误、HAL_BUSY表示忙碌、HAL_TIMEOUT超时。后续遇到该结构体也是一样的。只有返回HAL_OK才是正常的卡初始化状态,遇到其他状态则需要结合硬件分析一下代码。

2. HAL_SD_ConfigWideBusOperation函数

SD卡上电后默认使用一位数据总线进行数据传输,如果卡允许,则可以在初始化完成后重新设置SD卡的数据位宽,以加快数据传输过程:

```
HAL_StatusTypeDef HAL_SD_ConfigWideBusOperation(SD_HandleTypeDef *hsd, uint32_t Wide-
                                                 Mode);
```

函数描述:这个函数用于设置数据总线格式的数据宽度及加快卡的数据访问速度,当然,前提是硬件连接和卡本身能支持这样操作。

函数形参:

形参1是SD卡的句柄,结构体类型是SD_HandleTypeDef。此函数需要在SDIO初始化结束后才能使用,这里需要通过使用初始化后的SDIO结构体的句柄访问外设。

形参 2 是总线宽度,根据函数的形参规则可知它实际上只有 3 个可选值:

```
#define SDIO_BUS_WIDE_1B                  ((uint32_t)0x00000000U)
#define SDIO_BUS_WIDE_4B                  SDIO_CLKCR_WIDBUS_0
#define SDIO_BUS_WIDE_8B                  SDIO_CLKCR_WIDBUS_1
```

F103 实际不支持 8B 模式,使用时需要特别注意。

函数返回值:HAL_StatusTypeDef 类型的函数,返回值同样需要获取到 HAL_OK 表示成功。

3. HAL_SD_ReadBlocks 函数

SD 卡初始化后从 SD 卡的指定扇区读数据:

```
    HAL_StatusTypeDef HAL_SD_ReadBlocks(SD_HandleTypeDef * hsd, uint8_t * pData, uint32_t
BlockAdd, uint32_t NumberOfBlocks, uint32_t Timeout);
```

这个函数是直接读取,不使用硬件中断。

函数描述:从 SD 卡的指定扇区读取一定数量的数据。

函数形参:

形参 1 是 SD 卡的句柄,结构体类型是 SD_HandleTypeDef。此函数需要在 SDIO 初始化结束后才能使用,这里需要通过使用初始化后的 SDIO 结构体的句柄访问外设。

形参 2 pData 是一个指向 8 位类型的数据指针缓冲,用于接收需要的数据。

形参 3 BlockAdd 指向需要访问的数据扇区,对于任意的存储都是类似的,像 SD 卡这样的大存储块也同样通过位置标识来访问不同的数据。

形参 4 NumberOfBlocks 对应的是本次要从指定扇区读取的字节数。

形参 5 Timeout 表示读的超时时间。HAL 库驱动在达到超时时间前还没读到数据,则进行重试和等待;达到超时时间后或者本次读取成功,才退出本次操作。

函数返回值:HAL_StatusTypeDef 类型的函数,返回值同样需要获取到 HAL_OK 表示成功。

类似功能的函数还有例程中没有使用 DMA 和中断方式,故不使用以下 2 个接口:

```
    HAL_StatusTypeDef HAL_SD_ReadBlocks_IT(SD_HandleTypeDef * hsd, uint8_t * pData,
                        uint32_t BlockAdd, uint32_t NumberOfBlocks);
    HAL_StatusTypeDef HAL_SD_ReadBlocks_DMA(SD_HandleTypeDef * hsd, uint8_t * pData,
                        uint32_t BlockAdd, uint32_t NumberOfBlocks);
```

它们分别使用了中断方式和 DMA 方式来实现类似的功能,调用非常相似。

4. HAL_SD_WriteBlocks 函数

SD 卡初始化后,在 SD 卡的指定扇区写入数据:

```
    HAL_StatusTypeDef HAL_SD_WriteBlocks(SD_HandleTypeDef * hsd, uint8_t * pData, uint32_t
BlockAdd, uint32_t NumberOfBlocks, uint32_t Timeout);
```

函数描述:从 SD 卡的指定扇区读取一定数量的数据。

函数形参:

形参 1 是 SD 卡的句柄,结构体类型是 SD_HandleTypeDef。此函数需要在 SDIO

初始化结束后才能使用，这里需要通过使用初始化后的 SDIO 结构体的句柄访问外设。

形参 2 pData 是一个指向 8 位类型的数据指针缓冲，用于接收需要的数据。

形参 3 BlockAdd 指向需要访问的数据扇区，对于任意的存储都是类似的，像 SD 卡这样的大存储块也同样通过位置标识来访问不同的数据。

形参 4 NumberOfBlocks 对应的是本次要从指定扇区读取的字节数。

形参 5 Timeout 表示写动作的超时时间。HAL 库驱动在达到超时时间前还没读到数据，则进行重试和等待；达到超时时间后或者本次写入成功，才退出本次操作。

函数返回值：HAL_StatusTypeDef 类型的函数，返回值同样需要获取到 HAL_OK 表示成功。

类似于读函数，写函数同样有中断版本，这里的例程没有使用 DMA 和中断方式，故不使用以下 2 个接口：

```
HAL_StatusTypeDef HAL_SD_WriteBlocks_IT(SD_HandleTypeDef * hsd, uint8_t * pData,
                        uint32_t BlockAdd, uint32_t NumberOfBlocks);
HAL_StatusTypeDef HAL_SD_WriteBlocks_DMA(SD_HandleTypeDef * hsd, uint8_t * pData,
                        uint32_t BlockAdd, uint32_t NumberOfBlocks);
```

它们分别使用了中断方式和 DMA 方式来实现类似的功能，调用非常相似，读者查看对应的函数实现即可。

5. HAL_SD_GetCardInfo 函数

SD 卡初始化后，根据设备句柄读 SD 卡的相关状态信息：

```
HAL_StatusTypeDef     HAL_SD_GetCardInfo(SD_HandleTypeDef * hsd, HAL_SD_CardInfoTypeDef
                                      * pCardInfo);
```

函数描述：从 SD 卡的指定扇区读取一定数量的数据。

函数形参：

形参 1 是 SD 卡的句柄，结构体类型是 SD_HandleTypeDef，此函数需要在 SDIO 初始化结束后才能使用，需要通过使用初始化后的 SDIO 结构体的句柄访问外设。

形参 2 pData 是一个指向 8 位类型的数据指针缓冲，用于接收需要的数据。

形参 3 BlockAdd 指向需要访问的数据扇区，对于任意的存储都是类似的，像 SD 卡这样的大存储块也同样通过位置标识来访问不同的数据。

形参 4 NumberOfBlocks 对应的是本次要从指定扇区读取的字节数。

形参 5 Timeout 表示读的超时时间。HAL 库驱动在达到超时时间前还没读到数据，则进行重试和等待，达到超时时间后才退出本次操作。

函数返回值：HAL_StatusTypeDef 类型的函数，返回值同样需要获取到 HAL_OK 表示成功。

类似的函数还有：

```
HAL_StatusTypeDef        HAL_SD_SendSDStatus(SD_HandleTypeDef * hsd, uint32_t
                                      * pSDstatus);
HAL_SD_CardStateTypeDef HAL_SD_GetCardState(SD_HandleTypeDef * hsd);
```

```
HAL_StatusTypeDef       HAL_SD_GetCardCID(SD_HandleTypeDef * hsd,
                                          HAL_SD_CardCIDTypeDef * pCID);
HAL_StatusTypeDef       HAL_SD_GetCardCSD(SD_HandleTypeDef * hsd,
                                          HAL_SD_CardCSDTypeDef * pCSD);
HAL_StatusTypeDef       HAL_SD_GetCardStatus(SD_HandleTypeDef * hsd,
                                          HAL_SD_CardStatusTypeDef * pStatus);
HAL_StatusTypeDef       HAL_SD_GetCardInfo(SD_HandleTypeDef * hsd,
                                          HAL_SD_CardInfoTypeDef * pCardInfo);
```

它们分别使用了中断方式和 DMA 方式来实现类似的功能,调用非常相似。

SDIO 驱动 SD 卡配置步骤如下:

① 使能 SDIO 和相关 GPIO 时钟,并设置好 GPIO 工作模式。

通过 SDIO 读/写 SD 卡,所以需要先使能 SDIO 以及相关 GPIO 口的时钟,并设置好 GPIO 的工作模式。

② 初始化 SDIO。

HAL 库通过 SDIO_Init 完成对 SDIO 的初始化,不过这里并不直接调用该函数,而是通过 HAL_SD_Init→HAL_SD_InitCard→SDIO_Init 的调用关系来完成对 SDIO 的初始化。我们只需要配置好 SDIO 相关工作参数,然后调用 HAL_SD_Init 函数即可。

③ 初始化 SD 卡。

HAL 库通过 HAL_SD_InitCard 函数完成对 SD 卡的初始化,我们只需要调用 HAL_SD_Init 函数即可完成对 SD 卡的初始化。

④ 实现 SD 卡读取 & 写入函数。

初始化 SDIO 和 SD 卡完成以后就可以访问 SD 卡了。HAL 库提供了 2 个基本的 SD 卡读/写函数:HAL_SD_ReadBlocks 和 HAL_SD_WriteBlocks,用于读取和写入 SD 卡。对这 2 个函数再进行一次封装,以便更好地适配文件系统。再封装后使用 sd_read_disk 来读取 SD 卡,使用 sd_write_disk 来写入 SD 卡。

15.5.2 程序流程图

程序流程如图 15.20 所示。初始化调试相关的外设后,遵循 SD 卡协议对 SD 卡进行初始化操作,成功后读取并打印 SD 卡的容量等信息。可以读/写任意扇区以验证编写的 SD 卡读/写函数,这里通过按键触发一次读操作并打印到串口。

15.5.3 程序解析

1. SDIO 驱动代码

这里只讲解核心代码,详细的源码可参考配套资料中本实验对应源码。SDIO 驱动源码包括 2 个文件:sdio_sdcard.c 和 sdio_sdcard.h。

sdio_sdcard.h 中主要介绍一下 GPIO 宏定义,根据 STM32 的复用功能和硬件设计,把用到的引脚用宏定义,需要更换其他的引脚时也可以通过修改宏实现快速移植,

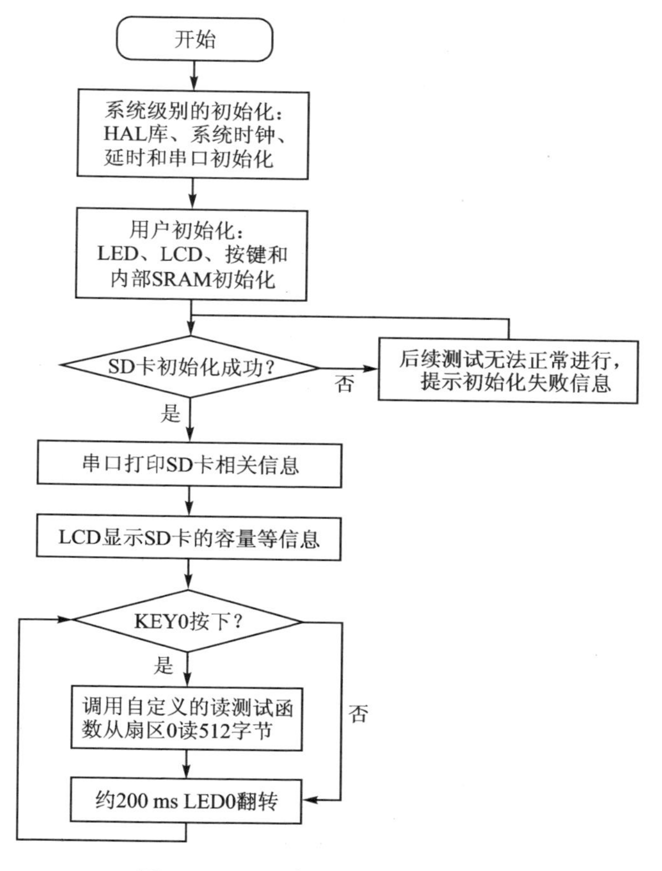

图 15.20　SD 读/写实验程序流程图

如下：

```
/* SDIO 的信号线：SD_D0 ～ SD_D3/SD_CLK/SD_CMD 引脚定义
 * 如果你使用了其他引脚做 SDIO 的信号线,修改这里写定义即可适配
 */
#define SD_D0_GPIO_PORT                GPIOC
#define SD_D0_GPIO_PIN                 GPIO_PIN_8
/* 所在 I/O 口时钟使能 */
#define SD_D0_GPIO_CLK_ENABLE()        do{ __HAL_RCC_GPIOC_CLK_ENABLE(); }while(0)
#define SD_D1_GPIO_PORT                GPIOC
#define SD_D1_GPIO_PIN                 GPIO_PIN_9
/* 所在 I/O 口时钟使能 */
#define SD_D1_GPIO_CLK_ENABLE()        do{ __HAL_RCC_GPIOC_CLK_ENABLE(); }while(0)
#define SD_D2_GPIO_PORT                GPIOC
#define SD_D2_GPIO_PIN                 GPIO_PIN_10
/* 所在 I/O 口时钟使能 */
#define SD_D2_GPIO_CLK_ENABLE()        do{ __HAL_RCC_GPIOC_CLK_ENABLE(); }while(0)
#define SD_D3_GPIO_PORT                GPIOC
#define SD_D3_GPIO_PIN                 GPIO_PIN_11
/* 所在 I/O 口时钟使能 */
```

```
#define SD_D3_GPIO_CLK_ENABLE()          do{ __HAL_RCC_GPIOC_CLK_ENABLE(); }while(0)
#define SD_CLK_GPIO_PORT                 GPIOC
#define SD_CLK_GPIO_PIN                  GPIO_PIN_12
/* 所在 I/O 口时钟使能 */
#define SD_CLK_GPIO_CLK_ENABLE()         do{ __HAL_RCC_GPIOC_CLK_ENABLE(); }while(0)
#define SD_CMD_GPIO_PORT                 GPIOD
#define SD_CMD_GPIO_PIN                  GPIO_PIN_2
/* 所在 I/O 口时钟使能 */
#define SD_CMD_GPIO_CLK_ENABLE()         do{ __HAL_RCC_GPIOD_CLK_ENABLE(); }while(0)
```

sdio_sdcard.c 主要介绍 3 个函数：sd_init、sd_read_disk 和 sd_write_disk。

(1) sd_init 函数

sd_init 的设计比较简单，这里只需要填充 SDIO 结构体的控制句柄，然后使用 HAL 库的初始化驱动即可。根据外设的情况可以设置数据总线宽度为 4 位：

```
/**
 * @brief       初始化 SD 卡
 * @param       无
 * @retval      返回值：0 初始化正确；其他值，初始化错误
 */
uint8_t sd_init(void)
{
    uint8_t SD_Error;
    /* 初始化时的时钟不能大于 400 kHz */
    g_sdcard_handler.Instance = SDIO;
    g_sdcard_handler.Init.ClockEdge = SDIO_CLOCK_EDGE_RISING;    /* 上升沿 */
    /* 不使用 bypass 模式，直接用 HCLK 进行分频得到 SDIO_CK */
    g_sdcard_handler.Init.ClockBypass = SDIO_CLOCK_BYPASS_DISABLE;
    /* 空闲时不关闭时钟电源 */
    g_sdcard_handler.Init.ClockPowerSave = SDIO_CLOCK_POWER_SAVE_DISABLE;
    g_sdcard_handler.Init.BusWide = SDIO_BUS_WIDE_1B;           /* 1 位数据线 */
    g_sdcard_handler.Init.HardwareFlowControl =
                SDIO_HARDWARE_FLOW_CONTROL_ENABLE; /* 开启硬件流控 */
    /* SD 传输时钟频率最大 25 MHz */
    g_sdcard_handler.Init.ClockDiv = SDIO_TRANSFER_CLK_DIV;
    SD_Error = HAL_SD_Init(&g_sdcard_handler);
    if (SD_Error != HAL_OK)
    {
        return 1;
    }
    /* 使能宽总线模式，即 4 位总线模式，加快读取速度 */
    SD_Error = HAL_SD_ConfigWideBusOperation(&g_sdcard_handler,SDIO_BUS_WIDE_4B);
    if (SD_Error != HAL_OK)
    {
        return 2;
    }
    return 0;
}
```

(2) sd_read_disk 函数

这个函数比较简单，实际上我们使用它来对 HAL 库的读函数 HAL_SD_Read-

Blocks进行二次封装,并在最后加入了状态判断以使后续操作(实际上这部分代码也可以省略)直接根据读函数返回值做其他处理。为了保护SD卡的数据操作,在进行操作时暂时关闭了中断以防止数据读过程发生意外。

```
uint8_t sd_read_disk(uint8_t *pbuf, uint32_t saddr, uint32_t cnt)
{
    uint8_t sta = HAL_OK;
    uint32_t timeout = SD_TIMEOUT;
    long long lsector = saddr;
    __disable_irq();
    /* 关闭总中断(POLLING模式,严禁中断打断SDIO读/写操作!!!) */
    sta = HAL_SD_ReadBlocks(&g_sdcard_handler, (uint8_t *)pbuf, lsector,
                            cnt, SD_TIMEOUT); /* 多个sector的读操作 */
    /* 等待SD卡读完 */
    while (get_sd_card_state() != SD_TRANSFER_OK)
    {
        if (timeout -- == 0)
        {
            sta = SD_TRANSFER_BUSY;
        }
    }
    __enable_irq(); /* 开启总中断 */
    return sta;
}
```

(3) sd_write_disk 函数

这个函数比较简单,实际上我们使用它来对HAL库的读函数HAL_SD_WriteBlocks进行了二次封装,并在最后加入了状态判断以使后续操作(实际上这部分代码也可以省略)直接根据读函数返回值做其他处理。为了保护SD卡的数据操作,在进行操作时暂时关闭了中断以防止数据写过程发生意外。

```
uint8_t sd_write_disk(uint8_t *pbuf, uint32_t saddr, uint32_t cnt)
{
    uint8_t sta = HAL_OK;
    uint32_t timeout = SD_TIMEOUT;
    long long lsector = saddr;
    __disable_irq();    /* 关闭总中断(POLLING模式,严禁中断打断SDIO读写操作!!!) */
    sta = HAL_SD_WriteBlocks(&g_sdcard_handler, (uint8_t *)pbuf, lsector,
                             cnt, SD_TIMEOUT); //多个sector的写操作
    /* 等待SD卡写完 */
    while (get_sd_card_state() != SD_TRANSFER_OK)
    {
        if (timeout -- == 0)
        {
            sta = SD_TRANSFER_BUSY;
        }
    }
    __enable_irq(); /* 开启总中断 */
    return sta;
}
```

2. main.c 代码

main.c 就比较简单了,为了方便测试,这里编写了 sd_test_read()、sd_test_write()及 show_sdcard_info()这 3 个函数分别用于读/写测试和卡信息打印,也都是基于对前面 HAL 库的代码进行简单地调用,代码也比较容易看懂。

编写的 main 函数如下:

```
int main(void)
{
    uint8_t key;
    uint32_t sd_size;
    uint8_t t = 0;
    uint8_t *buf;
    HAL_Init();                                      /* 初始化 HAL 库 */
    sys_stm32_clock_init(RCC_PLL_MUL9);              /* 设置时钟, 72 MHz */
    delay_init(72);                                  /* 延时初始化 */
    usart_init(115200);                              /* 串口初始化为 115 200 */
    usmart_dev.init(72);                             /* 初始化 USMART */
    led_init();                                      /* 初始化 LED */
    lcd_init();                                      /* 初始化 LCD */
    key_init();                                      /* 初始化按键 */
    sram_init();                                     /* SRAM 初始化 */
    my_mem_init(SRAMIN);                             /* 初始化内部 SRAM 内存池 */
    my_mem_init(SRAMEX);                             /* 初始化外部 SRAM 内存池 */
    lcd_show_string(30, 50, 200, 16, 16, "STM32F103", RED);
    lcd_show_string(30, 70, 200, 16, 16, "SD TEST", RED);
    lcd_show_string(30, 90, 200, 16, 16, "ATOM@ALIENTEK", RED);
    lcd_show_string(30, 110, 200, 16, 16, "KEY0:Read Sector 0", RED);
    while (sd_init()) /* 检测不到 SD 卡 */
    {
        lcd_show_string(30, 130, 200, 16, 16, "SD Card Error!", RED);
        delay_ms(500);
        lcd_show_string(30, 130, 200, 16, 16, "Please Check! ", RED);
        delay_ms(500);
        LED0_TOGGLE(); /* 红灯闪烁 */
    }
    /* 打印 SD 卡相关信息 */
    show_sdcard_info();
    /* 检测 SD 卡成功 */
    lcd_show_string(30, 130, 200, 16, 16, "SD Card OK     ", BLUE);
    lcd_show_string(30, 150, 200, 16, 16, "SD Card Size:     MB", BLUE);
                lcd_show_num(30 + 13 * 8, 150, SD_TOTAL_SIZE_MB(&g_sdcard_handler),
                5, 16, BLUE); /* 显示 SD 卡容量 */
    while (1)
    {
        key = key_scan(0);
        if (key == KEY0_PRES)      /* KEY0 按下了 */
        {
            sd_test_read(0,1);        /* 从 0 扇区读取 1 * 512 字节的内容 */
        }
```

```
            t++;
            delay_ms(10);
            if (t == 20)
            {
                LED0_TOGGLE(); /* 红灯闪烁 */
                t = 0;
            }
        }
    }
```

main 函数初始化了 LED 和 LCD 用于显示效果，初始化按键和 ADC 用于辅助显示 ADC。

15.6　下载验证

代码编译成功之后，下载代码到正点原子战舰 STM32F103 上，测试使用的是 16 GB 标有 SDHC 标志的卡。安装方法如图 15.21 所示。

SD 卡成功初始化后，LCD 显示本程序的一些必要信息，如图 15.22 所示。

图 15.21　测试用的 microSD 卡与开发板的连接方式

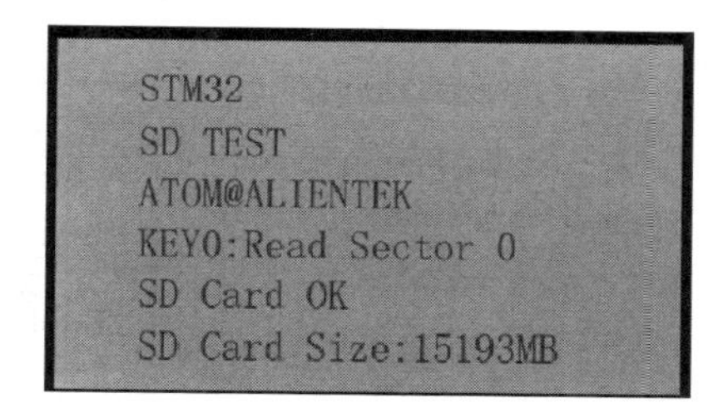

图 15.22　程序运行效果图

在进入测试的主循环前，如果已经通过 USB 连接开发板的串口 1 和电脑，则可以看到串口端打印出 SD 卡的相关信息（也可以在接好 SD 卡后按 Reset 复位开发板）。测试使用的是 16 GB 标有 SDHC 标志的卡，SD 卡成功初始化后的信息，如图 15.23 所示。

可见，用程序读到的 SD 卡信息与使用的 SD 卡一致。伴随 DS0 的不停闪烁，提示程序在运行。此时，按下 KEY0，调用编写的 SD 卡测试函数；这里只用到了读函数，写函数的测试可以添加代码进行演示。按下后 LCD 显示信息如图 15.24 所示。数量较多的情况下使用串口打印，得到的 SD 卡扇区 0 存储的 512 字节的信息如图 15.25 所示。

对 SD 卡的使用就介绍到这里了，另外，利用 USMART 测试的部分，这里就不介绍了，读者可自行验证。

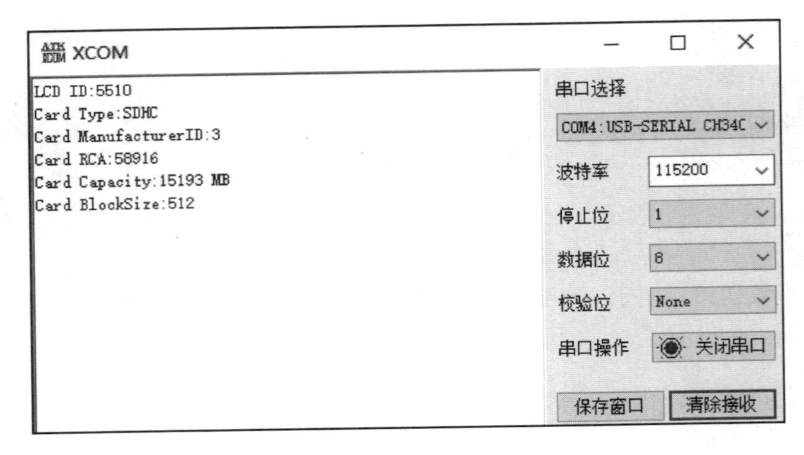

图 15.23　测试用的 microSD 卡

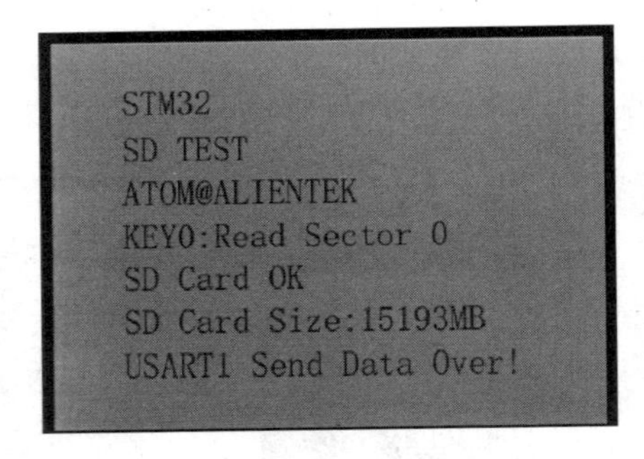

图 15.24　按下 KEY1 的开发板界面

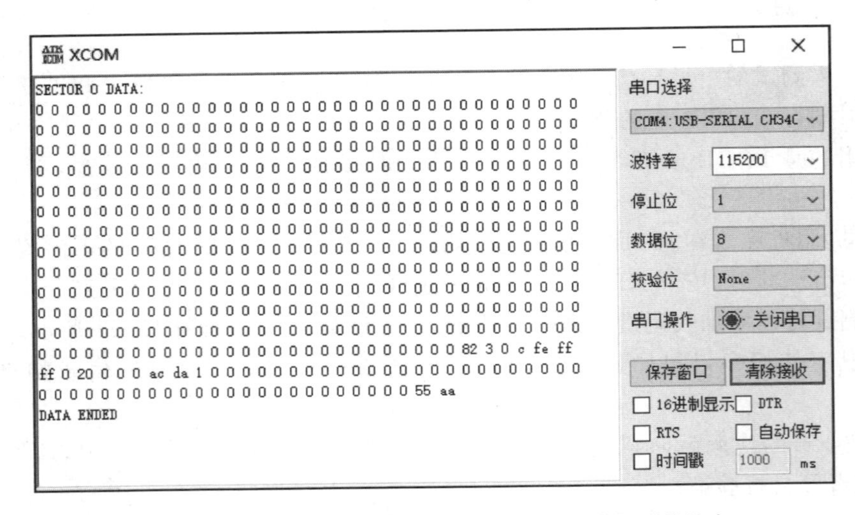

图 15.25　串口调试助手显示按下 KEY0 后读取到的信息

第16章 FATFS实验

上一章介绍了SD卡的使用，并实现了简单的读/写扇区功能。电脑上的资料常以文件的形式保存，通过文件名可以快速对文件数据等进行分类。对于SD卡这种容量可以达到非常大的存储介质，按扇区去管理数据已经变得不方便，我们希望单片机也可以像电脑一样方便地用文件的形式去管理，在需要做数据采集的场合也会更加便利。

本章将介绍FATFS这个软件工具，利用它在STM32上实现类似电脑上的文件管理功能，方便管理SD卡上的数据，并设计例程在SD卡上生成文件，从而对文件实现读/写操作。

16.1 FATFS简介

FATFS是一个完全免费开源的FAT/exFAT文件系统模块，专门为小型的嵌入式系统而设计。它完全用标准C语言(ANSI C C89)编写，所以具有良好的硬件平台独立性，只须做简单的修改就可以移植到8051、PIC、AVR、ARM、Z80、RX等系列单片机上。它支持FAT12、FAT16和FAT32，支持多个存储媒介；有独立的缓冲区，可以对多个文件进行读/写，并特别对8位单片机和16位单片机做了优化。

FATFS的特点如下：

- Windows、DOS系统兼容的FAT、exFAT文件系统；
- 独立于硬件平台，方便跨硬件平台移植；
- 代码量少、效率高；
- 多种配置选项：
  - 支持多卷(物理驱动器或分区，最多10个卷)；
  - 多个ANSI/OEM代码页包括DBCS；
  - 支持长文件名、ANSI/OEM或Unicode；
  - 支持RTOS；
  - 支持多种扇区大小；
  - 只读、最小化的API和I/O缓冲区等；
  - 新版的exFAT文件系统，突破了原来FAT32对容量管理32 GB的上限，可支持更大容量的存储器。

FATFS的这些特点，加上免费、开源的原则，使得FATFS应用非常广泛。

FATFS 模块的层次结构如图 16.1 所示。

最顶层是应用层，使用者无须理会 FATFS 的内部结构和复杂的 FAT 协议，只需要调用 FATFS 模块提供给用户的一系列应用接口函数，如 f_open、f_read、f_write 和f_close 等，就可以像在 PC 上读/写文件那样简单。

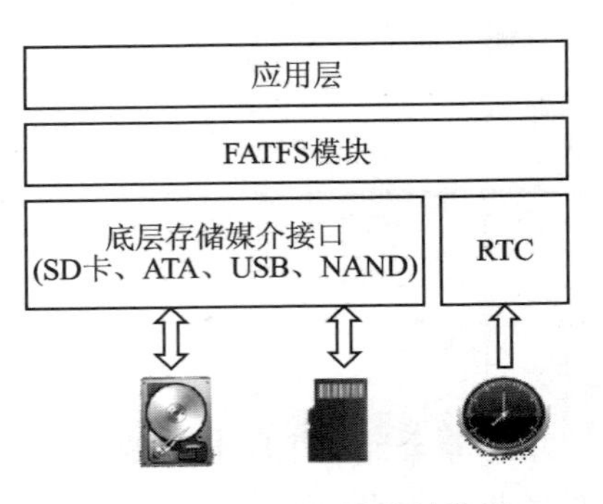

图 16.1 FATFS 层次结构图

中间层 FATFS 模块，实现了 FAT 文件读/写协议。FATFS 模块提供的是 ff.c 和 ff.h。除非有必要，使用者一般不用修改，使用时将头文件直接包含进去即可。

需要我们编写移植代码的是 FATFS 模块提供的底层接口，它包括存储媒介读/写接口(diskI/O)和供给文件创建修改时间的实时时钟。

FATFS 的源码可以在 http://elm-chan.org/fsw/ff/00index_e.html 下载到，目前使用的版本为 R0.14b。本章介绍最新版本的 FATFS，下载解压后可以得到 2 个文件夹：documents 和 source。documents 里面主要是对 FATFS 的介绍，source 里面才是需要的源码。source 文件夹详情表如表 16.1 所列。

表 16.1 source 文件夹详情表

文件名	作用简述	备 注
diskio.h	FATFS 和 diskI/O 模块公用的包含文件	与硬件平台无关
ff.c	FATFS 模块	
ff.h	FATFS 和应用模块公用的包含文件	
ffconf.h	FATFS 模块配置文件，宏定义对应的功能代码中都有说明，具体的配置范围可以见官方配置说明 http://elm-chan.org/fsw/ff/doc/config.html	
ffsystem.c	根据是否有操作系统来修改这个文件	
ffunicode.c	可选，根据 ffconf.h 的配置进行 Unicode 编码转换	
diskio.c	FATFS 和 diskI/O 模块接口层文件，需要根据硬件修改这部分的代码	硬件平台相关代码

FATFS 模块在移植的时候一般只需要修改 2 个文件，即 ffconf.h 和 diskio.c。FATFS 模块的所有配置项都存放在 ffconf.h 里面，可以通过配置里面的一些选项来满足需求。接下来介绍几个重要的配置选项。

① FF_FS_TINY。这个选项在 R0.07 版本中开始出现，之前的版本都以独立的 C 文件出现(FATFS 和 TinyFATFS)，有了这个选项之后，两者整合在一起了，使用起来更方便。这里使用 FATFS，所以把这个选项定义为 0 即可。

② FF_FS_READONLY。这个选项用来配置是不是只读，本章需要读/写都用，所以这里设置为 0 即可。

③ FF_USE_STRFUNC。这个选项用来设置是否支持字符串类操作,比如 f_putc、f_puts 等,本章需要用到,故设置这里为 1。

④ FF_USE_MKFS。这个选项用来定时是否使能格式化,本章需要用到,所以设置为 1。

⑤ FF_USE_FASTSEEK。这个选项用来使能快速定位,这里设置为 1,使能快速定位。

⑥ FF_USE_LABEL。这个选项用来设置是否支持磁盘盘符(磁盘名字)读取与设置。这里设置为 1,使能,就可以通过相关函数读取或者设置磁盘的名字了。

⑦ FF_CODE_PAGE。这个选项用于设置语言类型,包括很多选项(见 FATFS 官网说明),这里设置为 936,即简体中文(GBK 码,同一个文件夹下的 ffunicode.c 根据这个宏选择对应的语言设置)。

⑧ FF_USE_LFN。该选项用来设置是否支持长文件名(还需要_CODE_PAGE 支持),取值范围为 0~3。0 表示不支持长文件名,1~3 是支持长文件名,但是存储地方不一样,这里选择使用 3,通过 ff_memalloc 函数来动态分配长文件名的存储区域。

⑨ FF_VOLUMES。这个选项用来设置 FATFS 支持的逻辑设备数目,这里设置为 2,即支持 2 个设备。

⑩ FF_MAX_SS,扇区缓冲的最大值,一般设置为 512。

⑪ FF_FS_EXFAT,新版本增加的功能,使用 exFAT 文件系统,用于支持超过 32 GB 的超大存储。它们使用的是 exFAT 文件系统,使用它时必须要根据设置 FF_USE_LFN 参数的值以决定 exFATs 系统使用的内存来自堆栈还是静态数组。

其他配置项这里就不一一介绍了,读者参考 http://elm-chan.org/fsw/ff/doc/config.html 即可。下面来讲讲 FATFS 的移植,主要分为 3 步:

① 数据类型:在 integer.h 里面去定义好数据的类型。这里需要了解使用的编译器的数据类型,并根据编译器定义好数据类型。

② 配置:通过 ffconf.h 配置 FATFS 的相关功能,以满足自己的需要。

③ 函数编写:打开 diskio.c 进行底层驱动编写,一般需要编写 5 个接口函数,如图 16.2 所示。

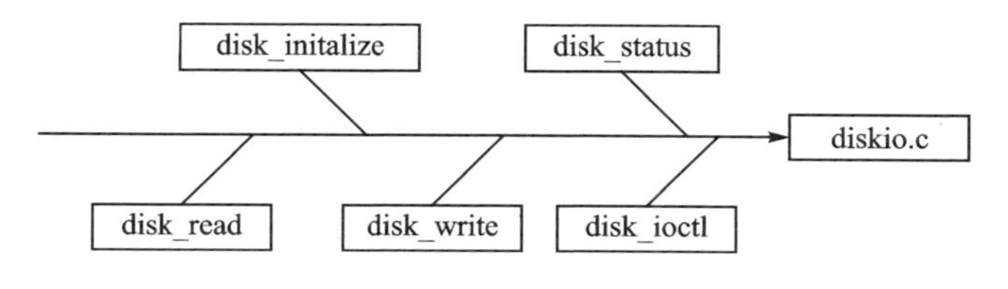

图 16.2 diskio 需要实现的函数

通过以上 3 步即可完成对 FATFS 的移植。注意:

① 这里使用的是 MDK5.34 编译器,数据类型和 integer.h 里面定义的一致,所以此步不需要做任何改动。

② 关于 ffconf.h 里面的相关配置,前面已经有介绍(之前介绍的 11 个配置),将对应配置修改为介绍时的值即可,其他的配置用默认配置。

③ 因为 FATFS 模块完全与磁盘 I/O 层分开,因此需要下面的函数来实现底层物理磁盘的读/写与获取当前时间。底层磁盘 I/O 模块并不是 FATFS 的一部分,并且必须由用户提供。这些函数一般有 5 个,在 diskio.c 里面。

首先是 disk_initialize 函数,该函数介绍如表 16.2 所列。

表 16.2　disk_initialize 函数介绍

函数名称	disk_initialize
函数原型	DSTATUS disk_initialize(BYTE Drive)
功能描述	初始化磁盘驱动器
函数参数	Drive:指定要初始化的逻辑驱动器号,即盘符,应当取值 0~9
返回值	函数返回一个磁盘状态作为结果,磁盘状态的细节信息可参考 disk_status 函数
所在文件	ff.c
实例	disk_initialize(0);　　　/* 初始化驱动器 0 */
注意事项	disk_initialize 函数初始化一个逻辑驱动器为读/写做准备,函数成功时,返回值的 STA_NOINIT 标志被清零; 应用程序不应调用此函数,否则卷上的 FAT 结构可能会损坏; 如果需要重新初始化文件系统,可使用 f_mount 函数; 在 FATFS 模块上卷注册处理时调用该函数可控制设备的改变; 此函数在 FATFS 挂在卷时调用,应用程序不应该在 FATFS 活动时使用此函数

第二个函数是 disk_status 函数,该函数介绍如表 16.3 所列。

表 16.3　disk_status 函数介绍

函数名称	disk_status
函数原型	DRESULT disk_status (BYTE Drive)
功能描述	返回当前磁盘驱动器的状态
函数参数	Drive:指定要确认的逻辑驱动器号,即盘符,应当取值 0~9
返回值	磁盘状态返回下列标志的组合,FATFS 只使用 STA_NOINIT 和 STA_PROTECTED STA_NOINIT:表明磁盘驱动未初始化,下面列出了产生该标志置位或清零的原因: 置位:系统复位,磁盘被移除和磁盘初始化函数失败 清零:磁盘初始化函数成功 STA_NODISK:表明驱动器中没有设备,安装磁盘驱动器后总为 0 STA_PROTECTED:表明设备被写保护,不支持写保护的设备总为 0,当 STA_NODISK 置位时非法
所在文件	ff.c
实例	disk_status(0);　　　/* 获取驱动器 0 的状态 */

第三个函数是 disk_read 函数,该函数介绍如表 16.4 所列。

表 16.4 disk_read 函数介绍

函数名称	disk_read
函数原型	DRESULT disk_read (BYTE Drive, BYTE * Buffer, DWORD SectorNumber, BYTE SectorCount)
功能描述	从磁盘驱动器上读取扇区
函数参数	Drive:指定逻辑驱动器号,即盘符,应当取值 0~9 Buffer:指向存储读取数据字节数组的指针,需要为所读取字节数的大小,扇区统计的扇区大小是需要的 (注:FAFTS 指定的内存地址并不总是字对齐的,如果硬件不支持不对齐的数据传输,函数里需要进行处理) SectorNumber:指定起始扇区的逻辑块(LBA)上的地址 SectorCount:指定要读取的扇区数,取值 1~128
返回值	RES_OK(0):函数成功 RES_ERROR:读操作期间产生了任何错误且不能恢复它 RES_PARERR:非法参数 RES_NOTRDY:磁盘驱动器没有初始化
所在文件	ff. c

第四个函数是 disk_write 函数,该函数介绍如表 16.5 所列。

表 16.5 disk_write 函数介绍

函数名称	disk_write
函数原型	DRESULT disk_write (BYTE Drive, const BYTE * Buffer, DWORD SectorNumber, BYTE SectorCount)
功能描述	向磁盘写入一个或多个扇区
函数参数	Drive:指定逻辑驱动器号,即盘符,应当取值 0~9 Buffer:指向要写入字节数组的指针 (注:FAFTS 指定的内存地址并不总是字对齐的,如果硬件不支持不对齐的数据传输,函数里需要进行处理) SectorNumber:指定起始扇区的逻辑块(LBA)上的地址 SectorCount:指定要写入的扇区数,取值 1~128
返回值	RES_OK(0):函数成功 RES_ERROR:写操作期间产生了任何错误且不能恢复它 RES_WRPER:媒体被写保护 RES_PARERR:非法参数 RES_NOTRDY:磁盘驱动器没有初始化
所在文件	ff. c
注意事项	只读配置中不需要此函数

第五个函数是 disk_ioctl 函数,该函数介绍如表 16.6 所列。

以上 5 个函数将在软件设计部分一一实现。通过以上 3 个步骤就完成了对 FATFS 的移植,就可以在我们的代码里面使用 FATFS 了。

表 16.6 disk_ioctl 函数介绍

函数名称	disk_ioctl
函数原型	DRESULT disk_ioctl (BYTE Drive, BYTE Command, void * Buffer)
功能描述	控制设备指定特性和除了读/写外的杂项功能
函数参数	Drive:指定逻辑驱动器号,即盘符,应当取值 0~9 Command:指定命令代码 Buffer:指向参数缓冲区的指针,取决于命令代码,不使用时,指定一个 NULL 指针
返回值	RES_OK(0):函数成功 RES_ERROR:写操作期间产生了任何错误且不能恢复它 RES_PARERR:非法参数 RES_NOTRDY:磁盘驱动器没有初始化
所在文件	ff.c
注意事项	CTRL_SYNC:确保磁盘驱动器已经完成了写处理,当磁盘 I/O 有一个写回缓存时,立即刷新原扇区,只读配置下不适用此命令 GET_SECTOR_SIZE:返回磁盘的扇区大小,只用于 f_mkfs() GET_SECTOR_COUNT:返回可利用的扇区数,_MAX_SS≥1 024 时可用 GET_BLOCK_SIZE:获得擦除块大小,只用于 f_mkfs() CTRL_ERASE_SECTOR:强制擦除一块的扇区,_USE_ERASE>0 时可用

FATFS 提供了很多 API 函数,在 FATFS 的自带介绍文件里面都有详细的介绍(包括参考代码)。注意,使用 FATFS 时,必须先通过 f_mount 函数注册一个工作区,才能开始后续 API 的使用。读者可以通过 FATFS 自带的介绍文件进一步了解和熟悉 FATFS 的使用。

16.2 硬件设计

(1) 例程功能

开机的时候先初始化 SD 卡,初始化成功之后,注册 2 个磁盘(一个给 SD 卡用,一个给 SPI FLASH 用)。之所以把 SPI FLASH 当成磁盘来用,一方面是为了演示大容量的 SPI FLASH 也可以用 FATFS 管理,说明 FATFS 的灵活性;另一方面可以展示 FATFS 方式比原来直接按地址管理数据便利性,使板载 SPI FLASH 的使用更具灵活性。挂载成功后获取 SD 卡的容量和剩余空间,并显示在 LCD 模块上,最后定义 USMART 输入指令进行各项测试。通过 DS0 指示程序运行状态。

(2) 硬件资源

- LED 灯:LED0 - PB5;
- KEY0 按键;
- TFTLCD 模块;
- microSD 卡(使用大卡的情况类似,可根据自己设计的硬件匹配选择);
- NOR FLASH。

这几个外设原理图在之前的章节已经介绍过了，这里就不重复介绍了。

16.3　程序设计

FATFS 的驱动为一个硬件独立的组件，因此把 FATFS 的移植代码放到 Middlewares 文件夹下。

本章在第 15 章的基础上进行拓展。在 Middlewares 下新建一个 FATFS 的文件夹，然后将 FATFS R0.14b 程序包解压到该文件夹下。同时，在 FATFS 文件夹里面新建一个 exfuns 的文件夹，用于存放针对 FATFS 做的一些扩展代码。操作结果如图 16.3 所示。

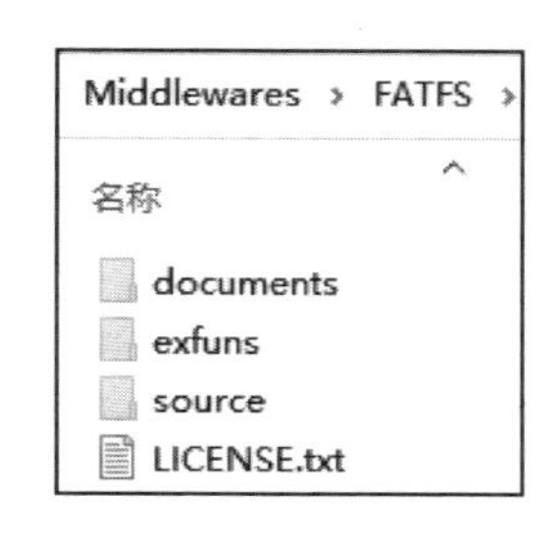

图 16.3　FATFS 文件夹子目录

16.3.1　程序流程图

程序流程如图 16.4 所示。初始化 STM32 内核和 LCD、LED、串口等用于显示信息，然后初始化内存管理单元用于分配程序需要大内存的部分，用 SD 卡和 NOR

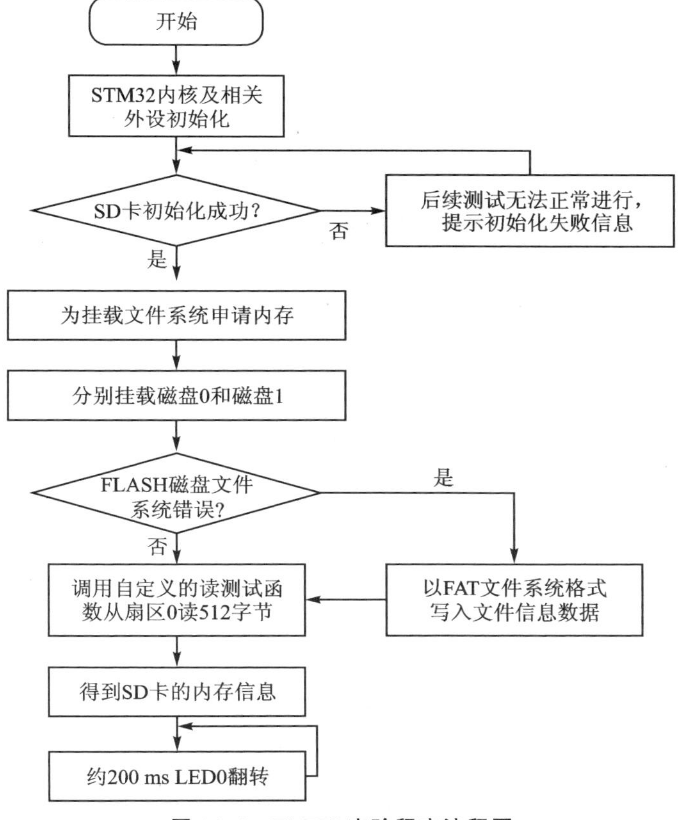

图 16.4　FATFS 实验程序流程图

FLASH作为磁盘介质,然后挂载磁盘到文件系统,成功后即可用文件操作函数访问磁盘上的资源。

16.3.2 程序解析

1. FATFS驱动代码

这里只讲解核心代码,详细的源码可参考配套资料中本实验对应源码。diskio.c/.h提供了规定好的底层驱动接口的返回值。这个函数需要用到硬件接口,所以需要把使用到的硬件驱动的头文件包进来。

```
#include "./MALLOC/malloc.h"
#include "./FATFS/source/diskio.h"
#include "./BSP/SDIO/sdio_sdcard.h"
#include "./BSP/NORFLASH/norflash.h"
```

本章用FATFS管理了2个磁盘:SD卡和SPI FLASH,设置SD_CARD为0,EX_FLASH位为1,对应到disk_read/disk_write函数里面。SD卡好说,但是SPI FLASH扇区是4 KB,为了方便设计,强制将其扇区定义为512字节,这样带来的好处就是设计使用相对简单;坏处就是擦除次数大增,所以不要随便往SPI FLASH里面写数据,非必要最好别写,频繁写很容易将SPI FLASH写坏。

```
#define SD_CARD       0     /* SD卡,卷标为0 */
#define EX_FLASH      1     /* 外部qspi flash,卷标为1 */
/**
 * 对于25Q128 FLASH芯片,我们规定前12 MB给FATFS使用,12 MB以后
 * 紧跟字库,3个字库 + UNIGBK.BIN,总大小3.09 MB,共占用15.09 MB
 * 15.09 MB以后的存储空间可以随便使用
*/
#define SPI_FLASH_SECTOR_SIZE   512              /* 扇区大小 */
#define SPI_FLASH_SECTOR_COUNT  12 * 1024 * 2    /* 扇区数目 */
#define SPI_FLASH_BLOCK_SIZE    8           /* 每个BLOCK有8个扇区 */
#define SPI_FLASH_FATFS_BASE    0           /* FATFS在外部FLASH的起始地址从0开始 */
```

另外,diskio.c里面的函数直接决定了磁盘编号(盘符/卷标)所对应的具体设备。例如,以上代码通过switch来判断到底要操作SD卡,还是SPI FLASH,然后,分别执行对应设备的相关操作,以此实现磁盘编号和磁盘的关联。

(1) disk_initialize函数

要使用FAFTS管理,首先要对它进行初始化。磁盘的初始化函数声明如下:

```
DSTATUS disk_initialize( BYTE pdrv)
```

函数描述:初始化指定编号的磁盘、磁盘所指定的存储区。使用每个磁盘前要进行初始化,在代码中直接根据编号调用硬件的初始化接口即可,这样也能保证代码的扩展性,硬件的顺序可以根据自己的喜好定义。

函数形参:形参是FATFS管理的磁盘编号pdrv: 磁盘编号0~9,这里配置FF_VOLUMES为2来支持2个磁盘,因此可选值为0和1。

代码实现如下：

```
/**
  * @brief        初始化磁盘
  * @param        pdrv：磁盘编号 0～9
  * @retval       DSTATUS：FATFS 规定的返回值
  */
DSTATUS disk_initialize (
    BYTE pdrv           /* Physical drive nmuber to identify the drive */
)
{
    uint8_t res = 0;
    switch (pdrv)
    {
        case SD_CARD:                        /* SD 卡 */
            res = sd_init();                 /* SD 卡初始化 */
            break;
        case EX_FLASH:                       /* 外部 FLASH */
            norflash_init();                 /* 外部 FLASH 初始化 */
            break;
        default:
            res = 1;
    }
    if (res)
    {
        return  STA_NOINIT;
    }
    else
    {
        return 0; /* 初始化成功 */
    }
}
```

函数返回值：DSTATUS 枚举类型的值。FATFS 规定了自己的返回值来管理各接口函数的操作结果，方便后续函数的操作和判断，定义如下：

```
/* Status of Disk Functions */
typedef BYTE     DSTATUS;
/* Disk Status Bits (DSTATUS) */
#define STA_NOINIT          0x01    /* Drive not initialized */
#define STA_NODISK          0x02    /* No medium in the drive */
#define STA_PROTECT         0x04    /* Write protected */
```

定义时也写出了各个参数的含义，根据 ff.c 中的调用实例可知，操作返回 0 才是正常的状态，其他情况发生时就需要结合硬件进行分析了。

(2) disk_status 函数

为了知道当前磁盘驱动器的状态，FATFS 也提供了 disk_status 函数，其声明如下：

```
DSTATUS disk_status(BYTE pdrv)
```

函数描述：返回当前磁盘驱动器的状态。

函数形参:FATFS 管理的磁盘编号 pdrv：磁盘编号 0～9，配置 FF_VOLUMES 为 2 来支持 2 个磁盘，因此可选值为 0 和 1。为了简单测试，这里没有加入硬件状态的判断，测试代码很简单，就不贴出来了。

函数返回值:直接返回 RES_OK。

(3) disk_read 函数

disk_read 实现直接从硬件接口读取数据，这个函数接口是给 FATFS 的其他读操作接口函数调用的，其声明如下：

```
DRESULT disk_read(BYTE pdrv, BYTE * buff, DWORD sector, UINT count)
```

函数描述:从磁盘驱动器上读取扇区数据。

函数形参:

形参 1 是 FATFS 管理的磁盘编号，pdrv：磁盘编号 0～9，这里配置 FF_VOLUMES 为 2 来支持 2 个磁盘，因此可选值为 0 和 1。

形参 2 buff 指向要保存数据的内存区域指针，为字节类型。

形参 3 sector 为实际物理操作时要访问的扇区地址。

形参 4 count 为本次要读取的数据量，最长为 unsigned int，读到的数量为字节数。

同样要根据定义的设备标号，在 switch - case 中添加对应硬件的驱动，代码如下：

```
DRESULT disk_read (
    BYTE pdrv,          /* Physical drive nmuber to identify the drive */
    BYTE * buff,        /* Data buffer to store read data */
    DWORD sector,       /* Sector address in LBA */
    UINT count          /* Number of sectors to read */)
{
    uint8_t res = 0;
    if (!count)return RES_PARERR;    /* count 不能等于 0,否则返回参数错误 */
    switch (pdrv)
    {
        case SD_CARD:       /* SD 卡 */
            res = sd_read_disk(buff, sector, count);
            while (res)    /* 读出错 */
            {
                if (res! = 2)sd_init(); /* 重新初始化 SD 卡 */
                res = sd_read_disk(buff, sector, count);
                //printf("sd rd error: % d\r\n", res);
            }
            break;
        case EX_FLASH:/* 外部 flash */
            for (; count > 0; count -- )
            {
                norflash_read(buff, SPI_FLASH_FATFS_BASE + sector *
                              SPI_FLASH_SECTOR_SIZE, SPI_FLASH_SECTOR_SIZE);
                sector ++ ;
                buff += SPI_FLASH_SECTOR_SIZE;
            }
            res = 0;
```

```
            break;
        default:
            res = 1;
    }
    /* 处理返回值,将返回值转成 ff.c 的返回值 */
    if (res == 0x00)
    {
        return RES_OK;
    }
    else
    {
        return RES_ERROR;
    }
}
```

函数返回值:DRESULT 为枚举类型,diskio.h 中有其定义,根据返回值的含义确认操作结果即可。结果如下所示:

```
/* Results of Disk Functions */
typedef enum
{
    RES_OK = 0,          /* 0: 操作成功 */
    RES_ERROR,           /* 1: 读/写错误 */
    RES_WRPRT,           /* 2: 写保护状态 */
    RES_NOTRDY,          /* 3: 设备忙 */
    RES_PARERR           /* 4: 其他情形 */
} DRESULT;
```

根据返回值的含义确认操作结果即可。

(4) disk_write 函数

disk_write 函数实现直接在硬件接口写入数据,这个函数接口给 FATFS 的其他写操作接口函数调用,其声明如下:

```
DRESULT disk_write( BYTE pdrv, const BYTE * buff, DWORD sector, UINT count)
```

函数描述:向磁盘驱动器写入扇区数据。

函数形参:

形参 1 是 FATFS 管理的磁盘编号 pdrv:磁盘编号 0~9,这里配置 FF_VOLUMES 为 2 来支持 2 个磁盘,因此可选值为 0 和 1。

形参 2 buff 指向要发送数据的内存区域指针,为字节类型。

形参 3 sector 为实际物理操作时要访问的扇区地址。

形参 4 count 为本次要写入的数据量。

根据定义的设备标号在 switch - case 中添加对应硬件的驱动,代码如下:

```
DRESULT disk_write (
    BYTE pdrv,              /* Physical drive nmuber to identify the drive */
    const BYTE * buff,      /* Data to be written */
    DWORD sector,           /* Sector address in LBA */
    UINT count              /* Number of sectors to write */
```

```
)
{
    uint8_t res = 0;
    if (!count)return RES_PARERR;    /* count 不能等于 0,否则返回参数错误 */
    switch (pdrv)
    {
        case SD_CARD:         /* SD 卡 */
            res = sd_write_disk((uint8_t *)buff, sector, count);
            while (res)       /* 写出错 */
            {
                sd_init();   /* 重新初始化 SD 卡 */
                res = sd_write_disk((uint8_t *)buff, sector, count);
                //printf("sd wr error: %d\r\n", res);
            }
            break;
        case EX_FLASH:        /* 外部 FLASH */
            for (; count > 0; count--)
            {
                norflash_write((uint8_t *)buff,
                          SPI_FLASH_FATFS_BASE + sector* SPI_FLASH_SECTOR_SIZE,
                          SPI_FLASH_SECTOR_SIZE);
                sector++;
                buff += SPI_FLASH_SECTOR_SIZE;
            }
            res = 0;
            break;
        default:
            res = 1;
    }
    /* 处理返回值,将返回值转成 ff.c 的返回值 */
    if (res == 0x00)
    {
        return RES_OK;
    }
    else
    {
        return RES_ERROR;
    }
}
```

函数返回值:DRESULT 为枚举类型,diskio.h 中有其定义,编写读函数时已经介绍了,注意要把返回值转成这个枚举类型的参数。

(5) disk_ioctl 函数

disk_ioctl 实现一些控制命令,这个接口为 FATFS 提供了一些硬件操作信息,其声明如下:

```
DRESULT disk_ioctl(BYTE pdrv, BYTE cmd, void *buff)
```

函数描述:控制设备指定特性和除了读/写外的杂项功能。

函数形参:

形参 1 为 FATFS 管理的磁盘编号 pdrv：磁盘编号 0～9，这里配置 FF_VOLUMES 为 2 来支持 2 个磁盘，因此可选值为 0 和 1。

形参 2 cmd 是 FATFS 定义好的一些宏，用于访问硬盘设备的一些状态。这里实现几个简单的操作接口，用于获取磁盘容量这些基础信息(diskio.h 中已经定义好了)。为了方便，这里先只实现几个标准的应用接口。

```
/ * Command code for disk_ioctrl fucntion * /
/ * Generic command (Used by FatFs) * /
#define CTRL_SYNC           0   / * 完成挂起的写入过程(当 FF_FS_READONLY == 0) * /
#define GET_SECTOR_COUNT    1   / * 获取磁盘扇区数(当 FF_USE_MKFS == 1) * /
#define GET_SECTOR_SIZE     2   / * 获取磁盘存储空间大小(当 FF_MAX_SS != FF_MIN_SS) * /
#define GET_BLOCK_SIZE      3   / * 每个扇区块的大小(当 FF_USE_MKFS == 1) * /
```

下面是从 http://elm-chan.org/fsw/ff/doc/dioctl.html 得到的参数实现效果，也可以参考原有的 disk_ioctl 的实现来理解这几个参数：

命　令	说　明
CTRL_SYNC	确保设备已完成挂起的写入过程。如果磁盘 I/O 层或存储设备具有回写缓存，则必须立即将缓存数据提交到介质。如果对介质的每个写入操作都正常完成，则此命令无任何动作
GET_SECTOR_COUNT	返回对应标号的硬盘的可用扇区数。此命令由 f_mkfs\f_fdisk 函数确定要创建的卷/分区的大小。使用时需要设置 FF_USE_MKFS 为 1
GET_SECTOR_SIZE	将用于读/写函数的扇区大小检索到 buff 指向的 WORD 变量中。有效扇区大小为 512、1 024、2 048 和 4 096。只有当 FF_MAX_SS>FF_MIN_SS 时执行此命令。当 FF_MAX_SS=FF_MIN_SS 时，永远不会使用此命令，并且读/写函数必须仅在 FF_MAX_SSbytes/扇区中工作
GET_BLOCK_SIZE	将扇区单位中闪存介质的块大小以 DWORD 指针存到 buff 中。允许的值为 1～32 768。如果擦除块大小未知或非闪存介质，则返回 1。此命令仅由 f_mkfs 函数使用，并尝试对齐擦除块边界上的数据区域。使用时需要设置 FF_USE_MKFS 为 1

形参 3 buff 为 void 形指针，根据命令的格式和需要，把对应的值转成对应的形式传给它。

参考原有的 disk_ioctl 的实现，函数实现如下：

```
DRESULT disk_ioctl (
    BYTE pdrv,          / * Physical drive nmuber (0..) * /
    BYTE cmd,           / * Control code * /
    void * buff         / * Buffer to send/receive control data * /
)
{
    DRESULT res;
    if (pdrv == SD_CARD)        / * SD 卡 * /
    {
        switch (cmd)
        {
```

```
            case CTRL_SYNC:
                res = RES_OK;
                break;
            case GET_SECTOR_SIZE:
                *(DWORD *)buff = 512;
                res = RES_OK;
                break;
            case GET_BLOCK_SIZE:
                *(WORD *)buff = g_sdcard_handler.SdCard.BlockSize;
                res = RES_OK;
                break;
            case GET_SECTOR_COUNT:
                *(DWORD *)buff = ((long long) g_sdcard_handler.SdCard.Block
                                  Nbr * g_sdcard_handler.SdCard.BlockSize)/512;
                res = RES_OK;
                break;
            default:
                res = RES_PARERR;
                break;
        }
    }
    else if (pdrv == EX_FLASH)   /* 外部 FLASH */
    {
        switch (cmd)
        {
            case CTRL_SYNC:
                res = RES_OK;
                break;
            case GET_SECTOR_SIZE:
                *(WORD *)buff = SPI_FLASH_SECTOR_SIZE;
                res = RES_OK;
                break;
            case GET_BLOCK_SIZE:
                *(WORD *)buff = SPI_FLASH_BLOCK_SIZE;
                res = RES_OK;
                break;
            case GET_SECTOR_COUNT:
                *(DWORD *)buff = SPI_FLASH_SECTOR_COUNT;
                res = RES_OK;
                break;
            default:
                res = RES_PARERR;
                break;
        }
    }
    else
    {
        res = RES_ERROR;      /* 其他的不支持 */
    }
    return res;
}
```

函数返回值:DRESULT 为枚举类型,diskio.h 中有其定义,编写读函数时已经介绍了,注意要把返回值转成这个枚举类型的参数。

以上实现了前面提到的 5 个函数,ff.c 中需要实现 get_fattime (void),同时因为在 ffconf.h 里面设置对长文件名的支持为方法 3,所以必须在 ffsystem.c 中实现 get_fattime、ff_memalloc 和 ff_memfree 这 3 个函数。这部分比较简单,直接参考修改后的 ffsystem.c 的源码。

至此,我们已经可以直接使用 FATFS 的 ff.c 下的 f_mount 的接口挂载磁盘,然后使用类似标准 C 的文件操作函数就可以实现文件操作。但 f_mount 还需要一些文件操作的内存,为了方便操作,我们在 FATFS 文件夹下新建了一个 exfuns 的文件夹,用于保存针对 FATFS 的扩展代码,如刚才提到的 FATFS 相关函数的内存申请方法等。

本章编写了 4 个文件,分别是 exfuns.c、exfuns.h、fattester.c 和 fattester.h。其中,exfuns.c 主要定义了一些全局变量,方便 FATFS 的使用,同时实现了磁盘容量获取等函数。fattester.c 文件主要用于测试 FATFS。因为 FATFS 的很多函数无法直接通过 USMART 调用,所以 fattester.c 里面对这些函数进行了一次再封装,使得可以通过 USMART 调用。

这几个文件的代码可以直接使用本例程源码,这里将 exfuns.c/.h 和 fattester.c/.h 存到 FATFS 组下的 exfuns 文件下,直接使用即可。

(6) exfuns_init 函数

使用文件操作前,需要用 f_mount 函数挂载磁盘。在挂载 SD 卡前需要一些文件系统的内存,为了方便管理,这里定义一个全局的 fs[FF_VOLUMES]指针,定义成数组是因为要管理多个磁盘,而 f_mount 也需要一个 FATFS 类型的指针,定义如下:

```
/* 逻辑磁盘工作区(在调用任何 FATFS 相关函数之前,必须先给 fs 申请内存) */
FATFS * fs[FF_VOLUMES];
```

接下来只要用内存管理部分的知识来实现对 fs 指针的内存申请即可。

```
/**
  * @brief       为 exfuns 申请内存
  * @param       无
  * @retval      0, 成功; 1, 失败
  */
uint8_t exfuns_init(void)
{
    uint8_t i;
    uint8_t res = 0;
    for (i = 0; i < FF_VOLUMES; i ++ )
    {
     fs[i] = (FATFS * )mymalloc(SRAMIN, sizeof(FATFS)); /* 为磁盘 i 工作区申请内存 */
        if (!fs[i])break;
}
#if USE_FATTESTER == 1          /* 如果使能了文件系统测试 */
    res = mf_init();            /* 初始化文件系统测试(申请内存) */
#endif
```

```
        if (i == FF_VOLUMES && res == 0)
            return 0;    /* 申请有一个失败,即失败 */
        else
            return 1;
    }
```

2. main.c 代码

main.c 就比较简单了,按照流程图的思路编写即可,成功初始化后通过 LCD 显示文件操作的结果。

main 函数如下:

```
int main(void)
{
    uint32_t total, free;
    uint8_t t = 0;
    uint8_t res = 0;
    HAL_Init();                                    /* 初始化 HAL 库 */
    sys_stm32_clock_init(RCC_PLL_MUL9);            /* 设置时钟, 72 MHz */
    delay_init(72);                                /* 延时初始化 */
    usart_init(115200);                            /* 串口初始化为 115 200 */
    usmart_dev.init(72);                           /* 初始化 USMART */
    led_init();                                    /* 初始化 LED */
    lcd_init();                                    /* 初始化 LCD */
    key_init();                                    /* 初始化按键 */
    sram_init();                                   /* SRAM 初始化 */
    my_mem_init(SRAMIN);                           /* 初始化内部 SRAM 内存池 */
    my_mem_init(SRAMEX);                           /* 初始化外部 SRAM 内存池 */
    lcd_show_string(30, 50, 200, 16, 16, "STM32F103", RED);
    lcd_show_string(30, 70, 200, 16, 16, "FATFS TEST", RED);
    lcd_show_string(30, 90, 200, 16, 16, "ATOM@ALIENTEK", RED);
    lcd_show_string(30, 110, 200, 16, 16, "2020/4/28", RED);
    lcd_show_string(30, 130, 200, 16, 16, "Use USMART for test", RED);
    while (sd_init()) /* 检测不到 SD 卡 */
    {
        lcd_show_string(30, 150, 200, 16, 16, "SD Card Error!", RED);
        delay_ms(500);
        lcd_show_string(30, 150, 200, 16, 16, "Please Check!", RED);
        delay_ms(500);
        LED0_TOGGLE();                       /* LED0 闪烁 */
    }
    exfuns_init();                           /* 为 FATFS 相关变量申请内存 */
    f_mount(fs[0], "0:", 1);                 /* 挂载 SD 卡 */
    res = f_mount(fs[1], "1:", 1);           /* 挂载 FLASH */
    if (res == 0X0D) /* FLASH 磁盘,FAT 文件系统错误,重新格式化 FLASH */
    {
    /* 格式化 FLASH */
        lcd_show_string(30, 150, 200, 16, 16, "Flash Disk Formatting...", RED);
        /* 格式化 FLASH,1:,盘符;0,使用默认格式化参数 */
        res = f_mkfs("1:", 0, 0, FF_MAX_SS);
        if (res == 0)
```

```
        {
            /* 设置Flash磁盘的名字为:ALIENTEK */
            f_setlabel((const TCHAR *)"1:ALIENTEK");
            lcd_show_string(30, 150, 200, 16, 16, "Flash Disk Format Finish",
                            RED);      /* 格式化完成 */
        }
        else
            lcd_show_string(30, 150, 200, 16, 16, "Flash Disk Format Error ",
                            RED);      /* 格式化失败 */
        delay_ms(1000);
    }
    lcd_fill(30, 150, 240, 150 + 16, WHITE);     /* 清除显示 */
    while (exfuns_get_free("0", &total, &free))  /* 得到SD卡的总容量和剩余容量 */
    {
        lcd_show_string(30, 150, 200, 16, 16, "SD Card Fatfs Error!", RED);
        delay_ms(200);
        lcd_fill(30, 150, 240, 150 + 16, WHITE);/* 清除显示 */
        delay_ms(200);
        LED0_TOGGLE(); /* LED0 闪烁 */
    }
    lcd_show_string(30, 150, 200, 16, 16, "FATFS OK!", BLUE);
    lcd_show_string(30, 170, 200, 16, 16, "SD Total Size:     MB", BLUE);
    lcd_show_string(30, 190, 200, 16, 16, "SD  Free Size:     MB", BLUE);
    lcd_show_num(30 + 8 * 14, 170, total >> 10, 5, 16, BLUE);/* 显示SD卡总容量MB */
    lcd_show_num(30 + 8 * 14, 190, free >> 10, 5, 16, BLUE);/* 显示SD卡剩余容量 */
    while (1)
    {
        t++;
        delay_ms(200);
        LED0_TOGGLE(); /* LED0 闪烁 */
    }
}
```

16.4 下载验证

代码编译成功之后，下载代码到正点原子战舰 STM32F103 上，这里测试使用的是 16 GB 标有 SDHC 标志的 microSD 卡。下载代码到开发板上，运行效果如图 16.5 所示。

打开串口调试助手，就可以串口调用前面添加的各种 FATFS 测试函数了，例如，输入 mf_scan_files("0:")即可扫描 SD 卡根目录的所有文件，如图 16.6 所示。

其他函数的测试用类似的办法即可实现。注意，这里 0 代表 SD 卡，1 代表 SPI FLASH。注意，mf_unlink 函数在删除文件夹的时候必须保证文件夹是空的才可以正常删除，否则不能删除。

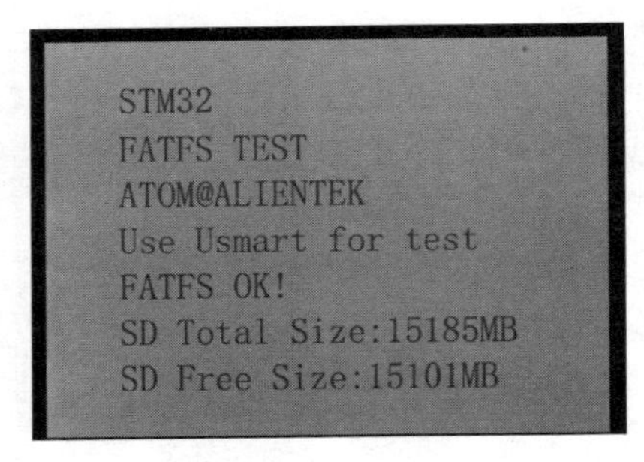

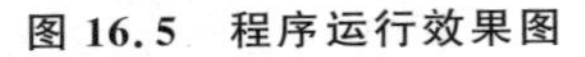
图 16.5 程序运行效果图

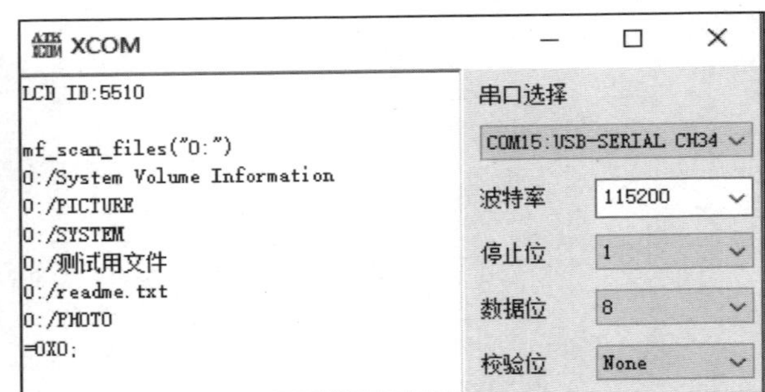

图 16.6 扫描 SD 卡根目录所有文件

第 17 章 汉字显示实验

本章将介绍如何使用 STM32 控制 LCD 显示汉字，将使用外部 SPI FLASH 来存储字库，并可以通过 SD 卡更新字库。STM32 读取存在 SPI FLASH 里面的字库，然后将汉字显示在 LCD 上面。

17.1 汉字显示原理简介

汉字的显示和 ASCII 显示其实是一样的原理，如图 17.1 所示。单片机（MCU）先根据汉字编码（①和②）从字库里面找到该汉字的点阵数据（③），然后通过描点函数，按字库取模方式，将点阵数据在 LCD 上画出来（④），就可以实现一个汉字的显示。

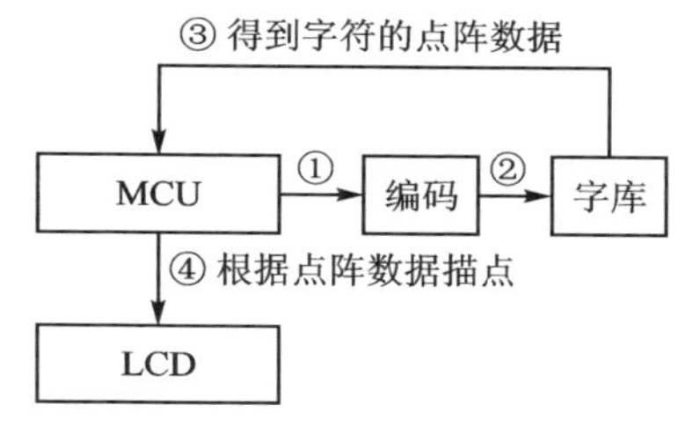

图 17.1 单个汉字显示原理框图

17.1.1 字符编码介绍

单片机只能识别 0 和 1（所有信息都是以 0 和 1 的形式存储的），其本身并不能识别字符，所以需要对字符进行编码（也叫内码，特定的编码对应特定的字符）。单片机通过编码来识别具体的汉字。常见的字符集编码如表 17.1 所列。

表 17.1 常见字符集编码

字符集	编码长度	说 明
ASCII	1 个字节	拉丁字母编码，仅 128 个编码，最简单
GB2312	2 个字节	简体中文字符编码，包含约 6 000 个汉字编码
GBK	2 个字节	对 GB2312 的扩充，支持繁体中文，约 2 万个汉字编码
BIG5	2 个字节	繁体中文字符编码，在中国台湾、中国香港用得多
UNICODE	一般 2 个字节	国际标准编码，支持各国文字

其中，ASCII 编码最简单，采用单字节编码，前面的 OLED 和 LCD 实验已经有接触。ASCII 是基于拉丁字母的一套电脑编码系统，仅包括 128 个编码，其中 95 个显示字符。使用一个字节即可编码完所有字符，常见的英文字母和数字就是使用 ASCII 字符编码。ASCII 字符显示所占宽度为汉字宽度的一半，也可以理解成，ASCII 字符的宽

度=高度的一半。

GB2312、GBK 和 BIG5 都是汉字编码，GBK 码是 GB2312 的扩充，是国内计算机系统默认的汉字编码；BIG5 是繁体汉字字符集编码，中国香港和中国台湾的计算机系统汉字编码一般默认使用 BIG5 编码。一般来说，汉字显示所占的宽度等于高度，即宽度和高度相等。UNICODE 是国际标准编码，支持各国文字，一般是 2 字节编码(也可以是 3 字节)。

GBK 是一套汉字编码规则，采用双字节编码，共 23 940 个码位，收录汉字和图形符号 21 886 个，其中，汉字(含繁体字和构件)21 003 个，图形符号 883 个。

每个 GBK 码由 2 个字节组成，第一个字节范围为 0x81～0xFE，第二个字节分为两部分，一是 0x40～0x7E，二是 0x80～0xFE。其中，与 GB2312 相同的区域，字完全相同。GBK 编码规则如表 17.2 所列。

表 17.2　GBK 编码规则

字　节	范　围	说　明
第一字节(高)	0x81～0xFE	共 126 个区(不包括 0x00～0x80 以及 0xFF)
第二字节(低)	0x40～0x7E	63 个编码(不包括 0x00～0x39 以及 0x7F)
	0x80～0xFE	127 个编码(不包括 0xFF)

把第一个字节(高字节)代表的意义称为区，那么 GBK 里面总共有 126 个区(0xFE－0x81＋1)，每个区内有 190 个汉字(0xFE－0x80＋0x7E－0x40＋2)，总共就有 126×190＝23 940 个汉字。

第一个编码 0x8140，对应汉字“丂”；

第二个编码 0x8141，对应汉字“丄”；

第三个编码 0x8142，对应汉字“丅”；

第四个编码 0x8143，对应汉字“丆”；

依次对所有汉字进行编码，详见 www.qqxiuzi.cn/zh/hanzi-gbk-bianma.php。

17.1.2　汉字字库简介

光有汉字编码，单片机还是无法在 LCD 上显示这个汉字，必须有对应汉字编码的点阵数据，才可以通过描点的方式将汉字显示在 LCD 上。所有汉字点阵数据的集合就叫汉字字库。不同大小汉字的字库大小也不一样，因此又有不同大小汉字的字库(如 12×12 汉字字库、16×16 汉字字库、24×24 汉字字库等)。

单个汉字的点阵数据也称为字模。汉字在液晶上的显示其实就是一些点的显示与不显示，这就相当于我们的笔，有笔经过的地方就画出来，没经过的地方就不画。为了方便取模和描点，这里一般规定一个取模方向，当取模和描点都按取模方向来操作时，就可以实现一个汉字的点阵数据提取和显示。

以 12×12 大小的“好”字为例，假设规定取模方向为从上到下、从左到右，且高位在前，则其取模原理如图 17.2 所示。取模的时候，从最左上方的点开始取(从上到下，从左到右)，且高位在前(bit7 在表示第一个位)，那么：

第一个字节是 0x11(1 表示浅灰色的点，即要画出来的点，0 则表示不要画出来)；

第二个字节是 0x10；

第三个字节是 0x1E(到第二列了，每列 2 个字节)；

第四个字节是 0xA0。

依此类推，共 12 列，每列 2 个字节，总共 24 字节，12×12"好"字完整的字模如下：

```
uint8_t hzm_1212[24] = {
0x11,0x10,0x1E,0xA0,0xF0,0x40,0x11,0xA0,0x1E,0x10,0x42,0x00,
0x42,0x10,0x4F,0xF0,0x52,0x00,0x62,0x00,0x02,0x00,0x00,0x00}; /* 好字字模 */
```

显示时，只需要读取这个汉字的点阵数据(12×12 字体，一个汉字的点阵数据为 24 字节)，然后将这些数据按取模方式反向解析出来(坐标要处理好)，每个字节是 1 的位就画出来，不是 1 的位就忽略，这样就可以显示出这个汉字了。

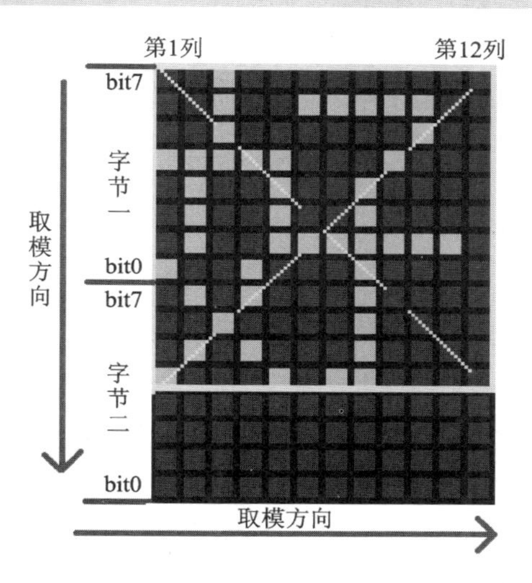

图 17.2　从上到下，从左到右取模原理

知道显示一个汉字的原理就可以推及整个汉字库了。要显示任意汉字，首先要知道该汉字的点阵数据，整个 GBK 字库比较大(2 万多个汉字)，这些数据可以由专门的软件来生成。

这里采用由正点原子设计的字模生成软件 ATK_XFONT。该软件可以在 Windows 操作系统下生成任意点阵大小的 ASCII(GB2312(简体中文)、GBK(简繁体中文)、BIG5(繁体中文)等共十几种编码的字库)，不但支持生成二进制文件格式的文件、生成图片功能，并支持横向、纵向等多和扫描方式，且扫描方式可以根据用户的需求进行增加。软件主界面如图 17.3 所示。

要生成 16×16 的 GBK 字库，第一步进入 XFONT 软件的字库模式；第二步设置编码和字体大小，这里需要选择 GBK 编码以及设置字体大小为 16×16，另外还需要设置输出路径，这个由用户自己设置，后面生成的字库文件会出现在该路径下；第三步设置取模方式，这里需要设置为从上到下、从左到右、高位在前；第四步，单击"生成字库"按钮等待字库生成。具体操作如图 17.4 所示。

注意，电脑端的字体大小与生成点阵大小的关系为：

```
fsize = dsize · 6 / 8
```

其中，fsize 是电脑端字体的大小，dsize 是点阵大小(12、16、24 等)。所以，16×16 点阵大小对应的是 12 号字体。

生成完以后，把文件名和后缀改成 GBK16.FON(这里是手动修改后缀)。用类似的方法生成 12×12 的点阵库(GBK12.FON)和 24×24 的点阵库(GBK24.FON)，总共

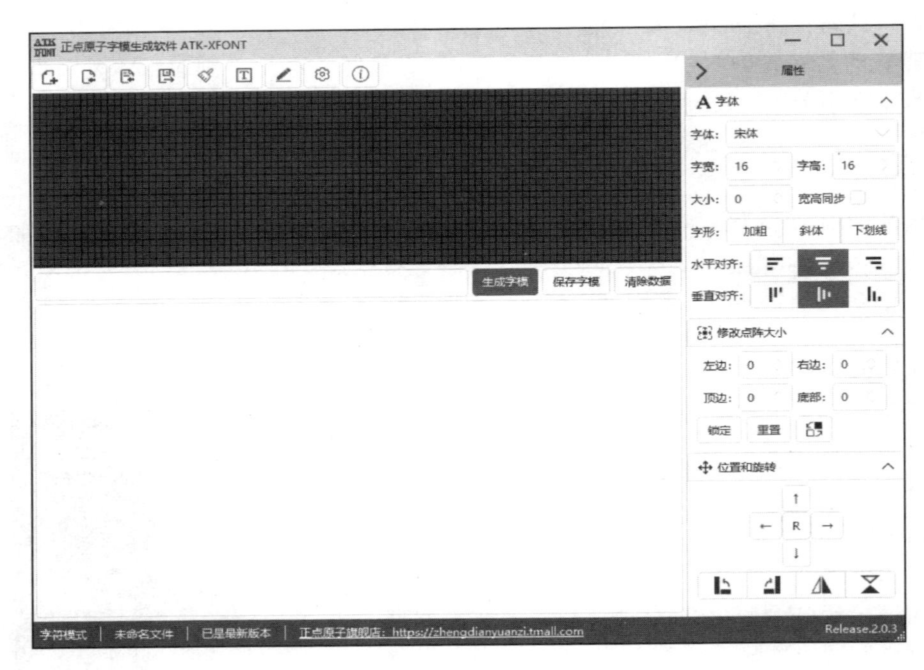

图 17.3　点阵字库生成器默认界面

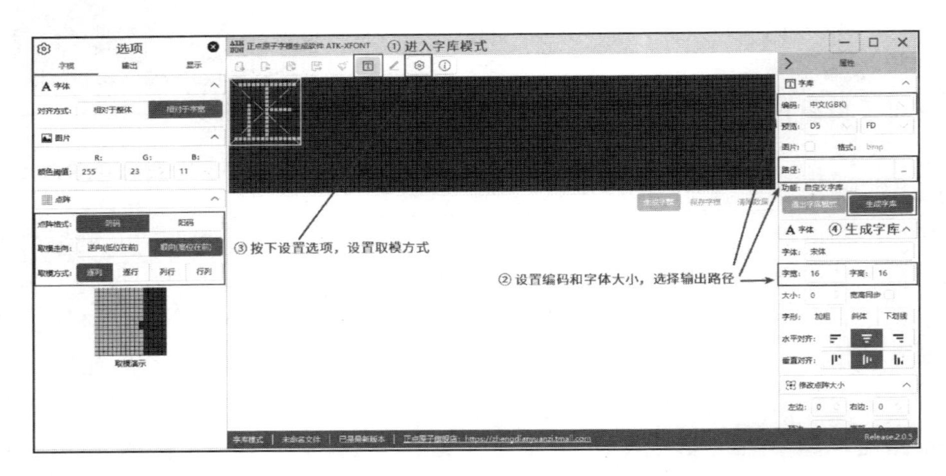

图 17.4　生成 GBK16×16 字库的设置方法

制作 3 个字库。

另外，该软件还可以生成其他很多字库，字体也可选，根据需要按照上面的方法生成即可。该软件的详细介绍可查看软件自带的《ATK－XFONT 软件用户手册》。

由于汉字字库比较大，不可能将其烧录在 MCU 内部 FLASH 里面。因此，生成的字库要先放入 TF 卡，然后通过 TF 卡将字库文件复制到单片机外挂的 SPI FLASH 芯片(25Qxx)里面。使用的时候，单片机从 SPI FLASH 里面获取汉字点阵数据，这样，SPI FLASH 就相当于一个汉字字库芯片了。

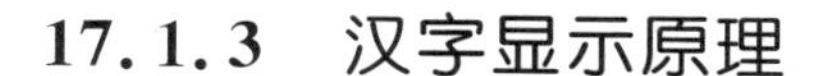

17.1.3　汉字显示原理

经过学习可以归纳出汉字显示的过程：MCU→汉字编码→汉字字库→汉字点阵数据→描点。编码和字库的制作已经学会了，所以只剩下一个问题：如何通过汉字编码在汉字字库里面查找对应汉字的点阵数据？

根据GBK编码规则，汉字点阵字库只要按照这个编码规则从0x8140开始，逐一建立，每个区的点阵大小为每个汉字所用的字节数×190。这样，就可以得到在这个字库里面定位汉字的方法：

当GBKL<0x7F时，Hp=((GBKH−0x81)·190 + GBKL−0x40)·csize

当GBKL>0x80时，Hp=((GBKH−0x81)·190 + GBKL−0x41)·csize

其中，GBKH、GBKL分别代表GBK的第一个字节和第二个字节（也就是高字节和低字节），csize代表单个汉字点阵数据的大小（字节数），Hp为对应汉字点阵数据在字库里面的起始地址（假设从0开始存放，如果是非0开始，则加上对应偏移量即可）。

单个汉字点阵数据大小（csize）计算公式如下：

csize=(size / 8 + ((size % 8) ? 1 : 0))(size)

其中，size为汉字点阵长宽尺寸，如12（对应12×12字体）、16（对应16×16字体）、24（对应24×24字体）。对于12×12字体，csize大小为24字节；对于16×16字体，csize大小为32字节。

通过以上方法，从字库里面获取到某个汉字点阵数据后，按取模方式（从上到下、从左到右，高位在前）进行描点还原即可将汉字显示在LCD上面。这就是汉字显示的原理。

17.1.4　ffunicode.c优化

本小节内容和汉字显示无关，仅做补充说明，读者可选择性学习。上一章提到要用ffunicode.c来支持长文件名，但是ffunicode.c文件里面中文转换（中文的页面编码代号为936）的2个数组太大了（172 KB），直接刷在单片机里面太占用FLASH，所以必须把这2个数组存放在外部FLASH。数组uni2oem936和oem2uni936存放UNICODE和GBK的互相转换对照表，这2个数组很大，这里利用正点原子提供的一个C语言数组转BIN（二进制）的软件：C2B转换助手V2.0.exe，从而将这2个数组转为BIN文件，再将这2个数组复制出来存放为一个新的文本文件，假设为UNIGBK.TXT，然后用C2B转换助手打开这个文本文件，如图17.5所示。

然后单击“转换”就可以在当前目录下（文本文件所在目录下）得到一个UNIGBK.bin的文件，这样就可以将C语言数组转换为.bin文件；然后只需要将UNIGBK.bin保存到外部FLASH就实现了该数组的转移。

在ffunicode.c里面，通过ff_uni2oem和ff_oem2uni调用这2个数组来实现UNICODE和GBK的互转。该函数源代码如下：

图 17.5　C2B 转换助手

```
WCHAR ff_uni2oem (   /* Returns OEM code character, zero on error */
    DWORD    uni,    /* UTF-16 encoded character to be converted */
    WORD     cp      /* Code page for the conversion */
)
{
    const WCHAR *p;
    WCHAR c = 0, uc;
    UINT i = 0, n, li, hi;
    if (uni < 0x80)    /* ASCII? */
    {
        c = (WCHAR)uni;
    }
    else                        /* Non-ASCII */
    {
        if (uni < 0x10000 && cp == FF_CODE_PAGE)/* in BMP and valid code page? */
        {
            uc = (WCHAR)uni;
            p = CVTBL(uni2oem, FF_CODE_PAGE);
            hi = sizeof CVTBL(uni2oem, FF_CODE_PAGE) / 4 - 1;
            li = 0;
            for (n = 16; n; n--)
            {
                i = li + (hi - li) / 2;
                if (uc == p[i * 2]) break;
                if (uc > p[i * 2])
                {
                    li = i;
                }
                else
```

```
                {
                    hi = i;
                }
            }
            if (n != 0) c = p[i * 2 + 1];
        }
    }
    return c;
}

WCHAR ff_oem2uni (  /* Returns Unicode character in UTF-16, zero on error */
    WCHAR   oem,    /* OEM code to be converted */
    WORD    cp      /* Code page for the conversion */
)
{
    const WCHAR *p;
    WCHAR c = 0;
    UINT i = 0, n, li, hi;
    if (oem < 0x80)     /* ASCII? */
    {
        c = oem;
    }
    else                        /* Extended char */
    {
        if (cp == FF_CODE_PAGE)      /* Is it valid code page? */
        {
            p = CVTBL(oem2uni, FF_CODE_PAGE);
            hi = sizeof CVTBL(oem2uni, FF_CODE_PAGE) / 4 - 1;
            li = 0;
            for (n = 16; n; n--)
            {
                i = li + (hi - li) / 2;
                if (oem == p[i * 2]) break;
                if (oem > p[i * 2])
                {
                    li = i;
                }
                else
                {
                    hi = i;
                }
            }
            if (n != 0) c = p[i * 2 + 1];
        }
    }
    return c;
}
```

以上2个函数只需要关心对中文的处理，也就是对936的处理。这2个函数通过二分法来查找UNICODE(或GBK)码对应的GBK(或UNICODE)码。将2个数组存放在外部FLASH的时候，这2个函数该可以修改为：

```
WCHAR ff_uni2oem (   /* Returns OEM code character, zero on error */
    DWORD   uni,     /* UTF-16 encoded character to be converted */
    WORD    cp       /* Code page for the conversion */
)
{
    WCHAR t[2];
    WCHAR c;
    uint32_t i, li, hi;
    uint16_t n;
    uint32_t gbk2uni_offset = 0;
    if (uni < 0x80)
    {
        c = uni;                                   /* ASCII,直接不用转换 */
    }
    else
    {
        hi = ftinfo.ugbksize / 2;                  /* 对半开 */
        hi = hi / 4 - 1;
        li = 0;
        for (n = 16; n; n--)                       /* 二分法查找 */
        {
            i = li + (hi - li) / 2;
            norflash_read((uint8_t *)&t, ftinfo.ugbkaddr + i * 4 +
                          gbk2uni_offset, 4);      /* 读出 4 字节 */
            if (uni == t[0]) break;
            if (uni > t[0])
            {
                li = i;
            }
            else
            {
                hi = i;
            }
        }
        c = n ? t[1] : 0;
    }
    return c;
}
WCHAR ff_oem2uni (   /* Returns Unicode character, zero on error */
    WCHAR   oem,         /* OEM code to be converted */
    WORD    cp           /* Code page for the conversion */
)
{
    WCHAR t[2];
    WCHAR c;
    uint32_t i, li, hi;
    uint16_t n;
    uint32_t gbk2uni_offset = ftinfo.ugbksize / 2;
    if (oem < 0x80)
    {
        c = oem;     /* ASCII,直接不用转换 */
    }
    else
    {
        hi = ftinfo.ugbksize / 2;                  /* 对半开 */
```

```
        hi = hi / 4 - 1;
        li = 0;
        for (n = 16; n; n--)                              /* 二分法查找 */
        {
            i = li + (hi - li) / 2;
            norflash_read((uint8_t *)&t, ftinfo.ugbkaddr + i * 4 +
                          gbk2uni_offset, 4);           /* 读出 4 字节 */
            if (oem == t[0]) break;
            if (oem > t[0])
            {
                li = i;
            }
            else
            {
                hi = i;
            }
        }
        c = n ? t[1] : 0;
    }
    return c;
}
```

代码中的 ftinfo.ugbksize 为刚刚生成的 UNIGBK.bin 的大小，而 ftinfo.ugbkaddr 是存放 UNIGBK.bin 文件的首地址，这里同样采用的是二分法查找。

将修改后的 ffunicode.c 命名为 myffunicode.c，并保存在 exfuns 文件夹下。将工程 FATFS 组下的 ffunicode.c 删除，然后重新添加 myffunicode.c 到 FATFS 组下。myffunicode.c 的源码就不贴出来了，其实就是在 ffunicode.c 的基础上去掉了 2 个大数组，然后对 ff_uni2oem 和 ff_oem2uni 这 2 个函数进行了修改，详见本例程源码。

17.2　硬件设计

(1) 例程功能

开机的时候程序通过预设值的标记位检测 NOR FLASH 中是否已经存在字库，如果存在，则按次序显示汉字(3 种字体都显示)。如果没有，则检测 SD 卡和文件系统，并查找 SYSTEM 文件夹下的 FONT 文件夹；在该文件夹内查找 UNIGBK.BIN、GBK12.FON、GBK16.FON 和 GBK24.FON 这几个文件的由来。检测到这些文件之后就开始更新字库，更新完毕才开始显示汉字。通过按键 KEY0 可以强制更新字库。LED0 闪烁提示程序运行。

(2) 硬件资源

- LED 灯：LED0 - PB5；
- 独立按键：KEY0 - PE4；
- 串口 1(PA9、PA10 连接在板载 USB 转串口芯片 CH340 上面)；
- 正点原子 TFTLCD 模块(仅限 MCU 屏，16 位 8080 并口驱动)；
- SD 卡；
- NOR FLASH，通过 SPI 驱动，这里需要用它来存储汉字库。

17.3 程序设计

17.3.1 程序流程图

程序流程如图 17.6 所示。

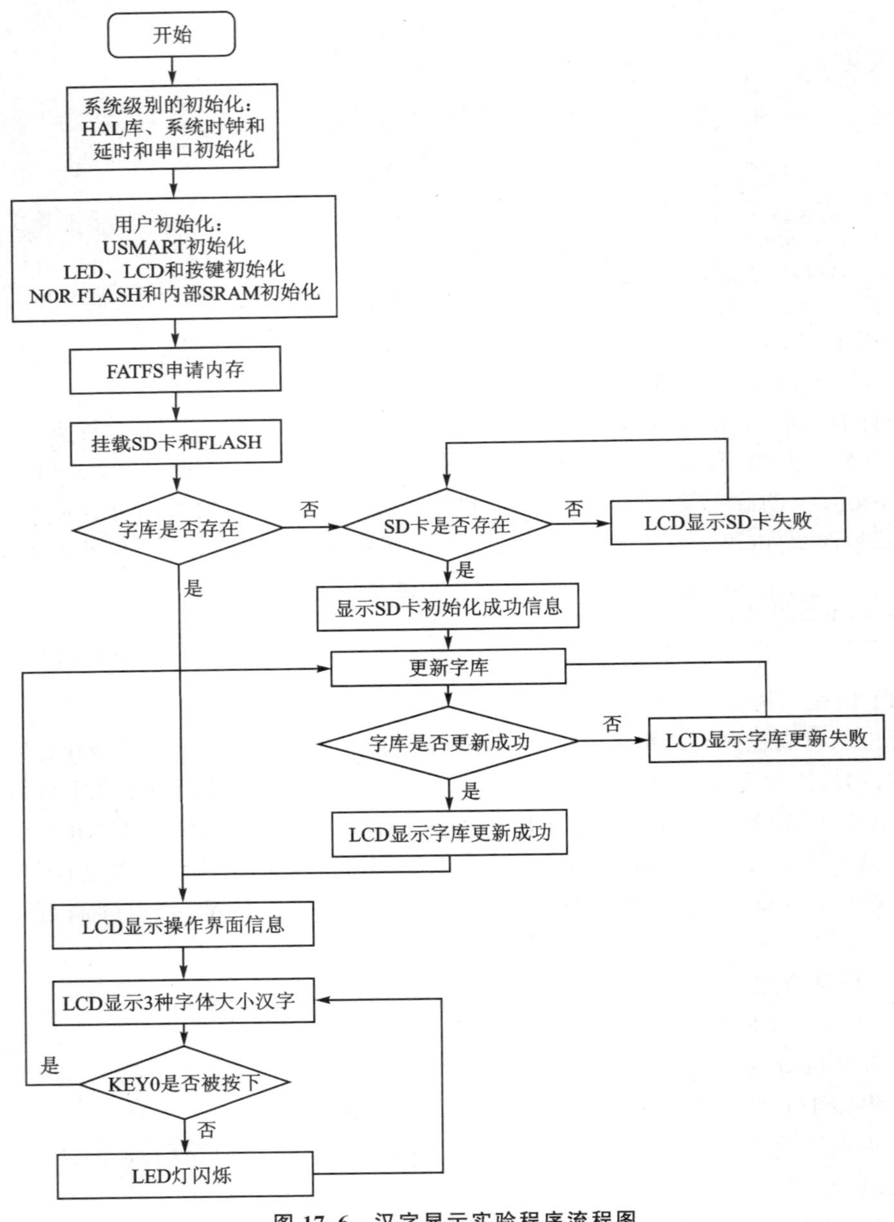

图 17.6　汉字显示实验程序流程图

17.3.2　程序解析

1. TEXT 代码

这里只讲解核心代码，详细的源码可参考配套资料中本实验对应源码。TEXT 驱动源码包括 4 个文件：text.c、text.h、fonts.c 和 fonts.h。

汉字显示实验代码主要分为 2 部分：一部分是对字库的更新，另一部分是对汉字的显示。字库的更新代码放在 font.c 和 font.h 文件中，汉字的显示代码就放在 text.c 和 text.h 中。

下面介绍有关字库操作的代码，首先看 fonts.h 文件中字库信息结构体定义，其代码如下：

```
/* 字库信息结构体定义
 * 用来保存字库基本信息，地址，大小等
 */
__packed typedef struct
{
    uint8_t  fontok;            /* 字库存在标志，0XAA，字库正常；其他，字库不存在 */
    uint32_t ugbkaddr;          /* unigbk 的地址 */
    uint32_t ugbksize;          /* unigbk 的大小 */
    uint32_t f12addr;           /* gbk12 地址 */
    uint32_t gbk12size;         /* gbk12 的大小 */
    uint32_t f16addr;           /* gbk16 地址 */
    uint32_t gbk16size;         /* gbk16 的大小 */
    uint32_t f24addr;           /* gbk24 地址 */
    uint32_t gbk24size;         /* gbk24 的大小 */
} _font_info;
```

这个结构体用于记录字库的首地址以及字库大小等信息，总共占用 33 字节，第一个字节用来标识字库是否完整，其他用来记录地址和文件大小。NOR FLASH(25Q128)的前 12 MB 给了 FATFS 管理(用作本地磁盘)，之后紧跟 3 个字库＋UNIGBK.BIN，总大小 3.09 MB，791 个扇区，在 15.10 MB 后预留了 100 KB 给用户自己使用。所以，存储地址是从 12×1 024×1 024 处开始的。最开始的 33 字节给_font_info 用，用于保存_font_info 结构体数据，之后是 UNIGBK.BIN、GBK12.FON、GBK16.FON 和 GBK24.FON。

下面介绍 font.c 文件中几个重要的函数。

字库初始化函数是利用其存储顺序进行检查字库，其定义如下：

```
/**
 * @brief       初始化字体
 * @param       无
 * @retval      0，字库完好；其他，字库丢失
 */
uint8_t fonts_init(void)
{
    uint8_t t = 0;
```

```
    while (t < 10)   /* 连续读取 10 次都是错误,说明确实是有问题,须更新字库了 */
    {
        t++;
        /* 读出 ftinfo 结构体数据 */
        norflash_read((uint8_t *)&ftinfo, FONTINFOADDR, sizeof(ftinfo));
        if (ftinfo.fontok == 0XAA)
        {
            break;
        }

        delay_ms(20);
    }
    if (ftinfo.fontok != 0XAA)
    {
        return 1;
    }
    return 0;
}
```

这里就是把 NOR FLASH 的 12 MB 地址的 33 字节数据读取出来,进而判断字库结构体 ftinfo 的字库标记 fontok 是否为 AA,确定字库是否完好。

有读者会有疑问,ftinfo.fontok 是在哪里赋值 AA 呢?肯定是字库更新完毕后给该标记赋值的。下面就来看一下是不是这样,字库更新函数定义如下:

```
/**
 * @brief       更新字体文件
 * @note        所有字库一起更新(UNIGBK,GBK12,GBK16,GBK24)
 * @param       x, y: 提示信息的显示地址
 * @param       size: 提示信息字体大小
 * @param       src: 字库来源磁盘
 * @arg              "0:", SD 卡;
 * @Arg              "1:", FLASH 盘
 * @param       color: 字体颜色
 * @retval      0, 成功; 其他, 错误代码
 */
uint8_t fonts_update_font(uint16_t x, uint16_t y, uint8_t size, uint8_t *src, uint16_
                         t color)
{
    uint8_t *pname;
    uint32_t *buf;
    uint8_t res = 0;
    uint16_t i, j;
    FIL *fftemp;
    uint8_t rval = 0;
    res = 0XFF;
    ftinfo.fontok = 0XFF;
    pname = mymalloc(SRAMIN, 100);   /* 申请 100 字节内存 */
    buf = mymalloc(SRAMIN, 4096);    /* 申请 4 KB 内存 */
    fftemp = (FIL *)mymalloc(SRAMIN, sizeof(FIL));  /* 分配内存 */
    if (buf == NULL || pname == NULL || fftemp == NULL)
    {
```

```
        myfree(SRAMIN, fftemp);
        myfree(SRAMIN, pname);
        myfree(SRAMIN, buf);
        return 5;    /* 内存申请失败 */
    }
    for (i = 0; i < 4; i++) /* 先查找文件 UNIGBK,GBK12,GBK16,GBK24 是否正常 */
    {
        strcpy((char *)pname, (char *)src);          /* copy src 内容到 pname */
        strcat((char *)pname, (char *)FONT_GBK_PATH[i]);  /* 追加具体文件路径 */
        res = f_open(fftemp, (const TCHAR *)pname, FA_READ);/* 尝试打开 */
        if (res)
        {
            rval |= 1 << 7; /* 标记打开文件失败 */
            break;          /* 出错了,直接退出 */
        }
    }
    myfree(SRAMIN, fftemp); /* 释放内存 */
    if (rval == 0)              /* 字库文件都存在 */
    {   /* 提示正在擦除扇区 */
        lcd_show_string(x, y, 240, 320, size, "Erasing sectors... ", color);
        for (i = 0; i < FONTSECSIZE; i++)     /* 先擦除字库区域,提高写入速度 */
        {
          fonts_progress_show(x + 20 * size/2,y,size,FONTSECSIZE,i,color);/* 进度显示 */
          /* 读出整个扇区的内容 */
          norflash_read((uint8_t *)buf, ((FONTINFOADDR / 4096) + i) * 4096,4096)
            for (j = 0; j < 1024; j++)              /* 校验数据 */
            {
                if (buf[j] != 0XFFFFFFFF)break;   /* 需要擦除 */
            }
            if (j != 1024)
            {
                norflash_erase_sector((FONTINFOADDR/4096) + i); /* 需要擦除的扇区 */
            }
        }
        for (i = 0; i < 4; i++)         /* 依次更新 UNIGBK,GBK12,GBK16,GBK24 */
        {
            lcd_show_string(x,y,240,320,size,FONT_UPDATE_REMIND_TBL[i],color);
            strcpy((char *)pname, (char *)src);        /* copy src 内容到 pname */
            strcat((char *)pname, (char *)FONT_GBK_PATH[i]); /* 追加具体文件路径 */
            res = fonts_update_fontx(x + 20 * size/2,y,size,pname,i,color);/* 更新字库 */
            if (res)
            {
                myfree(SRAMIN, buf);
                myfree(SRAMIN, pname);
                return 1 + i;
            }
        }
        ftinfo.fontok = 0XAA;         /* 全部更新好了 */
    norflash_write((uint8_t *)&ftinfo,FONTINFOADDR,sizeof(ftinfo));/* 保存字库信息 */
    }
    myfree(SRAMIN, pname);  /* 释放内存 */
```

```
    myfree(SRAMIN, buf);
    return rval;                /* 无错误 */
}
```

函数的实现：动态申请内存→尝试打开文件（UNIGBK、GBK12、GBK16 和 GBK24），确定文件是否存在→擦除字库→依次更新 UNIGBK、GBK12、GBK16 和 GBK24→写入 ftinfo 结构体信息。

在字库更新函数中能直接看到的是 ftinfo.fontok 成员被赋值，而其他成员在单个字库更新函数中被赋值。接下来分析一下更新某个字库函数，其代码如下：

```
/**
 * @brief       更新某一个字库
 * @param       x, y: 提示信息的显示地址
 * @param       size: 提示信息字体大小
 * @param       fpath: 字体路径
 * @param       fx: 更新的内容
 * @arg             0, ungbk;
 * @Arg             1, gbk12;
 * @arg             2, gbk16;
 * @arg             3, gbk24;
 * @param       color: 字体颜色
 * @retval      0, 成功; 其他, 错误代码
 */
static uint8_t fonts_update_fontx(uint16_t x, uint16_t y, uint8_t size, uint8_t *
                                  fpath, uint8_t fx, uint16_t color)
{
    uint32_t flashaddr = 0;
    FIL *fftemp;
    uint8_t *tempbuf;
    uint8_t res;
    uint16_t bread;
    uint32_t offx = 0;
    uint8_t rval = 0;
    fftemp = (FIL *)mymalloc(SRAMIN, sizeof(FIL));   /* 分配内存 */
    if (fftemp == NULL)rval = 1;
    tempbuf = mymalloc(SRAMIN, 4096);                 /* 分配 4 096 字节空间 */
    if (tempbuf == NULL)rval = 1;
    res = f_open(fftemp, (const TCHAR *)fpath, FA_READ);
    if (res)rval = 2;    /* 打开文件失败 */
    if (rval == 0)
    {
        switch (fx)
        {
            case 0: /* 更新 UNIGBK.BIN */
                /* 信息头之后，紧跟 UNIGBK 转换码表 */
                ftinfo.ugbkaddr = FONTINFOADDR + sizeof(ftinfo);
                ftinfo.ugbksize = fftemp->obj.objsize;       /* UNIGBK 大小 */
                flashaddr = ftinfo.ugbkaddr;
                break;
            case 1: /* 更新 GBK12.FONT */
                /* UNIGBK 之后，紧跟 GBK12 字库 */
```

```
                ftinfo.f12addr = ftinfo.ugbkaddr + ftinfo.ugbksize;
                ftinfo.gbk12size = fftemp->obj.objsize;     /* GBK12 字库大小 */
                flashaddr = ftinfo.f12addr;                  /* GBK12 的起始地址 */
                break;
            case 2: /* 更新 GBK16.FONT */
                /* GBK12 之后,紧跟 GBK16 字库 */
                ftinfo.f16addr = ftinfo.f12addr + ftinfo.gbk12size;
                ftinfo.gbk16size = fftemp->obj.objsize;     /* GBK16 字库大小 */
                flashaddr = ftinfo.f16addr;                  /* GBK16 的起始地址 */
                break;
            case 3: /* 更新 GBK24.FONT */
               /* GBK16 之后,紧跟 GBK24 字库 */
                ftinfo.f24addr = ftinfo.f16addr + ftinfo.gbk16size;
                ftinfo.gbk24size = fftemp->obj.objsize;    /* GBK24 字库大小 */
                flashaddr = ftinfo.f24addr;                 /* GBK24 的起始地址 */
                break;
        }
        while (res == FR_OK)    /* 死循环执行 */
        {
          res = f_read(fftemp, tempbuf, 4096, (UINT *)&bread); /* 读取数据 */
          if (res != FR_OK)break;       /* 执行错误 */
          norflash_write(tempbuf,offx + flashaddr,bread); /* 从 0 开始写入 bread 个数据 */
          offx += bread;
         fonts_progress_show(x,y,size,fftemp->obj.objsize,offx,color);/* 进度显示 */
          if (bread != 4096)break;      /* 读完了 */
        }
        f_close(fftemp);
    }
    myfree(SRAMIN, fftemp);       /* 释放内存 */
    myfree(SRAMIN, tempbuf);      /* 释放内存 */
    return res;
}
```

单个字库更新函数主要是把字库从 SD 卡中读取出数据,并写入 NOR FLASH。同时,把字库大小和起始地址保存在 ftinfo 结构体里,前面的整个字库更新函数中使用函数:

```
norflash_write((uint8_t *)&ftinfo,FONTINFOADDR,sizeof(ftinfo)); /* 保存字库信息 */
```

结构体的所有成员一并写入那 33 字节。有了这个字库信息结构体就能很容易定位。结合前面说到的根据地址偏移寻找汉字的点阵数据,就可以开始真正把汉字搬上屏幕中去了。

首先肯定需要获得汉字的 GBK 码,这里 MDK 已经帮我们实现了,例如:

```
char* HZ_str = "正点原子";
printf("正点原子的'正'字GBK高位码: %#x \r\n",*HZ_str);
printf("正点原子的'正'字GBK低位码: %#x \r\n",*(HZ_str+1));
串口打印
    正点原子的'正'字GBK高位码: 0xd5
    正点原子的'正'字GBK低位码: 0xfd
```

可以看出,MDK 识别汉字的方式是 GBK 码,换句话来说就是 MDK 自动把汉字看成是 2 个字节表示的东西。知道了要表示的汉字及其 GBK 码,那么就可以去找对应的点阵数据。这里定义了一个获取汉字点阵数据的函数,其定义如下:

```
/**
 * @brief       获取汉字点阵数据
 * @param       code:当前汉字编码(GBK 码)
 * @param       mat:当前汉字点阵数据存放地址
 * @param       size:字体大小
 * @note        size 大小的字体,其点阵数据大小为:(size / 8 + ((size % 8) ? 1 : 0))
                                                              * (size)  字节
 * @retval      无
 */
static void text_get_hz_mat(unsigned char *code, unsigned char *mat,
uint8_t size)
{
    unsigned char qh, ql;
    unsigned char i;
    unsigned long foffset;
    /* 得到字体一个字符对应点阵集所占的字节数 */
    uint8_t csize = (size / 8 + ((size % 8) ? 1 : 0)) * (size);
    qh = *code;
    ql = *(++code);
    if (qh < 0x81 || ql < 0x40 || ql == 0xff || qh == 0xff)    /* 非常用汉字 */
    {
        for (i = 0; i < csize; i++)
        {
            *mat++ = 0x00;      /* 填充满格 */
        }
        return;                 /* 结束访问 */
    }
    if (ql < 0x7f)
    {
        ql -= 0x40;             /* 注意 */
    }
    else
    {
        ql -= 0x41;
    }
    qh -= 0x81;
    foffset = ((unsigned long)190 * qh + ql) * csize; /* 得到字库中的字节偏移量 */
    switch (size)
    {
        case 12:
            norflash_read(mat, foffset + ftinfo.f12addr, csize);
            break;
        case 16:
            norflash_read(mat, foffset + ftinfo.f16addr, csize);
            break;
        case 24:
```

```
                norflash_read(mat, foffset + ftinfo.f24addr, csize);
                break;
        }
}
```

函数实现的依据就是前面讲到的 2 条公式：

当 GBKL<0x7F 时，Hp=((GBKH−0x81)·190+GBKL−0x40)·csize；

当 GBKL>0x80 时，Hp=((GBKH−0x81)·190+GBKL−0x41)·csize。

目标汉字的 GBK 码满足上面两条公式之一，就会得出与一个 GBK 对应的汉字点阵数据的偏移。在这个基础上，通过汉字点阵的大小就可以从对应的字库提取目标汉字点阵数据。

接下来就可以进行汉字显示了，汉字显示函数定义如下：

```
/**
 * @brief       显示一个指定大小的汉字
 * @param       x,y：汉字的坐标
 * @param       font：汉字 GBK 码
 * @param       size：字体大小
 * @param       mode：显示模式
 * @note              0，正常显示(不需要显示的点,用 LCD 背景色填充,即 g_back_color)
 * @note              1，叠加显示(仅显示需要显示的点，不需要显示的点不处理)
 * @param       color：字体颜色
 * @retval      无
 */
void text_show_font(uint16_t x, uint16_t y, uint8_t *font, uint8_t size, uint8_
                    t mode, uint16_t color)
{
    uint8_t temp, t, t1;
    uint16_t y0 = y;
    uint8_t *dzk;
    /* 得到字体一个字符对应点阵集所占的字节数 */
    uint8_t csize = (size / 8 + ((size % 8) ? 1 : 0)) * (size);
    if (size != 12 && size != 16 && size != 24 && size != 32)
    {
        return;                                 /* 不支持的 size */
    }
    dzk = mymalloc(SRAMIN, size);               /* 申请内存 */
    if (dzk == 0) return;                       /* 内存不够了 */
    text_get_hz_mat(font, dzk, size);           /* 得到相应大小的点阵数据 */
    for (t = 0; t < csize; t++)
    {
        temp = dzk[t];                          /* 得到点阵数据 */
        for (t1 = 0; t1 < 8; t1++)
        {
            if (temp & 0x80)
            {
                lcd_draw_point(x, y, color);    /* 画需要显示的点 */
            }
            else if (mode == 0)   /* 如果非叠加模式，不需要显示的点用背景色填充 */
```

```
            {
                lcd_draw_point(x, y, g_back_color);   /* 填充背景色 */
            }
            temp <<= 1;
            y++;
            if ((y - y0) == size)
            {
                y = y0;
                x++;
                break;
            }
        }
    }
    myfree(SRAMIN, dzk);        /* 释放内存 */
}
```

汉字显示函数通过调用获取汉字点阵数据函数 text_get_hz_mat 来获取点阵数据,使用 LCD 画点函数把点阵数据中"1"的点都画出来,最终会在 LCD 显示出要表示的汉字。

2. main.c 代码

在 main.c 里编写代码如下:

```
int main(void)
{
    uint32_t fontcnt;
    uint8_t i, j;
    uint8_t fontx[2];                           /* GBK 码 */
    uint8_t key, t;
    HAL_Init();                                 /* 初始化 HAL 库 */
    sys_stm32_clock_init(RCC_PLL_MUL9);         /* 设置时钟, 72 MHz */
    delay_init(72);                             /* 延时初始化 */
    usart_init(115200);                         /* 串口初始化为 115 200 */
    usmart_dev.init(72);                        /* 初始化 USMART */
    led_init();                                 /* 初始化 LED */
    lcd_init();                                 /* 初始化 LCD */
    key_init();                                 /* 初始化按键 */
    norflash_init();                            /* 初始化 NOR FLASH */
    my_mem_init(SRAMIN);                        /* 初始化内部 SRAM 内存池 */
    exfuns_init();                              /* 为 FATFS 相关变量申请内存 */
    f_mount(fs[0], "0:", 1);                    /* 挂载 SD 卡 */
    f_mount(fs[1], "1:", 1);                    /* 挂载 FLASH */
    while (fonts_init())                        /* 检查字库 */
    {
UPD:
        lcd_clear(WHITE);           /* 清屏 */
        lcd_show_string(30, 30, 200, 16, 16, "STM32F103", RED);
        while (sd_init())          /* 检测 SD 卡 */
        {
            lcd_show_string(30, 50, 200, 16, 16, "SD Card Failed!", RED);
```

```
            delay_ms(200);
            lcd_fill(30, 50, 200 + 30, 50 + 16, WHITE);
            delay_ms(200);
        }
        lcd_show_string(30, 50, 200, 16, 16, "SD Card OK", RED);
        lcd_show_string(30, 70, 200, 16, 16, "Font Updating...", RED);
        key = fonts_update_font(20, 90, 16, (uint8_t *)"0:", RED);   /* 更新字库 */
        while (key)    /* 更新失败 */
        {
            lcd_show_string(30, 90, 200, 16, 16, "Font Update Failed!", RED);
            delay_ms(200);
            lcd_fill(20, 90, 200 + 20, 90 + 16, WHITE);
            delay_ms(200);
        }
        lcd_show_string(30, 90, 200, 16, 16, "Font Update Success!        ", RED);
        delay_ms(1500);
        lcd_clear(WHITE);/* 清屏 */
    }

    text_show_string(30, 30, 200, 16, "正点原子开发板", 16, 0, RED);
    text_show_string(30, 50, 200, 16, "GBK 字库测试程序", 16, 0, RED);
    text_show_string(30, 70, 200, 16, "正点原子@ALIENTEK", 16, 0, RED);
    text_show_string(30, 90, 200, 16, "按 KEY0,更新字库", 16, 0, RED);
    text_show_string(30, 110, 200, 16, "内码高字节:", 16, 0, BLUE);
    text_show_string(30, 130, 200, 16, "内码低字节:", 16, 0, BLUE);
    text_show_string(30, 150, 200, 16, "汉字计数器:", 16, 0, BLUE);
    text_show_string(30, 180, 200, 24, "对应汉字为:", 24, 0, BLUE);
    text_show_string(30, 204, 200, 16, "对应汉字(16*16)为:", 16, 0, BLUE);
    text_show_string(30, 220, 200, 16, "对应汉字(12*12)为:", 12, 0, BLUE);
    while (1)
    {
        fontcnt = 0;
        for (i = 0x81; i < 0xff; i++)          /* GBK 内码高字节范围为 0X81~0XFE */
        {
            fontx[0] = i;
            lcd_show_num(118, 110, i, 3, 16, BLUE);               /* 显示内码高字节 */
            for (j = 0x40; j < 0xfe; j++) /* GBK 内码低字节范围 0X40~0X7E,0X80~0XFE */
            {
                if (j == 0x7f)continue;
                fontcnt++;
                lcd_show_num(118, 130, j, 3, 16, BLUE);          /* 显示内码低字节 */
                lcd_show_num(118, 150, fontcnt, 5, 16, BLUE);   /* 汉字计数显示 */
                fontx[1] = j;
                text_show_font(30 + 132, 180, fontx, 24, 0, BLUE);
                text_show_font(30 + 144, 204, fontx, 16, 0, BLUE);
                text_show_font(30 + 108, 220, fontx, 12, 0, BLUE);
                t = 200;
                while (t--)           /* 延时,同时扫描按键 */
                {
                    delay_ms(1);
                    key = key_scan(0);
```

```
                    if (key == KEY0_PRES)
                    {
                        goto UPD;    /* 跳转到 UPD 位置(强制更新字库) */
                    }
                }
                LED0_TOGGLE();
            }
        }
    }
}
```

main 函数实现的功能与硬件设计例程功能所表述的一致,至此整个软件设计就完成了。

17.4 下载验证

本例程支持 12×12、16×16 和 24×24 这 3 种字体的显示,将程序下载到开发板后可以看到,LED0 不停闪烁,提示程序已经在运行了。LCD 开始显示 3 种大小的汉字及内码,如图 17.7 所示。

一开始就显示汉字,是因为板子在出厂的时候都测试过,里面刷了综合测试程序,已经把字库写到 NORFLASH 里面了,所以并不会提示更新字库。如果想要更新字库,就需要先找一张 SD 卡,把配套资料的 A 盘资料→5,SD 卡根目录文件下面的 SYSTEM 文件夹复制到 SD 卡根目录下,插入开发板并按复位,之后,显示汉字的时候按下 KEY0 就可以开始更新字库。字库更新界面如图 17.8 所示。

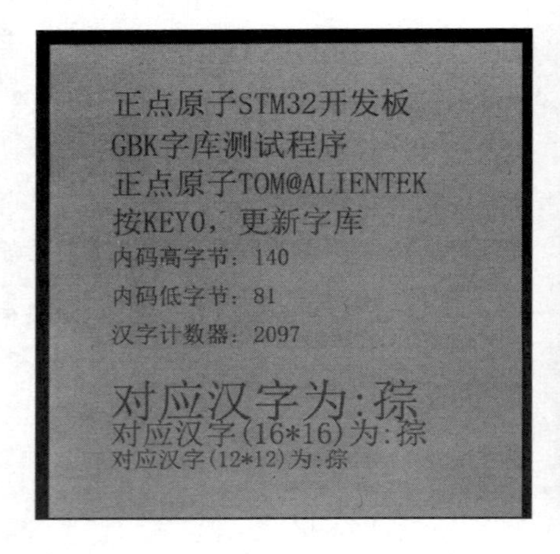

图 17.7　汉字显示实验显示效果

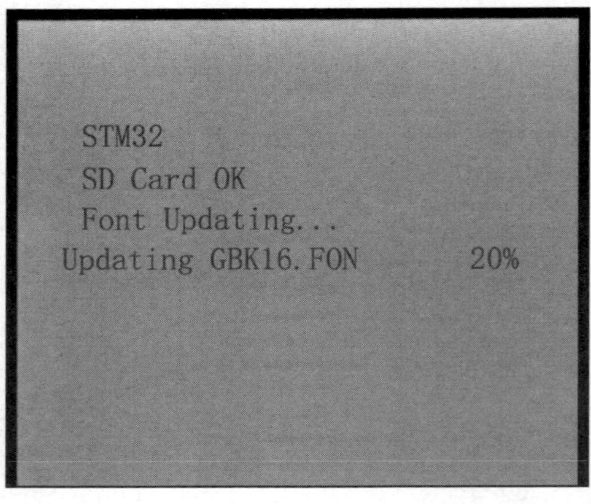

图 17.8　汉字字库更新界面

此外还可以使用 USMART 来测试该实验。通过 USMART 调用 text_show_string 或者 text_show_string_middle 来实现任意位置显示任何字符串,有兴趣的读者可以尝试一下。

第18章 图片显示实验

开发产品时经常会用到图片解码，本章将介绍如何通过 STM32F1 来解码 BMP、JPG、JPEG、GIF 等图片，并在 LCD 上显示出来。

18.1 图片格式介绍

常用的图片格式有很多，最常用的有 3 种，即 JPEG（或 JPG）、BMP 和 GIF。其中，JPEG（或 JPG）和 BMP 是静态图片，而 GIF 则是动态图片。

1. BMP 编码简介

BMP（全称 Bitmap）是 Windows 操作系统中的标准图像文件格式，文件后缀名为“.bmp”，使用非常广。它采用位映射存储格式，除了图像深度可选以外，不采用其他任何压缩，因此，BMP 文件所占用的空间很大，但是没有失真。BMP 文件的图像深度可选 1 bit、4 bit、8 bit、16 bit、24 bit 及 32 bit。BMP 文件存储数据时，图像的扫描方式是从左到右、从下到上。

典型的 BMP 图像文件由 4 部分组成：

① 位图头文件数据结构，它包含 BMP 图像文件的类型、显示内容等信息；

② 位图信息数据结构，它包含 BMP 图像的宽、高、压缩方法以及定义颜色等信息；

③ 调色板，这部分可选，有些位图需要调色板，有些位图，比如真彩色图（24 位的 BMP）就不需要调色板；

④ 位图数据，这部分内容根据 BMP 位图使用的位数不同而不同，24 位图中直接使用 RGB，小于 24 位的使用调色板中的颜色索引值。

BMP 的详细介绍可参考配套资料中的“BMP 图片文件详解.pdf”。

2. JPEG 编码简介

JPEG 是 Joint Photographic Experts Group（联合图像专家组）的缩写，文件后辍名为“.jpg”或“.jpeg”，是最常用的图像文件格式，由一个软件开发联合会组织制定。同 BMP 格式不同，JPEG 是一种有损压缩格式，能够将图像压缩在很小的储存空间，图像中重复或不重要的资料会被丢失，因此容易造成图像数据的损伤（BMP 不会，但是 BMP 占用空间大）。尤其是使用过高的压缩比例时，将使最终解压缩后恢复的图像质量明显降低；如果追求高品质图像，则不宜采用过高压缩比例。但是 JPEG 压缩技术十分先进,它用有损压缩方式去除冗余的图像数据,在获得极高压缩率的同时能展现丰富生动的图像,换句话说,就是可以用最少的磁盘空间得到较好的图像品质。而且 JPEG 是一种很灵活的格式,具有调节图像质量的功能,允许用不同的压缩比例对文件进行压缩,支持多种压缩级别,压缩比率通常在 10:1～40:1之间。压缩比越大,品质越低;相反地,压缩比越小,品质越好。比如可以把 1.37 Mbit 的 BMP 位图文件压缩至 20.3 KB。当然,也可以在图像质量和文件尺寸之间找到平衡点。JPEG 格式压缩的主要是高频信息,对色彩的信息保留较好,适用于互联网,可减少图像的传输时间,可以支持 24 bit 真彩色,也普遍应用于需要连续色调的图像。

JPEG/JPG 的解码过程可以简单概述为如下几个部分:

① 从文件头读出文件的相关信息。

JPEG 文件数据分为文件头和图像数据两大部分,其中,文件头记录了图像的版本、长宽、采样因子、量化表、哈夫曼表等重要信息。所以解码前必须读出文件头信息,以备图像数据解码过程之用。

② 从图像数据流读取一个最小编码单元(MCU),并提取里边的各个颜色分量单元。

③ 将颜色分量单元从数据流恢复成矩阵数据。

使用文件头给出的哈夫曼表,对分割出来的颜色分量单元进行解码,把其恢复成 8×8 的数据矩阵。

④ 8×8 的数据矩阵进一步解码。

此部分解码工作以 8×8 的数据矩阵为单位,其中包括相邻矩阵的直流系数差分解码、使用文件头给出的量化表反量化数据、反 Zig - zag 编码、隔行正负纠正、反向离散余弦变换 5 个步骤,最终输出仍然是一个 8×8 的数据矩阵。

⑤ 颜色系统 YCrCb 向 RGB 转换。

将一个 MCU 的各个颜色分量单元解码结果整合起来,将图像颜色系统从 YCrCb 向 RGB 转换。

⑥ 排列整合各个 MCU 的解码数据。

不断读取数据流中的 MCU 并对其解码,直至读完所有 MCU,将各 MCU 解码后的数据正确排列成完整的图像。JPEG 的解码本身比较复杂,这里提供了一个轻量级的 JPG/JPEG 解码库:TjpgDec,最少仅需 3 KB 的 RAM 和 3.5 KB 的 FLASH 即可实现解码,本例程采用 TjpgDec 作为 JPG/JPEG 的解码库。关于 TjpgDec 的详细使用可参考配套资料中 A 盘→6,软件资料→图片编解码→TjpgDec 技术手册。

3. GIF 编码简介

GIF(Graphics Interchange Format)是 CompuServe 公司开发的图像文件存储格式,1987 年开发的 GIF 文件格式版本号是 GIF87a,1989 年进行了扩充,扩充后的版本号定义为 GIF89a。GIF 图像文件以数据块(block)为单位来存储图像的相关信息。一个 GIF 文件由表示图形/图像的数据块、数据子块以及显示图形/图像的控制信息块组

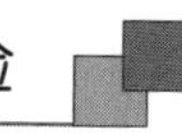

成，称为 GIF 数据流（DataStream）。数据流中的所有控制信息块和数据块都必须在文件头（Header）和文件结束块（Trailer）之间。

GIF 文件格式采用了 LZW（Lempel - ZivWalch）压缩算法来存储图像数据，定义了允许用户为图像设置背景的透明（transparency）属性。此外，GIF 文件格式可在一个文件中存放多幅彩色图形/图像。如果在 GIF 文件中存放有多幅图，它们可以像演幻灯片那样显示或者像动画那样演示。

一个 GIF 文件的结构可分为文件头（FileHeader）、GIF 数据流（GIFDataStream）和文件终结器（Trailer）3 个部分。其中，文件头包含 GIF 文件署名（Signature）和版本号（Version），GIF 数据流由控制标识符、图像块（ImageBlock）和其他的一些扩展块组成；文件终结器只有一个值为 0x3B 的字符（';'）表示文件结束。

18.2　硬件设计

（1）例程功能

开机的时候先检测字库，然后检测 SD 卡是否存在，如果 SD 卡存在，则开始查找 SD 卡根目录下的 PICTURE 文件夹；如果找到，则显示该文件夹下面的图片文件（支持 BMP、JPG、JPEG 或 GIF 格式）。循环显示，通过按 KEY0 和 KEY2 可以快速浏览下一张和上一张，KEY_UP 按键用于暂停/继续播放，DS1 用于指示当前是否处于暂停状态。如果未找到 PICTURE 文件夹/任何图片文件，则提示错误。同样用 DS0 来指示程序正在运行。

（2）硬件资源

- LED 灯：DS0：LED0 - PB5；DS1：LED1 - PE5；
- 串口 1（PA9、PA10 连接在板载 USB 转串口芯片 CH340 上面）；
- 正点原子 TFTLCD 模块（仅限 MCU 屏，16 位 8080 并口驱动）；
- 独立按键：KEY0 - PE4、KEY1 - PE3、WK_UP - PA0；
- SD 卡，通过 SDIO 连接；
- NOR FLASH（SPI FLASH 芯片，连接在 SPI 上）。

18.3　程序设计

18.3.1　程序流程图

本实验的程序流程如图 18.1 所示。

本程序主要靠文件操作，打开指定位置的图片并调用图片解码库解码来显示不同格式的图片。这里加入了按键进行人机交互，以控制图片的显示切换等。

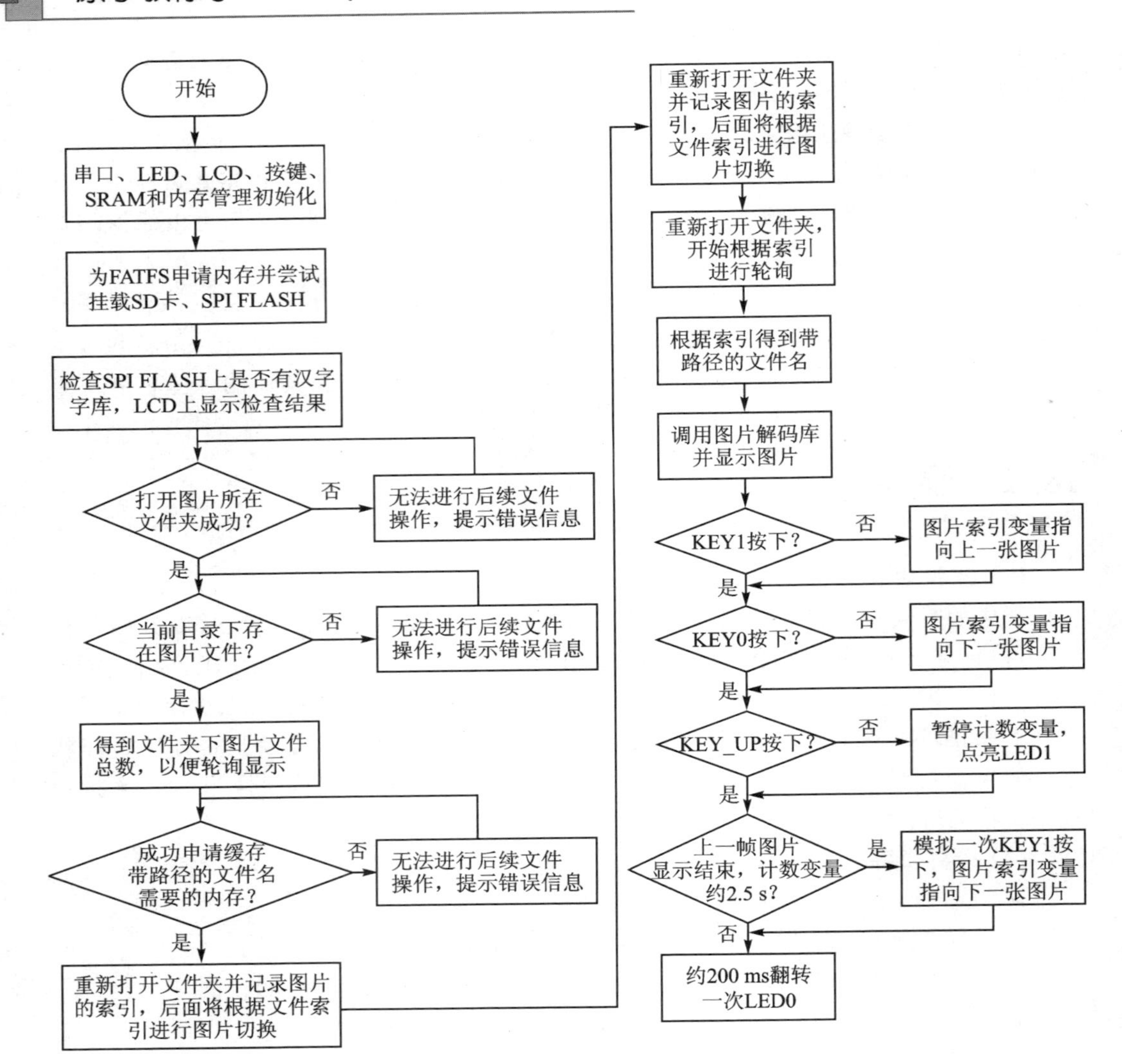

图 18.1 照相机实验程序流程图

18.3.2 程序解析

1. PICTURE 代码

这里只讲解核心代码，详细的源码可参考配套资料中本实验对应源码。PICTURE 驱动源码包括 8 个文件：bmp.c、bmp.h、tjpgd.c、tjpgd.h、gif.c、gif.h、piclib.c 和 piclib.h。其中，bmp.c 和 bmp.h 用于实现对 bmp 文件的解码，tjpgd.c 和 tjpgd.h 用于实现对 JPEG/JPG 文件的解码，gif.c 和 gif.h 用于实现对 GIF 文件的解码。

这几个代码太长，而且也有规定的标准，需要结合各个图片编码的格式来编写，所

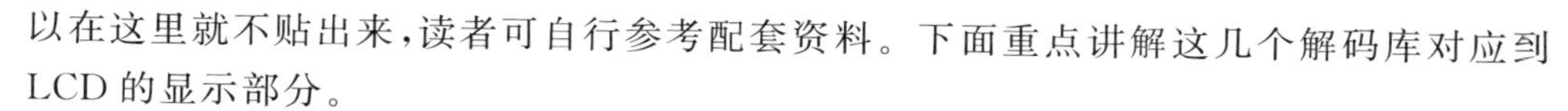

以在这里就不贴出来,读者可自行参考配套资料。下面重点讲解这几个解码库对应到LCD的显示部分。

(1) 解码库的控制句柄_pic_phy和_pic_info

使用这个接口,把解码后的图形数据与LCD的实际操作对应起来。为了方便显示,需要将图片的信息与LCD联系上。这里定义了_pic_phy和_pic_info,分别用于定义图片解码库的LCD操作和存放解码后的图片尺寸颜色信息。它们的定义如下:

```
/* 在移植的时候,必须由用户自己实现这几个函数 */
typedef struct
{
    /* 读点函数 */
    uint32_t(*read_point)(uint16_t, uint16_t);
    /* 画点函数 */
    void(*draw_point)(uint16_t, uint16_t, uint32_t);
    /* 单色填充函数 */
    void(*fill)(uint16_t, uint16_t, uint16_t, uint16_t, uint32_t);
    /* 画水平线函数 */
    void(*draw_hline)(uint16_t, uint16_t, uint16_t, uint16_t);
    /* 颜色填充 */
    void(*fillcolor)(uint16_t, uint16_t, uint16_t, uint16_t, uint16_t *);
} _pic_phy;
/* 图像信息 */
typedef struct
{
    uint16_t lcdwidth;              /* LCD的宽度 */
    uint16_t lcdheight;             /* LCD的高度 */
    uint32_t ImgWidth;              /* 图像的实际宽度和高度 */
    uint32_t ImgHeight;
    uint32_t Div_Fac;               /* 缩放系数 (扩大了8 192倍) */
    uint32_t S_Height;              /* 设定的高度和宽度 */
    uint32_t S_Width;
    uint32_t S_XOFF;                /* x轴和y轴的偏移量 */
    uint32_t S_YOFF;
    uint32_t staticx;               /* 当前显示到的xy坐标 */
    uint32_t staticy;
} _pic_info;
```

piclib.c文件用上述类型定义了2个结构体,声明如下:

```
_pic_info picinfo;          /* 图片信息 */
_pic_phy pic_phy;           /* 图片显示物理接口 */
```

(2) piclib_init函数

piclib_init函数用于初始化图片解码的相关信息,用于定义解码后的LCD操作。具体定义如下:

```
/**
 * @brief      画图初始化
 * @note       在画图之前,必须先调用此函数, 指定相关函数
 * @param      无
 * @retval     无
```

```
 */
void piclib_init(void)
{
    pic_phy.read_point = lcd_read_point;          /* 读点函数实现,仅 BMP 需要 */
    pic_phy.draw_point = lcd_draw_point;          /* 画点函数实现 */
    pic_phy.fill = lcd_fill;                      /* 填充函数实现,仅 GIF 需要 */
    pic_phy.draw_hline = lcd_draw_hline;          /* 画线函数实现,仅 GIF 需要 */
    pic_phy.fillcolor = piclib_fill_color;        /* 颜色填充函数实现,仅 TJPGD 需要 */
    picinfo.lcdwidth = lcddev.width;              /* 得到 LCD 的宽度像素 */
    picinfo.lcdheight = lcddev.height;            /* 得到 LCD 的高度像素 */
    picinfo.ImgWidth = 0;                         /* 初始化宽度为 0 */
    picinfo.ImgHeight = 0;                        /* 初始化高度为 0 */
    picinfo.Div_Fac = 0;                          /* 初始化缩放系数为 0 */
    picinfo.S_Height = 0;                         /* 初始化设定的高度为 0 */
    picinfo.S_Width = 0;                          /* 初始化设定的宽度为 0 */
    picinfo.S_XOFF = 0;                           /* 初始化 x 轴的偏移量为 0 */
    picinfo.S_YOFF = 0;                           /* 初始化 y 轴的偏移量为 0 */
    picinfo.staticx = 0;                          /* 初始化当前显示到的 x 坐标为 0 */
    picinfo.staticy = 0;                          /* 初始化当前显示到的 y 坐标为 0 */
}
```

函数描述:初始化图片解码的相关信息,这些函数必须由用户在外部实现。使用之前 LCD 的操作函数将这个结构体中的绘制操作(画点、画线、画圆等定义)与 LCD 操作对应起来。

函数形参:无。

函数返回值:无。

(3) piclib_alpha_blend 函数

RGB 色彩中,一个标准像素由 32 位组成:透明度(8 bit)+R(8 bit)+G(8 bit)+B(8 bit);8 位的 α 通道(alpha channel)位表示该像素如何产生特技效果,即通常说的半透明。alpha 的取值一般为 0~255。为 0 时,表示是全透明的,即图片是看不见的。为 255 时,表示图片显示原始图。中间值即为半透明状态。计算 alpha blending 时,通常的方法是将源像素的 RGB 值分别与目标像素(如背景)的 RGB 按比例混合,最后得到一个混合后的 RGB 值。函数定义如下:

```
/**
 * @brief       快速 ALPHA BLENDING 算法
 * @param       src: 颜色数
 * @param       dst: 目标颜色
 * @param       alpha: 透明程度(0~32)
 * @retval      混合后的颜色
 */
uint16_t piclib_alpha_blend(uint16_t src, uint16_t dst, uint8_t alpha)
{
    uint32_t src2;
    uint32_t dst2;
    /* Convert to 32bit |-----GGGGGG-----RRRRR------BBBBB| */
    src2 = ((src << 16) | src) & 0x07E0F81F;
    dst2 = ((dst << 16) | dst) & 0x07E0F81F;
```

```
    dst2 = ((((dst2 - src2) * alpha) >> 5) + src2) & 0x07E0F81F;
    return (dst2 >> 16) | dst2;
}
```

函数描述:piclib_alpha_blend 函数用于实现半透明效果,在小格式(图片分辨率小于 LCD 分辨率)bmp 解码的时候可能用到。

函数形参:

形参 1 是 RGB 色彩编号,这里使用的是 RGB565 模式,故只有 16 位;

形参 2 是目标像素,使用时一般指背景颜色。

形参 3 是透明度,有效范围为 0~255,0 表示全透明,255 表不透明。

函数返回值:返回计算后的透明度颜色数值。

(4) piclib_ai_draw_init 函数

对于给定区域,为了显示更好看,一般会选择图片居中显示,piclib_ai_draw_init 函数可以实现此功能。

```
/**
 * @brief     初始化智能画点
 * @param     无
 * @retval    无
 */
void piclib_ai_draw_init(void)
{
    float temp, temp1;
    temp = (float)picinfo.S_Width / picinfo.ImgWidth;
    temp1 = (float)picinfo.S_Height / picinfo.ImgHeight;
    if (temp < temp1)temp1 = temp;  /* 取较小的那个 */
    if (temp1 > 1)temp1 = 1;
    /* 使图片处于所给区域的中间 */
    picinfo.S_XOFF += (picinfo.S_Width - temp1 * picinfo.ImgWidth) / 2;
    picinfo.S_YOFF += (picinfo.S_Height - temp1 * picinfo.ImgHeight) / 2;
    temp1 * = 8192;  /* 扩大 8192 倍 */
    picinfo.Div_Fac = temp1;
    picinfo.staticx = 0xffff;
    picinfo.staticy = 0xffff;    /* 放到一个不可能的值上面 */
}
```

函数描述:piclib_ai_draw_init 函数使解码后的图片信息处于所给区域的中间。

函数形参:无。

函数返回值:无。可以在显示实例中测试加与不加此函数的显示效果差异。

(5) piclib_is_element_ok 函数

piclib_is_element_ok 函数定义如下:

```
/**
 * @brief     判断这个像素是否可以显示
 * @param     x, y: 像素原始坐标
 * @param     chg: 功能变量
 * @param     无
 * @retval    操作结果
```

```
 * @arg         0, 不需要显示
 * @arg         1, 需要显示
 */
__inline uint8_t piclib_is_element_ok(uint16_t x, uint16_t y, uint8_t chg)
{
    if (x! = picinfo.staticx || y! = picinfo.staticy)
    {
        if (chg == 1)
        {
            picinfo.staticx = x;
            picinfo.staticy = y;
        }
        return 1;
    }
    else
    {
        return 0;
    }
}
```

函数描述:piclib_is_element_ok 函数用于判断一个点是不是应该显示出来,在图片缩放的时候该函数是必须用到的。这里用__inline 修饰,保证该部分的代码不被优化。

函数形参:无。

函数返回值:1 表示需要显示,0 表示不需要显示。其他函数使用到时,根据此返回值进行判定显示操作。

(6) piclib_ai_load_picfile 函数

piclib_ai_load_picfile 函数帮助我们得到需要显示的图片信息,并有助于下一步的绘制。本函数需要结合文件系统来操作,图片根据后缀进行区分并且保存在 PC 端下分类好的文件夹中,也是处理和分类图片的最方便方式。

```
/**
 * @brief      智能画图
 * @note       图片仅在 x,y 和 width, height 限定的区域内显示
 *
 * @param      filename: 包含路径的文件名(.bmp/.jpg/.jpeg/.gif 等)
 * @param      x, y: 起始坐标
 * @param      width, height: 显示区域
 * @param      fast: 使能快速解码
 * @arg            0, 不使能
 * @arg            1, 使能
 * @note       图片尺寸小于等于液晶分辨率时才支持快速解码
 * @retval     res: 操作结果, 0 表示成功,其他表示错误码
 */
uint8_t piclib_ai_load_picfile(const uint8_t * filename, uint16_t x, uint16_t y,
                               uint16_t width, uint16_t height, uint8_t fast)
{
    uint8_t res;/* 返回值 */
```

```
    uint8_t temp;
    if((x + width) > picinfo.lcdwidth)return PIC_WINDOW_ERR;   /* x 坐标超范围了 */
    if((y + height) > picinfo.lcdheight)return PIC_WINDOW_ERR; /* y 坐标超范围了 */
    /* 得到显示方框大小 */
    if (width == 0 || height == 0)return PIC_WINDOW_ERR;       /* 窗口设定错误 */
    picinfo.S_Height = height;
    picinfo.S_Width = width;
    /* 显示区域无效 */
    if (picinfo.S_Height == 0 || picinfo.S_Width == 0)
    {
        picinfo.S_Height = lcddev.height;
        picinfo.S_Width = lcddev.width;
        return FALSE;
    }
    if (pic_phy.fillcolor == NULL)fast = 0; /* 颜色填充函数未实现,不能快速显示 */
    /* 显示的开始坐标点 */
    picinfo.S_YOFF = y;
    picinfo.S_XOFF = x;
    /* 文件名传递 */
    temp = exfuns_file_type((uint8_t *)filename);     /* 得到文件的类型 */
    switch (temp)
    {
        case T_BMP:
            res = stdbmp_decode(filename);             /* 解码 BMP */
            break;
        case T_JPG:
        case T_JPEG:
            res = jpg_decode(filename, fast);          /* 解码 JPG/JPEG */
            break;
        case T_GIF:
            res = gif_decode(filename, x, y, width, height);   /* 解码 GIF */
            break;
        default:
            res = PIC_FORMAT_ERR;                      /* 非图片格式!!! */
            break;
    }
    return res;
}
```

函数描述:piclib_ai_load_picfile 函数是整个图片显示的对外接口,外部程序通过调用该函数可以实现 BMP、JPG/JPEG 和 GIF 的显示。该函数根据输入文件的后缀名判断文件格式,然后交给相应的解码程序(BMP 解码/JPEG 解码/GIF 解码)执行解码,完成图片显示。

函数形参:

形参 1 filename 是文件的路径名(具体可以参考 FATFS 一节的描述),为字符口,例程采用的是 SD 卡存图片,故一般为“0:/PICTURE/ *.GIF”等类似格式。

形参 2 为画图的起始 x 坐标。

形参 3 为画图的起始 y 坐标。

形参 4 的 width 和形参 5 的 height 形成了以 x、y 为起点的(x,y)~(x+width,y+height)的矩形显示区域,对屏幕坐标不理解的可参考 TFTLCD 一节的描述。

形参 6 是根据 LCD 进行适应的一个快速解的操作,仅 JGP/JPEG 模式下有效。

这里用到的 exfuns_file_type()函数是 FATFS 一节提到的 FATFS 扩展应用,用这个函数来判断文件类型,方便程序设计。这部分内容可参考文件系统的 exfuns 文件夹下的相关文件。

函数返回值:0 表示成功,其他表示错误码。

由于图片显示需要用到大内存,这里使用动态内存分配来实现,仍使用自定义的内存管理函数来管理程序内存。申请内存函数 piclib_mem_malloc()和内存释放函数 piclib_mem_free()的实现比较简单,参考配套资料的源码即可。

2. main.c 代码

main.c 函数利用 FATFS 的接口来操作和查找图片文件。在 microSD/SD 卡的根目录下新建一个 PICTURE 文件夹,然后放置准备显示的 BMP、JPG、GIF 图片。接下来按程序流程图设置的思路:先扫描图像文件的数量并切换显示,加入按键支持图片翻页。主要的代码如下:

```
int main(void)
{
    uint8_t res;
    DIR picdir;                     /* 图片目录 */
    FILINFO *picfileinfo;           /* 文件信息 */
    uint8_t *pname;                 /* 带路径的文件名 */
    uint16_t totpicnum;             /* 图片文件总数 */
    uint16_t curindex;              /* 图片当前索引 */
    uint8_t key;                    /* 键值 */
    uint8_t pause = 0;              /* 暂停标记 */
    uint8_t t;
    uint16_t temp;
    uint32_t *picoffsettbl; /* 图片文件 offset 索引表 */
... /* 省略 LED、按键、LCD、文件系统和 malloc 等初始化过程 */..............
    while (f_opendir(&picdir, "0:/PICTURE"))      /* 打开图片文件夹 */
    {
        text_show_string(30, 150, 240, 16, "PICTURE 文件夹错误!", 16, 0, RED);
        delay_ms(200);
        lcd_fill(30, 150, 240, 186, WHITE);               /* 清除显示 */
        delay_ms(200);
    }
    totpicnum = pic_get_tnum((uint8_t *)"0:/PICTURE"); /* 得到总有效文件数 */
    while (totpicnum == NULL)                          /* 图片文件为 0 */
    {
        text_show_string(30, 150, 240, 16, "没有图片文件!", 16, 0, RED);
        delay_ms(200);
        lcd_fill(30, 150, 240, 186, WHITE);                      /* 清除显示 */
        delay_ms(200);
    }
```

```
picfileinfo = (FILINFO *)mymalloc(SRAMIN, sizeof(FILINFO)); /* 申请内存 */
pname = mymalloc(SRAMIN, FF_MAX_LFN * 2 + 1);   /* 为带路径的文件名分配内存 */
/* 申请 4 * totpicnum 个字节的内存,用于存放图片索引 */
picoffsettbl = mymalloc(SRAMIN, 4 * totpicnum);
while (!picfileinfo || !pname || !picoffsettbl) /* 内存分配出错 */
{
    text_show_string(30, 150, 240, 16, "内存分配失败!", 16, 0, RED);
    delay_ms(200);
    lcd_fill(30, 150, 240, 186, WHITE);          /* 清除显示 */
    delay_ms(200);
}
/* 记录索引 */
res = f_opendir(&picdir, "0:/PICTURE");          /* 打开目录 */
if (res == FR_OK)
{
    curindex = 0;                                /* 当前索引为 0 */
    while (1)                                    /* 全部查询一遍 */
    {
        temp = picdir.dptr;                      /* 记录当前 dptr 偏移 */
        res = f_readdir(&picdir, picfileinfo);   /* 读取目录下的一个文件 */
        if (res! = FR_OK || picfileinfo->fname[0] == 0)
            break;                               /* 错误了/到末尾了,退出 */
        res = exfuns_file_type((uint8_t *)picfileinfo->fname);
        if ((res & 0XF0) == 0X50) /* 取高四位,看看是不是图片文件 */
        {
            picoffsettbl[curindex] = temp;       /* 记录索引 */
            curindex++;
        }
    }
}
text_show_string(30, 150, 240, 16, "开始显示...", 16, 0, RED);
delay_ms(1500);
piclib_init();                                   /* 初始化画图 */
curindex = 0;                                    /* 从 0 开始显示 */
res = f_opendir(&picdir, (const TCHAR *)"0:/PICTURE"); /* 打开目录 */
while (res == FR_OK)                             /* 打开成功 */
{
    dir_sdi(&picdir, picoffsettbl[curindex]);    /* 改变当前目录索引 */
    res = f_readdir(&picdir, picfileinfo);       /* 读取目录下的一个文件 */
    if (res ! = FR_OK || picfileinfo->fname[0] == 0)
        break; /* 错误了/到末尾了,退出 */
    strcpy((char *)pname, "0:/PICTURE/");           /* 复制路径(目录) */
    /* 将文件名接在后面 */
    strcat((char *)pname, (const char *)picfileinfo->fname);
    lcd_clear(BLACK);
    /* 显示图片 */
    piclib_ai_load_picfile(pname, 0, 0, lcddev.width, lcddev.height, 1);
    /* 显示图片名字 */
    text_show_string(2, 2, lcddev.width, 16, (char *)pname, 16, 1, RED);
    t = 0;
```

```
        while (1)
        {
            key = key_scan(0); /* 扫描按键 */
            if (t > 250)
                key = 1; /* 模拟一次按下 KEY0 */
            if ((t % 20) == 0)
            {
                LED0_TOGGLE(); /* LED0 闪烁,提示程序正在运行 */
            }
            if (key == KEY1_PRES) /* 上一张 */
            {
                if (curindex)
                {
                    curindex--;
                }
                else
                {
                    curindex = totpicnum - 1;
                }
                break;
            }
            else if (key == KEY0_PRES) /* 下一张 */
            {
                curindex++;
                if (curindex >= totpicnum)
                    curindex = 0; /* 到末尾的时候,自动从头开始 */
                break;
            }
            else if (key == WKUP_PRES)
            {
                pause = !pause;
                LED1(!pause); /* 暂停的时候 LED1 亮 */
            }
            if (pause == 0)
                t++;
            delay_ms(10);
        }
        res = 0;
    }
    myfree(SRAMIN, picfileinfo);   /* 释放内存 */
    myfree(SRAMIN, pname);         /* 释放内存 */
    myfree(SRAMIN, picoffsettbl);  /* 释放内存 */
}
```

可以看到,整个设计思路是根据图片解码库来设计的,piclib_ai_load_picfile()是这套代码的核心,其他的交互是围绕它和图片解码后的图片信息实现显示。读者仔细对照配套资料中的源码进一步了解整个设置思路。另外,程序中只分配了 4 个文件索引,故更多数量的图片无法直接在本程序下演示,读者根据需要再修改即可。

18.4　下载验证

代码编译成功之后，下载代码到开发板上，可以看到 LCD 开始显示图片（假设 SD 卡及文件都准备好了，即在 SD 卡根目录新建 PICTURE 文件夹，并存放一些图片文件在该文件夹内），如图 18.2 所示。

按 KEY0 和 KEY2 可以快速切换到下一张或上一张，KEY_UP 按键可以暂停自动播放，同时 DS1 亮，指示处于暂停状态，再按一次 KEY_UP 则继续播放。同时，由于代码支持 GIF 格式的图片显示（注意，尺寸不能超过 LCD 屏幕尺寸），所以可以放一些 GIF 图片到 PICTURE 文件夹来观看动画了。

图 18.2　图片显示实验显示效果

本章同样可以通过 USMART 来测试该实验，将 piclib_ai_load_picfile 函数加入 USMART 控制就可以通过串口调用该函数，并在屏幕上任何区域显示任何想要显示的图片了。同时，可以发送 runtime1 来开启 USMART 的函数执行时间统计功能，从而获取解码一张图片所需时间，方便验证。

注意，本例程在支持 AC6 时，JPEG 解码库中的函数指针容易被优化，所以建议单独对其进行优化设置。MDK 也支持对单一文件进行优化等级设置，操作方法如图 18.3 所示。

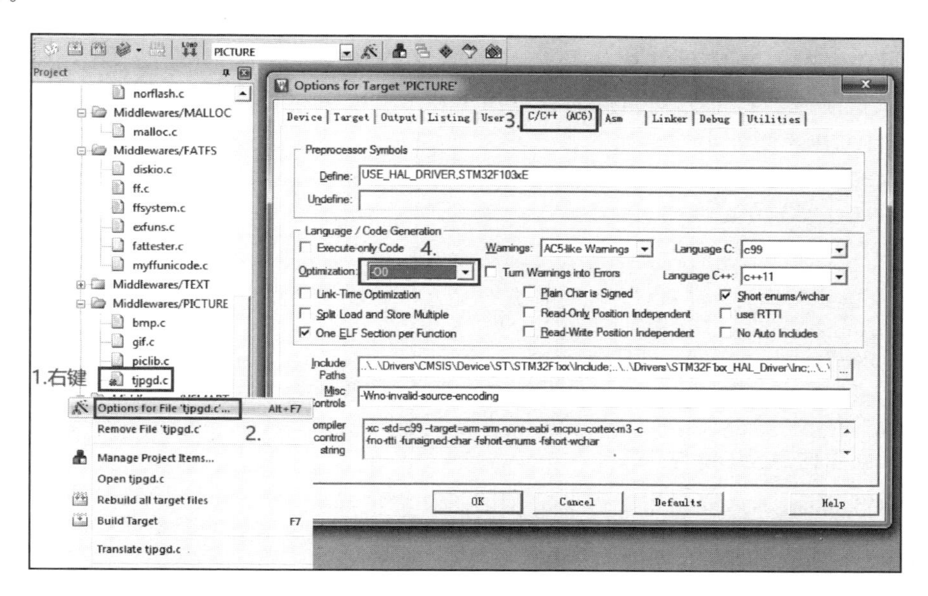

图 18.3　对 tjpgd.c 进行单独的优化设置

第 19 章

照相机实验

本章将学习 BMP 编码，结合前面的摄像头实验来实现一个简单的照相机功能。

19.1 BMP 编码简介

本章介绍最简单的图片编码方法：BMP 图片编码。BMP 文件由文件头、位图信息头、颜色信息和图形数据 4 部分组成。

(1) BMP 文件头(14 字节)

BMP 文件头数据结构含有 BMP 文件的类型、文件大小和位图起始位置等信息。

这里的__PACKED_STRUCT 是强制对齐，从而把结构体中间的留白空间移除。默认定义的变量是按 CUP 字长(STM32 为 32 位)对齐的，这样可以增加程序的访问速度，但这样定义一个结构体时如果结构体成员并不全部按 CUP 的字长去定义，如有 uint8_t、uint16_t，则编译器默认按照占用 2 个 uint32_t 类型的长度，对于嵌入式产品尤其是内存紧张的产品，这样定义的结构体变量就会浪费内存空间。嵌入式的编译器支持通过强制对齐来优化结构体变量的空间，也可以在 MDK 的帮助文件中查找__packed 关键字查看这部分知识点。这里用了在 MDK 下同时兼容 AC5 和 AC6 编译器的写法。BMP 的文件头定义如下：

```
/* BMP 头文件 */
typedef __PACKED_STRUCT
{
    uint16_t  bfType;       /* 文件标志.只对'BM',用来识别 BMP 位图类型 */
    uint32_t  bfSize;       /* 文件大小,占 4 字节 */
    uint16_t  bfReserved1;  /* 保留 */
    uint16_t  bfReserved2;  /* 保留 */
    uint32_t  bfOffBits;    /* 从文件开始到位图数据(bitmap data)开始之间的偏移量 */
}BITMAPFILEHEADER;
```

(2) 位图信息头(40 字节)

BMP 位图信息头数据用于说明位图的尺寸等信息。

```
/* BMP 信息头 */
typedef __PACKED_STRUCT
{
    uint32_t biSize ;         /* 说明 BITMAPINFOHEADER 结构所需要的字数 */
    long  biWidth ;           /* 说明图像的宽度,以像素为单位 */
    long  biHeight ;          /* 说明图像的高度,以像素为单位 */
```

```
    uint16_t  biPlanes;        /* 为目标设备说明位面数,其值总是被设为 1 */
    uint16_t  biBitCount;      /* 说明比特数/像素,其值为 1、4、8、16、24 或 32 */
    uint32_t biCompression;    /* 说明图像数据压缩的类型。其值可以是下述值之一
                                 * BI_RGB:没有压缩
                                 * BI_RLE8:每个像素 8 比特的 RLE 压缩编码,压缩格式由 2
                                           字节组成(重复像素计数和颜色索引)
                                 * BI_RLE4:每个像素 4 比特的 RLE 压缩编码,压缩格式由 2
                                           字节组成
                                 * BI_BITFIELDS:每个像素的比特由指定的掩码决定
    uint32_t biSizeImage;      /* 说明图像的大小,字节为单位。当用 BI_RGB 格式时,可设
                                  置为 0 */
    long  biXPelsPerMeter;     /* 说明水平分辨率,用像素/米表示 */
    long  biYPelsPerMeter;     /* 说明垂直分辨率,用像素/米表示 */
    uint32_t biClrUsed;        /* 说明位图实际使用的彩色表中的颜色索引数 */
    /* 说明对图像显示有重要影响的颜色索引的数目,如果是 0,则表示都重要 */
    uint32_t biClrImportant;
}BITMAPINFOHEADER;
```

(3) 颜色表

颜色表用于说明位图中的颜色,它有若干个表项,每一个表项是一个 RGBQUAD 类型的结构,定义一种颜色。

```
/* 彩色表 */
typedef __PACKED_STRUCT
{
    uint8_t rgbBlue;            /* 指定蓝色强度 */
    uint8_t rgbGreen;           /* 指定绿色强度 */
    uint8_t rgbRed;             /* 指定红色强度 */
    uint8_t rgbReserved;        /* 保留,设置为 0 */
}RGBQUAD;
```

颜色表中 RGBQUAD 结构数据的个数由 biBitCount 确定,当 biBitCount=1、4、8 时,分别有 2、16、256 个表项;当 biBitCount 大于 8 时,没有颜色表项。

BMP 文件头、位图信息头和颜色表组成位图信息(这里将 BMP 文件头也加进来,方便处理),BITMAPINFO 结构定义如下:

```
/* 位图信息头 */
typedef __PACKED_STRUCT
{
    BITMAPFILEHEADER bmfHeader;
    BITMAPINFOHEADER bmiHeader;
    uint32_t RGB_MASK[3];          /* 调色板用于存放 RGB 掩码 */
    //RGBQUAD bmiColors[256];
}BITMAPINFO;
```

(4) 位图数据

位图数据记录了位图的每一个像素值,记录顺序在扫描行内是从左到右,扫描行之间是从下到上。位图的一个像素值所占的字节数:

➢ 当 biBitCount=1 时,8 个像素占一个字节;

➢ 当 biBitCount=4 时,2 个像素占一个字节;

- 当 biBitCount=8 时,一个像素占一个字节;
- 当 biBitCount=16 时,一个像素占 2 个字节;
- 当 biBitCount=24 时,一个像素占 3 个字节;
- 当 biBitCount=32 时,一个像素占 4 个字节。

biBitCount=1 表示位图最多有 2 种颜色,默认情况下是黑色和白色,也可以自定义这 2 种颜色。图像信息头调色板中有 2 个调色板项,称为索引 0 和索引 1。图像数据阵列中的每一位表示一个像素。如果一个位是 0,显示时就使用索引 0 的 RGB 值;如果是 1,则使用索引 1 的 RGB 值。

biBitCount=16 表示位图最多有 65 536 种颜色。每个像素用 16 位(2 个字节)表示。这种格式叫作高彩色,或增强型 16 位色,或 64K 色。它的情况比较复杂,当 biCompression 成员的值是 BI_RGB 时,它没有调色板。16 位中,最低的 5 位表示蓝色分量,中间的 5 位表示绿色分量,高的 5 位表示红色分量,一共占用了 15 位,最高的一位保留,设为 0。这种格式也称作 555 的 16 位位图。如果 biCompression 成员的值是 BI_BITFIELDS,那么情况就复杂了。首先是原来调色板的位置被 3 个 DWORD 变量占据,称为红、绿、蓝掩码,分别用于描述红、绿、蓝分量在 16 位中所占的位置。在 Windows 95(或 98)中,系统可接受 2 种格式的位域:555 和 565,在 555 格式下,红、绿、蓝的掩码分别是 0x7C00、0x03E0、0x001F;而在 565 格式下,它们则分别为 0xF800、0x07E0、0x001F。读取一个像素之后,可以分别用掩码“与”上像素值,从而提取出想要的颜色分量(当然还要再经过适当的左右移操作)。在 NT 系统中则没有格式限制,只不过要求掩码之间不能有重叠。(注:这种格式的图像使用起来比较麻烦,不过因为它的显示效果接近于真彩,而图像数据又比真彩图像小得多,所以,它更多地用于游戏软件。)

biBitCount=32 表示位图最多有 4 294 967 296(即 2^{32})种颜色。这种位图的结构与 16 位位图结构非常类似,当 biCompression 成员的值是 BI_RGB 时,它也没有调色板,32 位中有 24 位用于存放 RGB 值,顺序是最高位保留,红 8 位、绿 8 位、蓝 8 位。这种格式也称为 888 32 位图。如果 biCompression 成员的值是 BI_BITFIELDS,则原来调色板的位置将被 3 个 DWORD 变量占据,成为红、绿、蓝掩码,分别用于描述红、绿、蓝分量在 32 位中所占的位置。在 Windows 95(or 98)中,系统只接受 888 格式,也就是说 3 个掩码的值将只能是 0xFF0000、0xFF00、0xFF。而在 NT 系统中,只要注意使掩码之间不产生重叠就行。(注:这种图像格式比较规整,因为它是 DWORD 对齐的,所以在内存中进行图像处理时可进行汇编级的代码优化(简单)。)

本章采用 16 位 BMP 编码(因为我们的 LCD 就是 16 位色的,而且 16 位 BMP 编码比 24 位 BMP 编码更省空间),故需要设置 biBitCount 的值为 16,这样得到新的位图信息(BITMAPINFO)结构体:

```
/* 位图信息头 */
typedef __packed struct
{
```

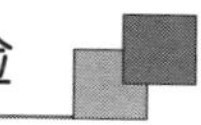

```
    BITMAPFILEHEADER bmfHeader;
    BITMAPINFOHEADER bmiHeader;
    uint32_t RGB_MASK[3];         /* 调色板用于存放 RGB 掩码 */
}BITMAPINFO;
```

其实就是颜色表由 3 个 RGB 掩码代替。最后来看看将 LCD 的显存保存为 BMP 格式的图片文件的步骤：

① 创建 BMP 位图信息，并初始化各个相关信息。

这里要设置 BMP 图片的分辨率为 LCD 分辨率、BMP 图片的大小（整个 BMP 文件大小）、BMP 的像素位数（16 位）和掩码等信息。

② 创建新 BMP 文件，写入 BMP 位图信息。

要保存 BMP，当然要存放在某个地方（文件），所以需要先创建文件，同时先保存 BMP 位图信息，之后才开始 BMP 数据的写入。

③ 保存位图数据。

这里比较简单，只需要从 LCD 的 GRAM 里面读取各点的颜色值，依次写入第②步创建的 BMP 文件即可。注意，保存顺序（即读 GRAM 顺序）是从左到右、从下到上。

④ 关闭文件。

使用 FATFS 时，文件创建之后必须调用 f_close，这样文件才会真正体现在文件系统里面，否则不会写入。这要特别注意，写完之后一定要调用 f_close。

19.2 硬件设计

(1) 例程功能

开机的时候先检测字库，然后检测 SD 卡根目录是否存在 PHOTO 文件夹，不存在则创建；如果创建失败，则报错（提示拍照功能不可用）。找到 SD 卡的 PHOTO 文件夹后，开始初始化 OV7670；初始化成功之后，就一直在屏幕显示 OV7670 拍到的内容。按下 KEY0 按键的时候即拍照，此时 DS1 亮；拍照保存成功之后，蜂鸣器会发出“滴”的一声，提示拍照成功，同时 DS1 灭。DS0 用于指示程序运行状态。

(2) 硬件资源

- LED 灯：DS0（RED），LED0 - PB5；DS1（GREEN），LED1 - PE5；
- 独立按键：KEY0 - PE4、KEY1 - PE3、KEY2 - PE2、KEY_UP - PA0（程序中的宏名：WK_UP）；
- 串口 1（PA9、PA10 连接在板载 USB 转串口芯片 CH340 上面）；
- 正点原子 TFTLCD 模块（仅限 MCU 屏，16 位 8080 并口驱动）；
- SD 卡：SDIO（SDIO_D0～D4（PC8～PC11），SDIO_SCK（PC12），SDIO_CMD（PD2））连接；
- NOR FLASH（SPI FLASH 芯片，本例为 W25QXX，连接在 SPI2 上）；
- 外部中断 8（PA8，用于检测 OV7725 的帧信号）；
- 定时器 6（用于打印摄像头帧率）；

➢ 正点原子 OV7725 摄像头模块，连接关系为：OV7725 模块→STM32 开发板，OV_D0～D7→PC0～7，OV_SCL→PD3，OV_SDA→PG13，OV_VSYNC→PA8，FIFO_RRST→PG14，FIFO_OE→PG15，FIFO_WRST→PD6，FIFO_WEN→PB3，FIFO_RCLK→PB4。

19.3 程序设计

19.3.1 程序流程图

程序流程图如图 19.1 所示。

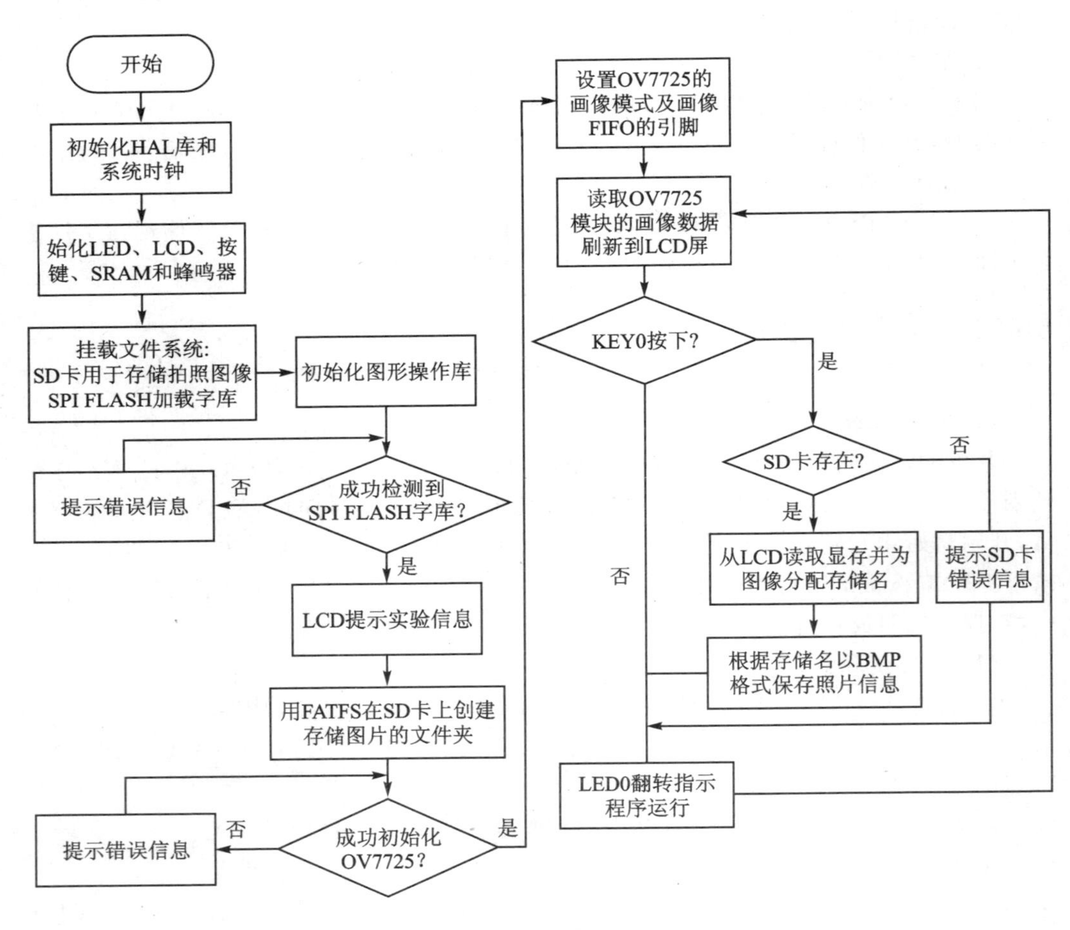

图 19.1 照相机实验程序流程图

本实验中进行摄像头的初始化后，检测 SD 卡是否存在，然后自动选择摄像头的模式，按下 KEY0 即可把摄像头捕捉到的图像拍下。

19.3.2　程序解析

本实验是在摄像头实验的基础上进行扩展的应用，因此直接复制配套资料中"实验 34 摄像头实验"的工程，在 Middlewares 中加入图片显示实验中的 PICTURE 代码；同时，因为要用到较大的内存，需要把 MALLOC 的代码也加进来。

1. PICTURE 驱动代码

这里只讲解核心代码，详细的源码可参考配套资料中本实验对应源码。PICTURE 的驱动主要包括 2 个文件：bmp.c 和 bmp.h。bmp.h 头文件前面讲过，这里不再重复。下面来看 bmp.c 文件里面的 bmp 编码函数：bmp_encode，该函数代码如下：

```
/**
 * @brief    BMP 编码函数
 * @note     将当前 LCD 屏幕的指定区域截图，存为 16 位格式的 BMP 文件 RGB565 格式
 *           保存为 RGB565 格式则需要掩码，需要利用原来的调色板位置增加掩码.这里已
             经增加了掩码
 *           保存为 RGB555 格式则需要颜色转换，耗时间比较久，所以保存为 RGB565 是最
             快速的办法
 *
 * @param    filename：包含存储路径的文件名(.bmp)
 * @param    x，y：起始坐标
 * @param    width,height：区域大小
 * @param    acolor：附加的 alphablend 的颜色(这个仅对 32 位色 bmp 有效!!!)
 * @param    mode：保存模式
 * @arg          0，仅仅创建新文件的方式编码；
 * @arg          1，如果之前存在文件，则覆盖之前的文件.如果没有，则创建新的文件；
 * @retval    操作结果
 * @arg       0，成功
 * @arg       其他，错误码
 */
uint8_t bmp_encode(uint8_t *filename, uint16_t x, uint16_t y, uint16_t width,
uint16_t height, uint8_t mode)
{
    FIL *f_bmp;
    uint32_t bw = 0;
    uint16_t bmpheadsize;        /* bmp 头大小 */
    BITMAPINFO hbmp;             /* bmp 头 */
    uint8_t res = 0;
    uint16_t tx, ty;             /* 图像尺寸 */
    uint16_t *databuf;           /* 数据缓存区地址 */
    uint16_t pixcnt;             /* 像素计数器 */
    uint16_t bi4width;           /* 水平像素字节数 */
    if (width == 0 || height == 0)return PIC_WINDOW_ERR;            /* 区域错误 */
    if ((x + width - 1) > lcddev.width)return PIC_WINDOW_ERR;       /* 区域错误 */
    if ((y + height - 1) > lcddev.height)return PIC_WINDOW_ERR;     /* 区域错误 */
    #if BMP_USE_MALLOC == 1      /* 使用 malloc */
```

```
    /* 开辟至少 bi4width 大小的字节的内存区域，对于 240 宽的屏，480 字节就够了
       最大支持 1 024 宽度的 bmp 编码 */
    databuf = (uint16_t *)piclib_mem_malloc(2048);
    if (databuf == NULL)return PIC_MEM_ERR;         /* 内存申请失败 */
    f_bmp = (FIL *)piclib_mem_malloc(sizeof(FIL)); /* 开辟 FIL 字节的内存区域 */
    if (f_bmp == NULL)       /* 内存申请失败 */
    {
        piclib_mem_free(databuf);
        return PIC_MEM_ERR;
    }
#else
    databuf = (uint16_t *)bmpreadbuf;
    f_bmp = &f_bfile;
#endif
    bmpheadsize = sizeof(hbmp);                           /* 得到 bmp 文件头的大小 */
    my_mem_set((uint8_t *)&hbmp, 0, sizeof(hbmp));       /* 置零空申请到的内存 */
    hbmp.bmiHeader.biSize = sizeof(BITMAPINFOHEADER);    /* 信息头大小 */
    hbmp.bmiHeader.biWidth = width;          /* bmp 的宽度 */
    hbmp.bmiHeader.biHeight = height;        /* bmp 的高度 */
    hbmp.bmiHeader.biPlanes = 1;             /* 恒为 1 */
    hbmp.bmiHeader.biBitCount = 16;          /* bmp 为 16 位色 bmp */
    hbmp.bmiHeader.biCompression = BI_BITFIELDS;/* 每个像素的比特由指定的掩码决定 */
    hbmp.bmiHeader.biSizeImage = hbmp.bmiHeader.biHeight *
        hbmp.bmiHeader.biWidth * hbmp.bmiHeader.biBitCount/8;/* bmp 数据区大小 */
    hbmp.bmfHeader.bfType = ((uint16_t)'M' << 8) + 'B';          /* BM 格式标志 */
    /* 整个 bmp 的大小 */
    hbmp.bmfHeader.bfSize = bmpheadsize + hbmp.bmiHeader.biSizeImage;
    hbmp.bmfHeader.bfOffBits = bmpheadsize;     /* 到数据区的偏移 */
    hbmp.RGB_MASK[0] = 0X00F800;                /* 红色掩码 */
    hbmp.RGB_MASK[1] = 0X0007E0;                /* 绿色掩码 */
    hbmp.RGB_MASK[2] = 0X00001F;                /* 蓝色掩码 */
    if (mode == 1)
    {/* 尝试打开之前的文件 */
        res = f_open(f_bmp, (const TCHAR *)filename, FA_READ | FA_WRITE);
    }
    if (mode == 0 || res == 0x04)
    {/* 模式 0，或者尝试打开失败，则创建新文件 */
        res = f_open(f_bmp, (const TCHAR *)filename, FA_WRITE | FA_CREATE_NEW);
    }
    if ((hbmp.bmiHeader.biWidth * 2) % 4)    /* 水平像素(字节)不为 4 的倍数 */
    {/* 实际要写入的宽度像素，必须为 4 的倍数 */
        bi4width = ((hbmp.bmiHeader.biWidth * 2) / 4 + 1) * 4;
    }
    else
    {
        bi4width = hbmp.bmiHeader.biWidth * 2;  /* 刚好为 4 的倍数 */
    }
    if (res == FR_OK)    /* 创建成功 */
    {
     res = f_write(f_bmp, (uint8_t *)&hbmp, bmpheadsize, &bw);/* 写入 BMP 首部 */
        for (ty = y + height - 1; hbmp.bmiHeader.biHeight; ty--)
```

```
        {
            pixcnt = 0;
            for (tx = x; pixcnt != (bi4width / 2);)
            {
                if (pixcnt < hbmp.bmiHeader.biWidth)
                {
                  databuf[pixcnt] = pic_phy.read_point(tx, ty);/* 读取坐标点的值 */
                }
                else
                {
                    databuf[pixcnt] = 0Xffff;    /* 补充白色的像素 */
                }
                pixcnt ++ ;
                tx ++ ;
            }
          hbmp.bmiHeader.biHeight -- ;
          res = f_write(f_bmp, (uint8_t *)databuf, bi4width, &bw);/* 写入数据 */
        }
        f_close(f_bmp);
    }
#if BMP_USE_MALLOC == 1        /* 使用 malloc */
    piclib_mem_free(databuf);
    piclib_mem_free(f_bmp);
#endif
    return res;
}
```

该函数实现了对LCD屏幕的任意指定区域进行截屏保存，用到的方法就是19.1.1小节介绍的方法。该函数实现了将LCD任意指定区域的内容保存为16位BMP格式，存放在指定位置(由filename决定)。注意，代码中的BMP_USE_MALLOC是在bmp.h定义的一个宏，用于设置是否使用malloc，本章选择使用malloc。

2. main.c代码

main.c函数是在之前摄像头实验的基础上进行改动的，首先要为图片分配一个与图片文件夹下名字不重复的文件名，复用FATFS的接口，设计如下：

```
/**
 * @brief       文件名自增(避免覆盖)
 * @note        组合成形如 "0:PHOTO/PIC13141.bmp" 的文件名
 * @param       pname: 有效的文件名
 * @retval      无
 */
void camera_new_pathname(char * pname)
{
    uint8_t res;
    uint16_t index = 0;
    FIL * ftemp;
    ftemp = (FIL *)mymalloc(SRAMIN, sizeof(FIL));      /* 开辟FIL字节的内存区域 */
    if (ftemp == NULL) return;                          /* 内存申请失败 */
    while (index < 0XFFFF)
```

```
    {
        sprintf((char *)pname, "0:PHOTO/PIC%05d.bmp", index);
        res = f_open(ftemp, (const TCHAR *)pname, FA_READ); /* 尝试打开这个文件 */
        if (res == FR_NO_FILE)break;     /* 该文件名不存在，正是我们需要的 */
        index++;
    }
    myfree(SRAMIN, ftemp);
}
```

通过以上程序可以生成一个与当前文件夹下图片不重名的文件名字符串，并传给对应的缓冲区。为了模拟照相机的效果，需要把 LCD 上显示的画像读取出来，并用前面的 bmp_encode()函数编码成.bmp 格式的图片进行存储，以模拟实时拍照效果。省去与之前实验相同的代码，修改整理后的 main 函数代码如下：

```
extern uint8_t g_ov7725_vsta;                /* 在 exit.c 里面定义 */
extern uint8_t g_ov7725_frame;               /* 在 timer.c 里面定义 */
int main(void)
{
    uint8_t res;
    char *pname;                             /* 带路径的文件名 */
    uint8_t key;                             /* 键值 */
    uint8_t i;
    uint8_t sd_ok = 1;                       /* 0, sd 卡不正常；1, SD 卡正常 */
    uint8_t vga_mode = 0;                    /* 0, QVGA 模式(320*240);1,VGA 模式(640*480) */
    HAL_Init();                              /* 初始化 HAL 库 */
    sys_stm32_clock_init(RCC_PLL_MUL9);/* 设置时钟, 72 MHz */
    delay_init(72);                          /* 延时初始化 */
    usart_init(115200);                      /* 串口初始化为 115 200 */
    usmart_dev.init(72);                     /* 初始化 USMART */
    led_init();                              /* 初始化 LED */
    lcd_init();                              /* 初始化 LCD */
    key_init();                              /* 初始化按键 */
    sram_init();                             /* SRAM 初始化 */
    beep_init();                             /* 蜂鸣器初始化 */
    norflash_init();                         /* 初始化 NOR FLASH */
    my_mem_init(SRAMIN);                     /* 初始化内部 SRAM 内存池 */
    my_mem_init(SRAMEX);                     /* 初始化外部 SRAM 内存池 */
    exfuns_init();                           /* 为 FATFS 相关变量申请内存 */
    f_mount(fs[0], "0:", 1);                 /* 挂载 SD 卡 */
    f_mount(fs[1], "1:", 1);                 /* 挂载 FLASH */
    piclib_init();                           /* 初始化画图 */
    while (fonts_init())                     /* 检查字库 */
    {
        lcd_show_string(30, 50, 200, 16, 16, "Font Error!", RED);
        delay_ms(200);
        lcd_fill(30, 50, 240, 66, WHITE);/* 清除显示 */
        delay_ms(200);
    }
    text_show_string(30, 50, 200, 16, "正点原子 STM32 开发板", 16, 0, RED);
    text_show_string(30, 70, 200, 16, "照相机 实验", 16, 0, RED);
    text_show_string(30, 90, 200, 16, "KEY0:拍照(bmp 格式)", 16, 0, RED);
```

```
    res = f_mkdir("0:/PHOTO");              /* 创建 PHOTO 文件夹 */
    if (res != FR_EXIST && res != FR_OK)    /* 发生了错误 */
    {
        res = f_mkdir("0:/PHOTO");          /* 创建 PHOTO 文件夹 */
        text_show_string(30, 110, 240, 16, "SD 卡错误!", 16, 0, RED);
        delay_ms(200);
        text_show_string(30, 110, 240, 16, "拍照功能将不可用!", 16, 0, RED);
        delay_ms(200);
        sd_ok = 0;
    }
    while (ov7725_init() != 0)              /* 初始化 OV7725 失败了吗 */
    {
        lcd_show_string(30, 130, 200, 16, 16, "OV7725 Error!!", RED);
        delay_ms(200);
        lcd_fill(30, 150, 239, 246, WHITE);
        delay_ms(200);
    }
    lcd_show_string(30, 130, 200, 16, 16, "OV7725 Init OK        ", RED);
    delay_ms(1500);
    /* 输出窗口大小设置 QVGA/VGA 模式 */
    g_ov7725_wwidth = 320;                  /* 默认窗口宽度为 320 */
    g_ov7725_wheight = 240;                 /* 默认窗口高度为 240 */
    ov7725_window_set(g_ov7725_wwidth, g_ov7725_wheight, vga_mode);
    ov7725_light_mode(0);                   /* 自动灯光模式 */
    ov7725_color_saturation(4);             /* 默认色彩饱和度 */
    ov7725_brightness(4);                   /* 默认亮度 */
    ov7725_contrast(4);                     /* 默认对比度 */
    ov7725_special_effects(0);              /* 默认特效 */
    OV7725_OE(0);                           /* 使能 OV7725 FIFO 数据输出 */
    pname = mymalloc(SRAMIN, 30);           /* 为带路径的文件名分配 30 个字节的内存 */
    btim_timx_int_init(10000,7200 - 1);     /* 10 kHz 计数频率,1 秒钟中断 */
    exti_ov7725_vsync_init();               /* 使能 OV7725 VSYNC 外部中断, 捕获帧中断 */
    lcd_clear(BLACK);
    while (1)
    {
        key = key_scan(0);
        if (key == KEY0_PRES)
        {
            if (sd_ok)
            {
                LED1(0);                    /* 点亮 DS1,提示正在拍照 */
                camera_new_pathname(pname);      /* 得到文件名 */
                /* 编码成 bmp 图片 */
                if (bmp_encode((uint8_t *)pname,
                    (lcddev.width - g_ov7725_wheight) / 2,
                    (lcddev.height - g_ov7725_wwidth) / 2,
                    g_ov7725_wheight, g_ov7725_wwidth, 0))
                {
                    text_show_string(40, 110, 240, 12, "写入文件错误!", 12, 0, RED);
                }
                else
                {
```

```
                    text_show_string(40, 110, 240, 12, "拍照成功!", 12, 0, BLUE);
                    text_show_string(40, 130, 240, 12, "保存为:", 12, 0, BLUE);
                    text_show_string(40 + 42, 130, 240, 12, pname, 12, 0, BLUE);
                    BEEP(1);          /* 蜂鸣器短叫,提示拍照完成 */
                    delay_ms(100);
                }
            }
            else      /* 提示 SD 卡错误 */
            {
                text_show_string(40, 110, 240, 12, "SD 卡错误!", 12, 0, RED);
                text_show_string(40, 130, 240, 12, "拍照功能不可用!", 12, 0, RED);
            }
            BEEP(0);                /* 关闭蜂鸣器 */
            LED1(1);                /* 关闭 DS1 */
            delay_ms(1800);         /* 等待 1.8 s */
            lcd_clear(BLACK);
        }
        else
        {
            delay_ms(5);
        }
        ov7725_camera_refresh();    /* 更新显示 */
        i++;
        if (i >= 15)                /* DS0 闪烁 */
        {
            i = 0;
            LED0_TOGGLE();          /* LED0 闪烁 */
        }
    }
}
```

19.4 下载验证

将程序下载到开发板后,可以看到 LCD 首先显示一些实验相关的信息,如图 19.2 所示。随后进入监控界面,此时,按下 KEY0 即可进行拍照。拍照得到的照片效果如图 19.3 所示。

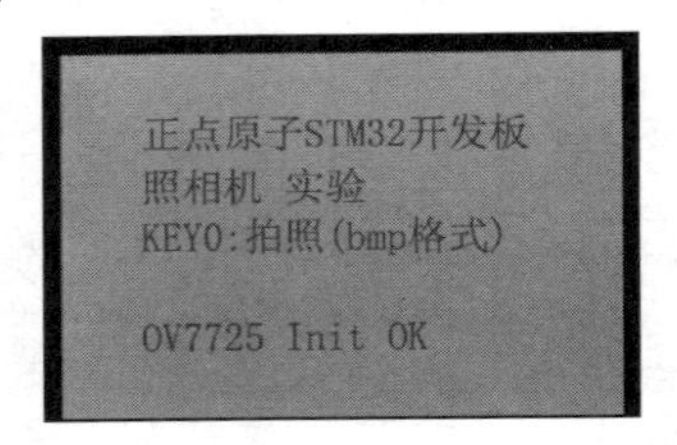

图 19.2 显示实验相关信息

图 19.3 拍照样图

最后还可以通过 USMART 调用 bmp_encode 函数,实现串口控制拍照,还可以拍成各种尺寸(不过必须小于 240×320)。

第20章 音乐播放器实验

正点原子战舰 STM32F103 板载了 VS1053B 这颗高性能音频编解码芯片，该芯片可以支持 wav、mp3、wma、flac、ogg、midi、aac 等音频格式的播放，并且支持录音（下一章介绍）。本章将利用战舰 STM32F103 实现一个简单的音乐播放器。

20.1 VS1053 简介

VS1053 是继 VS1003 后荷兰 VLSI 公司出品的又一款高性能解码芯片，可以实现对 mp3、ogg、wma、flac、wav、aac、midi 等音频格式的解码，同时还可以支持 adpcm、ogg 等格式的编码，性能相对以往的 VS1003 提升不少。VS1053 拥有一个高性能的 DSP 处理器核 VS_DSP，16 KB 的指令 RAM，0.5 KB 的数据 RAM，通过 SPI 控制，具有 8 个可用的通用 I/O 口和一个串口，内部还带了一个可变采样率的立体声 ADC（支持咪头/咪头＋线路/2 线路）、一个高性能立体声 DAC 及音频耳机放大器。

VS1053 的特性如下：

- 支持众多音频格式解码，包括 ogg、mp3、wma、wav、flac（需要加载 patch）、midi、aac 等；
- 对话筒输入或线路输入的音频信号进行 ogg（需要加载 patch）、ima adpcm 编码；
- 高低音控制；
- 带有 EarSpeaker 空间效果（用耳机虚拟现场空间效果）；
- 单时钟操作 12～13 MHz；
- 内部 PLL 锁相环时钟倍频器；
- 低功耗；
- 内含高性能片上立体声 DAC，两声道间无相位差；
- 过零交差侦测和平滑的音量调整；
- 内含能驱动 30 Ω 负载的耳机驱动器；
- 模拟/数字，I/O 单独供电；
- 为用户代码和数据准备的 16 KB 片上 RAM；
- 可扩展外部 DAC 的 I^2S 接口；
- 用于控制和数据的串行接口（SPI）；

➢ 可用作微处理器的从机；
➢ 特殊应用的 SPI FLASH 引导；
➢ 供调试用途的 UART 接口。

VS1053 相对于它的"前辈"VS1003，增加了编解码格式的支持(比如支持 ogg、flac，还支持 ogg 编码，VS1003 不支持)、增加 GPIO 数量到 8 个(VS1003 只有 4 个)、增加内部指令 RAM 容量到 16 KB(VS1003 只有 5.5 KB)、增加了 I^{2}S 接口(VS1003 没有)、支持 EarSpeaker 空间效果(VS1003 不支持)等。同时，VS1053 的 DAC 相对于 VS1003 有不少提高，同样的歌曲，用 VS1053 播放听起来比 VS1003 效果好很多。

VS1053 的封装引脚和 VS1003 完全兼容，所以如果以前用的是 VS1003，则只需要把 VS1003 换成 VS1053，就可以实现硬件更新，电路板完全不用修改。注意，VS1003 的 CVDD 是 2.5 V，而 VS1053 的 CVDD 是 1.8 V，所以还需要把稳压芯片也变一下，其他都可以照旧了。

VS1053 通过 SPI 接口来接收输入的音频数据流，可以是一个系统的从机，也可以作为独立的主机。这里只把它当成从机使用。通过 SPI 口向 VS1053 不停地输入音频数据，它就会自动解码了，然后从输出通道输出音乐，这时接上耳机就能听到所播放的歌曲了。

VS1053 的 SPI 支持 2 种模式：① VS1002 有效模式(即新模式)；② VS1001 兼容模式。这里仅介绍 VS1002 有效模式(此模式也是 VS1053 的默认模式)。表 20.1 是在新模式下 VS1053 的 SPI 信号线功能描述。

表 20.1　新模式下 VS1053 的 SPI 信号线功能

SDI 引脚	SCI 引脚	描　述
XDCS	XCS	低电平有效片选输入。高电平强制使串行接口进入 standby 模式，结束当前操作，高电平也强制串行输出变成高阻态。如果 SM_SDISHARE 为 1，则不使用 XDCS，但是此信号是通过将 XCS 取反得到的
SCK		串行时钟输入。串行时钟也使用内部的寄存器接口主时钟，SCK 可以被门控或是连续的，对任一情况，在 XCS 变为低电平后，SCK 上的第一个上升沿标志着第一位数据被写入
SI		串行输入，如果片选有效，SI 就在 SCK 的上升沿处采样
—	SO	串行输出，在读操作时，数据在 SCK 的下降沿处从此引脚移出，在写操作时为高阻态

VS1053 的 SPI 数据传送分为 SDI 和 SCI，分别用来传输数据/命令。SDI 和前面介绍的 SPI 协议一样，不过 VS1053 的数据传输是通过 DREQ 控制的，主机在判断 DREQ 有效(高电平)之后，直接发送即可(一次可以发送 32 字节)。

这里重点介绍一下 SCI。SCI 串行总线命令接口包含了一个指令字节、一个地址字节和一个 16 位的数据字。读/写操作可以读/写单个寄存器，在 SCK 的上升沿读出数据位，所以主机必须在下降沿刷新数据。SCI 的字节数据总是高位在前、低位在后。第一个字节指令字节只有 2 个指令，也就是读和写，读为 0x03，写为 0x02。

一个典型的 SCI 读时序如图 20.1 所示。可以看出，向 VS1053 读取数据，通过先

拉低 XCS(VS_XCS)，然后发送读指令(0x03)，再发送一个地址，最后，在 SO 线(VS_MISO)上就可以读到输出的数据了。同时，SI(VS_MOSI)上的数据将被忽略。

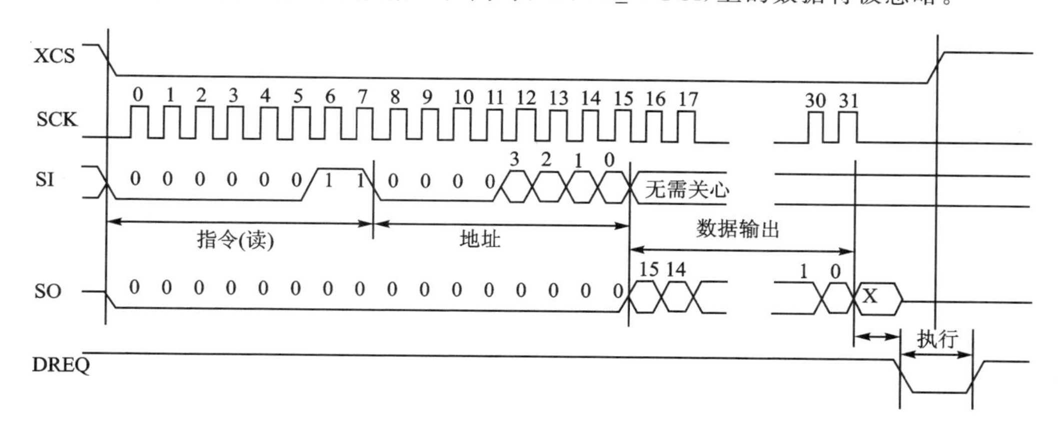

图 20.1　SCI 读时序

SCI 的写时序如图 20.2 所示。图中时序和图 20.1 类似，都是先发指令，再发地址。不过写时序中的指令是写指令(0x02)，并且数据通过 SI 写入 VS1053，SO 则一直维持低电平。细心的读者可能发现了，在这 2 个图中，DREQ 信号上都产生了一个短暂的低脉冲，也就是执行时间。这个不难理解，在写入和读出 VS1053 的数据之后，它需要一些时间来处理内部的事情，这段时间是不允许外部打断的。所以，在 SCI 操作之前，最好判断 DREQ 是否为高电平，如果不是，则等待 DREQ 变为高。

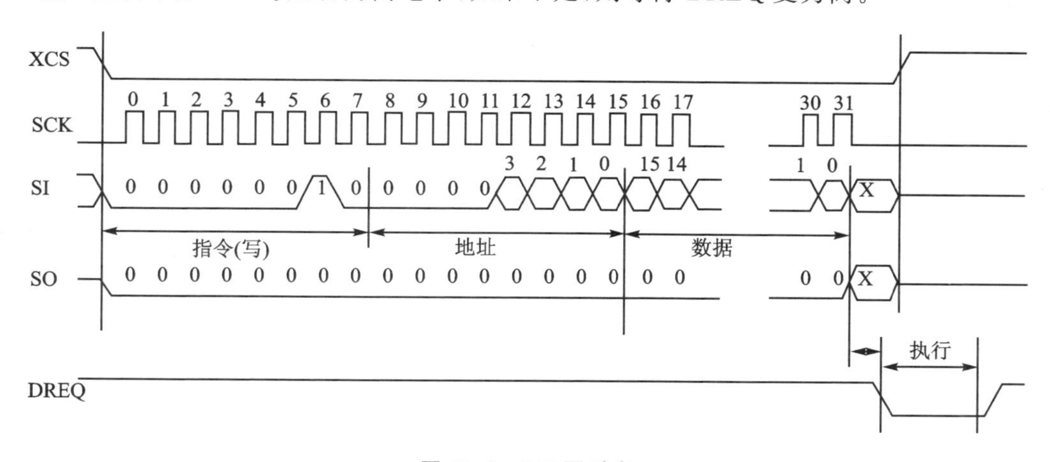

图 20.2　SCI 写时序

再来看看 VS1053 的 SCI 寄存器，VS1053 的所有 SCI 寄存器如表 20.2 所列。VS1053 总共有 16 个 SCI 寄存器，这里不全部介绍，仅仅介绍本章需要用到的寄存器。

首先是 MODE 寄存器，用于控制 VS1053 的操作，是最关键的寄存器之一，该寄存器的复位值为 0x0800，其实就是默认设置为新模式。表 20.3 是 MODE 寄存器的各位描述。

表 20.2 SCI 寄存器

寄存器	类 型	复位值	缩 写	描 述
0x00	RW	0x0800	MODE	模式控制
0x01	RW	0x000C	STATUS	VS0153 状态
0x02	RW	0x0000	BASS	内置低音/高音控制
0x03	RW	0x0000	CLOCKF	时钟频率+倍频数
0x04	RW	0x0000	DECODE_TIME	解码时间长度(秒)
0x05	RW	0x0000	AUDATA	各种音频数据
0x06	RW	0x0000	WRAM	RAM 写/读
0x07	RW	0x0000	WRAMADDR	RAM 写/读的基址
0x08	R	0x0000	HDAT0	流的数据标头 0
0x09	R	0x0000	HDAT1	流的数据标头 1
0x0A	RW	0x0000	AIADDR	应用程序起始地址
0x0B	RW	0x0000	VOL	音量控制
0x0C	RW	0x0000	AICTRL0	应用控制寄存器 0
0x0D	RW	0x0000	AICTRL1	应用控制寄存器 1
0x0E	RW	0x0000	AICTRL2	应用控制寄存器 2

表 20.3 MODE 寄存器各位描述

位	0	1	2	3	4	5	6	7
名 称	SM_DIFF	SM_LAYER12	SM_RESET	SM_CANCEL	SM_EARSPEAKEY_LO	SM_TEST	SM_STREAM	SM_EARSPEAKE R_HI
功 能	差分	允许 MPEG I&II	软件复位	取消当前文件的解码	EarSpeaker 低设定	允许 SDI 测试	流模式	EarSpeaker 高设定
描 述	0,正常的同相音频 1,左通道反相	0,不允许 1,允许	0,不复位 1,复位	0,不取消 1,取消	0,关闭 1,激活	0,禁止 1,允许	0,不是 1,是	0,关闭 1,激活
位	8	9	10	11	12	13	14	15
名 称	SM_DACT	SM_SDIORD	SM_SDISHA_RE	SM_SDINEW	SM_ADPCM	—	SM_LINE1	SM_CLK_RANGE
功 能	DCLK 的有效边沿	SDI 位顺序	共享 SPI 片选	VS1002 本地 SPI 模式	ADPCM 激活	—	咪/线路 1 选择	输入时钟范围
描 述	0,上升沿 1,下降沿	0,MSB 在前 1,MSD 在后	0,不共享 1,共享	0,非本地模式 1,本地模式	0,不激活 1,激活	—	0,MICP 1,LINE1	0 时,12～13 MHz 1 时,24～26 MHz

这个寄存器只介绍第 2 和第 11 位,也就是 SM_RESET 和 SM_SDINEW。其他位用默认即可。这里 SM_RESET 可以提供一次软复位,建议在每播放一首歌曲之后软复位一次。SM_SDINEW 为模式设置位,这里选择的是 VS1002 新模式(本地模式),所以设置该位为 1(默认的设置)。其他位的详细介绍可参考 VS1053 的数据手册。

接着看看 SCI_BASS 寄存器,该寄存器可以用于设置 VS1053 的高低音效。该寄存器的各位描述如表 20.4 所列。

表 20.4　SCI_BASS 寄存器各位描述

名　称	位	描　述
ST_AMPLITUDE	15：12	高音控制，1.5 dB 步进（－8：7，为 0 表示关闭）
ST_FREQLIMIT	11：8	最低频限 1 000 Hz 步进（0：15）
SB_AMPLITUDE	7：4	低音加重，1 dB 步进（0：15，为 0 表示关闭）
SB_FREQLIMIT	3：0	最低频限 10 Hz 步进（2：15）

通过这个寄存器以上位的一些设置，我们可以随意配置自己喜欢的音效（其实就是高低音的调节）。VS1053 的 EarSpeaker 效果由 MODE 寄存器控制，参考表 20.3。

接下来介绍 CLOCKF 寄存器，这个寄存器用来设置时钟频率、倍频等相关信息。该寄存器的各位描述如表 20.5 所列。

表 20.5　CLOCKF 寄存器各位描述

位	15：13	12：11	10：0
名　称	SC_MULT	SC_ADD	SC_FREQ
描　述	时钟倍频数	允许倍频	时钟频率
说　明	CLKI＝XTALI×（SC_MULT×0.5＋1）	倍频增量＝SC_ADD・0.5	外部时钟的频率为 12.288 MHz 时，此部分设置为 0 即可

此寄存器重点说明 SC_FREQ。SC_FREQ 是以 4 kHz 为步进的一个时钟寄存器，当外部时钟不是 12.288 MHz 的时候，其计算公式为：

SC_FREQ＝（XTALI－8000000）/4 000

式中 XTALI 的单位为 Hz。表 20.5 中 CLKI 是内部时钟频率，XTALI 是外部晶振的时钟频率。由于我们使用的是 12.288 MHz 的晶振，这里设置此寄存器的值为 0x9800，也就是设置内部时钟频率为输入时钟频率的 3 倍，倍频增量为 1.0 倍。

接下来看看 DECODE_TIME 寄存器。该寄存器是一个存放解码时间的寄存器，以秒钟为单位，通过读取该寄存器的值就可以得到解码时间了。不过它是一个累计时间，所以需要在每首歌播放之前把它清空，以得到这首歌的准确解码时间。

HDAT0 和 HDTA1 是 2 个数据流头寄存器，不同的音频文件读出来的值意义不一样。可以通过这 2 个寄存器来获取音频文件的码率，从而计算音频文件的总长度。这 2 个寄存器的详细介绍可参考 VS1053 的数据手册。

最后介绍一下 VOL 寄存器。该寄存器用于控制 VS1053 的输出音量，可以分别控制左右声道的音量，每个声道的控制范围为 0～254，每个增量代表 0.5 dB 的衰减，所以该值越小代表音量越大。比如设置为 0x0000，则音量最大；设置为 0xFEFE，则音量最小。注意，如果设置 VOL 的值为 0xFFFF，则芯片进入掉电模式。

接下来介绍控制 VS1053 播放一首歌曲最简单的步骤：

① 复位 VS1053。这里包括了硬复位和软复位，这是为了让 VS1053 的状态回到

原始状态，准备解码下一首歌曲。建议读者在每首歌曲播放之前都执行一次硬件复位和软件复位，以便更好地播放音乐。

② 配置VS1053的相关寄存器。这里配置的寄存器包括VS1053的模式寄存器(MODE)、时钟寄存器(CLOCKF)、音调寄存器(BASS)、音量寄存器(VOL)等。

③ 发送音频数据。经过以上2步配置以后，剩下要做的事情就是往VS1053里面发送音频数据了。只要是VS1053支持的音频格式，直接往里面"丢"就可以了，VS1053会自动识别并播放。不过发送数据要在DREQ信号的控制下有序进行，不能乱发。这个规则很简单：只要DREQ变高，就向VS1053发送32字节。然后继续等待DREQ变高，直到音频数据发送完。

20.2 硬件设计

(1) 例程功能

开机后，先初始化各外设，然后检测字库是否存在。如果检测无问题，则开始循环播放SD卡MUSIC文件夹里面的歌曲(必须在SD卡根目录建立一个MUSIC文件夹，并存放歌曲)，在TFTLCD上显示歌曲名字、播放时间、歌曲总时间、歌曲总数目、当前歌曲的编号等信息。KEY0用于选择下一曲，KEY2用于选择上一曲，KEY_UP和KEY1用来调节音量。DS0用于指示程序运行状态，DS1用于指示VS1053正在初始化。

(2) 硬件资源

本实验需要准备一个microSD/SD卡(在里面新建一个MUSIC文件夹，并存放一些歌曲)和一个耳机(非必备)，分别插入SD卡接口和耳机接口，然后下载本实验就可以通过耳机来听歌了。实验用到的硬件资源如下：

- LED灯：LED0 - PB5、LED1 - PE5；
- 独立按键：KEY0 - PE4、KEY1 - PE3、KEY2 - PE2、KEY_UP - PA0(程序中的宏名：WK_UP)；
- 串口1(PA9、PA10连接在板载USB转串口芯片CH340上面)；
- 正点原子TFTLCD模块(仅限MCU屏，16位8080并口驱动)；
- SD卡：通过SDIO(SDIO_D0～D4(PC8～PC11)、SDIO_SCK(PC12)、SDIO_CMD(PD2))连接；
- NOR FLASH(SPI FLASH芯片，连接在SPI2上)；
- VS1053芯片，通过SPI1驱动；
- 功放芯片HT6872，用于放大VS1053的输出以支持扬声器。

正点原子战舰STM32开发板自带了一颗VS1053音频编解码芯片，所以可以直接通过开发板来播放各种音频格式，从而实现一个音乐播放器。战舰STM32开发板板载了VS1053解码芯片的驱动电路，原理如图20.3所示。

VS1053通过7根线同STM32连接，分别是VS_MISO、VS_MOSI、VS_SCK、VS_

XCS、VS_XDCS、VS_DREQ 和 VS_RST。这 7 根线同 STM32 的连接关系如表 20.6 所列。

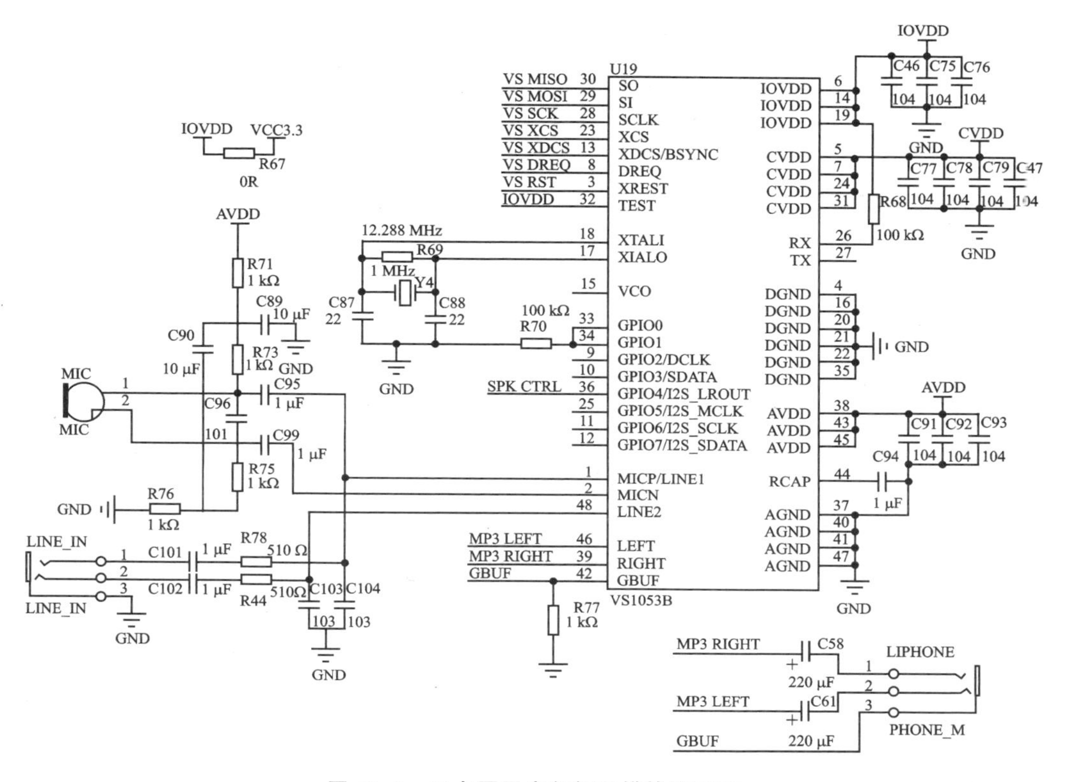

图 20.3　正点原子音频解码模块原理图

表 20.6　VS1053 各信号线与 STM32 连接关系

芯　片	信号线						
VS1053	VS_MISO	VS_MOSI	VS_SCK	VS_XCS	VS_XDCS	VS_DREQ	VS_RST
STM32F103ZET6	PA6	PA7	PA5	PF7	PF6	PC13	PE6

其中，VS_RST 是 VS1053 的复位信号线，低电平有效。VS_DREQ 是一个数据请求信号，用来通知主机 VS1053 是否可以接收数据。VS_MISO、VS_MOSI 和 VS_SCK 是 VS1053 的 SPI 接口，它们在 VS_XCS 和 VS_XDCS 下面执行不同的操作。从表 20.6 可以看出，VS1053 的 SPI 是接在 STM32 的 SPI1 上面的。

MP3_RIGHT 和 MP3_LEFT 来自 VS1053 的音频左右声道输出，由于这里使用的 1053B 可以直接驱动一个 30 Ω 的负载，所以直接输出到耳机 PHONE 接口即可。PWM_AUDIO 连接多功能接口的 AIN，可用于外接音频输入或者 PWM 音频。注意，PWM_AUDIO 仅仅输入了 TDA1308 的一个声道，所以插上耳机的时候只有一边有声音。SPK_IN 连接到 HT6872，作为 HT6872 的输入。

HT6872 是一颗单声道、高功率(最大可达 4.7 W)D 类功放 IC,驱动板载的 2 W 喇叭(在板子背面),原理如图 20.4 所示。图中 SPK_IN 就是 HT6872 的音频输入,SP+和 SP-分别连接喇叭的正负极。SPK_CTRL 信号控制着 HT6872 的工作模式,该信号由 VS1053 的 36 脚(GPIO4)控制。当 SPK_CTRL 脚为低电平时,HT6872 进入关断模式,也就是功放不工作了;当 SPK_CTRL 脚为高电平的时候,HT6872 进入正常工作模式,此时喇叭可以播放 SPK_IN 输入的音频信号。这样通过 SPK_CTRL 就可以控制喇叭的开关了。

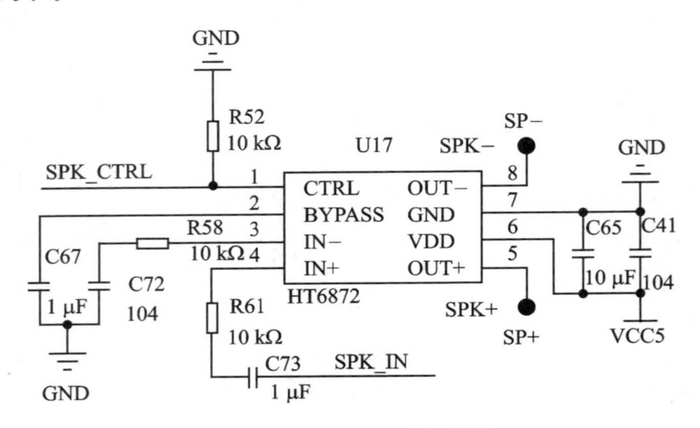

图 20.4 HT6872 原理图

关于如何控制 VS1053 的 GPIO,详见 VS1053 中文数据手册的 10.7 节(67 页),这里就不介绍了。本例程播放歌曲的时候,喇叭输出默认开启,方便测试。

20.3 程序设计

20.3.1 程序流程图

程序流程如图 20.5 所示。从 SD 卡的指定要读取的音乐文件,解析格式正确后,通过 SPI 不断向 VS1053 发送文件数据至播放完成,VS1053 解码后通过选择扬声器或直接从耳机输出音乐。为了交互性,设置板载的按键用于控制播放的歌曲切换及音量调节。

20.3.2 程序解析

音乐文件要通过 microSD/SD 卡传给单片机,那自然要用到文件系统。LCD、按键交互这些也需要实现,为了快速建立工程,这里复制配套资料中的“实验 38 FATFS 实验”并修改成这里的音乐播放器实验。

由于播放功能涉及多个外设的配合,如用文件系统读音频文件、做播放控制等,所以把 VS1053 的硬件驱动放到 BSP 目录下,播放功能作为 APP 放到 USER 目录下。

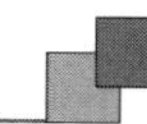

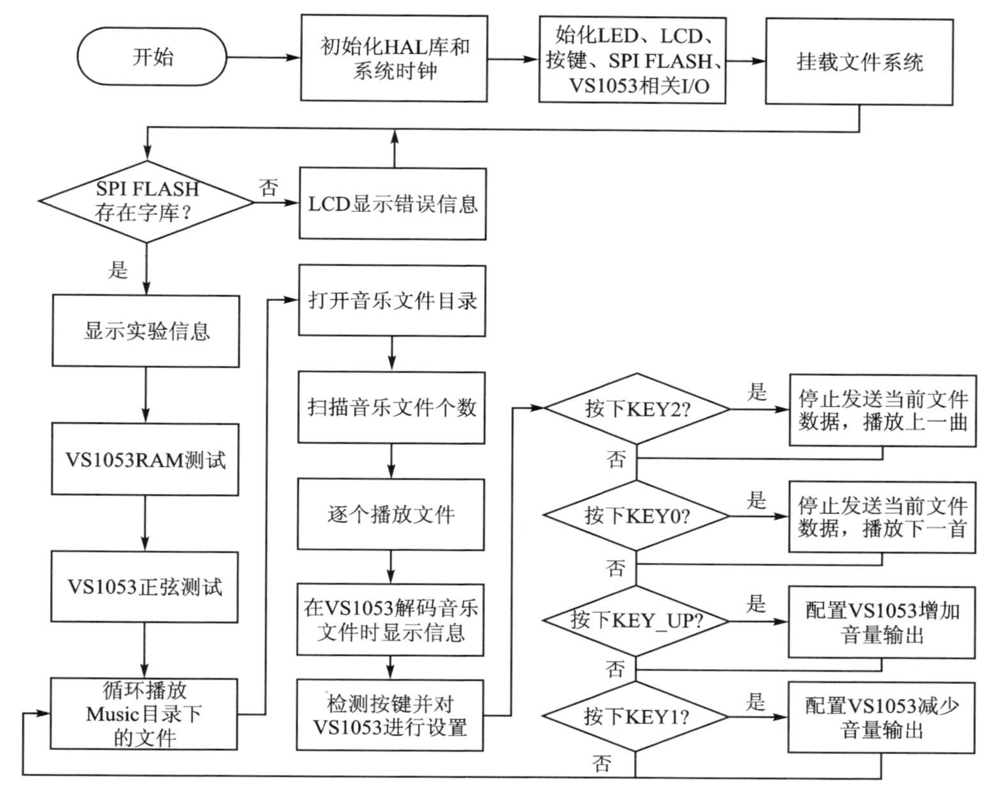

图 20.5　音乐播放器实验程序流程图

1. VS1053 驱动代码

这里只讲解核心代码，详细的源码可参考配套资料中本实验对应源码。VS1053的驱动主要包括2个文件：vs1053.c和vs1053.h。

除去SPI的引脚，这里需要初始化其他I/O的模式，在头文件中定义VS1053的引脚，方便I/O变更之后修改：

```
/* VS10XX RST/XCS/XDCS/DQ 引脚定义 */
/* RST 口配置 */
#define VS10XX_RST_GPIO_PORT          GPIOE
#define VS10XX_RST_GPIO_PIN           GPIO_PIN_6
#define VS10XX_RST_GPIO_CLK_ENABLE()  do{ __HAL_RCC_GPIOE_CLK_ENABLE();}while(0)
/* XCS 口配置 */
#define VS10XX_XCS_GPIO_PORT          GPIOF
#define VS10XX_XCS_GPIO_PIN           GPIO_PIN_7
#define VS10XX_XCS_GPIO_CLK_ENABLE()  do{ __HAL_RCC_GPIOF_CLK_ENABLE();}while(0)
/* XDCS 口配置 */
#define VS10XX_XDCS_GPIO_PORT         GPIOF
#define VS10XX_XDCS_GPIO_PIN          GPIO_PIN_6
#define VS10XX_XDCS_GPIO_CLK_ENABLE() do{__HAL_RCC_GPIOF_CLK_ENABLE();}while(0)
```

```
/* DQ 口配置 */
#define VS10XX_DQ_GPIO_PORT                GPIOC
#define VS10XX_DQ_GPIO_PIN                 GPIO_PIN_13
#define VS10XX_DQ_GPIO_CLK_ENABLE()        do{__HAL_RCC_GPIOC_CLK_ENABLE();}while(0)
```

接下来就是根据 VS1053 手册配置这些控制 I/O 的功能，编写 VS1053 的初始化函数：

```
/**
 * @brief       VS10XX 初始化
 * @param       无
 * @retval      无
 */
void vs10xx_init(void)
{
    VS10XX_RST_GPIO_CLK_ENABLE();       /* VS10XX_RST 脚时钟使能 */
    VS10XX_XCS_GPIO_CLK_ENABLE();       /* VS10XX_XCS 脚时钟使能 */
    VS10XX_XDCS_GPIO_CLK_ENABLE();      /* VS10XX_XDCS 脚时钟使能 */
    VS10XX_DQ_GPIO_CLK_ENABLE();        /* VS10XX_DQ 脚时钟使能 */
    GPIO_InitTypeDef GPIO_Initure;
    /* RST 引脚模式设置,输出 */
    GPIO_Initure.Pin = VS10XX_RST_GPIO_PIN;
    GPIO_Initure.Mode = GPIO_MODE_OUTPUT_PP;
    GPIO_Initure.Pull = GPIO_PULLUP;
    GPIO_Initure.Speed = GPIO_SPEED_FREQ_HIGH;
    HAL_GPIO_Init(VS10XX_RST_GPIO_PORT, &GPIO_Initure);
    /* XCS 引脚模式设置,输出 */
    GPIO_Initure.Pin = VS10XX_XCS_GPIO_PIN;
    HAL_GPIO_Init(VS10XX_XCS_GPIO_PORT, &GPIO_Initure);
    /* XDCS 引脚模式设置,输出 */
    GPIO_Initure.Pin = VS10XX_XDCS_GPIO_PIN;
    HAL_GPIO_Init(VS10XX_XDCS_GPIO_PORT, &GPIO_Initure);
    /* DQ 引脚模式设置,输入 */
    GPIO_Initure.Pin = VS10XX_DQ_GPIO_PIN;
    GPIO_Initure.Mode = GPIO_MODE_INPUT;
    GPIO_Initure.Pull = GPIO_PULLUP;
    GPIO_Initure.Speed = GPIO_SPEED_FREQ_HIGH;
    HAL_GPIO_Init(VS10XX_DQ_GPIO_PORT, &GPIO_Initure);
    spi1_init();
}
```

由于 VS1053 需要符合它自定义的 SCI 时序来配置发送指令字节、读/写操作和 16 位的数据字，在 SCK 下降沿更新数据，先发送每个字节的 MSP，所以需要根据 VS1053 的这种时序编写对应的配置函数。这里重新封装 SPI 读/写函数为 vs10xx_spi_read_write_byte()，这样修改 SPI 的接口时也方便修改。根据手册中的时序图编写 VS1053 的控制接口写命令函数，如下：

```
/**
 * @brief       VS10XX 写命令
 * @param       address: 命令地址
 * @param       data: 命令数据
```

```
  * @retval      无
  */
void vs10xx_write_cmd(uint8_t address, uint16_t data)
{
    while (VS10XX_DQ == 0);                              /* 等待空闲 */
    vs10xx_spi_speed_low();                              /* 低速 */
    VS10XX_XDCS(1);
    VS10XX_XCS(0);
    vs10xx_spi_read_write_byte(VS_WRITE_COMMAND);        /* 发送 VS10XX 的写命令 */
    vs10xx_spi_read_write_byte(address);                 /* 地址 */
    vs10xx_spi_read_write_byte(data >> 8);               /* 发送高 8 位 */
    vs10xx_spi_read_write_byte(data);                    /* 低 8 位 */
    VS10XX_XCS(1);
    vs10xx_spi_speed_high();                             /* 高速 */
}
```

该函数用于向 VS1053 发送命令。注意，VS1053 的写操作比读操作快（写 1/4CLKI，读 1/7 CLKI），虽然说写寄存器最快可以到 1/4 CLKI，但是实测在 1/4 CLKI 的时候会出错，所以写寄存器时最好把 SPI 速度调慢点，然后发送音频数据时就可以实现 1/4 CLKI 的速度了。

接下来还需要访问 VS1053 的工作状态、数据标头等信息，还需要编写一个读函数，同样参考 VS1053 的读时序，编写如下接口：

```
/**
  * @brief       VS10XX 读寄存器
  * @param       address:寄存器地址
  * @retval      读取到的数据
  */
uint16_t vs10xx_read_reg(uint8_t address)
{
    uint16_t temp = 0;
    while (VS10XX_DQ == 0);                              /* 非等待空闲状态 */
    vs10xx_spi_speed_low();                              /* 低速 */
    VS10XX_XDCS(1);
    VS10XX_XCS(0);
    vs10xx_spi_read_write_byte(VS_READ_COMMAND);         /* 发送 VS10XX 的读命令 */
    vs10xx_spi_read_write_byte(address);                 /* 地址 */
    temp = vs10xx_spi_read_write_byte(0xff);             /* 读取高字节 */
    temp = temp << 8;
    temp += vs10xx_spi_read_write_byte(0xff);            /* 读取低字节 */
    VS10XX_XCS(1);
    vs10xx_spi_speed_high();                             /* 高速 */
    return temp;
}
```

对于 VS1053 的一些需要特殊配置的参数，如播放速度、硬件版本、比特率等，需要借助 RAM 和 RAM 地址扩展。所以这里单独封装了函数来操作这些特殊地址，定义为 vs10xx_read_ram()和 vs10xx_write_ram()，代码如下：

```
/**
 * @brief       VS10XX 读 RAM
 * @param       address: RAM 地址
 * @retval      读取到的数据
 */
static uint16_t vs10xx_read_ram(uint16_t address)
{
    uint16_t res;
    vs10xx_write_cmd(SPI_WRAMADDR, address);
    res = vs10xx_read_reg(SPI_WRAM);
    return res;
}
/**
 * @brief       VS10XX 写 RAM
 * @param       address: RAM 地址
 * @param       data: 要写入的值
 * @retval      无
 */
static void vs10xx_write_ram(uint16_t address, uint16_t data)
{
    vs10xx_write_cmd(SPI_WRAMADDR, address);    /* 写 RAM 地址 */
    while (VS10XX_DQ == 0);                     /* 等待空闲 */
    vs10xx_write_cmd(SPI_WRAM, data);           /* 写 RAM 值 */
}
```

有了以上代码就可以根据自己的需要配置 VS1053 工作在需要的模式下了，读者可以用这些读/写函数测试相应的寄存器。其他功能函数比较多，配套资料中实现了一些常用的函数。

2. audioplayer 代码

这部分需要根据 V1053 手册推荐的初始化顺序进行配置。这里需要借助 SD 卡和文件系统把需要播放的歌曲传给 VS1053 播放。在 User 目录下新建一个 APP 文件夹，同时在该目录下新建 audioplayer.c 和 audioplayer.h，并加入到工程。

同样地，需要判断音乐文件类型，把符合条件的相应文件数据发送给 VS1053；需要用到判断文件类型的函数，在 FATFS 的扩展文件中已经实现了这个功能，在图片显示实验也演示了这部分代码的使用，这里把这个功能封装成了 audio_get_tnum()函数，参见配套资料。接下来分析 audio_play_song()函数，它用于实现播放单个歌曲的功能。由于 VS1053 在解码 FLAC 时有已知 Bug，在解码 FLAC 时需要根据官方给的 patches 文件利用 vs10xx_load_patch()刷入 VS1053 的 RAM 区，并结合播放控制。歌曲播放函数实现如下：

```
/**
 * @brief       播放一曲指定的歌曲
 * @param       pname: 带路径的文件名
 * @retval      播放结果
 * @arg         KEY0_PRES, 下一曲
 * @arg         KEY2_PRES, 上一曲
```

```
 * @arg           其他，错误
 */
uint8_t audio_play_song(uint8_t * pname)
{
    FIL * fmp3;
    uint16_t br;
    uint8_t res, rval;
    uint8_t * databuf;
    uint16_t i = 0;
    uint8_t key;
    rval = 0;
    fmp3 = (FIL * )mymalloc(SRAMIN, sizeof(FIL));      /* 申请内存 */
    databuf = (uint8_t * )mymalloc(SRAMIN, 4096);      /* 开辟 4 096 字节的内存区域 */
    if (databuf == NULL || fmp3 == NULL)rval = 0XFF ;  /* 内存申请失败 */
    if (rval == 0)
    {
        vs10xx_restart_play();                     /* 重启播放 */
        vs10xx_set_all();                          /* 设置音量等信息 */
        vs10xx_reset_decode_time();                /* 复位解码时间 */
        res = exfuns_file_type(pname);             /* 得到文件后缀 */
        if (res == T_FLAC)                         /* 如果是 FLAC,加载 patch */
        {
            vs10xx_load_patch((uint16_t * )vs1053b_patch, VS1053B_PATCHLEN);
        }
        res = f_open(fmp3, (const TCHAR * )pname, FA_READ); /* 打开文件 */
        if (res == 0)                              /* 打开成功 */
        {
            vs10xx_spi_speed_high();         /* 高速 */
            while (rval == 0)
            {
                res = f_read(fmp3, databuf, 4096, (UINT * )&br);/* 读出 4 096 字节 */
                i = 0;
                do        /* 主播放循环 */
                {
                    if (vs10xx_send_music_data(databuf + i) == 0)
                    {/* 给 VS10XX 发送音频数据 */
                        i += 32;
                    }
                    else
                    {
                        key = key_scan(0);
                        switch (key)
                        {
                            case KEY0_PRES: /* 下一曲 */
                            case KEY2_PRES: /* 上一曲 */
                                rval = key;
                                break;
                            case WKUP_PRES: /* 音量增加 */
                                if (vsset.mvol < 250)
                                {
                                    vsset.mvol += 5;
```

```
                                    vs10xx_set_volume(vsset.mvol);
                                }
                                else
                                {
                                    vsset.mvol = 250;
                                }
        /* 音量限制在:100～250,显示的时候,按照公式(vol - 100)/5 显示,也就是 0～30 */
                                audio_vol_show((vsset.mvol - 100) / 5);
                                break;
                            case KEY1_PRES: /* 音量减 */
                                if (vsset.mvol > 100)
                                {
                                    vsset.mvol -= 5;
                                    vs10xx_set_volume(vsset.mvol);
                                }
                                else
                                {
                                    vsset.mvol = 100;
                                }
        /* 音量限制在:100～250,显示的时候,按照公式(vol - 100)/5 显示,也就是 0～30 */
                                audio_vol_show((vsset.mvol - 100) / 5);
                                break;
                        }
                        audio_msg_show(fmp3->obj.objsize);   /* 显示信息 */
                    }
                } while (i < 4096); /* 循环发送 4 096 字节 */
                if (br != 4096 || res != 0)
                {
                    rval = KEY0_PRES;
                    break;         /* 读完了 */
                }
            }
            f_close(fmp3);
        }
        else
        {
            rval = 0XFF;           /* 出现错误 */
        }
    }
    myfree(SRAMIN, databuf);
    myfree(SRAMIN, fmp3);
    return rval;
}
```

测试通过单曲播放的功能后,可以根据需要再封装一个目录循环播放的函数,利用 VS1053 解码音乐数据的间隔,并显示一些与音乐文件相关的信息,从而完成类似音乐播放器的功能。这里封装为 audio_play()函数,这部分代码实现起来相对容易,读者可自行实现或者参考配套资料的源代码即可。

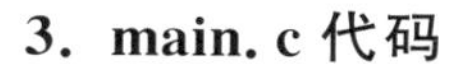

3. main.c 代码

解决了音乐播放的问题，main.c 函数实现起来就简单了，按照流程图的设计思路进行编写即可：

```
int main(void)
{
    HAL_Init();                                    /* 初始化 HAL 库 */
    sys_stm32_clock_init(RCC_PLL_MUL9);            /* 设置时钟，72 MHz */
    delay_init(72);                                /* 延时初始化 */
    usart_init(115200);                            /* 串口初始化为 115 200 */
    usmart_dev.init(72);                           /* 初始化 USMART */
    led_init();                                    /* 初始化 LED */
    lcd_init();                                    /* 初始化 LCD */
    key_init();                                    /* 初始化按键 */
    sram_init();                                   /* SRAM 初始化 */
    norflash_init();                               /* 初始化 NORFLASH */
    vs10xx_init();                                 /* VS10XX 初始化 */
    my_mem_init(SRAMIN);                           /* 初始化内部 SRAM 内存池 */
    my_mem_init(SRAMEX);                           /* 初始化外部 SRAM 内存池 */
    exfuns_init();                                 /* 为 FATFS 相关变量申请内存 */
    f_mount(fs[0], "0:", 1);                       /* 挂载 SD 卡 */
    f_mount(fs[1], "1:", 1);                       /* 挂载 FLASH */
    while (fonts_init())                           /* 检查字库 */
    {
        lcd_show_string(30, 50, 200, 16, 16, "Font Error!", RED);
        delay_ms(200);
        lcd_fill(30, 50, 240, 66, WHITE);          /* 清除显示 */
        delay_ms(200);
    }
    text_show_string(30, 50, 200, 16, "正点原子 STM32 开发板", 16, 0, RED);
    text_show_string(30, 70, 200, 16, "音乐播放器 实验", 16, 0, RED);
    text_show_string(30, 110, 200, 16, "KEY0:NEXT   KEY2:PREV", 16, 0, RED);
    text_show_string(30, 130, 200, 16, "KEY_UP:VOL+ KEY1:VOL-", 16, 0, RED);
    while (1)
    {
        LED1(0);
        text_show_string(30, 150, 200, 16, "存储器测试...", 16, 0, RED);
        printf("Ram Test:0X%04X\r\n", vs10xx_ram_test());   /* 打印 RAM 测试结果 */
        text_show_string(30, 150, 200, 16, "正弦波测试...", 16, 0, RED);
        vs10xx_sine_test();
        text_show_string(30, 150, 200, 16, "<<音乐播放器>>", 16, 0, RED);
        LED1(1);
        audio_play();
    }
}
```

到这里本实验的代码基本就编写完成了，将准备好的音乐文件放到 SD 卡根目录下的 MUSIC 文件夹并测试，并把 VS1053 的配置函数加到 USMART 下，这样就能用 USMART 来测试和调试 VS1053 了。

20.4 下载验证

代码编译成功之后，下载代码到正点原子战舰 STM32 开发板上，则程序先执行字库监测，然后对 VS1053 进行 RAM 测试和正弦测试。

当检测到 SD 卡根目录的 MUSIC 文件夹包含有效音频文件（VS1053 所支持的格式）的时候，就开始自动播放歌曲了，如图 20.6 所示。可以看出，总共 3 首歌曲，当前正在播放第 3 首歌曲，并显示了歌曲名、播放时间、总时长、码率、音量等信息。此时 DS0 会随着音乐的播放而闪烁，2 s 闪烁一次。此时便可以听到开发板板载喇叭播放出来的音乐了，也可以在开发板的 PHONE 端插入耳机来听歌。同时，可以通过 KEY0 和 KEY2 按键来切换下一曲和上一曲，通过 KEY_UP 按键来控制音量增加，通过 KEY1 按键控制音量减小。

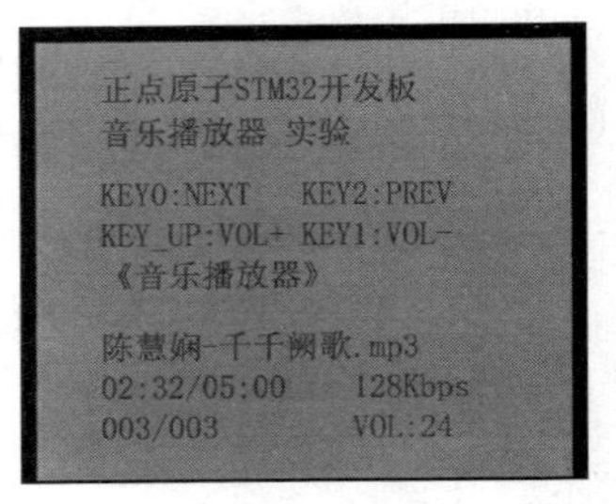

图 20.6 音乐播放中

本实验还可以通过 USMART 来测试 VS1053 的其他功能，通过将 vs10xx.c 里面的部分函数加入 USMART 管理可以很方便地设置或获取 VS1053 各种参数，从而达到验证测试的目的。

至此，我们就完成了一个简单的 MP3 播放器，在此基础上进一步完善就可以做出一个比较实用的 MP3 了。

第21章 DSP测试实验

本章手把手教读者搭建DSP库测试环境，通过对DSP库中几个基本数学功能函数和FFT(快速傅里叶变换)函数的测试，使读者对STM32F103的DSP库有个基本的了解。

21.1 DSP简介与环境搭建

21.1.1 STM32F103 DSP简介

STM32F103采用Cortex-M3内核，没有内置硬件FPU单元，也没有DSP指令集。那么要在数字信号处理能力方面有比较大的提升，则就要选择Cortex-M4和Cortex-M7。这里只是通过调用DSP库进行测试。

STM32F1的DSP库源码和测试实例在ST提供的HAL库固件包en.stm32cubef1.zip里面就有(该文件可以在www.st.com网站搜索STM32CubeF1即可找到最新版本)，也可在配套资料的8,STM32参考资料→1,STM32CubeF1固件包→STM32Cube_FW_F1_V1.8.0→Drivers→CMSIS→DSP查看。该文件夹下目录结构如图21.1所示。

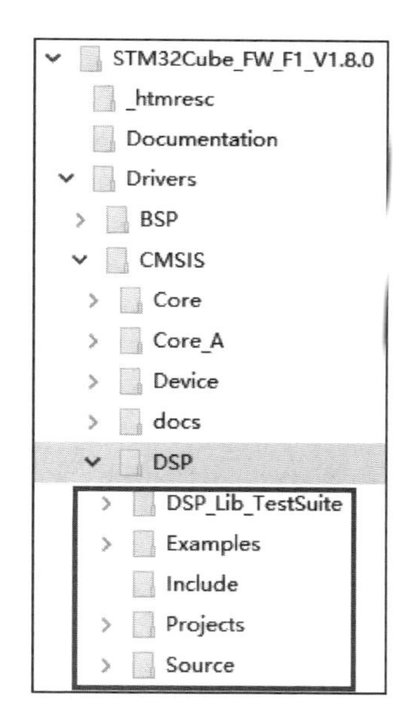

图21.1 DSP目录结构

DSP源码包的Source文件夹是所有DSP库的源码，Examples文件夹是对应的一些测试实例。这些测试实例都带main函数，也就是拿到工程中可以直接使用。接下来分别介绍Source源码文件夹下面的子文件夹包含的DSP库的功能。

BasicMathFunctions

基本数学函数：提供浮点数的各种基本运算函数，如向量加减乘除等运算。

CommonTables

arm_common_tables.c文件提供位翻转或相关参数表。arm_const_structs.c文件提供一些常用的常量结构体，方便用户使用。

ComplexMathFunctions

复数学功能,如向量处理、求模运算。

ControllerFunctions

控制功能函数,包括正弦余弦、PID电机控制、矢量Clarke变换、矢量Clarke逆变换。

FastMathFunctions

快速数学功能函数,提供了一种快速的近似正弦、余弦和平方根等比CMSIS计算库要快的数学函数。

FilteringFunctions

滤波函数功能,主要为FIR和LMS(最小均方根)等滤波函数。

MatrixFunctions

矩阵处理函数,包括矩阵加法、矩阵初始化、矩阵反、矩阵乘法、矩阵规模、矩阵减法、矩阵转置等函数。

StatisticsFunctions

统计功能函数,如求平均值、最大值、最小值、计算均方根RMS、计算方差/标准差等。

SupportFunctions

支持功能函数,如数据复制、Q格式和浮点格式相互转换、Q任意格式相互转换。

TransformFunctions

变换功能,包括复数FFT(CFFT)/复数FFT逆运算(CIFFT)、实数FFT(RFFT)/实数FFT逆运算(RIFFT)、DCT(离散余弦变换)和配套的初始化函数。

所有这些DSP库代码合在一起是比较多的,因此,ST提供了.lib格式的文件,方便使用。这些.lib文件就是由Source文件夹下的源码编译生成的,可以在Source文件夹下面查找。.lib格式文件HAL库包路径:Drivers→CMSIS→Lib→ARM。针对Cortex-M3的总共有2个.lib文件,分别是arm_cortexM3b_math.lib(Cortex-M3大端模式)及arm_cortexM3l_math.lib(Cortex-M3小端模式)。

这就需要根据所用MCU内核类型以及端模式来选择符合要求的.lib文件,本章所用的STM32F1属于Cortex-M3内核,小端模式,应选择arm_cortexM3l_math.lib(Cortex-M7小端模式)。

DSP的子文件夹Examples下面存放的文件是ST官方提供的一些DSP测试代码,方便上手,有兴趣的读者可以根据需要自行测试。

21.1.2 DSP库运行环境搭建

本小节讲解怎么搭建DSP库运行环境,只要运行环境搭建好了,使用DSP库里面的函数来做相关处理就非常简单了。本节基于定时器实验搭建DSP运行环境,分为3个步骤。

1. 添加文件

首先，在配套资料的实验32_1 DSP BasicMath测试实验\Drivers\CMSIS目录下新建DSP和Lib文件夹，然后把官方的相应文件拉到工程的相应位置，即arm_cortexM3l_math.lib和相关头文件，再把没用到的文件删除，如图21.2和图21.3所示。Include文件夹里面包含了可能要用到的相关头文件，所以要添加到工程中。

然后，打开工程，新建Drivers/CMSIS分组，并将arm_cortexM3l_math.lib添加到工程里面，如图21.4所示。这样，添加文件就结束了(就添加了一个.lib文件)。

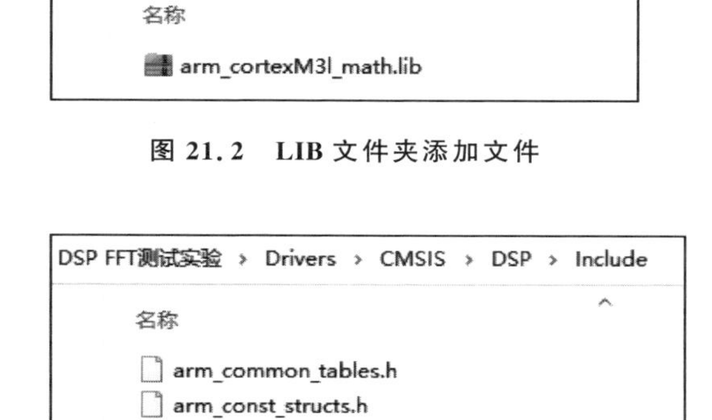

图21.2　LIB文件夹添加文件

DSP FFT测试实验 › Drivers › CMSIS › DSP › Include
名称
arm_common_tables.h
arm_const_structs.h
arm_math.h

图21.3　DSP文件夹添加文件

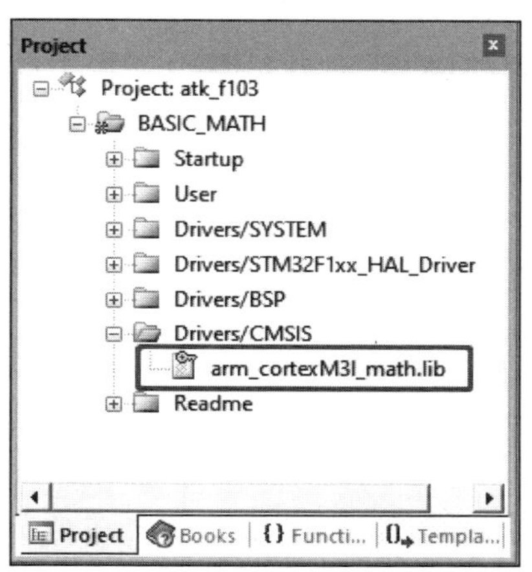

图21.4　添加.lib文件

2. 添加头文件包含路径

添加好.lib文件后要添加头文件包含路径，这个我们工程都统一添加好了，所以不用再额外操作。注意，要添加头文件包含路径，如图21.5所示。

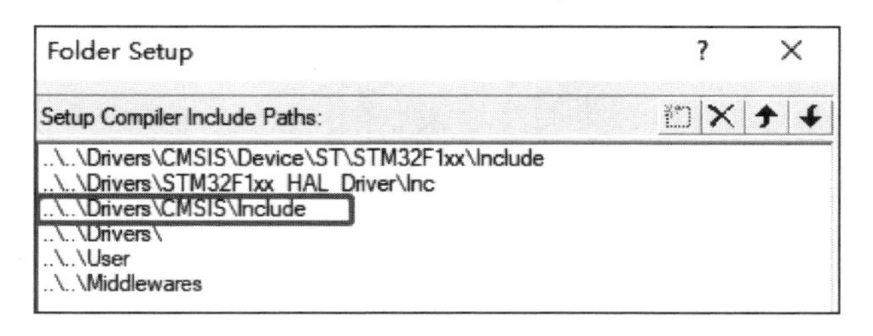

图21.5　添加相关头文件包含路径

3. 添加全局宏定义

最后，为了使用DSP库的所有功能，还需要添加几个全局宏定义，分别是ARM_MATH_CM3、__CC_ARM、ARM_MATH_MATRIX_CHECK及ARM_MATH_ROUNDING。添加方法：单击图标，在弹出的对话框中选择C/C++选项卡，然后在Define文本框进行设置，如图21.6所示。

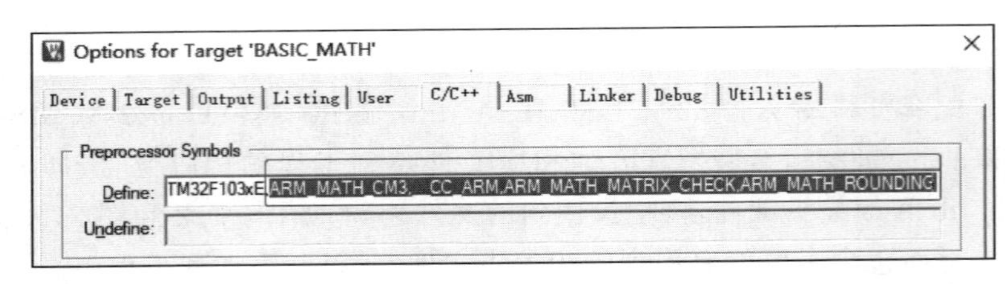

图 21.6 DSP 库支持全局宏定义设置

这里,所有的宏之间都需要用英文格式下“,”隔开。在 Define 文本框要输入的所有宏为“STM32F103xE,USE_HAL_DRIVER,ARM_MATH_CM3,__CC_ARM,ARM_MATH_MATRIX_CHECK,ARM_MATH_ROUNDING”。

至此,STM32F103 的 DSP 库运行环境就搭建完成了。注意,为了方便调试,本章例程将 MDK 的优化设置为-O0 优化,以得到最好的调试效果。

21.2 硬件设计

(1) 例程功能

本例程包含 2 个源码,参见配套资料的实验 32_1 DSP BasicMath 测试实验和实验 32_2 DSP FFT 测试实验,它们除了 main.c 里面内容不一样外,其他源码完全一样(包括 MDK 配置)。

“实验 32_1 DSP BasicMath 测试实验”功能简介:测试 STM32F103 的 DSP 库中 arm_cos_f32、arm_sin_f32 和标准库基础数学函数 cosf、sinf 的速度差别,并在 LCD 屏幕上显示两者计算所用时间。LED0 闪烁,提示程序运行。

“实验 32_2 DSP FFT 测试实验”功能简介:测试 STM32F103 的 DSP 库的 FFT 函数,程序运行后,自动生成 1 024 点测试序列。然后,每当 KEY0 按下后,就调用 DSP 库的 FFT 算法(基 4 法)执行 FFT 运算,在 LCD 屏幕上面显示运算时间,同时将 FFT 结果输出到串口。LED0 闪烁,提示程序运行。

(2) 硬件资源

- LED 灯:LED0 - PB5;
- 串口 1(PA9、PA10 连接在板载 USB 转串口芯片 CH340 上面);
- 正点原子 TFTLCD 模块(仅限 MCU 屏,16 位 8080 并口驱动);
- 独立按键:KEY0 - PE4;
- 定时器 6。

21.3 程序设计

21.3.1 DSP BasicMath 测试

这是使用 STM32F103 的 DSP 库进行基础数学函数测试的一个例程。这里介绍

使用不同实现方式来实现 sin x^2 + cos x^2 = 1 函数。

MDK 的标准库(math.h)提供了 sin、cos、sinf 和 cosf 这 4 个函数，带 f 的表示单精度浮点型运算(即 float 型)，不带 f 的表示双精度浮点型(即 double)。

STM32F103 的 DSP 库提供了另外 2 个函数：arm_sin_f32 和 arm_cos_f32(注意，需要添加 arm_math.h 头文件才可使用)，它们也是单精度浮点型的，用法同 sinf 和 cosf 一样。

本例程就是测试 arm_sin_f32&arm_cos_f32 同 sinf&cosf 的速度差别。21.1.2 节已经搭建好 DSP 库运行环境了，所以这里只需要修改 main.c 里面的代码即可。main.c 代码如下：

```
/**
 * @brief     sin cos 测试
 * @param     angle: 起始角度
 * @param     times: 运算次数
 * @param     mode: 是否使用 DSP 库
 * @arg       0, 不使用 DSP 库
 * @arg       1, 使用 DSP 库
 *
 * @retval    无
 */
uint8_t sin_cos_test(float angle, uint32_t times, uint8_t mode)
{
    float sinx, cosx;
    float result;
    uint32_t i = 0;
    if (mode == 0)
    {
        for (i = 0; i < times; i++)
        {
            cosx = cosf(angle);                    /* 不使用 DSP 优化的 sin,cos 函数 */
            sinx = sinf(angle);
            result = sinx * sinx + cosx * cosx;    /* 计算结果应该等于 1 */
            result = fabsf(result - 1.0f);         /* 对比与 1 的差值 */
            if (result > DELTA)return 0XFF;        /* 判断失败 */
            angle += 0.001f;                       /* 角度自增 */
        }
    }
    else
    {
        for (i = 0; i < times; i++)
        {
            cosx = arm_cos_f32(angle);             /* 使用 DSP 优化的 sin,cos 函数 */
            sinx = arm_sin_f32(angle);
            result = sinx * sinx + cosx * cosx;    /* 计算结果应该等于 1 */
            result = fabsf(result - 1.0f);         /* 对比与 1 的差值 */
            if (result > DELTA)return 0XFF;        /* 判断失败 */
            angle += 0.001f;                       /* 角度自增 */
        }
```

```
    }
    return 0;                                        /* 任务完成 */
}
uint8_t g_timeout;
int main(void)
{
    float time;
    char buf[50];
    uint8_t res;
    HAL_Init();                                      /* 初始化 HAL 库 */
    sys_stm32_clock_init(RCC_PLL_MUL9);              /* 设置时钟，72 MHz */
    delay_init(72);                                  /* 延时初始化 */
    usart_init(115200);                              /* 串口初始化为 115 200 */
    led_init();                                      /* 初始化 LED */
    lcd_init();                                      /* 初始化 LCD */
    btim_timx_int_init(65535, 7200 - 1);    /* 10 kHz 计数频率,最大计时 6.5 s 超出 */
    lcd_show_string(30, 50, 200, 16, 16, "STM32", RED);
    lcd_show_string(30, 70, 200, 16, 16, "DSP BasicMath TEST", RED);
    lcd_show_string(30, 90, 200, 16, 16, "ATOM@ALIENTEK", RED);
    lcd_show_string(30,110, 200, 16, 16, " No DSP runtime:", RED);/* 显示提示信息 */
    lcd_show_string(30,150,200,16,16, "Use DSP runtime:", RED);/* 显示提示信息 */
    while (1)
    {
        /* 不使用 DSP 优化 */
        __HAL_TIM_SET_COUNTER(&timx_handler,0);  /* 重设 TIM3 定时器的计数器值 */
        g_timeout = 0;
        res = sin_cos_test(PI / 6, 10000, 0);
        time = __HAL_TIM_GET_COUNTER(&timx_handler) +
                (uint32_t)g_timeout * 65536;
        sprintf(buf, "%0.1fms\r\n", time / 10);
        if (res == 0)
        {
            lcd_show_string(30 + 16 * 8,110,100,16,16, buf, BLUE);/* 显示运行时间 */
        }
        else
        {/* 显示当前运行情况 */
            lcd_show_string(30 + 16 * 8,110,100,16,16,"error!",BLUE);
        }
        /* 使用 DSP 优化 */
        __HAL_TIM_SET_COUNTER(&timx_handler,0); /* 重设 TIM3 定时器的计数器值 */
        g_timeout = 0;
        res = sin_cos_test(PI / 6, 10000, 1);
        time = __HAL_TIM_GET_COUNTER(&timx_handler) +
                (uint32_t)g_timeout * 65536;
        sprintf(buf, "%0.1fms\r\n", time / 10);
        if (res == 0)
        {
            lcd_show_string(30 + 16 * 8,150,100,16,16, buf, BLUE); /* 显示运行时间 */
        }
        else
        {/* 显示错误 */
```

```
            lcd_show_string(30 + 16 * 8, 150, 100, 16, 16, "error!", BLUE);
        }
        LED0_TOGGLE();
    }
}
```

这里包括 2 个函数:sin_cos_test 和 main 函数。其中,sin_cos_test 函数用于根据给定参数执行 $\sin x^2 + \cos x^2 = 1$ 的计算。计算完成后,计算结果同给定的误差值(DELTA)对比,如果不大于误差值,则认为计算成功,否则计算失败。该函数可以根据给定的模式参数(mode)来决定使用哪个基础数学函数执行运算,从而得出对比。

main 函数比较简单,这里通过定时器 6 来统计 sin_cos_test 运行时间,从而得出对比数据。主循环里面每次循环都会 2 次调用 sin_cos_test 函数,先采用不使用 DSP 库方式计算,然后采用使用 DSP 库方式计算,并得出 2 次计算的时间显示在 LCD 上面。

21.3.2 DSP FFT 测试

这是使用 STM32F103 的 DSP 库进行 FFT 函数测试的一个例程。FFT(即快速傅里叶变换)可以将一个时域信号变换到频域。因为有些信号在时域上很难看出特征,但是如果变换到频域,就很容易看出特征了,这就是很多信号分析采用 FFT 变换的原因。另外,FFT 可以将一个信号的频谱提取出来,这在频谱分析方面也是经常用的。简而言之,FFT 就是将一个信号从时域变换到频域的方法,方便后续分析处理。

在实际应用中,一般的处理过程是先对一个信号在时域采集,比如通过 ADC 按照采样频率 F 去采集信号,采集 N 个点,那么通过对这 N 个点进行 FFT 运算就可以得到这个信号的频谱特性。

这里还涉及一个采样定理的概念:在进行模拟/数字信号的转换过程中,当采样频率 F 大于信号中最高频率 f_{max} 的 2 倍时($F > 2f_{max}$),采样之后的数字信号就完整地保留了原始信号中的信息,采样定理又称奈奎斯特定理。举个简单的例子:比如正常人发声频率范围一般在 8 kHz 以内,那么要通过采样之后的数据来恢复声音,则采样频率必须为 8 kHz 的 2 倍以上,也就是必须大于 16 kHz 才行。

模拟信号经过 ADC 采样之后就变成了数字信号,采样得到的数字信号就可以做 FFT 变换了。N 个采样点数据,在经过 FFT 之后,就可以得到 N 个点的 FFT 结果。为了方便进行 FFT 运算,通常 N 取 2 的整数次方。

假设采样频率为 F,采样点数为 N,那么 FFT 之后结果就是一个 N 点的复数,每一个点就对应着一个频率点(以基波频率为单位递增),这个点的模值(sqrt(实部^2+虚部^2))就是该频率点频率值下的幅度特性。具体跟原始信号的幅度有什么关系呢?假设原始信号的峰值为 A,那么 FFT 结果的每个点(除了第一个点直流分量之外)的模值就是 A 的 $N/2$ 倍,而第一个点就是直流分量,它的模值就是直流分量的 N 倍。

这里还有个基波频率(也叫频率分辨率)的概念,就是如果按照 F 的采样频率去采集一个信号,一共采集 N 个点,那么基波频率(频率分辨率)就是 $f_k = F/N$。这样,第 n 个点对应信号频率为 $F(n-1)/N$;其中 $n \geq 1$,当 $n=1$ 时为直流分量。

如果要自己实现 FFT 算法，对于不懂数字信号处理的读者来说是比较难的。不过，ST 提供的 STM32F103 DSP 库里面有 FFT 函数供调用，只需要知道如何使用这些函数就可以迅速完成 FFT 计算，而不需要自己学习数字信号处理再编写代码了，大大方便了开发。

STM32F103 的 DSP 库里面提供了定点和浮点 FFT 实现方式，并且有基 4 的也有基 2 的，可以根据需要自由选择实现方式。注意，对于基 4 的 FFT 输入点数必须是 4^n，而基 2 的 FFT 输入点数则必须是 2^n，并且基 4 的 FFT 算法要比基 2 的快。

本章将采用 DSP 库里面的基 4 浮点 FFT 算法来实现 FFT 变换，并计算每个点的模值，所用到的函数有：

```
/* Deprecated */
arm_status arm_cfft_radix4_init_f32(arm_cfft_radix4_instance_f32 * S,
                    uint16_t fftLen,  uint8_t ifftFlag,  uint8_t bitReverseFlag);
/* Deprecated */
void arm_cfft_radix4_f32(const arm_cfft_radix4_instance_f32 * S,
float32_t * pSrc);
/**
  * @brief   Floating - point complex magnitude
  * @param[in]  pSrc          points to the complex input vector
  * @param[out] pDst          points to the real output vector
  * @param[in]  numSamples   number of complex samples in the input vector
  */
void arm_cmplx_mag_f32(float32_t * pSrc, float32_t * pDst,uint32_t numSamples);
```

第一个函数 arm_cfft_radix4_init_f32，用于初始化 FFT 运算相关参数。其中，fftLen 用于指定 FFT 长度(16、64、256、1 024、4 096)，本章设置为 1 024；ifftFlag 用于指定是傅里叶变换(0)还是反傅里叶变换(1)，本章设置为 0；bitReverseFlag 用于设置是否按位取反，本章设置为 1；最后，所有这些参数都存储在一个 arm_cfft_radix4_instance_f32 结构体指针 S 里面。

第二个函数 arm_cfft_radix4_f32 执行基 4 浮点 FFT 运算，pSrc 传入采集到的输入信号数据(实部＋虚部形式)，同时 FFT 变换后的数据也按顺序存放在 pSrc 里面，pSrc 必须大于等于 2 倍 fftLen 长度。另外，S 结构体指针参数是先由 arm_cfft_radix4_init_f32 函数设置好，然后传入该函数的。

第三个函数 arm_cmplx_mag_f32 用于计算复数模值，可以对 FFT 变换后的结果数据执行取模操作。pSrc 为复数输入数组(大小为 2・numSamples)指针，指向 FFT 变换后的结果；pDst 为输出数组(大小为 numSamples)指针，存储取模后的值；numSamples 就是指总共有多少个数据需要取模。

通过这 3 个函数便可以完成 FFT 计算并取模值。本节例程(实验 32_2 DSP FFT 测试实验)同样是在 22.1.2 小节已经搭建好 DSP 库运行环境上面修改代码，只需要修改 main.c 里面的代码即可，如下：

```
/* FFT 长度，默认是 1024 点 FFT
 * 可选范围为：16, 64, 256, 1 024
 */
```

```
#define FFT_LENGTH        1024
float fft_inputbuf[FFT_LENGTH * 2];                /* FFT 输入数组 */
float fft_outputbuf[FFT_LENGTH];                   /* FFT 输出数组 */
uint8_t g_timeout;
int main(void)
{
    float time;
    char buf[50];
    arm_cfft_radix4_instance_f32 scfft;
    uint8_t key, t = 0;
    uint16_t i;
    HAL_Init();                                    /* 初始化 HAL 库 */
    sys_stm32_clock_init(RCC_PLL_MUL9);            /* 设置时钟，72 MHz */
    delay_init(72);                                /* 延时初始化 */
    usart_init(115200);                            /* 串口初始化为 115 200 */
    led_init();                                    /* 初始化 LED */
    lcd_init();                                    /* 初始化 LCD */
    key_init();                                    /* 初始化按键 */
    btim_timx_int_init(65535, 7200 - 1);  /* 10 kHz 计数频率,最大计时 6.5 s 超出 */
    lcd_show_string(30, 50, 200, 16, 16, "STM32F103", RED);
    lcd_show_string(30, 70, 200, 16, 16, "DSP FFT TEST", RED);
    lcd_show_string(30, 90, 200, 16, 16, "ATOM@ALIENTEK", RED);
    lcd_show_string(30, 110, 200, 16, 16, "2020/4/5", RED);
    lcd_show_string(30, 130, 200, 16, 16, "KEY0:Run FFT", RED); /* 显示提示信息 */
    lcd_show_string(30, 160, 200, 16, 16, "FFT runtime:", RED); /* 显示提示信息 */
    /* 初始化 scfft 结构体,设定 FFT 相关参数 */
    arm_cfft_radix4_init_f32(&scfft, FFT_LENGTH, 0, 1);
    while (1)
    {
        key = key_scan(0);
        if (key == KEY0_PRES)
        {
            for (i = 0; i < FFT_LENGTH; i++ )    /* 生成信号序列 */
            {
                /* 生成输入信号实部 */
                fft_inputbuf[2 * i] = 100 +
                                      10 * arm_sin_f32(2 * PI * i / FFT_LENGTH) +
                                      30 * arm_sin_f32(2 * PI * i * 4 / FFT_LENGTH) +
                                      50 * arm_cos_f32(2 * PI * i * 8 / FFT_LENGTH);
                fft_inputbuf[2 * i + 1] = 0; /* 虚部全部为 0 */
            }
            BTIM_TIMX_INT->CNT = 0;; /* 重设 BTIM_TIMX_INT 定时器的计数器值 */
            g_timeout = 0;
            arm_cfft_radix4_f32(&scfft, fft_inputbuf);      /* FFT 计算(基 4) */
            time = BTIM_TIMX_INT->CNT + (uint32_t)g_timeout * 65536;/* 计算所用时间 */
            sprintf((char *)buf, "%0.3fms\r\n", time / 1000);
            /* 显示运行时间 */
            lcd_show_string(30 + 12 * 8, 160, 100, 16, 16, buf, BLUE);
            /* 把运算结果复数求模的幅值 */
            arm_cmplx_mag_f32(fft_inputbuf, fft_outputbuf, FFT_LENGTH);
            printf("\r\n%d point FFT runtime: %0.3fms\r\n",FFT_LENGTH, time/1000);
```

```
            printf("FFT Result:\r\n");
            for (i = 0; i < FFT_LENGTH; i++)
            {
                printf("fft_outputbuf[%d]:%f\r\n", i, fft_outputbuf[i]);
            }
        }
        else
        {
            delay_ms(10);
        }

        t++;
        if ((t % 20) == 0)
        {
            LED0_TOGGLE();
        }
    }
}
```

以上代码只有一个 main 函数,其中通过前面介绍的 3 个函数(arm_cfft_radix4_init_f32、arm_cfft_radix4_f32 和 arm_cmplx_mag_f32)来执行 FFT 变换并取模值。每当按下 KEY0 时就会重新生成一个输入信号序列,执行一次 FFT 计算,将 arm_cfft_radix4_f32 所用时间统计出来,并显示在 LCD 屏幕上面,同时将取模后的模值通过串口打印出来。

这里程序上生成了一个输入信号序列用于测试,输入信号序列表达式:

```
/* 生成输入信号实部 */
fft_inputbuf[2 * i] = 100 +
                      10 * arm_sin_f32(2 * PI * i / FFT_LENGTH) +
                      30 * arm_sin_f32(2 * PI * i * 4 / FFT_LENGTH) +
                      50 * arm_cos_f32(2 * PI * i * 8 / FFT_LENGTH);
```

通过该表达式可知,信号的直流分量为 100,外加 2 个正弦信号和一个余弦信号,其幅值分别为 10、30 和 50。

21.4 下载验证

将配套资料中实验 32_1 DSP BasicMath 测试实验的程序下载到开发板,则可以在屏幕看到 2 种实现方式的速度差别,如图 21.7 所示。可以看出,使用 DSP 库的基础数学函数计算所用时间比不使用 DSP 库的短,使用 STM32F103 的 DSP 库时,速度方面比传统的实现方式提升了约 23%。

将配套资料中实验 32_2 DSP FFT 测试实验程序下载后,屏幕显示提示信息,然后按下 KEY0 就可以看到 FFT 运算所耗时间,如图 21.8 所示。可以看到,STM32F103 采用基 4 法计算 1 024 个浮点数的 FFT,仅用了 0.345 ms,速度非常快。同时,可以在串口看到 FFT 变换取模后的各频点模值,如图 21.9 所示。

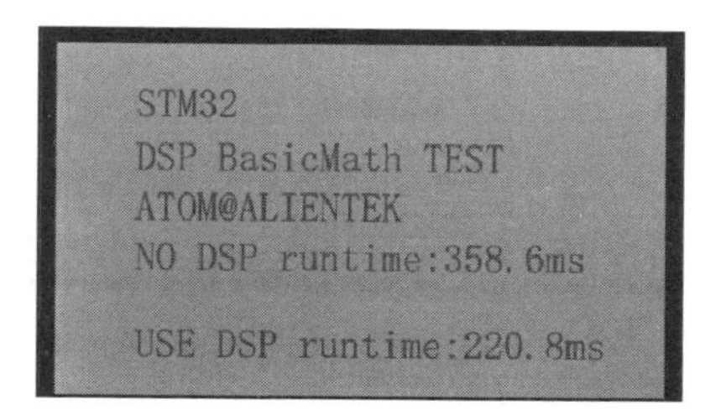

图 21.7　使用 DSP 库和不使用 DSP 库的基础数学函数速度对比

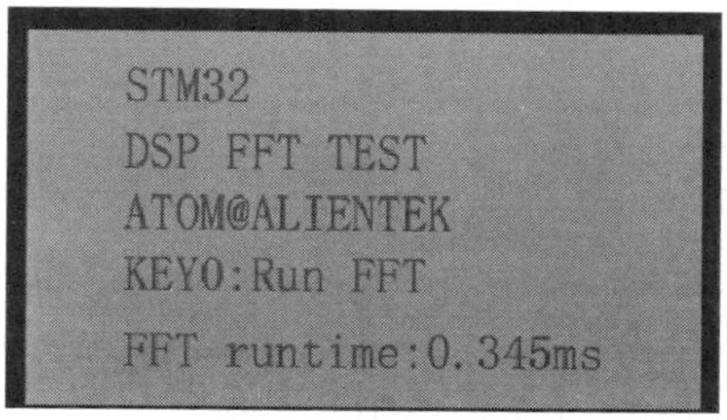

图 21.8　FFT 测试界面

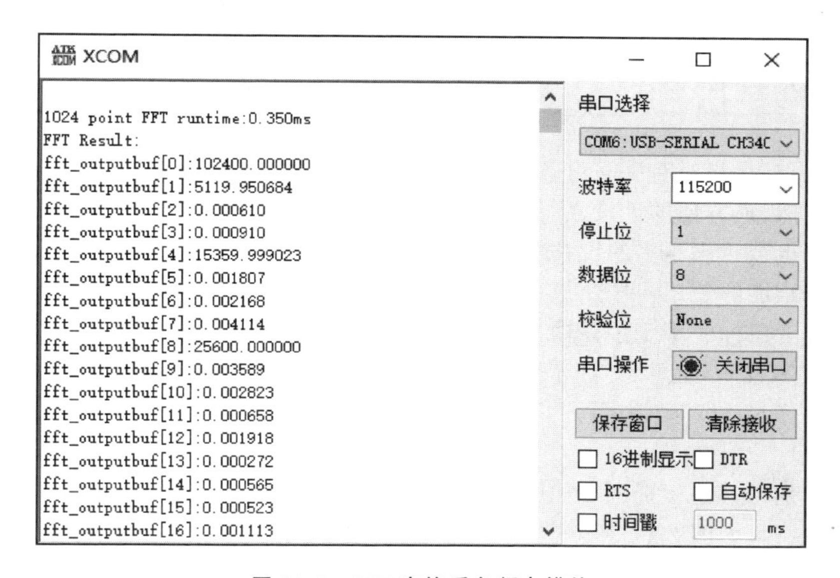

图 21.9　FFT 变换后各频点模值

查看所有数据，会发现第 0、1、4、8、1 016、1 020、1 023 这 7 个点的值比较大，其他点的值都很小，接下来简单分析一下这些数据。

由于 FFT 变换后的结果具有对称性，所以，实际上有用的数据只有前半部分，后半部分和前半部分是对称关系，比如 1 和 1 023、4 和 1 020、8 和 1 016 等就是对称关系，因此只需要分析前半部分数据即可。这样，就只重点分析第 0、1、4、8 这 4 个点。

假设采样频率为 1 024 Hz，那么总共采集 1 024 个点，频率分辨率就是 1 Hz，对应到频谱上面，2 个点之间的间隔就是 1 Hz。因此，上面生成的 3 个叠加信号：10 • sin(2 • PI • i/1 024)+30 • sin(2 • PI • i • 4/1 024)+50 • cos(2 • PI • i • 8/1 024)，频率分别是 1 Hz、4 Hz 和 8 Hz。

第 0 点，即直流分量，其 FFT 变换后的模值应该是原始信号幅值的 N 倍，N=1 024，所以值是 100×1 024=102 400，与理论完全一样。其他点的模值应该是原始信号幅值的 N/2 倍，即 10×512、30×512、50×512，而计算结果是 5 119. 950 684、15 359. 999 023、256 000，同理论值非常接近。

第 22 章 手写识别实验

本章将利用正点原子提供的手写识别库，实现一个简单的数字、字母手写识别。

22.1 手写识别简介

手写识别，是指对在手写设备上书写时产生的有序轨迹信息进行识别的过程，是人机交互最自然、最方便的手段之一。随着智能手机和平板电脑等移动设备的普及，手写识别的应用也被越来越多的设备采用。

手写识别能够使用户按照最自然、最方便的输入方式进行文字输入，易学易用，可取代键盘或者鼠标。用于手写输入的设备有许多种，比如电磁感应手写板、压感式手写板、触摸屏、触控板、超声波笔等。本实验使用 STM32 板子自带的 TFTLCD 触摸屏(2.8、3.5、4.3、7 寸)，作为手写识别的输入设备。接下来简单介绍手写识别的实现过程。

手写识别与其他识别系统如语音识别、图像识别一样，分为 2 个过程，即训练学习过程，识别过程，如图 22.1 所示。图中虚线部分为训练学习过程。该过程首先需要使用设备采集大量数据样本，样本类别数目为 0～9、a～z、A～Z 共 62 类，每个类别 5～10 个样本不等(样本越多，识别率就越高)。对这些样本进行传统的 8 方向特征提取，提取后特征维数为 512 维，对于 STM32 来说，计算量和模板库的存储量都难以接收，所以需要降维，这里采用 LDA 线性判决分析的方法进行降维。线性判决分析，即假设所有样本按照高斯分布(正态分布)对样本进行低维投影，以达到各个样本间的距离最大化。关于 LDA(线性判别分析)的更多知识可以参考 http://wenku.baidu.com/view/f05c731452d380eb62946d39.html 文档。这里将维度降到 64 维度，然后针对各个样本类别进行平均计算得到该类别的样本模板。

识别过程中首先得到触屏输入的有序轨迹，然后进行一些预处理(主要包括重采样及归一处理)。重采样主要是因为不同的输入设备、不同的输入处理方式产生的有序轨迹序列有所不同。为了达到更好的识别结果，需要对训练样本和识别输入的样本进行重采样处理，这里主要应用隔点重采样的方法对输入序列进行重采样。因为不同的书写风格、采用分辨率的差异会导致字体大小不同，因此需要对输入轨迹进行归一化。这里把样本进行线性缩放的方法归一化为 64×64 像素。

接下来进行同样的 8 方向特征提取操作。所谓的 8 方向特征就是首先将经过预处

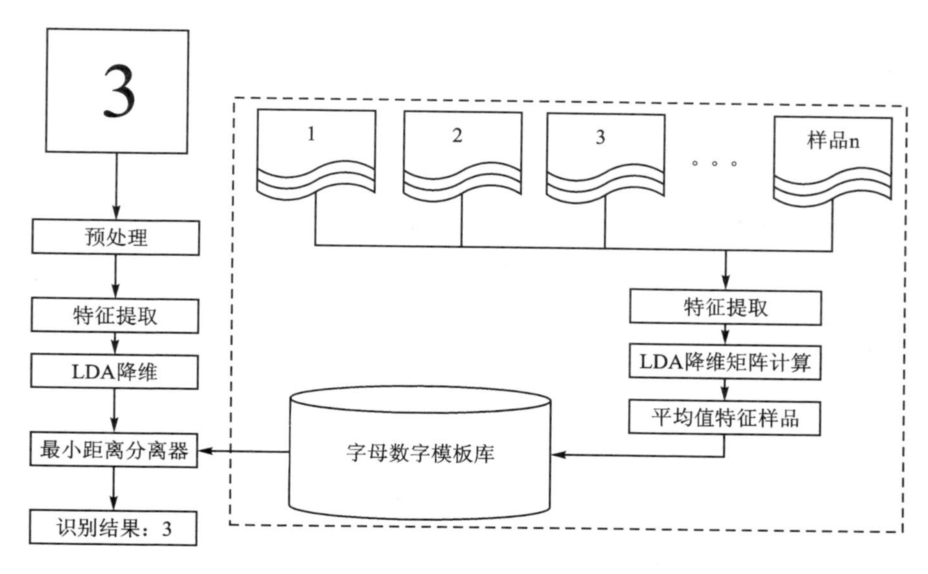

图 22.1 字母数字识别系统示意图

理后的 64×64 输入切分成 8×8 的小方格，每个方格 8×8 个像素；然后对每 8×8 个小格进行各个方向的点数统计。如某个方格内一共有 10 个点，其中 8 个方向的点分别为 1、3、5、2、3、4、3、2，那么这个格子得到的 8 个特征向量为[0.1，0.3，0.5，0.2，0.3，0.4，0.3，0.2]。总共 64 个格子，于是一个样本最终能得到 64×8＝512 维特征。更多 8 方向特征提取的内容可以参考文档 http://wenku.baidu.com/view/d37e5a49e518964bcf847ca5.html 及 http://wenku.baidu.com/view/3e7506254b35eefdc8d333a1.html。

由于训练过程进行了 LDA 降维计算，所以识别过程同样需要经过对应的 LDA 降维过程得到最终的 64 维特征。这个计算过程就是在训练模板的过程中可以运算得到一个 512×64 维的矩阵，那么通过矩阵乘运算可以得到 64 维的最终特征值：

$$[d_1,d_2,\cdots,d_{512}]\times\begin{bmatrix} l & \cdots & l \\ \vdots & \ddots & \vdots \\ l & \cdots & l \end{bmatrix}=\begin{bmatrix} f_1 \\ \vdots \\ f_{64} \end{bmatrix}$$

最后将这 64 维特征分别与模板中的特征进行求距离运算，得到最小的距离为该输入的最佳识别结果输出。

$$\text{output}=\arg\min_{i\in[1,62]}\{(f_1-f_1^i)^2+(f_2-f_2^i)^2+\cdots+(f_{64}-f_{64}^i)^2\}$$

如果想自己实现手写识别，那得花很多时间学习和研究；但是如果只是应用，那么就只需要知道怎么用就可以了，相对简单得多。

正点原子提供了一个数字、字母识别库，读者不需要关心手写识别是如何实现的，只需要知道这个库怎么用就能实现手写识别。正点原子提供的手写识别库由 4 个文件组成：ATKNCR_M_V2.0.lib、ATKNCR_M_V2.0.lib、atk_ncr.c 和 atk_ncr.h。

ATKNCR_M_V2.0.lib 和 ATKNCR_M_V2.0.lib 是 2 个识别用的库文件（2 个版本），使用的时候选择其中之一即可。ATKNCR_M_V2.0.lib 用于使用内存的管理，用户必须自己实现 alientek_ncr_malloc 和 alientek_ncr_free 这 2 个函数。ATKNCR_N_V2.0.lib 用于不使用内存的管理,通过全局变量来定义缓存区,缓存区需要提供至少 3 KB 左右的 RAM。读者根据需要选择不同的版本即可。正点原子手写识别库需要:FLASH 在 52 KB 左右,RAM 在 6 KB 左右。

22.2 硬件设计

(1) 例程功能

开机的时候先初始化手写识别器,然后检测字库,之后进入等待输入状态。此时在手写区写数字或字符,每次写入结束后自动进入识别状态进行识别,然后将识别结果输出在 LCD 模块上,同时打印到串口。通过按 KEY0 可以进行模式切换(4 种模式都可以测试),通过按 KEY_UP 可以进入触摸屏校准(仅电阻屏需要校准,如果发现触摸屏不准,则执行此操作)。LED0 闪烁用于提示程序正在运行。

(2) 硬件资源

- LED 灯:LED0 - PB5;
- 独立按键:KEY0 - PE4、KEY1 - PE3;
- 串口 1;
- 正点原子 TFTLCD 模块(仅限 MCU 屏,16 位 8080 并口驱动);
- NOR FLASH:通过 SPI2 连接。

22.3 程序设计

22.3.1 程序流程图

程序流程如图 22.2 所示。手写识别主要通过配合 LCD 屏的触摸识别功能,将触摸信息传给解码库进行识别。由于解码库存储触摸点需要内存,所以注意保证内存够用。设定解码的点数就可以通过解码库封闭好的接口实现数据识别了。

22.3.2 程序解析

1. ATKNCR 代码

手写识别代码有 4 种,这里使用的是 ATKNCR_M_V2.0.lib。首先看 atk_nrc.h 头文件中比较重要部分,其代码如下:

```
/* 输入轨迹坐标类型 */
__packed typedef struct _atk_ncr_point
{
    short x;            /* x 轴坐标 */
    short y;            /* y 轴坐标 */
```

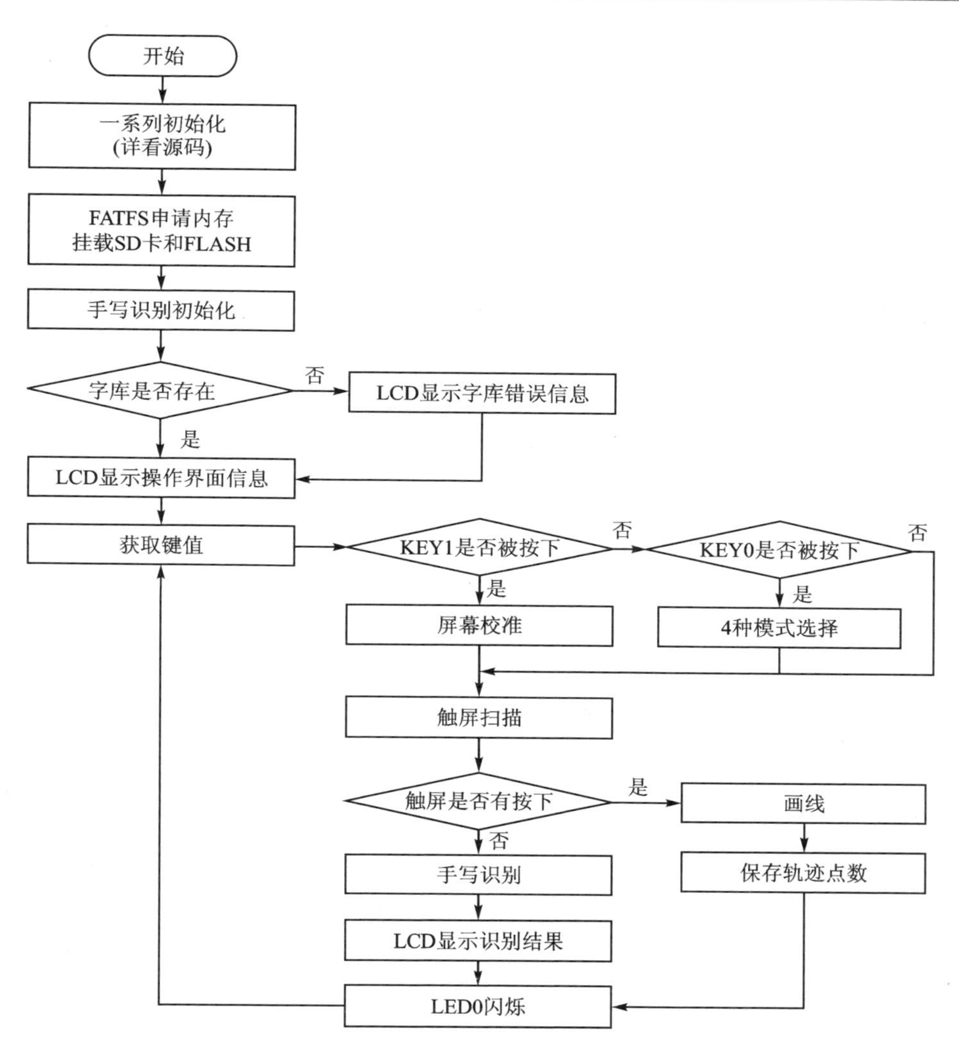

图 22.2　手写识别实验程序流程图

```
}atk_ncr_point;
/* 外部调用函数
 * 初始化识别器
 * 返回值：0，初始化成功
 *        1，初始化失败
 */
unsigned char alientek_ncr_init(void);
/* 停止识别器 */
void alientek_ncr_stop(void);
/* 识别器识别
 * track：输入点阵集合
 * potnum：输入点阵的点数，就是 track 的大小
 * charnum：期望输出的结果数，就是希望输出多少个匹配结果
```

```
 * mode: 识别模式
 *          1,仅识别数字
 *          2,仅识别大写字母
 *          3,仅识别小写字母
 *          4,混合识别(全部识别)
 *
 * result: 结果缓存区(至少为:charnum + 1 个字节)
 */
void alientek_ncr(atk_ncr_point * track, int potnum, Int charnum,
unsigned char mode,char * result);
```

代码中定义了一些外部接口函数以及轨迹结构体等。alientek_ncr_init 函数用于初始化识别器,在.lib 文件实现,识别开始之前应该调用该函数。alientek_ncr_stop 函数用于停止识别器,识别完成之后(不需要再识别)调用该函数;如果一直处于识别状态,则没必要调用。该函数也在.lib 文件实现。alientek_ncr 函数就是识别函数。它有 5 个参数,第一个参数 track,为输入轨迹点的坐标集(最好 200 以内);第二个参数 potnum,为坐标集点坐标的个数;第三个参数 charnum,为期望输出的结果数,即希望输出多少个匹配结果,识别器按匹配程度排序输出(最佳匹配排第一);第四个参数 mode,用于设置模式,识别器总共支持 4 种模式,分别是仅识别数字、仅识别大写字母、仅识别小写字母及混合识别(全部识别)。

最后一个参数是 result,用来输出结果,注意,这个结果是 ASCII 码格式的。

下面直接介绍 atk_ncr.c 中内存管理部分,其代码如下:

```
/**
 * @brief       内存设置函数
 * @param       *p: 内存首地址
 * @param       c: 要设置的值
 * @param       len: 需要设置的内存大小(字节为单位)
 * @retval      无
 */
void alientek_ncr_memset(char *p, char c, unsigned long len)
{
    my_mem_set((uint8_t *)p, (uint8_t)c, (uint32_t)len);
}
/**
 * @brief       分配内存
 * @param       size: 要分配的内存大小(字节)
 * @retval      分配到的内存首地址
 */
void *alientek_ncr_malloc(unsigned int size)
{
    return mymalloc(SRAMIN,size);
}
/**
 * @brief       释放内存
 * @param       ptr: 内存首地址
 * @retval      无
 */
```

```
void alientek_ncr_free(void * ptr)
{
    myfree(SRAMIN,ptr);
}
```

alientek_ncr_memset、alientek_ncr_free 和 alientek_ncr_free 这 3 个函数是通过调用 malloc 中的函数实现的。

2. main.c 代码

正点原子提供的手写数字识别库实现数字或字母识别的步骤如下：

① 调用 alientek_ncr_init 函数，初始化识别程序。该函数用来初始化识别器，在手写识别进行之前，必须调用该函数。

② 获取输入点阵数据。通过触摸屏获取输入轨迹点阵坐标，然后存放到一个缓冲区里。注意，至少输入 2 个不同坐标的点阵数据，才能正常识别。输入点数不要太多，否则需要更多的内存，推荐的输入点数范围为 100～200 点。

③ 调用 alientek_ncr 函数，得到识别结果。通过调用 alitntek_ncr 函数可以得到输入点阵的识别结果，并保存在 result 参数里面，采用 ASCII 码格式存储。

④ 调用 alientek_ncr_stop 函数，终止识别。如果不需要继续识别，则调用 alientek_ncr_stop 函数终止识别器。如果还需要继续识别，重复步骤②和步骤③即可。

main.c 代码如下：

```
int main(void)
{
    uint8_t i = 0;
    uint8_t tcnt = 0;
    char sbuf[10];
    uint8_t key;
    uint16_t pcnt = 0;
    uint8_t mode = 4;                          /* 默认是混合模式 */
    uint16_t lastpos[2];                       /* 最后一次的数据 */
    HAL_Init();                                /* 初始化 HAL 库 */
    sys_stm32_clock_init(RCC_PLL_MUL9);        /* 设置时钟, 72 MHz */
    delay_init(72);                            /* 延时初始化 */
    usart_init(115200);                        /* 串口初始化为 115 200 */
    led_init();                                /* 初始化 LED */
    lcd_init();                                /* 初始化 LCD */
    key_init();                                /* 初始化按键 */
    tp_dev.init();                             /* 初始化触摸屏 */
    norflash_init();                           /* 初始化 NOR FLASH */
    my_mem_init(SRAMIN);                       /* 初始化内部 SRAM 内存池 */
    exfuns_init();                             /* 为 FATFS 相关变量申请内存 */
    f_mount(fs[0], "0:", 1);                   /* 挂载 SD 卡 */
    f_mount(fs[1], "1:", 1);                   /* 挂载 FLASH */
    alientek_ncr_init();                       /* 初始化手写识别 */
    while (fonts_init())                       /* 检查字库 */
    {
        lcd_show_string(60, 50, 200, 16, 16, "Font Error!", RED);
```

```
            delay_ms(200);
            lcd_fill(60, 50, 240, 66, WHITE);     /* 清除显示 */
            delay_ms(200);
        }
    RESTART:
        text_show_string(60, 10, 200, 16, "正点原子 STM32F1 开发板", 16, 0, RED);
        text_show_string(60, 30, 200, 16, "手写识别实验", 16, 0, RED);
        text_show_string(60, 50, 200, 16, "正点原子@ALIENTEK", 16, 0, RED);
        text_show_string(60, 70, 200, 16, "KEY0:MODE KEY1:Adjust", 16, 0, RED);
        text_show_string(60, 90, 200, 16, "识别结果:", 16, 0, RED);
        lcd_draw_rectangle(19, 114, lcddev.width - 20, lcddev.height - 5, RED);
        text_show_string(96, 207, 200, 16, "手写区", 16, 0, BLUE);
        tcnt = 100;
        while (1)
        {
            key = key_scan(0);
            if (key == KEY1_PRES && (tp_dev.touchtype & 0X80) == 0)
            {
                tp_adjust();                          /* 屏幕校准 */
                lcd_clear(WHITE);
                goto RESTART;                         /* 重新加载界面 */
            }
            if (key == KEY0_PRES)
            {
                lcd_fill(20, 115, 219, 314, WHITE); /* 清除当前显示 */
                mode ++ ;
                if (mode > 4)mode = 1;
                switch (mode)
                {
                    case 1:
                        text_show_string(80, 207, 200, 16, "仅识别数字", 16, 0, BLUE);
                        break;
                    case 2:
                        text_show_string(64, 207, 200, 16,"仅识别大写字母",16, 0, BLUE);
                        break;
                    case 3:
                        text_show_string(64, 207, 200, 16,"仅识别小写字母", 16, 0, BLUE);
                        break;
                    case 4:
                        text_show_string(88, 207, 200, 16, "全部识别", 16, 0, BLUE);
                        break;
                }
                tcnt = 100;
            }
            tp_dev.scan(0);                       /* 扫描 */
            if (tp_dev.sta & TP_PRES_DOWN)        /* 有按键被按下 */
            {
                delay_ms(1);                      /* 必要的延时,否则老认为有按键按下 */
                tcnt = 0;                         /* 松开时的计数器清空 */
                if ((tp_dev.x[0] < (lcddev.width - 20 - 2) &&
                    tp_dev.x[0] >= (20 + 2)) &&
```

```
            (tp_dev.y[0] < (lcddev.height - 5 - 2) &&
            tp_dev.y[0] >= (115 + 2)))
        {
            if (lastpos[0] == 0XFFFF)
            {
                lastpos[0] = tp_dev.x[0];
                lastpos[1] = tp_dev.y[0];
            }
        /* 画线 */
        lcd_draw_bline(lastpos[0],lastpos[1],tp_dev.x[0],tp_dev.y[0],2,BLUE);
            lastpos[0] = tp_dev.x[0];
            lastpos[1] = tp_dev.y[0];
            if (pcnt < 200) /* 总点数少于 200 */
            {
                if (pcnt)
                {
                  if((ncr_input_buf[pcnt - 1].y != tp_dev.y[0]) &&
                    (ncr_input_buf[pcnt - 1].x != tp_dev.x[0])) /* x,y 不相等 */
                    {
                        ncr_input_buf[pcnt].x = tp_dev.x[0];
                        ncr_input_buf[pcnt].y = tp_dev.y[0];
                        pcnt++;
                    }
                }
                else
                {
                    ncr_input_buf[pcnt].x = tp_dev.x[0];
                    ncr_input_buf[pcnt].y = tp_dev.y[0];
                    pcnt++;
                }
            }
        }
    }
    else     /* 按键松开了 */
    {
        lastpos[0] = 0XFFFF;
        tcnt++;
        delay_ms(10);
        /* 延时识别 */
        i++;
        if (tcnt == 40)
        {
            if (pcnt)   /* 有有效的输入 */
            {
                printf("总点数：%d\r\n", pcnt);
                alientek_ncr(ncr_input_buf, pcnt, 6, mode, sbuf);
                printf("识别结果：%s\r\n", sbuf);
                pcnt = 0;
                lcd_show_string(60 + 72, 90, 200, 16, 16, sbuf, BLUE);
            }
            lcd_fill(20,115,lcddev.width - 20 - 1,lcddev.height - 5 - 1,WHITE);
```

```
                }
            }
            if (i == 30)
            {
                i = 0;
                LED0_TOGGLE();
            }
        }
    }
```

main 函数代码实现手写识别功能的步骤跟前面所说的一致。其中,使用 lcd_draw_bline 函数来画粗线,该函数通过调用 lcd_fill_circle 实现。在获取触点数据时需要注意的是,这里采用的都是不重复的点阵(即相邻的坐标不相等),可以避免重复数据,而重复的点阵数对于识别是没有帮助的。

22.4 下载验证

将程序下载到开发板后,可以看到 LED0 不停闪烁,提示程序已经在运行了。LCD 显示的内容如图 22.3 所示。此时在手写区写数字或字母即可得到识别结果,如图 22.4 所示。

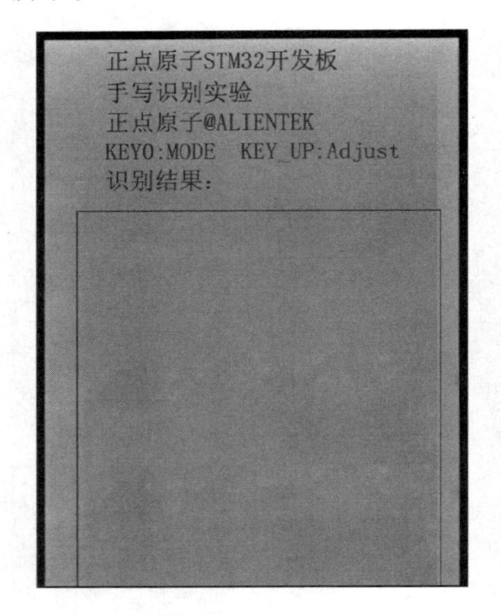

图 22.3 手写识别界面

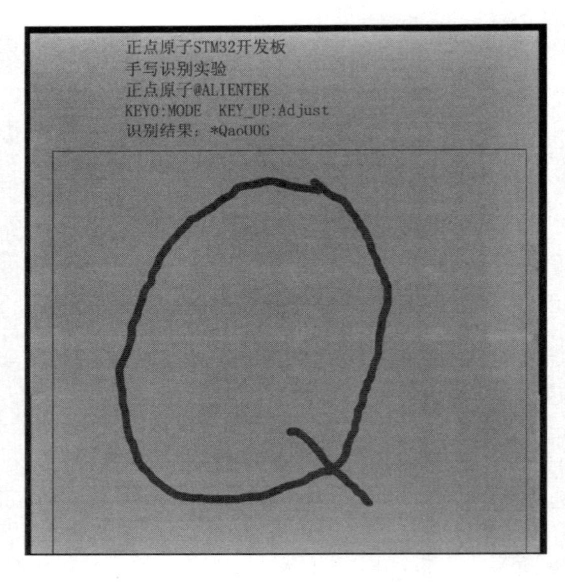

图 22.4 手写识别结果

按下 KEY0 可以切换识别模式,同时在识别区提示当前模式。按下 KEY1 可以对屏幕进行校准(仅限电阻屏,电容屏无须校准)。每次识别结束都会在串口打印本次识别的输入点数和识别结果,读者可以通过串口助手查看。

第 23 章

T9 拼音输入法实验

本章将介绍如何在 STM32 板子上实现一个简单的 T9 拼音输入法。

23.1 拼音输入法简介

在计算机上汉字的输入法有很多种，比如拼音输入法、五笔输入法、笔画输入法、区位输入法等。其中，拼音输入法用得最多。拼音输入法又可以分为很多类，比如全拼输入、双拼输入等。手机上用得最多的应该算是 T9 拼音输入法了。T9 输入法全名为智能输入法，字库容量九千多字，支持十多种语言。T9 输入法是由美国特捷通信(Tegic Communications)软件公司开发的，解决了小型掌上设备的文字输入问题，已经成为全球手机文字输入的标准之一。

一般情况下，手机拼音输入键盘如图 23.1 所示。在这个键盘上对比传统的输入法和 T9 输入法，输入“中国”2 个字需要的按键次数。传统的方法：先按 4 次 9，输入字母 z；再按 2 次 4，输入字母 h；再按 3 次 6，输入字母 o；再按 2 次 6，输入字母 n；最后按 1 次 4，输入字母 g。这样，输入“中”字要按键 12 次；接着同样的方法，输入“国”字，需要按 6 次，总共就是 18 次按键。

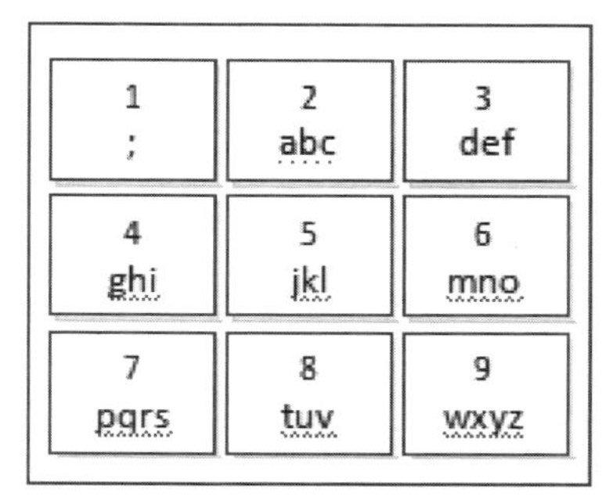

图 23.1 手机拼音输入键盘

如果是 T9，输入“中”字只需要输入 9、4、6、6、4 即可实现输入“中”字；选择“中”字之后，T9 会联想出一系列同“中”字组合的词，如文、国、断、山等，直接选择即可，所以输入“国”字按键 0 次。这样使用 T9 输入法总共只需要 5 次按键。这就是 T9 智能输入法的优越之处。T9 输入法高效便捷的输入方式得到了众多手机厂商的青睐，以至于成了使用频率最高的手机输入法。

本实验实现的 T9 拼音输入法没有真正的 T9 那么强大，这里仅实现输入部分，不支持词组联想。

23.2 硬件设计

(1) 例程功能

开机的时候先检测字库,然后显示提示信息和绘制拼音输入表,之后进入等待输入状态。此时用户可以通过屏幕上的拼音输入表输入拼音数字串(通过 DEL 可以实现退格),然后程序自动检测与之对应的拼音和汉字,并显示在屏幕上(同时输出到串口)。如果有多个匹配的拼音,则通过 KEY_UP 和 KEY1 进行选择。按键 KEY0 用于清除一次输入,按键 KEY2 用于触摸屏校准。LED0 闪烁用于提示程序正在运行。

(2) 硬件资源

- LED 灯:LED0 - PB5;
- 独立按键:KEY0 - PE4、KEY1 - PE3、WK_UP - PA0;
- 串口 1;
- 正点原子 TFTLCD 模块(仅限 MCU 屏,16 位 8080 并口驱动);
- NOR FLASH,通过 SPI2 驱动,这里需要里面的汉字库。

23.3 程序设计

23.3.1 程序流程图

程序流程如图 23.2 所示。通过 LCD 的绘制算法生成一个 9 宫格输入法,采集到对应的合法输入点后,把这些信息传给解码库进行解码,识别出对应的拼音,并调用汉字库显示对应的匹配汉字。

23.3.2 程序解析

1. T9 拼音输入法代码

这里只讲解核心代码,详细的源码可参考配套资料中本实验对应源码。T9 拼音输入法的驱动源码包括 pyinput.c、pyinput.h 和 pymb.h 这 3 个文件。

首先介绍一下定义在 pymb.h 中的拼音索引。先介绍一下汉字排列表,该表将汉字拼音所有可能的组合都列出来了,如下所示:

```
/* 汉字排列表 */
const uint8_t PY_mb_space    [] = {""};
const uint8_t PY_mb_a        [] = {"啊阿腌吖锕厑嗄錒呵腌"};
const uint8_t PY_mb_ai       [] = {"爱埃挨哎唉哀皑癌蔼矮艾碍隘捱嗳嗌嫒瑷暧砹锿霭"};
…………此处省略 N 多个组合…………
const uint8_t PY_mb_zu       [] = {"足组卒族租祖诅阻俎菹镞"};
const uint8_t PY_mb_zuan     [] = {"钻攥纂缵躜"};
const uint8_t PY_mb_zui      [] = {"最罪嘴醉蕞觜"};
```

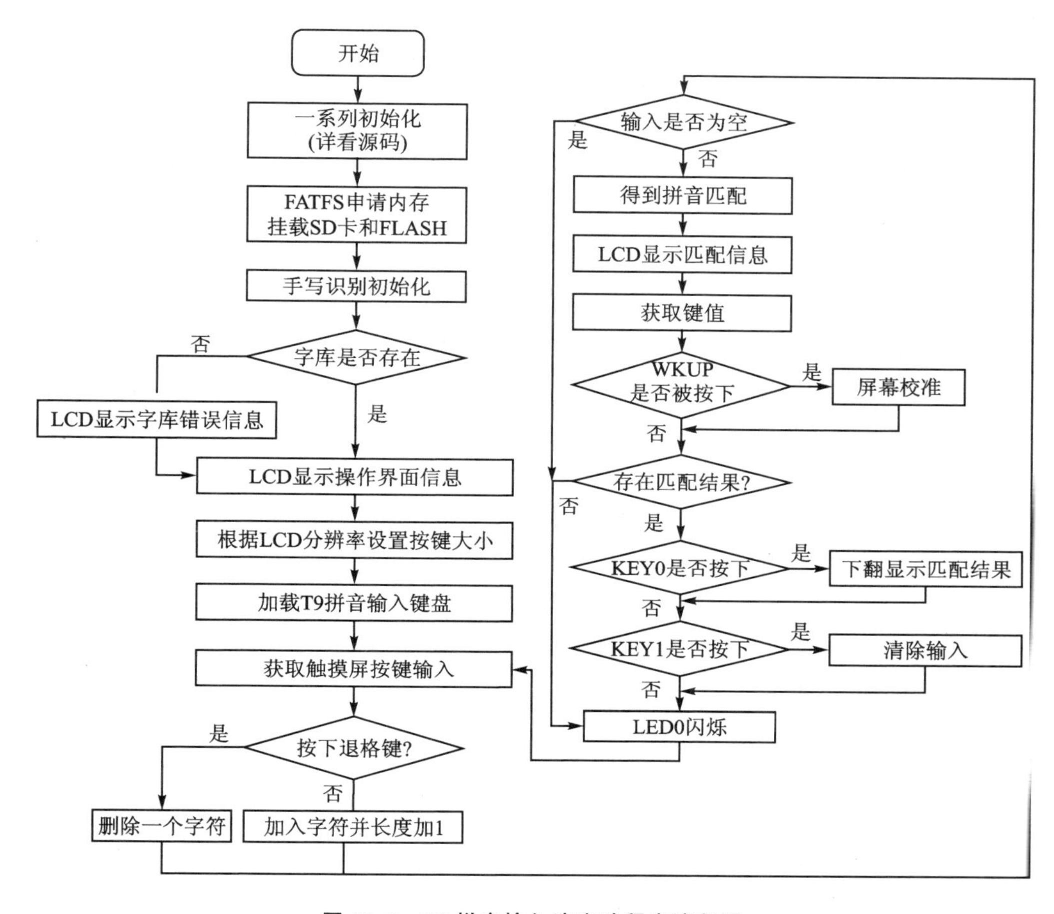

图 23.2　T9 拼音输入法实验程序流程图

```
const uint8_t PY_mb_zun     []={"尊遵樽鳟撙"};
const uint8_t PY_mb_zuo     []={"左佐做作坐座昨撮唑柞阼琢嘬怍胙祚砟酢"};
```

这里只列出了部分组合，将这些组合称为码表。将这些码表及其对应的数字串对应起来，组成一个拼音索引表，如下所示：

```
/*拼音索引表*/
const py_index py_index3[]=
{
    {"","",(uint8_t*)PY_mb_space},
    {"2","a",(uint8_t*)PY_mb_a},
    {"3","e",(uint8_t*)PY_mb_e},
    {"6","o",(uint8_t*)PY_mb_o},
    {"24","ai",(uint8_t*)PY_mb_ai},
    …………此处省略N多个组合…………
    {"94664","zhong",(uint8_t*)PY_mb_zhong},
    {"94824","zhuai",(uint8_t*)PY_mb_zhuai},
    {"94826","zhuan",(uint8_t*)PY_mb_zhuan},
```

```
    {"248264","chuang",(uint8_t *)PY_mb_chuang},
    {"748264","shuang",(uint8_t *)PY_mb_shuang},
    {"948264","zhuang",(uint8_t *)PY_mb_zhuang},
};
```

其中,py_index 是一个结构体,定义如下:

```
/* 拼音码表与拼音的对应表 */
typedef struct
{
  uint8_t *py_input;      /* 输入的字符串 */
  uint8_t *py;            /* 对应的拼音 */
  uint8_t *pymb;          /* 码表 */
}py_index;
```

其中, py_input 是与拼音对应的数字串,比如“94824”。py 是与 py_input 数字串对应的拼音,如果 py_input=“94824”,那么 py 就是“zhuai”。pymb 就是前面说到的码表。注意,一个数字串可以对应多个拼音,也可以对应多个码表。

有了这个拼音索引表(py_index3),只需要将输入的数字串和 py_index3 索引表里所有成员的 py_input 进行对比,并将所有完全匹配的情况记录下来,则用户要输入的汉字就被确定了。然后由用户选择可能的拼音组成(假设有多个匹配的项目),再选择对应的汉字,即完成一次汉字输入。

当然,也可能找遍了索引表也没有发现一个完全符合要求的成员,那么会统计匹配数最多的情况作为最佳结果,反馈给用户。例如,用户输入“323”,找不到完全匹配的情况,那么将能和“32”匹配的结果返回给用户。这样,用户还是可以得到输入结果,同时还可以知道输入有问题,提示用户检查输入是否正确。

总之,完整的 T9 拼音输入步骤:

① 输入拼音数字串。T9 拼音输入法的核心思想就是对比用户输入的拼音数字串,所以必须先由用户输入拼音数字串。

② 在拼音索引表里面查找和输入字符串匹配的项并记录。得到用户输入的拼音数字串之后,在拼音索引表里面查找所有匹配的项目,如果有完全匹配的项目,则全部记录下来;如果没有完全匹配的项目,则记录匹配情况最好的一个项目。

③ 显示匹配清单里面所有可能的文字,供用户选择。将匹配项目的拼音和对应的汉字显示出来,供用户选择。如果有多个匹配项(一个数字串对应多个拼音的情况),则用户还需要选择拼音。

④ 用户选择匹配项,并选择对应的汉字。用户对匹配的拼音和汉字进行选择,选中真正想输入的拼音和汉字,实现一次拼音输入。

pyinput.c 中比较核心的函数 get_matched_pymb 的代码如下:

```
/**
 * @brief       获取匹配的拼音码表
 * @param       strin: 输入的字符串,形如:"726"
 * @param       matchlist: 输出的匹配表
 * @retval      匹配状态
```

```
 *             [7]，0，表示完全匹配；1，表示部分匹配(仅在没有完全匹配的时候才会出现)
 *             [6:0]，完全匹配的时候，表示完全匹配的拼音个数
 *                     部分匹配的时候，表示有效匹配的位数
 */
uint8_t get_matched_pymb(uint8_t * strin, py_index * * matchlist)
{
    py_index * bestmatch = 0;                                     /* 最佳匹配 */
    uint16_t pyindex_len = 0;
    uint16_t i = 0;
    uint8_t temp, mcnt = 0, bmcnt = 0;
    bestmatch = (py_index * )&py_index3[0];                       /* 默认为 a 的匹配 */
    pyindex_len = sizeof(py_index3) / sizeof(py_index3[0]);/* 得到 py 索引表的大小 */
    for (i = 0; i < pyindex_len; i ++ )
    {
        temp = str_match(strin, (uint8_t * )py_index3[i].py_input);
        if (temp)
        {
            if (temp == 0XFF)
            {
                matchlist[mcnt ++ ] = (py_index * )&py_index3[i];
            }
            else if (temp > bmcnt)                                /* 找最佳匹配 */
            {
                bmcnt = temp;
                bestmatch = (py_index * )&py_index3[i];   /* 最好的匹配 */
            }
        }
    }
    if (mcnt == 0 && bmcnt)        /* 没有完全匹配的结果，但是有部分匹配的结果 */
    {
        matchlist[0] = bestmatch;
        mcnt = bmcnt | 0X80;       /* 返回部分匹配的有效位数 */
    }
    return mcnt;                   /* 返回匹配的个数 */
}
```

该函数实现的是将用户输入的拼音数字串同拼音索引表里面的各个项对比，找出匹配结果，并将完全匹配的项目存放在 matchlist 里面，同时记录匹配数。对于那些没有完全匹配的输入串，则查找与其最佳匹配的项目，并将匹配的长度返回。

该文件还有一个函数 test_py，用于 USMART 调用，实现串口测试；在串口测试的时候才能用到，不使用则可以去掉。本实验也加入了 USMART 控制，读者可以通过该函数实现串口调试拼音输入法。

matchlist 定义在 pyinput.h 中，代码如下：

```
/* 拼音输入法 */
typedef struct
{
    uint8_t( * getpymb)(uint8_t * instr);          /* 字符串到码表获取函数 */
    py_index * pymb[MAX_MATCH_PYMB];               /* 码表存放位置 */
}pyinput;
```

该结构体提供了 2 个成员,一个成员就是字符串到码表获取函数,另外一个成员也就是码表的存放位置。

2. main.c 代码

在 main.c 文件下,除了 main 函数之外,还有 py_load_ui、py_key_staset、py_get_keynum 和 py_show_result 函数。其中,py_load_ui 函数用于加载输入键盘,在 LCD 上显示输入拼音数字串的虚拟键盘。py_key_staset 函数用于设置虚拟键盘某个按键的状态(按下/松开)。py_get_keynum 函数用于得到触摸屏当前按下的按键值,通过该函数实现拼音数字串的获取。py_show_result 函数用于显示输入串的匹配结果,并将结果打印到串口。

main 主函数的代码:

```
int main(void)
{
    uint8_t i = 0;
    uint8_t result_num;
    uint8_t cur_index;
    uint8_t key;
    uint8_t temp;
    uint8_t inputstr[7];                    /* 最大输入 6 个字符 + 结束符 */
    uint8_t inputlen;                       /* 输入长度 */
    HAL_Init();                             /* 初始化 HAL 库 */
    sys_stm32_clock_init(RCC_PLL_MUL9);     /* 设置时钟, 72 MHz */
    delay_init(72);                         /* 延时初始化 */
    usart_init(115200);                     /* 串口初始化为 115 200 */
    usmart_dev.init(72);                    /* 初始化 USMART */
    led_init();                             /* 初始化 LED */
    lcd_init();                             /* 初始化 LCD */
    key_init();                             /* 初始化按键 */
    tp_dev.init();                          /* 初始化触摸屏 */
    sram_init();                            /* SRAM 初始化 */
    norflash_init();                        /* 初始化 NOR FLASH */
    my_mem_init(SRAMIN);                    /* 初始化内部 SRAM 内存池 */
    my_mem_init(SRAMEX);                    /* 初始化外部 SRAM 内存池 */
    exfuns_init();                          /* 为 FATFS 相关变量申请内存 */
    f_mount(fs[0], "0:", 1);                /* 挂载 SD 卡 */
    f_mount(fs[1], "1:", 1);                /* 挂载 FLASH */
RESTART:
    while (fonts_init())                    /* 检查字库 */
    {
        lcd_show_string(60, 50, 200, 16, 16, "Font Error!", RED);
        delay_ms(200);
        lcd_fill(60, 50, 240, 66, WHITE);/* 清除显示 */
        delay_ms(200);
    }
    text_show_string(30, 5, 200, 16, "正点原子 STM32 开发板", 16, 0, RED);
    text_show_string(30, 25, 200, 16, "拼音输入法实验", 16, 0, RED);
    text_show_string(30, 45, 200, 16, "正点原子@ALIENTEK", 16, 0, RED);
```

```
text_show_string(30, 65, 200, 16, "KEY_UP:校准", 16, 0, RED);
text_show_string(30, 85, 200, 16, "KEY0:翻页   KEY1:清除", 16, 0, RED);
text_show_string(30, 105, 200, 16, "输入:          匹配:  ", 16, 0, RED);
text_show_string(30, 125, 200, 16, "拼音:          当前:  ", 16, 0, RED);
text_show_string(30, 145, 210, 32, "结果:", 16, 0, RED);
/* 根据 LCD 分辨率设置按键大小 */
if (lcddev.id == 0X5310)
{
    kbdxsize = 86;
    kbdysize = 43;
}
else if (lcddev.id == 0X5510)
{
    kbdxsize = 140;
    kbdysize = 70;
}
else
{
    kbdxsize = 60;
    kbdysize = 40;
}
py_load_ui(30, 195);
my_mem_set(inputstr, 0, 7); /* 全部清零 */
inputlen = 0;   /* 输入长度为 0 */
result_num = 0; /* 总匹配数清零 */
cur_index = 0;
while (1)
{
    i++;
    delay_ms(10);
    key = py_get_keynum(30, 195);
    if (key)
    {
        if (key == 1)   /* 删除 */
        {
            if (inputlen)inputlen--;
            inputstr[inputlen] = '\0';              /* 添加结束符 */
        }
        else
        {
            inputstr[inputlen] = key + '0';         /* 输入字符 */
            if (inputlen < 7)inputlen++;
        }
        if (inputstr[0] != NULL)
        {
            temp = t9.getpymb(inputstr);            /* 得到匹配的结果数 */
            if (temp)                               /* 有部分匹配/完全匹配的结果 */
            {
                result_num = temp & 0X7F;           /* 总匹配结果 */
                cur_index = 1;                      /* 当前为第一个索引 */
                if (temp & 0X80)                    /* 是部分匹配 */
```

```
                    {
                        inputlen = temp & 0X7F;      /* 有效匹配位数 */
                        inputstr[inputlen] = '\0';   /* 不匹配的位数去掉 */
                        if (inputlen > 1)
                        {
                          temp = t9.getpymb(inputstr); /* 重新获取完全匹配字符数 */
                          /* 如果还是部分匹配，直接匹配数为 0，否则表示匹配数量 */
                          result_num = (temp & 0X80)? 0 : (temp & 0X7F);
                        }
                    }
                }
                else      /* 没有任何匹配 */
                {
                    inputlen -- ;
                    inputstr[inputlen] = '\0';
                }
            }
            else
            {
                cur_index = 0;
                result_num = 0;
            }
            lcd_fill(30 + 40,105,30 + 40 + 48,110 + 16,WHITE);/* 清除之前的显示 */
            lcd_show_num(30 + 144,105,result_num,1,16,BLUE);/* 显示匹配的结果数 */
            /* 显示有效的数字串 */
            text_show_string(30 + 40, 105, 200, 16, (char *)inputstr, 16,0,BLUE);
            py_show_result(cur_index);   /* 显示第 cur_index 的匹配结果 */
        }
        key = key_scan(0);
        if (key == WKUP_PRES && tp_dev.touchtype == 0)   /* KEYUP 按下且是电阻屏 */
        {
            tp_dev.adjust();
            lcd_clear(WHITE);
            goto RESTART;
        }
        switch (key)
        {
            case KEY0_PRES: /* 下翻 */
                if (result_num) /* 存在匹配的结果 */
                {
                  if (cur_index < result_num)cur_index ++ ;
                  else cur_index = 1;
                  /* 显示第 cur_index 的匹配结果 */
                  py_show_result(cur_index);
                }
                break;
            case KEY1_PRES: /* 清除输入 */
                /* 清除之前的显示 */
                lcd_fill(30 + 40, 145, lcddev.width - 1, 145 + 48, WHITE);
                goto RESTART;
        }
```

```
            if (i == 30)
            {
                i = 0;
                LED0_TOGGLE();
            }
        }
    }
```

main 函数里实现了 23.2.1 小节所说的功能，也是按照它表述的逻辑实现的。这里并没有实现汉字选择功能，但是由本例程作为基础，再实现汉字选择功能就比较简单了，读者自行实现即可。注意，kbdxsize 和 kbdysize 代表虚拟键盘按键宽度和高度，程序根据 LCD 分辨率不同而自动设置这 2 个参数，以达到较好的输入效果。

23.4　下载验证

将程序下载到开发板后，可以看到 LED0 不停闪烁，提示程序已经在运行了。LCD 显示的内容如图 23.3 所示。

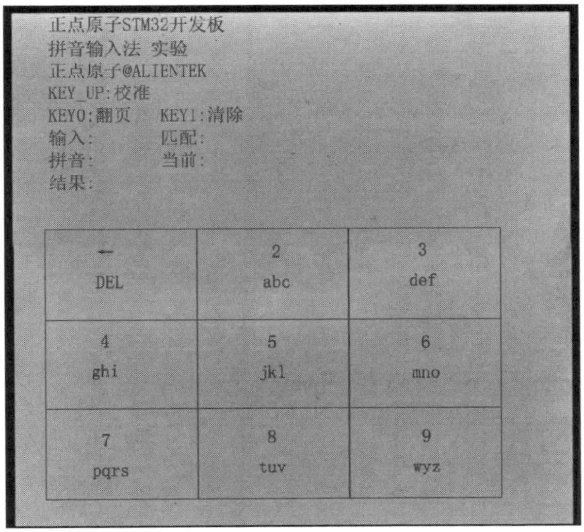

图 23.3　汉字输入法界面

此时在虚拟键盘上输入拼音数字串即可实现拼音输入，如图 23.4 所示。

如果发现输入错误了，则可以通过屏幕上的 DEL 按键来退格。如果有多个匹配的情况(匹配值大于 1)，则通过 KEY0 翻页来选择正确的拼音。按键 KEY1 用于清除一次输入，按键 KEY_UP 用于电阻屏触摸屏校准(仅限电阻屏，电容屏无须校准)。

触摸输入的匹配项可以通过串口调试助手打印出来，如图 23.5 所示。本章还可以借助 USMART 调用 test_py 来实现输入法调试，如图 23.6 所示。

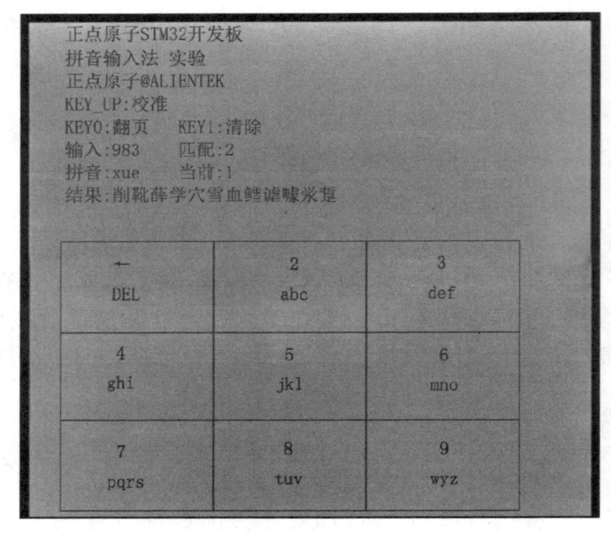

图 23.4 实现拼音输入

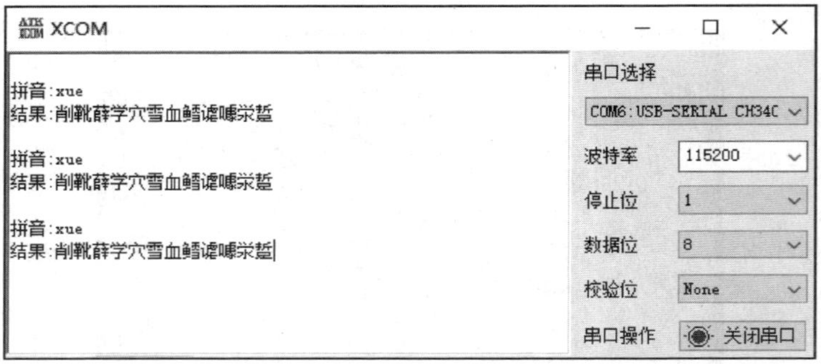

XCOM

拼音:xue
结果:削靴薛学穴雪血鳕谑噱泶踅

拼音:xue
结果:削靴薛学穴雪血鳕谑噱泶踅

拼音:xue
结果:削靴薛学穴雪血鳕谑噱泶踅

串口选择 COM6:USB-SERIAL CH340
波特率 115200
停止位 1
数据位 8
校验位 None
串口操作 关闭串口

图 23.5 拼音输入有匹配结果时打印

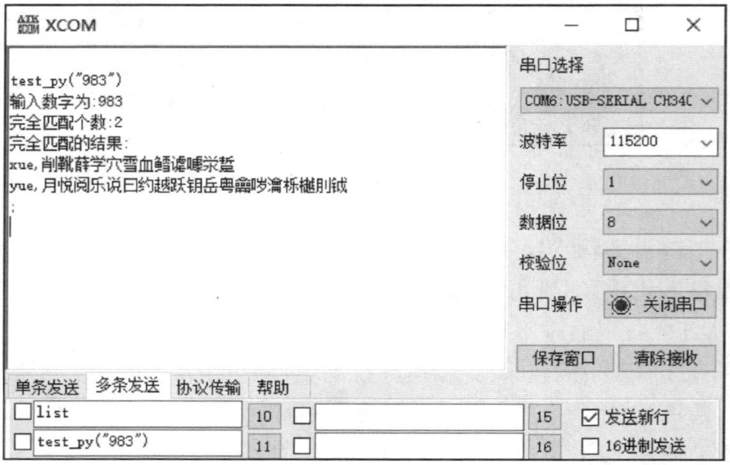

XCOM

test_py("983")
输入数字为:983
完全匹配个数:2
完全匹配的结果:
xue,削靴薛学穴雪血鳕谑噱泶踅
yue,月悦阅乐说曰约越跃钥岳粤龠哕瀹栎樾刖钺
;

串口选择 COM6:USB-SERIAL CH340
波特率 115200
停止位 1
数据位 8
校验位 None
串口操作 关闭串口
保存窗口 清除接收
单条发送 多条发送 协议传输 帮助
list 10 15 发送新行
test_py("983") 11 16 16进制发送

图 23.6 USMART 测试 T9 拼音输入法图

第24章 串口IAP实验

IAP,即在应用编程,通俗说法就是“程序升级”。产品阶段设计完成后,在脱离实验室的调试环境下,想对产品做功能升级或BUG修复会十分麻烦。如果硬件支持,在出厂时预留一套升级固件的流程,就可以很好地解决这个问题,IAP技术就是为此而生的。在之前的FLASH模拟EEPROM实验里面介绍了STM32F103的FLASH自编程,本章将结合FLASH自编程的知识,通过STM32F103的串口实现一个简单的IAP功能。

24.1 IAP简介

STM32可以通过设置MSP的方式从不同的地址(包括FLASH地址、RAM地址等)启动,在默认方式下,嵌入式程序是以连续二进制的方式烧录到STM32的可寻址FLASH区域上的。如果使用的FLASH容量大到可以存储2个或多个的完整程序,在保证每个程序完整的情况下,上电后的程序通过修改MSP的方式,就可以保证一个单片机上有多个功能差异的嵌入式软件。这就是要讲解的IAP的设计思路。

IAP是用户的程序在运行过程中对User FLASH的部分区域进行烧写,目的是在产品发布后可以方便地通过预留的通信口对产品中的固件程序进行更新升级。由于用户可以自定义通信方式和自定义加密,IAP在使用上非常灵活。通常,实现IAP功能(即用户程序运行中作自身的更新操作)时,需要在设计固件程序时编写2个项目代码,第一个程序检查有无升级需求,并通过某种通信方式(如USB、USART)接收程序或数据,执行对第二部分代码的更新;第二个项目代码才是真正的功能代码。这2部分项目代码都同时烧录在User FLASH中。芯片上电后,首先是第一个项目代码开始运行,做如下操作:

① 检查是否需要对第二部分代码进行更新;

② 如果不需要更新则转到④;

③ 执行更新操作;

④ 跳转到第二部分代码执行。

第一部分代码必须通过其他手段(如JTAG、ISP等方式烧录),常常是烧录后就不再更改;第二部分代码可以使用第一部分代码IAP功能烧入,也可以和第一部分代码一起烧入,以后需要程序更新时再通过第一部分IAP代码更新。

将第一个项目代码称为 Bootloader 程序,第二个项目代码称为 APP 程序,它们存放在 STM32F103 内部 FLASH 的不同地址范围,一般从最低地址区开始存放 Bootloader,紧跟其后的就是 APP 程序(注意,如果 FLASH 容量足够,则可以设计很多 APP 程序,本章只讨论一个 APP 程序的情况)。这样就是要实现 2 个程序:Bootloader 和 APP。

STM32F1 的 APP 程序不仅可以放到 FLASH 里面运行,也可以放到 SRAM 里面运行。本章将制作 2 个 APP,一个用于 FLASH 运行,一个用于内部 SRAM 运行。

STM32F1 正常的程序运行流程(为了方便说明 IAP 过程,这里先仅考虑代码全部存放在内部 FLASH 的情况),如图 24.1 所示。

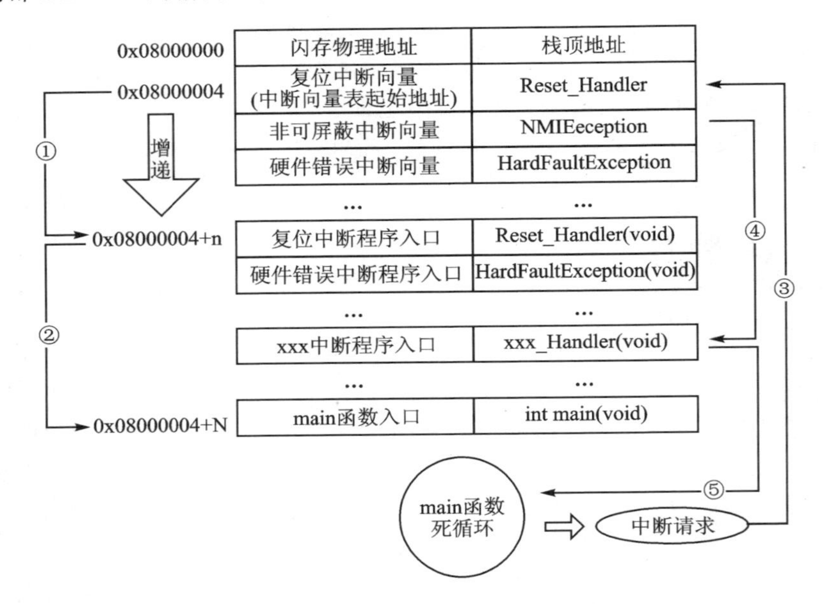

图 24.1　STM32F1 正常运行流程图

STM32F1 的内部闪存(FLASH)地址起始于 0x0800 0000,一般情况下,程序文件就从此地址开始写入。此外 STM32F103 是基于 Cortex - M3 内核的微控制器,其内部通过一张中断向量表来响应中断。程序启动后,首先从中断向量表取出复位中断向量而执行复位中断程序完成启动。这张中断向量表的起始地址是 0x08000004,当中断来临时,STM32F103 的内部硬件机制亦自动将 PC 指针定位到中断向量表处,并根据中断源取出对应的中断向量执行中断服务程序。

在图 24.1 中,STM32F103 在复位后,先从 0x08000004 地址取出复位中断向量的地址,并跳转到复位中断服务程序,如图 24.1 中标号①所示;复位中断服务程序执行完之后,则跳转到 main 函数,如图 24.1 中标号②所示;main 函数一般都是一个死循环,执行过程中,如果收到中断请求(发生了中断),则 STM32F103 强制将 PC 指针指回中断向量表处,如图 24.1 中标号③所示;然后,根据中断源进入相应的中断服务程序,如图 24.1 标号④所示;在执行完中断服务程序以后,程序再次返回 main 函数执行,如

图 24.1 中标号⑤所示。

当加入 IAP 程序之后,程序运行流程如图 24.2 所示。图中,STM32F103 复位后,还是从 0x08000004 地址取出复位中断向量的地址,并跳转到复位中断服务程序,运行完复位中断服务程序之后跳转到 IAP 的 main 函数,如图 24.2 中标号①所示,此部分同图 24.1 一样;执行完 IAP 以后(即将新的 APP 代码写入 STM32F103 的 FLASH,灰底部分;新程序的复位中断向量起始地址为 0x08000004+N+M),跳转至新写入程序的复位向量表,取出新程序的复位中断向量的地址,并跳转执行新程序的复位中断服务程序,随后跳转至新程序的 main 函数,如图 24.2 中标号②和③所示。同样,main 函数为一个死循环,并且此时 STM32F103 的 FLASH 在不同位置上共有 2 个中断向量表。

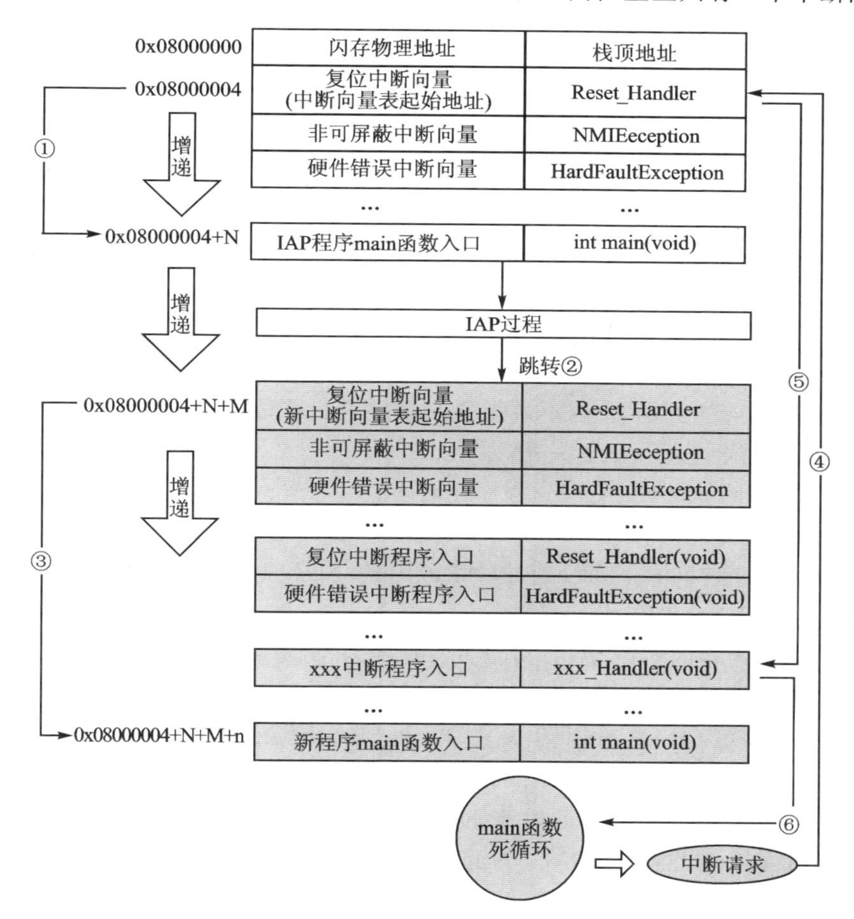

图 24.2 加入 IAP 之后程序运行流程图

在 main 函数执行过程中,如果 CPU 得到一个中断请求,则 PC 指针仍然会强制跳转到地址 0x08000004 中断向量表处,而不是新程序的中断向量表,如图 24.2 中标号④所示;程序再根据设置的中断向量表偏移量,跳转到对应中断源新的中断服务程序中,如图 24.2 中标号⑤所示;在执行完中断服务程序后,程序返回 main 函数继续运行,如

图24.2中标号⑥所示。

IAP程序必须满足2个要求:

① 新程序必须在IAP程序之后的某个偏移量为x的地址开始;

② 必须将新程序的中断向量表进行相应移动,移动的偏移量为x。

对STM32F1系列来说,闪存编程一次可以写入16位(半字)。闪存擦除操作可以按页面擦除或完全擦除(全擦除)。全擦除不影响信息块。根据类别的不同,FLASH有如下区别:

- 小容量产品主存储块最大为4K×64 bit,每个存储块划分为32个1 KB的页。
- 中容量产品主存储块最大为16K×64 bit,每个存储块划分为128个1 KB的页。
- 大容量产品主存储块最大为64K×64 bit,每个存储块划分为256个2 KB的页。
- 互联型产品主存储块最大为32K×64 bit,每个存储块划分为128个2 KB的页

使用时需要根据自己的芯片型号来选择,设计IAP程序时需要严格避免不同的程序占用相同FLASH扇区的情形。

本章有2个APP程序:

① FLASH APP程序,即只运行在内部FLASH的APP程序。

② SRAM APP程序,即只运行在内部SRAM的APP程序,其运行过程和图24.2相似,不过需要设置向量表的地址为SRAM的地址。

1. APP程序起始地址设置方法

APP使用以前的例程即可,不过需要对程序进行修改,默认的条件下,图24.3中IROM1的起始地址(Start)一般为0x08000000,大小(Size)为0x80000,即从0x08000000开始的512 KB空间为程序存储区。

图24.3中设置起始地址(Start)为0x08010000,即偏移量为0x10000(64 KB,即留给BootLoader的空间),因而,留给APP用的FLASH空间(Size)为0x80000－0x10000＝0x70000(448 KB)了。设置好Start和Szie,就完成了APP程序的起始地址设置。IRAM是内存的地址,APP可以独占这些内存,不需要修改。

注意,需要确保APP起始地址在Bootloader程序结束位置之后,并且偏移量为0x200的倍数即可(相关知识可参考http://www.openedv.com/posts/list/392.htm)。

这是针对FLASH APP的起始地址设置,如果是SRAM APP,那么起始地址设置如图24.4所示。这里将IROM1的起始地址(Start)定义为0x20001000,大小为0xD000(52 KB),即从地址0x20000000偏移0x1000开始存放SRAM APP代码。这个分配关系可以根据实际情况修改,由于STM32F103ZE只有一个64 KB的片内SRAM,存放程序的位置与变量的加载位置不能重复,所以需要设置IRAM1中的地址到SRAM程序空间之外。

2. 中断向量表的偏移量设置方法

VTOR寄存器存放的是中断向量表的起始地址,默认的情况下由BOOT的启动

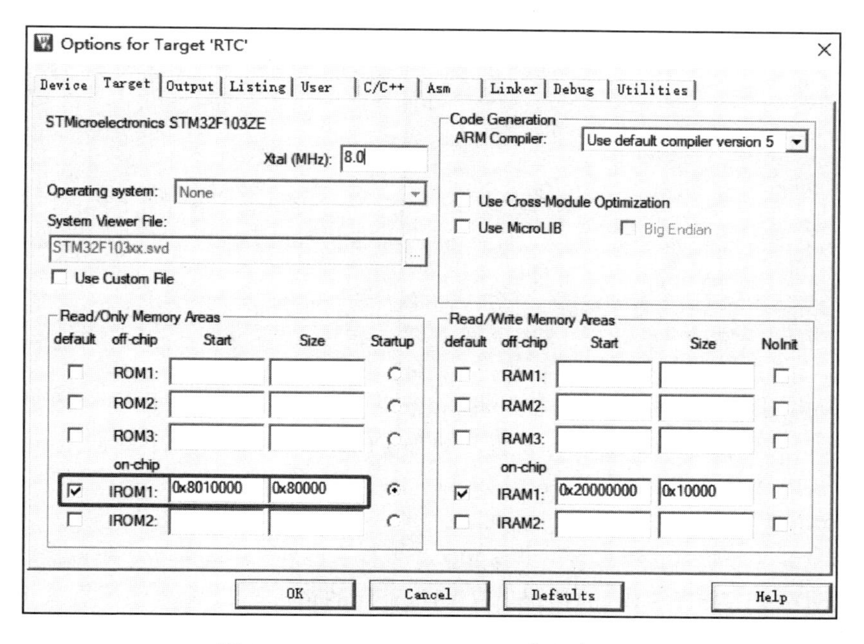

图 24.3　FLASH APP Target 选项卡设置

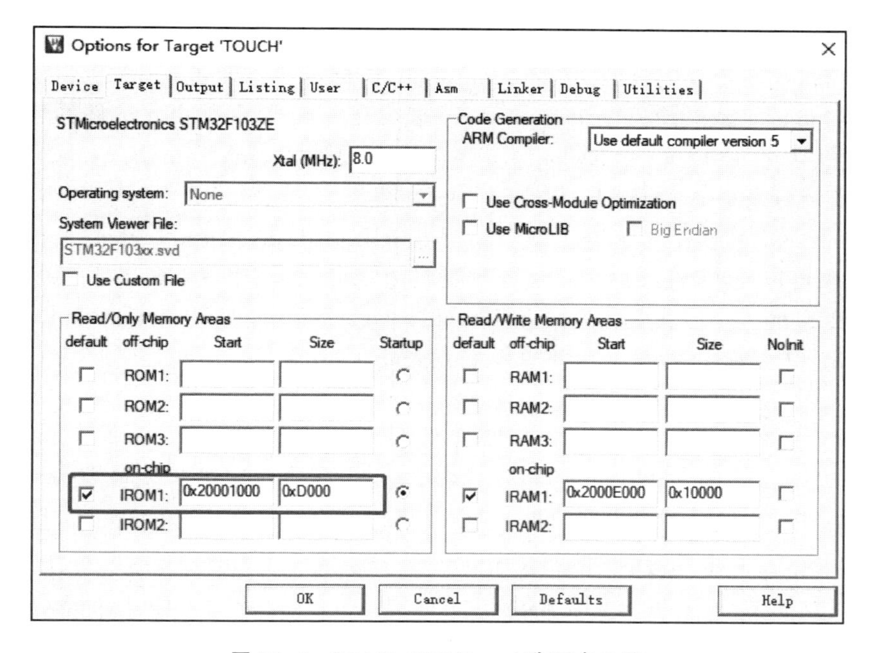

图 24.4　SRAM APP Target 选项卡设置

模式决定；对于 F103 来说就是指向 0x08000000 这个位置，也就是从默认的启动位置加载中断向量等信息，不过 ST 允许重定向这个位置，这样就可以从 FLASH 区域的任意位置启动代码。可以通过调用 sys.c 里面的 sys_nvic_set_vector_table 函数实现，该函数定义如下：

```
/**
 * @brief       设置中断向量表偏移地址
 * @param       baseaddr：基址
 * @param       offset：偏移量
 * @retval      无
 */
void sys_nvic_set_vector_table(uint32_t baseaddr, uint32_t offset)
{
    /* 设置 NVIC 的向量表偏移寄存器,VTOR 低 9 位保留,即[8:0]保留 */
    SCB->VTOR = baseaddr | (offset & (uint32_t)0xFFFFFE00);
}
```

该函数用于设置中断向量偏移，baseaddr 为基地址(即 APP 程序首地址)，Offset 为偏移量，需要根据实际情况进行设置。比如 FLASH APP 设置中断向量表偏移量为 0x10000，调用情况如下：

```
/* 设置中断向量表偏移量为 0x10000 */
sys_nvic_set_vector_table(FLASH_BASE,0x10000);
```

这是设置 FLASH APP 的情况，SRAM APP 的情况可以参考触摸屏实验_SRAM APP 版本，其具体的调用情况参见 main 函数。

通过以上 2 个步骤的设置就可以生成 APP 程序了，只要 APP 程序的 FLASH 和 SRAM 大小不超过设置值即可。不过 MDK 默认生成的文件是.hex 文件，并不方便用作 IAP 更新，我们希望生成的文件是.bin 文件，这样可以方便进行 IAP 升级。这里通过 MDK 自带的格式转换工具 fromelf.exe 来实现.axf 文件到.bin 文件的转换，安装在 C 盘的默认路径(位置是 C:\Keil_v5\ARM\ARMCC\bin\fromelf.exe)。该工具在 MDK 的安装目录是 ARM\ARMCC\bin 文件夹。

fromelf.exe 转换工具的语法格式为：fromelf [options] input_file。其中，options 有很多选项可以设置，详细使用可参配套资料的“mdk 如何生成 bin 文件.doc”。

在 MDK 的 Options for Target 'TOUCH' 对话框中选择 User 选项卡，在 After Build/Rebuild 栏选中 Run #1，并写入 fromelf --bin -o ..\..\Output\@L.bin ..\..\Output\%L，如图 24.5 所示。

通过这步设置就可以在 MDK 编译成功之后，调用 fromelf.exe，..\..\Output\%L 表示当前编译的链接文件(..\是相对路径，表示上级目录，编译器默认从工程文件 *.uvprojx 开始查找，根据代码文件 Output 的位置就能明白路径的含义)，指令-bin -o ..\..\Output\@L.bin 表示在 Output 目录下生成一个.bin 文件，@L 在 Keil 下表示 Output 选项卡的 Name of Executable 后面的字符串，即在 Output 文件夹下生成一个 atk_f103.bin 文件。得到.bin 文件之后，只需要将这个 bin 文件传送给单片机即可执行 IAP 升级。

最后来看看 APP 程序的生成步骤：

① 设置 APP 程序的起始地址和存储空间大小。对于在 FLASH 里面运行的 APP 程序，只需要设置 APP 程序的起始地址和存储空间大小即可。对于在 SRAM 里面运

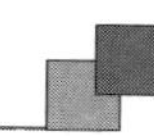

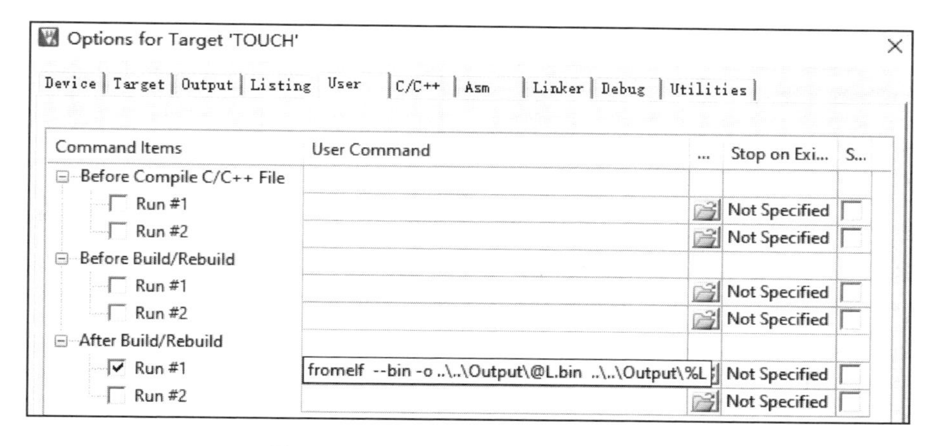

图24.5　MDK生成.bin文件设置方法

行的APP程序，还需要设置SRAM的起始地址和大小。无论哪种APP程序，都需要确保APP程序的大小和所占SRAM大小不超过设置范围。

② 设置中断向量表偏移量。通过调用sys_nvic_set_vector_table函数实现对中断向量表偏移量的设置。这个偏移量的大小，其实就等于程序起始地址相对于0x08000000或者0x24000000的偏移。

③ 设置编译后运行fromelf.exe，生成.bin文件。在User选项卡设置编译后调用fromelf.exe，根据.axf文件生成.bin文件，从而进行IAP更新。

通过以上3个步骤就可以得到一个.bin的APP程序，通过Bootlader程序即可实现更新。

24.2　硬件设计

(1) 例程功能

本章实验(Bootloader部分)功能简介：开机的时候先显示提示信息，然后等待串口输入接收APP程序(无校验，一次性接收)；串口接收到APP程序之后即可执行IAP。如果是SRAM APP，则通过按下KEY0即可执行这个收到的SRAM APP程序。如果是FLASH APP，则需要先按下KEY_UP按键，将串口接收到的APP程序存放到STM32F1的FLASH，之后再按KEY1即可以执行这个FLASH APP程序。通过KEY2按键可以手动清除串口接收到的APP程序。DS0用于指示程序运行状态。

(2) 硬件资源

➢ LED灯：DS0，LED0 - PB5；

➢ 串口1(PA9、PA10连接在板载USB转串口芯片CH340上面)；

➢ 正点原子TFTLCD模块(仅限MCU屏，16位8080并口驱动)；

➢ 独立按键：KEY0 - PE4、KEY1 - PE3、WK_UP - PA0。

24.3 程序设计

24.3.1 程序流程图

程序流程如图 24.6 所示。IAP 设置为有按键才跳转的方式,可以用串口接收不同的 APP,再根据按键选择跳转到具体的 APP(FLASH APP 或者 SRAM APP),方便验证和记忆。

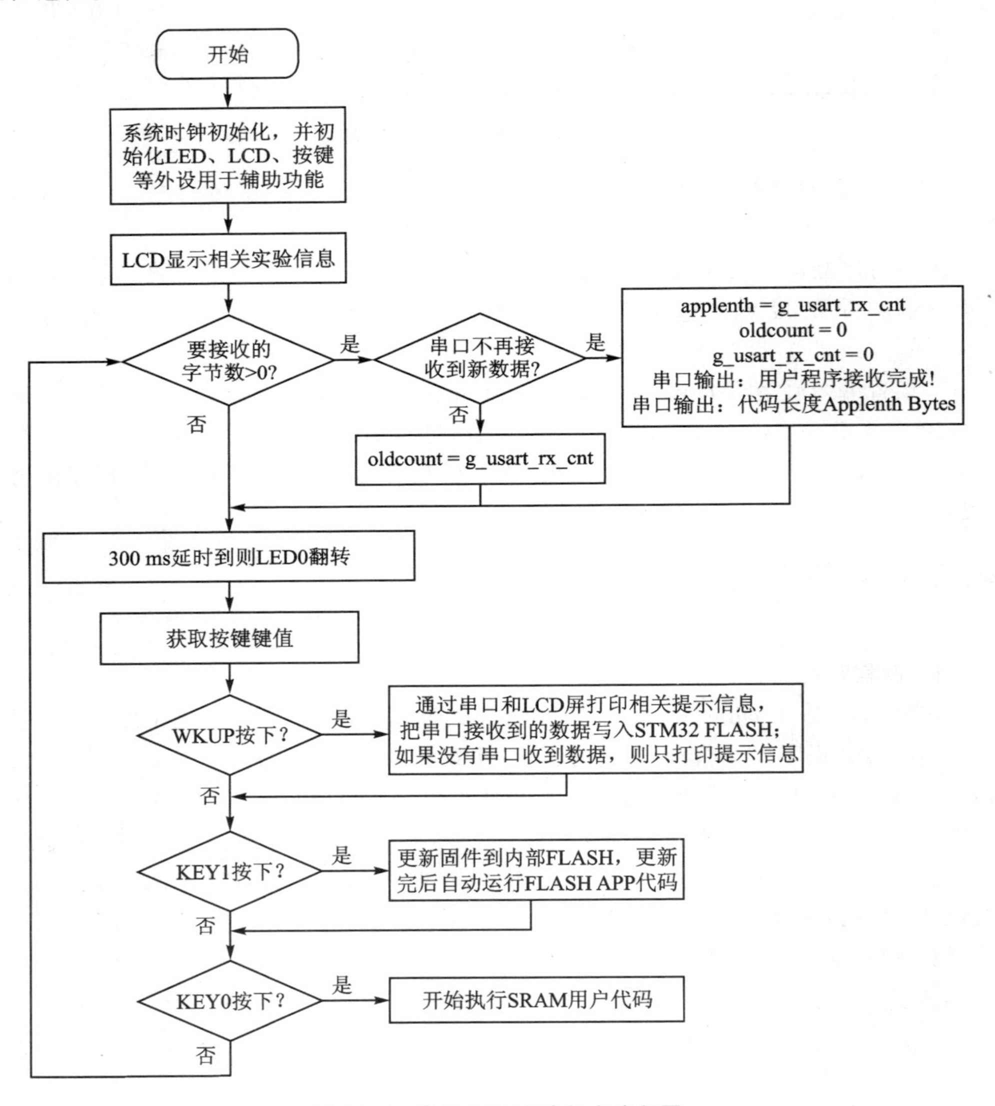

图 24.6 串口 IAP 实验程序流程图

24.3.2　程序解析

本实验总共需要3个程序(1个IAP,2个APP):

① FLASH IAP Bootloader,起始地址为0x08000000,设置为用于升级的跳转程序,这里用串口1来做数据接收程序,通过按键功能手动跳转到指定APP。

② FLASH APP,仅使用STM32内部FLASH,大小为112 KB。本程序使用配套资料中的实验16 USMART调试实验,作为FLASH APP程序(起始地址为0x08010000)。

③ SRAM APP,使用STM32内部SRAM,使用-O2优化,生成的bin大小为49 KB。本程序使用第5章的触摸屏实验作为SRAM APP程序(起始地址为0x20001000)。

本章关于APP程序的生成和修改比较简单,这里不再细说,读者结合配套资料以及第5章自行理解。注意,本章程序解析仅针对Bootloader程序。

1. IAP程序

这里只讲解核心代码,详细的源码可参考配套资料中本实验对应源码。IAP的驱动主要包括2个文件:iap.c和iap.h。

由于STM32芯片的FLASH容量一般比SRAM大,所以只编写对FLASH的写功能和对MSP的设置功能以实现程序的跳转。写STM32内部FLASH的功能时用到STM32的FLASH操作,通过封装第11章的FLASH模拟EEPROM实验的驱动就可以编写IAP的写FLASH操作,如下:

```
/**
 * @brief       IAP写入APP BIN
 * @param       appxaddr: 应用程序的起始地址
 * @param       appbuf: 应用程序CODE
 * @param       appsize: 应用程序大小(字节)
 * @retval      无
 */
void iap_write_appbin(uint32_t appxaddr, uint8_t *appbuf, uint32_t appsize)
{
    uint16_t t;
    uint16_t i = 0;
    uint16_t temp;
    uint32_t fwaddr = appxaddr; /* 当前写入的地址 */
    uint8_t *dfu = appbuf;
    for (t = 0; t < appsize; t += 2)
    {
        temp = (uint16_t)dfu[1] << 8;
        temp |= (uint16_t)dfu[0];
        dfu += 2;                           /* 偏移2个字节 */
        g_iapbuf[i++] = temp;
        if (i == 1024)
        {
```

```
            i = 0;
            stmflash_write(fwaddr, g_iapbuf, 1024);
            fwaddr += 2048;          /* 偏移 2048  16 = 2 * 8  所以要乘以 2 */
        }
    }
    if (i)
    {
        stmflash_write(fwaddr, g_iapbuf, i);  /* 将最后的一些内容字节写进去 */
    }
}
```

保存了一个完整的 APP 到对应的位置后，还需要对栈顶进行检查操作，初步检查程序设置正确再跳转。以 FLASH APP 为例，用 bin 文件查看工具（配套资料 A 盘→6，软件资料→1，软件→winhex）可以看到 bin 的内容默认为小端结构，如图 24.7 所示。

WinHex - [atk_f103.bin]

文件(F) 编辑(E) 搜索(S) 位置(P) 视图(V) 工具(T) 专业工具(I) 选项(O) 窗口(W) 帮助(H)

atk_f103.bin

0x200009A8　0x0801022D

atk_f103.bin
F:\0Alien_Work_Dir\2Projects\

文件大小: 46.7 KB
47,772 字节

Offset	0	1	2	3	4	5	6	7	8	9	10	11	12	13	14	15
00000000	A8	09	00	20	2D	02	01	08	1B	20	01	08	13	20	01	08
00000016	17	20	01	08	5D	07	01	08	99	24	01	08	00	00	00	00
00000032	00	00	00	00	00	00	00	00	00	00	00	00	41	21	01	08
00000048	61	07	01	08	00	00	00	00	43	02	01	08	45	02	01	08

图 24.7　FLASH APP 的 bin 文件

这里利用 STM32 的 bin 文件特性，按 32 位取数据，开始的第一个字为 SP 的地址，第二个为 Reset_Handler 的地址；利用这个特性在跳转前做一个初步判定，然后设置主堆栈。这部分用到 sys.c 下的嵌入汇编函数 sys_msr_msp()，实现代码如下：

```
/**
 * @brief       跳转到应用程序段(执行 APP)
 * @param       appxaddr: 应用程序的起始地址
 * @retval      无
 */
void iap_load_app(uint32_t appxaddr)
{
    if (((*(volatile  uint32_t *)appxaddr) & 0x2FFE0000) == 0x20000000)
    {/* 检查栈顶地址是否合法,可以放在内部 SRAM,共 64 KB(0x20000000) */
        /* 用户代码区第二个字为程序开始地址(复位地址) */
        jump2app = (iapfun) * (volatile uint32_t *)(appxaddr + 4);
        /* 初始化 APP 堆栈指针(用户代码区的第一个字用于存放栈顶地址) */
        sys_msr_msp(*(volatile uint32_t *)appxaddr);
        /* 跳转到 APP */
        jump2app();
    }
}
```

2. IAP Bootloader 程序

根据流程图的设想，需要用到 LCD、串口、按键和 STM32 内部 FLASH 的操作，这里先复制第 11 章的 FLASH 模拟 EEPROM 实验来修改，重命名为“串口 IAP 实验”，工程内的组重命名为 IAP。

这里需要修改串口接收部分的程序，为了便于测试，这里定义一个大的接收数组 g_usart_rx_buf[USART_REC_LEN]，并保证这个数组能接收并缓存一个完整的 bin 文件。程序中定义这个大小为 55 KB，因为有 SRAM 程序（优化后为 49 KB），所以把这部分的数组用__attribute__ ((at(0x20001000)))直接放到 SRAM 程序的位置，这样接收完整的 SRAM 程序后直接跳转就可以了。

```
uint8_t g_usart_rx_buf[USART_REC_LEN] __attribute__ ((at(0X20001000)));
```

接收的数据处理方法与之前的串口处理方式类似。把接收标记的处理放在 main.c 中处理，具体如下：

```
int main(void)
{
    uint8_t t;
    uint8_t key;
    uint32_t oldcount = 0;                          /* 老的串口接收数据值 */
    uint32_t applenth = 0;                          /* 接收到的 APP 代码长度 */
    uint8_t clearflag = 0;
    HAL_Init();                                     /* 初始化 HAL 库 */
    sys_stm32_clock_init(RCC_PLL_MUL9);             /* 设置时钟，72 MHz */
    delay_init(72);                                 /* 延时初始化 */
    usart_init(115200);                             /* 串口初始化为 115 200 */
    led_init();                                     /* 初始化 LED */
    lcd_init();                                     /* 初始化 LCD */
    key_init();                                     /* 初始化按键 */
    lcd_show_string(30, 50, 200, 16, 16, "STM32", RED);
    lcd_show_string(30, 70, 200, 16, 16, "IAP TEST", RED);
    lcd_show_string(30, 90, 200, 16, 16, "ATOM@ALIENTEK", RED);
    lcd_show_string(30, 110, 200, 16, 16, "KEY_UP: Copy APP2FLASH!", RED);
    lcd_show_string(30, 130, 200, 16, 16, "KEY1: Run FLASH APP", RED);
    lcd_show_string(30, 150, 200, 16, 16, "KEY0: Run SRAM APP", RED);
    while (1)
    {
        if (g_usart_rx_cnt)
        {
            if (oldcount == g_usart_rx_cnt)
            { /* 新周期内，没有收到任何数据，认为本次数据接收完成 */
                applenth = g_usart_rx_cnt;
                oldcount = 0;
                g_usart_rx_cnt = 0;
                printf("用户程序接收完成! \r\n");
                printf("代码长度: %dBytes\r\n", applenth);
            }
            else oldcount = g_usart_rx_cnt;
```

```
        }
        t++;
        delay_ms(100);
        if (t == 3)
        {
            LED0_TOGGLE();
            t = 0;
            if (clearflag)
            {
                clearflag--;
                if (clearflag == 0)
                {
                    lcd_fill(30, 190, 240, 210 + 16, WHITE);     /* 清除显示 */
                }
            }
        }
        key = key_scan(0);
        if (key == WKUP_PRES)    /* WKUP 按下,更新固件到 FLASH */
        {
          if (applenth)
          {
           printf("开始更新固件...\r\n");
           lcd_show_string(30, 190, 200, 16, 16, "Copying APP2FLASH...", BLUE);
           if (((*(volatile uint32_t *)(0X20001000 + 4)) & 0xFF000000) == 0x08000000)
                    /* 判断是否为 0X08XXXXXX */
                {/* 更新 FLASH 代码 */
                    iap_write_appbin(FLASH_APP1_ADDR, g_usart_rx_buf, applenth);
                    lcd_show_string(30,190,200,16,16,"Copy APP Successed!!", BLUE);
                    printf("固件更新完成!\r\n");
                }
                else
                {
                    lcd_show_string(30,190,200,16,16,"Illegal FLASH APP!  ", BLUE);
                    printf("非 FLASH 应用程序!\r\n");
                }
            }
            else
            {
                printf("没有可以更新的固件!\r\n");
                lcd_show_string(30, 190, 200, 16, 16, "No APP!", BLUE);
            }
            clearflag = 7; /* 标志更新了显示,并且设置 7 * 300 ms 后清除显示 */
        }
        if (key == KEY1_PRES)    /* KEY1 按键按下, 运行 FLASH APP 代码 */
        {
            if (((*(volatile uint32_t *)(FLASH_APP1_ADDR + 4)) & 0xFF000000) ==
                    0x08000000) /* 判断 FLASH 里面是否有 APP,有就执行 */
            {
                printf("开始执行 FLASH 用户代码!!\r\n\r\n");
                delay_ms(10);
                iap_load_app(FLASH_APP1_ADDR);/* 执行 FLASH APP 代码 */
```

```
            }
            else
            {
                printf("没有可以运行的固件!\r\n");
                lcd_show_string(30, 190, 200, 16, 16, "No APP!", BLUE);
            }
            clearflag = 7; /* 标志更新了显示,并且设置 7 * 300 ms 后清除显示 */
        }
        if (key == KEY0_PRES)    /* KEY0 按下 */
        {
            printf("开始执行 SRAM 用户代码!! \r\n\r\n");
            delay_ms(10);
            if (((*(volatile uint32_t *)(0x20001000 + 4)) & 0xFF000000) ==
                    0x20000000)    /* 判断是否为 0X20XXXXXX */
            {
                iap_load_app(0x20001000);    /* SRAM 地址 */
            }
            else
            {
              printf("非 SRAM 应用程序,无法执行! \r\n");
              lcd_show_string(30, 190, 200, 16, 16, "Illegal SRAM APP!", BLUE);
            }
            clearflag = 7; /* 标志更新了显示,并且设置 7 * 300 ms 后清除显示 */
        }
    }
}
```

注意,在 main 函数起始处重新设置中断向量表(寄存器 SCB→VTOR)的偏移量,否则 APP 无法正常运行。仍以 FLASH APP 为例,这里编译通过后执行了 fromelf.exe 生成 bin 文件,如图 24.8 所示。

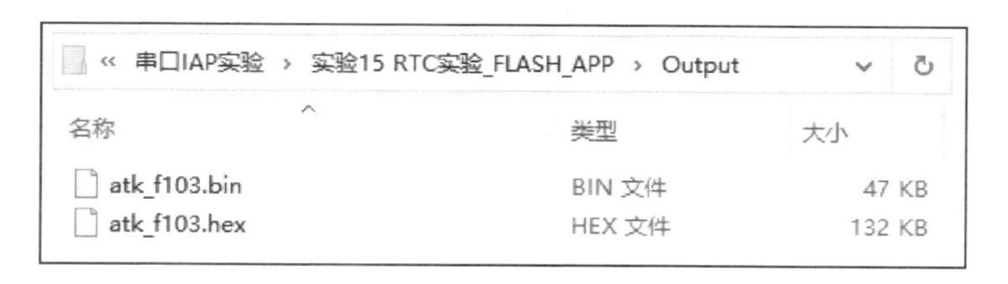

图 24.8　多存储段 APP 程序生成多个 bin 文件

24.4　下载验证

将程序下载到开发板后,可以看到 LCD 首先显示一些实验相关的信息,如图 24.9 所示。

此时,可以通过 XCOM 发送 FLASH APP、SRAM APP 到开发板,这里以 FLASH APP 为例进行演示,如图 24.10 所示。

首先找到开发板 USB 转串口的串口号,打开串口(笔者的电脑是 COM15),设置波

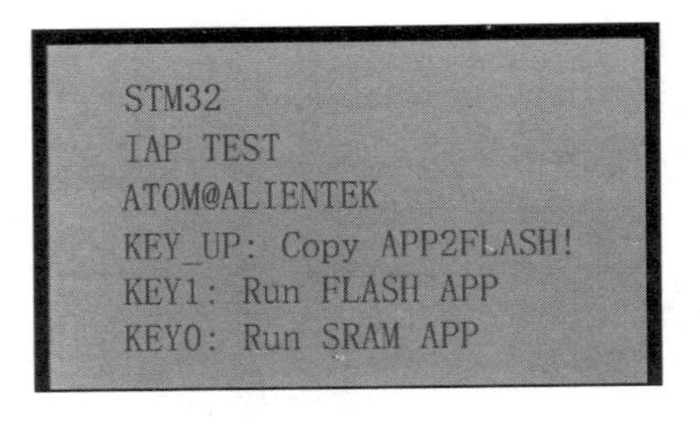

图 24.9　IAP 程序界面

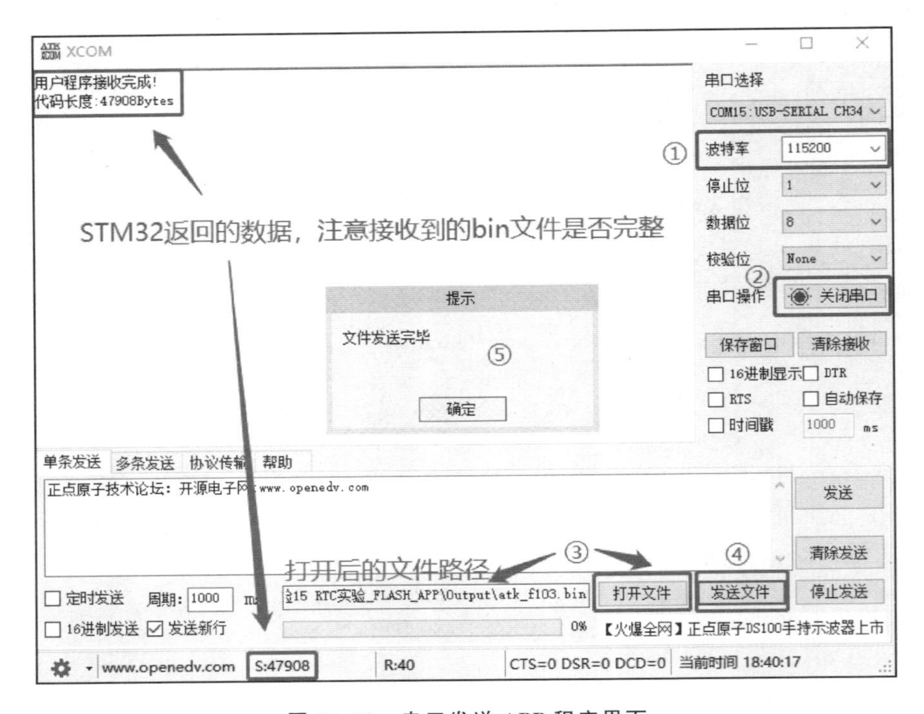

图 24.10　串口发送 APP 程序界面

特率为 115 200 并打开串口。然后，单击“打开文件”按钮(图 24.10 中标号③所示)，找到 APP 程序生成的 bin 文件(注意，文件类型须选择所有文件，默认是只打开 txt 文件的)；最后单击“发送文件”(图 24.10 中标号④所示)，将 bin 文件发送给 STM32 开发板；发送完成后，XCOM 会提示文件发送完毕(图 24.10 中标号⑤所示)。

开发板收到 APP 程序之后会打印提示信息，可以根据发送的数据与开发板的提示信息确认开发板接收到的 bin 文件是否完整，从而可以通过 KEY0 或 KEY1 运行这个 APP 程序(如果是 FLASH APP，则需要通过 KEY1 将其存入对应 FLASH 区域)。此时根据程序设计，按下 KEY1 即可执行 FLASH APP 程序，更新 SRAM APP 的过程类似，读者自行测试即可。

第 25 章

USB 读卡器实验

本章将介绍如何利用 USB OTG FS 在 STM32F1 开发板实现一个 USB 读卡器。

25.1　USB 简介

USB,即通用串行总线(Universal Serial Bus),包括 USB 协议和 USB 硬件 2 个方面,支持热插拔功能。现在日常生活的很多方面都离不开 USB 的应用,如充电和数据传输等场景。

经过多次修改,1996 年确定了初始规范版本 USB1.0,目前由非盈利组织 USB-IF(https://www.usb.org)管理。STM32 自带的 USB 符合 USB2.0 规范,故 2.0 版本仍是本书的重点介绍对象。

25.1.1　USB 简介

USB 本身的知识体系非常复杂,本小节只能作为知识点的引入。想更系统地学习则可以参考《圈圈教你玩 USB》、塞普拉斯提供的《USB101:通用串行总线 2.0 简介》等文献。

1. USB 的硬件接口

USB 协议有漫长的发展历程,针对不同的场合和硬件功能而发展出不同的接口:Type-A、Type-B、Type-C,其中,Type-C 规范碰巧是跟着 USB3.1 的规范一起发布的。常见的接口类型如图 25.1 所示。

USB 发展到现在已经有 USB1.0、1.1、2.0、3.x、4 等多个版本,目前用得最多的就是版本 USB1.1 和 USB2.0,USB3.x、USB4 也在加速推广。不同版本的 USB 接口内的引脚数量是有差异的。USB3.0 以后为了提高速度,采用了更多数量的通信线。例如,同样的 Type A 接口,USB2.0 版本内部只有 4 根线,采用半双工式广播式通信;USB3.0 版本则将通信线提高到了 9 根,并可以支持全双工非广播式的总线,允许 2 个单向数据管道分别处理一个单向通信。

USB2.0 常使用 4 根线:VCC(5 V)、GND、D+(3.3 V)和 D−(3.3 V)(注:5 线模式多了一个 DI 脚来支持 OTG 模式,OTG 为 USB 主机+USB 设备双重角色),其中,数据线采用差分电压的方式进行数据传输。在 USB 主机上,D− 和 D+ 都接了 15 kΩ

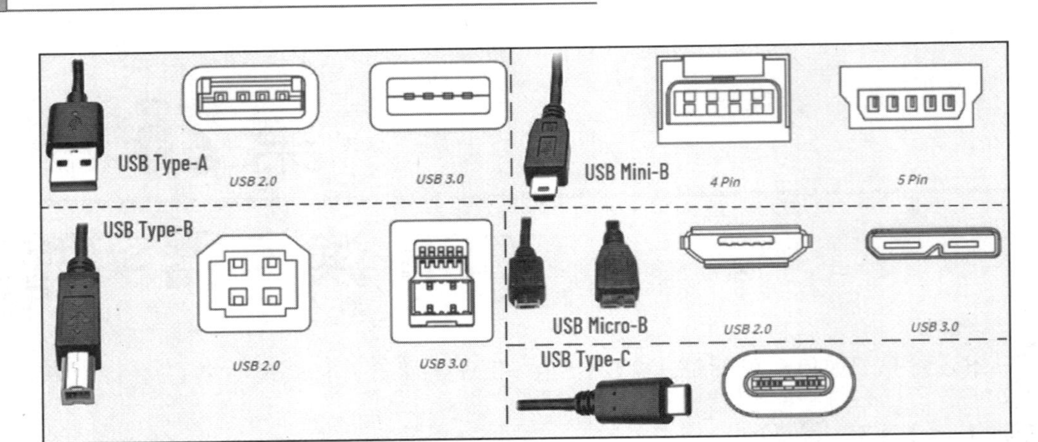

图 25.1 常见的 USB 连接器的形状

的电阻到地，所以在没有设备接入的时候，D+、D−均是低电平。而在 USB 设备中，如果是高速设备，则在 D+接一个 1.5 kΩ 的电阻到 3.3 V；而如果是低速设备，则在D−上接一个 1.5 kΩ 的电阻到 3.3 V。这样当设备接入主机的时候，主机就可以判断是否有设备接入，并能判断设备是高速设备还是低速设备。

关于 USB 硬件还有更多具体的细节规定，硬件设计时需要严格按照 USB 器件的使用描述和 USB 标准所规定的参数来设计。

2. USB 速度

USB 规范已经为 USB 系统定义了以下 4 种速度模式：低速（Low - Speed）、全速（Full - Speed）、高速（Hi - Speed）和超高速（SuperSpeed）。接口的速度上限与设备支持的 USB 协议标准、导线长度、阻抗有关，不同协议版本对硬件的传输线数量、阻抗等要求各不相同，各个版本能达到的理论速度上限对应如图 25.2 所示。

USB 端口和连接器有时会标上颜色，以指示 USB 规格及其支持的功能。这些颜色不是 USB 规范要求的，并且在设备制造商之间不一致。例如，常见的支持 USB3.0 的 U 盘和电脑等设备使用蓝色指示、英特尔使用橙色指示充电端口等。

3. USB 系统

USB 系统主要包括 3 个部分：控制器（Host Controller）、集线器（Hub）和 USB 设备。

控制器（Host Controller）：主机一般可以有一个或多个控制器，主要负责执行由控制器驱动程序发出的命令。控制器驱动程序（Host Controller Driver）在控制器与 USB 设备之间建立通信信道。集线器（Hub）：连接到 USB 主机的根集线器，可用于拓展主机可访问的 USB 设备的数量。USB 设备（USB Device）：是常用的（如 U 盘、USB 鼠标）受主机控制的设备。

4. USB 通信

USB 针对主机、集线器和设备制定了严格的协议。概括来讲，通过检测、令牌、传

Standard	Also Known As	Logo	Year Introduced	Connector Types	Max. Data Transfer Speed	Cable Length
USB 1.1	Basic Speed USB		1998	USB-A USB-B	12 Mbps	3 m
USB 2.0	Hi-Speed USB		2000	USB-A USB-B USB Micro A USB Micro B USB Mini A USB Mini B	480 Mbps	5 m
USB 3.2 Gen 1	USB 3.0 USB 3.1 Gen 1 SuperSpeed USB	SS 5	2008 (USB 3.0) 2013 (USB 3.1)	USB-A USB-B USB Micro B USB-C*	5 Gbps	3 m
USB 3.2 Gen 2	USB 3.1 USB 3.1 Gen 2 SuperSpeed+ SuperSpeed USB 10Gbps	SS 10	2013 (USB 3.1)	USB-A USB-B USB Micro B USB-C*	10 Gbps	3 m
USB 3.2 Gen 2x2	USB 3.2 SuperSpeed USB 20Gbps	SS 20	2017 (USB 3.2)	USB-C*	20 Gbps	3 m
Thunderbolt™ 2			2013	Mini DisplayPort	20 Gbps	3 m
Thunderbolt™ 3			2015	USB-C*	20 Gbps (Passive Cable)	2 m
					40 Gbps (Passive Cable)	0.5 m
					40 Gbps (Active Cable)	2 m
USB 4		40	2019	USB-C*	Up to 40 Gbps	0.8 m
Thunderbolt™ 4			2020	USB-C*	40 Gbps	2 m

图 25.2　USB 协议发展与版本对应的速度

输控制、数据传输等多种方式，定义了主机和从机在系统中的不同职能。USB 系统通过管道进行通信，有控制管道和数据管道 2 种。控制管道是双向的，而每个数据管道则是单向的，这种关系如图 25.3 所示。

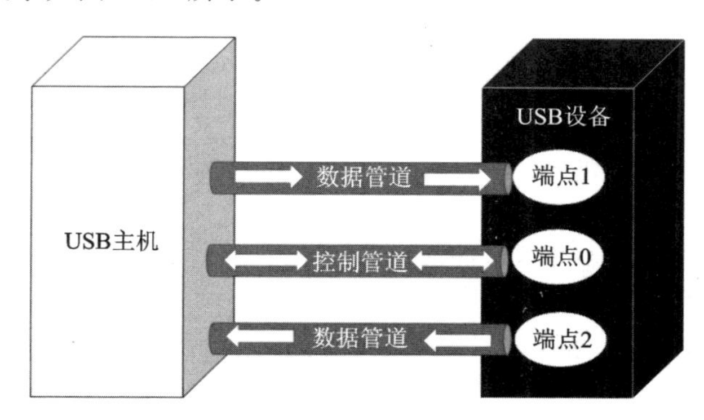

图 25.3　USB 管道模型

USB 通信中的检测和断开总是由主机发起的。USB 主机与设备首次进行连接时会交换信息，这一过程叫 USB 枚举。枚举是设备和主机间进行的信息交换过程，包含用于识别设备的信息。此外，枚举过程中主机需要分配设备地址、读取描述符（作为提供有关设备信息的数据结构）、分配和加载设备驱动程序，而从机需要提供相应的描述符来使主机知悉如何操作此设备。整个过程需要数秒时间。完成该过程后设备才可以向主机传输数据。数据传输也有规定的 3 种类型，分别是 IN/读取/上行数据传输、OUT/写入/下行数据传输、控制数据传输。

USB 通过设备端点寻址，在主机和设备间实现信息交流。枚举发生前有一套专用的端点，用于与设备通信。这些专用的端点统称为控制端点或端点 0，有端点 0 IN 和端点 0 OUT 共 2 个不同的端点，但对开发者来说，它们的构建和运行方式是一样的。每一个 USB 设备都需要支持端点 0。因此，端点 0 不需要使用独立的描述符。除了端点 0 外，特定设备所支持的端点数量将由各自的设计要求决定。简单的设计（如鼠标）可能仅要一个 IN 端点。复杂的设计可能需要多个数据端点。

USB 规定的 4 种数据传输方式也通过管道进行，分别是控制传输（Control Transfer）、中断传输（Interrupt Transfer）、批量传输或叫块传输（Bulk Transfer）、实时传输或叫同步传输（Isochronous Transfer），每种模式规定了各自通信时使用的管道类型。

USB 还有很多更详细的时序和要求，如 USB 描述符、VID/PID 的规定、USB 类设备和调试等，因为 USB2.0 和之后的版本有差异，这里就不再列举了，读者也可以到配套资料的 A 盘→8，STM32 参考资料→2，STM32 USB 学习资料查阅。

25.1.2 STM32F1 的 USB 特性

本小节结合“STM32F10xxx 参考手册_V10（中文版）.pdf”的内容，对 STM32F1 的 USB 外设进行介绍。STM32F1 系列芯片自带了 USB FS（FS，即全速，12 Mbps），支持从机（Slave/Device），但其 USB 与 CAN 不能同时使用，因为硬件共享同一个 SRAM。

STM32F1 的 USB 外设实现了 USB2.0 的接口和 APB1 总线间的接口，有以下特性：

- 符合 USB2.0 全速设备的技术规范；
- 可配置 1～8 个 USB 端点；
- CRC（循环冗余校验）生成/校验，反向不归零（NRZI）编码/解码和位填充；
- 支持同步传输；
- 支持批量/同步端点的双缓冲区机制；
- 支持 USB 挂起/恢复操作；
- 帧锁定时钟脉冲生成。

STM32F1 的 USB 外设使用标准的 48 MHz 时钟，允许每个端点有独立的缓冲区，每个端点最大为 512 字节缓冲，最大 16 个单向或 8 个双向端点。USB 的传输格式由硬件完成，状态可以由寄存器标记，可以很大程度上简化程序设计。USB 模块启动时间 $t_{STARTUP}$ 最大为 1 μs，编程时要注意。图 25.4 引用了 STM32F1 的 USB 设备框图。

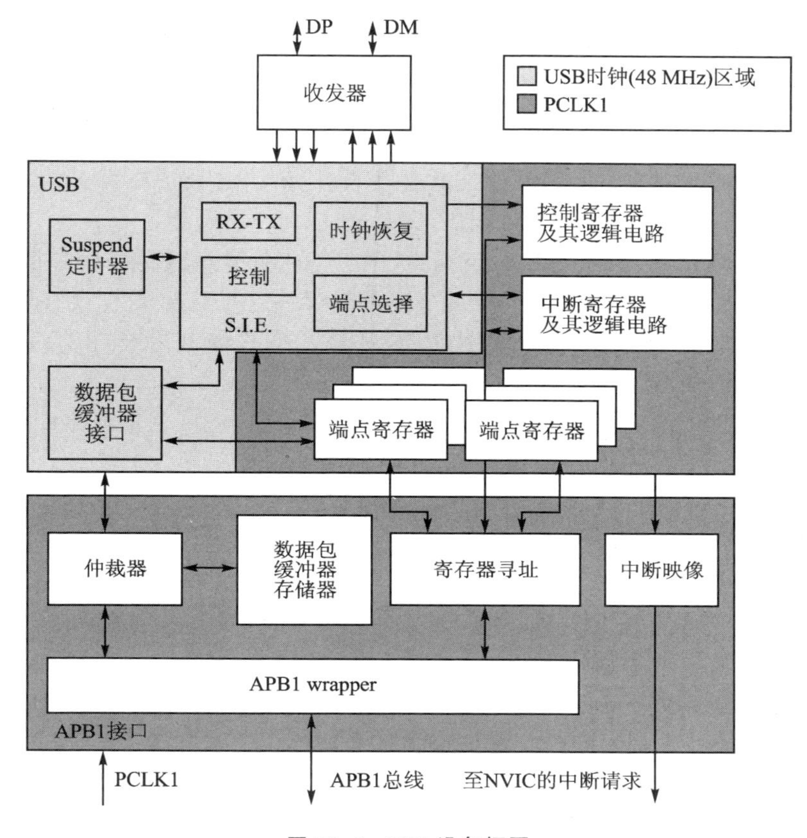

图 25.4 USB 设备框图

至此，我们已经对 USB 的硬件有了一定的了解，但 USB 协议的庞杂性使得直接编写 USB 驱动的上手难度很大。所以本书编写 USB 驱动的思路是教读者学会移植 ST 官方的 USB 例程，并学会使用 USB 驱动库。

ST 官方 Cube 库中提供的官方 USB 协议栈，主要包含了 USBD 内核与 USB 各种类。USBD 内核一般是固定的，用户不需要修改；但对于 USBD 类，如果用户需要修改或者扩展，比如复合设备或者用户自定义设备，则需要用户自行修改。

USB 协议栈将所有 USB 类都抽象成一个数据结构：USBD_ClassTypeDef，USBD 内核与 USBD 类之间的纽带就是 USBD_ClassType 结构体。这个结构体是一个抽象类，定义了一些虚拟函数，比如初始化、反初始化、类请求指令处理函数、端点 0 发送完成、端点 0 接收处理、数据发送完成、数据接收处理、SOF 中断处理、同步传输发送未完成、同步传输接收未完成处理等；用户在实现自己具体的 USB 类时需要将它实例化，USBD_ClassTypeDef 结构体是 USBD 内核提供给外部定义一个 USB 设备类的窗口，而 USB 类文件实际就是实现这个结构体具体实例化的过程。最后，将这个具体实例化的对象注册到 USBD 内核的同时，USBD 内核与 USBD 类也进行了关联。

USB 有很多的设备类，USB 读卡器实际上就是一个大容量存储设备（MSC，全称为 Mass Storage Class)。本实验实现过程需要对 MSC 类实例化,即定义这个类可以操作的功能。上层应用通过 USBD_RegisterClass 函数将此对象注册到 USBD 内核,主要在 usbd_msc.c 源文件中实现它的各个成员函数。

本实验中,STM32 作为设备连接到主机,这里需要使能 USB 外设,以便主机识别到 USB 设备并进行扫描。同时,需要在软件上设计好 USB 枚举所需要的一些设备描述符和注册信息,配置对应的端点以用于 USB 通信。

这个过程比较复杂,好在 ST 已经提供了类似的例程:通过 USB 来读/写 SD 卡(SDIO 方式)和 NAND FALSH,支持 2 个逻辑单元。这里只需要在官方例程的基础上修改 SD 驱动部分代码,并将对 NAND FLASH 的操作修改为对 SPI FLASH 的操作。剩下的就比较简单了,对底层磁盘的读/写都是在 usbd - storage.c 文件实现的,所以只需要修改文件中的对应接口,使之与 SD 卡和 SPI FLASH 对应起来即可。

25.2 硬件设计

(1) 例程功能

开机的时候先检测 SD 卡、SPI FLASH 是否存在,如果存在,则获取其容量,并显示在 LCD 上(如果不存在,则报错)。之后开始 USB 配置,配置成功之后,通过 USB 连接线可以在电脑上发现 2 个可移动磁盘。用 LED1 来指示 USB 正在读/写,并在液晶上显示出来;用 DS0 来指示程序正在运行。

(2) 硬件资源

- LED 灯:LED0 - PB5、LED1 - PE5;
- 串口 1(PA9、PA10 连接在板载 USB 转串口芯片 CH340 上面);
- 正点原子 TFTLCD 模块(仅限 MCU 屏,16 位 8080 并口驱动);
- microSD 卡(使用大卡的情况类似,读者可根据硬件匹配选择);
- SPI FLASH;
- STM32 自带的 USB Slave 功能,要通过跳线帽连接 PA11、D－以及 PA12、D＋。

除了 USB 接口(见图 25.5)外,其他外设原理图在之前的章节都已经介绍过了,这里就不重复介绍了。

图 25.5 USB SLAVE 接口

25.3 程序设计

由于 USB 驱动的复杂性,若要从零开始编写 USB 驱动,则将是一件相当困难的事情,尤其对于从没了解过 USB 的人来说,周期会更长。不过,ST 提供了 STM32F1 的 USB 驱动库,通过这个库可以很方便地实现需要的功能,而不需要详细了解 USB 的整

个驱动，大大缩短了开发时间和精力。能正常驱动起 USB 了，再去关联和研究 USB 底层的知识更容易达到事半功倍的效果。

USB 库和相关参考例程在 en.stm32cubef1.zip 里面可以找到，该文件可以在 http://www.st.com 搜索 cubef1 找到，也可以到配套资料的 8，STM32 参考资料→1，STM32F1xx 固件库→stm32cube_fw_f1_v183.zip 查看。解压可以得到 STM32F1 的固件支持包 STM32Cube_FW_F1_V1.8.0，该文件包含了常用的 STM32F1 的嵌入式软件源码。如果已经安装过 CubeMX 和 F1 对应的固件，则这个文件夹在 CubeMX 的资源仓库路径下，就有需要使用的 USB 库，它的位置如图 25.6 所示。

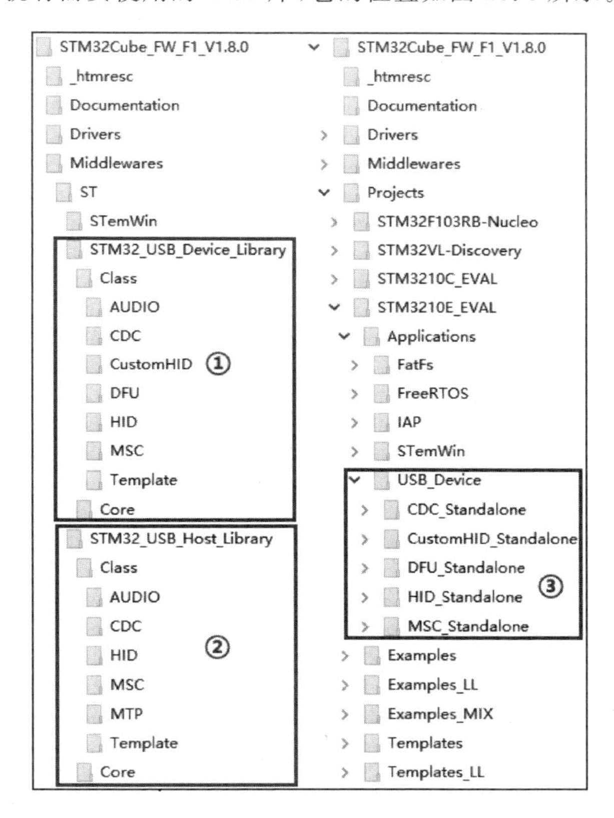

图 25.6　ST 以 HAL 库提供的 USB 组件

其中，① 表示 USB 设备驱动库，从机使用；

② 表示 USB Host 驱动库，主机使用；

③ 表示与我们使用的芯片型号近似的 ST 开发板的 USB 例程。

这里将通过图 25.6 中③的例程，移植并实现 USB Device 设备。读卡器属于 USB 大存储设备，所以本章要移植的是官方的 MSC_Standalone 例程。先打开该例程的 MDK 工程(MDK - ARM 文件夹下)，查看一下其工程结构，如图 25.7 所示。

从工程结构不难找出需要的 USB 功能代码，并且这些文件是加了只读属性的，移植后需要把只读属性去掉才能进行修改。因为要用到 SD 卡和 SPI FLASH，为了减少

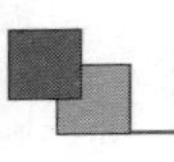

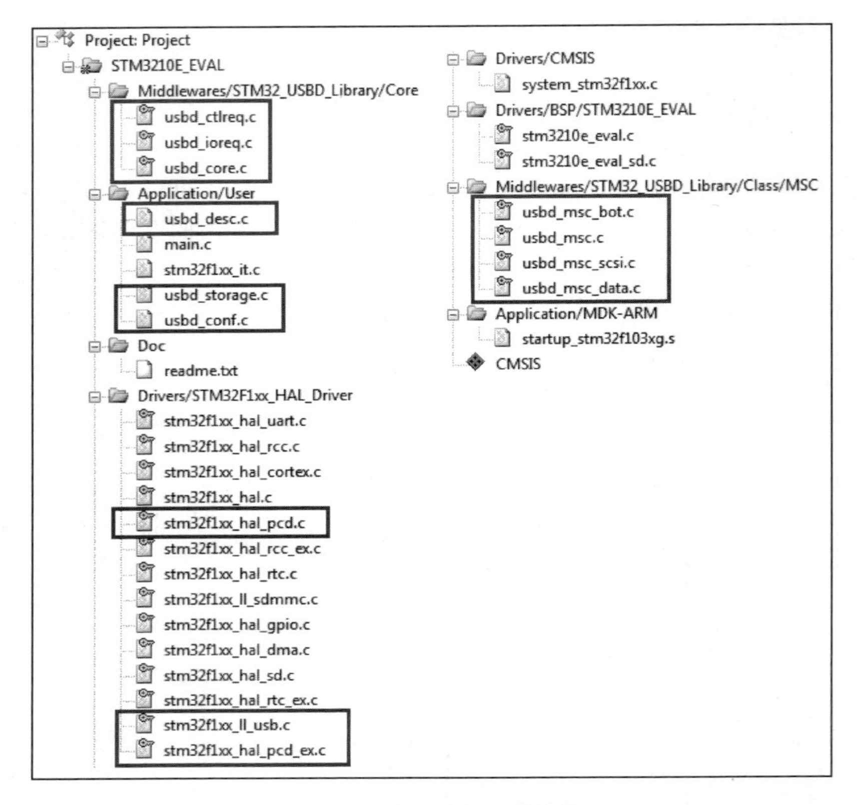

图 25.7　ST 官方例程的结构

步骤，这里复制之前的 SD 卡实验工程文件夹，重命名为“USB 读卡器实验”；这是因为，一方面是要用到 SD 卡，另一方面是 USB 的端点需要用到动态分配的内存。因为并不是所有例程都使用 USB 库驱动，故把 USB 作为一个第三方组件放到 Middlewares 文件夹下；在该文件夹下新建一个 USB 文件目录，把与 USB 相关的全部放到 USB 文件夹下来使这部分驱动完全独立，这样可以方便以后移植到其他项目中。

首先是 usbd_core.c、usbd_ioreq.c、usbd_req.c 这 3 个文件，都位于 STM32_USB_Device_Library 文件夹下，所以可以直接把该文件夹复制到 USB 文件夹下，后面再考虑精简工程。

同样的方法，找到 usbd_msc_bot.c、usbd_msc.c、usbd_msc_scsi.c、usbd_msc_data.c 这 4 个文件，也位于 STM32_USB_Device_Library 文件夹上，上一步已经把整个文件夹复制到工程目录了，所以这步不需要再操作。

接下来，找到 USB 应用程序 usb_desc.c、usbd_storage.c、usbd_conf.c 这 3 个文件，其源文件和头文件分别位于图 25.6 的 USB_Device\MSC_Standalone\Src 和 USB_Device\MSC_Standalone\Inc 下。在 USB 文件夹下新建一个 USB_APP 文件夹，把它们连同头文件都放到该文件夹的根目录下，如图 25.8 所示。

需要添加的文件已经准备好了，接下来添加到工程中来。按原来的定义，在 MDK

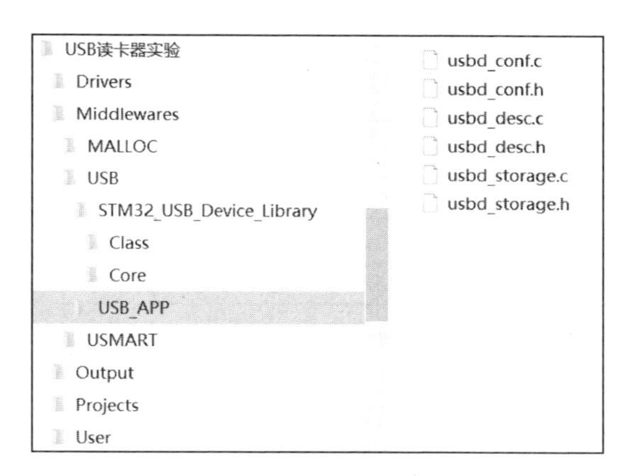

图 25.8 USB APP 文件夹下的文件

中新建 Middlewares/USB_CORE、Middlewares/USB_CLASS、Middlewares/USB_APP 这 3 个分组，把上面文件的只读属性去掉后添加到工程中，然后把相关的 HAL 库驱动加到 Drivers/STM32F1xx_HAL_Driver 目录下，如图 25.9 所示。

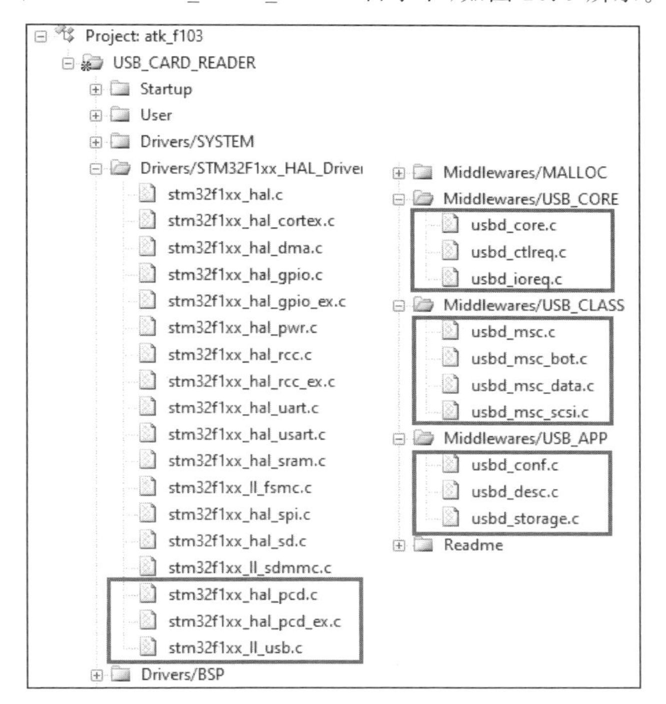

图 25.9 在 MDK 中添加需要的代码

为了使 USB 驱动部分改动更少，这里添加原有 USB 库的头文件的引用路径，结果如图 25.10 所示。

这时直接编译会报错，因为没有引用 ST 开发板的 BSP 文件，于是还需要修改相关源码以匹配底层的驱动；这部分与开发板相关，在程序设计的时候再对应修改。

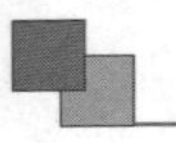

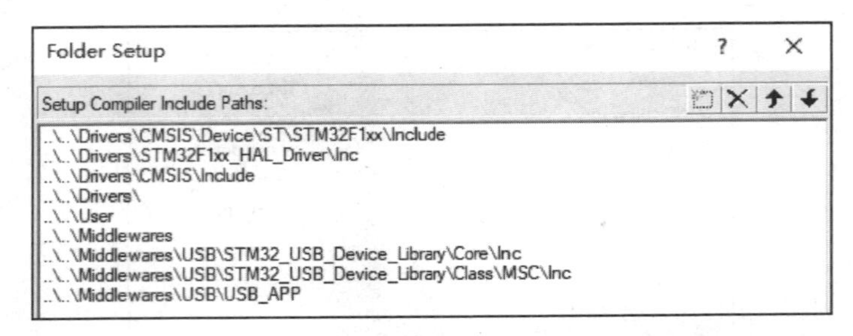

图 25.10　在 MDK 中添加 USB 引用的头文件的路径

25.3.1　程序流程图

按流程图(见图 25.11)编写的初始化顺序,在 STM32 注册 USB 内核,最后通过 USB 的中断和回调函数得到 USB 的操作状态和操作结果;主程序通过查询设定的标记变量的状态值后,在 LCD 上显示对应的 USB 操作状态。

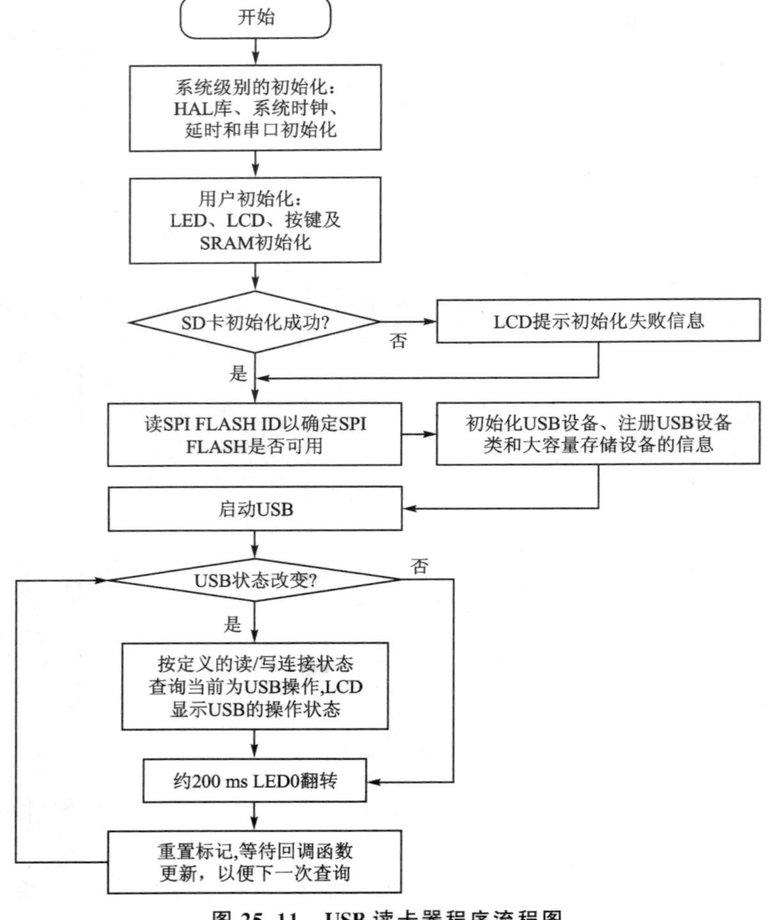

图 25.11　USB 读卡器程序流程图

25.3.2　usbd_stroage 驱动

usbd_storage.c/.h 需要适配硬件信息。这个函数需要用到硬件底层驱动，这里需要把对 SD 卡和 SPI FLASH 的信息识别和读/写操作在这里实现。

```
#include "./MALLOC/malloc.h"
#include "./FATFS/source/diskio.h"
#include "./BSP/SDIO/sdio_sdcard.h"
#include "./BSP/NORFLASH/norflash.h"
```

接下来对这几个接口进行补充实现。本章用 FATFS 管理了 2 个磁盘：SD 卡和 SPI FLASH，这里设置 SD_CARD 为 0、EX_FLASH 位为 1，对应到 disk_read/disk_write 函数里面。SD 卡好说，但是 SPI FLASH 扇区大小是 4 KB，为了方便设计，强制将其扇区定义为 512 字节，这样带来的好处就是设计使用相对简单；坏处就是擦除次数大增，所以不要随便往 SPI FLASH 里面写数据，非必要最好别写，频繁写很容易将 SPI FLASH 写坏。

```
#define SD_CARD        0            /* SD 卡，卷标为 0 */
#define EX_FLASH       1            /* 外部 qspi FLASH，卷标为 1 */
/**
 * 对于 25Q128 FLASH 芯片，我们规定前 12 MB 给 FATFS 使用，12 MHz 以后
 * 紧跟字库，3 个字库 + UNIGBK.BIN，总大小 3.09 MB，共占用 15.09 MB
 * 15.09 MB 以后的存储空间可以随便使用
 */
#define SPI_FLASH_SECTOR_SIZE     512
#define SPI_FLASH_SECTOR_COUNT    12 * 1024 * 2 /* 25Q128，前 12 MB 给 FATFS 占用 */
#define SPI_FLASH_BLOCK_SIZE      8              /* 每个 BLOCK 有 8 个扇区 */
#define SPI_FLASH_FATFS_BASE      0      /* FATFS 在外部 FLASH 的起始地址从 0 开始 */
```

另外，diskio.c 里面的函数直接决定了磁盘编号（盘符/卷标）对应的具体设备。例如，以上代码中通过 switch 来判断到底要操作 SD 卡，还是 SPI FLASH，然后，分别执行对应设备的相关操作，以此实现磁盘编号和磁盘的关联。

1. USBD_DISK_fops 结构体

要实现大容量存储设备的一个标识信息，作为一个标准接口被封装在 USB 大容量存储设备的操作结构体 USBD_DISK_fops，是在 usbd_msc.h 中定义好的 USBD_StorageTypeDef 类型，基本为函数指针和数据指针。需要为这些 USB 操作实现与硬件相关的底层代码，它们会在 USB 枚举过程中被调用。

```
USBD_StorageTypeDef USBD_DISK_fops =
{
    STORAGE_Init,                   /* 外设初始化 */
    STORAGE_GetCapacity,            /* 获取容量 */
    STORAGE_IsReady,                /* 检查设备就绪状态 */
    STORAGE_IsWriteProtected,       /* 查询设备读保护状态 */
    STORAGE_Read,                   /* 读操作 */
    STORAGE_Write,                  /* 写操作 */
    STORAGE_GetMaxLun,              /* 获取磁盘数 */
```

```
    (int8_t *)STORAGE_Inquirydata,      /*设备信息标识*/
};
```

其中,STORAGE_Inquirydata 表示设备的基本描述信息,它会在 USB 设备注册时被 SCSI_Inquiry()函数调用,大小与宏 STANDARD_INQUIRY_DATA_LEN 表示的数值相同,为 36 字节。大容量存储设备对这个设备信息的格式有标准的规定,具体如表 25.1 所列,其中,设备类型也有了相应的规定,这里使用的是存储设备,所以前面的信息保持一致即可。

表 25.1 大容量存储设备信息

字节编号	位							
	7	6	5	4	3	2	1	0
0	保留			设备类型				
1	0:不可移除设备 1:可移除设备	保留						
2	保留							
3	保留				保留			
4	剩余长度							
5～7	保留							
8～15	设备厂商 ID							
16～31	产品 ID							
32～35	产品版本号							

USB 大容量存储设备的每个函数操作时都会对应一个卷标号,需要支持多个设备时,保证每个设备的描述信息都为完整合法的 36 个字节即可。这里模仿 ST 的例程,修改为支持 2 个设备,则有如下的设备信息代码:

```
/* USB Mass storage 标准查询数据(每个 lun 占 36 字节) */
const int8_t  STORAGE_Inquirydata[] =
{
    /* LUN 0 */
    0x00,
    0x80,
    0x02,
    0x02,
    (STANDARD_INQUIRY_DATA_LEN - 4),
    0x00,
    0x00,
    0x00,
    /* Vendor Identification */
    'A', 'L', 'I', 'E', 'N', 'T', 'E', 'K', ' ',/* 9 字节 */
    /* Product Identification */
    'S', 'P', 'I', ' ', 'F', 'l', 'a', 's', 'h',/* 15 字节 */
    ' ', 'D', 'i', 's', 'k', ' ',
    /* Product Revision Level */
    '1', '.', '0', ' ',                         /* 4 字节 */
```

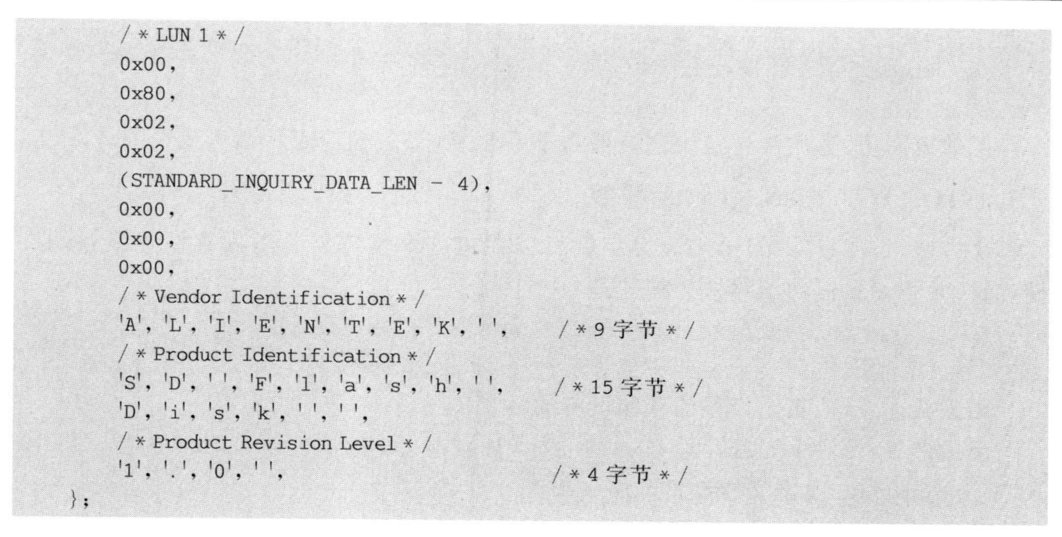

```
    /* LUN 1 */
    0x00,
    0x80,
    0x02,
    0x02,
    (STANDARD_INQUIRY_DATA_LEN - 4),
    0x00,
    0x00,
    0x00,
    /* Vendor Identification */
    'A', 'L', 'I', 'E', 'N', 'T', 'E', 'K', ' ',        /* 9 字节 */
    /* Product Identification */
    'S', 'D', ' ', 'F', 'l', 'a', 's', 'h', ' ',        /* 15 字节 */
    'D', 'i', 's', 'k', ' ', ' ',
    /* Product Revision Level */
    '1', '.', '0', ' ',                                  /* 4 字节 */
};
```

2. STORAGE_Init 函数

这里是初始化板载硬件接口的操作，把 SD 卡和 SPI FLASH 对应的初始化放到这个函数中：

```
int8_t STORAGE_Init (uint8_t lun)
```

函数描述：初始化存储设备的硬件接口，这里有 2 个设备，所以把 SPI FLASH 和 SD 卡的设备信息存放在这个位置。

函数形参：形参 lun 是存储设备的卷标，从 0 开始，有多个设备时应该与 STORAGE_Inquirydata 中定义的设备顺序一致。

这里定义了 2 个设备，则初始化函数的代码修改如下：

```
/**
 * @brief       初始化存储设备
 * @param       lun：逻辑单元编号
 * @arg             0，SD 卡
 * @arg             1，SPI FLASH
 * @retval      操作结果
 * @arg         0，成功
 * @arg         其他，错误代码
 */
int8_t STORAGE_Init (uint8_t lun)
{
    uint8_t res = 0;
    switch (lun)
    {
        case 0: /* SPI FLASH */
            norflash_init();
            break;
        case 1: /* SD 卡 */
            res = sd_init();
            break;
```

```
    }
    return res;
}
```

函数返回值：返回硬件初始化结果，0 表示成功，其他值时表示错误或失败。

3. STORAGE_GetCapacity 函数

从 STORAGE_GetCapacity 名字就可以知道这个接口需要返回存储器设备的存储容量，并将参数返回给对应的指针：

```
int8_t STORAGE_GetCapacity(uint8_t lun, uint32_t *block_num,
                           uint16_t *block_size)
```

函数描述：获取指定标号的存储设备的容量信息。

函数形参：形参 lun 是存储设备的卷标，从 0 开始，有多个设备时应该与 STORAGE_Inquirydata 中定义的设备顺序一致。

代码实现如下：

```
int8_t STORAGE_GetCapacity (uint8_t lun, uint32_t *block_num, uint16_t *block_size)
{
    switch (lun)
    {
        case 0: /* SPI FLASH */
            *block_size = 512;
            *block_num = (1024 * 1024 * 12)/512;/* SPI FLASH 的 12 MB 字节，文件系统用 */
            break;
        case 1: /* SD 卡 */
            *block_size = 512;
            *block_num = ((long long)g_sdcard_handler.SdCard.BlockNbr *
                         g_sdcard_handler.SdCard.BlockSize)/512;
            break;
    }
    return 0;
}
```

函数返回值：返回硬件初始化结果，为 0 表示成功，其他值时表示错误或失败。

4. STORAGE_IsReady 函数

STORAGE_IsReady 用于查询设备的就绪状态，代码较简单，直接返回就绪状态即可。

```
int8_t  STORAGE_IsReady (uint8_t lun)
```

为了标识 USB 的操作状态，这里加入一个全局的标记来指示 USB 的操作状态，也方便在其他位置查询到当前的 USB 执行结果：

```
/* 自己定义的一个标记 USB 状态的寄存器，方便判断 USB 状态
 * bit0：表示电脑正在向 SD 卡写入数据
 * bit1：表示电脑正从 SD 卡读出数据
 * bit2：SD 卡写数据错误标志位
 * bit3：SD 卡读数据错误标志位
```

```
  * bit4：1,表示电脑有轮询操作(表明连接还保持着)
  */
volatile uint8_t g_usb_state_reg = 0;
```

函数描述：初始化指定编号的磁盘、磁盘所指定的存储区。

函数形参：形参 lun 是存储设备的卷标，从 0 开始，有多个设备时应该与 STORAGE_Inquirydata 中定义的设备顺序一致。

```
/**
 * @brief        查看存储设备是否就绪
 * @param        lun：逻辑单元编号
 * @arg               0，SD卡
 * @arg               1，SPI FLASH
 * @retval       就绪状态
 * @arg          0，就绪
 * @arg          其他，未就绪
 */
int8_t  STORAGE_IsReady (uint8_t lun)
{
    g_usb_state_reg |= 0X10;      /* 标记轮询 */
    return 0;
}
```

函数返回值：返回 0 表示设备就绪，返回其他则表示未就绪。

5. STORAGE_Read 函数

STORAGE_Read 实现 USB 对物理设备的读操作，其声明如下：

```
int8_t STORAGE_Read(uint8_t lun, uint8_t *buf, uint32_t blk_addr,
                    uint16_t blk_len)
```

函数描述：初始化指定编号的磁盘及磁盘所指定的存储区。

函数形参：

形参 1 lun 是存储设备的卷标，从 0 开始，有多个设备时应该与 STORAGE_Inquirydata 中定义的设备顺序一致。

形参 2 buf 为要写入的数据的缓冲区指针，为字节类型。

形参 3 blk_addr 为要读数据的起始地址，对应 SPI FLASH 和 SD 卡的扇区地址。

形参 4 blk_len 表示要读取到 buf 的字节数。

代码实现如下：

```
int8_t STORAGE_Read (uint8_t lun, uint8_t *buf, uint32_t blk_addr,
uint16_t blk_len)
{
    int8_t res = 0;
    g_usb_state_reg |= 0X02;      /* 标记正在读数据 */
    switch (lun)
    {
        case 0: /* SPI FLASH */
            norflash_read(buf, USB_STORAGE_FLASH_BASE + blk_addr * 512,
                          blk_len * 512);
```

```
            break;
        case 1: /* SD卡 */
            res = sd_read_disk(buf, blk_addr, blk_len);
            break;
    }
    if (res)
    {
        printf("rerr: %d, %d\r\n", lun, res);
        g_usb_state_reg|= 0X08;     /* 读错误! */
    }
    return res;
}
```

函数返回值:返回 0 表示设备就绪,返回其他则表示未就绪。

usbd_storage 的代码就讲到这里,其他函数的实现方法类似,读者参考配套资料中的代码,再根据自己的硬件情况实现即可。

25.3.3 usbd_conf 驱动

usbd_conf.c/.h 主要用来实现 USB 的硬件初始化和中断操作,当 USB 状态机处理完不同事务时,则调用这些回调函数,这样就可以知道 USB 当前状态,比如是否枚举成功了、是否连接上了、是否断开了,于是用户应用程序可以执行不同操作,从而完成特定功能。

USBD_Init()接口调用 ST 芯片的 USBD_LL_Init()初始化函数,HAL_PCD_MspInit()函数在这个时候被调用,所以需要实现 USBD_LL_Init()和 HAL_PCD_MspInit 函数,使之与开发板上的 USB 接口对应。

1. USBD_LL_Ini 函数

这部分用于配置 USB 的一些基础参数,如 USB 速度、端点数、通信 FIFO 的分配等。ST 的例程中已经实现了这个函数,因为这里不需要添加新的特性,所以直接沿用原来的配置即可。

```
USBD_StatusTypeDef USBD_LL_Init(USBD_HandleTypeDef * pdev)
{
    /* 设置 LL 驱动相关参数 */
    hpcd.Instance = USB;                          /* 使用 USB */
    hpcd.Init.dev_endpoints = 8;                  /* 端点数为 8 */
    hpcd.Init.phy_itface = PCD_PHY_EMBEDDED;      /* 使用内部 PHY */
    hpcd.Init.speed = PCD_SPEED_FULL;             /* USB 全速(12 Mbps) */
    hpcd.Init.low_power_enable = 0;               /* 不使能低功耗模式 */
    hpcd.pData = pdev;                            /* hpcd 的 pData 指向 pdev */
    pdev->pData = &hpcd;                          /* pdev 的 pData 指向 hpcd */
    HAL_PCD_Init((PCD_HandleTypeDef *) pdev->pData);     /* 初始化 LL 驱动 */
    HAL_PCDEx_PMAConfig(pdev->pData, 0x00, PCD_SNG_BUF, 0x18);
    HAL_PCDEx_PMAConfig(pdev->pData, 0x80, PCD_SNG_BUF, 0x58);
    HAL_PCDEx_PMAConfig(pdev->pData, MSC_EPIN_ADDR, PCD_SNG_BUF, 0x98);
    HAL_PCDEx_PMAConfig(pdev->pData, MSC_EPOUT_ADDR, PCD_SNG_BUF, 0xD8);
```

```
    return USBD_OK;
}
```

2. HAL_PCD_MspInit 函数

HAL_PCD_MspInit 中需要开启 USB 的引脚复用功能，这里使用的是 PA11、PA12，并开启 USB 中断：

```
/**
  * @brief       初始化 PCD MSP
  * @note        这是一个回调函数，在 stm32f1xx_hal_pcd.c 里面调用
  * @param       hpcd：PCD 结构体指针
  * @retval      无
  */
void HAL_PCD_MspInit(PCD_HandleTypeDef * hpcd)
{
    GPIO_InitTypeDef GPIO_Initure;
    __HAL_RCC_GPIOA_CLK_ENABLE();               /* 使能 PORTA 时钟 */
    __HAL_RCC_USB_CLK_ENABLE();                 /* 使能 USB 时钟 */
    /* PA11/PA12,复用为(USB DM/DP)功 */
    GPIO_Initure.Pin = (GPIO_PIN_11 | GPIO_PIN_12);
    GPIO_Initure.Mode = GPIO_MODE_AF_INPUT;
    GPIO_Initure.Pull = GPIO_PULLUP;
    GPIO_Initure.Speed = GPIO_SPEED_FREQ_HIGH;
    HAL_GPIO_Init(GPIOA, &GPIO_Initure);
    HAL_NVIC_SetPriority(USB_LP_CAN1_RX0_IRQn, 0, 3);      /* 抢占 0,子优先 3,组 2 */
    HAL_NVIC_EnableIRQ(USB_LP_CAN1_RX0_IRQn);              /* 开启 USB 中断 */
}
```

由于开启了中断，则还需要定义 USB 的中断处理函数，类似之前实验的中断处理函数定义，直接调用 HAL 库的 USB 中断处理接口，然后再实现对应的回调函数。

```
/**
  * @brief      USB OTG 中断服务函数
  * @note       处理所有 USB 中断
  * @param      无
  * @retval     无
  */
void USB_LP_CAN1_RX0_IRQHandler(void)
{
    HAL_PCD_IRQHandler(&hpcd);
}
```

HAL 库提供了回调事件的接口，可以监测 USB 在通信中的各个状态。为了方便，这里加入了一个全局变量 g_device_state 来标记 USB 的运行状态，以便程序访问，具体可以查看添加的回调函数的代码。

3. USB 内存管理函数

ST 的例程提供了静态和动态 2 种内存分配方式。注意，USB 默认使用堆来分配 USB 设备的工作内存，这里不使用默认的堆，不用修改 startup_stm32f103xe.s 中的堆大小。对应地，要把默认的内存管理函数变成自己的内存管理方式，在 usbd_conf.h 中

把以下宏重定义：

```
/* Memory management macros */
#define USBD_malloc(x)              mymalloc(SRAMIN,x)
#define USBD_free(x)              myfree(SRAMIN,x)
```

至此，基本移植完成了，下面开始编写 main 函数来测试移植效果。

25.3.4 main.c 代码

main 函数如下：

```
USBD_HandleTypeDef USBD_Device;                        /* USB Device 处理结构体 */
extern volatile uint8_t g_usb_state_reg;              /* USB 状态 */
extern volatile uint8_t g_device_state;               /* USB 连接情况 */
int main(void)
{
    uint8_t offline_cnt = 0;
    uint8_t tct = 0;
    uint8_t usb_sta;
    uint8_t device_sta;
    uint16_t id;
    HAL_Init();                                       /* 初始化 HAL 库 */
    sys_stm32_clock_init(RCC_PLL_MUL9);              /* 设置时钟，72 MHz */
    delay_init(72);                                   /* 延时初始化 */
    usart_init(115200);                               /* 串口初始化为 115 200 */
    led_init();                                       /* 初始化 LED */
    lcd_init();                                       /* 初始化 LCD */
    key_init();                                       /* 初始化按键 */
    sram_init();                                      /* SRAM 初始化 */
    norflash_init();                                          /* 初始化 NOR FLASH */
    my_mem_init(SRAMIN);                                      /* 初始化内部 SRAM 内存池 */
    my_mem_init(SRAMEX);                                      /* 初始化外部 SRAM 内存池 */
    lcd_show_string(30, 50, 200, 16, 16, "STM32", RED);
    lcd_show_string(30, 70, 200, 16, 16, "USB Card Reader TEST", RED);
    lcd_show_string(30, 90, 200, 16, 16, "ATOM@ALIENTEK", RED);
    if (sd_init())   /* 初始化 SD 卡 */
    { /* 检测 SD 卡错误 */
        lcd_show_string(30, 110, 200, 16, 16, "SD Card Error!", RED);
    }
    else       /* SD 卡正常 */
    { /* 显示 SD 卡容量 */
        lcd_show_string(30, 110, 200, 16, 16, "SD Card Size:       MB", RED);
        lcd_show_num(134, 110, SD_TOTAL_SIZE_MB(&g_sdcard_handler), 5, 16, RED);
    }
    id = norflash_read_id();
    if ((id == 0) || (id == 0XFFFF))
    { /* 检测 W25Q128/NM25Q 错误 */
    lcd_show_string(30, 110, 200, 16, 16, "BY25Q128 Error!", RED);
    8}
    else    /* SPI FLASH 正常 */
    {
```

```
        lcd_show_string(30, 130, 200, 16, 16, "SPI FLASH Size:7.25MB", RED);
    }
    usbd_port_config(0);      /* USB 先断开 */
    delay_ms(500);
    usbd_port_config(1);      /* USB 再次连接 */
    delay_ms(500);
    /* 提示正在建立连接 */
    lcd_show_string(30, 170, 200, 16, 16, "USB Connecting...", RED);
    USBD_Init(&USBD_Device, &MSC_Desc, 0);                        /* 初始化 USB */
    USBD_RegisterClass(&USBD_Device, USBD_MSC_CLASS);             /* 添加类 */
    USBD_MSC_RegisterStorage(&USBD_Device, &USBD_DISK_fops);/* 添加 MSC 类回调函数 */
    USBD_Start(&USBD_Device);                                     /* 开启 USB */
    delay_ms(1800);
    while (1)
    {
        delay_ms(1);
        if (usb_sta != g_usb_state_reg)                      /* 状态改变了 */
        {
            lcd_fill(30, 190, 240, 210 + 16, WHITE);  /* 清除显示 */
            if (g_usb_state_reg & 0x01)                      /* 正在写 */
            {/* 提示 USB 正在写入数据 */
              LED1(0);
              lcd_show_string(30, 190, 200, 16, 16, "USB Writing...", RED);
            }
            if (g_usb_state_reg & 0x02)     /* 正在读 */
            {/* 提示 USB 正在读出数据 */
                LED1(0);
                lcd_show_string(30, 190, 200, 16, 16, "USB Reading...", RED);
            }
            if (g_usb_state_reg & 0x04)
            {/* 提示写入错误 */
                lcd_show_string(30, 210, 200, 16, 16, "USB Write Err ", RED);
            }
            else
            {
                lcd_fill(30, 210, 240, 230 + 16, WHITE); /* 清除显示 */
            }
            if (g_usb_state_reg & 0x08)
            {/* 提示读出错误 */
                lcd_show_string(30, 230, 200, 16, 16, "USB Read  Err ", RED);
            }
            else
            {
                lcd_fill(30, 230, 240, 250 + 16, WHITE); /* 清除显示 */
            }
            usb_sta = g_usb_state_reg;                          /* 记录最后的状态 */
        }
        if (device_sta != g_device_state)
        {
            if (g_device_state == 1)
            {/* 提示 USB 连接已经建立 */
```

```
                lcd_show_string(30, 170, 200, 16, 16, "USB Connected     ", RED);
            }
            else
            {/* 提示 USB 被拔出了 */
                lcd_show_string(30, 170, 200, 16, 16, "USB DisConnected ", RED);
            }

            device_sta = g_device_state;
        }
        tct++;
        if (tct == 200)
        {
            tct = 0;
            LED1(1);                        /* 关闭 LED1 */
            LED0_TOGGLE();                  /* LED0 闪烁 */
            if (g_usb_state_reg & 0x10)
            {
                offline_cnt = 0;            /* USB 连接了,则清除 offline 计数器 */
                g_device_state = 1;
            }
            else                            /* 没有得到轮询 */
            {
                offline_cnt++;
                if (offline_cnt > 100)
                {
                    g_device_state = 0; /* 20 s 内没收到在线标记,代表 USB 被拔出了 */
                }
            }
            g_usb_state_reg = 0;
        }
    }
}
```

通过前面的移植,这里已经能正常使用 USB 读卡器的功能了。但识别成功后,如果 USB 设备发生故障(比如复位开发板),则主机会认为 USB 设备错误从而自动移除 USB 的连接,被主机断开后的设备不会再被扫描。所以设定 usbd_port_config()函数用于控制 USB 的 I/O,在 while 循环前,先把 USB 的 I/O 复用成普通 I/O,再复用成 USB 的引脚,以保证每次复位 USB 线都有一个物理"断开"、重新激活 USB 的枚举过程。

```
/**
 * @brief       USB 接口配置
 * @note        使能/关闭 USB 接口, 以便每次启动都可以正常
 *              连接 USB
 * @param       state: 接口状态
 * @arg         0, 断开 USB 连接
 * @arg         1, 使能 USB 连接
 * @retval      无
 */
void usbd_port_config(uint8_t state)
```

```
{
    GPIO_InitTypeDef GPIO_Initure;
    __HAL_RCC_GPIOA_CLK_ENABLE();              /* 使能 PORTA 时钟 */
    if (state)
    {
        USB->CNTR &= ~(1 << 1);                /* PWDN = 0, 退出断电模式 */
        /* PA11 引脚模式设置,复用功能 */
        GPIO_Initure.Pin = GPIO_PIN_11;
        GPIO_Initure.Mode = GPIO_MODE_AF_PP;
        GPIO_Initure.Pull = GPIO_PULLUP;
        GPIO_Initure.Speed = GPIO_SPEED_FREQ_HIGH;
        HAL_GPIO_Init(GPIOA, &GPIO_Initure);
        /* PA12 引脚模式设置,复用功能 */
        GPIO_Initure.Pin = GPIO_PIN_12;
        GPIO_Initure.Mode = GPIO_MODE_AF_PP;
        GPIO_Initure.Pull = GPIO_PULLUP;
        GPIO_Initure.Speed = GPIO_SPEED_FREQ_HIGH;
        HAL_GPIO_Init(GPIOA, &GPIO_Initure);
    }
    else
    {
        USB->CNTR |= 1 << 1;                   /* PWDN = 1, 进入断电模式 */
        /* PA11 引脚模式设置,推挽输出 */
        GPIO_Initure.Pin = GPIO_PIN_11;
        GPIO_Initure.Mode = GPIO_MODE_OUTPUT_PP;
        GPIO_Initure.Pull = GPIO_PULLUP;
        GPIO_Initure.Speed = GPIO_SPEED_FREQ_HIGH;
        HAL_GPIO_Init(GPIOA, &GPIO_Initure);
        /* PA12 引脚模式设置,推挽输出 */
        GPIO_Initure.Pin = GPIO_PIN_12;
        HAL_GPIO_Init(GPIOA, &GPIO_Initure);
        HAL_GPIO_WritePin(GPIOA, GPIO_PIN_11, GPIO_PIN_RESET); /* PA11 = 0 */
        HAL_GPIO_WritePin(GPIOA, GPIO_PIN_12, GPIO_PIN_RESET); /* PA12 = 0 */
    }
}
```

25.4　下载验证

代码编译成功之后，下载代码到战舰 STM32F103 开发板上，在 USB 配置成功后(假设已经插入 SD 卡，注意，USB 数据线要插在开发板的 USB_SLAVE 口，而不是 USB_UART 端口，且 P9 必须用跳线帽连接 PA11、D－以及 PA12、D＋)，LCD 显示效果如图 25.12 所示。

USB 识别成功后，电脑提示发现新硬件并自动安装驱动，如图 25.13 所示。

等 USB 配置成功后，DS1 不亮，DS0 闪烁，并且在电脑上可以看到我们的磁盘，如图 25.14 所示。

打开设备管理器，可以发现在通用串行总线控制器里面多出了一个 USB Mass

Storage Device,同时磁盘驱动器里面多了 2 个磁盘,如图 25.15 所示。

图 25.12　USB 连接成功

图 25.13　USB 读卡器被电脑找到

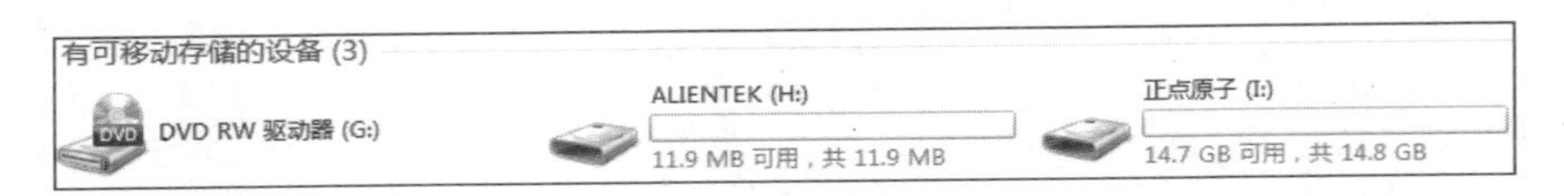

图 25.14　电脑找到 USB 读卡器的 2 个盘符

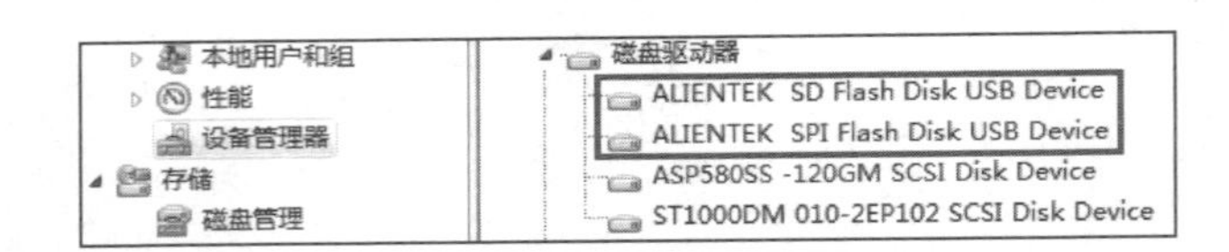

图 25.15　通过设备管理器查看磁盘驱动器

此时就可以通过电脑读/写 SD 卡或者 SPI FLASH 里面的内容了。执行读/写操作的时候就可以看到 DS1 亮,并且会在液晶上显示当前的读/写状态。

注意,SPI FLASH 有写次数据限制,最好不要频繁往里面写数据,否则很容易将 SPI FLASH 写坏。

参考文献

[1] 刘军. 例说 STM32[M]. 北京:北京航空航天大学出版社,2011.
[2] 意法半导体. STM32 中文参考手册. 第 10 版. 2010.
[3] Joseph Yiu. ARM Cortex-M3 权威指南[M]. 宋岩,译. 北京:北京航空航天大学出版社,2009.
[4] 杜春雷. ARM 体系结构与编程[M]. 北京:清华大学出版社,2003.
[5] 李宁. 基于 MDK 的 STM32 处理器应用开发[M]. 北京:北京航空航天大学出版社,2008.
[6] 王永虹. STM32 系列 ARM Cortex-M3 微控制器原理与实践[M]. 北京:北京航空航天大学出版社,2008.
[7] 俞建新. 嵌入式系统基础教程[M]. 北京:机械工业出版社,2008.
[8] 李宁. ARM 开发工具 RealView MDK 使用入门[M]. 北京:北京航空航天大学出版社,2008.